U0387441

电子封装技术丛书
Series of Electronic Packaging Technology

Advanced Flip Chip Packaging

先进倒装芯片封装技术

唐和明（Ho-Ming Tong）
赖逸少（Yi-Shao Lai）　　　主编
【美】 汪正平（C.P. Wong）

《电子封装技术丛书》编辑委员会　　组织译审
中国电子学会电子制造与封装技术分会

秦飞　别晓锐　安彤　主译
于大全　段瑞飞　主审

化学工业出版社
·北京·

本书由倒装芯片封装技术领域世界级专家撰写而成，系统总结了过去十几年倒装芯片封装技术的发展脉络和最新成果，并对未来的发展趋势做出了展望。内容涵盖倒装芯片的市场与技术趋势、凸点技术、互连技术、下填料工艺与可靠性、导电胶应用、基板技术、芯片-封装一体化电路设计、倒装芯片封装的热管理和热机械可靠性问题、倒装芯片焊锡接点的界面反应和电迁移问题等。

　　本书适合从事倒装芯片封装技术以及其他先进电子封装技术研究的工程师、科研人员和技术管理人员阅读，也可以作为电子封装相关专业高年级本科生、研究生和培训人员的教材和参考书。

图书在版编目（CIP）数据

　　先进倒装芯片封装技术/(中国台湾) 唐和明，(中国台湾)
赖逸少，(美) 汪正平主编；秦飞，别晓锐，安彤主译.—北京：
化学工业出版社，2017.1（2020.9重印）
　　（电子封装技术丛书）
　　书名原文：Advanced Flip Chip Packaging
　　ISBN 978-7-122-27683-4

　　Ⅰ.①先…　Ⅱ.①唐…②赖…③汪…④秦…⑤别…
⑥安…　Ⅲ.①芯片-封装工艺　Ⅳ.①TN43
　　中国版本图书馆 CIP 数据核字（2016）第 171663 号

Advanced Flip Chip Packaging/Edited by Ho-Ming Tong，Yi-Shao Lai and C. P. Wong
ISBN 978-1-4419-5767-2
Copyright © Springer Science＋Business Media New York 2013. All rights reserved.
Authorized translation from the English language edition published by Springer Science＋Business Media.
本书中文简体字版由 Springer Science＋Business Media 授权化学工业出版社独家出版发行。
未经许可，不得以任何方式复制或抄袭本书的任何部分，违者必究。

北京市版权局著作权合同登记号：01-2015-0141

责任编辑：吴　刚　　　　　　　　　　　　文字编辑：陈　喆
责任校对：边　涛　　　　　　　　　　　　装帧设计：韩　飞

出版发行：化学工业出版社（北京市东城区青年湖南街 13 号　邮政编码 100011）
印　　装：北京虎彩文化传播有限公司
710mm×1000mm　1/16　印张 29　字数 628 千字　　2020 年 9 月北京第 1 版第 4 次印刷

购书咨询：010-64518888　　　　　　　　售后服务：010-64518899
网　　址：http://www.cip.com.cn
凡购买本书，如有缺损质量问题，本社销售中心负责调换。

定　　价：198.00 元　　　　　　　　　　　　　　　版权所有　违者必究

译 序

当前，全球已经步入信息化时代，电子信息技术极大地改变了人类的生活和工作方式，并成为体现一个国家综合国力的重要标志之一。半导体集成电路技术作为电子信息技术的基石，也由此成为颇具创新力和融合力的发展领域。目前，在全球范围内已经形成了集成电路设计、制造和封装测试三大产业链，成为半导体集成电路产业不可或缺的三大产业支柱。

随着电子信息技术的飞速发展，对电子产品的小型化、多功能、高可靠性和低成本等提出了越来越高的要求。为了满足这些要求，电子封装技术也正经历着日新月异的发展，涌现出诸多先进的封装技术。其中，倒装芯片封装作为主流的先进封装技术之一，具有低成本、高性能和高可靠性的优点，已经广泛应用于计算机、通讯、消费类等电子产品中。而随着电子产品集成度的不断提高，以及消费者对产品性能、尺寸、成本的需求，未来倒装芯片封装技术仍将持续快速发展。

为了适应我国电子封装产业的发展，满足广大电子封装工程技术人员的迫切需求，中国电子学会电子制造与封装技术分会成立了"电子封装技术丛书"编辑委员会，组织丛书的编译工作。近年来，编委会已先后组织编写、翻译出版了《集成电路试验手册》（1998年电子工业出版社出版）、《微电子封装手册》（2001年电子工业出版社出版）、《微电子封装技术》（2003年中国科学技术大学出版社出版）、《电子封装材料与工艺》（2006年化学工业出版社出版）、《MEMS/MOEMS封装技术》（2008年化学工业出版社出版）、《电子封装工艺设备》（2012年化学工业出版社出版）、《电子封装与可靠性》（2012年化学工业出版社出版）、《系统级封装导论》（2014年化学工业出版社出版）、《三维电子封装的硅通孔技术》（2014年化学工业出版社出版）共九本书籍。《先进倒装芯片封装技术》一书是这一系列丛书中第十本。

本书译自日月光集团公司Ho-Ming Tong、Yi-Shao Lai和香港中文大学C. P. Wong院士主编并于2013年出版的专著《Advanced Flip Chip Packaging》，该书内容涵盖了倒装芯片封装技术的发展历史和趋势，重点讨论了凸点制作技术、基板技术、封装材料、IC封装系统集成设计、热管理技术、热机械可靠性以及焊点的界面反应与电迁移问题等。该书对从事电子封装及相关行业的科研、生产、应用工作者都会有较高的使用价值，对高等院校相关专业的师生也具有一定的参考意义。

我相信本书中译本的出版发行将对我国电子封装行业的发展起到积极的推动作用。在本书翻译过程中，秦飞教授、于大全博士做了许多工作，在此表示诚挚的谢意。同时，我也向北京工业大学参与组织该书翻译的全体师生及化学工业出版社工作人员，表示衷心的感谢！

译者的话

十几年前，倒装芯片封装技术由于成本较高，只用于如大型机和工作站之类的高端、高性能产品。但是，今天低成本、高可靠性的倒装芯片封装在计算机、通信、消费类和汽车电子等产品中的应用激增，而且，未来对倒装芯片的需求将进一步增长，以满足消费者对性能、尺寸、成本和环境兼容性等永不满足的需求。特别是对于手机、便携式电脑等移动电子产品，随着系统级功能集成加速，倒装芯片封装技术的发展也将加速。

然而，与 10 年前相比，今天的倒装芯片封装技术已发生较大变化，这些变化主要来自以下几个方面：（1）随着摩尔定律芯片的介电层从非低 k 演进到低 k、超低 k，以及技术节点从 45nm 转向 32nm 及以下，使得芯片-封装相互作用问题突出，必须在产品量产以前加以解决。另外，随着系统级功能集成进程加速，要求芯片、封装、模组、板级/系统级采用更细的节距，甚至在特定应用中采用具有更细节距的大尺寸倒装芯片。这些技术驱动促使倒装芯片的基板、下填料、互连、设计、仿真和可靠性设计等技术持续演进。（2）环保驱动。欧共体颁布的 RoHS 强制性标准促使倒装芯片封装技术采用绿色环保材料和工艺。（3）成本驱动。在当今消费电子时代，为取得价格优势，制造商不得不开发低成本的倒装芯片结构、工艺、材料和设备。

由于倒装芯片技术的快速发展，国内企业技术人员和研究机构的研究人员亟须一本能反映倒装芯片封装技术进展的新书。然而，中文版的倒装芯片封装技术类的图书少之又少。10 年前，化学工业出版社出版了刘汉诚（John H. Lau）博士编写的《低成本倒装芯片技术》中译本（2006 年 4 月第 1 版），此后再没有出版过介绍国外最新倒装芯片封装技术的专著。

由日月光集团公司 Ho-Ming Tong、Yi-Shao Lai 和香港中文大学 C. P. Wong 院士主编并于 2013 年出版的专著《Advanced Flip Chip Packaging》就是这样一本书。该书由行业内 20 多位知名专家撰写而成，涵盖了与倒装球栅阵列和倒装晶圆级封装相关技术的过去、现在和将来的演变趋势，为电子封装领域的技术研发人员和研究人员提供了完整的、最新的信息。

为满足国内企业技术人员和科研人员的需要，中国电子学会电子制造与封装技术分会、《电子封装技术丛书》编辑委员会组织了英文版专著《Advanced Flip Chip Packaging》的翻译工作。全书由北京工业大学先进电子封装技术与可靠性研究所秦飞、别晓锐、安彤主译，陈沛、武伟、陈思、史戈、孙敬龙、赵静毅、周琳丰、张理想、马瑞等参与了翻译工作。全书由秦飞教授统稿，并邀请天水华天科技股份有限公司先进封装技术研究院院长于大全博士、中国科学院半导体所段瑞飞博士对译文进行了认真审阅和校正。《电子封装技术丛书》编辑委员会主任毕克允教授对翻译工作给予了大力支持和精心指导。

　　本书在翻译过程中，力求准确再现英文版的技术细节，并在认真核对的基础上，对英文版中的个别地方进行了补漏。考虑到书中大量使用缩略语，中文版以附录形式增加了缩略语表。

　　由于水平有限，书中不妥之处在所难免，敬请读者批评指正。

译　者

原 著 前 言

据我们所知，倒装芯片封装技术类的图书大部分都是在 10 年前编辑和出版的，比较经典的包括刘汉诚（John H. Lau）博士主编的《低成本倒装芯片技术》（Mc Graw Hill 出版，2006 年 4 月化学工业出版社翻译出版）。那时，倒装芯片技术是"奢侈品"，只用于如大型机和工作站之类的高端、高性能产品。但是，在过去的 10 年里，技术的进步使得低成本、高可靠性倒装芯片封装在 4C（计算机、通信、消费类和汽车电子）产品以及其他电子产品中的应用激增。随着我们进入电子消费时代，对倒装芯片的需求将进一步增长，以满足消费者对性能、尺寸、成本和环境兼容性等永不满足的需求。

过去 10 年里发生的重要变化使得今天的倒装芯片封装与以往大不相同。随着摩尔定律芯片的介电层从非低 k 演进到低 k，由于低 k 介电层机械强度较弱，芯片-封装相互作用必须在产品化以前加以解决。而且，随着半导体产业的技术节点从 45nm 转向 32nm 及以下，芯片-封装相互作用问题更加突出。除此以外，欧共体颁布的、2006 年开始实行的 RoHS 强制性标准促使全球半导体业（包括倒装芯片制造商和提供商）从含铅封装转向无铅、无卤素封装。过去的 10 年里，像倒装芯片这样的先进封装可以取得高溢价，而在如今的消费时代，为取得价格优势，倒装芯片正在被其他低成本的封装取代。这种大趋势促使制造商开发低成本的倒装芯片结构、工艺、材料和设备。而且，随着系统级功能集成进程加速，整个半导体工业也转向在芯片、封装、模组、板级/系统级中采用更细的节距；在特定应用中，甚至采用具有更细节距的较大尺寸倒装芯片。为支撑倒装芯片的增长，伴生的基板、下填料、互连、设计、仿真和可靠性设计等技术都在持续演进。由于上述原因，具有最高密度的倒装芯片封装技术也在不断再创新，以应对日益增长的对性能、成本、尺寸、环保等的要求。展望未来，随着系统级功能集成加速，倒装芯片封装技术的发展也将加速，特别是对于手机、便携式电脑等移动电子产品。

我们坚信，撰写一本能反映过去 10 年倒装芯片封装技术进展的新书是适时的，而且能够为相关领域的研究人员提供有价值的信息。《先进倒装芯片封装技术》就是这样的一本书，它论述了与倒装球栅阵列和倒装晶圆级封装相关技术的过去、现在和将来的演变趋势。

Ho-Ming Tong（唐和明），日月光集团公司
Yi-Shao Lai（赖逸少），日月光集团公司
C. P. Wong（汪正平），香港中文大学

目　录

第 1 章
市场趋势：过去、现在和将来

Robert Lanzone

Advanced Packaging and Wafer Level Development at Amkor Technology Inc,
1900 South Price Road, Chandler, AZ 85286, USA

1.1	倒装芯片技术及其早期发展　2		1.7	倒装芯片的市场驱动力　11
1.2	晶圆凸点技术概述　2		1.8	从 IDM 到 SAT 的转移　13
1.3	蒸镀　3		1.9	环保法规对下填料、焊料、结构设计等的冲击　16
1.4	晶圆凸点技术总结　6			
1.5	倒装芯片产业与配套基础架构的发展　7		1.10	贴装成本及其对倒装芯片技术的影响　16
1.6	倒装芯片市场趋势　9		参考文献　16	

摘要　倒装芯片，顾名思义，是将芯片正面向下与基板连接的封装方式。倒装芯片技术于 1961 年由 IBM 发明。倒装芯片技术使得 IBM 成为制造高性能集成电路的领导者。IBM 所采用的倒装芯片制造方法比较昂贵，限制了其广泛应用。众所周知，IBM 为了保持其在大型计算机领域的领先地位，发明了倒装芯片技术，并一直控制该技术直到 20 世纪 90 年代中期。IBM 的倒装芯片技术采用陶瓷基板，适合高功率应用。虽然最初的可控塌陷芯片连接技术采用涂覆焊料的 Cu 球形成互连，但在 10 年前，采用高含铅量（97%）焊料通过钼模板蒸镀工艺形成互连已成为可控塌陷芯片连接技术的主流。IBM 即使在原始专利权失效后，仍然控制该技术的知识产权和技术秘密许多年。

1.1　倒装芯片技术及其早期发展

倒装芯片（Flip Chip，FC），顾名思义，是将芯片正面（制作有 IC 电路的面）向下与基板连接的封装方式。倒装芯片技术于 1961 年由 IBM 发明。倒装芯片技术使得 IBM 成为制造高性能集成电路的领导者。IBM 所采用的倒装芯片制造方法比较昂贵，限制了其广泛应用。众所周知，IBM 为了保持其在大型计算机领域的领先地位，发明了倒装芯片技术，并一直控制该技术直到 20 世纪 90 年代中期。IBM 的倒装芯片技术采用陶瓷基板，适用于高功率应用。虽然最初的可控塌陷芯片连接技术（C4）采用涂覆焊料的 Cu 球形成互连，但在 10 年前，采用高含铅量（97%）焊料通过钼模板蒸镀工艺形成互连已成为 C4 技术的主流。IBM 即使在原始专利权失效后，仍然控制该技术的知识产权（IP）和技术秘密许多年。

由于其他整合元件制造商（IDM）对先进互连技术的需求，它们同样需要倒装芯片互连技术。AMD、Digital Equipment Corporation（DEC）、HP 以及 Intel、Motorola 等公司于 20 世纪 90 年代中期先后获得了 IBM 倒装芯片技术的许可，从此，倒装芯片技术开始被广泛应用，但只限于一些特殊的半导体产品。

正如前面所提到的，倒装芯片技术是一种互连方法，该方法将半导体芯片（IC）的电信号端子以面向下或倒装的方式与封装基板（也称为载板）互连。电信号端子由传统焊料制成，可以与基板实现互连。这种互连方式中，输入输出端子（I/O）可以布满整个芯片，因此即使是在相同的节距下，倒装芯片互连的 I/O 密度要比引线键合高很多。引线键合互连中，I/O 只能布置在 IC 的四周，因此无论采用多小的节距，也无法达到倒装芯片互连那样的 I/O 密度。凸点技术（Bumping）是在 IC 整个表面制作 I/O 端子的关键。IBM 蒸镀工艺制作的凸点节距为 $250\mu m$，这样，一个 $10\times10mm^2$ 芯片上可以制作 1500 个 I/O；一个 $20\times20mm^2$ 芯片上则可以制作 6000 个 I/O。

1.2　晶圆凸点技术概述

制作晶圆凸点的关键是沉积凸点下金属层（UBM）。需要指出，IBM 最早采用的术语为焊球受限金属化层（BLM），其作用为：
① 提供互连的键合层；
② 提供原子扩散阻挡层，以免凸点材料原子扩散至下层金属结构；

③ 为下层介电材料和金属提供粘接层，并作为阻挡层阻止污染物沿介电层水平方向迁移至下层金属。

现在采用的 UBM 多数由溅镀工艺制作。溅镀工艺制作 UBM 的成本效益最好，特别是与蒸镀工艺相比。影响焊锡凸点结构可靠性的最直接因素就是 UBM 的制作质量。

一般而言，UBM 结构必须经受多次（经常高达 20 次）回流而不损坏。由于 UBM 是用于将焊锡凸点和焊盘金属化层粘接在一起的结构，所以它还必须通过切应力和拉伸应力测试。在机械破坏测试中，焊锡凸点失效的通用判据是失效发生在焊料本身。因此，UBM 必须具有足够的强度，不会因为时间、温度、湿气和偏置电压等因素发生性能退化。

1.3　蒸镀

IBM 发明了蒸镀法凸点制作技术，并基于自有工艺将该技术用于量产产品。早期获得授权的 AMD 和 Motorola 也采用这种蒸镀法凸点制作技术。图 1.1 所示为该蒸镀工艺的流程。

IBM 采用 Cr 和 Cu 蒸镀制作 UBM，最后一层是 Au。这种通过钼投影掩膜蒸镀制作的 UBM 结构，对于高含铅量焊料（如 Pb-3％Sn、Pb-5％Sn）凸点具有极高的可靠性。

这种高含铅量的软焊料最早用于与陶瓷基板互连，也与共晶焊料（如 Sn-37％Pb）一起使用形成混合焊锡接点，用于将芯片与有机基板互连。

蒸镀工艺中，掩膜对中十分重要，并且掩膜设计必须考虑热膨胀系数（CTE）和晶圆的动态温度变化。

焊料采用相同的金属掩膜进行蒸镀，但由于大部分焊料被蒸发到掩膜和反应腔的壁面上，故该工艺的成本极高，尤其是对于价格昂贵的低 α 焊料。

由于焊料附着在金属掩膜上，必须加以清除，而清除工艺会降低掩膜质量、改变开孔尺寸，从而缩短了掩膜的使用寿命。UBM 的制作通常使用多个蒸发器，这使得焊料成本进一步增大。

蒸镀工艺一般可接受的面阵列节距极限为 $225\mu m$。当产品要求达到 $200\mu m$ 时，实际上所有原先采用蒸镀工艺的公司都转向采用电镀工艺。

1.3.1　模板印刷

模板印刷工艺中，UBM 由溅射工艺沉积到整个晶圆表面上，包括金属化的键合焊盘。典型的 UBM 结构为 Al/Ni-V/Cu、Ti/W/Cu 等。图 1.2 所示为溅镀/模板印刷的工艺流程。焊料沉积采用模板印刷工艺，模板可以是金属掩膜或光学掩膜。

光学掩膜可以制作较细节距的凸点，但用于更细节距时，良率是一个主要问题。对于较大的节距，模板印刷工艺也受到限制，例如用于较薄或较脆的晶圆材料（如砷化镓、硫化铟或其他Ⅲ-Ⅴ系化合物）时，也会遇到问题。

因为易于制造，模板印刷一般被认为是低成本技术，但也不尽然。电镀时，模

- 气相

- UBM 和焊料利用
  投影掩膜进行蒸镀

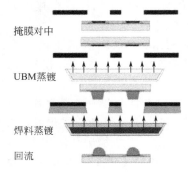

掩膜对中

UBM蒸镀

焊料蒸镀

回流

图 1.1　蒸镀工艺流程

- 固相

- 沉积 UBM

- 利用模板
  印刷焊膏

- 成本低，
  形状粗糙

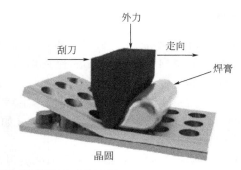

外力

刮刀　　　　　走向

焊膏

晶圆

图 1.2　溅镀/模板印刷工艺流程

板必须采用光学掩膜。焊料筛分也并不是最有效的材料利用方法。

对于细节距凸点，模板印刷遇到的另一个问题是焊锡凸点中的空洞缺陷。由于助焊剂必须与焊膏混合，回流工艺中必须监测和控制空洞的形成。

1.3.2　电镀

对于极细节距凸点，电镀是成本效益最好的工艺，不但良率最高，而且对于小尺寸凸点电镀速度快，凸点密度高。

电镀工艺适用于目前使用的多种工艺材料，并且适用于各种凸点尺寸、节距和排布方式。典型的电镀工艺流程如图 1.3 所示。

由于电镀工艺必须有一层导电介质，故需要先在 UBM 上盲镀一层导电介质。如图 1.3 所示，第一步盲镀一层 UBM。常用的 UBM 结构为 Ti/Cu/Ni，其中的三种成分用于不同的目的：Ti 用于粘接和密封，Cu 用作导电层，Ni 用作扩散阻挡层和润湿层。

1.3.3　焊坝

成本更低的 UBM 采用溅射工艺制作，但其中焊坝的制作需采用电镀工艺，这也是唯一采用电镀工艺的工艺步骤。

溅镀 UBM 后，接下来需要制作电镀掩膜。焊料体积的控制主要借助一层厚的、侧壁斜率受到精确控制的光刻胶。图 1.4 给出了电镀前结构的剖面图。

利用掩膜将焊料整体电镀到定义好的结构中。图 1.5 所示为电镀的标准工艺，

- 以 UBM 覆盖层作为电镀导体

- 以光学电镀掩膜控制凸点尺寸和位置

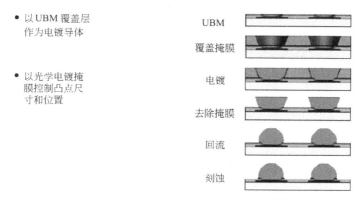

UBM

覆盖掩膜

电镀

去除掩膜

回流

刻蚀

图 1.3　主要电镀厂商所采用的工艺流程

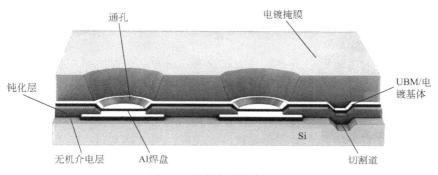

通孔　电镀掩膜

钝化层　UBM/电镀基体

无机介电层　Al焊盘　Si　切割道

图 1.4　电镀焊坝的剖面图

图 1.6 给出了电镀后的凸点图像。该方法可以制作节距细至 $50\,\mu m$ 的凸点，而且分布均匀。

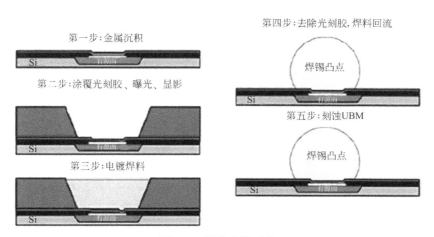

第一步:金属沉积

第二步:涂覆光刻胶、曝光、显影

第三步:电镀焊料

第四步:去除光刻胶,焊料回流

焊锡凸点

第五步:刻蚀UBM

焊锡凸点

图 1.5　标准电镀工艺

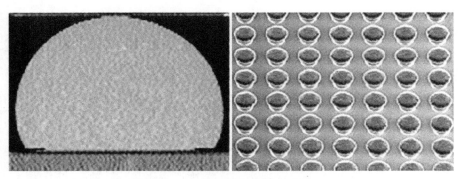

图 1.6　经过后回流的共晶凸点

1.3.4　预定义结构外电镀

"菌形"电镀或者预定义结构外电镀不如预定义结构电镀易于控制。然而相比于标准电镀工艺，这种电镀形式沉积的焊料体积更大，因而可以制作更高的焊锡凸点。

一旦材料均匀电镀后，需去除光刻胶掩膜。通常，这时将对 UBM 进行刻蚀。

为避免出现问题，需先进行焊料回流。这就是为什么在刻蚀 UBM 时需预先沉积焊坝的原因，以免熔融焊料外流。

进行焊料回流是为了控制或消除湿法刻蚀工艺引起的钻蚀。钻蚀会降低焊点强度，或者造成焊料表面的多变性，导致凸点高度共面性降低。

在回流过程中，焊料能够促使其下层金属转变为金属间化合物。该金属间化合物不会与用于刻蚀大片金属的刻蚀剂反应，因而刻蚀可以继续直到完全去除大片需要刻蚀的金属。

刻蚀后再进行最后一次回流，以形成外观平滑光亮的焊锡凸点。图 1.6 所示为经过后回流的共晶焊锡凸点。

电镀是迄今所讨论的技术当中最具可扩展性的技术。这就是为什么原先采用蒸镀工艺的整合元件制造商都转向采用电镀工艺的主要原因。

实际上，若对焊锡槽适当维护，则不存在焊料浪费，这对于高成本、低 α 焊料十分重要。由于工艺中不施加机械压力，故可以在脆性材料如 GaAs 或者薄硅晶圆上制作凸点。200mm 晶圆的标准厚度规格为 18.0mm。

电镀工艺已经被证实能够制作高度为 $25\sim175\mu m$ 的不同尺寸的焊锡凸点，这样的通用性对于商用晶圆凸点制作厂商十分有利。

1.4　晶圆凸点技术总结

尽管丝网印刷凸点制作技术仍有较大的用户基础，但电镀已经成为主要的晶圆凸点制作技术。电镀工艺已经被证明是前面所述 3 种技术当中成本效益和通用性最好的技术。

IBM 最先开发了高温共烧陶瓷（HTCC）和低温共烧陶瓷（LTCC）基板用于倒装芯片，这些基板能够承受高达约 360℃ 的回流温度。相比于层压基板或印制线路板（PWB），陶瓷材料的热膨胀系数较低，但仍与硅不匹配。因此，需要一种材料来连接热膨胀系数不同的两种材料，即所谓的下填料。下填料附着在芯片和基板的整个横截面上，其主要作用是分配由于芯片与基板热失配引起的焊锡凸点及底部填充材料中的应力和应变能，延长焊点寿命。

1.5　倒装芯片产业与配套基础架构的发展

总的来说，早期的倒装芯片是将节距 $250\mu m$ 的高含铅量凸点蒸镀到晶圆上，并经过回流焊连接到陶瓷基板上。该技术实现了高性能封装，满足了 IBM 先进计算需求数十年。然而，由于其知识产权垄断以及制造成本较高，市场推广受到限制。尽管如此，由于整合元件制造商亟须倒装芯片的优越性能，他们便向 IBM 寻求该技术。IBM 授予这些公司倒装芯片技术的使用权，并索要几千万美元的专利费。倒装芯片技术得到广泛应用，这对业界而言是激动人心的时刻，至少对微处理器（MPU）及专用集成电路（ASIC）等高端应用而言是这样的。IBM 研发了包括晶圆凸点制作、陶瓷基板以及倒装芯片组装工艺在内的技术。倒装芯片组装工艺需要独特的回流炉和环境、助焊剂和助焊剂清洗，以及底部填充技术。

这些被授权商面临的挑战是要独立于 IBM 使用新的专利技术，建立所需的产业基础架构，并将新技术应用于微处理器实现量产。AMD、DEC 以及 Motorola 引进了 IBM 的技术，并和 IBM 一样投入应用，而 Intel 成为改进该技术的可制造性和成本的开拓者。倒装芯片技术的配套基础架构可分为更多独立的部分，即凸点制作技术、基板及组装工艺。最先得到授权的厂商采用了 IBM 的凸点制作技术，正如前面所讨论的，价格昂贵。它们面临的首要挑战是要为基板供应商建立全面的基础架构。作者在 IBM 从事倒装芯片封装的设计制造工作近十年。1995 年作者加入 Kyocera 公司从事倒装芯片基板的开发工作，意识到除了 IBM 以外，业界首次大范围建立倒装芯片基板基础设施。当时，五大微处理器制造商 AMD、DEC、HP、Intel 以及 Motorola 都采用陶瓷基板进行引线键合。Intel 大胆开发并推出层压基板用于倒装芯片封装。

作者与 AMD、DEC、HP、LSI 以及 Motorola 合作开发了第一个由 Kyocera 提供基板的倒装芯片陶瓷封装。Intel 公开向其指定陶瓷基板供应商宣布他们的计划，要求 Kyocera 和 NTK 公司研发层压倒装芯片基板。当时，制造可靠的且与硅热膨胀系数相差不大的层压基板看起来是一个巨大的挑战，以至于供应商推迟了倒装芯片层压基板技术的研发。为此 Intel 转而聚焦于在 IBM 之外其他先前指定的公司来制造第一个商用陶瓷基板。即使对于陶瓷基板技术，依然是个巨大挑战。作者回想起采用 Kyocera 基板的 AMD K6 微处理器的认证，数十人参与该项目超过一年。在这为期两年的项目中，我们成功地将倒装芯片填充基板技术应用于微处理器和专用集成电路，这些新应用的市场潜力及收益超过了数亿美元。

在这段时间里，Intel 成功培养了如 Ibiden 公司这样的层压基板供应商，率先生产了基于层压基板的倒装芯片封装。一旦该封装得到市场认可，则传统的陶瓷基板供应商也都开始研发先进的层压增层基板技术。现在他们中有一些已成为顶尖的供应商。

如今，陶瓷和层压基板供应商已经建立起基板的基础架构，接下来的挑战就是发展凸点制作技术并降低其成本。IBM 的蒸镀法凸点制作技术较为昂贵，并且由于采用金属模板，故无法将凸点节距减至远小于 $250\mu m$。Intel 再次先于其他公司开发了电镀法凸点制作技术，放弃了传统晶圆加工技术所青睐的蒸镀工艺。电镀法凸点制作技术采用覆盖在晶圆表面的溅镀"种子层"作为电极，用于后续电镀焊锡凸点。电镀工艺也可用于其他组分的焊料，原先只有 97/3 Pb/Sn，现在还可采用 95/5 Pb/Sn 和 63/37 Sn/Pb。

凸点制作技术仍由那些原始的整合元件制造商垄断，但由于倒装芯片越来越普及，故需要其他的外包厂商。市场需要为主要的独立凸点制造商，如 Flip Chip Technology 和 Unitive Electronics 公司创造机遇。Unitive 采用专利技术为北卡罗来纳微电子中心（MCNC）制得了先进的电镀高含铅量共晶凸点，Flip Chip Technology 公司得到 Delphi Electronics 公司的授权将丝网印刷技术用于制作共晶凸点。1999 年，作者再次意识到将外包凸点供应链并入 Unitive Electronics 的必要性。在许多方面，这是对先前 Kyocera 的商业和技术发展的重大改变。除了自身制造能力外，微处理器和专用集成电路公司还需要外包凸点制作服务，并由此建立晶圆级凸点制作产业链。

目前市场上主要存在电镀和丝网印刷这两种相互竞争的凸点制作技术。由于蒸镀法凸点制作技术的弊端现在已经众所周知，故新的竞争者转向这两种新技术来建立自身能力或外包服务。

首先丝网印刷工艺具有成本低且相对易于实现的显著优势，已经用于封装产业许多年，并且相比于复杂的电镀化学工艺，丝网印刷工艺似乎是首选。

大约在 2000 年，业界面临的一个较大问题是凸点制作属于半导体制造商、半导体封测厂商（SAT）、独立的凸点制造商，还是电子制造服务商的领域。现在，封装厂商开始得到授权并投资晶圆凸点制作产业，之前他们一直在提供外包引线键合封装服务。当整合元件制造商拥有了自己的倒装芯片封装能力后，这些封测厂商失去了一部分封装市场。封测厂商首先采用客户提供的凸点晶圆专注于开发倒装芯片封装组装工艺，同时也着手与新兴的晶圆凸点制造商合作，如 Flip Chip Technology 和 Unitive Electronics 公司。作者将 Unitive 电镀技术的使用权授予了 Amkor Technology 公司，同时 Amkor 也得到了 Flip Chip Technology 公司丝网印刷凸点制作技术的授权。成为授权公司并不是 Unitive 的商业模式，所以除了 Amkor 之外并没有其他授权。Unitive 需要第二市场源让客户采用它的技术，以便扩大整个市场并选择 Amkor 作为第二市场源。相反，Flip Chip Technology 公司采取了授权模式，授权所有主要的封装外包厂商，如中国台湾的 Advanced Semiconductor Engineering（ASE）和 Silicon Precisionware（SPIL）公司。

实际上，Amkor 采用丝网印刷在韩国建立了第一条凸点生产线。作者认为丝网印刷技术广泛授权的早期推动力影响着采用何种技术制作凸点。大约在 2002 年，半导体封测厂商大力投资倒装芯片封装和凸点制作技术，这成了倒装芯片互连得到更加广泛应用的基础。

当 IC 和系统需求迫使向倒装芯片互连快速转变时，一些附加性能的出现又促进了倒装芯片的迅速应用：

① 高密度互连（HDI）或微通孔有机基板满足了高管脚密度的要求。

② 不断增长的组装外包趋势改变了半导体封测厂商的功率器件生产能力和产业基础架构的平衡，这些半导体封测厂商已经采用了球栅阵列封装（BGA）及芯片尺寸封装（CSP）。

③ 表面贴装技术，诸如 BGA 和 CSP 可轻易实现倒装芯片的第一级互连。

④ 大量数据表明，高含铅量和共晶焊锡凸点对 BGA 而言是可靠的。

对于垄断倒装芯片凸点制作技术的大型垂直整合集成电路公司，另一个有利于业务外包的因素是第一代凸点制作技术的淘汰。比如 AMD、HP、Motorola 等获得 IBM 蒸发沉积 C4 技术授权的公司，现在正意识到该技术在制作细节距凸点（$<225\mu m$）方面的局限。这些企业需要决定的是将大量的研发力量和资金用于电镀技术以解决制作细节距凸点（$<200\mu m$）的问题，还是用于业务外包。

业务外包可以缩短新技术采用时间以及节省投资和产品的成本，这些优势已使业务外包成为大型垂直整合企业的常态。

随着半导体封测厂商投资产能建设并建立起低成本高产量的基础产能，使得倒装芯片封装在其他市场产品中得到应用。到 2000 年中期，倒装芯片仍是相对高端的封装。现在所有微处理器、高端专用集成电路以及现场可编程门阵列（FPGA）芯片都采用倒装芯片封装。层压基板也成了主流技术。由于倒装芯片大约 50% 或更多的成本源于基板，故有必要降低层压基板的成本。来自日本、韩国以及中国台湾的众多层压基板供应商已经形成规模和竞争力以降低基板成本。

1.6　倒装芯片市场趋势

过去的 8 年当中，倒装芯片封装已经成为了主流的封装互连技术。到目前为止，倒装芯片实际上被认为是一种封装类型，而不是一种互连技术。例如，倒装芯片球栅阵列封装（FCBGA）主要采用层压基板技术在组装封装工艺中完成，但只限于高性能集成电路应用。

图 1.7 给出了倒装芯片的应用领域。

传统 FCBGA 的发展趋势如下：

（1）凸点节距

① 减小凸点节距能够提高 I/O 密度。

② 节距变化趋势（$250\mu m \rightarrow 225\mu m \rightarrow 200\mu m \rightarrow 180\mu m \rightarrow 150\mu m \rightarrow 140\mu m \rightarrow 125\mu m$）。

（2）焊锡凸点沉积方法　蒸镀→丝网印刷→电镀。

（3）凸点焊料组分　高含铅量→共晶→无铅（Sn-Ag）→Cu 柱节距$<125\mu m$。

（4）封装组成　陶瓷基板→高密度互连层压基板→预浸层压基板→低热膨胀系数层压基板→无芯基板。

（5）封装结构　密封单片盖（SPL）→非密封单片盖→加强筋＋盖子→裸芯片→模塑。

传统的引线键合芯片尺寸封装（WBCSP❶）越来越受欢迎，驱动着更高密度

---

❶　译者注：原书此处为 CABGA，有误。

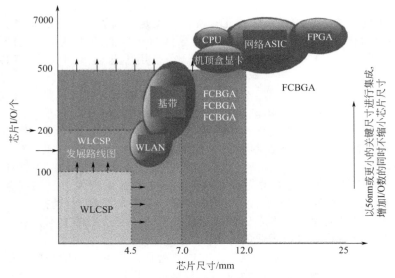

图 1.7 倒装芯片的应用领域

的带状层压基板封装。随着封装的物理尺寸越来越接近于芯片尺寸，通孔、线路、空间以及封装层数不断减小，带状层压基板技术愈发适用于倒装芯片器件。由于基板成本的降低，使得倒装芯片广泛应用于其他市场成为可能。这些原始的倒装芯片尺寸封装（FCCSP）是为性能相对较高的产品开发的，如基带和应用处理器。

FCCSP 的应用市场：

（1）相对于芯片尺寸的凸点（I/O）密度

① 用于＞200I/O 或＞5.5mm 的芯片尺寸。

② 更低密度的产品，采用 WLCSP 更优且成本更低。

（2）低功率

① 一般功率＜2W（取决于芯片尺寸）。

② 板级封装可用于高功率裸芯片 FCCSP（＞2W）。

（3）面积　对于手持设备，40nm/65nm 技术减小了芯片尺寸，但更多的 I/O 使得没有足够的区域布置外围 I/O，故需要利用基板引线扇出区域。

（4）价格　对于高 I/O 小尺寸芯片，外围区域不够、Au 线成本以及用于引线扇出的大尺寸基板会驱动价格具有竞争性的 FCCSP 发展。

（5）模塑　易于测试和拿持，常用形式与 CABGA 相同。

芯片尺寸、外观尺寸以及基板芯材厚度的常规值如图 1.8 所示。

① 一般长 14mm 或更小则以条带 FCCSP 进行组装。

② 现在长 15mm 或更大则以单个 FCBGA 进行组装。

③ 长度达 17mm 可以条带 FCCSP 进行组装。

④ 模塑 FCCSP 封装愈发受欢迎。

⑤ 模塑的组装良率更好，可改善翘曲/BGA 共面性，并且板级贴装时易于拿持。

结构		最大芯片尺寸	最小基板芯材厚度
裸芯片 (CUF)		外观尺寸 −2.5mm	0.20mm(2L)
模塑 (CUF)		外观尺寸 −2.0mm	0.10mm(2L) 0.06mm(4L)
可模塑 UF		外观尺寸 −1.0mm	0.10mm(2L) 0.06mm(4L)

图 1.8　倒装芯片封装的常规外形尺寸（来源：Amkor Technology 公司）

1.7　倒装芯片的市场驱动力

随着摩尔定律继续指引着硅技术的发展，硅技术节点的不断减小对封装技术产生了巨大影响。传统硅技术的发展并不考虑封装技术，封装工程师总是直接对硅供应商提供的产品进行处理，对硅的设计、加工或制造毫无影响。然而，这种状况正要终结。现在先进硅技术节点几乎达到 45nm 或更低，芯片与封装相互作用（CPI）必须预先考虑。若未预先考虑，则需要进行一些改进。

仍然存在的一个问题是晶圆代工厂不愿向封装企业公开他们的工艺技术，这使得硅技术发展迟缓。封装工程师发现硅片问题时，往往需要与晶圆代工厂方面反复沟通，而硅供应商一般否认问题的存在，然后通过未知的且不明确的改进措施使得问题不再出现。这些"扯皮"问题已经发生在 45nm 或者更小技术节点的无铅及 Cu 柱凸点技术中。由于对更细节距凸点阵列和无铅化的需求，导致晶圆制造工艺中出现了高应力的凸点结构以及脆弱的层间电介质层（ILD）。封装工程师几乎无法知道硅叠层结构、材料及厚度信息。一般来说，当遇到新的硅技术节点时，封装工程师会试图采用标准的上一代物料清单（BOM）和组装工艺。在最近的 45nm 技术研发中，常看到 ILD 开裂或者白色凸点，即利用 Sonoscan 超声波扫描成像，将结构中某些发生分层的地方凸显出来之后显现白色凸点。通过后续的失效分析（FA）能够发现分层的原因，是 ILD 开裂、UBM 分层、凸点开裂，还是其他与应力有关的问题。

Sonoscan 超声波扫描显微镜观察到的白色凸点分层如图 1.9 所示。

与 ILD 开裂有关的白色凸点其剖面图如图 1.10 所示。

一旦观察到 ILD 分层，封装工程师需分析出原因，并确定合适的改善措施，这需要与晶圆制造商沟通询问硅叠层及其有关强度情况，但这项沟通工作并不容易。经常遇到的困难是，硅供应商致力于提高硅结构的强度，而封装工程师则致力于组装工艺中尽可能对硅"温柔处理"。解决 ILD 分层或碎裂问题时可以调整的参数如下：

① 顶层 Cu 或 Al 的厚度；

② 非 ELK 覆盖层数；

③ 通孔密度；

④ 硅一侧凸点焊盘开口；

图 1.9 Sonoscan 超声波扫描显微镜观察到的白色凸点分层（来源：Amkor Technology 公司）

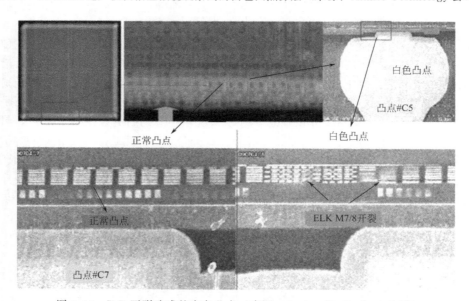

图 1.10 ILD 开裂造成的白色凸点（来源：Amkor Technology 公司）

⑤ 凸点 UBM 直径和高度；

⑥ 在凸点结构下方添加钝化层，如聚酰亚胺（PI）或聚对苯撑苯并二噁唑（PBO）；

⑦ UBM 叠层，如厚度和材料；

⑧ PCB 焊盘尺寸及阻焊层开口（SMO）；

⑨ UBM/SMO 之比；

⑩ UBM 应力；

⑪ 芯片/封装之比；

⑫ 底部填充材料，例如高 T_g；

⑬ 回流温度曲线，例如缓慢冷却；

⑭ 增加密封盖或者其他强度更高的结构单元；

⑮ 基板芯材及厚度；

⑯ 基板热膨胀系数。

考虑到现有的封装协同设计工具对整合元件制造商是完全开放的，所以整合元件制造商在硅制程阶段考虑封装协同设计是可行的。图 1.11 给出了这种协同设计的流程。

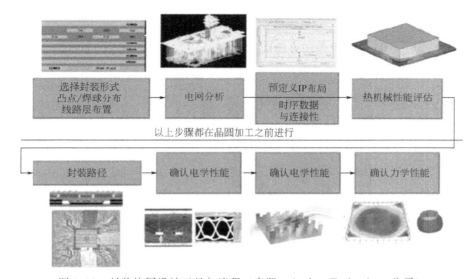

图 1.11　封装协同设计工具与流程（来源：Amkor Technology 公司）

由于传统的封装协同设计不要求找到一个解决方法，所以也没有对设计方法进行改变的需求。而现在越来越多的公司同时遇到这些问题，因而希望有所变化。并非技术原因使得协同设计不可行，更多的是与商业或管理有关。

解决管理问题的一个方法是建立跨部门团队，包括在硅设计工作开始之前就让封装工程师加入。另外，还需额外表征硅叠层结构单元。尽管常采用有限元方法（FEM）进行封装分析，但很少建立包含硅叠层的精细模型，这是因为硅制造商认为这些信息是保密的、专属，想要获得这些信息是比较困难的。

1.8　从 IDM 到 SAT 的转移

正如本章前面所提到的，直到 20 世纪 90 年代后期，倒装芯片封装一直属于整合元件制造商的领域。到了 20 世纪 90 年代后期，半导体封测厂开始从提供凸点晶圆封装入手涉足倒装芯片封装。在随后的几年中，半导体封测厂开始大量投资凸点和晶圆级封装（WLP）技术。

在我看来，对于半导体封测厂而言，投资凸点和晶圆级封装技术颇具挑战但又十分必要。相比于一般的封装投资成本（CAPEX），用于凸点大规模生产的投资超过了数亿美元。从过去的 5 年来看，包括凸点在内的倒装芯片投资成本达到了以往任何一年半导体封测厂总的投资成本的一半。一旦半导体封测厂持续大量投资，那么整合元件制造商就没有必要再进行投资来紧跟步伐。实际上，过去几年进军倒装芯片封装的整合元件制造商根本不需要投资，他们只需利用半导体封测厂所具备的生产能力即可。

Intel 持续大量投资倒装芯片生产和研发，即使已经将芯片组业务外包给半导体封测厂。IBM 减小了在加拿大布罗蒙特的倒装芯片封装的生产规模，同时也将大部分业务外包出去。半导体封测厂是倒装芯片封装的主要参与者，并且会继续占领更多的市场。

Intel 率先将基于 Cu 柱凸点的倒装芯片封装投入量产，将其用于 Atom 处理器，如图 1.12 中的显微图像所展现的那样。

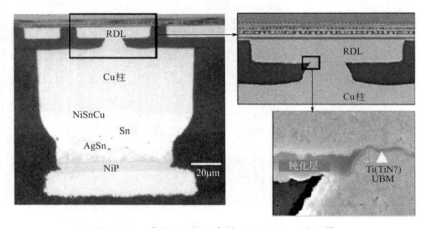

图 1.12　采用 Cu 柱凸点的 Intel Atom 处理器

Amkor 是第一个引入细节距 Cu 柱封装的半导体封测厂，并与 Texas Instruments（TI）公司合作提高了 2010 年第一季度的产量，如图 1.13 所示。细节距 Cu 柱封装技术采用核心凸点以及多排芯片边界设计方法，将倒装芯片节距减小至 $40\mu m$。该技术成本低，并率先用于消费类无线电子产品。一直以来希望将该技术应用于高端倒装芯片市场，如 CPU、服务器或者现场可编程门阵列芯片。细节距倒装芯片封装（FPFC）（即节距小于 $60\mu m$）是用于高速便携式产品的新兴技术，如手机中的应用处理器，以满足小尺寸、低成本产品的需求。FPFC 器件的一个关键优点是无需在晶圆上制作再分布层（RDL），因此可利用现有的芯片设计和制造设备，这使得原来的四周引线类芯片可直接用于倒装芯片产品[5]。

Cu 柱倒装芯片的增长是意料之中的事情。2011 年下半年 Amkor 的出货量超过了 1 亿块，并且众多消费者接受了该技术，这使得传统的面阵列倒装芯片封装如 BGA 和 CSP 也开始采用 Cu 柱凸点。图 1.14 给出了 2009～2014 年对 Cu 柱凸点需求量的预测值，这期间增长了 7 倍。

图 1.13　TI XAM3715 应用处理器中的细节距 Cu 柱

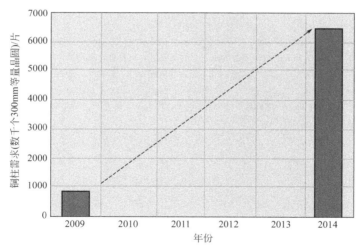

图 1.14　2009～2014 年倒装芯片 Cu 柱凸点需求量预测（来源：Tech Search International 公司）

　　在本书出版之际，我认为半导体封测厂在倒装芯片的研发和生产中占有很大比重。由于半导体封测厂的投资以及未来大多数封装技术都将采用倒装芯片互连，所以这种趋势仍会继续。无论是何种 3D 封装形式，硅通孔或者晶圆级扇出技术，都得益于半导体封测厂对倒装芯片或者晶圆级封装的投资。

1.9　环保法规对下填料、焊料、结构设计等的冲击

尽管自 2004 年以来，已经有了无铅凸点和无铅封装，但并未实现广泛应用。一般消费类与便携式产品推动着向无铅化转变，而 FCBGA 仍采用高含铅量或共晶焊料凸点。虽然在确定无铅化实施期限上颇费周折，但也迫使了倒装芯片封装最终向全面无铅化转变。

1.10　贴装成本及其对倒装芯片技术的影响

一直以来倒装芯片都是令人兴奋的封装技术，但相比于传统的引线键合封装，其成本限制了倒装芯片成为主流技术。不过，成本的限制正在逐渐消除，采用条带封装的倒装芯片使其成本显著降低。由于层压基板占据最多的产品成本，所以降低层压基板成本是降低倒装芯片封装成本最有效的方法。

此外，对于 FPFC 设计，Amkor 进行了大量研究，使现有的面阵列倒装芯片设计向细节距设计转变。其中 80％ 的研究发现，细节距外围设计能够降低基板成本，这是由于金属层的减少以及外形尺寸的减小。通过降低倒装芯片封装基板的成本（其成本最高），使得倒装芯片封装广泛应用于其他市场成为可能[1~5]。

参 考 文 献

[1] Chip Scale Review (2001) Wafer bumping tutorial by Robert Lanzone.
[2] Amkor Technology Inc. various Company Technology presentations.
[3] Chipworks tear down reports.
[4] TechSearch International Inc (2010) Flip chip report.
[5] ECTC 2011—Next Generation Fine Pitch Cu Pillar Technology—Enabling Next Generation Silicon Nodes Mark Gerber, Craig Beddingfield, and Shawn O'Connor, Texas Instruments Inc., 13532 N. Central Expressway, Dallas, TX 75243, USA; Min Yoo, MinJae Lee, DaeByoung Kang, and SungSu Park, Amkor Technology Korea, 280-8, 2-ga, Sungsu-dong, Sundong-gu, Seoul 133-706, Korea; Curtis Zwenger, Robert Darveaux, Robert Lanzone, and KyungRok Park, Amkor Technology Inc., 1900 South Price Road, Chandler, AZ 85286, USA.

第 2 章

技术趋势: 过去、现在和将来

Eric Perfecto, Kamalesh Srivastava
IBM Corporation

摘要　自 1961 年 IBM 发明倒装芯片技术以来，对增大 I/O 密度的需求从未间断。近来出现了基于 Cu 柱和 SnAg 焊料的无铅细节距技术，但更为坚硬的无铅互连以及脆弱的 low-k 材料使得一级封装面临着严峻挑战。为了应对更多互连和更高性能的需求，出现了一些其他技术，例如节距小于 $60\mu m$ 的细节距倒装芯片互连、有/无硅通孔的 3D 互连、液相互连以及线上键合技术。本章将对这些技术进行介绍，并尝试对本书所讨论的现有的以及将来的技术的发展阶段进行描述。

2.1　倒装芯片技术的演变

　　IBM 发明的倒装芯片技术采用可控塌陷芯片连接（C4）将半导体芯片与一级封装通过焊料连接起来，该技术已经应用了 40 多年[1]。1970 年，IBM 最先借助金属掩膜利用蒸镀法制作凸点下金属（UBM）和 C4 焊锡凸点（见图 2.1）。随后该技术经过不断演变，采用多种焊料沉积方法以达到更小的凸点节距。图 2.2 给出了传统的一级封装中不同的组成部分。一级封装的作用是将线路重新分配到印制线路板（PWB）上，同时保持电信号的完整性，并为高端专用集成电路产品提供散热通道。起初，倒装芯片采用含铅焊料与陶瓷基板进行连接。表面增层线路（SLC）的引入使得有机基板能够提高布线密度，缩小节距，使其成为首选的芯片载体[2]。有机层压板是主要用于单芯片和双芯片模块的基板材料。

图 2.1　IC 上的高铅焊料

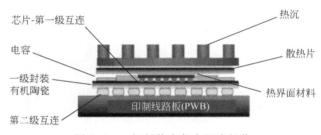

图 2.2　一级封装中各个组成部分

由高铅焊料向共晶焊料（Pb-63%Sn）的转变，使得能够在较低的温度下将倒装芯片连接到有机层压基板上。但为了保证机械和电迁移（EM）可靠性，仍在芯片一侧使用高铅焊料，而在层压基板一侧使用共晶焊料。然后将电容器安装到层压基板的上表面或者下表面上。连接好芯片后，在模块测试之前进行底部填充。

芯片小型化导致电阻增大，并且需要新的散热方法。高端处理器采用热界面材料（TIM）、散热片和热沉进行散热，结温一般约为 85℃。

二级封装是指将一级封装模块连接到印制线路板上，也就是板级封装，其作用是将所有外围设备连接起来形成最终产品。后面将要讨论的 3D 技术能够将越来越多的外围设备转移至芯片或模块当中。有机芯片载体通过焊料与印制线路板互连，其焊点节距更大，即所谓的球栅阵列（BGA）。BGA 节距通常约为 1mm，但通过改善层压基板技术，已将高端产品的 BGA 节距减至 0.8mm 或更低。一般 C4 凸点至少需要经历 4 次回流：凸点成形、测试后回流（可选）、C4 凸点与层压基板互连、BGA 成形及 BGA 与印制线路板互连。

引线键合是成本较低的芯片与印制线路板互连技术，其主要缺点是所有互连都经过芯片边缘，使得占据印制线路板的面积要大于芯片面积。随着互连数目的增加，需要在芯片四周布置更多排的引线。

晶圆级芯片尺寸封装（WLCSP）利用再布线层及焊点将键合引线转变为面阵列分布，从而使占据印制线路板的面积只有芯片大小。WLCSP 焊点节距一般为 0.3~0.5mm，可根据芯片尺寸和元件可靠性的要求确定是否进行底部填充。起初，采用的是共晶 SnPb 焊点，而现在要求采用无铅焊点。用多种焊料沉积工艺来制作面阵列焊点，图 2.3 所示为与焊点节距要求对应的焊料沉积方法。表 2.1 列出了 4 种主要的焊料沉积技术，为使该表更为完整，还列入了各向异性导电胶（ACA）、激光植球凸点以及 Au 柱凸点。

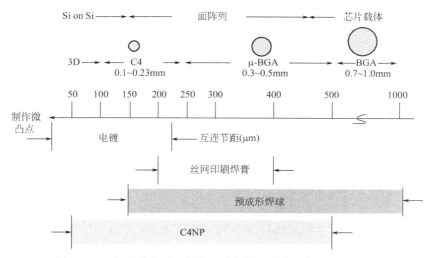

图 2.3 一级封装中用于倒装芯片与模块连接的焊料沉积方法

表 2.1　倒装芯片连接测试类型及应用：探针测试台、测试器、接口/硬件等

项目	应用	是否需要UBM	组分的灵活性	高 C4凸点数	体积控制	是否需要助焊剂	是否易形成空洞	是否需要下填料
植球	BGA,CSP	Y	Y	N	Y	Y	Y	Y
激光植球凸点	传感器	Y	Y	N	Y	N	N	Y
焊料印刷	PWB 元件	Y	Y	Y	N	Y	N	Y
C4NP	倒装芯片,3D	Y	Y	Y	Y	N	N	Y
电镀	倒装芯片,3D	一体化	N	N	Y	Y	N	Y
Au 柱凸点	传感器	N	N	N	Y	N	N	N
ACA	显示器	N	N	N	Y	N	N	N

焊料丝网印刷是成本最低的沉积方法，但由于焊料粒径范围较大，尤其当焊点节距<200μm 时，其共面性较差。通过控制焊料网印体积，采用一次性光掩膜取代可重复使用的金属掩膜，并减小焊料颗粒网格尺寸，从而可以改进焊料丝网印刷工艺。焊料网印是将焊料沉积到层压基板上的首选方法。而当焊点尺寸较大时，则首选植球工艺。与植球和焊膏一样，IBM 与 Suss Microsystems 公司合作开发的可控塌陷芯片连接新工艺（C4NP）能够沉积包含超过两种金属的焊料[3]。

2.2　一级封装技术的演变

一系列的技术挑战正影响着一级互连的材料及工艺选择，这些技术挑战包括高功率及其热管理需求、架构向能提供更高 I/O 数和电流密度的多核架构转变以及更高的互连密度。

2.2.1　热管理需求

20 世纪 80 年代，双极型工艺是主要的半导体技术。1990 年，IBM 基于双极型工艺的 ES9000 服务器系统需加以水冷来应对约 13W/cm² 的模块热通量（见图 2.4）[4]。随着向 CMOS 技术转移，对冷却的要求显著降低。CMOS 技术能够将全部功能集成到单个芯片中。但随着半导体器件持续小型化，线路长度和密度增加引起的漏电流（无功功率）呈指数增大，甚至超过了一些高端处理器的有功功率（见图 2.5）[5]。

功率增大同时影响着热管理和功率输出。较高的结温加上有机基板中的焦耳热会引起一级和二级互连的电迁移问题，尤其是在 Sn 基无铅焊料系统中。

2.2.2　增大的芯片尺寸

带宽增大使得 I/O 数不断增加，转而使得焊点节距由 200μm 减至 150μm。此外，芯片尺寸也在显著增大以提高其功能。在不久的将来，20×20mm² 的芯片尺寸会在高性能产品中司空见惯。

随着芯片尺寸的增大，引入了下填料来补偿 Si 芯片与有机基板之间的热失配，以免大尺寸芯片在热循环测试中发生失效。相比于 Si 芯片（CTE，3×10⁻⁶℃⁻¹），有机层压基板的热膨胀系数（CTE）高达 18×10⁻⁶℃⁻¹。此外，下填料还能够保护焊点免受腐蚀。利用 Sonoscan 超声波扫描显微镜可以确定下填料中是否存在空洞，或者芯片角点是否发生开裂。针对特定应用，可选取具有不同热膨胀系数、不同玻璃转化温度和模量的下填料。下填料中弥散颗粒（filler）含量

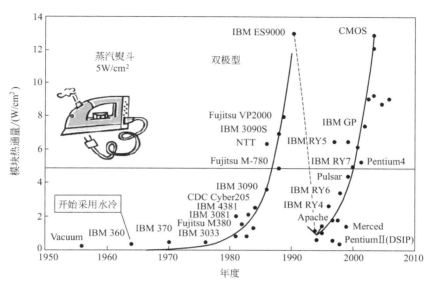

图 2.4　模块热通量随时间的变化

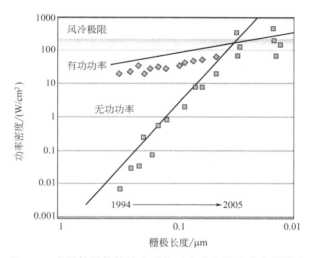

图 2.5　半导体器件持续小型化对有功和无功功率的影响

不仅影响下填料的热膨胀系数，而且影响其模量以及其他材料特性。

2.2.3　对有害物质的限制

绿色环保要求控制电气和电子产品中的有害物质及卤素。2002 年欧盟制定了《关于限制在电子电器设备中使用某些有害成分的指令》（RoHS）[6]，限制新的电气和电子设备中铅、汞、镉、六价铬以及作为阻燃剂的多溴联苯（PBB）和多溴二苯醚（PBDE）的使用，并于 2003 年 2 月颁布了该指令。该指令允许一些特定产品中使用限制物质，这可能会危害环境、健康以及消费者安全，故要求每 4 年进行一次审核以确定是否有合理的科学数据来支持延长豁免期。这些限制法规和豁免权已于

2006 年 7 月 1 日开始正式实施。如图 2.6 所示的决策树可用来确定电气和电子设备是否受 RoHS 指令的限制[7]。

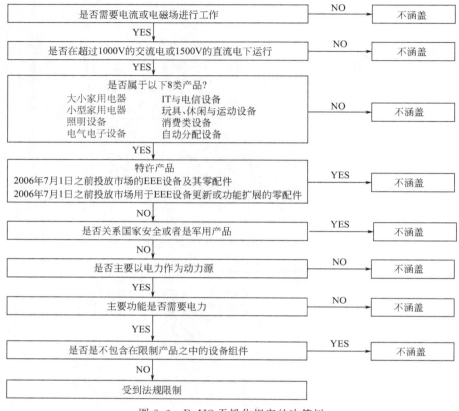

图 2.6 RoHS 无铅化规定的决策树

倒装芯片所用焊料中的铅元素是电气和电子产品的主要关注点，铅、汞、六价铬、多溴联苯以及多溴二苯醚含量不能超过限值 1000×10^{-6}，镉含量不能超过 100×10^{-6}。

豁免的含铅焊料包括（每 4 年审核一次）：

① 2006 年 7 月 1 日之前投放市场的设备及其零配件；

② 高熔点含铅焊料，比如铅含量超过 80%（质量分数）的锡铅焊料合金；

③ 服务器、存储器及存储阵列系统，用于通信交换、信号传递、传输及网络管理的网络架构设备所用；

④ IC 倒装芯片封装中实现半导体芯片与基板之间可靠互连的含铅焊料；

⑤ 以上这些豁免项的截止日期为 2013 年至 2014 年 7 月，不存在祖父条款，尽管认为"维修生产"是进行升级和现场维修。

铅含量超过 80%（质量分数）的焊料一般用于制作可靠性较高的倒装芯片凸点、陶瓷封装焊接以及高功率引线键合器件的芯片贴装。为了满足 RoHS 指令的豁免标准，现有的倒装芯片互连在陶瓷基板上采用 Pb-X%Sn（$X < 15$）焊料，在

有机层压基板上采用 Pb-3％Sn 及 Pb-67％Sn 焊料[8]。然而，所有 BGA 都在向无铅焊料转变。

含铅焊料作为主要合金已经用于电子设备组装工艺数十年，寻求可替代的无铅焊料合金是电子产业所要承担的艰巨任务。人们已经意识到，要求服务器、存储器、存储阵列、网络架构以及通信设备等关键的高性能、高可靠性电子设备过早地向无铅焊料转变，可能会给公众健康和安全带来风险。这些系统要求能够每周 7 天每天连续工作 24h 至少 10 年，并且服役期间断电时间很短。

开发用于倒装芯片互连的无铅焊料主要有两个关注点，一是在恶劣的服役条件下没有足够的抗电迁移性能，二是与器件脆弱的后段制程结构的兼容性。后续章节将对这两个问题进行详细阐述。

2.2.4 RoHS 指令与遵从成本

Technology Forecasters 公司（TFI）的研究估计，为遵从 RoHS 指令已经耗费了业界 320 亿美元，并且每年还需花费 30 亿美元[9]。各委员会的研究估计，与 RoHS 有关的总成本占到销售额的 1.9％。Technology Forecasters 公司的调查表明，由于 RoHS 指令的颁布，29％的公司平均损失了 184 万美元的销售额，其中 2/3 是由于新产品研发滞后或者停止了欧盟市场的销售。为了降低成本、克服不确定性、加强市场监管和执法力度，欧盟委员会于 2008 年 12 月修正了 RoHS 指令，旨在建立一个简单、合理、高效和具有强制性的监管环境。

遵从绿色环保原则的另一方面是对卤素的控制，主要是含溴化合物，例如塑料封装中用作阻燃剂的多溴联苯、多溴二苯醚以及四溴丙二酚（TBBA）。在电子产品中，热塑性塑料包括聚碳酸酯、丙烯腈-丁二烯-苯乙烯共聚物以及聚苯乙烯，主要用来制作封装外壳。另外，热固性塑料主要是由环氧树脂、固化剂和添加剂组成的环氧树脂混合物，被用作电子器件的绝缘材料。

为了防止电子产品起火燃烧，需在这些塑料中加入有机卤素化合物作为阻燃剂，比如含溴芳香族化合物。然而，卤素化合物会带来一个严重的问题：这些化合物燃烧时产生的有毒物质不仅危害人体，而且污染环境。除此之外，废料的回收处理也极为困难。

含溴阻燃剂的急性毒性较低或很低，其分解产物也是如此。因此，含溴阻燃剂的重要风险主要与长期效应有关，只有当该物质及其分解产物产生生物积累时才会体现出危害性。稳定的脂溶性物质且与特定的生物组织接触，便有可能产生生物积累。1999 年，欧盟出台了报废电子电气设备指令（WEEE）的第 3 次修改草案，要求其成员国在 2004 年 1 月 1 日之前逐步停止使用多溴联苯和多溴二苯醚。

绿色阻燃塑料不含有毒的卤素（溴）化合物阻燃剂，取而代之的是含磷化合物阻燃剂[10]。含有硅胶阻燃剂的聚碳酸酯树脂已经研发出来，并用于制作封装外壳。此外，不含阻燃剂的自熄性环氧树脂化合物也已经研发出来，用作电子器件的高质量模塑树脂。这些塑料都具有良好的基本属性和较高的阻燃性[11]。

2.2.5 Sn 的选择

大多数无铅电子器件都选用 Sn-Ag-Cu 焊料，其共晶成分的液相线温度约为

220℃。各组分的选择取决于特定产品的设计因素，包括液相线温度、消除棒状 Ag_3Sn 析出物、减少固相线的抑制、较低的硬度、较低的过冷度以及更长的电迁移寿命。先前已就 BGA 焊料报道了无铅焊料组分对过冷度的影响[12]。

在芯片连接过程中，观察到 Ag 含量低至 2.3% 的焊料合金中有棒状 Ag_3Sn 析出。焊料的应力松弛特性可由其显微硬度来测定。IBM 的 J. Sylvestre 研究了各类 $Sn < 2.3\% Ag$ 焊料与层压基板上的 $Sn-0.7\% Cu$ 或者 SAC305 焊料的互连，其中 Ag 含量逐渐变化，同时还研究了固相线抑制作用和显微硬度。结果发现，焊点的显微硬度随着互连凸点中 Ag 含量百分比的减小而降低。此外，通过改善焊料的应力松弛特性还能够减少超低 k 介电层分层[13]。

为了改善 Sn 基焊料的特性，已经对许多焊料添加剂进行了评估。图 2.7 所示为文献中已经给出的众多添加剂。然而，由于沉积节距 $< 150\mu m$ 的凸点采用的是图形电镀方法，故焊料添加剂主要受到研究细节距倒装芯片产品的学者关注。

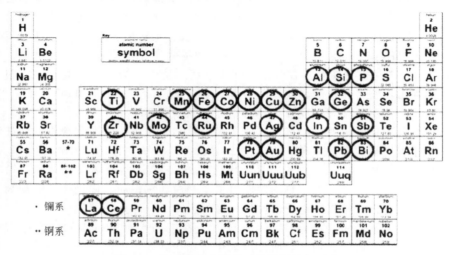

图 2.7　针对特定应用的无铅焊料添加元素

最后，Sn 基焊料存在的另一个问题是 Sn 疫，即 Sn 由 β 相转变为 α 相，在 $-18℃$ 和 $-40℃$ 下该转变需要持续数年[14]。α-Sn 容易破碎并破坏焊点的机械完整性。在 $Sn-0.5\% Cu$、$Sn-3.5\% Ag$、$Sn-3.8\% Ag-0.7\% Cu$ 及 $Sn-3.0\% Ag-0.5\% Cu$ 焊料中都观察到了 Sn 疫现象[14]。

2.2.6　焊料空洞

焊料空洞可分为微观（$0.1 \sim 1.0\mu m$）和宏观（$1 \sim 10\mu m$）两种尺度。宏观空洞是由助焊剂（焊膏或植球）或电镀的挥发物未能逸出（电镀焊料）引起的。图 2.8 所示为翻转回流后的电镀焊料，UBM 与焊料界面处有未逸出的挥发物造成的空洞。

柯肯达尔空洞是指在热时效过程中形成的微小空洞。当 UBM 最上层为 Cu 时，比如有机层压基板中的 Cu 有机保焊膜（OSP），会在 Cu_3Sn 金属间化合物（IMC）中或者 $Cu-Cu_3Sn$ 界面处形成这样的微小空洞。柯肯达尔空洞的形成是由于 UBM

图 2.8 回流后电镀焊料中的空洞

中的 Cu 与 Cu_3Sn 相互扩散反应生成 Cu_6Sn_5，耗尽了焊料基体中的 Sn，从而引起空穴迁移。随着热时效的继续进行，这些微小空洞逐渐聚合形成裂纹[15]。已有不少文献对柯肯达尔空洞进行了研究，但并非总有同样的结果表明柯肯达尔空洞与Cu 电镀化学或沉积参数密切相关[16]。

2.2.7 软错误与阿尔法辐射

软错误是指信号或数据发生了错误。发现软错误之后，并非表示系统可靠性不如以前。软错误状态（SER）是指器件或系统遇到或者将会遇到软错误，常用故障次数（FIT）或者平均故障间隔时间（MTBF）来表示。当以次数来量化失效情况时，所取单位称之为菲特（FIT），每 10^9 h 器件出现 1 次故障为 1 FIT。MTBF 通常以器件服役 1 年的情况来给定，1 年的 MTBF 约为 114077 FIT。软错误可能是由封装体衰变时放射出的阿尔法粒子，宇宙射线引发的高能中子和质子，以及热中子造成的。对于电子产业而言，缓解含铅焊料中由阿尔法粒子辐射引起的软错误问题极其重要。

总的来说，焊料中 ^{210}Pb 的问题源于 ^{210}Po 的放射性衰变，会释放出高能阿尔法粒子（氦核）。尽管去除焊料中的 ^{210}Po 比较容易，但放射性同位素 ^{210}Pb 会经历22.3 年的半衰期衰变为 ^{210}Bi，反过来，^{210}Bi 又会经历 5 天的半衰期衰变为 ^{210}Po。当 ^{210}Po 的更替速率与其衰变速率相等时，就称达到了"长期平衡"，自焊料提纯后达到放射性平衡大约需要 2 年的时间。低阿尔法铅有多种来源，包括"冷"铅矿、激光同位素分离处理以及古铅。辐射率为 0.02 个/（$cm^2 \cdot h$）的商用富铅焊料可用于高端产品。无铅焊料具有阿尔法辐射是由于存在微量的 Pb 或 Bi 杂质。辐射率为0.002 个/（$cm^2 \cdot h$）的商用 Sn 基无铅焊料可用于超高端产品。如此低的阿尔法辐射水平对可靠的阿尔法辐射测量技术提出了挑战，即背景环境的稳定性、样品制备、样品存储、测量时间以及样品尺寸等[17]。

2.3 一级封装面临的挑战

2.3.1 弱 BEOL 结构

半导体产业持续向更快的芯片、更细的布线方向发展，这增大了线路电容，故需要介电常数更低的绝缘材料，然而却降低了材料的断裂韧性。由于器件与有机基板之间热膨胀系数失配，在芯片互连工艺过程的冷却阶段应力不断积累，再加上采用硬度更高的无铅焊料，热应力可能会超过器件后段制程（BEOL）结构的强度，导致层间分层或开裂，如图 2.9 所示。图 2.10 所示的技术发展趋势对无铅封装体系施加了新的限制，这就要求通过系统优化消除一级封装冷却过程中产生的高应力或裂纹[19]。增加聚酰亚胺的厚度作为缓冲层，或者增加互连金属 Cu 的厚度都可用来提高后段制程结构的鲁棒性。

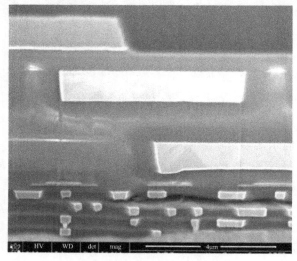

图 2.9 ULK 分层的剖面图

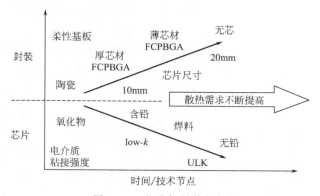

图 2.10 芯片与封装趋势

2.3.2　C4 凸点电迁移

对更高的电流密度以及小型化的需求，促使近来开始关注无铅互连的电迁移性能。与 Pb 的面心立方结构不同，Sn 为四方晶系，并且在 Sn 基无铅焊点中倾向于形成大尺寸晶粒，其力学、热学、电学以及扩散特性表现出高度各向异性[18]。更重要的是，贵金属和近贵金属在 Sn 中的扩散速率极快，且具有高度各向异性。例如，在 120℃下，Ni 沿 c 轴方向的扩散速率比沿 a 轴或 b 轴方向高出近 7×10^4 倍[20]。实验发现，电迁移损伤在很大程度上取决于无铅焊料中 Sn 晶粒的取向[21]。图 2.11 所示为采用 Sn-Cu 焊料连接的 C4 凸点发生电迁移失效后的扫描电子显微镜（SEM）图像，图中给出的 Sn 晶胞表明了晶粒取向。右侧 Sn 晶胞的 c 轴几乎与电流方向垂直，Cu 和 Ni 在该处的扩散速率较慢。Sn 的自扩散或晶格扩散使得金属间化合物与焊料之间形成空洞导致失效，称之为模式 I 失效[21]。左侧 Sn 晶胞的 c 轴几乎与电流方向一致，Ni 和 Cu 在其中的扩散速率很快。模式 II 失效是由于金属间化合物和 UBM 的快速消耗，通常最先发生，需要避免发生这种失效模式。

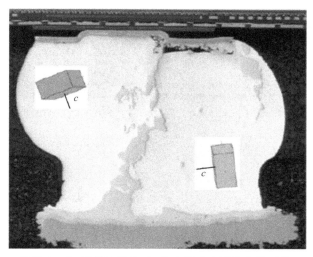

图 2.11　采用 Sn-Cu 焊料连接的 C4 凸点发生电迁移失效后的 SEM 图像

除了晶粒取向外，焊料与 UBM 的相互反应以及焊料合金的组分都对电迁移有着重要影响。IBM 的 Minhua Lu 研究了 Sn-Cu、Sn-Ag（Cu）焊料与 3 种 UBM ［Cu、Ni(P)/Au、Ni(P)/Cu］互连时的平均失效时间[22]。总的来说，Sn-Ag（Cu）焊料要优于 Sn-Cu 焊料，Ni UBM 要优于 Cu UBM。该研究表明，在热、电应力作用下，Ag_3Sn 金属间化合物比 Cu_6Sn_5 更为稳定，这是由于 Ag 的扩散速率要比 Cu 低得多。Sn-Cu 焊料中晶粒生长与重新取向较为常见，而在 Ag-Sn 焊料中更为常见的是稳定的周期性孪晶结构，尤其是含 Ag 量较高的焊料。虽然 Cu_6Sn_5 在电迁移作用下不够稳定，但该研究表明在 UBM 上覆盖一定量的 Cu，使其在回流后形成一层 Cu_6Sn_5 金属间化合物，能够为 Ni 阻挡层提供额外的保护。焊料合金中的 Ag、Cu 或者其他掺杂元素，以及 UBM 冶金学对电迁移的影响较为错综复杂。

2.3.3 Cu 柱技术

Intel 采用 Cu 柱技术使电流沿正向（由芯片流向封装体）均匀分配，其中峰值电流历来备受关注。Cu 柱与少量无铅焊料形成的互连较为坚硬，这就要求对远后段制程（F-BEOL）结构进行重新设计，包括 3 个关键单元：直径 $>50\mu m$ 的 Cu 柱、通孔直径较小的厚有机介电层、M9 金属（最新设计为 $8\mu m$ 厚），以此实现更好的电源分配，如图 2.12 所示[23]。Intel 选择将焊料涂覆在层压基板一侧，而非芯片一侧，这就要求层压基板一侧的焊料较厚且较为均匀。到目前为止，Cu 柱技术的应用只局限于尺寸 $<15mm$ 的芯片。Cu 柱与层压基板之间距离较短并接近于 Blech 限值，故可以改善电迁移问题。

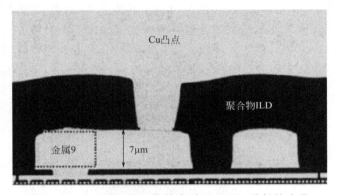

图 2.12 Intel 针对 Cu 柱技术对 F-BEOL 进行的改进

2.4 IC 技术路线图

另一方面是主要考虑重量、尺寸和成本因素的便携式设备，主要包括智能手机、相机等手持设备。也正是这些手持设备在推动着封装技术不断革新，比如 WLCSP（见图 2.13）、晶圆减薄、模塑等。

1965 年，戈登·摩尔（Gordon Moore）提出半导体器件的性能每隔 18 个月提高一倍，或价格下降一半，也就是现在所说的摩尔定律（Moore's Law）[24]。未来 40 年当中仍将大致保持这样的发展趋势，这很大程度上是由于半导体节距已由微米尺度缩小至纳米尺度，同时晶圆尺寸由 25mm 增大到了目前的 300mm。然而，大晶圆尺寸以及纳米级光刻技术的影响使得业界需要负担较高的成本来紧跟摩尔定律。如今，建立一家新的晶圆厂（FAB）需要花费近 50 亿美元，并且研发成本在过去 10 年当中增加了 10%。技术如何继续发展，推动电子革命？

为了降低各自的研发成本，各个公司联合起来建立了研发联盟。IBM 与 TSMC 就半导体晶圆厂形成了合作研发协议。此外，美国的 Sematech 与 SRC，欧洲的 IMEC 以及日本的 ASAT 通过产学研结合培养未来技术革新所需的劳动力。欧盟的"愿景 2020—处于变革中心的纳米技术"战略为其成为全球纳米电子领域的领导者开辟了道路，目的是将供应链与应用方整合起来。为此建立了欧洲纳米计划顾问委员会（ENIAC），其首字母缩写恰好与第一台多用途通用计算机（电子数

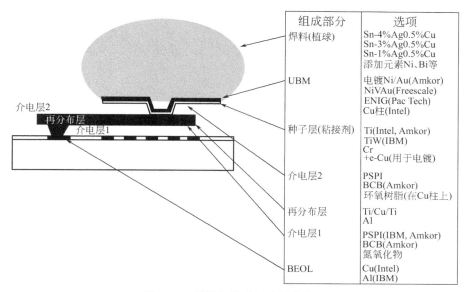

组成部分	选项
焊料(植球)	Sn-4%Ag0.5%Cu Sn-3%Ag0.5%Cu Sn-1%Ag0.5%Cu 添加元素Ni、Bi等
UBM	电镀Ni/Au(Amkor) NiVAu(Freescale) ENIG(Pac Tech) Cu柱(Intel)
种子层(粘接剂)	Ti(Intel, Amkor) TiW(IBM) Cr +e-Cu(用于电镀)
介电层2	PSPI BCB(Amkor) 环氧树脂(在Cu柱上)
再分布层	Ti/Cu/Ti Al
介电层1	PSPI(IBM, Amkor) BCB(Amkor) 氮氧化物
BEOL	Cu(Intel) Al(IBM)

图 2.13　晶圆级芯片尺寸封装单元

字积分计算机）相同，旨在确定实现愿景 2020 战略的方法。ENIAC 提出了 5 个重点发展的社会领域：医疗、交通、安全、通信和娱乐[25]。这些领域的技术推动力已经明确，并已进入研发阶段。

"更多摩尔"（More Moore）指的是在器件或者相关结构中对特定技术进行扩展，例如 3D 互连。"超越摩尔（More than Moore）"是将原先组装到印制线路板上非数字器件集成到封装水平，缩短互连距离的同时降低了无功功率。RF、无源组件、传感器与驱动器、功率控制器等非数字器件自身的尺寸也在减小，而非只是减小半导体器件尺寸。此外，封装技术的进步，比如封装堆叠（PoP）、多芯片组件（MCM）以及系统级封装（SiP）等实现了系统级互连的变革。佐治亚理工大学的 Rao Tummala 清楚地展现了基于"超越摩尔"进行封装集成的作用以及模式的转变[26]，如图 2.14 所示。与半导体器件相比，封装技术的发展重点受到降低模块和组件成本的驱动。

国际半导体技术发展路线图（ITRS）是个全球性的组织，致力于提供半导体发展路线图以及新近的组装与封装发展路线图[27]。ITRS 将"更多摩尔"定义为通过缩小几何尺寸以及对等演进来扩展产品的功能和性能。缩小几何尺寸是指减小与改善芯片速度和功率有关的垂直和水平方向的尺寸，而对等演进是指通过 3D 结构来减小几何尺寸，同时提高芯片的电学性能[27]。"超越摩尔"是将"更多摩尔"与非缩放技术（比如模拟器件/RF、无源器件、HV 传感器、驱动器以及生物芯片）结合起来，通过功能多样化来制造极具应用价值的系统。

在成本更低、物理尺寸更小的驱动下，新的汽车、医疗、航空航天以及消费类产品不断涌现。类似于 3D 或多芯片组件封装（垂直或水平互连）的异种结构集成为这些新应用提供了所需的平台。此外，软件与应用程序的集成也有助于提高产品的性价比。

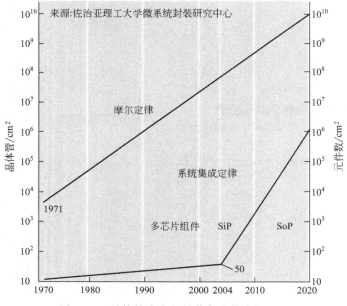

图 2.14　晶体管演变与封装集成技术的对比

RF 与无源组件是将非数字器件集成到 SiP 和 SoC 封装中的第一个应用，随后出现了利用 WLCSP 与嵌入式技术集成 MEMS 和生物器件。电感器、加速度计、数字微器件等 MEMS 产品正在采用 CMOS 技术进行集成。通过将 MEMS 直接连接到 CMOS 芯片中，使得集成 RF、指夹式传感器、陀螺仪等产品的结构更薄、性能更高[28]。

众所周知，层压基板技术支配着芯片封装产业，并结合组装厂商推动着 WLCSP 的革新。层压基板技术的改进不仅是尺寸减小，如表 2.2 所示，而且能够保证电学参数，比如高性能产品所要求的阻抗控制[29]。线宽与介电层厚度的减小使得层压基板更轻、更小、更薄，允许将更多的功能转移至封装中。层压基板存在的一个问题是对翘曲的控制，芯片连接过程中发生翘曲会影响层压基板的共面性。在大尺寸层压基板上，会由于热膨胀系数不匹配以及基板翘曲造成非润湿焊点或者无 C4 凸点与基板互连。

表 2.2　层压基板技术基本准则的演变

项目	等级	2006	2008	2010	2012	2014	2016
最小线宽/μm	A	30	30	20	20	15	15
	B	20	15	15	7	7	7
	C	15	7	7	5	5	5
最小间隙/μm	A	30	30	20	20	15	15
	B	20	15	15	7	7	7
	C	15	7	7	5	5	5
接地焊盘直径/μm	A	110	90	90	80	80	70
	B	90	70	60	60	50	50
	C	70	60	50	40	40	30

2.5 3D 倒装芯片系统级封装与 IC 封装系统协同设计

SiP 封装是指将多个组件构成的一个完整的电子系统集成到单个封装中，如图 2.15 所示。手机等电子设备通常由多个具有不同功能的独立的 IC 封装组成，比如用于处理信息的逻辑电路、用于存储信息的存储器以及与外界进行信息交换的 I/O 电路。而 SiP 封装通过引线键合或者焊料互连技术将这些独立的芯片与其他器件，比如无源器件、滤波器、天线等组装到单个封装中，从而能够极大地节约空间和减小手持无线设备的尺寸。

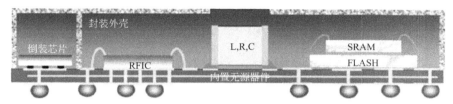

图 2.15 SiP 封装，包括：芯片、RFIC、无源器件（L、R、C）、存储器[30]

SiP 不同于片上系统（SoC），即在单个芯片上制作复杂的电子系统。SoC 封装的开发周期长、良率低、成本高，主要是因为在单个芯片上制作不同功能的电路模块、构建一个完整的系统较为困难。SoC 封装一般用于特定的产品，比如医疗或军用产品。另一方面，SiP 技术成本较低、开发周期较短，并且具有统一的方法来建立尺寸更小、密度更高、功耗更低的系统结构。

SiP 封装也采用 3D 芯片堆叠来进行设计，其中包括：减薄至 $40\mu m$ 厚的芯片，芯片之间以及第一层芯片与层压基板之间填充含硅粘接剂，第一层芯片也可进行底部填充，芯片之间进行引线键合，第一层芯片与基板之间进行倒装芯片互连，利用低模量模塑化合物包封引线，具有节距大于 $400\mu m$ 球栅阵列的有机基板，如图 2.16 所示。来自 ITRS 的 H. Bottoms 对 SiP 封装结构进行了归类总结，如图 2.17 所示。

SiP 面临着众多工程挑战，包括不同堆叠芯片之间的相互作用、芯片堆叠结构的变化、3D 引线键合、不同的凸点和焊球结构、信号传递结构之间的竞争、散热以及测试等。其中一些挑战可通过包含不同器件与封装设计的协同设计工具来克服，比如协同设计工具能够以经济、高效的方式来完成 SiP 散热设计和结构测试。协同设计工具使得封装设计者、封装设计服务公司和封测厂商能够通过协同设计的方法共同参与到多芯片 SiP 设计链中，通过协同设计技术，比如 Cadence，能够方便实现数据在设计链中各方之间的传递[32]。

对于测试问题，开放式自动化测试设备（OA-ATE）被认为是成本效益较好的解决方式，允许半导体制造商指定自己的测试资源和设备要求。专业化的测试能力要求一些标准化的必备要素：例如工业标准的总线结构、与工业标准数据格式的兼容性、存取和控制数据的浏览器技术、可重构的模块化硬件和软件结构，以及自动化测试设备与电子设计自动化（EDA）工具所支持的分区测试。

SiP 设计允许制造商将众多的 IC、封装以及测试技术结合起来，以此获得成

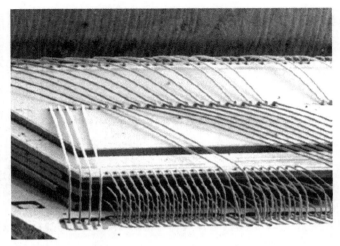

图 2.16 3D 芯片堆叠中引线键合的复杂性[30]

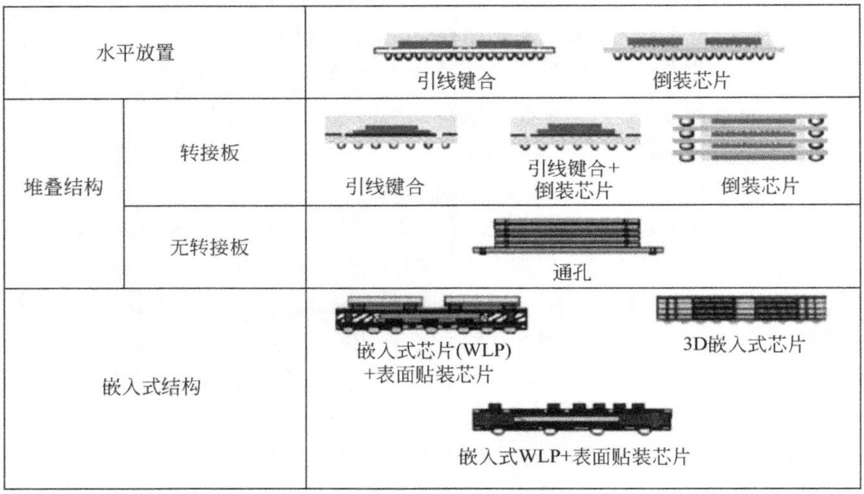

水平放置		引线键合	倒装芯片	
堆叠结构	转接板	引线键合	引线键合+倒装芯片	倒装芯片
	无转接板	通孔		
嵌入式结构		嵌入式芯片(WLP)+表面贴装芯片	3D嵌入式芯片	
		嵌入式WLP+表面贴装芯片		

图 2.17 SiP 封装类别[31]

本、尺寸、性能优化的高度集成产品。电子设计自动化软件供应商提供了先进技术来帮助 SiP 设计团队的成员控制挑战，特别是协同设计、先进封装和 RF 模块设计领域。SiP 顺利量产所具备的优势对半导体产业的未来至关重要：更短的上市时间、更低的成本、灵活性、更小的尺寸等。

2.6 PoP 与堆叠封装

封装体堆叠与封装内嵌（PiP）技术是以破坏性最小的方式将测试后的预封装芯片垂直堆叠起来，从而形成 3D 集成微系统。图 2.18 所示为手机中所采用的各类 PiP 和 PoP 模块，每个独立的封装体都具有不同的复杂性。3D 集成有许多方式：引线键合堆叠、外围 BGA 堆叠、借助层压转接板的 μBGA 堆叠（扇入式

PiP)、倒装芯片 C4 凸点堆叠，或者将各种方式结合起来。PoP 与 PiP 之间的一个
区别就是 PoP 中顶部和底部封装之间通过 BGA 实现互连，而 PiP 中顶部和底部封
装之间通过引线键合实现互连，可用或不用转接板。因此，层压基板的翘曲对 PoP
的互连良率有显著影响[33]。如今，3D 封装广泛应用于手机等众多的消费类便携式
产品中。图 2.18 所示为手机中不同类型、不同尺寸、不同互连技术的 PoP 和 PiP
封装。将各类封装进行系统级集成需要对原始设计进行验证，并对其力学、热学和
电学性能进行优化。各类商用软件包都能够辅助设计这些系统级集成，比如 An-
softSiP 系统集成仿真软件。

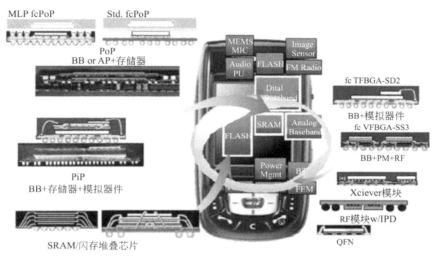

图 2.18　应用于手机中的 PoP 和 PiP 模块

堆叠封装能够包含所有芯片，并满足存储 PoP、图像处理设备、专用集成电
路、游戏以及手持设备对轻薄封装的需求。这些芯片可采用硅通孔（TSV）或不
采用硅通孔。堆叠封装通过外围 I/O（BGA），或者 μBGA 与层压转接板（扇入式
PiP）进行互连。可利用这些方法将一个或多个 IC 芯片与分立的、内嵌的以及其他
封装元件集成为一个模块，并作为 PoP 封装的一个标准元件。

从可靠性的观点来看，$10 \times 10\text{mm}^2$ 的 PoP 和 PiP 封装可包含 300 个焊球，
$15 \times 15\text{mm}^2$ 的 PoP 和 PiP 封装可包含 600 个焊球，其结温可高达 110℃，需要通
过材料与结构设计将翘曲改善或控制到约 $60\mu\text{m}$。ITRS 对 2014 年堆叠封装发展形
势的预测如下：低成本/手持式 14 芯片/堆叠，高性能 5 芯片/堆叠，低成本/手持
式 15 芯片/SiP。

在便携式多媒体市场领域，PoP 拥有庞大的基础架构，包括 10 个原始设备制
造商（OEM）、超过 15 个主要的整合元件制造商（IDM）（逻辑和存储器件），并
且有封测厂商（STATS ChipPAC、Amkor、ASE）的支撑。

共同设计的基本原则允许将来自多个供应商的元件集成到单个 PoP 封装中。
目前所讨论的所有扇入式倒装芯片结构，都将 WLCSP 的再分布层由外围阵列转变
为 μBGA 面阵列。针对 μBGA 分布超过芯片面积的情况，开发出了一种全新的扇

出式结构，将扇出的再分布层布置在芯片周围的模塑区[34]。

2.6.1　嵌入式芯片封装

嵌入式芯片技术是 GE 公司为军用产品率先开发的，其核心是在芯片周围制作层压基板，即先将芯片放置在聚合物薄膜上，然后芯片上覆盖第二层聚合物薄膜。接着在第二层聚合物薄膜上利用激光烧蚀通孔，以露出芯片上的金属焊盘。然后在第二层聚合物薄膜上定义用于重新分配芯片信号的金属线路。聚合物压合、通孔成形以及布线工艺需要重复多次，最后制作用于外部互连的 μBGA[34]。利用层压聚合物将芯片包裹起来能够消除阿尔法辐射问题，通过减小通孔直径能够缩短互连节距。由于不采用焊料与封装体进行互连，因而嵌入式芯片具有更好的电迁移性能。

嵌入式芯片的主要缺点是成本高。封装良率降低会导致电学性能良好的芯片报废。此外，与在约 $350 \times 500\text{mm}^2$ 的面板尺寸上制作的层压基板不同，嵌入式芯片是按照与晶圆类似的 200mm 或 300mm 规格来制造的。大多数嵌入式芯片封装的 I/O 数都较少（<500 个 I/O）。需要通过材料优化来提高嵌入式芯片封装的结构强度，以免芯片、后段制程结构或者有机介电层发生开裂。

嵌入式芯片的商业化进展较慢，但正在推动手机产业的发展，即要求封装轻薄化而对可靠性要求不高。此外，嵌入式技术可在单个封装中进行芯片堆叠或者并列排布多个芯片。Intel 于 2002 年推出了嵌入式芯片，但后来又改用了 Cu 柱与层压基板互连技术。图 2.19 所示为 GE 公司开发的专用集成电路运行测试模型，包含 4 层布线层和 3000 多个 I/O。Freescale、Shinko 以及 Institute of Microelectronics 也都在研发嵌入式芯片，IMEC 正在研究柔性封装体上嵌入式芯片技术。

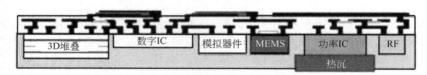

图 2.19　GE 公司开发的嵌入式芯片封装

自 2007 年以来成立的两个联盟正在推动嵌入式芯片技术进入量产，一个是由 Fraunhofer 协会与 FlipChip 公司领导的 HERMES，另一个是由佐治亚理工大学的 PRC 领导的 EMAP。

2.6.2　折叠式堆叠封装

折叠封装可将多个芯片连接到有机载带上，然后通过折叠的方式来堆叠芯片，从而显著减小互连面积。这与堆叠封装类似，但布线长度与 2D 互连相当。图 2.20 所示为 Tessara 公司开发的折叠堆叠封装。该技术的主要特点如下：采用 $25\mu m$ 厚的薄聚合物载带，其折叠精度较好。将芯片减薄至 $114\mu m$ 使其背面光滑，以免激光切割时发生芯片开裂。芯片到芯片键合线厚度为 $12\mu m$，芯片背面与载带之间的粘接剂厚度为 $25\mu m$。在 μBGA 封装中，其芯片有源面与基板之间有一弹性层，

$250\mu m$ 的 SAC 焊球回流后高度为 $140\mu m$。

图 2.20　3 芯片折叠堆叠封装[35,36]

2.7　新出现的倒装芯片技术

硅通孔（TSV）技术能够将芯片到芯片的互连长度缩短至最小。TSV 的长度一般为 $10\sim100\mu m$，这取决于 Si 的减薄厚度。互连线路越短，电阻值与电感值越小，因而能够提高器件速度、减少功率损耗和开关噪声。一般采用 Cu 或 W 来填充 TSV，多晶硅的电阻值较高，故常用于存储器产品。引线键合被广泛用于 PoP 和 PiP 封装中，引线长度一般为 $1\sim5mm$，电感值较高，故不宜用于高性能产品。

3D 晶圆到晶圆键合有 3 种方式：

电介质键合	SiO_2 熔合或者聚合物粘接剂
金属键合	金属(Cu)熔合、金属间化合物键合、焊接或者 Au 热超声键合
混合键合	电介质与金属同时键合

TSV 需在电介质键合完成后进行制作，即所谓的后孔工艺。然而，由于对氧化物到氧化物键合的共面度与平整度要求较高，故电介质键合并非首选的键合方法。混合键合主要采用聚合物键合。

Cu 到 Cu 键合也要求表面相互平行，可通过标准的大马士革工艺对临时氧化物介电层进行回蚀来保证。Cu-Cu 热压键合需在 $400℃$ 下以 $>40N/mm$ 的压力作用 30min 来实现，当 Cu 晶粒贯穿连接界面时，说明 Cu-Cu 键合良好，如图 2.21 所示。来自 RPI 的 Lu 等人表示，采用 Cu-Cu 键合并结合苯并环丁烯（BCB）粘接剂能够实现极好的混合连接[37]。IBM 的 Yu 等人采用转移连接（TJ）方法并以聚酰亚胺作为粘接剂实现了 Cu-Cu 键合[38]。图 2.22 所示为 300mm 晶圆上的转移连接键合。另

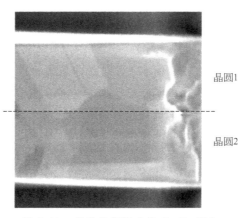

图 2.21　晶粒共长形成的 Cu-Cu 键合

外，为了增加 Cu-Cu 键合的完整性又无需采用混合连接，可在完成 Cu-Cu 键合之后填充聚合物下填料。晶圆到晶圆键合后留有 $10\sim15\mu m$ 的间隙，最后在真空状态下对其进行填充。

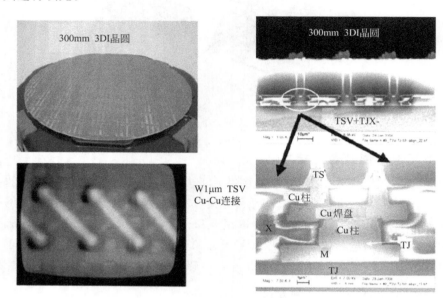

图 2.22　300mm 晶圆上的 TJ 键合

在某些应用中，先利用粘接剂将晶圆键合到临时载体上，比如 Si 或玻璃。然而，由于对最高键合温度的限制，所以改用瞬态液相（TLP）键合或者所谓的固液相互扩散方法，利用焊料（Sn 或 Sn-3.5％Ag）作为互连材料实现键合。当温度达到焊料熔点时，Sn 全部转变为金属间化合物形成互连，该金属间化合物熔点更高，故能够经受加热分解临时粘接剂时所需的高温。金属间化合物较脆，因此需要填充下填料来提供机械支撑和保护，并使其免受腐蚀。

瞬态液相键合与 Cu-焊料-Cu 连接多用于芯片到 Si 转接板或芯片到晶圆键合。由于焊料中的 Sn 被全部消耗，故瞬态液相键合焊点具有更好的电迁移性能，从而消除电迁移失效模式。日本 ASAT 报道了节距 $20\mu m$ 的瞬态液相键合技术[39]，并指出去除 Cu 氧化物对实现良好互连的重要性。瞬态液相键合与焊接的主要区别就是瞬态液相键合需要热压载荷，而焊接并不需要。焊接主要用于焊点节距 $>40\mu m$ 的芯片到芯片键合，是对传统芯片连接技术的扩展，当节距比较紧密时，要求回流过程中键合机能够保证对位精度。IBM 对节距 $50\mu m$ 的 Cu-焊料-Cu 连接进行了评估，并称其具有极好的电迁移性能[40]。IBM（日本）为芯片到层压基板键合而开发的金属柱过冷芯片连接（MPC-C2）工艺，也可用于更大节距、更大芯片间隙的芯片到芯片键合[41]。图 2.23 给出了不同的细节距技术。

新兴技术，比如 3D 技术，要求将焊点节距进一步缩短至 $50\mu m$ 或更小，甚至利用金属到金属键合来取代焊点连接。

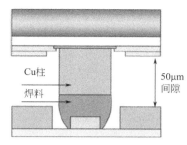
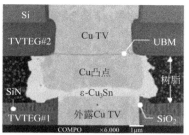

(a) IBM开发的节距小于70μm的MPC-C2工艺　(b) IBM实现的节距50μm的Cu-焊料-Cu连接

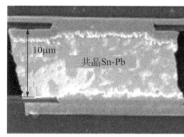

(c) ASAT实现的节距20μm的TLP连接

图 2.23　不同的细节距互连

2.8　总结

为了满足半导体器件对高 I/O 数的需求，IBM 发明了倒装芯片技术。自那时起，对更多 I/O 数的需求，例如每个芯片上 10000 个 I/O，促进了各种焊料沉积技术的研发，以实现更细的凸点节距。绿色环保要求使用无铅焊料，但鉴于采用超低 k 电介质的后段制程结构更加脆弱，以及对改善电迁移性能的需求，这对开发能够满足更好机械可靠性的一级封装焊料提出了挑战。Intel 的 Cu 柱结构可用来解决无铅互连问题。此外，从改善性能的观点出发，相比于半导体技术的发展，封装技术的发展更具成本优势，故而出现了各类系统级封装技术，比如 SiP、PoP、PiP。协同设计工具使得封装设计者能够借助协同设计方法参与到多芯片设计链中。为了满足对高互连数、高性能的要求，细节距倒装芯片互连、有无 TSV 的 3D 互连、瞬态液相键合以及 Cu-焊料-Cu 键合等技术的发展都在力求更加完善。

参 考 文 献

［1］　Miller LF（1969）Controlled collapse reflow chip joining. IBM J Res Dev 13：239.

［2］　Tsukada Y et al（1993）A novel solution for MCM-L utilizing surface laminar circuit and flip chip attach technology. Proceedings of the 2nd International Conference on Multichip Modules，Denver，CO，April 1993，pp 252-259.

［3］　Perfecto ED et al（2008）C4NP technology：manufacturability，yields and reliability. 58th ECTC Proceeding，Orlando，May 2008.

［4］　Schmidt R and Notohardjono BD（2002）High-end server low-temperature cooling. IBM J Res Dev Vol. 46 No. 6，November，2002.

［5］Nowalk E（2002）Maintaining the benefits of CMOS scaling when scaling bogs down. IBM J Res Dev Vol. 46 No. 2/3，March/April，2002.

［6］RoHS Enforcement Authority，NWML，Stanton Avenue，Teddington，Middlesex，TW11 0JZ. Information website and enquiry service：www. rohs. gov. uk.

［7］BERR（Department for Business Enterprise & ROHS Regulatory Reform）（2008）Government Guidance Notes SI 2008，No. 37，URN 08/582，Feb 2008.

［8］Cole M et al（2008）European Union RoHS exemption review case study. IBM Corporation.

［9］Technology Forecasters Inc.（2008）Report on Economic impact of the European Union RoHS Directive on The Electronic Industry，Jan 2008.

［10］Luijk P，et al（1991）Thermal degradation characteristics of high impact olystyrene/decabromodiphenyle-ther/antimony oxide studied by derivative thermogravimetry and temperature resolved pyrolysis-mass spectrometry：formation of polybrominated dibenzofurans，antimony（oxy）bromides and brominated styrene oligomers，J Appl Pyrolysis 20，303-319.

［11］Iji，M（1999）New environmentally conscious flame-retarding plastics for electronics products. Proceedings of EcoDesign' 99：First International Symposium On Environmentally Conscious Design and Inverse Manufacturing，1-3 Feb 1999.

［12］de Sousa I，Henderson D，Patry L et al（2006）The influence of low level doping in thermal evolution of SAC alloys solder joins with Cu pad structures. Proceedings of 56th ECTC，San Diego，May 2006.

［13］Sylvestre J et al（2008）The impact of process parameters on the fracture of brittle structures during chip joining on organic laminates. Proceedings of 58th ECTC，Orlando，May 2008.

［14］Plumbridge WJ（2008）Recent observations on tin pest formation in solder alloys. J Electron Mater 37（2）：218-223.

［15］Chiu T-C et al（2008）Effect of thermal aging on board level drop reliability for Pb-free BGA packages. Proceedings of 54th ECTC，Las Vegas，May 2008.

［16］Yin L et al（2009）Controlling Cu electroplating to prevent sporadic voiding in Cu_3Sn. Proceedings of 59th ECTC，San Diego，May 2009.

［17］Communication with Michael Gordon，Watson Research Center，Dec 2008.

［18］Bieler TR et al（2006）Influence of Sn Grain Size and Orientation on the Thermomechanical Response and Reliability of Pb-free Solder Joints. Proceedings of 56th ECTC，Orlando，May 2006.

［19］UCHIBORI CJ et al（2006）Impact of Chip-Package Interaction on Reliability of Cu/Ultra low-k Interconnects for 65nm Technology and Beyond. 8th International Conference on Solid State and Integrated Circuit Technology.

［20］Yeh DC，Huntington HB（1984）Extreme fast-diffusion system：nickel in single-crystal tin. Phys Rev Lett 53：1469.

［21］Lu M et al（2008）Effect of Sn grain orientation on electromigration degradation mechanism in high Sn based Pb-free solders. Appl Phys Lett 92（21）：211909.

［22］Lu M et al（2008）Comparison of electromigration performance for Pb-free solders and surface finishes. Proceedings of 58th ECTC，Orlando，May 2008.

［23］Jan CH et al（2008）A 45 nm low power system-on-chip technology with dual gate（logic and I/O）high-k/metal gate strained silicon transistors. IEDM Tech Digest，paper 27. 4，Dec 2008.

［24］Moore G（1975）Progress in digital integrated electronics. IEDM Tech Digest，pp 11-13.

［25］Zhang GQ et al（2006）Strategic research agenda of more than Moore. EuroSime 2006，24-26 Apr 2006.

［26］Tummala RR（2006）Moore's law meets its match. IEEE Spectrum magazine，Jun 2006.

［27］Bottoms WR et al（2007）2007 ITRS assembly and packaging report. 2007 ITRS Conference，Makuhari Messe，Japan，Dec 2007.

［28］Morimura H et al（2008）Integrated CMOS-MEMS technology and its applications. 9th International Conference on ICSICT，20-23 Oct 2008.

[29] Utsunomiya HH (2008) Challenge on packaging substrate technologies towards next decade. 3rd IMPACT.

[30] Nunn WA, Soldo D (2006) Leading insight workshop, application workshops for high performance design. Ansoft Corp.

[31] Bottoms WR, Chen W (2008) An overview of the innovations, emerging technologies and difficult challenges regarding the Assembly & Packaging chapter of the ITRS. Future Fab International, Issue 28, Jan 2008.

[32] Madisetti VK (2006) Electronic system, platform, and package codesign. IEEE Design Test 23 (3): 220-233.

[33] Kuo W-S et al (2007) POP package (Cavity BGA) warpage improvement and stress characteristic analyse. Proceedings of IMPACT 2007, 1-3 Oct 2007.

[34] Carson F et al (2008) The development of the Fan-in Package-on-Package. Proceedings of 58th ECTC, Orlando, May 2008.

[35] Fillion R et al (2007) Embedded chip build-up using fine line interconnect. Proceedings 57th ECTC, Reno, May 2007.

[36] Kim YG et al (2002) Folded stacked package development. Proceedings of 52nd ECTC, San Diego, May 2002.

[37] McMahon FJJ, Lu JQ, Gutmann RJ (2005) Proceedings of 50th ECTC, May 2005.

[38] Liu F et al (2008) A 300-mm wafer-level three-dimensional integration scheme using tungsten through-silicon via and hybrid Cu-adhesive bonding. IEDM, San Francisco.

[39] Umemoto M (2004) High performance vertical interconnection for high density 3D chip stacking packages. Proceedings 54th ECTC, May 2004.

[40] Gan H (2006) Pb-free micro joints (50 mm pitch) for next generation micro-systems. Proceedings 56th ECTC, May 2006.

[41] Orii Y (2009) Ultrafine-pitch C2 flip chip interconnections with solder-capped Cu pillar bumps. Proceedings of 59th ECTC, San Diego, May 2009.

第3章
凸点制作技术

Michael Töpper

Fraunhofer IZM, Gustav-Meyer-Allee 25, 13355 Berlin, Germany

Daniel Lu

Henkel Corporation, Shanghai, China

摘要　电子封装并非仅仅将有源和无源器件包封起来，过去 10 年中电子封装的发展已经进入系统集成的第一阶段。从这个意义上来讲，基于再布线技术的晶圆级封装成为系统级封装以及基于硅通孔技术的异质整合 3D 封装的关键技术。对于晶圆级封装的可靠性而言，材料与制程工艺是关键。本章将重点介绍晶圆级封装所采用的材料与工艺，这是所有新的 3D 集成技术的基础。

3.1　引言

电子封装与组装是将小尺寸的集成电路(IC)同印制电路板(PCB)或多层陶瓷基板(MLC)等基板实现互连的基础技术[1~3]，通过这些基板将大量的 IC 和无源器件组装起来，制成最终用户所需要的微电子系统[4]。对电子器件性能和功能的新需求以及新技术的出现，推动了电子封装技术的发展，相继出现了表面贴装技术(SMT)、倒装芯片封装(FCIP)、板上倒装芯片(FCOB)以及用于系统级封装(SiP)和异质整合(HI)3D 封装的晶圆级封装(WLP)[5]等里程碑式的封装技术。因此，前段半导体技术、封装和系统工程之间的技术界限也日趋模糊。异质整合构建起纳电子学与其应用之间的桥梁，使得纳电子学、微系统技术、生物电子以及光电元件技术能够结合起来。本章将围绕凸点制作技术展开论述。

单芯片封装技术(SCP)已由最初的金属封装，用于通孔插装的双列直插式封装(DIP)，逐步发展至表面贴装封装，如塑料四边引线扁平封装(PQFP)和球栅阵列封装(BGA)[6]。BGA 封装采用刚性或者柔性转接板制作外围焊盘与面栅阵列之间的再布线层。为了进一步将封装尺寸减小至不超过芯片尺寸的 1.2 倍，又提出了芯片尺寸封装(CSP)的概念[7]。CSP 典型的面栅阵列节距为 $0.4\sim0.5$mm，这对 PCB 技术提出了新的挑战。DIP 与 PQFP 的 I/O 分布在封装体外围，而 BGA 与 CSP 的 I/O 为面栅阵列分布，并以倒装芯片(FC)的形式进行组装。FC 由 IBM 公司最早研发，采用可控塌陷芯片连接(C4)方式将芯片面朝下进行组装，这种互连方式能够满足如微处理器等器件对于卓越性能以及更多 I/O 数的要求。

对倒装芯片互连的一个主要要求就是需要改变 IC 的焊盘。所谓的凸点下金属化层(UBM)或者焊球受限冶金学(BLM)焊盘是芯片和基板之间低阻值电气、机械以及热连接的基础。利用焊料的自对准作用是倒装芯片组装的主要优势之一。即使芯片与基板焊盘对中误差接近 50%，在回流焊过程中由于熔融焊料表面张力的作用，芯片焊盘与基板金属化层也能够实现自对准。倒装芯片组装的缺点是芯片和基板之间完全依靠凸点实现机械连接，这使得互连凸点承受了全部硅芯片与基板之间的热失配应力。因此，需要在倒装芯片和基板之间填充下填料（带有填料颗粒的环氧树脂）以增加凸点强度，但同时也增加了组装成本。

3.2　材料与工艺

多数情况下将晶圆上凸点定义为芯片与基板之间的 3D 传导互连单元[8]。芯片与基板的互连工艺一般采用钎焊、热压键合以及粘接方法[9]。根据具体应用，可采用多种不同的凸点金属，如 Au、Cu、Sn、In 等纯金属，或者 Pb-Sn、Au-Sn、Ag-Sn、Sn-Cu、Ag-Sn-Cu 等共晶或高熔点合金。欧盟以及其他一些国家已经颁布法令，自 2006 年起禁止在除微处理器以外的电子产品中使用铅元素，这对封装材料选择产生了显著影响。

（1）凸点下金属化层   凸点下金属化层（UBM）必须满足芯片与焊料间接触电阻率低、芯片金属化层与钝化层间粘接强度高、UBM 与 IC 焊盘间密封性好等要求[10]。此外，作为 IC 焊盘和凸点之间具有较低薄膜应力的扩散阻挡层，UBM 必须有足够的可靠性以抵御芯片组装过程中的热应力。当采用 PbSn 焊料制作凸点时，常见的 UBM 堆叠结构包括：Cr-Cr：Cu-Cu-Au（源于 IBM 的 C4 技术）；Ti-Cu；Ti：W-Cu；Ti-Ni：V；Cr-Cr：Cu-Cu；Al-Ni：V-Cu；Ti：W（N）-Au。通常，采用溅射或者电镀方法依次沉积 UBM 各叠层。相比于蒸镀法，溅射方法的优点是沉积原子的动能可达 1~100eV，而蒸镀法只有 0.1~0.5eV，所以溅射方法制得的 UBM 其各层间的附着力更高。对于 200mm 和 300mm 晶圆而言，蒸镀距离已经增大到了不可接受的水平，因为沉积效率与蒸镀距离的平方成反比关系。

UBM 刻蚀工艺的目的是去除凸点之间的 UBM 金属化层。出于成本和技术原因的考虑，最常用的是湿法化学刻蚀方法。UBM 由不同的金属层组成，因而刻蚀每层所需的化学试剂也不同。刻蚀步所要满足的要求包括刻蚀效果一致、凸点钻蚀量最小、监测剩余金属层厚度判断是否停止刻蚀或者更换化学试剂以防止 UBM 某一层被完全去除。为了保证凸点不被氧化或者发生其他任何形式的改变，刻蚀工艺的制订显得十分重要。此外，在设计 UBM 堆叠形式时需考虑到刻蚀工艺，以获得可靠的、良好的工艺效果。

图 3.1 所示为用于 Pb-Sn 凸点的 Ti：W-Cu UBM 示意图。

将 Sn 基焊锡凸点沉积到 Cu 基 UBM 上时，在焊料回流过程中 Sn 与 Cu 会形成金属间化合物（IMC），为凸点和芯片焊盘提供所需的粘接强度。不同于 Pb-Sn 固溶体，金属间化合物为有序晶体结构，故性质较脆。封装主要采用的金属材料为 Cu、Ni、Au 和 Pb，这些金属材料与 Sn 基焊料以 Hume-Rothery 形式生成二元金属间化合物[12]。这些化合物以电子价键为基础，晶体结构由键合电子的数目来控制。各相的组成可以通过价电子的含量计算得到。例如，Cu_3Sn 与 Cu_6Sn_5 相由 Cu 和 Sn 形成金属间化合物，Ni_3Sn_4 与 Ni_3Sn 相由 Ni 和 Sn 形成金属间化合物。金属间化合物的生长速率取决于温度、化合物生成的活化能以及扩散过程。一般讲，Cu 所对应的金属间化合物生长速率要高于 Ni，这一点对于 Sn 含量更高的无铅焊料而言变得愈发重要。

（2）凸点技术   主要的凸点制作工艺包括电镀、模板印刷、蒸镀、植球以及可控塌陷芯片连接新工艺（C4NP）。UBM 与凸点金属的选取主要取决于焊料熔点、两者界面的热机械可靠性、相邻焊盘金属化层的完整性、凸点制程能力、组装操作条件以及对整体封装的可靠性要求。主要的工艺步骤如图 3.2 所示。

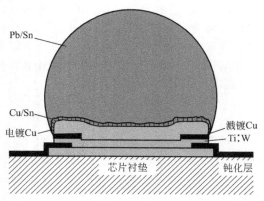

图 3.1   用于 Pb-Sn 凸点的 Ti：W-Cu UBM[11]

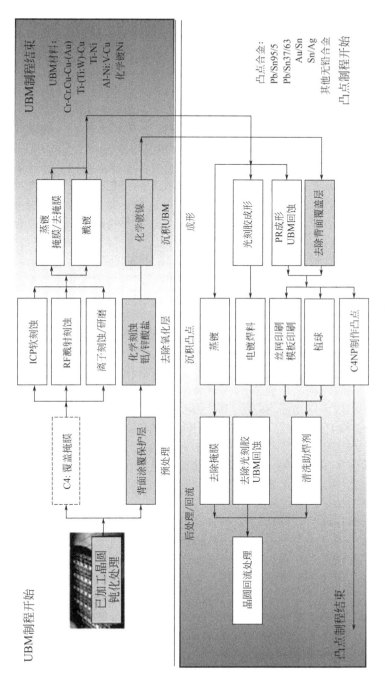

图3.2 凸点制作技术[13]

对所有凸点沉积技术的一个关键要求就是要控制晶圆上凸点的体积和焊料的组成，以保证凸点高度一致，避免回流焊时产生缺陷。最高回流温度比焊料熔点高出几十开尔文，在回流焊过程中保持最佳的温度曲线相当重要。在 FC 组装工艺中，芯片上所有互连同时形成，因而只要信号线中有一个互连点失效就会导致芯片无法正常工作。

蒸镀法是 IBM 最先研发用于 FC 键合的沉积方法，因 C4 技术而流行起来，该方法适用于多数优质的焊料。然而由于良率和成本的原因，向 200mm 晶圆的转变将是 C4 技术的终点。

1981 年 Hitachi 公司采用光刻胶电镀掩膜确定了凸点形状和尺寸后，通过电沉积方法制作凸点[14]，通常将该技术称为电化学沉积（EDC）方法。一般而言，电镀法是速率相对较慢的沉积工艺，基于不同的沉积材料其电镀速率为 $0.2\mu m/min$ 至数微米每分钟不等[15]。电镀工艺可以采用恒压、恒流或者脉冲电镀法。脉冲电镀法用以电镀细节距凸点，能够实现更为均匀、平整且无孔洞的沉积效果。影响镀层厚度均匀性、焊料成分以及凸点形态最重要的参数是晶圆的电场分布，因为电场分布决定了电镀电流。为此，可以沿着晶圆周边多点施加电压，这需要将晶圆周边的光刻胶完全去除（边缘球状物去除），并将环状电极附着在晶圆上。为了防止电极受到电镀液污染，需在其防腐蚀表面上放置密封环。晶圆上电流大体呈轴对称分布，并沿着径向变化。在这种情况下，将阳极设计成喷嘴形式，通过补偿径向电场的变化来控制电镀电流的均匀性。此外，整个电镀区与晶圆面积的比值也会影响电镀电流的均匀性。在晶圆表面均匀布置凸点十分重要，这就需要在晶圆的某些区域制作哑凸点以保证凸点均匀分布。通过设计合适的电镀装置确保电流密度的均匀性并平衡电镀槽的搅动，从而可以将直径 300mm 晶圆上的凸点高度偏差控制在 ±5％ 以内。

电镀 PbSn 焊料时，将锡盐和铅盐溶解于电镀液中并电离成阳离子和阴离子。向电镀液中加入硫酸以提高电镀液的电导率，加入添加剂以改善沉积焊料质量。对电镀槽施加电压之后，阳离子 Sn^{2+}、Pb^{2+} 运动到阴极（晶圆）后得到电子发生还原反应，生成 Sn 和 Pb 沉积在晶圆表面。电镀过程比较复杂，金属沉积机制主要包括以下几步：水合金属离子扩散至覆盖有 Helmholtz 双层的晶圆表面；另外金属离子可与分子结合生成络合物；添加剂通过控制金属生长得到致密的焊料。显然，增大电镀电流密度可以缩短电镀时间。但对最大电流密度有所限制，因为高电镀速率不利于电镀槽的维护。

尽管就凸点制作而言，结构尺寸不如前段工艺（如 65nm 技术节点）那么至关重要，但仍然需要通过光刻成像方法以得到最好的尺寸精度。与刻蚀和剥离工艺相反，电化学沉积方法通过在横向尺寸上精确复制光刻胶图形完成凸点制作。电化学沉积凸点制作工艺适用于多种晶圆类型、应用材料以及图形结构。所有类型的半导体如 Si、SiGe、GaAs、InP，以及陶瓷和石英基板都可以进行加工处理。另外，对于钝化层类型如氧化硅、氮氧化物、氮化硅以及聚酰亚胺或苯并环丁烯等高分子聚合物也没有限制。对于具有标准 I/O 的晶圆，可将凸点制作工序直接应用于 I/O 焊盘。如果原先的 I/O 布置经过了再布线，那么就在覆盖有绝缘阻焊层的金属布线层上制作凸点。在聚合物层顶部放置焊锡凸点可以减小自电容，这正是 RF 器件所需要的。由于电化学沉积凸点制作技术可与薄膜技术结合起来，可将制作工序划分为几个基本工艺步骤，即 UBM 溅射、胶板印刷、电镀凸点、去除光刻胶以及差分刻蚀电镀基材，如图 3.3 所示。

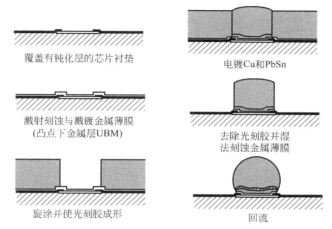

图 3.3　焊锡凸点制作工艺流程（电镀）[15]

UBM 利用溅射法制得，包括粘接层、扩散阻挡层和可润湿表面。同时在晶圆表面涂覆一层较厚的液态或者干膜光刻胶，然后将光刻胶进行曝光、显影。采用电镀法在光刻胶层上沉积蘑菇状的焊料，接着去除光刻胶并刻蚀凸点之间 UBM。最后通过回流工艺将焊料转变为球状，同时在 UBM/焊料界面上生成金属间化合物，这对凸点和 UBM 间的粘接强度十分重要。电镀蘑菇状焊料的优点是光刻胶的厚度可以明显小于最后焊球高度，并且焊料沉积较快，这是由于当电镀焊料超出光刻胶边界时，焊料表面在不断增大；缺点是对电镀工艺的控制要求高。电镀蘑菇状焊料时，光刻胶的厚度通常为 $25\sim60\mu m$。另一方面，对于节距更细的凸点，将焊料电镀成蘑菇状便成了一个问题。制作细节距凸点时，采用约 $100\mu m$ 厚的光刻胶并将凸点模腔完全电镀填充。

如果晶圆上布有微机械单元，那么在薄膜工艺过程中需要注意对这些单元可能造成的损伤[21]。并且，空腔表面污染也会削弱 MEMS 性能。在某些情况下，在进行溅射之前需将 MEMS 区域涂上一层光刻胶作为保护层，或者在电镀之前对电镀基材进行局部刻蚀。诸如空气桥或加速度传感器等具有空腔的 3D 结构，需要涂覆多层光刻胶。如果那样的话，需先利用光刻胶涂层填充复杂元件之间的空隙，形成平滑的亚表面以便进行后续的沉积工艺。

利用印刷工艺沉积焊料时，可以采用金属或者光刻胶掩膜（用于细节距凸点），该工艺并不包括 UBM 沉积。UBM 沉积采用基于溅射的薄膜工艺单独进行，有时还需结合电镀工艺。一种低成本的方法就是采用化学镀工艺在 Al 焊盘上沉积金属 Ni，即化镍浸金（ENIG）工艺，该工艺基于的是在 Al 键合焊盘上选择性化学沉积金属。将晶圆依次浸入不同的化学溶液中进行处理，每次处理完之后都需要利用去离子水（DI）仔细清洗晶圆。工艺原理如图 3.4 所示[16]。

首先将晶圆分别浸入到两个清洗槽中，其中钝化层清洁剂用以去除可能的残留物，另外 Al 焊盘清洁剂用以去除较厚 Al 氧化物并粗化焊盘表面。在镀 Zn 槽中，利用置换反应在 Al 焊盘上沉积薄 Zn 层，作为后续镀 Ni 的活化表面。化学镀 Ni

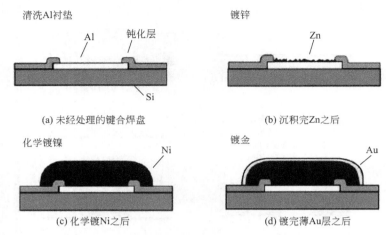

图 3.4　化学镀方法制作 Ni 凸点的工艺原理

槽中主要包含 Ni 离子和次磷酸盐。先通过 Zn 与 Ni 离子的置换反应在焊盘上沉积一层金属 Ni，接着在该 Ni 层上通过连续的自催化反应沉积多层金属 Ni，不需要通以电流。化学镀 Ni 速率为 $25\mu m/h$，所需的能量由镀槽中次磷酸盐的氧化反应提供，释放的电子将 Ni^{2+} 还原成 Ni。由次磷酸盐氧化生成的磷会混入 Ni 层中，这会改变 Ni 的力学以及电学性能。接着将晶圆浸入 Au 溶液中，通过置换反应在 Ni 层表面沉积一层厚度为 $0.05\sim0.08\mu m$ 的薄 Au 层，以防止 Ni 被氧化。但是在 Ni 层与焊料界面上会形成脆性的 Au-Ni-Sn 相金属间化合物，这会影响互连点长期服役的可靠性。因此，Au 层厚度要尽量做得很薄。

完整的工艺流程见表 3.1。除了上面提到的湿法化学处理以外，需对晶圆背面进行保护以免 Ni 沉积到 Si 上。为此在晶圆背面上旋涂一层防护阻挡层，电镀完凸点之后再将其去除。该工艺所采用的化学药品都为商用产品，完全不含氰化物，且不使用有机溶液。

表 3.1　化学镀方法制作 Ni 凸点的各个工艺步骤及其作用（由 Fraunhofer IZM 提供）

工艺步骤	作用
① 涂覆防护阻挡层	保护晶圆背面以免 Ni 沉积到 Si 上
② 清洗钝化层	去除 Al 焊盘上钝化处理的残留物
③ 清洗 Al 焊盘	去除较厚的 Al 氧化物,粗化焊盘表面以便金属沉积
④ 沉积金属 Zn	活化 Al 焊盘表面以沉积金属 Ni
⑤ 化学镀 Ni	沉积 Ni 层(厚度 $5\mu m$)
⑥ 浸 Au	覆盖在 Ni 层表面,防止 Ni 被氧化(厚度 $0.08\mu m$)
⑦ 清洗晶圆背面	去除背面防护阻挡层

对于所有的湿法化学处理而言，在一个载体上可同时处理 25 片晶圆。进行湿法化学处理时需要若干个带有 7 个不同化学槽的处理箱和清洗箱。处理时间相对较短，从 30s（沉积金属 Zn）至 30min（浸 Au）不等。手工处理每小时可处理 25 片

晶圆，而采用全自动系统每小时可处理 100 片晶圆。在直径 200mm 的晶圆上，Ni 凸点高度偏差小于±5％，芯片上的偏差相对更小。Fraunhofer IZM 化镍浸金工艺规程见表 3.2。

表 3.2　ENIG 工艺规程（由 Fraunhofer IZM 提供）

属性	说明
晶圆材料	Si
键合焊盘材料	Al-Si1％,Al-Si1％-Cu0.5％,Al-Cu2％
焊盘金属厚度	≥1μm
钝化层	无缺陷氮化物,氧化物,氮氧化物,聚酰亚胺,BCB
键合焊盘上残留物	
非有机物	<5nm
有机物	不可接受
晶圆尺寸	100～300mm
晶圆厚度	>200μm(>150μm)
键合焊盘形状	任何形状(正方形,矩形,圆形,正八边形)
钝化层开口	>40μm
键合焊盘间距	>20μm
钝化层重叠量	5μm
晶圆加工工艺	CMOS,BiCMOS,双极型
墨点	可接受,稳定性取决于油墨
焊盘上针痕	可接受
切割线	需钝化处理(热氧化)
激光熔丝	测试结构可接受
Al 熔丝	不可接受
多晶硅熔丝	可接受(有所限制)

UBM 的质量控制利用其剪切强度来进行检查，UBM 的剪切强度必须达到约 150MPa，不低于 100MPa。对 Al 的刻蚀深度需限制在 0.5μm 以内，以免对 Si 器件造成损伤。对 Ni UBM 要进行多种测试，经过 300℃下 10000h 的高温存储试验、10000 次−55～125℃的热循环试验以及 85℃/85％RH 下 10000h 的高温高湿存储试验之后，未发现 Ni UBM 失效[17]。

焊料采用印刷工艺进行沉积，如图 3.5 所示[18]。

该工艺由印制电路板产业引进到晶圆技术中。焊膏由直径 2～150μm 的焊料颗粒与粘接剂、助焊剂等混合而成，涂刷在具有开口的模板上。根据焊料颗粒的尺寸可将焊膏分为不同等级，见表 3.3。

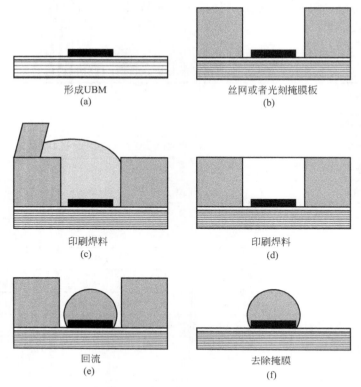

图 3.5　采用光刻胶进行焊料印刷（UBM 成形）[24]

表 3.3　焊膏等级

等级	1	2	3	4	5	6	7
焊料颗粒尺寸/μm	75～150	45～75	20～45	20～38	15～25	5～15	2～11

　　焊膏的另一个作用就是在回流焊之前将放置在基板上的元件预先固定。当采用丝网印刷时焊膏黏度为 250～550Pa·s，采用模板印刷时焊膏黏度为 400～800 Pa·s。

　　丝网一般通过对金属薄板进行激光钻孔或者电铸成形制得。印刷机将丝网与基板或者晶圆进行对中，焊膏在数秒内挤出通过丝网一次印刷到数千个焊盘上形成焊锡凸点。一个关键问题是必须保证所有焊膏都通过丝网开口印刷到晶圆上，丝网上残留焊膏会降低最终凸点高度的一致性。金属丝网需利用溶剂进行清洗，产品中多数采用的是可溶于水的焊膏。回流后焊锡凸点为一端截平的球状，其尺寸为焊盘尺寸和形状的函数，可利用下面的公式来计算：

$$V = (1/2)AH + (\pi/6)H^3$$

　　其中，V 是焊料体积；A 是焊盘面积；H 为凸点高度。

　　印刷完焊料后，通过回流使得焊锡凸点成形。由于焊料颗粒中加入了添加剂，所以在回流过程中有可能在凸点中形成空洞。如果空洞体积低于某个值并不会降低凸点可靠性，这与设计采用的准则有关。相比于电镀与蒸镀工艺，焊料印刷工艺相当简单且成本低廉。丝网印刷的一个主要优点是适用于多种焊膏，这种较大的灵活性对无铅焊料尤其重要。即使是 Sn-Ag-Cu（SAC）等难以电镀的三元合金焊料，也可以利用丝网印刷工艺进行沉积。

对于节距＜150μm 的细节距凸点而言，采用厚度 70μm 或者更厚的光刻胶掩膜进行印刷工艺具有许多优点，但相比于采用金属模板其成本更高。该工艺基于 Flip Chip International（FCI）的研究成果，称为 Flex-On-Cap（FOC）工艺，被许多公司广泛采用[23]。由于 UBM 焊盘决定了最终的凸点基底，用于漏印工艺的模具其开口面积大于最终凸点的面积，以便将更多的焊膏填入模腔中增大凸点高度。在去除光刻胶之前，需对焊膏进行加热形成固体焊锡。该工艺制得的凸点如图 3.6 和图 3.7 所示[18]。

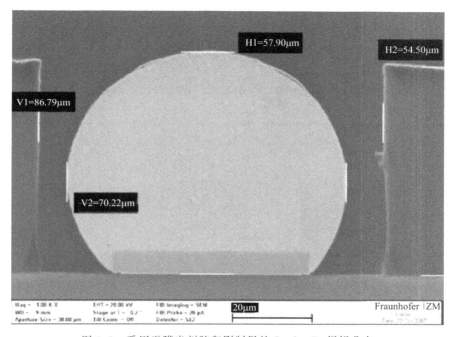

图 3.6　采用干膜光刻胶印刷制得的 Sn-Ag-Cu 焊锡凸点

采用该技术已经制得直径 25μm、节距 60μm 的凸点。

C4NP 是 IBM 公司研发的全新的低成本细节距焊锡凸点制作技术，克服了现有技术的局限性，可采用多种无铅焊料合金[19]。C4NP 是一种焊料转移技术，需将熔融焊料注入预制的、可重复使用的玻璃模具中，基本工艺流程见图 3.8。

玻璃模具包含晶圆凸点图形的刻蚀空腔。将焊料转移至晶圆之前，需对填充好的模具进行检查以确保较高的良率。然后，在回流温度下将填充好的模具软接触贴近晶圆，这样所有焊锡凸点可一次全部转移至 300mm 或者更小的晶圆上，这个过程并无与液体流动相关的复杂问题。

通过 IBM 与 Suss Microtec 公司的合作，C4NP 工艺已用于量产。不同的成本模型都指出这种工艺是低成本的，但玻璃模具凸点工艺的基础架构尚未建立。

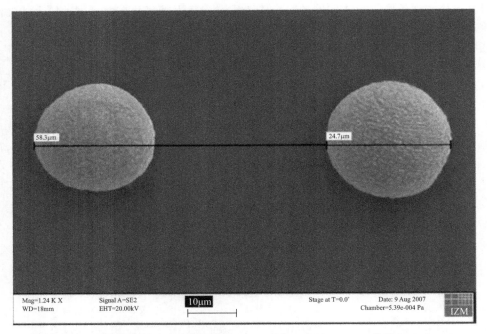

图 3.7　去除光刻胶后的印刷 Sn-Ag-Cu 凸点（直径 $25\mu m$、节距 $60\mu m$）

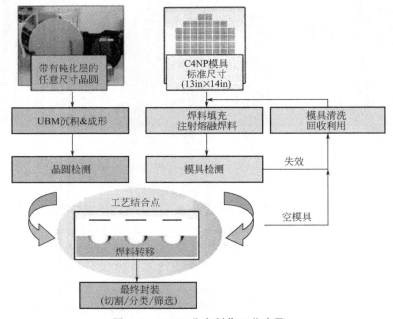

图 3.8　C4NP 凸点制作工艺步骤

　　其他可供选择的凸点制作技术有：金柱植球、焊料喷射以及锡球置放。
直接锡球置放只用于制作直径为 $150\mu m$ 或者更大的焊球。一些情况下，采用一个真空吸头作为晶圆上焊球布局的样板，并从容器中拾取预成形的焊球。先将焊球浸入助焊剂中，然后放置在晶圆上，接着再进行回流。锡球置放技术的优点在于能够以较低的成本制作大体积焊球，而且适用于任何焊料类型。锡球置放技术常用于制作具有再分布层器件上的焊球，其面阵列焊盘布局大于或等于 $500\mu m$。设备制造商正致力于将该技术应用于几何形状更小的焊球。

金柱植球技术是利用引线键合机将引线键合到 IC 焊盘上之后随即切断引线。制得的凸点可以带有尖刺，或者加工成平滑表面，或者键合后沿着顶部剪断。对于所要求的凸点金属化层而言，金柱植球技术比较灵活，可以用于制作金凸点甚至焊锡凸点。由于金柱植球属于序列加工工艺，所以该技术对于大规模生产并不是十分有用，但对于制作倒装芯片样品和小批量生产来说，该技术就显得比较重要。金柱植球是单一化器件采用的主要技术。

焊料喷射是连续的无掩膜焊料沉积技术，焊料液滴由喷头喷射到晶圆上。该技术有可能实现较高的喷射频率，然而对整个工艺的控制比较困难，并且工业界尚未采用该技术。过去一段时间已对该技术有所尝试，但未有进展。

（3）凸点冶金

① Au 和 AuSn 凸点　Au 是不易被氧化和腐蚀的贵金属，具有较高的电导率和热导率。由于 Au 的熔点较高，所以 Au 凸点无法进行回流。主要利用热压键合方法将凸点键合到柔性基板或者载带（TCP：带载封装）上形成互连（TAB：载带自动焊），或者利用导电薄膜粘接到玻璃基板上（COG：晶玻接装），主要应用于液晶显示器（LCD）驱动器。Au 凸点利用电镀法沉积到溅射 Au 层上，其底部为 Ti 或者 TiW 或者其他过渡金属粘接/扩散层，结构如图 3.9 所示。

目前，大规模生产的液晶显示器驱动器其最小 Au 凸点节距约为 $30\mu m$，凸点之间的间隙小于 $10\mu m$，其中 COG 的节距小于 TAB。用于批量生产的凸点制作技术中，上述方法制得的凸点排布最为紧密。

对于电镀纯 Au 而言，可以采用亚硫酸盐或者氰盐电镀液。亚硫酸盐电镀液的优点包括对所采

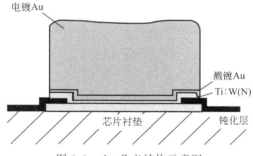

图 3.9　Au 凸点结构示意图

用的光刻胶具有极好的兼容性，无毒以及制得的 Au 凸点在退火过程中易软化。另一方面，氰盐电镀液易控制，因为可以生成更加稳定的复合 Au，并且在 Ni 和 Cu 的基材上附着力较强。电镀更倾向于采用氰盐电镀液，尤其对于细节距凸点的制作。市售 Au 电镀液的金属含量为 $8\sim15g/L$，适用的电流密度为 $5\sim20mA/cm^2$，所对应的沉积速率为 $0.3\sim1.2\mu m/min$。所有的 Au 凸点电镀液的工作温度都较高，一般为 $50\sim70℃$。在多数热压键合的情况下，镀 Au 凸点的延展性不足，需进行后续的退火处理。在 $200℃$ 的热时效过程中，镀 Au 凸点的显微硬度在数分钟内由 $130HV_{0.025}$ 降至 $50\sim70HV_{0.025}$。由于没有回流工艺，所以凸点形状完全由光刻胶

控制，其厚度范围为 $30\mu m$。因此，需要仔细选取光刻胶与电镀液的组合。图 3.10 所示为高结构光刻胶的聚焦离子束（FIB）剖面图，其开口为垂直侧壁，开口尺寸变化范围在 $\pm 1\mu m$ 以内，厚度为 $45.8\mu m$。

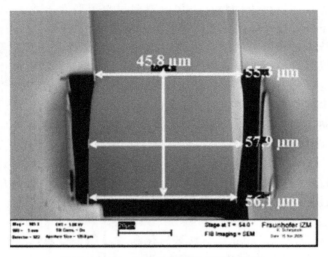

图 3.10 Au 电镀光刻胶的 FIB 剖面图

对于焊锡凸点，最后通过回流工艺使得 Sn 合金均匀化并形成球状凸点。不同组分的焊锡都需根据其熔点、周围介质以及挥发性确定合适的温度-时间曲线，而 Au 凸点并不需要。

电镀工艺会在光刻胶中产生很大的应力，导致最终结构的变形。如图 3.11 所示，图 3.11（a）为电镀液和光刻胶选择不当得到的镀 Au 凸点，图 3.11（b）为优选组合得到的镀 Au 凸点。

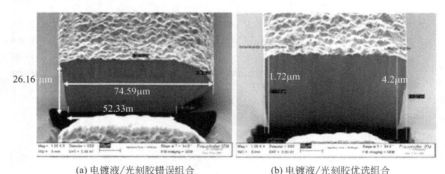

(a) 电镀液/光刻胶错误组合   (b) 电镀液/光刻胶优选组合

图 3.11 电镀 Au

如果材料的组合选择不正确，那么电化学沉积方法就可能会导致光刻胶产生超过 $20\mu m$ 的变形。

共晶 Au/Sn 系焊料具有良好的耐腐蚀性，且能够用于无助焊剂的 FC 组装工艺。因此，对于光学和光电器件而言，共晶 Au/Sn 系焊料是最适用的互连材料。图 3.12 所示为 Au-Sn 凸点的基本结构。

Au 和 Sn 可利用电镀法连续沉积，或者以三明治结构利用蒸发法沉积。

② 焊锡凸点　利用软钎焊进行互连是微电子系统中最为常见的技术[20]。该方法的主要优点就是能够将凹凸不平或者粗糙的表面连接起来，同时还可以进行返修。软钎焊要求两个互连表面可湿润，为了避免焊料覆盖到整个表面，需要利用如环氧树脂制得的表面不可湿润的阻焊层。如果焊料具有高弹性，产品的可靠性会较高。如果基板与芯片的热膨胀系数相差较大，焊料就会超出其弹性范围。因此，需要在芯片底部填充下填料。

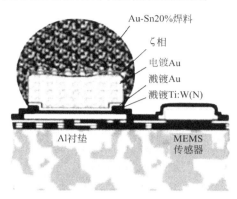

图 3.12　Au-Sn 凸点示意图

下填料是含有填充料的环氧聚合物，由于聚合物的热膨胀系数比 Si 或金属等无机材料高很多，所以需要利用如 SiO_2 细小颗粒的填充料来降低聚合物的热膨胀系数。表 3.4 给出了一些最常用的焊料。

表 3.4　用于倒装互连的焊料

焊料	熔点	备注
63％Pb-37％Sn	183℃	共晶 PbSn 焊料,低熔点,与有机 PCB 板兼容,用于大多数的 SMD;不可进行 ROOS
95％Pb-5％Sn（或者类似）	315℃	高含铅量,良好的抗电迁移性能,较高的热机械互连可靠性,可与陶瓷基板倒装互连;将芯片安装到 PCB 板上时高含铅量的凸点无需回流(共晶 PbSn 焊料在 PCB 板一侧),在 H_2 氛围中进行无助焊剂回流
96.5％ Sn-3.5％ Ag（或者类似）	221℃	目前广泛用作倒装芯片的二元无铅焊料,通常与电镀工艺相结合
97％Sn-3％Cu	227℃	难以电镀,药液寿命短
95.5％ Sn-3.9％ Ag-0.6％Cu	218℃	常用的无铅焊料,含 Cu 可以减少 UBM 对 Cu 的消耗
80％Au-20％Sn	280℃	常用于光电子器件覆 Au 表面的无助焊剂互连,互连高度可控
In	157℃	回流温度很低,是温度敏感电子器件的理想互连材料
Sn	232℃	存在形成锡须的问题

通过回流工艺形成互连，回流温度比焊锡的理论熔点至少高出 10℃。

在组装与软钎焊过程中，需利用助焊剂将氧化物去除掉。此外，助焊剂的黏性可使放置好的元件在回流之前保持在适当位置，直至软钎焊过程结束。助焊剂可以是无机酸、有机酸、松香以及免清洗树脂。J-STD 分类对助焊剂活性和助焊剂残留物活性的描述如下：L＝低或无助焊剂/助焊剂残留物活性；M＝中等助焊剂/助焊剂残留物活性；H＝高助焊剂/助焊剂残留物活性。这些类别可按活性或腐蚀性进一步划分。

③ Cu 柱　Cu 的电导率和热导率要比 Pb-Sn 焊料高出 10 倍左右。因此，在类似于功率器件的应用中，当有高电流通过时，Cu 柱互连更受欢迎。对于细节距凸

点，其尺寸减小导致电阻增大，Cu 柱互连尤其重要。Cu 柱的抗电迁移特性更优，因此对于无铅替代品，特别是小凸点尺寸、高电流的应用而言，Cu 柱是颇具前景的候选对象[21]。电迁移指的是由于导电电子与扩散金属原子之间的动量交换，导致离子逐渐迁移，从而引起物质输运。对于高直流电流密度的产品，例如高密度互连与高功耗，电迁移的影响巨大。随着电子产品结构尺寸的减小，电迁移的影响愈发重要。Cu 柱可视为较厚的 UBM 结构，能够减缓凸点与芯片焊盘界面的电流集聚效应。

　　Cu 凸点以及 Cu 布线层通过在硫酸盐电镀槽中沉积制得，电镀槽中含有有机抑制剂和促进剂用以获得光亮且细粒度的 Cu 晶体，该方法专门为半导体产业而开发，但主要用于大马士革工艺。

　　Cu 柱不需要进行回流，因此可在不减小凸点高度情况下制作具有高深宽比结构的细节距凸点。当与基板互连时，需在 Cu 柱或者基板焊盘上涂覆一层焊锡。Cu 柱利用电镀法制得，其典型结构如图 3.13 所示。

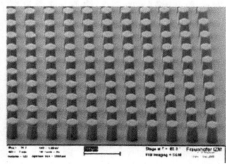 

(a) 利用干膜制得的80μm厚的电镀Cu　　　　(b) 利用液态光刻胶制得的60μm厚的电镀Cu

图 3.13　去除光刻胶后的 Cu 柱

不同于焊锡电镀，Cu 柱要求利用厚度＞70μm 的光刻胶电镀通孔。

　　随着 3D 集成即将出现，未来 Cu 沉积将引起更多的关注。这些技术当中，硅通孔（TSV）技术将是重要一步。如图 3.14 所示，该示意图表明了 Cu 的重要性。

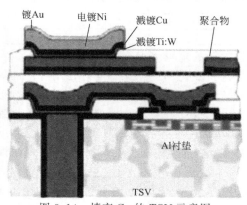

图 3.14　填充 Cu 的 TSV 示意图

利用深反应离子刻蚀（Deep-RIE）方法对 Si 进行刻蚀是众所周知的工艺，常见于 MEMS 产业（博世工艺）。主要问题包括 Si 的钝化、Si 通孔中沉积 Cu 种子层以及 Cu 填充工艺。

　　④ 电镀 Ni　所使用的 Ni 电镀液主要包括氨基磺酸以及电铸工业常用的有机物，要求制得较厚且低应力的电镀层。Ni 沉积层呈亚光色，尽管只发生很少的有机添加剂

共沉积。

（4）合金的电镀　焊锡凸点的制作需采用不同种类的亚锡合金电镀液以及纯锡电镀槽，并以甲磺酸为主要成分。这里要求无孔隙结晶以及较低的有机物共沉积率，以免在最后的回流工艺中产生气泡。同时，电镀合金的主要问题是沉积金属电动势（EMF）的差异。Pb-Sn 的电位差只有 10mV，Pb 比 Sn 稍高。槽电压偏离平衡电位形成过电位或者电池极化，会对电镀液浓度、扩散等产生影响。可通过搅拌电镀槽、提高离子含量、降低电流密度等方法来减小这些影响。此外，利用自动电镀系统并结合优化的工艺条件，可达到 $4\mu m/min$ 的沉积速率，同时保证直径 300mm 晶圆的电镀均匀性小于 3%（1σ）。

Sn、Ag 及 Cu 的电位差见图 3.15。

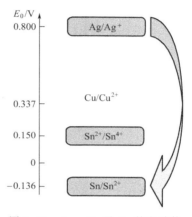

诸如有机添加剂或者络合剂等抑制剂，对每个离子的作用不同，从而导致沉积电位的不同变化。例如，络合剂可以改变给定离子的活性。如果将氰盐离子加入 Cu 离子溶液中，则会发生如下的反应：

$$Cu^+ + 3CN^- \rightleftharpoons [Cu(CN)^3]^{2-}$$

Cu^+ 离子的浓度会降低，游离 Cu（I）的浓度在 0.5×10^{-7} mol/L 以内，加入 0.25mol/L 的 NaCN 或 KCN 之后，游离 Cu（I）的浓度会降至 10^{-26} mol/L。（Cu+/Cu）的电动势为 +0.35V，加入氰盐之后降至 -1.0V。这样的络合剂可用于降低 Ag/Ag^+ 的电动势，避免与 Sn 发生共沉积，防止生成 Sn-Ag。

图 3.15　Ag、Cu 及 Sn 的电动势

相比于无铅替代品，Pb-Sn 焊料的优点在于其熔融温度即共晶点温度，如图 3.16 所示的 Pb-Sn 合金相图[23]。

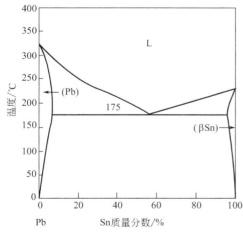

图 3.16　Pb-Sn 合金相图

Pb-Sn 焊料的共晶熔融温度为 183℃，组分不同其熔点只略微发生变化。这完全不同于 Sn-Ag 和 Sn-Cu 焊料，如图 3.17 所示[22]。

Sn-Ag3.5% 焊料的共晶熔融温度为 221℃，但加入 2.3% Ag 之后又升至 285℃。类似地，当 Sn-Cu 共晶焊料的 Cu 含量由 0.7% 增加至 1.1% 时，其熔融温度由 227℃ 升高至 264℃，如图 3.18 所示。这表明需要精确控制电镀工艺，以免组装工艺中形成冷焊点。图 3.19 所示为 Sn-Ag 凸点的结构示意图。

在电化学沉积过程中，溶液与

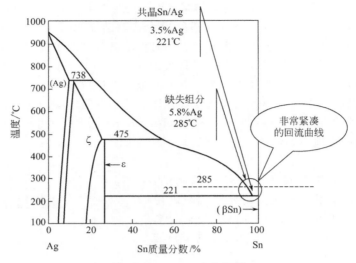

图 3.17 Sn-Ag 合金相图

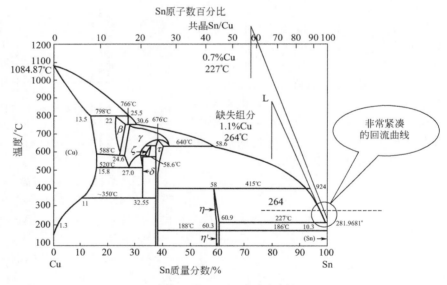

图 3.18 Sn-Cu 合金相图

阴阳极之间发生若干种电化学反应[21]。电镀槽的化学组分持续变化，这就要求对每种相关的有机和无机化合物进行监测，以确保电镀效果一致。常用滴定或者分光光度分析法测定电镀槽中金属离子、酸以及其他阴离子化合物的含量。在电镀过程中，共沉积、阳极沉积和带出损失会消耗有机添加剂。所有这些反应几乎都与可实现产能成正比，因而是可预测的。此外，通常可观测到与时间相关的有机物降解。在微电镀领域，循环伏安剥离法（CVS）是应用广泛的有机物分析方法。前面提及的所有组分都必须通过周期性地向电镀液加入各自的浓缩物来维持其浓度。目前，

全自动控制单元包括自动注泵功能已用
于大规模生产。最后，密度的变化、光
刻胶的渗出以及有机物分解产物的堆积
限制了电镀槽的使用寿命。

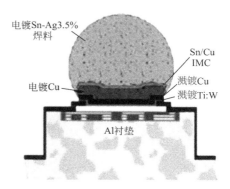

图 3.19　Sn-Ag 凸点示意图

监测无铅合金电镀液中的金属离子极
为重要，因为 Ag 和 Cu 的含量较少。微小
的变化可能会导致焊料组分发生明显改变，
从而对回流方式产生影响。由于电镀无铅
焊锡凸点将纯 Sn 作为阳极，因此 Ag 和 Cu
不能持续溶解于电镀液中，必须不断地进
行补充。沉积的 Sn/Ag 与 Sn/Cu 合金，其
组分可通过差示扫描量热法（DSC）以及 X 射线能谱分析来确定。

关于富 Sn 无铅替代品的另一个问题是晶须的生长，即如同发丝一样纤细的针
状单晶体。这些单晶体的直径不超过 $1\mu m$，其长度可至毫米范围，可能造成互连
线路之间发生短路。基材或者金属间化合物层中的应力会导致晶须的生长，Sn 原
子不断扩散至晶须底部，最高温度约为 $50℃$，生长速率为 $3\mu m/月 \sim 130mm/月$。
通常合金限制了 Sn 原子的移动能力，因而抑制了锡须的生长。

所选用的电镀液组分列于表 3.5 中。

表 3.5　所选电镀液组分

项目	Cu 电镀液	Ni 电镀液	Pb-Sn 电镀液	Au 电镀液	Sn 电镀液
组分	$CuSO_4$,磺酸,氯酸,晶粒细化剂和整平剂,润湿剂	$Ni(NH_2SO_3)_2$,硼酸,晶粒细化剂和润湿剂（若必要的话）	$Sn(CH_3SO_3)_2$,$Pb(CH_3SO_3)_2$,甲磺酸,晶粒细化剂,润湿剂,抗氧化剂	$(NH_4)_3[Au(SO_3)]$,亚硫酸铵,氨,有机晶粒细化剂和整平剂,络合剂和稳定剂	$Sn(CH_3SO_3)_2$,甲磺酸,晶粒细化剂,润湿剂,抗氧化剂
金属浓度 / (g/L)	20Cu	45Ni	共 28	12Au	20Sn
温度/℃	25	50	25	55	25
pH 值	<1	4.0	<1	7.0	<1
电流密度 / (mA/cm²)	10～30	10～30	20	5～10	7～15
电流效率/%	约 100	>95	约 100	>95	约 100
阳极材料	铜磷合金	硫化镍颗粒	适当的 Pb/Sn 合金	铂钛	纯 Sn

3.3　凸点技术的最新进展

3.3.1　低成本焊锡凸点工艺

近来 Bae 等人论证了一种低成本无掩膜凸点制作技术，称为 Solder Bump
Maker——SBM[24]，无需任何特殊设备和掩膜工具。该方法采用的是由焊料粉末
与高聚物树脂组成的糊状材料，其中高聚物树脂具有助熔作用，以除去焊料粉末和

电极上的氧化物，利用液滴的流变特性促进电极上焊锡凸点的形成，并不需要任何

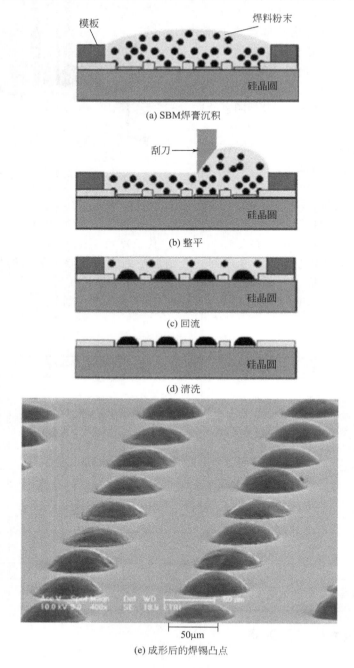

(a) SBM焊膏沉积

(b) 整平

(c) 回流

(d) 清洗

50μm

(e) 成形后的焊锡凸点

图 3.20　SBM工艺流程

对中措施。图 3.20 所示为采用 SBM 技术制作焊锡凸点的简单工艺流程图。从图中可以看出，首先利用印刷模板将 SBM 焊膏涂覆到金属焊盘上。印刷完焊膏之后，

将器件进行回流以熔化焊料粉末。然后移去印刷模板,清除树脂以及多余的焊料粉末。利用压印工艺可获得更好的凸点高度均匀性。Bae 等人还通过含有 5 个芯片的 TSV 封装验证了 SBM 凸点形成互连的情况。

3.3.2　纳米多孔互连

　　Oppermann 等人成功地通过电镀 Ag-Au 合金并结合 Ag 刻蚀的方法,在 Si 晶圆上制得了纳米多孔 Au 凸点[25]。如图 3.21 所示,凸点顶部为具有多孔网状结构的介观尺度 Au。多孔 Au 凸点到凸点键合已在低温(200℃)和低键合力条件下得到验证。多孔互连十分有前景,例如可压缩性和较低的刚度,可提高键合良率及可靠性。

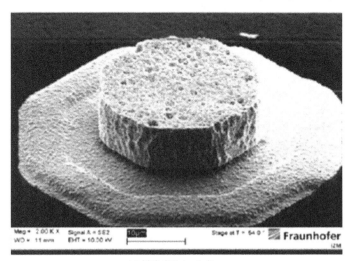

(a) 纳米多孔Au凸点

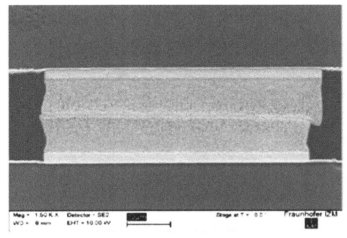

(b) 两个纳米多孔Au凸点之间形成的互连

图 3.21　纳米多孔 Au 凸点及其互连

3.3.3　倾斜微凸点

　　Park 等人论证了一种倾斜导电凸点(ICB)的制作工艺,可提供均匀的电导率、弹性模量以及可控的凸点变形[26]。倾斜导电凸点制作在测试晶圆上，其倾斜角度为70°和80°，节距为30μm。利用热压键合方法将单个芯片组装到带有Cu/Au焊盘的有机基板上，其接触电阻是可接受的，如图3.22所示。

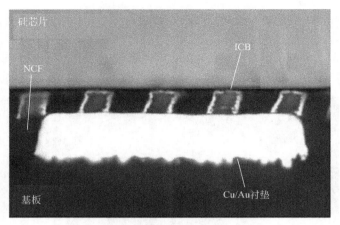

图3.22　带有ICB的芯片键合到基板的Cu/Au焊盘上[26]

3.3.4　细节距压印凸点

Corsat等人采用压印技术制得了金字塔状的In和Au-Sn凸点，刻蚀掉残留层之后，凸点节距低至4μm，如图3.23所示[27]。锥形焊料可通过回流形成凸点。Corsat等人还采用压印技术制得了热塑性导电聚合物的金字塔状凸点，然后利用聚合物凸点的变形能力在低键合力和低温（如70℃）条件下与基板上的金属焊盘形成电接触。

(a) 节距30μm　　　　　　　　　　　(b) 节距4μm [27]

图3.23　压印技术制得的金字塔状In凸点

3.3.5　液滴微夹钳焊锡凸点

图3.24（Ⅰ）和图3.24（Ⅱ）所示为利用液滴微夹钳制作焊锡凸点的工艺步骤示意图[28]。液滴微夹钳可通过对亲水性基板（如玻璃）上的疏水层（如特氟龙）

进行开口来实现[图 3.24 Ⅰ(a)]。将基板浸入液体槽之后,由于固体和液体之间吸引力的作用,基板上每一个开口位置都支撑住一个液滴[图 3.24 Ⅰ(b)]。然后,每

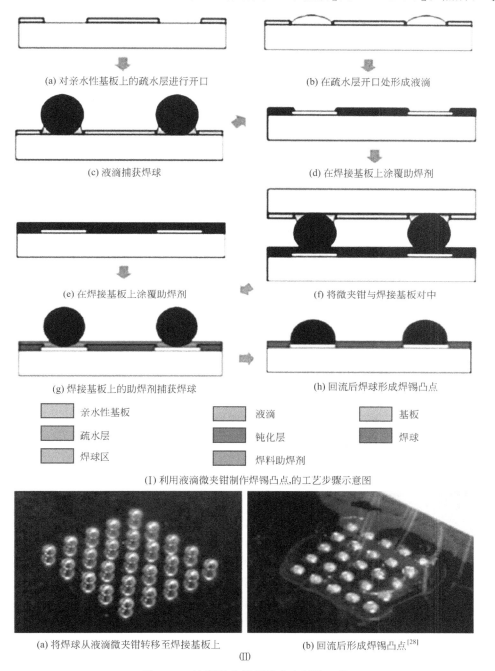

(a) 对亲水性基板上的疏水层进行开口

(b) 在疏水层开口处形成液滴

(c) 液滴捕获焊球

(d) 在焊接基板上涂覆助焊剂

(e) 在焊接基板上涂覆助焊剂

(f) 将微夹钳与焊接基板对中

(g) 焊接基板上的助焊剂捕获焊球

(h) 回流后焊球形成焊锡凸点

亲水性基板　　液滴　　基板

疏水层　　钝化层　　焊球

焊球区　　焊料助焊剂

(Ⅰ) 利用液滴微夹钳制作焊锡凸点,的工艺步骤示意图

(a) 将焊球从液滴微夹钳转移至焊接基板上

(b) 回流后形成焊锡凸点[28]

(Ⅱ)

图 3.24　液滴微夹钳焊锡凸点制作工艺

一个液滴都可以捕获并支撑住所碰到的焊球[图 3.24 Ⅰ(c)]。在焊接基板上涂覆完

助焊剂后[图 3.24 I (d)、(e)]，将支撑着焊球的液滴靠近焊接基板并对中[图 3.24 I (f)]。当由液滴支撑的焊球接触到焊接基板上的助焊剂时，由于助焊剂的黏附力强于液滴，因而可将焊球转移至焊接基板上[图 3.24 I (g)]。最后，经过回流工艺后在焊球位置形成焊锡凸点[图 3.24 I (h)]。

3.3.6　碳纳米管（CNT）凸点

Soga 等人报道了利用碳纳米管（碳纳米管）凸点代替焊锡凸点实现倒装芯片互连[29]。碳纳米管凸点采用图形转移工艺在芯片的电极上制得（图 3.25）。研究发现，在碳纳米管凸点上涂覆一层 Au 可大大改善凸点与芯片以及基板间的接触电阻，凸点电阻仅为 2.3Ω。Soga 等人还验证了碳纳米管凸点的弹性和柔性，可实现无热应力倒装芯片结构。碳纳米管凸点能够吸收芯片与基板的相对变形达 10％～20％的碳纳米管凸点高度。

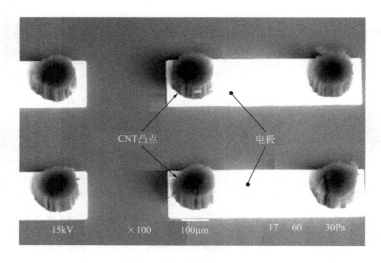

图 3.25　采用图形转移工艺制得的碳纳米管凸点的 SEM 图像

近来 Wei 等人研究了一种简单的用于倒装芯片互连的碳纳米管凸点组装工艺[30]。首先，在顶部和底部基板上生长高密度对齐的碳纳米管凸点。采用标准的倒装芯片键合技术将倒置的顶部基板上的碳纳米管凸点与底部基板上的凸点对中。然后，借助键合力将顶部基板上的碳纳米管凸点压入并渗透进底部基板上的碳纳米管凸点中，渗透深度随着键合力的增大而增大，如图 3.26 所示。碳纳米管嵌入之后，上下基板的碳纳米管通过范德华力维系在一起，形成碳纳米管互连凸点。研究发现，碳纳米管互连凸点的电导率要比银浆高出许多。通过验证发现，碳纳米管凸点的电学性能远优于一般的金属凸点。此外还发现嵌入式碳纳米管结构的电阻随着渗透深度的增加而线性减小，这进一步证明了碳纳米管-碳纳米管接触具有金属特性和欧姆性。互相渗透的碳纳米管结构其测得的电阻值更小，这验证了实现低接触电阻的方法，即基于碳纳米管互连的优点。

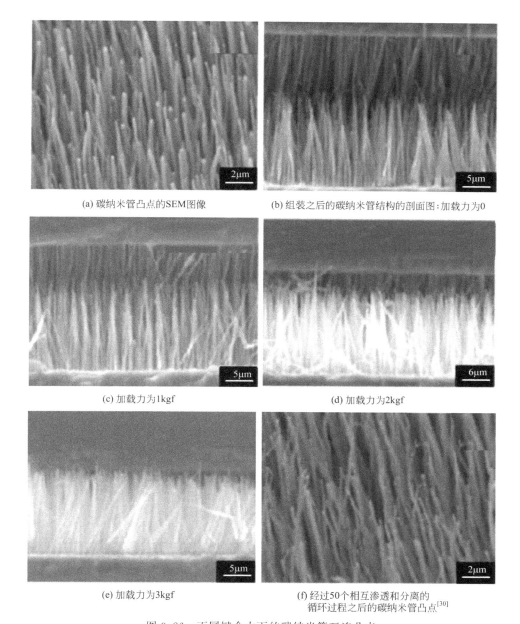

(a) 碳纳米管凸点的SEM图像

(b) 组装之后的碳纳米管结构的剖面图：加载力为0

(c) 加载力为1kgf

(d) 加载力为2kgf

(e) 加载力为3kgf

(f) 经过50个相互渗透和分离的
循环过程之后的碳纳米管凸点[30]

图 3.26 不同键合力下的碳纳米管互连凸点

参 考 文 献

[1] Töpper M（2009）Wafer level chips scale package. In：Lu D，Wong CP（eds）Materials for advanced packaging. Springer，New York，pp 547-600.

[2] Töpper M，Tönnies D（2005）Microelectronic packaging. In：Geng MH（ed）Semiconductor fabrication handbook. McGraw-Hill，New York，pp 21. 1-21. 54.

[3] Tummala R，Rymaszewski E，Klopfenstein A（1997）Microelectronic packaging handbook，Part 1-

3. Chapman & Hall，New York.

[4] Garrou P，Turlik I (1998) Multichip module technology handbook. McGraw-Hill，New York.

[5] van Roosmalen (2004) There is more than Moore. Proceedings of 5th International Conference on Mech. Sim. and Exp. in Microelectronics and MST，EuroSim2004.

[6] Lau J (1995) Ball grid array technology. McGraw-Hill，New York.

[7] Kosuga K (1997) CSP technology for mobile apparatuses. Proceedings International Symposium on Microelectronics 1997，Philadelphia，Oct 1997.

[8] Seraphim DP，Lasky R，Li C-Y (1989) Principles of electronic packaging. McGraw-Hill，New York.

[9] Reichl H (1998) Direktmontage. Springer，Berlin.

[10] Puttlitz K，Totta P (2001) Area array interconnection handbook. Kluwer Academic Publishers，Boston.

[11] Dietrich L，Wolf J，Ehrmann O，Reichl H (1998) Wafer bumping technologies using electroplating for high-dense chip packaging. Proceedings Third International Symposium on Electronic Packaging Technology (ISPT' 98)，Beijing (China)，17 - 20 Aug 1998.

[12] Müller U (1996) Anorganische strukturchemie. Teubner，Wiesbaden.

[13] Ruhmer K，Laine E，O' Donnell K，Hauck K，Manessis D，Ostmann A，Töpper M (2007) UBM structures for lead free solder bumping using C4NP. EMPC，June 2007.

[14] Kawanobe T，Miyamoto K，Inaba Y (1981) Solder bump fabrication by electrochemical method for FC interconnection. Proceedings of IEEE Electronics Components Conference，S 149，May 1981.

[15] Dietrich L，Töpper M，Ehrmann O，Reichl H (2006) ECD wafer bumping to future demands on CSP，3D integration，and MEMS. Proceedings of the ECTC 2006，San Diego.

[16] Ostmann A，Motulla G，Kloeser J，Zakel E，Reichl H (1996) Low cost techniques for flip chip soldering. Proceedings of Surface Mount International Conference，San José，Sept 1996.

[17] Anhöck S，Ostmann A，Oppermann H，Aschenbrenner R，Reichl H (1999) Reliability of electroless nickel for high temperature applications. International Symposium of Advanced Packaging Mat. Conference，Braselton，USA，Mar 1999.

[18] Baumgartner T，Manessis D，Töpper M，Hauck K，Ostmann A，Reichl H，Goncalo CT，Jorge P，Yamada H (2007) Printing solder paste in dry film—a low cost fine-pitch bumping technique. Proceedings of EPTC 2007，Singapore.

[19] Gruber PA，Belanger L，Brouillette GP，Danovitch DH，Landreville J-L，Naugle DT，Oberson VA，Shih D-Y，Tessler CL，Turgeon MR (2005) Low-cost wafer bumping. IBM J Res Dev 49 (4/5)：621-639.

[20] Hwang J (1996) Modern solder technology for competitive electronic manufacturing. McGraw-Hill，New York.

[21] Tu K-N (2007) Solder joint technology materials，properties，and reliability. Springer，New York.

[22] Kim B (2004) Leadfree solder deposition for wafer level packaging applications. 5th Annual SECAP East Asia Seminar Series，Nov 2004.

[23] Chevalier P-Y (1988) A thermodynamic evaluation of the Ag-Sn system. Thermochimica Acta，136：p45-p54.

[24] Bae H-C，Choi K-S，Eom Y-S，Lim B-O，Sung K-J，Jung S，Kim B-G，Kang I-S，Moon J-T (2010) 3D SiP module using TSV and novel solder bump maker. Proceedings of 2010 Electronic Components and Technology Conference，pp 1637 - 1641.

[25] Oppermann H，Dietrich L，Klein M，Wunderle B (2010) Nanoporous interconnects. Proceedings of 3rd Electronic System-Integration Technology Conference (ESTC)，pp 1 - 4.

[26] Park A-Y，Kim S-R，Yoo C-D，Kim T-S (2011) Development of inclined conductive bump (ICB) for flip-chip interconnection. Proceedings of Electronic Components and Technology Conference (ECTC)，pp 880 - 885.

[27] Corsat F，Davoine C，Gasse A，Fendler M，Feuillet G，Mathieu L，Marion F，Pron A (2006)

Imprint technologies on conductive polymers and metals for interconnection and bumping purposes. Proceeding of 1st Electronics System integration Technology Conference，pp 1336 - 1341.

［28］ Lee S-Y，Chang J-H，Kim D，Ju BK，Pak JJ（2010）Solder bump creation by using droplet microgripper for electronic packaging. Electron Lett 46（19）：1336 - 1338.

［29］ Soga I，Kondo D，Yamaguchi Y，Iwai T，Mizukoshi M，Awano Y，Yube K，Fujii T（2008）Carbon nanotube bumps for LSI interconnect. Proceedings of 2008 Electronic Components and Technology Conference，pp 1390 - 1394.

［30］ Wei J，Yung K，Tay BK（2009）Formation of CNT bumps for interconnection applications. SIMTech Tech Rep 10（2）：76 - 79.

第 **4** 章

倒装芯片互连：过去、现在和将来

Sung-Kwon Kang, Da-Yuan Shih
IBM Research Div, Yorktown Heights, NY, USA
William E. Bernier
IBM Systems & Tech Group, Hopewell Junction, NY, USA

摘要　近几年，倒装芯片互连技术已广泛应用于高性能与消费类电子产品。目前，产业界正在使用的倒装芯片互连类型包括与陶瓷基板互连的高铅焊锡凸点，与层压基板上共晶 Pb-Sn 焊料互连的芯片上高含铅量焊锡凸点，全共晶 Pb-Sn 凸点，无铅凸点，Cu 柱凸点和 Au 柱凸点。高性能封装已经取得稳步发展，例如实现了 I/O 数超过 10000 个且节距小于 $200\mu m$ 的互连，实现了陶瓷基板向低成本有机基板转变，实现了无铅焊料代替含铅焊料等。基板的可靠性问题，尤其对于无铅焊锡凸点，尚待解决。随着欧盟颁布的《关于限制在电子电器设备中使用某些有害成分的指令》的豁免期限将至，用于倒装芯片互连的含铅焊锡凸点将在近几年内逐步淘汰。然而，近来在先进半导体器件中将脆弱的低 k 或极脆弱的超低 k 层间电介质引入了后段互连结构，这对高性能系统中的无铅技术提出了严峻的技术挑战。如何在芯片互连过程中控制低 k 层间电介质的开裂，已经成为半导体和封装产业亟待解决的问题。另一个与倒装芯片封装中应用无铅焊料相关的可靠性问题是富 Sn 焊料低劣的电迁移性能，这主要是由于 Sn 的高度各向异性晶体结构，导致其沿 c 轴快速进行溶质扩散，并与凸点下金属化层和焊盘产生剧烈的界面反应。

　　本章将给出采用陶瓷和有机层压基板倒装芯片组装工艺的最新进展，包括新的凸点技术，比如可控塌陷芯片连接新工艺和 Cu 柱凸点技术。此外，对无铅焊料、倒装芯片应用的各种可靠性挑战以及针对特定应用的可能解决方案进行了广泛讨论。

4.1　倒装芯片互连技术的演变

　　近几年倒装芯片互连技术已广泛应用于高性能和消费类电子产品。目前产业界正在使用的倒装芯片互连有若干种类型，包括与陶瓷基板互连的高含铅量焊锡凸点，与层压基板上共晶 Pb-Sn 焊料互连的芯片上高含铅量焊锡凸点，全共晶 Pb-Sn 凸点，无铅凸点，Cu 柱凸点和 Au 柱凸点。高性能封装已经取得稳步发展，例如，实现了 I/O 数超过 10000 个且节距小于 $200\mu m$ 的互连，实现了陶瓷基板向低成本有机基板转变，实现了无铅焊料代替含铅焊料等。基板的可靠性问题，尤其对于无铅焊锡凸点，尚待解决。随着欧盟（EU）颁布的《关于限制在电子电器设备中使用某些有害成分的指令》（RoHS）的豁免期限将至，用于倒装芯片互连中的含铅焊锡凸点有望到 2016 年逐步淘汰。然而，近期在先进半导体器件中将脆弱的低 k 或极脆弱的超低 k 层间电介质（ILD）引入后段互连结构，这对高性能系统中的无铅技术提出了严峻的技术挑战。大尺寸芯片中，较硬的无铅焊锡凸点与脆弱的层间电介质相互作用可能导致介电层结构开裂，从而造成芯片破裂或电气失效。如何在芯片互连过程中控制低 k 层间电介质的开裂，已经成为半导体和封装产业亟待解决的问题。另一个与倒装芯片封装中应用无铅焊料相关的可靠性问题是富 Sn 焊料低劣的电迁移（EM）性能，这主要是由于 Sn 的高度各向异性晶体结构，导致其沿 c 轴快速进行溶质扩散，并与凸点下金属化层（UBM）和层压焊盘产生剧烈的界面反应。

　　本章将给出采用陶瓷和有机层压基板的倒装芯片组装工艺的最新进展，包括新的凸点技术，比如可控塌陷芯片连接新工艺（C4NP）和 Cu 柱凸点技术。此外，对无铅焊料、倒装芯片应用的各种可靠性问题以及针对特定应用的可能解决方案进行了广泛讨论。

4.1.1 高含铅量焊锡接点

1964 年，IBM 提出了第一个倒装芯片互连结构的原型[1]，它先在芯片上形成高熔点的高含铅量 Pb-Sn（3%～5% Sn 和 97%～95% Pb）凸点，然后在高于 320℃ 的温度下连接到陶瓷基板上。这就是完全熔化的可控塌陷芯片连接（C4）焊锡接点，如图 4.1 所示。芯片与基板之间的间隙由焊料表面张力、焊料体积以及芯片与基板上的焊盘尺寸来确定。C4 凸点高度、Sn 含量以及芯片尺寸是设备通断电循环过程中影响 C4 焊点疲劳寿命的主要因素[2]。由于芯片（CTE，约 $3×10^{-6}℃^{-1}$）与陶瓷基板（CTE，$3×10^{-6}～6×10^{-6}℃^{-1}$）的热膨胀系数（CTE）比较接近，加上高含铅量软钎料，所以无需底部填充即可满足可靠性要求。在这种倒装芯片封装中，由 Cr/CrCu/Cu/Au 多层结构组成的凸点下金属化层（UBM）结合高含铅量的焊料已经成功应用了数十年，并表现出了良好的可靠性[3~5]。

(a) 芯片和陶瓷基板之间的倒装芯片 焊点(97%Pb-3%Sn)

(b) 多芯片组件,其中包含121个贴装在玻璃陶瓷基板 (CTE,约3% ×10^{-6}℃$^{-1}$)上且无底部填充的倒装芯片[15]

图 4.1 可控塌陷芯片连接（C4）

4.1.2 芯片上高含铅量焊料与层压基板上共晶焊料的接合

向有机基板转变促使了低熔点焊料取代高含铅量焊料。有机材料通常属于环氧树脂系，在超过 250℃ 的温度下不能保持长时间的稳定，避免该问题的一种方法就是在层压焊盘或者芯片的高熔点凸点上沉积低熔点的共晶 Pb-Sn 焊料。如图 4.2 所示，芯片上的高含铅量焊锡凸点与焊盘上的低熔点焊料形成互连，这种组合允许在与低成本有机层压基板兼容的温度下进行芯片和层压基板的组装。IBM（日本）率先在低成本层压基板上实现直接芯片贴装（DCA），这是一个巨大的突破[6,7]。为了确保焊点能够经受层压基板（约 $17×10^{-6}℃^{-1}$）与芯片（约 $3×10^{-6}℃^{-1}$）之间热失配引起的大应变，研发出了一类热兼容的下填料。当芯片/下填料/层压基板粘接为一个整体时，三者同时发生变形，减小了芯片与层压基板之间的相对运动，进而减小了焊锡凸点的应变[8]。图 4.2 所示为通过芯片上高含铅量焊锡凸点与层压基板上共晶焊料进行互连的封装组件，互连后需进行助焊剂残渣清洗及底部填充。同样由 Cr/Cu、Cu/Cu 组成的 UBM，虽然如 4.1.1 节中所述，已成功应用于高含铅量 C4 凸点数十年，但在此却无法通过多次回流和高温存储测试。当双焊料层经过多次回流（最多 7 次）时，靠近 UBM 的焊料基体中 Sn 含量随回流次数不断增加，加快了与 UBM 的反应，并最终导致 Sn-Cu 金属间化合物从 UBM 基底上完全剥离，如图 4.3 所示。解决这一问题可以采用更稳定的反应阻挡层，例如 Ni，或者增加 Cu 层厚度。据报道当与富 Sn 焊料互连时，例如全熔共晶 37%Pb-63%Sn 或无铅（Sn>95%）焊料 C4 凸点，NiV 和 NiFe 阻挡层也具有良好的界面稳定性[9]。当将芯片粘接到有机层压基板上之后，需彻底清洗助焊剂残渣，并对组装模块进行底部填充和固化，以克服芯片与基板之间的热失配。借助下填料，即使是 15mm 的大尺寸芯片，也可以通过热循环测试（-45~100℃，1cycle/h）。反之，如果没有下填料，即使是小尺寸芯片也会在 300 次循环之前失效[10,11]。

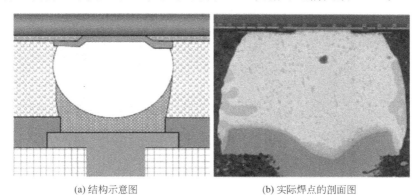

(a) 结构示意图　　　　　　　　(b) 实际焊点的剖面图

图 4.2　通过芯片上的高铅焊锡凸点与层压基板上的共晶焊料互连，
并填充下填料的封装组件

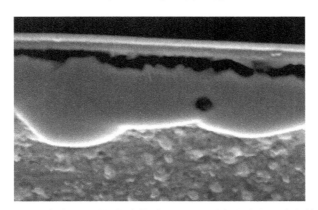

图 4.3　焊料/金属间化合物从 UBM 上剥离造成的开路失效

4.1.3　无铅焊锡接点

　　虽然倒装芯片互连中所用的焊料体积远比 BGA 或表面贴装焊点要少，但是环境法规仍然要求利用无铅焊料取代含铅焊料。常用的 Sn-Cu、Sn-Ag 和 Sn-Ag-Cu

等无铅焊料，都含有超过 95%（质量分数）的 Sn，不仅熔点高于共晶 Pb-Sn 焊料，而且与 UBM 和基板焊盘更易发生反应。这就需要更厚的 UBM 或更稳定的反应阻挡层，例如 Ni 或 NiFe，以免在多次回流以及各种可靠性测试中被完全消耗[9]。

对于无铅焊料，常以 Ni UBM 作为反应阻挡层，因为 Ni UBM 与无铅焊料的反应较慢，并且易被无铅焊料润湿。图 4.4 所示为连接芯片上 Ni UBM 与 Cu、OSP 层压焊盘的 Sn-Ag 焊点，并在 170℃下经过了 1000h 的高温储存测试。如图 4.5 所示，Sn-Ag 焊点完好，UBM 与焊料界面上的金属间化合物生长受到控制。另一种常用的无铅焊料 UBM 是较厚的 Cu UBM。Sn-Ag 或 Sn-Ag-Cu 焊料在 Cu 上会形成两种金属间相，即靠近焊料一侧的 Cu_6Sn_5 和靠近 Cu 一侧的 Cu_3Sn[12~14]。Cu、Ni 和无铅焊料之间的界面反应将在后续章节中进一步讨论。

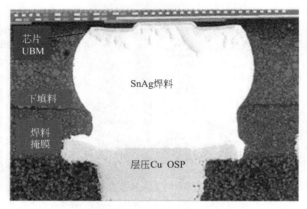

图 4.4　高温储存实验后连接 Ni UBM 和 Cu OSP 的 Sn-Ag 焊锡凸点

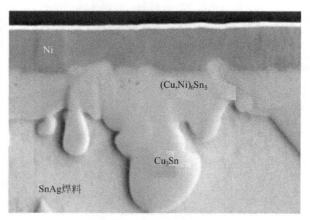

图 4.5　利用 Ni UBM 控制 Sn-Ag 焊点中金属间化合物的生长

4.1.4　铜柱接合

Cu 柱凸点是另一种倒装芯片结构[15]，它充分利用了后段制程（BEOL）Cu 电镀技术的优点。Cu 柱凸点结构有两种类型：一种是在 Cu 柱顶部电镀焊帽；另一种是将焊料完全覆盖于层压焊盘上。图 4.6 所示为顶部带有 Sn 帽的电镀 Cu 柱面阵列的 SEM 图像，节距为 $100\mu m$[16]。其剖面图如图 4.7 所示，Intel 将其用于微处理器芯片中[17]。由于具有出色的电迁移性能及其他优势，Cu 柱凸点成为极具吸引力的倒装芯片互连技术。然而，由于焊点较薄且 Cu 柱较硬，当 Cu 柱凸点与芯片后段制程结构互连时，容易导致脆弱的低 k 层间电介质开裂。解决这一问题的应力缓解方法和凸点制作工艺将在后面的章节中讨论。

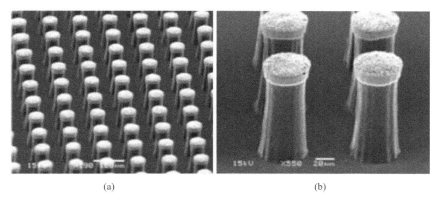

(a)　　　　　　　　　　　　(b)

图 4.6　带有 Sn 帽的电镀 Cu 柱凸点阵列，节距为 $100\mu m$，高度为 $80\mu m$[16]

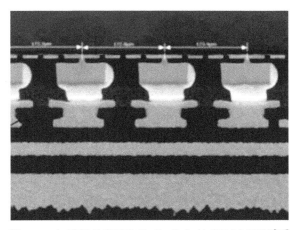

图 4.7　与层压基板互连的 Cu 柱凸点 SEM 剖面图[17]

4.2　组装技术的演变

4.2.1　晶圆减薄与晶圆切割

如今各类应用都广泛采用晶圆减薄技术，其工艺流程包括先将凸点晶圆上的凸点朝下放置在支撑板上，然后将晶圆浸入去离子水中，接着采用粗粒度磨抛或所谓的轻触抛光完成研磨。通常情况下，300mm 晶圆的厚度为 $780\mu m$，而 200mm 晶圆或更小尺寸晶圆的厚度为 $730\mu m$。晶圆可通过轻触抛光去除至少 $50\mu m$ 厚的材料。结合粗粒度磨抛，能够将晶圆减薄至 $50\mu m$。

晶圆切割通常采用两种方法：刀片切割和激光切割。切割之前，先将凸点晶圆背面粘接到切割胶带上。进行刀片切割时，依据切割道宽度和晶圆厚度来选取合适厚度的金刚石刀片。一般需将晶圆浸泡在去离子水中，并将去离子水流引至切割区域。晶圆可经一次或多次切割分离为单个芯片，拾取之前由切割胶带固定。切割刀片保持倾斜或竖直取决于切割宽度和切割精度要求。激光切割的准备工作与刀片切割类似，但需在凸点晶圆表面涂覆一层保护材料，以免激光烧蚀的材料沉积在凸点或钝化层表面。切割一片晶圆可能需要一次或多次激光切割。此外也常将两种方法结合起来使用，例如先采用激光切割，然后将保护涂层去除，最后再进行刀片切割。刀片切割在业界已经应用了许多年，缺点是会在分立器件的边缘处留下扇贝形缺口和碎裂区。由于激光烧蚀的作用，激光切割会使器件边缘更加粗糙，但极少造成扇贝形缺口和边缘崩边。分立器件上粗糙的边缘区域为后续工艺中的下填料提供了良好的机械互锁界面。

4.2.2 晶圆凸点制作

有多种晶圆凸点制作技术可用于倒装芯片互连，目前采用的技术包括：在晶圆 UBM 上电镀焊锡凸点，在晶圆上丝网印刷焊膏，在 UBM 上利用 C4NP 工艺直接沉积焊料，Cu 柱凸点以及各向同性和各向异性导电胶。基于成本、适用性和灵活性的考虑，各种技术都有其应用的利基。

在凸点制作工艺中，UBM 结构用作器件上的焊料润湿区，并在回流过程中与焊料形成金属间化合物，从而实现芯片互连。常见的 UBM 结构包括 TiWCrCu、TiWNiV、TiWNi、TiWNiCu 等（将在后面的章节中进一步讨论）。与这些 UBM 一起使用的典型焊料包括 Pb-Sn、Sn-Ag、Sn-Ag-Cu 以及不同组分的 SnCu 焊料（参见无铅焊料一节）。

图 4.8 所示为焊锡凸点电镀工艺的主要步骤。首先来料晶圆必须具有可用于处理的互连通孔；接着利用电镀或者其他工艺制作上述 UBM 金属层；然后在晶圆上涂覆光刻胶覆盖器件焊盘，并完成曝光显影用以制作凸点；接着在芯片焊盘上通过一步或多步电镀沉积合适组分的焊料；然后去除晶圆上的光刻胶；接着将未被焊料覆盖的 UBM 金属层刻蚀掉；最后经过回流形成截冠球状的焊锡凸点。

电镀工艺广泛用于制作晶圆凸点，因为电镀设备比较普及，并且电镀液所需化学品十分丰富且经济。对凸点制作工艺的一些固有挑战会影响工艺良率。UBM 蚀刻过程中会产生钻蚀，不仅去除了多余的 UBM 金属层，而且还会破坏焊锡凸点区域边缘的 UBM，这需要对工艺进行精确控制。电镀工艺会受电流密度的影响，导致焊料体积和高度发生显著变化，这需要对工艺进行适当控制，比如取样分析。如果溶剂选择、去膜溶液搅拌以及持续时间控制不当，光刻胶去除后可能留下残留物，这会造成金属污染，或者当污染物在两个或更多焊锡凸点之间延伸时造成电路短路。因此，合理编制工艺规程并对工艺进行控制将有利于实现良好的生产效果。

焊膏丝网印刷作为一种相对廉价的技术已经广泛用于制作晶圆凸点。丝网掩膜具有与晶圆凸点形状一致的通孔，可通过对金属板进行蚀刻或激光加工制得，或者

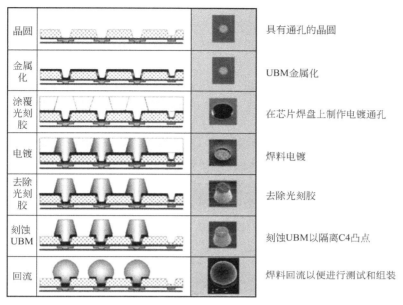

晶圆			具有通孔的晶圆
金属化			UBM金属化
涂覆光刻胶			在芯片焊盘上制作电镀通孔
电镀			焊料电镀
去除光刻胶			去除光刻胶
刻蚀UBM			刻蚀UBM以隔离C4凸点
回流			焊料回流以便进行测试和组装

图 4.8　焊锡凸点电镀工艺流程［Bernier WE，Pompeo F（2007）
IC FCPBGA packaging：a tutorial. Presented at Georgia Institute
of Technology Packaging Research Center，Atlanta，GA，18 Sept 2007］

利用光刻胶作为掩膜，凸点沉积完之后随即去除光刻胶。焊膏是助熔剂、溶剂和触变剂的混合物，其中包含非常细小的锡球颗粒。印刷焊膏时，首先在器件焊盘上制作 UBM 金属层。然后利用丝网掩膜将焊膏印刷到 UBM 上，掩膜具有与所需凸点形状相同的开口。焊膏印刷完之后，经过回流形成焊锡凸点。若以光刻胶作为掩模，焊膏印刷完之后随即去除光刻胶。

焊膏丝网印刷工艺也存在一些关键挑战，这会限制其在生产中的应用和可扩展性。众所周知，焊膏易在焊锡凸点内部形成空洞，而大的空洞会减少焊料体积，可能会引起良率或者可靠性问题。此外丝网掩膜的开口容易堵塞，可能无法沉积足够的焊料，从而造成良率损失或返工。

如果采用各向异性导电胶进行互连，键合时通过挤压单层导电颗粒使其发生变形，从而实现电气连接。导电胶中导电颗粒的体积分数要低于其渗透量，以维持x-y 平面内的绝缘电阻。通常采用固体金属或镀有金属层的聚合物球体作为导电颗粒，其表面可涂覆一层绝缘层，在键合过程中受到挤压会发生破裂。键合时，器件或者所用基板应具有足够的韧性，如图 4.9 所示，采用柔性电路板进行组装。如果各向异性导电膜两侧的连接件均是刚性的，那么两者之间的不平整性会导致键合后导电膜发生回弹，造成接触电阻增加或者电路开路。在键合过程中，维持整个导电膜上的电接触、对准度、平行度和均匀压力是十分必要的，所形成的键合线厚度一般为 $3\sim10\mu m$。通常要求键合区域至少有 $15\sim20$ 个导电颗粒，以维持器件在整个服役期中可靠的电接触。各向异性导电膜厚度的选择一般取决于线路的宽度和接触焊盘的间距，接触焊盘之间需要足够的导电胶填满间隙。考虑到选用的各向异性导电膜厚度，线路高度通常小于 $14\mu m$。基于这些因素，对导电胶材料性能的控制十分重要。导电颗粒的热膨胀系数应与导电胶相匹配，导电胶的玻璃转化温度、粘接强度、弹性模量以及耐湿性对加工能力和可靠性的保证都至关重要。

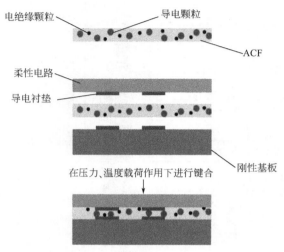

图 4.9　采用各向异性导电薄膜的典型键合工艺［BernierWE，PompeoF（2007）
IC FCPBGA packaging：a tutorial. Presented at Georgia Institute
of Technology Packaging Research Center，Atlanta，GA，18 Sept 2007］

C4NP 焊锡凸点制作工艺是一种新的晶圆凸点制作技术，将在后续章节单独介绍。此外，Cu 柱凸点的制作工艺也将单独讨论。

4.2.3　助焊剂及其清洗

在电子封装中，助焊剂的作用是与焊锡凸点表面或键合焊盘上预焊料表面的氧化亚锡及其同族化合物发生反应。助焊剂的组分通常包括叔胺和羧酸、二羧酸或同族有机酸，这些组分可与氧化亚锡和 Sn（Ⅱ）化合物形成络合物或螯合物，这一反应能够在焊料回流温度下为焊接提供可润湿的表面。助焊剂一般并不与氧化锡或 Sn（Ⅳ）化合物反应，否则生成物通常难以去除，并且会抑制回流条件下焊料的润湿性。

市售助焊剂分为免清洗和溶剂清洗两类，溶剂清洗助焊剂又包括两种：水清洗和非水清洗助焊剂。免清洗助焊剂具有必要的化学活性以隔绝氧化亚锡，实际上免清洗并不意味着没有残留物。助焊剂反应的残留物可能确实存在，但需要满足绝缘性要求，从而不会对组装产品在温度、湿度和偏压测试中的可靠性有不良影响。然而，如果在后续工艺中助焊剂残留物削弱了下填料的界面粘接性能，则有可能在其他环境应力测试中引起可靠性问题。因此，如果可能的话，需对助焊剂残留物进行清洗。

另外一种选择是溶剂清洗助焊剂。对于共晶 Pb-Sn 焊料和许多无铅焊料，优选水溶性助焊剂，因为残留物可在高温下利用去离子水进行冲洗，或者先利用表面活性剂或皂化剂的水溶液进行清洗，然后利用去离子水进行冲洗。业界主要采用水溶性助焊剂，它由有机酸、表面活性剂以及媒介物例如醇基化合物组成。

助焊剂最好具有一定的黏性，使得焊锡凸点与预焊料恰好对准。有多种方式可将助焊剂用于芯片和层压基板互连。例如，先将芯片凸点浸入助焊剂中，然后置于层压基板上并进行回流；或者先将助焊剂点涂或喷涂到层压基板上，然后将芯片置于基板的预焊料焊盘上并进行回流；又或者采用浸入、点涂或喷涂相结合的方式。将芯片凸点浸入助焊剂时，助焊剂应至少包裹住凸点的一半。在层压基板上点涂或喷涂助焊剂时，助焊剂应覆盖整个芯片区域，并按重量对助焊剂用量进行核实。无论采用何种助焊剂，都应尽量缩短从助焊剂点涂到回流的时间，以免接触时间过长。采用水溶性助焊剂时，一旦完成助焊剂涂覆和回流，必须在有限的工艺时间窗口内去除助焊剂残留物。如果水溶性助焊剂残留物与连接到层压基板上的器件长时间接触，则会发生反应和腐蚀。可以采用多种清洗方法清除助焊剂残留物，包括浸入水溶液和喷洗。喷洗操作特别适用于在线处理，包括清洗、冲洗和干燥等步骤。喷嘴角度、压力、温度以及传送带速度均是设定清洗配置的关键参数，其他关键参数包括芯片与层压基板之间的间隙、芯片与层压基板的尺寸以及互连焊点的节距和密度。

4.2.4　回流焊与热压键合

有多种方式可以实现导电凸点与层压基板的电气连接。当器件采用焊锡凸点时，一般通过回流熔化焊料，使得焊料中的 Sn 及其他组分发生金属化反应生成一定量的金属间化合物，从而与层压基板形成互连。回流焊时，需建立回流曲线，将温度升高至超过焊料凸点以及层压基板上预焊料的熔点，液相线以上的时间通常设定为 $40 \sim 220s$ 或者更长。回流峰值温度范围的确定取决于焊料类型，对于共晶 Pb-Sn 焊料，峰值温度范围可以为 $195 \sim 250℃$；对于无铅焊料，峰值温度范围可以为 $230 \sim 260℃$。一般通过放置在芯片与层压基板之间，以及位于芯片中心的热电偶测定回流温度。回流焊时，通常采用强制对流氮气炉进行加热，也可以采用红外线加热炉等其他类型的加热炉。在连接芯片之前，当芯片放置到层压基板上之后，需对边界进行目检。如果芯片发生偏移，则需进行旋转和 x-y 调整，这对芯片正确连接十分重要。完成回流焊之后，需再次对芯片偏移情况进行检查，以证实机械运动和振动未对初始凸点对准产生影响。可能会发生焊锡凸点未接触到基板焊盘上焊料的情况，特别是在芯片边角位置。这依赖于产品构造，例如芯片尺寸、芯片结构、层压基板尺寸以及适当的设置参数检验，例如照明或夹具。回流焊过程中可能会产生非润湿焊点，即相互接触的两个焊料表面由于多种因素无法形成互连。造成非润湿焊点的可能原因包括互连表面存在异物或污染物，芯片凸点或基板焊盘上的助焊剂不足或存在难以去除的氧化物，芯片位置处的层压基板发生翘曲，以及基板上的芯片发生开裂或翘曲。非润湿焊点不仅会降低互连良率，而且有时会造成终检检测不到的接触开路，导致在服役过程中发生失效。图 4.10 所示为 FCPBGA 封装中的一些焊点。

由于目检只能检测焊点阵列最外圈和第二圈焊点（如果可能的话），所以需要借助 X 射线和超声波等无损检测方法对内部焊点进行检测，但 X 射线方法检测细

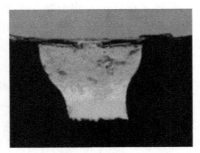

(a) 良好焊点

(b) 非润湿焊点

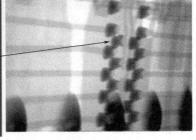

(c) X射线透射检测焊点

图 4.10 FCPBGA 封装中的倒装芯片焊点 [Bernier WE，Pompeo F（2007）
IC FCPBGA packaging：a tutorial. Presented at Georgia Institute of Technology
Packaging Research Center，Atlanta，GA，18 Sept 2007]

节距焊点有一定难度。破坏性分析，例如芯片拉伸实验，也常用于验证焊点的完整性。对于 Pb-Sn 焊料，芯片拉伸实验过程中发生拉糖分离是可以接受的。对于无铅焊料，芯片拉伸试验会观察到多种失效模式：焊料拉糖分离，金属间化合物界面分离，芯片通孔分离，UBM 金属分离以及焊料与 UBM 分离。芯片拉伸试验可用于确定焊点的未接触失效，但由于无铅焊点存在多种分离模式，芯片拉伸试验得到的拉力数据并不能作为一致性指标。

热压键合是连接凸点芯片与层压基板的一种替代技术，通过施加一定时间的温度和压力形成焊点。载带自动焊（TAB），各向异性导电胶和各向同性导电胶键合，以及晶圆级底部填充键合均可采用这种技术。热压键合时，时间和温度的联合作用为 TAB 中凸点与焊盘键合提供了必要的能量，促进了各向异性导电胶中的化学反应并形成机械互锁，促进了各向同性导电胶热塑性和热固性反应，实现了晶圆级焊点互连以及下填料的流动和固化。

4.2.5　底部填充与模塑

选取合适的下填料，对保持焊点在拿持过程中的完整性、减小封装过程中的应力至关重要。底部填充工艺包括 3 个阶段：预处理、布胶和固化。预处理时，对层压基板进行烘烤排出湿气，以减少制程中和固化后的湿气残留。通常需在氮气氛围中进行烘烤，以免金属表面特别是铜金属表面发生氧化。可采取一些改善措施提高下填料与层压基板焊料掩膜、芯片钝化层、芯片侧壁及边缘的粘接强度。芯片边角位置的粘接质量尤为关键，其机械应力往往趋于最高。布胶路径要求根据芯片尺寸对下填料的注射尺寸进行控制。针对不同的芯片和层压基板，可对层压基板和下填料进行偏置加热，以促进下填料的毛细流动。可采用多种布胶方式，包括点形、线形以及"L"形布胶，其中"L"形布胶可同时提高产量和减少空洞。点形布胶时，先将下填料点涂在芯片一侧，一段时间之后下填料发生毛细流动，然后在同一位置以相同的方式再次点涂下填料，重复该过程直至下填料从芯片底部四周溢出，最后再布胶形成倒角。线形布胶时，沿着芯片长边涂布下填料。同样，待下填料从芯片底部四周溢出后，才能布胶形成倒角。"L"形布胶时，沿着芯片的一条长边和相邻短边连续涂布下填料，直到下填料从芯片底部溢出，然后布胶形成倒角。每种布胶方式都需要考虑填充效率和空洞数量两个关键因素，以达到最快的产出和最高的良率。完成芯片底部填充之后，需进行下填料倒角处理，通过改变倒角高度和形状对芯片边、角及高应力区提供适当的保护。一般情况下，倒角布胶需避开初始布胶区域。最后一步是下填料固化，通过建立固化曲线，使下填料在适当的时间和温度条件下充分进行聚合反应。固化温度的选取应使固化后的组件在室温下的翘曲最小。通过监测下填料固化过程中和室温下稳定后的芯片翘曲情况发现，固化过程中芯片翘曲最为严重，尤其对于无铅焊料更为严重。

完成上述 3 个工艺步骤之后，通常需对固化后的下填料进行检查。目检标准一般要求芯片四周必须具有连续的下填料倒角，倒角高度应至少达到芯片高度的一半，芯片角点处的倒角高度可以低一些，但不能暴露芯片角点的最低部分，倒角应从芯片边缘延伸至层压基板表面。芯片背部允许覆盖下填料，但不能影响封装盖板的键合。不允许存在倒角缺失。不允许层压基板表面、芯片表面或侧面的倒角中存在气泡，无论层压基板或芯片是否被覆盖，都应限制气泡的最大尺寸。不允许有异物嵌入到固化的下填料中。不允许下填料倒角中存在垂直角裂纹，根据产品要求允许存在水平边缘裂纹。通常采用超声波扫描显微镜（CSAM）对芯片底部和其他位置的空洞情况进行无损检测。图 4.11 所示为下填料与芯片钝化层界面处的较大空洞，未满足检验标准。图 4.12 所示为下填料与层压基板阻焊层界面的扩展分层。

模塑工艺包括两种通用技术：布胶筑坝及填充工艺、注塑工艺。布胶筑坝及填充工艺采用与底部填充工艺相同的步骤：预处理，布胶和固化。预处理要求将层压基板在氮气氛围中进行烘烤以除去残留湿气，然后进行筑坝和填充，先将高黏度筑坝材料涂布在模塑区域周围，接着将低黏度填充材料注入坝内，直至达到所要求的高度，最后对层压基板、筑坝以及填充材料进行偏置加热，模塑材料一般同时固化。注塑工艺需采用特殊工具生成所需的模塑区域形状和尺寸。首先将模塑材料注入模具中填充模具空腔，然后在可控的时间、温度和压力下使模塑材料固化，以减小芯片翘曲。与底部填充工艺一样，注塑时需小心谨慎，以免出现与空洞有关的良率问题。

图 4.11 CSAM 发现的下填料空洞，可能是由布胶工艺、布胶路径和表面污染导致的 [Bernier WE（2008）Flip-chip PBGA assembly-quality and reliability challenges. Presented at IMAPS Upstate NY and Garden State Chapter Fall 2008 Packaging Symposium，Endicott，NY，2 Oct 2008]

图 4.12 CSAM 发现的下填料与阻焊层之间分层，可能是由下填料的固化问题和表面污染引起的 [Bernier WE（2008）Flip-chip PBGA assembly-quality and reliability challenges. Presented at IMAPS Upstate NY and Garden State Chapter Fall 2008 Packaging Symposium，Endicott，NY，2 Oct 2008]

4.2.6　质量保证措施

表 4.1 给出了一些典型的质量保证应力测试项目。这些测试都是工业标准程序，常用于 FCPBGA 产品的质量认证。一般情况下，预处理测试包括浸湿和 3 次回流循环，之后再进行其他测试，例如热循环测试、温度/湿度/偏压测试、高温存

储测试、冲击和振动测试以及针对新型无铅焊料的锡须测试。如果封装技术并非十分可靠，这些测试可能会引起各种失效模式，包括焊点开裂、器件开裂、焊料桥接以及电迁移引起的电气短路等。

表4.1　用于质量认证的标准测试

测试项目	测试条件	测试标准	测试时长	备注
温度/湿度/偏压	85℃/85％RH/3.6V	JEDEC A101	1000h	1
深度热循环	−55～125℃	JESD22-A104-B	700cycles	1
热循环	−25～125℃	JESD22-A104-B	1000cycles	1
热循环	0～100℃	JESD22-A104-B	3000cycles	1
功率循环	25～125℃	JEDEC Draft	1000cycles	1
板级冲击	100g,200g,300g	JESD22-B-110	2/1.5/1.2ms	1
低温存储	−65℃	JESD22-A119	1000h	1
高温存储	150℃	JESD22-A103-C	1000h	1
高加速应力测试（HAST）	130℃/85％RH/3.6V	JEDEC A110-B	96h	1
板级振动	1.04G,0～500Hz,3轴	MIL STD 810F	3h	1
电迁移	150℃/0.7A	JEDEC Draft	2000h	1
热循环(锡须)	−55～85℃	JESD22A121.01	1500cycles	1
温度/湿度(锡须)	60℃/87％RH	JESD22A121.01	4000h	1

注：测试前完成 JESD22-A113D Level3 或 4 级预处理测试［Bernier WE（2008）Flip-chip PBGA assembly-quality and reliability challenges. Presented at IMAPS Upstate NY and Garden State Chapter Fall 2008 Packaging Symposium，Endicott，NY，2 Oct 2008］。

4.3　C4NP 技术

可控塌陷芯片连接新工艺（C4NP）技术是 IBM 开发的一种全新的焊锡凸点制作技术[18~23]，以弥补现有晶圆凸点制作技术的局限性。通过工艺、材料和缺陷控制的不断改善，C4NP 技术已经成功应用于 300mm 无铅焊锡凸点晶圆的制造，节距 $200\mu m$ 和 $150\mu m$ 的产品已获得质量认证并投入量产。借助现有的 C4NP 制造设备，将 C4NP 技术扩展到 $50\mu m$ 细节距微凸点已经得到论证。微凸点的目标应用是 3D 芯片集成，并促使存储器晶圆由引线键合（WB）向 C4 凸点转变。

4.3.1　C4NP 晶圆凸点制作工艺

C4NP 工艺第一步是制作玻璃模具，如图 4.13 所示，在玻璃板上刻蚀出与晶圆上 UBM 焊盘相对应的微小空腔。然后利用填充头对模具空腔进行扫描并填入焊料，如图 4.14 所示。填充头包含一个熔融焊料储存器，焊料通过一个开口注入模具空腔中，空腔深度和直径决定了随后转移到晶圆上的焊锡凸点体积。接着对填充焊料的模具进行自动检查，将模具置于晶圆下方，并使空腔与晶圆上的 UBM 焊盘对准。然后将模具和晶圆加

图 4.13　具有刻蚀空腔的 C4NP 玻璃模具

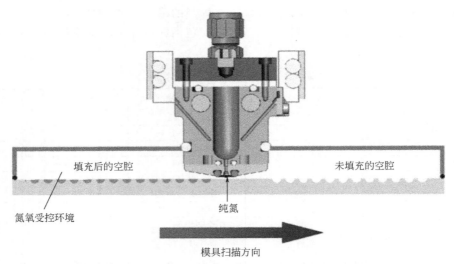

图 4.14　扫描填充头将熔融焊料注入玻璃模具的空腔中[18]

热至焊料熔点以上，并在甲酸蒸气中活化 UBM 焊盘和焊料表面，使两者相互接触。接着焊料形成焊球从模具转移至晶圆的 UBM 焊盘上，并实现润湿和固化。随后将晶圆与模具分离，清洗模具以重复利用。工艺流程如图 4.15 所示。

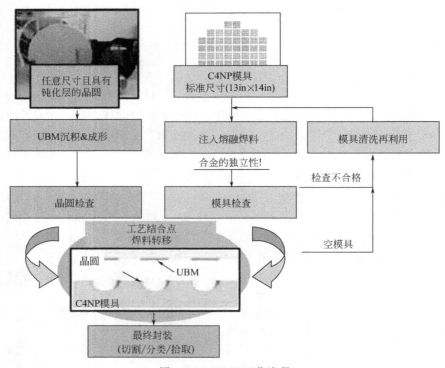

图 4.15　C4NP 工艺流程

4.3.2　模具制作与焊料转移

　　C4NP 模具采用的是硼硅玻璃，其热膨胀系数与硅相近。通过光刻胶定义好开口图形后，利用湿法蚀刻在玻璃上形成空腔。如图 4.14 所示，焊料填充头在模具上方进行扫描，并将熔融焊料精确注入模具空腔中。因此，随后转移至晶圆上的焊料体积是玻璃空腔容积的函数。焊料填充、自动检查、焊料转移以及清洗等工艺借助相应的设备实现了自动化。用于制作晶圆凸点的焊料通常不会润湿玻璃模具，所以加热后焊料合金在空腔中呈球状，如图 4.16 所示。回流后的焊球高出模具表面 $10 \sim 20 \mu m$，这取决于焊球尺寸和空腔容积。由图 4.16 可以看出，焊球并不完全位于模具空腔的中心位置，但模具空腔与相应的 UBM 焊盘对准之后，足以保证焊料能够润湿相应的 UBM 焊盘。

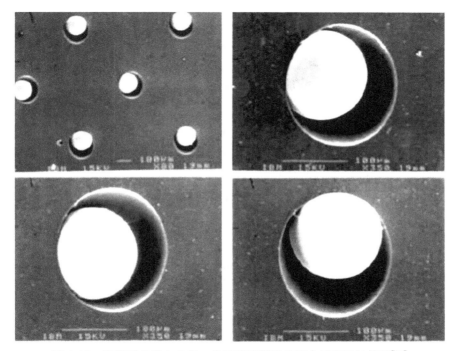

图 4.16　转移到晶圆上之前，位于玻璃模具空腔中回流后的焊球[22]

　　图 4.17 所示为将填充焊料的模具与晶圆对准之后，对模具和晶圆进行加热，并使其相互靠近/接触，以便熔融焊球能够润湿相应的 UBM 焊盘，待晶圆与模具分离后焊球便转移至焊盘上。

　　针对节距为 $200 \mu m$、$150 \mu m$、$50 \mu m$ 的产品[21,23]，现有的玻璃模具已经成功用于模具填充和晶圆转移。对于节距<$50 \mu m$ 的产品，焊料体积变得相当小，为了确保焊料成功转移，需要提高玻璃表面的平整度，可以通过增大模具空腔深度和侧壁角度增大焊料距玻璃表面的高度，从而克服玻璃表面不平整带来的影响。

4.3.3　改进晶圆凸点制作良率

　　C4NP 凸点制作良率已经得到显著改善以满足制造良率的要求。借助缺陷原因

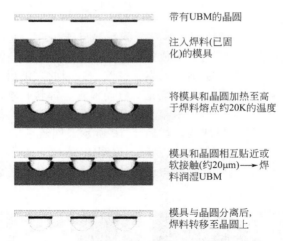

带有UBM的晶圆

注入焊料(已固化)的模具

将模具和晶圆加热至高于焊料熔点约20K的温度

模具和晶圆相互贴近或软接触(约20μm)——焊料润湿UBM

模具与晶圆分离后,焊料转移至晶圆上

图 4.17　焊料转移工艺流程

分析改进了 UBM 焊盘制作、模具制作和模具填充工艺,进而提高了凸点制作良率。图 4.18 表明这些年制造良率有了显著提高[20]。良率数据通过对节距 200μm 的产品晶圆进行 RVSI 检测得到。良率学习模型表明,自 C4NP 项目开始以来,缺陷率每月下降 15％。起初影响良率的主要因素是沾污,但随着 FOUP 到 FOUP 自动处理的实现,以及洁净度得到严格控制的 HVM 设备的投入使用,这类缺陷已经基本消除。另外,随着玻璃模具和模具填充工艺质量的提高,C4 凸点缺失明显减少,并且改善了体积均匀性和共面性,提高了焊料转移良率。

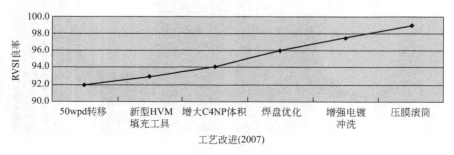

图 4.18　工艺改进,从制造开始(最佳晶圆＝100％良率)[20,21]

这些改进措施使得节距 200μm 和 150μm 的晶圆获得了极好的凸点制作良率,最好的晶圆已经达到 100％ 的良率。已经证实在同样的工艺环境下,利用同样的 C4NP 设备进行模具填充和晶圆转移,制作节距 50μm 的晶圆凸点是可行的[23]。模具检测工具(MIT)适用于节距 150～200μm 的凸点,但由于像素密度不够,无法处理高密度凸点(节距 50μm,每片约 11000 个凸点)。借助 RVSI 改进的检测设备,能够获得较高的凸点制作良率。良率的提高主要得益于模具空腔容积均匀性的改善,沾污的消除以及在纯氮气环境下完成填充工艺。

图 4.19 比较了在 N_2/O_2[见图 4.19(a)]和纯 N_2[见图 4.19(b)]环境下的模具

填充情况。在 N_2/O_2 混合环境下，观察到相邻空腔之间存在很多的焊料桥接缺陷，而在 N_2 环境中几乎没有桥接缺陷。标准的 C4 凸点（节距≥150μm）无需特别关注焊料桥接问题，因为相邻空腔的间隔较大。然而对于微凸点而言，由于空腔的间隔更小，对桥接更为敏感。

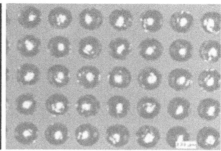

(a) 在N_2/O_2混合气体中填充模具[21,23]   (b) 在纯N_2中填充模具[21,23]

图 4.19   不同环境下的模具填充情况

借助高良率模具，微凸点已经成功地从玻璃模具转移到具有 3 层 UBM 的 200mm 和 300mm 晶圆上，如图 4.20 所示。在甲酸蒸气助焊剂的帮助下，Sn-Ag 焊锡微凸点与焊盘润湿良好，UBM 焊盘直径约为 28μm。通过增加回流过程重塑微凸点，使得转移后的微凸点具有极好的高度均匀性（共面度＜2μm）。初步结果表明，C4NP 技术可以很好地实现＜50μm 的节距，以满足 I/O 密度不断增加的需求。

4.3.4   C4NP 的优点：对多种焊料合金的适应性

对于 C4NP 技术而言，变换焊料合金制作晶圆凸点比较简单，这只需更换模具填充设备中的焊料填充头，通常不到一个小时就能完成。可以通过调节焊料储存器和模具温度应对特定的焊料合金。这种适应性使得 C4NP 可以向后兼容现有的焊料合金和 UBM，并且允许采用任意多元新焊料合金和 UBM。正如后面无铅焊料部分所讨论的，可将"掺杂物"添加到富 Sn 焊料中以改善其电迁移性能，抑制柯肯达尔空洞，减少 Cu 焊盘的损耗，抑制锡疫等。通过精确控制焊料组分和合金掺杂维持焊料合金的适应性，对提高产品性能和可靠性至关重要，合金适应性的优势将在其他章节中进行叙述。

4.4   Cu 柱凸点制作

Cu 柱凸点已被用作第一级倒装芯片互连，以代替现有的 C4 凸点[15~17,24]。柱状凸点的结构和制作工艺与电镀焊锡凸点类似，制作时需结合光刻和电镀工艺。首先将薄金属种子层溅镀到晶圆后段制程结构的钝化层表面和焊盘上，包括 Ti 或 Ti-W 粘接层以及作为电镀导电层的 Cu 种子层。然后将光刻胶旋涂于 Cu 种子层上，

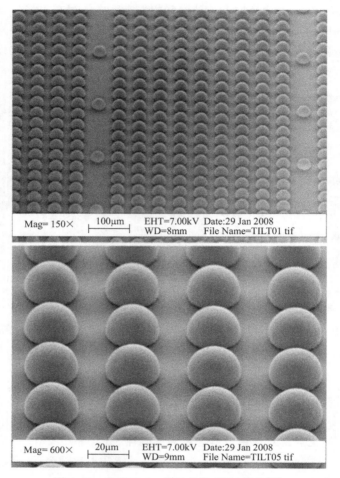

图 4.20 节距 $50\mu m$ 微凸点的 SEM 图像[23]

厚度通常为 $40\sim100\mu m$。经过曝光显影之后，在光刻胶开口底部的 Cu 种子层上电镀 Cu。接着将焊料选择性电镀在 Cu 柱顶部，随后回流形成焊锡凸点或焊帽。最后利用环境友好型溶剂去除光刻胶。对于电镀工艺，光刻胶的形貌、电镀耐久性、电镀后的剥离能力都是重要的考虑因素。Cu 柱凸点可以在 Cu 种子层上以不同的间隔制作。图 4.21 所示为传统的焊锡凸点和具有焊帽的 Cu 柱凸点[25]，图 4.22 所示为不同间隔的 Cu 柱凸点阵列。

Cu 柱凸点是一种用于高性能封装的新兴技术，能够满足细节距要求，并且具有良好的电迁移性能。然而 Cu 柱凸点也面临一些问题，包括芯片封装相互作用（CPI）对超低 k 介电层的影响以及相对较高的成本。研究表明，Cu 柱凸点的电迁移性能已经得到显著改善[26~29]。图 4.23 所示为 Intel Presler 处理器上 Cu 柱凸点的 SEM 图像[30]。Cu 柱凸点较硬、不易变形，这就要求对后段制程结构进行设计，以减小作用在超低 k 介电层上的应力。

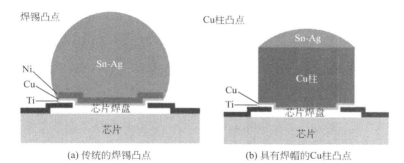

(a) 传统的焊锡凸点   (b) 具有焊帽的 Cu 柱凸点

图 4.21 焊锡凸点与 Cu 柱凸点的对比

(a) 间隔12.5μm   (b) 间隔50μm

图 4.22 节距 50μm 的 Cu 柱凸点

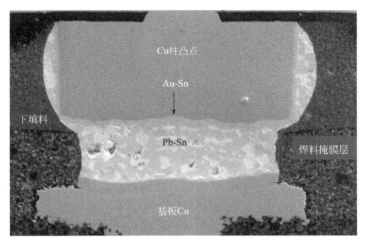

图 4.23 Intel Presler 处理器上 Cu 柱凸点的 SEM 图像

4.5 基板凸点制作技术

将芯片组装到有机层压基板上时，一般通过回流使得芯片上的焊锡凸点与基板上的预焊料凸点形成互连。基板上的预焊料凸点需要补偿芯片上焊锡凸点高度的变化以及层压基板的翘曲，这对具有细节距凸点的大尺寸芯片尤为关键。为了改善基板上凸点的共面性，通常采用压印工艺将基板上焊锡凸点的顶部压平[31]。

有多种焊锡凸点成形方法可用于基板预焊，在有机基板上制作焊锡凸点最常用的方法是焊膏模板印刷[32~34]，其工艺步骤如图 4.24 所示[35]。焊膏一般包含约

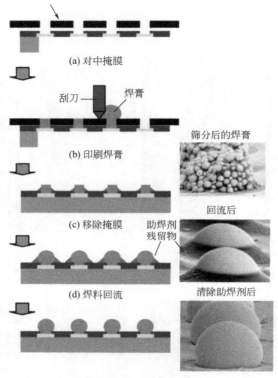

图 4.24   焊膏模板印刷工艺[35]

50％的助焊剂，首先利用漏印掩膜将焊膏印刷到层压基板的焊盘上，接着移除掩膜之后，将基板加热使焊膏熔化形成凸点，最后将凸点顶部压平。由于无需光刻工艺，所以这种方法更加简单且成本低廉。然而，该方法并不适用于节距＜150μm 的高密度互连。在细节距产品中，印刷后助焊剂容易桥接，这会导致回流后焊料桥接缺陷率较高。此外，由于回流后焊料体积明显减小，空洞数量和凸点高度变化可能比较显著，从而降低了芯片贴装良率。焊膏模板印刷的优点是可以利用漏印掩膜印刷不同量的焊膏，从而在同一基板上一次形成不同尺寸的焊锡凸点。由于基板上印刷的焊膏和回流后的凸点高度变化较大，为了获得较高的组装良率，需采用压印工艺保证所有焊锡凸点的共面性[31]，图 4.25 所示为压印后的基板焊锡凸点。焊膏

模板印刷工艺也适用于不同的焊料合金，实际上任何焊料合金在与助焊剂混合形成焊膏之前，都可以预制成锡球。

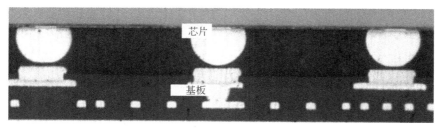

图 4.25　采用压印工艺保证基板上较窄区域内所有凸点高度的共面性[36]

　　近年来已经研发出新的焊锡凸点制作技术，以满足对细节距和减小焊锡凸点及阻焊层开口（SRO）尺寸的需求，例如节距降至 120μm，阻焊层开口尺寸为 60～70μm。一种工艺是将预制微焊球放置到基板焊盘上，植球方法有多种[36~40]，其中一种方法是通过真空吸力将焊球吸入到夹具中，然后放置到涂有助焊剂的基板焊盘上。另一种方法是先利用漏印掩膜[39,40]将黏性助焊剂印刷到基板焊盘上，然后将大小均匀的焊球散布在第二漏印掩膜上，掩膜通孔与基板焊盘对齐，接着利用挤压刷将焊球压入到掩膜通孔中，使焊球转移至焊盘并黏附到助焊剂上，完成植球后移去漏印掩膜，最后通过加热使焊球熔化形成凸点，具体工艺流程如图 4.26 所示。然而，这种方法无法同时将不同尺寸的焊球放置到具有不同阻焊层开口的焊盘上，这通常需要采用其他掩膜工艺或者焊膏模板印刷方法。通过将预制焊球和黏性助焊剂用于掩膜工艺中，微焊球植球方法解决了减小焊锡凸点体积的问题，如图 4.27 所示[41]。

　　相比于模板印刷方法，微焊球植球方法可以形成体积更大的焊锡凸点，且能够应用到凸点节距更小的基板上。但是微焊球植球工艺比模板印刷方法更复杂，需要 3 步掩膜和对准工艺，即涂布黏性助焊剂，将微焊球"涂刷"到 C4 焊盘上，以及将焊膏涂布到更大的焊盘上[41]。此外，对于细节距产品，随着凸点尺寸的减小，预制焊球的成本显著增加。在给定节距时，微焊球植球方法仍存在最大焊锡凸点体积的限制，虽然该方法能够得到比模板印刷方法更大的焊料体积。将微焊球植球方法应用于极细节距产品比较困难，因为难以涂布助焊剂和拾取极小的焊球。另外，微焊球植球方法并不适用于多种焊盘尺寸的情况，因为每步掩膜工艺必须采用相同大小的焊球，如果将相同大小的焊球放置到不同尺寸的焊盘上，则会降低焊锡凸点高度的共面性。

　　近年来，Intel 在量产中利用 Cu 电镀工艺将 Cu 柱凸点集成到芯片 UBM 上，并表现出了电迁移和热传导方面的可靠性优势[29]。Cu 柱凸点具有平顶，不同于焊锡凸点的圆顶。Cu 柱凸点需要与圆顶基板焊锡凸点互连，以免倒装芯片组装过程中 Cu-焊料界面处形成空洞。然而微焊球植球方法制得的圆顶焊锡凸点，其共面性比压印方法制得的平顶焊锡凸点差。因此，需在基板上制作体积更大的圆顶焊锡凸点，从而与 Cu 柱凸点互连时能够获得较高的组装良率。

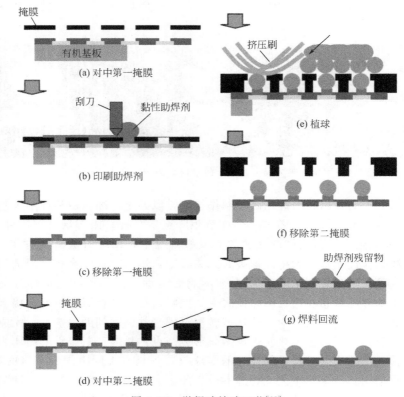

图 4.26　微焊球植球工艺[35]

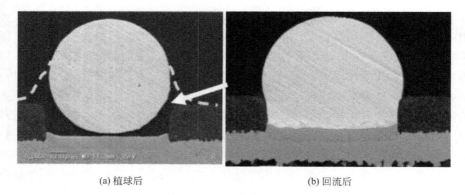

(a) 植球后　　　　　　　　　(b) 回流后

图 4.27　微焊球植球方法

　　最近，IBM 成功地将 C4NP 晶圆凸点制作技术应用于 300mm 的细节距无铅焊料晶圆，证实了在 200mm 和 300mm 晶圆上制作节距 $50\mu m$ 凸点的可行性，且具有极好的良率[18,21]。新的晶圆凸点制作方法正向基板凸点推广，即利用柔性掩膜将熔融焊料直接注入基板焊盘上[41]。

　　新的基板凸点制作技术，即熔融焊料注入（IMS）技术如图 4.28 所示，采用图案化的聚酰亚胺（PI）贴花工艺。首先将聚酰亚胺掩膜中的通孔与基板焊盘对齐。然后利用压力和温度的优化组合，将熔融焊料注入掩膜通孔中，同时填充阻焊层开口和掩膜通孔。在这一步骤中，通过控制低氧的填充环境，无需助焊剂和甲酸。待熔融焊料润湿焊盘并固化后，将聚酰亚胺掩膜与基板分离。

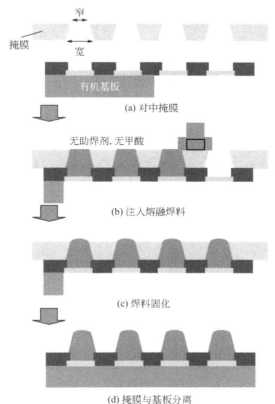

图 4.28　熔融焊料注入工艺[41]

柔性聚酰亚胺掩膜能够与不平整的层压基板表面紧密贴合，以防焊料桥接。掩膜中的通孔具有一定锥度，有利于焊料固化后分离掩膜，提高了掩膜的可复用性。

尽管熔融焊料注入工艺比较简单，并且与模板印刷工艺类似，但与之相比，熔融焊料注入工艺的优点是采用熔融焊料，可以针对细节距产品制得体积更大的焊锡凸点。固化后的焊锡凸点呈柱状且具有圆顶，如图 4.29 所示。焊锡凸点的形状与柔性掩膜中的通孔形状相仿，通过改变掩膜厚度或通孔孔径即可改变焊料体积。将熔融焊料注入工艺用于极细节距产品时，可以采用任何类型的焊料合金，并且不会增加材料成本。图 4.29 和图 4.30 所示为熔融焊料注入凸点的侧视图和剖面图，分别位于 Cu 有机保焊膜表面上和化镍浸金（ENIG）焊盘上。可以看出两种情况下，熔融焊料注入凸点都具有良好的界面微观结构和共面性。

采用熔融焊料注入工艺制作焊锡凸点的另一个优点是，当基板上阻焊层开口和焊盘尺寸不同时，熔融焊料注入工艺可一次注入不同体积的焊料，同时能够保证凸

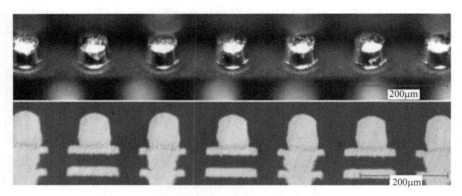

图 4.29　ENIG Ni/Au 焊盘上 IMS 凸点的侧视图与剖面图[41]

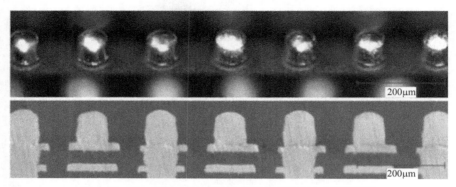

图 4.30　Cu OSP 表面上 IMS 凸点的侧视图与剖面图[41]

点良好的共面性。该工艺具有较好的设计灵活性，可以制作如电源接头的大体积互连点，也可以制作如传递信号的小体积互连点，并能够满足性能和可靠性要求。目前，已经证实熔融焊料注入工艺能够制得共面性极好的节距 $80\mu m$ 面阵列凸点。图 4.31 所示为节距 $100\mu m$ 凸点阵列的侧视图和剖面图。

图 4.31　节距 $100\mu m$ 基板上 IMS 凸点的侧视图和剖面图[41]

4.6　倒装芯片中的无铅焊料

根据欧盟的 RoHS 法规[42~44]，自 2006 年 7 月起，消费类电子产业通过淘汰含铅焊料和其他有毒物质，开始提供"绿色"产品。这种转变相对比较顺利，因为消费类电子产品的可靠性要求不是那么严格。然而由于严格的可靠性要求，高性能电子系统（如服务器和通信设备）的无铅化进程仍在继续，为此欧盟将高性能电子系统的无铅豁免期延至 2016 年 7 月。对高端产品中无铅倒装芯片互连技术的研发仍然非常活跃。实现无铅倒装芯片互连的关键技术要素是晶圆凸点制作技术，本章将讨论一种新的晶圆凸点制作工艺，即针对无铅焊料的 C4NP 技术，而其他晶圆凸点制作技术参见第 3 章。

正在使用的无铅焊料及其熔点、应用情况和存在的问题都列于表 4.2 中。用于倒装芯片产品的两种主要的含铅焊料，即共晶 63%Sn-37%Pb 和 97%Pb-3%Sn 也包含在表 4.2 中。消费类电子产品主要采用焊膏丝网印刷、植球或者电镀方法沉积无铅焊料，而将无铅焊料用于高端倒装芯片产品则需采用电镀或者 C4NP 技术。

表 4.2　一些无铅候选焊料与含铅焊料

组分(质量分数)/%	熔点/℃	应用	主要问题
Sn-3.5%Ag	221	SMT，倒装芯片	Cu 溶解，金属间化合物过度生长，空洞
Sn-3.8%Ag-0.7%Cu	217	SMT，PTH，BGA	Cu 溶解，金属间化合物过度生长，空洞
Sn-3.5%Ag-3%Bi	208~215	SMT	Cu 溶解，焊点剥离，低熔点相
Sn-0.7%Cu	227	PTH，倒装芯片	Cu 溶解，润湿性，金属间化合物过度生长
63%Sn-37%Pb	183	PTH，SMT，BGA，倒装芯片	Pb 具有毒性
97%Pb-3%Sn	317	倒装芯片	Pb 具有毒性

在研发的早期阶段，评估了许多用于倒装芯片产品的无铅焊料[9,32,45]。近三元共晶 Sn-Ag-Cu（SAC）焊料常用于将器件组装到印制电路板（PCB）上，例如 BGA 或 SMT 焊点，但并不适用于倒装芯片产品。这主要是因为存在几个挑战性问题，例如电镀三元化合物比较困难，近三元共晶 SAC 焊料中会形成较多的 Ag_3Sn 金属间化合物，形成高弹性模量或刚性焊点等。为了解决这些问题，提出将含 Ag 或 Cu 含量较低的 Sn-Ag 或 Sn-Cu 二元合金用于倒装芯片互连，从而得到弹性模量更低或韧性更好的焊点[46,47]。然而，降低二元和三元 Sn 基焊料中的合金含量会显著改变其微观结构和熔点，进而改变焊料的力学或其他性能。

4.6.1　无铅焊料的性能

目前所用的无铅焊料大多数是富 Sn 焊料，通常含有超过 90% 的 Sn，这表明无铅焊料的物理、化学和力学特性很大程度上受纯 Sn 特性的影响，这与富 Sn 富 Pb 的共晶 Sn-Pb 焊料相反。纯 Sn 为多晶态，根据温度和压力的不同存在 3 种晶体结构（α、β 和 γ 相）[48]。白锡（β-Sn）具有体心四方（BCT）晶体结构，在室温下比较稳定，相比于铅的面心立方（FCC）晶体结构，白锡的物理和力学性能表现出了高度各向异性。β-Sn 晶体具有双折射性，即入射到 β-Sn 晶体上的偏振光束反射时具有偏转的偏振面。因此，除了电子背散射衍射（EBSD）技术之外，利用偏光显微镜也可以确定无铅焊料中 β-Sn 枝晶的晶体取向或晶粒大小[49,50]。

大多数市售无铅焊料的熔点为 208~227℃，高出共晶 Sn-Pb 焊料的熔点（183℃）约 30℃。但过高的熔点或回流温度会严重影响封装材料的性能和组装工艺，并且会影响无铅微电子封装的完整性和可靠性。另外一个与无铅焊料熔点相关的重要问题是难以维持焊料熔点的层级，而这对含铅焊料是既定的。例如，由于高铅倒装芯片焊锡凸点的熔点比下一级互连所用的共晶 Sn-Pb 焊料熔点高 100℃，因此在后续的共晶 Sn-Pb 焊料板级组装回流过程中（例如 215℃），在高温下（例如 350℃）形成的高铅倒装芯片焊点不会熔化。然而，现有的任意两种无铅焊料，其熔点最多相差约 30℃ 或更小，因此倒装芯片互连与后续的模块或板级互连所用无铅焊料的熔点相差较小。

由于 β-Sn 独特的体心四方晶体结构 [a：5.83Å（1Å = 10^{-10} m），c：3.18Å]，其物理、力学、热学和电学特性均表现出高度各向异性。表 4.3 给出了 β-Sn 的一些特性，包括各向异性比率（定义为沿 c 轴特性与沿 a 轴特性的比值）。沿 c 轴方向的热膨胀系数约为 a 轴方向的 2 倍，而沿 c 轴方向的弹性模量为 a 轴方向的 3 倍。这是 β-Sn 比较独特的地方，因为大多数金属和合金的热膨胀系数与弹性模量的趋势相反。β-Sn 各个方向上的电阻率也明显不同，各向异性比率为 0.69，即沿 c 轴的电阻率约为 a 轴方向的 70%，这与沿 c 轴晶格间距更短相一致。

表 4.3　β-Sn 的各向异性特性

特性	a 轴	c 轴	各向异性比率	参考文献
晶格间距/Å	5.83	3.18	0.54	[51]
热膨胀系数 CTE/$10^{-6}℃^{-1}$	15.45	30.50	1.97	[52]
弹性模量 /GPa	22.9	68.9	3.01	[53]
电阻率（在 300℃ 下）/$\mu\Omega \cdot cm$	14.3	9.9	0.69	[54]
Sn 自扩散速率（在 150℃ 下）/(cm²/s)	8.70×10^{-13}	4.71×10^{-13}	0.54	[55]
Sn 中 Ag 扩散速率（在 150℃ 下）/(cm²/s)	5.60×10^{-11}	3.13×10^{-9}	56	[56]
Sn 中 Cu 扩散速率（在 150℃ 下）/(cm²/s)	1.99×10^{-7}	8.57×10^{-6}	43	[57]
Sn 中 Ni 扩散速率（在 150℃ 下）/(cm²/s)	3.85×10^{-9}	1.17×10^{-4}	30390	[58]

Ag、Cu 和 Ni 在 β-Sn 中的原子扩散速率表现出更加显著的各向异性，如表 4.3 所示。150℃ 下，Ag、Cu 和 Ni 原子扩散速率的各向异性比率分别约为 60、40 和 30000，这表明沿 β-Sn c 轴与 a 轴的溶质扩散速率存在巨大差别。溶质扩散归结于 Ag、Cu 和 Ni 的间隙扩散，而 Sn 的自扩散依赖于置换扩散机制。相比于 Sn 中的溶质扩散，Sn 的自扩散速率慢得多，并且不具有明显的各向异性。

例如在倒装芯片或 BGA 焊点中，当焊点包含单个或数个晶粒时，β-Sn 的各向异性特性会严重影响无铅焊点的完整性和可靠性。据报道，对于近共晶 SAC 无铅焊点，其热-机械响应对 Sn 晶粒取向具有明显的依赖性[59]，c 轴取向与基板平行的 BGA 焊球会先于其他焊球发生失效。这一结果可根据热膨胀系数的差异加以解释：当 c 轴取向平行于基板时热失配最大，导致连接界面发生剪切变形。对于倒装芯片无铅焊点，Sn 晶粒取向对于电迁移退化机理的影响也有报道[60]。当 c 轴取向与电流方向一致时，会发生过早的电迁移失效，这可根据沿 β-Sn c 轴溶质扩散较快加以解释。

4.6.2 固化、微结构与过冷现象

焊点的形成涉及熔融（回流）和固化的冶金工艺，因而生成的微观结构具有铸态微结构的独特特征。通过研究冷却速率和合金元素对各种无铅焊料的影响发现[50,61]，富 Sn 焊料中 β-Sn 固化时存在较大的过冷度。过冷度定义为加热过程中焊料的熔融温度与冷却过程中固化温度之间的差值。直径数百微米的近三元 Sn-Ag-Cu 焊球（例如 BGA 或 CSP 焊点）固化时所需的过冷度，远大于高铅焊料或共晶 Sn-Pb 焊料[61,62]，较大的过冷度也促进了近三元 Sn-Ag-Cu 焊料中初生相（例如 Ag_3Sn）的生长[62,63]。另外据报道，Sn-Ag-Cu 焊料中 β-Sn 的过冷度反比于焊点尺寸，即较小的焊点具有较大的过冷度（例如倒装芯片与 BGA 焊点）[64]。

倒装芯片焊锡凸点较大的过冷度可能会严重影响焊点的可靠性，因为众多的焊锡凸点发生随机固化，会造成有些凸点已经固化而其余尚未固化的情况，从而导致一些凸点存在应力集中以及焊点的早期机械失效。

利用差示扫描量热法（DSC）和直接观测玻璃模具中单个焊锡凸点的熔化及固化过程，通过系统研究找出影响倒装芯片无铅焊锡凸点过冷度的关键因素[65,66]。结果发现，富 Sn 焊料的过冷度受到焊料体积的显著影响，反比于焊料体积或焊球的有效直径。另外还发现，焊料组分和 UBM 对过冷度影响较大，但不如其他因素那么强烈，例如 C4NP 所用模具的冷却速率和保温温度。模具中的 Sn-0.7%Cu C4NP 焊锡凸点的过冷度高达 90℃，而具有 Cu/NiUBM 的 Si 芯片，其焊锡凸点的过冷度为 40～60℃[65]。通过直接观察玻璃模具中单个倒装芯片焊锡凸点的固化过程，揭示了熔融焊料成核过程的随机性，并且得到了与差示扫描量热法近似的过冷度[66]。此外，还发现一些微量合金元素，例如 Zn、Co、Ni 可有效降低富 Sn 焊料的过冷度[66]。将无铅焊料凸点的过冷度降至最低，对提高芯片焊点的完整性和可靠性至关重要。

4.7 倒装芯片中无铅焊料的界面反应

4.7.1 凸点下金属化层

在倒装芯片结构中，芯片布线的终端为多层金属薄膜，即焊球受限金属化层（BLM），也称之为凸点下金属化层（UBM），如图 4.32 所示。BLM 决定了回流后焊锡凸点的大小，提供了可被焊料润湿的表面，并与焊料反应获得良好的粘接性和可靠性，以抵抗机械、电气和热应力作用，并作为集成电路器件与互连金属之间的阻挡层。

当芯片与陶瓷基板连接时，需将高铅焊料在大约 350℃ 的温度下进行回流。高铅焊料中的 Sn 含量通常小于 5%（质量分数），如表 4.2 所示。典型的 BLM 结构是包括 Cr 或 TiW（在芯片表面）、CrCu 和 Cu 的多层薄膜，一般利用溅镀

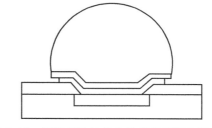

图 4.32 倒装芯片结构中的焊球受限金属化层（BLM）或凸点下金属化层（UBM）[67]

方法将 BLM 多层薄膜沉积到钝化晶圆上。其中，Cr 或 TiW 层为互连结构与硅晶圆的连接提供了良好粘接性。"CrCu 相"是由共溅镀 Cr 和 Cu 组成的第二粘接层，阻挡层界面处富含 Cr，可焊 Cu 层界面处富含 Cu。BLM 也可以作为电镀焊锡凸点时的电连接点，电镀完焊锡凸点之后，对金属薄膜进行选择性电化学刻蚀形成 BLM。回流焊过程中，焊料中的 Sn 容易与 Cu 发生反应生成 Cu-Sn 金属间化合物，从而提高了焊料与 BLM 之间的粘接性。对于 Sn 含量小于 5% 的焊料，适合采用厚度约 0.5μm 的 Cu 薄膜作为 BLM 的外镀层[67]。

当采用共晶 Sn-Pb 焊料将芯片直接贴装到有机层压基板上时，厚度约 0.5μm 的 Cu 薄膜基本上被消耗完并生成 Cu-Sn 金属间化合物，从而降低了焊点的机械可靠性。为了控制 Cu 的消耗，建议采用数微米厚的 Cu 层作为 BLM 结构中共晶 Sn-Pb 和富 Sn 焊料的润湿层[68]。但是发现较厚的 Cu 层在高温时效（例如 150℃）过程中会促进空洞的生长，于是舍弃了该想法。

BLM 的正确选择对无铅倒装芯片的发展是一个关键因素。由于大多数无铅焊料的 Sn 含量在 90% 以上，所以相比于共晶 Sn-Pb 焊料，无铅焊料需要更高的回流温度（高出至少 30℃），这使得焊料与 BLM 的界面反应十分剧烈，尤其与 Cu 金属层，导致 BLM 过度消耗并生成大量金属间化合物。薄 Ni 阻挡层已普遍用于控制剧烈的界面反应[13,69,70]，因为在相同的回流温度下，Ni 在熔融 Sn 中的溶解度比 Cu 小得多。表 4.4 对比了 Cu 和 Ni 在 Sn 中的溶解度随温度的变化[71,72]。在 260℃ 的回流温度下，Cu 在 Sn 中的溶解度约为 Ni 的 7 倍，在 150℃ 的时效温度下，Cu 在 Sn 中的溶解度约为 Ni 的 5 倍。

表 4.4　Cu 和 Ni 在 Sn 中的溶解度随温度的变化（质量分数）　　　　%

温度	Cu 溶解度	Ni 溶解度	温度	Cu 溶解度	Ni 溶解度
260℃	1.41	0.216	150℃	0.0011	0.0002
250℃	1.23	0.198	50℃	3.79×10^{-5}	3.52×10^{-6}
200℃	0.0035	0.0009			

虽然 Ni 能够有效阻挡富 Sn 焊料与 Cu 反应，但仍需控制回流温度下、高温储存或高电流电迁移测试过程中 Ni 的消耗速率。建议将其他几种 BLM 结构也用于无铅倒装芯片结构中[67,73~75]。其中，Ni-Fe 合金被认为是一种富 Sn 焊料的有效可焊层[9,73]。Ni-Fe 为电镀薄膜，研究了组分为 90%Ni-10%Fe、80%Ni-20%Fe、50%Ni-50%Fe 的 Ni-Fe 合金，研究了不同回流时间条件下（≤20min，250℃）NiFe 合金与 Sn-3.5%Ag 焊料的界面反应，并与 Cu、Ni 及 Ni（P）等其他 BLM 进行了对比。50%Ni-50%Fe 的溶解情况和金属间化合物的生长情况见表 4.5 和表 4.6。80%Ni-20%Fe 的溶解情况和金属间化合物的生长情况与 50%Ni-50%Fe 类似。另外，90%Ni-10%Fe 和熔融 Sn-3.5%Ag 的反应速率几乎与纯 Ni 和熔融 Sn-3.5%Ag 的反应速率相同，结果 4μm 厚的 Cu 层在 6min 内几乎被消耗光，并生成了较厚的金属间化合物层。因此，结论是 Ni 含量不超过 80% 的 Ni-Fe 可以作为富 Sn 焊料的有效阻挡层。表 4.5 和表 4.6 对比了厚度 8μm 的化学镀 Ni（P）层的界面反应情况。在 Sn-3.5%Ag 焊料中，Ni（P）的溶解度超过了 50%Ni-50%Fe 或 Cu/Ni，金属间化合物的生长速率也比 Ni-Fe 更快。最近的研究也报道了电镀 Ni-

Fe 合金与共晶 Sn-Ag-Cu 焊料良好的可焊性[76]。

表 4.5　模拟 250℃下 Sn-3.5%Ag 焊料回流后的可焊层厚度[9]　　　μm

可焊层	0min	2min	6min	20min
Cu(4μm)	4.0	1.0~2.3	0.7~1.7	0~1.7
Cu(2μm)/Ni(2μm)	4.0	3.3	3.1	3.1
Cu/50%Ni-50%Fe(2.7μm)	6.7	6.1	6.1	6.0
Cu/Ni(P)(8μm)/Au(50μm)	8.3	5.8	5.5	4.9

表 4.6　250℃下 Sn-3.5%Ag 焊料与可焊层反应生成的金属间化合物层厚度[9]　μm

可焊层	2min	6min	20min
Cu(4μm)	1.7~8.3	0.7~10.0	1.7~13.3
Cu(2μm)/Ni(2μm)	1.2~4.0	1.8~4.8	2.0~6.4
Cu/50%Ni-50%Fe(2.7μm)	0.3~0.5	0.3~0.5	0.3~0.6
Cu/Ni(P)(8μm)/Au(50μm)	0.7~1.7	0.7~2.1	0.9~2.4

4.7.2　基板金属化层

无论是层压基板还是陶瓷基板，其金属化层的选择和芯片 UBM 同样重要，因为焊点是在芯片 UBM 和基板金属化层之间形成的。最常用的基板金属化层是层压基板上的 Cu 有机保焊膜和化镍浸金层，以及陶瓷基板上的 Ni（P）/Au 层。

由于化镀 Ni（P）薄膜具有良好的可焊性、耐腐蚀性、沉积厚度均匀以及可选择性沉积等优点，所以广泛用作倒装芯片 UBM 和 BGA 封装的基板金属化层。Ni（P）薄膜的微观结构随 P 含量变化显著，P 含量低于 5.5%（质量分数）时为纳米晶体，P 含量超过 9%（质量分数）时为非晶体，而当 P 含量介于 5.5%~8.5%（质量分数）之间时，则是微晶体和非晶体的混合物[77]。

当 Ni（P）薄膜与共晶 Sn-Pb 焊料反应时，在回流温度（200~240℃）附近，焊料下方的部分 Ni（P）薄膜会结晶成 Ni$_3$P。这种低温反应称之为"焊料反应辅助结晶"，不同于 300~450℃高温下的 Ni（P）自结晶。发生焊料反应辅助结晶的同时，会生成 Ni-Sn 金属间化合物和柯肯达尔空洞[78]。这些界面反应会造成焊点脆性断裂，断裂路径通常在富 P 层周围，引起 Ni（P）薄膜的可靠性问题。当 Ni（P）薄膜与纯 Sn 或富 Sn 焊料反应时，界面反应明显增强，通常会观察到金属间化合物从 Ni（P）上剥落[79,80]。金属间化合物剥落受到 P 含量、焊料体积或沉积方法的显著影响[80]，较高的 P 含量和较大的焊料体积会使剥落更加严重。此外，焊膏丝网印刷生成的金属间化合物比电沉积工艺更易于发生剥落。

为了防止金属间化合物剥落，可利用电镀或化镀方法在 Ni（P）薄膜表面沉积一层较薄的 Sn 或 Cu 中间层。Sn-3.5%Ag 焊膏在 250℃下经过 30min 的回流反应，中间层有效抑制了 Ni-Sn 金属间化合物的剥落，而在没有中间层的对照样品中，大多数金属间化合物几分钟内就会从 Ni（P）薄膜上剥落[81]。在回流过程中，Sn 层为 Ni（P）表面提供了保护以及良好的可润湿表面。薄 Cu 层改变了界面金属间化合物的化学结构，并提供了良好的可润湿表面。

对塑料球栅阵列封装（PBGA）无铅焊点界面反应的研究发现，基板金属化层的选择会影响 UBM 界面处金属间化合物的形成[13]。对 3 种基板金属化层进行配对，即 Cu/OSP、Ni（P）/Au 和 Ni（P）/Pd/Au，得到 5 组 PBGA 互连模块，即 Cu-Cu、Cu-Au/Ni（P）、Au/Ni（P）-Au/Ni（P）、Cu-Au/Pd/Ni（P）和 Au/Pd/Ni（P）-Au/Pd/Ni（P）互连。采用直径 0.89mm 的 Sn-3.8%Ag-0.7%Cu 焊球实现 PBGA 的板级互连，并在 260℃下经历 12 次回流循环。对互连焊点的微观结构、组分和显微硬度进行系统分析发现，焊点一侧的界面反应受到另一侧界面结构的显著影响，因为元素从一界面充分溶解到熔融焊料中之后，会迅速扩散到另一界面。BGA 焊点的显微硬度受到互连界面选择的显著影响，但与回流次数关系不大。含更多 Ni 层的互连界面比不含 Ni 层的硬度值更高，这表明溶解的 Ni 原子比 Cu 原子更能有效地硬化富 Sn 焊点[13]。考虑到 BGA 焊点与倒装芯片焊点体积相差较大，在倒装芯片互连中，基板金属化层对 UBM 一侧的界面反应影响更大。

4.7.3　无铅焊锡接点的界面反应

相比于共晶 Sn-Pb 焊点，富 Sn 焊点中的界面反应更为剧烈，主要是因为更高的 Sn 含量和更高的无铅焊料回流温度[69,70]。在回流焊过程中，互连界面处存在两个基本反应：BLM 和基板金属化层溶解到熔融焊料中，以及随后在界面处生成金属间化合物。两个反应都对焊点的完整性有重要影响，且需加以控制以得到可靠的焊点。在高温时效过程中，金属间化合物以固态形式不断生长，当界面两侧两种原子的扩散速率不等时，同时在界面处会形成空洞。已经进行了大量研究以了解无铅焊料中界面反应的基本特性（例如金属间化合物识别、生长动力学等），并通过控制界面反应提高焊点的可靠性。表 4.7 和表 4.8 给出了 Cu 和 Ni 之间形成的一些金属间化合物[82]。利用 Cu（25μm）/Ni/Sn（40μm）焊点模型，从 Ni 沉积方法（电镀与化镀）、Ni 厚度以及回流条件三个方面研究了焊点界面反应。Cu/Ni/Sn 焊点中形成的金属间化合物相由 Ni 厚度和回流时间依据 Cu 垫层的消耗情况确定。在所有经过短时间回流的样品中都检测到了 Ni_3Sn_4，这表明 Ni_3Sn_4 是 Ni 层中最先形成的金属间化合物相。对于 10min 的长时间回流，当 Ni 层厚度小于 1μm 时，Cu 垫层会促进（Cu，Ni）$_6$Sn$_5$ 的生成。金属间化合物的形貌受到 Ni 沉积方法的强烈影响，在电镀 Ni 中观察到了具有尖角或刻面的 Ni_3Sn_4，而化镀 Ni（P）中则是针状金属间化合物。Cu 垫层的存在通过生成（Cu，Ni）$_6$Sn$_5$ 显著改变了焊点界面微观结构，（Cu，Ni）$_6$Sn$_5$ 的生长速率比二元 Cu_6Sn_5 或 Ni_3Sn_4 更快。利用 Cu（25μm）/Ni/Cu/Sn（40μm）焊点模型研究了 Cu 覆盖层对焊点界面反应的影响，结果如表 4.8 所示。对于较薄的 Cu 覆盖层，金属间化合物以（Ni，Cu）$_3$Sn$_4$ 为主，而对于较厚的 Cu 覆盖层，则以（Cu，Ni）$_6$Sn$_5$ 为主。表 4.8 中，通过假设不同厚度的 Cu 覆盖层全部溶解到 40μm 厚的 Sn 中，由此估算出 Sn-Cu 合金中 Cu 的含量。这一结果与先前研究得到的 Cu 含量对 Ni 和 Sn-Cu 焊料界面反应的影响比较一致[83]，当 Cu 含量约为 5%（质量分数）时，金属间化合物由（Ni，Cu）$_3$Sn$_4$ 相转变为（Cu，Ni）$_6$Sn$_5$ 相。

表 4.7　Cu（25μm）/Ni/Sn（40μm）样品中金属间化
合物相的形成与 Ni 厚度及回流时间的关系[82]

样品	回流时间/min	
Ni(ED) 或 Ni(EL)	2	10
0.3	$(Cu, Ni)_6 Sn_5 > (Ni, Cu)_3 Sn_4$	$(Cu, Ni)_6 Sn_5 > (Ni, Cu)_3 Sn_4$
0.6	$(Ni, Cu)_3 Sn_4$	$(Cu, Ni)_6 Sn_5 > (Ni, Cu)_3 Sn_4$
1	$(Ni, Cu)_3 Sn_4$	$(Ni, Cu)_3 Sn_4 > (Cu, Ni)_6 Sn_5$
3	$Ni_3 Sn_4$	$(Ni, Cu)_3 Sn_4$
10	$Ni_3 Sn_4$	$(Ni, Cu)_3 Sn_4$

表 4.8　Cu（25μm）/Ni/Cu/Sn（40μm）样品中电镀 Ni 上金属间
化合物相的形成与 Cu 厚度及回流时间的关系[82]

样品			回流时间/min	
Ni/μm	Cu/μm	Cu(质量分数)/%	2	10
1	0.04	0.1	$(Ni, Cu)_3 Sn_4 > (Cu, Ni)_6 Sn_5$	$(Cu, Ni)_6 Sn_5 \sim (Ni, Cu)_3 Sn_4$
	0.3	0.8	$(Cu, Ni)_6 Sn_5$	$(Cu, Ni)_6 Sn_5 > (Ni, Cu)_3 Sn_4$
	0.5	1.4	$(Cu, Ni)_6 Sn_5$	$(Cu, Ni)_6 Sn_5$
3	0.1	0.3	$(Ni, Cu)_3 Sn_4 > (Cu, Ni)_6 Sn_5$	$(Ni, Cu)_3 Sn_4 > (Cu, Ni)_6 Sn_5$
	0.3	0.8	$(Cu, Ni)_6 Sn_5$	$(Ni, Cu)_3 Sn_4 > (Cu, Ni)_6 Sn_5$
	0.5	1.4	$(Cu, Ni)_6 Sn_5$	$(Cu, Ni)_6 Sn_5 > (Ni, Cu)_3 Sn_4$

近年来，许多研究报道了在富 Sn 焊料添加微量合金元素控制焊点界面反应，例如 Co、Fe、Ge、Ni、Mn、Ti、Zn、稀土金属（Ce、La）等[12,84~94]。其中，Zn 被认为是控制 CuUBM 与焊料界面反应最有效的元素，能够减少 Cu 消耗和金属间化合物的生成[12,91]，在焊点时效过程中抑制空洞的形成[92]，降低富 Sn 焊料合金的过冷度[90]，改善焊点的冲击强度[93]，提高焊点抗电迁移能力[94]等。检测发现 Zn 原子聚积在 Cu 和 $Cu_3 Sn$ 的界面处，这就解释了为什么添加 Zn 元素能够抑制 Cu 层与焊料的界面反应[12,92]。基于化学蚀刻实验和 $Cu_3 Sn$ 相驱动力的热力学计算结果，发现该 Zn 原子聚积层是一种 Cu-Zn 固溶体合金，而不是 Cu-Zn 金属间化合物层[92]。此外，还提出了一些高温时效过程中 Zn 元素抑制电镀 Cu 上形成空洞的可能机制，比如减缓 $Cu_3 Sn$ 的生长速率，或者在形成空洞之前 Zn 原子直接扩散到界面上填补空位[92]。

在焊料中添加 Zn 元素会使焊接过程中出现氧化或润湿性降低的问题，因此应仔细控制富 Sn 焊料中 Zn 元素的添加量。据报道，当焊料中的 Zn 含量约为 0.4%（质量分数）时，对焊点界面反应的控制效果较好，并且不会降低焊点的其他性能。对于焊料制造工艺而言，将 Zn 元素直接添加到富 Sn 焊料中颇具挑战性，为此提出采用含 Zn 的 UBM 控制界面反应[95]。

最近的研究利用不同的 Ni（电镀、化镀和溅镀）UBM，对富 Sn 焊料回流过程中 Ni 的消耗情况进行了评估[96]。对于纯 Sn 和 Sn-2%Ag 焊料，添加少量 Ni 元素[0.2%（质量分数）]有利于抑制 Ni UBM 的消耗，但 Sn-0.7%Cu 焊料并非如此。事实上，在 Sn-0.7%Cu 焊料中添加 Ni 元素反而会促进 Ni UBM 的消耗，这是因为焊料基体中生成了（Cu，Ni）$_6$Sn$_5$ 金属间化合物[96]。将微量 Ni 和 Ge 元素添加到共晶 Sn-Cu 焊料中，可以改善其流动性和润湿性，防止焊料收缩开裂（热裂）或提高冲击断裂强度[97]。表 4.9 中还总结了添加其他微量合金元素的一些有利作用。

表 4.9 微量合金元素对富 Sn 焊料特性的影响

特性	Ag	Cu	Bi	Co	Fe	Ge	In	Mn	Ni	RE	Sb	Ti	Zn
降低过冷度				√	√			√	√			√	√
改善微结构	√	√				√		√		√		√	
提高剪切强度	√	√	√					√	√		√		
增强延展性						√				√			
减少 Cu 的溶解		√	√						√				√
控制金属间化合物		√									√	√	
减少空洞的形成				√	√								√
提高冲击强度									√			√	√
提高疲劳寿命		√									√		
改善电迁移性能	√												√
改善润湿性						√			√				
参考文献	[50, 94]	[50, 91]	[89]	[88]	[88]	[97]	[85]	[87, 98]	[87, 97]	[86]	[99, 100]	[87, 98]	[12,90~94]

4.8 倒装芯片互连结构的可靠性

4.8.1 热疲劳可靠性

对于实现可靠的有机基板和陶瓷基板倒装芯片封装而言，焊点的热疲劳性能是一个关键因素。对于有机层压基板倒装芯片封装，可通过填充下填料保证焊锡凸点的可靠性。填充下填料对每个焊锡凸点施加压应力，并使凸点同时产生变形，以缓解硅芯片（$2.5×10^{-6}℃^{-1}$）与有机 FR-4 电路板（$18.5×10^{-6}℃^{-1}$）之间的整体热失配，减小芯片与电路板之间的相对变形[101]。如果没有填充下填料，则在热疲劳实验条件下，有机基板倒装芯片封装的寿命不会超过数百个循环。由于芯片与陶瓷基板的热失配较小，所以陶瓷基板倒装芯片封装通常无需填充下填料。然而，随着高性能倒装芯片互连的芯片尺寸不断增大，填充下填料可能是提高陶瓷基板封装热疲劳寿命或其他可靠性的一种方法，但是会牺牲倒装芯片焊点的可返修性。

早期的研究工作对比了无铅与含铅倒装芯片焊点的热疲劳性能[32,45,102]。将

Sn-0.7％Cu、Sn-3.8％Ag-0.7％Cu 和 Sn-3.5％Ag 三种无铅焊料配制成焊膏，用于倒装芯片产品的评估[102]。先将具有 TiW-Cu 和 Ni（P）-Au UBM 的测试芯片贴装到具有 Cu 有机保焊膜或 Ni（P）-Au 焊盘的有机基板上，并且不填充下填料以加快焊锡凸点的疲劳。然后在空气中对倒装芯片封装进行 0～100℃ 和－40～125℃ 的热循环测试。结果发现，Ni（P）和 TiW/Cu UBM 上的 Sn-0.7％Cu 凸点疲劳寿命最长，而 Ni（P）UBM 上的 Sn-3.5％Ag 凸点疲劳寿命最短[102]。TiW/Cu UBM 上的 Sn-3.8％Ag-0.7％Cu 凸点疲劳寿命高于 Sn-3.5％Ag，低于 Sn-0.7％Cu，与 Ni（P）UBM 上的 Sn-37％Pb 凸点疲劳寿命相当。Sn-0.7％Cu 焊点具有更好的抗疲劳性能，这可以通过疲劳裂纹萌生和沿晶界的扩展机制加以解释，实验观察到裂纹沿晶界扩展，靠近焊点中心且远离 UBM-凸点界面。结果认为，Sn-0.7％Cu 焊料最能承受热疲劳和裂纹扩展失效前产生的大变形[45]。

为了确定 Ag 含量对 Sn-Ag-Cu 倒装芯片焊点热疲劳寿命的影响，采用直径 300μm 的 SAC 焊球将倒装芯片封装连接到 FR-4 基板上，对其进行系统研究[103]。通过－45～125℃ 的热循环实验发现，Ag 含量为 3％（质量分数）和 4％（质量分数）的焊点比 Ag 含量为 1％（质量分数）和 2％（质量分数）的焊点疲劳寿命更长，这是因为细小的 Ag$_3$Sn 颗粒分散在焊点中，使得焊点微观结构更加稳定。热循环实验过程中，在低 Ag 含量焊点中观察到了明显的微结构粗化[103]。在另一项研究中，从 Ag 含量、冷却速率和热循环实验条件三个方面，评估了 Ag 含量对有机基板上 BGA 陶瓷封装热疲劳寿命的影响[104]。结果发现，焊点疲劳寿命受 Ag 含量和热循环实验条件的影响。在 0～100℃、120min 的长周期热循环条件下，低 Ag 含量 [2.1％（质量分数）] 焊点的热疲劳寿命最长，而在 0～100℃、30min 的短周期热循环条件下，高 Ag 含量 [3.8％（质量分数）] 焊点的疲劳寿命最长。相比于较高的冷却速率（1.7℃/s），组装过程中采用较低的冷却速率（0.5℃/s）对提高 SAC 焊点的热疲劳寿命较为有利。通过对热循环失效焊点的广泛分析，提出了加速热循环（ATC）实验的失效机理[105]。

无铅倒装芯片焊点的疲劳特性受到了 Sn 晶体取向及其物理/力学性能方向性的显著影响，因为预想的倒装芯片焊锡凸点是由单个或数个晶粒组成的，与体积更大的无铅 BGA 焊点类似[59,106]。传统的疲劳失效机理主要受到与距中性点距离（DNP）相关的因素影响（例如芯片尺寸、焊锡凸点高度、热失配或热循环温差等），而当 Sn 晶体取向在热失效过程中起作用时，对传统疲劳失效机理的理解将更为复杂。在传统的热循环实验中，距中性点距离最大的硅芯片，其角点上的焊锡凸点会最先失效，但是当 Sn 晶体取向对失效过程有影响时并不一定如此。类似的情况已经在无铅 BGA 焊点的热循环实验中有所报道[106]，当 Sn 晶体 c 轴取向与基板方向平行时，无论焊点位于何处都观察到过早失效[59]。

4.8.2　跌落冲击可靠性

近年来随着便携或移动电子产品的问世，焊点的抗跌落冲击性已被公认为一个关键的可靠性问题，尤其对于芯片尺寸封装（CSP）、晶圆级封装（WLP）以及微 BGA 或 BGA 封装，这些封装通常不填充下填料[107~110]。对于板上倒装芯片

（FCOB）产品，需填充下填料以满足焊点的热疲劳要求，同时也有利于焊点的跌落冲击可靠性[109]。

跌落实验中，焊点脆断的根本原因在于金属间化合物与 Cu 焊盘之间的界面比较脆弱[111]。据报道进行高温时效时，无铅焊点中金属间化合物与 Cu 焊盘的界面处会形成柯肯达尔空洞，导致焊点强度显著降低[111,112]。但这种脆弱的界面不易被低应变率的机械测试发现，例如推球实验，而需通过高应变率的跌落或冲击实验进行检测[111,112]。另外据报道，界面空洞只是偶尔形成于某些电镀 Cu 焊盘上，即使经过长时间高温的时效，也很少在高纯度或精制的 Cu 箔上看到界面空洞[92,113]。

当无铅倒装芯片互连包含较厚的 Cu UBM 时，在 150℃、1000h 的高温存储实验中会观察到类似的界面空洞，如图 4.33 所示。Cu 和 Cu_3Sn 金属间化合物之间的空洞率表明空洞的形成机制与 Cu_3Sn 层的生长有关，这就是为什么没有在无铅倒装芯片产品中采用厚 Cu UBM 结构的原因之一。

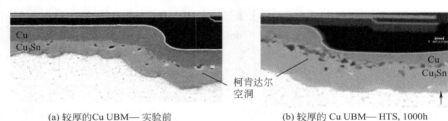

(a) 较厚的Cu UBM— 实验前　　　　　(b) 较厚的 Cu UBM— HTS, 1000h

图 4.33　高温存储实验过程中 Cu UBM 与焊料界面的空洞生长情况

当含 Sn 焊料，包括含铅和无铅焊料，与较厚的 Cu 焊盘互连并经过长时间退火时，柯肯达尔空洞便成了一个可靠性问题。图 4.34（a）所示为 Sn-Ag-Cu 焊料与 Cu 焊盘互连，并在 125℃下分别退火 3、10 和 40 天之后的情况。空洞出现在靠近金属间化合物与 Cu 界面的 Cu_3Sn 层中，退火 40 天后形成了几乎连续的一层，这严重影响了封装组件的跌落可靠性，如图 4.35 所示[111,114]。空洞的形成十分多变，依据电镀 Cu 的特性，空洞密度可能会大幅增加。高温下空洞形成速率更快，即使产品服役温度不高，也仍有可能受到威胁。

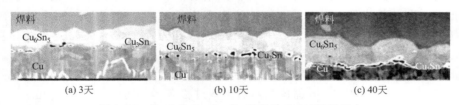

(a) 3天　　　　　　　(b) 10天　　　　　　　(c) 40天

图 4.34　Cu 上的 Sn-Ag-Cu 焊点并在 125℃下退火

为了提高无铅焊点的跌落可靠性，可采取两种方法：一是减少 Sn-Ag-Cu 焊料中 Ag 或 Cu 的含量，采用 Ag 含量较低的焊料，如 SAC105（Sn-1.0％ Ag-0.5％ Cu）[109,115,116]；二是添加少量合金元素以控制界面反应，从而抑制界面空洞的形成[88,93,97,98,109,115]。据报道，添加 Ti、Mn、Ni 或 In 元素能够提高 Sn-Ag-Cu 焊点的抗冲击性[98,115]，而将 Ni 和 Ge 元素添加到 Sn-Cu 焊料中[97]，将 Zn 元素添加到 Sn-Ag 焊料中[56] 也可以达到同样的目的。解决空洞问题的一个方法是在焊料中掺杂少量的 Zn 元素，如图 4.36 所示，空洞基本消除[12]。

4.8.3　芯片封装相互作用：组装中层间电介质开裂

　　用于微电子封装的无铅焊料面临着关键的可靠性挑战，这些挑战源于无法经受高强度无铅焊料连接芯片所引起的大应力/应变，这通常会导致后段制程结构分层或者 low-k 层开裂[21,47,117]。一般称第一种情况为层间电介质（ILD）分层[21,47]，

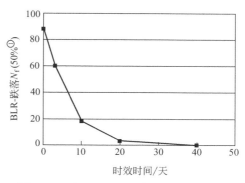

图 4.35　在 125℃ 下退火 40 天后，SAC 焊点的跌落可靠性急剧下降[111]
①50% 为跌落试验试样的失效率。

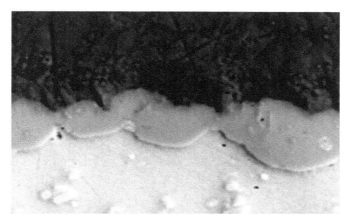

图 4.36　将添加微量 Zn 元素的 Sn-Ag-Cu 焊料与 Cu 互连，并在 150℃ 下存储 1000h，未出现空洞[12]

主要是因为采用了高强度无铅焊料，导致后段制程结构上存在较高的热机械应力。大尺寸芯片的应用使得层间电介质分层问题更加严重，因为芯片（CTE，约 $3 \times 10^{-6}℃^{-1}$）与层压基板（CTE，约 $17 \times 10^{-6}℃^{-1}$）的整体热失配导致了更高的应力。后段制程结构分层失效如图 4.37 所示，线路开路失效可通过超声波扫描成像进行检测，并标识为"白色凸点"，如图 4.38 所示。为了缓解后段制程结构分层失效的问题，可选择蠕变速率较高的焊料，在连接芯片时更容易产生变形，从而减小传递至介电层的应力。此外，提高介电层间的粘接强度也可以有效缓解分层问题。除了后段制程结构分层失效，通常还观察到另一类白色凸点失效，即超低 k 介电层连续开裂，如图 4.39 所示[24]。由于角点位置的 C4 凸点距中性点的距离较远，应力较大，因而极易开裂。随着介电常数不断减小，孔隙率不断增大，层间电介质变得越来越脆弱。随着孔隙率的增大，low-k 层的弹性模量和断裂韧性急剧下降，时常观察到倒装芯片凸点下的层间电介质开裂。由陶瓷基板（CTE，$3 \sim 6 \times$

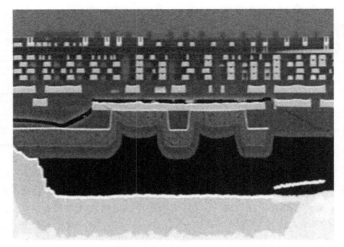

图 4.37　Cu 焊盘与 FTEOS 界面分层的 SEM 图像[21]

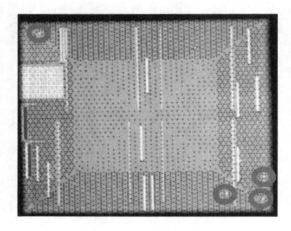

图 4.38　"白色凸点"的超声波扫描图像[21]

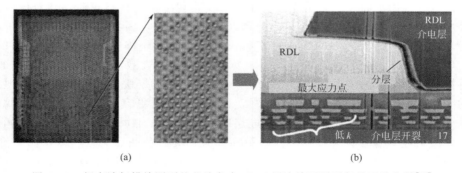

(a)　　　　　　　　　　　　　(b)

图 4.39　超声波扫描检测到的芯片角点 ULK 层连续开裂引起的开路失效[24]

$10^{-6}℃^{-1}$）向热膨胀系数更高的有机层压基板（CTE，约 $16×10^{-6}℃^{-1}$）转变，使得层间电介质开裂问题更加严重，这是因为热失配以及层压基板和芯片的翘曲都增大了。

缓解白色凸点问题的根本方法是减小热机械应力，特别是传递到层间电介质的拉应力。已有的应力缓解方法包括优化无铅焊料的力学性能和微观结构[47,117]，优化芯片与层压基板互连时的温度曲线[21,117]，改进后段制程结构，减小层压基板和芯片的翘曲，以及采用热膨胀系数较低的层压材料。减小层间电介质的应力也可以通过设计几何兼容互连，在应力传递到芯片上之前迅速吸收应力。

降低回流时的冷却速率可以减少应力和白色凸点问题，但是增加了工艺时间并降低了产能。所需的是蠕变速率较高的焊料，因为它更容易产生变形，从而可以减小传递到后段制程结构的应力，更高的蠕变速率往往能够获得更长的热机械疲劳寿命。Sn-0.7%Cu 凸点比 Sn-3.5%Ag 凸点更易发生蠕变，所以芯片和层压基板的翘曲更小，介电层的应力更低。为了理解焊料的应力问题，采用 C4NP 凸点制作技术进行快速调试、优化，并在一系列候选焊料中确定出最优方案。表 4.10 将焊料成分与焊点硬度数据联系起来，硬度数据与层压基板翘曲数据相一致。结果发现，Ag 和 Cu 含量较低的焊料具有更低的硬度和更理想的力学性能，能够在应力传递到层间电介质上并引起开裂之前吸收应力。相比于常规的近共晶 SAC 焊料，采用 Ag 和 Cu 含量较低的焊料能够显著减少白色凸点。图 4.40 所示为 C4 焊点上的显微硬度压痕。

表 4.10　模块级焊点显微硬度与压痕测量结果

Sn(质量分数)/%	Ag(质量分数)/%	Cu(质量分数)/%	HV 硬度(标准差)
97.6	2.2	0.2	16.0(0.6)
98.5	1.3	0.2	14.5(0.8)
98.5	0.9	0.6	14.0(0.0)
98.6	1.2	0.2	14.0(0.6)
99.5	0.3	0.2	12.0(0.9)
99.3	0	0.7	11.5(0.5)

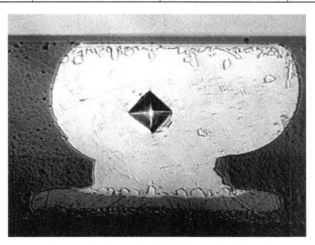

图 4.40　焊点上典型的模块级显微硬度压痕

改进远后段制程（F-BEOL）结构是另一种减小传递到低 k 介电层上应力的有效方法。如图 4.41 所示，通过改变 Intel 处理器后段制程结构中的几个关键单元，控制 Cu 柱凸点中较高的应力，包括 Cu 柱凸点下的厚聚酰亚胺层（约 $16\mu m$）、细小通孔以及厚 M9Cu 焊盘[24]。通过结构优化减小低 k 层、ULK 层中的应力，结构剖面图如图 4.41 所示。

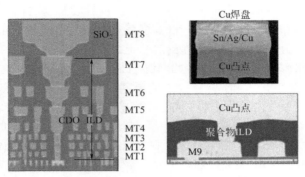

图 4.41　通过改变 Intel 处理器芯片的 BEOL 结构防止低 k 材料开裂[24]

随着后段制程硅技术不断向 32nm 和 22nm 节点推进，超低 k 材料更具多孔性且弹性模量较低，芯片封装相互作用（CPI）问题将变得更具挑战性。

为了实现无铅焊料倒装芯片 BGA 封装的低应力互连，利用纳米压痕技术测定了不同温度下 Sn-0.7％Cu 和 Sn-3.5％Ag 凸点的蠕变特性[47]。结果发现，Sn-0.7％Cu 凸点比 Sn-3.5％Ag 凸点更易发生蠕变，并且两者蠕变速率之差随着温度升高而增大。蠕变速率不同，可由每个焊料系统中金属间化合物颗粒特性的不同加以解释。此外，还计算并测量了芯片翘曲和低 k 层的切应力，结果发现，Sn-0.7％Cu 凸点的芯片翘曲和低 k 层切应力小于 Sn-3.5％Ag 凸点，Sn-0.7％Cu 凸点的最大应力比低 k 层的剥离应力低约 11％。另外，将 Sn-0.7％Cu 凸点在 200℃下退火10min 后，其最大应力进一步减小（36％），而 Sn-3.5％Ag 凸点的应力变化不大。这一结果又归因于 Sn-0.7％Cu 的蠕变速率比 Sn-3.5％Ag 高。

正如跌落冲击可靠性一节中所讨论的，建议采用 Ag 含量较低的 Sn-Ag 焊料，以减少芯片封装相互作用引起的损伤[117]。结合动态芯片翘曲测量（DCWM）、共聚焦超声波扫描显微镜（CSAM）以及电子背散射衍射（EBSD）等各种表征技术，可以证明焊料蠕变变形是限制芯片封装相互作用损伤的一个过程。已经证实，通过减小 Ag 含量降低焊料的抗蠕变性，通过缓慢冷却降低焊料的应变速率，有利于减少芯片封装相互作用对部件的损伤。将 Sn-Ag 凸点中的 Ag 含量由 2％减至 0％，可有效地将最大应力降低 40％，与 Sn-Pb 焊料的应力水平相当。另外，还注意到芯片封装相互作用损伤具有显著的局部性差异，并不完全依赖于到芯片中心的距离，这可通过分析受损和未受损位置的 EBSD 数据，得到 Sn 晶粒大小和取向的"局部"参数之后再加以解释[24]。

4.8.4　电迁移可靠性

器件导体中金属原子的电迁移（EM），例如 Al 或 Cu，已被公认为先进集成电路（IC）中关键的可靠性和设计问题，但在倒装芯片焊点中并非如此，因为倒装芯片焊点的尺寸较大，且电流密度较低。然而，近些年随着集成电路及其互连不断趋于小型化，倒装芯片焊点的电迁移成为重要的可靠性问题，特别是由于电流集聚或焦耳热效应的影响[118]。

在无铅倒装芯片技术的最新发展中，富 Sn 焊点的电迁移已经成为关键的可靠性挑战，这主要是因为富 Sn 焊料的熔点比高铅焊料低，以及前面所讨论的常用溶质原子，例如 Cu、Ni 或 Ag 在 Sn 基体中的扩散速率具有显著的各向异性。由于有关倒装芯片焊点电迁移的全部问题都包含在第 11 章中，所以本节仅简要讨论一些有关无铅焊料微观结构对电迁移影响的问题。

由实际倒装芯片焊点得到的电迁移测试结果一般比较复杂，无法进行对比，这是因为电流集聚和局部焦耳热导致样品之间的焊料温度和电流密度明显不同。为了避免这些复杂性，采用能够提供均匀电流密度和最小变化梯度的模拟接线测试结构，对比焊料成分、UBM 和经过表面处理的 UBM 对电迁移的影响[60,119]。结果发现，在其他变量相同的情况下，Sn-Ag 焊点具有比 Sn-Cu 焊点更优异的电迁移性能[119]。此外，还鉴别出两种失效机制[60]：模式 I，可能由 Sn 自扩散引起的金属间化合物与焊料之间分层；模式 II，当 Sn 晶粒的 c 轴取向与电流方向平行时，明显以 Ni 或 Cu 在 Sn 中的快速扩散过程为主，引起电迁移测试的早期失效。在 Ag 含量较高的 Sn-Ag 焊点中，电迁移失效机制以模式 I 为主，而 Sn-Cu 焊点中更多为模式 II 失效。在后续研究中，利用 Cu 接线结构系统研究了 Ag、Cu、Zn 对富 Sn 焊料电迁移性能的合金化影响[94]。对于 Sn-Ag 焊点，早期电迁移失效的频率（与模式 II 有关）随着 Ag 含量的增加显著降低，而对于 Sn-Cu 焊点，无论 Cu 含量的高低，更多的是模式 II 失效。Sn-Cu 焊点的电迁移寿命通常比 Sn-Ag 或 Sn-Ag-Cu 焊点更短，即 Sn-Ag 焊点的电迁移性能优于 Sn-Cu 焊点，这是因为在电迁移或高温时效实验中，Sn-Ag 焊点中形成了稳定的 Ag_3Sn 颗粒网络[120]，EBSD 得到的 Sn 晶粒取向结果也支持了这一解释。

另外，还报道了掺杂 Zn 元素对 Sn-Ag 焊点电迁移性能的有利影响[94]。观察发现，Zn 与 Cu 和 Ag 紧密结合，从而稳定了金属间化合物网络并有效减缓了 Cu 扩散。因此，将 Zn 元素掺杂到 Sn-Ag 焊点中，可明显改善焊点的电迁移可靠性。此外，还研究了 Ni、Sb、Bi 等其他合金元素的影响，但未发现焊点电迁移性能有显著改善。

无铅焊点的电迁移退化机制与晶体取向密切相关。Sn 为密排体心四方结构，如图 4.42 和图 4.43 所示[106]，其电学、机械和扩散特性具有高度各向异性。对于快速扩散体，如 Sn 中的 Ni 和 Cu，沿 c 轴与沿 a 或 b 轴的扩散系数相差较大，如图 4.44 所示[55~58]。

研究发现，电迁移退化与晶粒取向有关[60]。如图 4.45 所示，当 Sn 晶粒 c 轴与电流方向不完全一致时（右侧晶粒），电迁移失效主要由 Sn 的自扩散驱动，导致焊料-金属间化合物界面处产生空洞。另一方面，当 Sn 晶粒 c 轴与电流方向基本一致时（左侧晶粒），电迁移退化会更快，这是因为沿 Sn 晶粒 c 轴方向的快速间隙扩散会带走溶质原子，例如 UBM 和金属间化合物中的 Cu 或 Ni，导致 UBM 金属快速消耗和电迁移早期失效[60]。

据统计，相比于 Sn-Cu 焊点，由 Cu 和 Ni 间隙扩散驱动的快速电迁移失效在 Sn-Ag 焊点中更为常见，如图 4.46 所示。动力学研究表明，Sn-Ag 焊料（以模式 I 失效为主）的激活能和电流密度指数分别约为 0.95eV 和 2，而 Sn-Cu 焊料分别约为 0.54eV 和 1[60,119]。

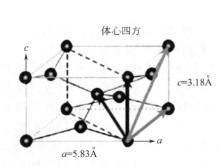

图 4.42　密排 Sn 晶体结构，其 c
轴远比 a 轴和 b 轴短[106]

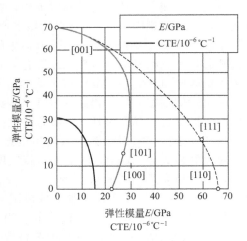

图 4.43　Sn 的 CTE 和弹性模
量表现出高度各向异性[59]

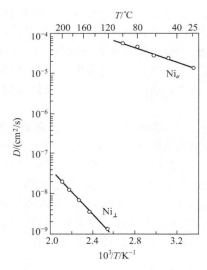

图 4.44　Sn 中 Ni 沿 c 轴的扩散速率更快[57]

在 Sn-Ag 焊料中观察到了 Blech 长度效
应，而在 Sn-Cu 焊料中则没有[121,122]。由
Blech 长度效应引起的电阻变化饱和，可以
有效抑制焊料中原子的扩散进程，并延长倒
装芯片焊点的电迁移寿命。掺杂特殊合金元
素对电迁移性能的影响十分重要，150℃下
对 Sn-Ag-Cu 焊点通以 $5.2 \times 10^3 \text{A/cm}^2$ 的
电流密度，并持续 1100h，得到的焊点阻值
增量随时间的变化曲线如图 4.47 所示[123]。
由图 4.47（a）可以看出，一些样品的焊点
阻值增量超出了失效判定标准，发生了早期
失效。相比之下，掺杂微量 Zn 元素的 SAC
焊料通过消除早期失效，显著提高了电迁移
性能，如图 4.47（b）所示。虽然控制 Sn
晶粒的取向比较困难，但可以通过掺杂微量
合金元素改变 Sn 的微观结构和电迁移性

能。例如，在富 Sn 焊料基体中和焊料-UBM 界面处，Zn 能够与 Cu、Ag、Ni 等合
金元素发生剧烈反应，Zn 与 Cu 强力结合可以有效减缓 Cu 的迁移。研究表明，Zn
能够同时稳定 Ag_3Sn 和 Cu_6Sn_5 金属间化合物网络，并抑制 Cu_3Sn 金属间化合物
的形成。虽然掺杂 Zn 元素看似并没有控制焊料中的晶粒取向，但界面处随机的晶
粒取向以及 Zn 与 Cu 的强力结合，有效地消除了模式 Ⅱ 早期失效，并抑制了模式
Ⅰ 失效。因此，在焊料中掺杂 Zn 元素可以显著提高焊点的电迁移寿命[123]。

除了晶粒取向和焊料合金的影响之外，还可以通过减少电流集聚改善焊点的电

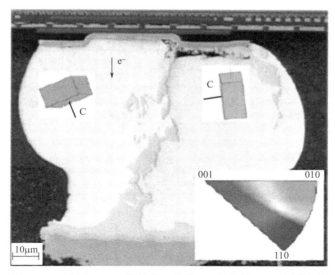

图 4.45　采用 Sn-Cu 焊料的双晶体 C4 凸点的 SEM 图像[60]

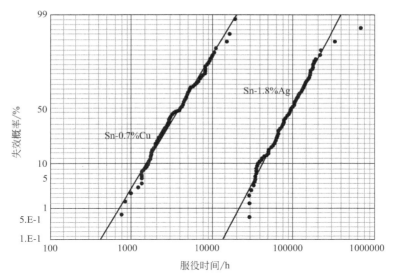

图 4.46　Sn-Cu 与 Sn-Ag 的累积失效概率曲线，两种焊料均在 90℃、200mA 条件下进行测试[119]

迁移性能[124,125]。图 4.48（a）所示为焊点中电流分布的二维仿真图，图 4.48（b）所示为焊点中的电流密度分布图，其中焊点截面位于 x-y 平面内，z 轴表示电流密度。图 4.48（a）和图 4.48（b）中右上角表示电流集聚或高电流密度，共同引起焊点的电迁移损伤。因此，倒装芯片焊点中的电迁移损伤可能发生在芯片一侧的阴极接触区附近。

倒装芯片焊点中的电流分布可以利用有限元方法进行研究，并作为 Al 或 Cu 互连、UBM 以及焊锡凸点几何参数和阻值的函数。结果发现，UBM 的厚度和阻值对焊点电流分布影响最大。如果 Cu 作为 UBM 的一部分，则 Cu 厚度会对电流集聚有显著影响。对

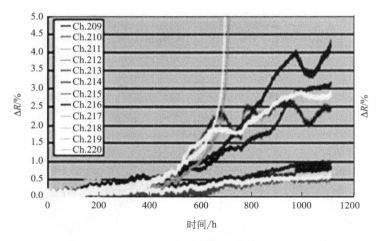

(a) Sn-Ag-Cu焊点在5.2×10³A/cm²、150℃条件下
测试1100h,一些样品已经失效

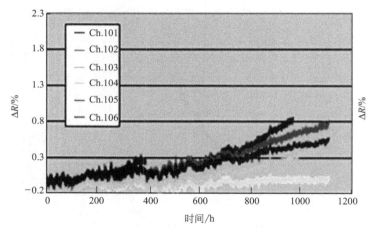

(b) 掺杂微量Zn元素的Sn-Ag-Cu焊点在相同的条件下
进行测试,消除了早期失效[123]

图 4.47　测试曲线（扫描封底二维码下载彩图）

于 5μm 厚的 Cu UBM，电流集聚会导致 Cu 内部的电流密度最大。仿真结果表明，相比于较薄的 Cu UBM，20μm 厚的 Cu UBM 可使最大电流密度降低至少 20 倍。更重要的是，较厚的 Cu 可使电流在整个 Cu UBM 中沿横向重新分布，使得焊锡凸点中的电流密度更接近于平均值，只在 Cu-焊料界面附近的焊料中存在略微的电流集聚。通过三维仿真，发现较厚的 Cu 和焊料中电流重新分布十分均匀。因此，相比于 UBM 较薄的焊点，厚 Cu 柱凸点能够有效提高焊点的电迁移性能[124,125]。

图 4.49 所示为焊锡凸点和 Cu 柱凸点中电迁移机制的示意图[126]。厚 Cu 柱凸点通常超过 40μm 厚，通过消除电流集聚和热点提高了电流分布的均匀性，从而提高了焊点的电迁移性能，如图 4.50 所示。由 Pb-Sn[图 4.51(a)]和 Cu 柱[图 4.51(b)]凸点剖面的 SEM 图像可以看出改善后的电流分布情况，凸点均发生了电迁移

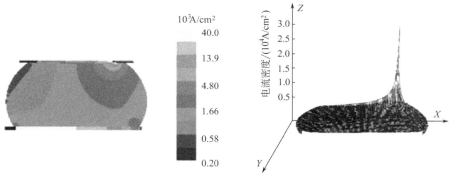

(a) 焊点中电流分布的二维仿真图　　　　　(b) 焊点中的电流密度分布图

图 4.48　焊点中的电流分布和电流密度分布

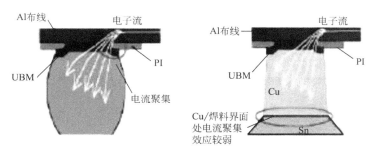

图 4.49　焊锡凸点与 Cu 柱凸点中电流分布机制的示意图[126]

失效。对于传统的焊锡凸点，电迁移失效位置位于焊盘通孔开口处，这表明狭小区域内电流集聚较为严重。对于 Cu 柱凸点，电迁移失效发生在 Cu-焊料界面处。尽管 Cu 柱凸点可以显著改善焊点的电迁移性能，但是 Cu 柱凸点较硬，引起的高应力使得低 k 介电材料的应用更具挑战性，通常会导致芯片部分或完全开裂。因此，需要在硅的后段制程结构中引入特殊的应力缓冲结构，以顺应低 k 材料上的 Cu 柱凸点，如图 4.41 所示[27,42]。除此以外，控制 Cu-Sn 金属间化合物的生长以及柯肯达尔空洞的形成，特别是在 Cu 柱的侧壁上，是另一个需要解决的可靠性问题。

4.8.5　锡疫

锡疫是另一个可靠性问题，即温度低于 13℃ 时，β-Sn（体心四方）会转变成同素异形体 α-Sn。图 4.52 所示为低温下观察到无铅焊料中的锡疫[127]。β-Sn 转变为 α-Sn 通常需要较长的时间，同时焊点体积会增加 26% 且极易碎裂，焊点中的残余应力会加快转变过程。研究发现，在焊料中掺杂少量的 Bi 和 Sb 元素可以抑制锡疫的形成[62,128]。

4.9　倒装芯片技术的发展趋势

随着特征尺寸的不断减小，芯片上的晶体管和互连数量不断增加，过去的数十年中，芯片到封装的 I/O 互连数量也在增加。一方面，倒装芯片 I/O 节距不断缩小，以满足高性能和高带宽产品对 I/O 数量的要求。另一方面，由于 Au 的成本高

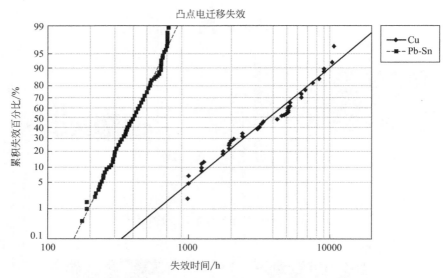

图 4.50 传统 Pb-Sn 凸点与 Cu 柱凸点的累积失效百分比曲线[29]

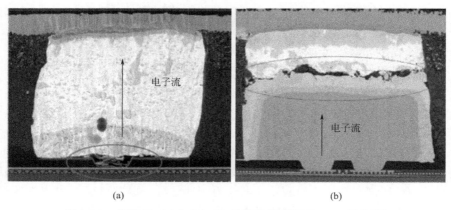

(a)   (b)

图 4.51 传统 Pb-Sn 凸点与 Cu 柱凸点横截面的 SEM 图像[29]

以及高频应用对引线键合技术的性能限制，细节距面互连正取代细节距引线键合互连，用于低成本存储器和便携式产品中的芯片堆叠封装。此外，半导体芯片 3D 集成迫切需要细节距互连。因此，有必要积极探索细节距（$50\mu m$ 或以下）倒装芯片互连的制造。由于芯片 3D 集成和封装具有高带宽、低延迟、低功耗、小外形等优点，从而能够显著提高集成电路的系统性能。随着对更高性能和更宽带宽的需求不断增加，正在研发基于高密度硅通孔（TSV）互连的芯片堆叠封装，并且受到了越来越多的关注[129~131]。

4.9.1 传统微焊锡接点

倒装芯片互连可以通过多种方法实现，但并非所有的倒装芯片凸点制作技术都能够以较低的成本用于细节距产品的量产。图 4.53 所示为 200mm 晶圆上 Sn-Ag 微凸点全面阵列的 SEM 图像，凸点节距为 $50\mu m$，采用的是 C4NP 技术。晶圆上

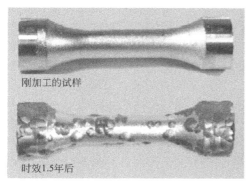

刚加工的试样

时效1.5年后

(a) 8℃下时效1.5年的Sn-0.5%Cu样品，
对比刚加工的样品[127]

α-Sn

β-Sn

α-Sn

2mm

(b) 由截面图可以看出，锡疫转变开始
于表面的高应力影响区[127]

图 4.52　无铅焊料中的锡疫

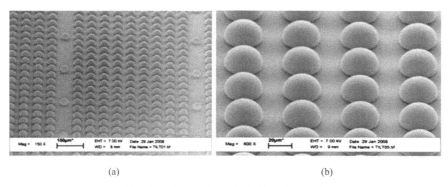

(a)　　　　　　　　　　　　　　　(b)

图 4.53　节距 50μm 的微凸点全面阵列

每个测试芯片（$6.5 \times 5.4 \mathrm{mm}^2$）包含约 11000 个微凸点，整片晶圆共包含约 9×10^6 个微凸点。为了能够检测所有凸点，高分辨率检测设备需具备较大的内存进行数据处理。图 4.54 所示为采用助焊剂将芯片连接到有机层压基板上之后微凸点剖面的 SEM 图像[23]。

图 4.54　UBM 焊盘上微凸点剖面的 SEM 图像，UBM 直径为 $28\mu m$，凸点节距为 $50\mu m$

图 4.55 (a) 所示为采用连续回流工艺将芯片堆叠到基板上的示意图，先将底部芯片连接到基板上，然后依次堆叠剩余的芯片。因为连接每个芯片都需要回流，所以借助于焊锡凸点的自对准效应，连续回流工艺可以避免芯片之间产生相对位移。图 4.55 (b) 所示为采用 C4 凸点连续回流工艺堆叠 2、3 和 4 层 TSV 薄芯片。连续回流工艺的主要缺点是需经过多次回流完成芯片堆叠，这需花费更多的工艺时间，并导致更多的 UBM 溶解，尤其是低层芯片的 C4 凸点，这是高可靠性和高性能产品所面临的一个问题。为此提出了平行回流工艺，即回流之前，先利用黏性助焊剂将堆叠芯片固定在基板上，然后经过一次回流形成互连，该工艺已经成功用于堆叠 4 层 TSV 薄芯片。借助于 C4 凸点的自对准效应，回流时能够很好地补偿芯片之间较小的相对位移。为了满足高性能和高带宽产品对高 I/O 数的需求，需要不断缩小倒装芯片的 I/O 节距。依据国际半导体技术蓝图 (ITRS)，对于高性能产品，到 2018 年面阵列倒装芯片的 I/O (C4 凸点) 节距将小于 $70\mu m$[132]。

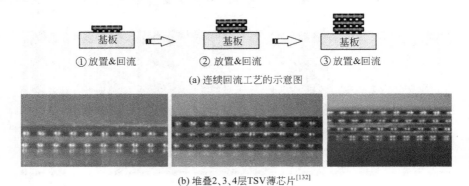

① 放置&回流　② 放置&回流　③ 放置&回流

(a) 连续回流工艺的示意图

(b) 堆叠2、3、4层TSV薄芯片[132]

图 4.55　采用连续回流工艺进行芯片堆叠

为了满足 3D 封装小型化的要求，已经实现了节距小于 $20\mu m$、厚度为 $10\sim50\mu m$ 的 IC 芯片组装。这种情况下，高度为 $50\sim100\mu m$ 的传统焊锡凸点不再适用。为了得到更小的焊料体积，通常在数微米范围内，可利用电镀或浸焊工艺在细节距 Cu、Au 或 Ni UBM 焊盘上沉积焊料。由于芯片与焊盘之间的焊料层较薄，所以焊点的机械稳定性主要取决于金属间化合物。这些薄焊点是薄模块和 3D 组件的关键单元之一，以满足各类产品的要求。在极端情况下，3D 集成可能要求堆叠多个芯片，并且不能影响先前键合好的芯片[129,131,132]，为此可以采用瞬态液相 (TLP) 芯片到芯片或芯片到晶圆键合工艺[133]。最常用的共晶体系包括 Au-Sn、Cu-Sn、Cu-In 和 Au-In 系，Sn 或 In 可用于一侧或两侧的键合焊盘。当同时施加温度和压力时，Sn 或 In 在低温下熔化，并与 Cu 或 Au 在各自的共晶温度下发生反应。随着反应的进行，薄焊点最终全部转变为熔点更高的金属间化合物。瞬态液相键合工艺具备 Cu-Cu 或 Au-Au 固态扩散键合所不具备的优点，因为其工艺温度更低，并且对表面形貌和粗糙度的敏感性更低。图 4.56 所示为 Cu/Sn 凸点与化镍浸金焊盘互连形成的微焊点剖面图，焊点节距为 $15\mu m$。随着 IC 芯片堆叠采用瞬态液相键合工艺进行组装，Cu-Sn-Cu 键合变得越来越受欢迎[134,135]。图 4.57 所示为采用

Cu-Sn-Cu 键合的 3 芯片堆叠模块[134]。图 4.58 所示为 Samsung 研发的 8 芯片堆叠 16GB 存储模块[136]。

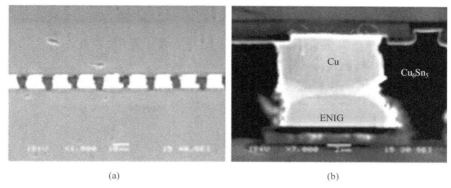

(a)　　　　　　　　　　　　　　(b)

图 4.56　节距 15μm 的 Cu/Sn 微凸点与 ENIG 焊盘互连的剖面图[133]

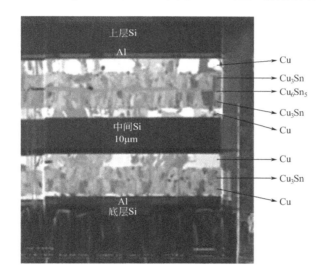

图 4.57　采用 Cu-Sn-Cu 键合的 3 芯片堆叠的聚焦离子束剖面图[134]

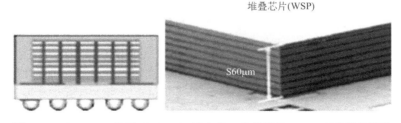

图 4.58　Samsung 基于 Cu-Sn-Cu 键合的 8 芯片堆叠 16GB 存储模块[136]

4.9.2　金属到金属的固态扩散键合

Cu-Cu[135,137,138] 和 Au-Au[139] 固态扩散键合已经广泛用于 IC 芯片堆叠，其优点包括所形成的微焊点在后续堆叠工艺中不再熔化，具有良好的热传导性能和有力的机械支撑。Cu-Cu 键合通过热压工艺实现，需要施加温度和外力。键合前，键合表面的洁净度十分关键，表面氧化、沾污、表面粗糙及硬度都会对键合效果产生影响。键合后，需在 N_2 或 N_2-H_2 氛围中进行退火，促进 Cu 相互扩散和晶粒生长，从而提高键合强度。图 4.59 所示为 Cu-Cu 键合后的示意图、TEM 图像以及退火后（无明显界面）的剖面图。

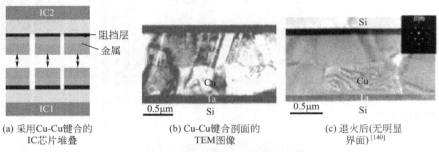

(a) 采用Cu-Cu键合的　　　(b) Cu-Cu键合剖面的　　　(c) 退火后(无明显
　　IC芯片堆叠　　　　　　　　TEM图像　　　　　　　　　界面)[140]

图 4.59　Cu-Cu 固态扩散键合

借助于表面平坦化和等离子清洗，可以在更低温度下实现 Au-Au 键合。图 4.60 所示为 Au-Au 键合的剖面图，焊点节距为 $20\mu m$，且具有较高的剪切强度和良率。

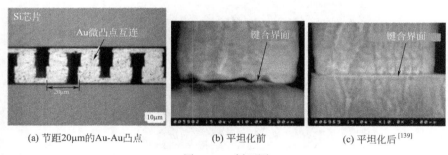

(a) 节距20μm的Au-Au凸点　　　(b) 平坦化前　　　　　　(c) 平坦化后[139]

图 4.60　剖面图

未来倒装芯片技术发展的驱动力将继续由小型化、3D 封装和 3D 芯片堆叠主导。倒装芯片互连技术发展非常迅速，传统的焊锡凸点将继续占据主导地位，并向 $50\mu m$ 或更小节距发展。而超细节距键合技术，即直接 Cu-Cu 和 Au-Au 键合以及基于 TSV 和焊料中间层的间接键合，将用于 $20\mu m$ 或更小节距的 3D 封装和集成。这些领域已经取得显著进展，但主要障碍仍然存在。由设备供应商、器件制造商、封装厂、材料供应商以及研究机构组成的全球联盟正致力于实现小外形、高性能和低成本的共同目标。

4.10　结束语

近年来，从高性能微电子产品到低端消费类电子产品，倒装芯片互连的激增很大程度上得益于几个突破性技术的发展，例如高密度互连有机层压基板技术（如表面增层线路）、底部填充技术、采用低熔点焊料的直接芯片贴装技术、低成本的晶圆凸点制作技术等。本章讨论了倒装芯片组装技术的演化，重点在于其中的关键工艺，如晶圆凸点制作、底部填充、基板凸点制作、铜柱制作等。

随着片上逻辑和存储器件的物理特征尺寸依据摩尔定律不断缩小，为了满足互连要求，倒装芯片技术正不断减小凸点尺寸和节距，并增加互连凸点的数目。

当前，两个关键技术转变对倒装芯片技术未来的发展提出了严峻挑战。第一个转变来自于欧盟环境保护法规对新型无铅焊料技术的要求，第二个转变与先进半导体器件后段制程结构中应用低 k 或超低 k 介电材料有关。倒装芯片互连中，无铅焊料的应用引起了几个关键的可靠性问题，如界面反应、电迁移、抗跌落冲击性或热疲劳。本章就倒装芯片产品中无铅焊料的基本问题进行了讨论，包括微观结构、固化、物理／力学性能和界面反应等方面。随后，深入讨论了几个关键的可靠性问题，包括热疲劳、跌落冲击可靠性、电迁移等。

倒装芯片互连中遇到的最具挑战性问题是芯片封装相互作用，因为会引起先进半导体器件中层间电介质开裂。当同时采用无铅焊料与超低 k 电介质材料时，层间电介质开裂问题变得愈发严重，本章讨论了已有的或正在研究的各种解决方案。

参 考 文 献

［1］Miller LF（1969）Controlled collapse reflow chip joining. IBM J Res Dev 13：239.

［2］Goldmann LS（1969）Optimizing cycle fatigue life of controlled collapse chip joints. Proceedings of the 19th Electronics Components Conference，pp 404-423.

［3］Totta PA（1980）Flip chip solder terminals. Proceedings of the 21st Electronics Components Conference，p 89.

［4］Totta PA，Khadpe S，Koopman N，Reiley T，Sheaffer M（1997）Chip-to-package interactions. In：Tummala R，Rymaszewski E，Klopfenstein A（eds）Microelectronics packaging handbook，Part Ⅱ，2nd edn. Chapman & Hall，London，pp 129-283.

［5］Shih D-Y（1996）Effect of polyimide processing on multi-chip glass ceramic module fabrications. IEEE Trans Compon Packag Manuf Tech C 19（4）：315.

［6］Tsukada Y，Mashimoto Y，Watanuki N（1993）A novel chip replacement method for encapsulated flip chip bonding. Proceedings of the 43rd Electronics Components and Technology Conference，pp 199-204.

［7］Tsukada Y，Tsuchida S，Mashimoto Y（1992）Surface laminar circuit packaging. Proceedings of the 42nd Electronics Components and Technology Conference，pp 22-27.

［8］Tsukada Y，Maeda Y，Yamanaka K（1993）A novel solution for MCM-L utilizing surface laminar circuit on flip chip attach technology. Proceedings of the 2nd International Conference and Exhibition on Multichip Modules，pp 252-259.

［9］Kang SK，Horkans J，Andricacos P，Crruthers R，Cotte J，Datta M，Gruber P，Harper J，Kwietniak K，Sambucetti C，Shi L，Brouillette G，Danovitch D（1999）Pb-free solder alloys for flip chip applications. Proceedings of 49th ECTC，IEEE，Piscataway，NJ，p 283.

［10］Rai A，Dotta Y，Tsukamoto H，Fujiwara T，Ishii H，Nukii T，Matsui H（1990）COB（Chip on Board）technology. ISHM Proceedings. pp 474-481.

［11］Rai A，Dotta Y，Nukii T，Ohnishi T（1992）Flip chip COB Technology on PWB. Proceedings of IMC，pp 144-149.

［12］Kang SK，Leonard D，Shih DY，Gignac L，Henderson DW，Cho S，Yu J（2006）Interfacial reactions of Sn-Ag-Cu solders modified by minor Zn alloying addition. J Electron Mater 35（3）：479-485.

[13] Kang SK, Choi WK, Shih DY, Lauro P, Henderson DW, Gosselin T, Leonard DN (2002) Interfacial reactions, microstructure and mechanical properties of Pb-free solder joints in PBGA laminates. Proceedings of 52nd Electronic Components and Technology Conference, San Diego, CA, pp 147-153.

[14] Laurila T, Vuorinen V, Kivilahti JK (2005) Interfacial reactions between lead-free solders and common base materials. Mater Sci Eng 49: 1-60.

[15] Wang T, Tung F, Foo L, Dutta V (2001) Studies on a novel flip-chip interconnect structure pillar bump. Proceedings 51st Electronic Components and Technology Conference, pp 945.

[16] Kloeser J (2006) High-performance flip chip packages with Cu pillar bumping. Global SMT&. Packaging, pp 28-31.

[17] Mallik D, Mahajan R, Wakharkar V (2008) Flip chip packaging for nanoscale silicon logic devices: challenges and opportunities. In: Morris JE (ed) Nanopackaging: nanotechnology and electronics packaging. Springer, New York, pp 491-516.

[18] Gruber P et al (2005) Low cost wafer bumping. IBM J Res Dev 49 (4/5): 621.

[19] Laine E, et al (2007) C4NP technology for lead free solder bumping. Proceedings 57th Electronic Components and Technology Conference, p 1320.

[20] Perfecto E et al (2008) C4NP technology: manufacturability, yields and reliability. Proceeding 58th Electronic Components and Technology Conference, p 1642.

[21] Shih D-Y, Dang B, Gruber P, Lu M, Kang S, Buchwalter S, Knickerbocker J, Perfecto E, Garant J, Knickerbocker S, Semkow K, Sundlof B, Busby J, Weisman R (2008) C4NP for Pb-free solder wafer bumping and 3D fine-pitch applications. Proceedings of International Conference on Electronic Packaging Technology, China.

[22] Busby J et al (2008) C4NP lead free solder bumping and 3D micro bumping. ASMC conference, pp 333-339.

[23] Dang B, shih D-Y, Buchwalter S, Tsang C, Patel C, Knickerbocker J, Gruber P, Knickerbocker S, Garant J, Semkow K, Ruhmer K, Hughlett E (2008) 50 μm Pitch Pb-free microbumps by C4NP technology. 58th Electronic Component and Technology Conference, pp 1505-1510, May 2008.

[24] Kasim R, Connor C, Hicks J, Jopling J, Litteken C (2000) Reliability for manufacturing on 45 nm logic technology with high-k + metal gate transistors and Pb-free packaging. International Reliability Physics Symposium, pp 350-354.

[25] Ebersberger B, Lee C (2008) Cu pillar bumps as a lead-free drop-in replacement for solder bumped, flip-chip interconnects. Proceedings 59th Electronic Components and Technology Conference, pp 59-66.

[26] Yeoh A, Chang M, Pelto C, Huang T, Balakrishnan S, Leatherman G (2006) Copper die bumps (First Level Interconnect) and low-k dielectrics in 65 nm high volume manufacturing. 56th ECTC, pp 1611-1615.

[27] Nah JW, Suh JO, Tu KN, Yoon SW, Rao VS, Kripesh V, Hua F (2006) Electromigration in flip chip solder joints having a thick Cu column bump and a shallow solder interconnect. J Appl Phys 100: 123513-1.

[28] Xu L, Han JK, Liang JJ, Tu KN, Lai YS (2008) Electromigration induced fraction of compound formation in Sn-Ag-Cu flip-chip solder joints with copper column. Appl Phys Lett 92: 262104-1.

[29] Lai YS, Chiu YT, Chen J (2008) Electromigration reliability and morphologies of Cu pillar flip-chip solder joints with Cu substrate pad metallization. J Elecron Mater 37 (10): 624.

[30] Longford A, James D (2006) Cu pillar bumps in Intel microprocessors. Semicon Europa-Advanced Packaging Conference, Germany, April 2006.

[31] Nah J-W, Paik KW, Hwang TK, Kim WH (2003) A study on coining processes of solder bumps on organic substrates. IEEE Trans Electron Packag Manuf 26 (2): 166-171.

[32] Elenius P, Leal J, Ney J, Stepniak D, Yeh S (1999) Recent advances in flip chip wafer bumping using

solder paste technology. Proceedings of the 49th ECTC，pp 260-265.

［33］ Li L，Wiegels S，Thompson P，Lee R (1998) Stencil printing process development for low cost flip chip interconnect. Proceedings of the 48th ECTC，pp 421-426.

［34］ Kloeser J et al (1998) Low cost bumping by stencil printing: process qualification for 200 μmpitch. Proceedings of International Symposium on Microelectronics，pp 288-297.

［35］ Photo courtesy of Dr. Jae-Woong Nah.

［36］ Hashino E，Shimokawa K，Yamamoto Y，Tatsumi K (1998) Micro-ball wafer bumping for flip chip interconnection. Proceedings of the 51th ECTC，pp 421-426.

［37］ Rinne GA (1997) Solder bumping methods for flip chip packaging. Proceedings of 47th Electronic Components &. Technology Conference，pp 240-247.

［38］ Tatsumi K，Yamamoto Y，Iwata K，Hashino E，Ishikawa S，Kohnox T (2005) An application of micro-ball wafer bumping to double ball bump for flip chip interconnection. Proceedings of 55th Electronic Components &. Technology Conference，pp 855-860.

［39］ Hazeyama I (2003) Micro-bump formation technology for flip chip LSIs using micro-solder ball. NEC Res Dev 44 (3)：219-224.

［40］ Inoue K et al (2003) Method of forming bumps. US Patent 6，213，386 (granted to Hitachi) .

［41］ Nah J-W，Gruber PA，Lauro PA，Shih D-Y (2009) Injection molded solder—a new fine pitch substrate bumping method. Proceedings of the 59th Electronic Components &. Technology Conference，pp 61-66.

［42］ Directive 2002/95/EC of the European Parliament and of the Council of Jan 27 (2003) Official Journal of the European Union，13. 2. 2003，L 37/19-23.

［43］ Directive 2002/96/EC of the European Parliament and of the Council of Jan 27 (2003) Official Journal of the European Union，13. 2. 2003，L 37/24-38.

［44］ ROHS (Restriction of Hazardous Substances Directive) . http：//en. wikipedia. org/ wiki/Restriction _ of _ Hazardous _ Substances _ Directive.

［45］ Frear DR，Jang JW，Lin JK，Zhang C (2001) Pb-free solders for flip-chip interconnects. JOM 53 (6)：28-33.

［46］ Kim D，Suh D，Millard T，Kim H，Kumar C，Zhu M，Xu Y (2007) Evaluation of high compliant low Ag solder alloys on OSP as a drop solution for the 2nd level Pb-free interconnection. Proceedings of 57th ECTC，pp 1614-1619.

［47］ Uchida M，Ito H，Yabui K，Nishiuchi H，Togasaki T，Higuchi K，Ezawa H (2007) Low-stress interconnection for flip chip BGA employing lead-free solder bump. Proceedings of 57th ECTC，pp 885-891.

［48］ Barnett JD，Bennion RB，Hall HT (1963) X-ray diffraction studies on tin at high pressure andhigh temperature. Science 141 (3585)：1041.

［49］ Henderson DW，Woods JJ，Gosselin TA，Bartelo J，King DE，Korhonen TM，Korhonen MA，Lehman LP，Cotts EJ，Kang SK，Lauro PA，Shih DY，Goldsmith C，Puttlitz KJ (2004) The microstructure of Sn in near eutectic Sn-Ag-Cu alloy solder joints and its role in thermomechanical fatigue. J Mater Res 19 (6)：1608.

［50］ Seo SK，Kang SK，Shih D-Y，Mo Lee H (2009) An investigation of microstructure and microhardness of Sn-Cu and Sn-Ag solders as a function of alloy composition and cooling rate. J Electron Mater 38 (2)：257-265.

［51］ Sullivan MJ，Kilpatrick SJ (2004) Degradation phenomena. In：Puttlitz KJ，Stalter KA (eds) Handbook of lead-free solder technology for microelectronic assemblies. Marcel Dekker，New York，p 920.

［52］ Mason WP，Bommel HE (1956) Ultrasonic attenuation at low temperatures for metals in thermal and superconducting states. J Acoust Soc Amer 28：930.

［53］ Everhart JL (1967) Properties of tin and tin alloys. In：Lyman T (ed) Metals handbook. American Society of Metals，Metals Park，p 1142.

［54］ Rayne JA，Chandrasekhar BS (1960) Elastic constants of β tin from 4. 2 K to 300 K. Phys Rev

120: 1658.

[55] Dyson BF (1966) Diffusion of gold and silver in tin single crystals. J Appl Phys 37: 2375.

[56] Dyson BF, Anthony TR, Turnbull D (1967) Interstitial diffusion of copper in tin. J Appl Phys 37: 3408.

[57] Yeh DC, Huntington HB (1984) Extreme fast-diffusion system: Nickel in single-crystal tin. Phys Rev Lett 53 (15): 1469.

[58] Huang FH, Huntington HB (1974) Diffusion of Sb^{124}, Cd^{109}, Sn^{113}, and Zn^{65} in tin. Phys Rev B 9 (4): 1479.

[59] Bieler TR, Jiang H, Lehman LP, Kirkpatrick, Cotts EJ (2006) Influence of Sn grain size and orientation on the thermomechanical response and reliability of Pb-free solder joints. 46th ECTC Proceedings, 1462.

[60] Lu M, Shih D-Y, Lauro P, Goldsmith C, Henderson DW (2008) Effect of Sn grain orientation on electromigration degradation mechanism in high Sn-based Pb-free solders. Appl Phys Lett 92: 211909.

[61] Kang SK, Lauro P, Shih DY, Henderson DW, Puttlitz KJ (2005) The microstructure, solidification, mechanical properties, and thermal fatigue behavior of lead (Pb) -free solders and solder joints used in microelectronic applications. IBM J Res Dev 49 (4/5): 606-620.

[62] Kang SK, Choi WK, Shih DY, Henderson DW, Gosselin T, Sarkhel A, Goldsmith C, Puttlitz K (2003) Formation of Ag_3Sn plates in Sn-Ag-Cu alloys and optimization of their alloy composition. Proceedings of 53rd ECTC, New Orleans, LA, May 2003, p 64-70.

[63] Kang SK, Choi WK, Shih DY, Henderson DW, Gosselin T, Sarkhel A, Goldsmith C, Puttlitz KJ (2003) Study of Ag_3Sn plate formation in the solidification of near ternary eutectic Sn-Ag-Cu alloys. J Mater 55 (6): 61-65.

[64] Kinyanjui R, Lehman LP, Zavalij L, Cotts E (2006) Effect of sample size on the solidification of temperature and microstructure of Sn Ag Cu near eutectic alloys. J Mater Res 20 (11): 2914-2918.

[65] Kang SK, Cho MG, Lauro P, Shih D-Y (2007) Study of the undercooling of Pb-free, flip-chip solder bumps and in-situ observation of solidification process. J Mater Res 22 (3): 557.

[66] Kang SK, Cho MG, Lauro P, Shih D-Y (2007) Critical factors affecting the undercooling of Pb-free, flip-chip solder bumps and in-situ observation of solidification process. Proceedings 2007 ECTC, Reno, NV, May 2007, p 1597.

[67] Andricacos PC, Datta M, Horkans WJ, Kang SK, Kwietniak KT (1999) Barrier layers for electroplated SnPb eutectic solder joints. US Patent 5, 937, 320, 10 Aug 1999.

[68] Jang SY, Wolf J, Ehrmann O, Gloor H, Schreiber T, Reichl H, Park KW (2001) CrCu based UBM study with electroplated Pb/63Sn solder bumps-interfacial reaction and bump shear strength. IEEE Trans Compon Packag Technol 26 (1): 245.

[69] Kang SK, Rai RS, Purushothaman S (1996) Interfacial reactions during soldering with lead tin eutectic and Pb-free, Tin-rich solders. J Electron Mater 25 (7): 1113-1120.

[70] Kang SK, Shih DY, Fogel K, Lauro P, Yim MJ, Advocate G, Griffin M, Goldsmith C, Henderson DW, Gosselin T, King D, Konrad J, Sarkhel A, Puttlitz KJ (2002) Interfacial reaction studies on lead (Pb) -free solder alloys. IEEE Trans Electron Packag Manuf 25 (3): 155.

[71] Moon K-W, Boettinger WJ, Kattner UR, Biancaniello FS, Handwerker CA (2000) Experimental and thermodynamic assessment of Sn-Ag-Cu solder alloys. J Electron Mater 29 (10): 1122-1136.

[72] Ghosh G (1999) Thermodynamic modeling of the nickel-lead-tin system. Metall Mater Trans A 30A: 1481-1494.

[73] Andricacos PC, Datta M, Horkans WJ, Kang SK, Kwietniak KT, Mathad GS, Purushothaman S, Shi L, Tong H-M (2001) Flip-chip interconnections using lead-free solders. US Patent 6, 224, 690 B1, 1 May 2001.

[74] Cheng Y-T, Chiras SR, Henderson DW, Kang SK, Kilpatrick SJ, Nye HA, Sambucetti CJ, Shih D-Y

(2007) Ball limiting metallurgy, interconnection structure including the same, and method of forming an interconnection structure. US Patent 7, 273, 803, 25 Sept 2007.

[75] Fogel KE, Ghosal B, Kang SK, Kilpatrick S, Lauro PA, Nye HA, Shih D-Y, Zupanski-Nielsen DS (2008) Interconnections for flip-chip using lead-free solders and having reaction barrier layers. US Patent 7, 410, 833 B2, 12 Aug 2008.

[76] Guo J, Zhang L, Xian A, Shang JK (2007) Solderability of electrodeposited Fe-Ni alloys with eutectic Sn Ag Cu solders. J Mater Sci Technol 23 (6): 811.

[77] Dietz G, Schneider HD (1990) Decomposition of crystalline ferromagnetic particles precipitated in amorphous paramagnetic Ni-P. J Phys Condens Matter 2: 2169.

[78] Jang JW, Kim PG, Tu KN, Frear DR, Thompson P (1999) Solder reaction-assisted crystallization of electroless Ni–P under bump metallization in low cost flip chip technology. J Appl Phys 85: 8456.

[79] Sohn YC, Yu J, Kang SK, Choi WK, Shih DY (2003) Study of the reaction mechanism between electroless Ni-P and Sn and its effect on the crystallization of Ni-P. J Mater Res 18 (1): 4-7.

[80] Sohn YC, Yu J, Kang SK, Shih DY, Lee TY (2004) Spalling of intermetallic compounds during the reaction between lead-free solders and electroless Ni-P metallization. J Mater Res 19 (8): 2428-2436.

[81] Sohn YC, Yu J, Kang SK, Shih DY, Lee TY (2005) Effect of intermetallics spalling on the mechanical behavior of electroless Ni (P) /Pb-free solder interconnection. Proceedings of 55th ECTC, pp 83-88.

[82] Choi WK, Kang SK, Sohn YC, Shih DY (2003) Study of IMC morphologies and phase characteristics affected by the reactions of Ni and Cu metallurgies with Pb-free solder joints. Proceedings of 53rd Elec. Comp. & Tech Conference, New Orleans, LA, CA, pp 1190-1196.

[83] Chen WT, Ho CE, Kao CR (2002) Effects of Cu concentration on the interfacial reactions between Ni and Sn-Cu solders. J Mater Res 17 (2): 263.

[84] Tsai JY, Kao CR (2002) The effect of Ni on the interfacial reaction between Sn-Ag solder and Cu metallization. Proceedings of 4th International Symposium on Electronic Materials and Packaging, Kaohsiung, Taiwan, Dec 2002, p 271.

[85] Choi WK, Kim JH, Jeong SW, Lee HM (2002) Interfacial microstructure and joint strength of Sn-3.5Ag-X (X=Cu, In, Ni) solder joint. J Mater Res 17 (1): 43.

[86] Yu DQ, Zhao J, Wang L (2004) Improvement on the microstructure stability, mechanical and wetting properties of Sn-Ag-Cu lead-free solder with the addition of rare earth elements. J Alloys Compd 376 (1/2): 170-175.

[87] Kim KS, Huh SH, Suganuma K (2003) Effects of fourth alloying additive on microstructure and tensile properties of Sn-Ag-Cu and joints with Cu. Microelectron Reliab 43: 259-267.

[88] Anderson IE, Harringa JL (2006) Suppression of void coalescence in thermal aging of tin-silver-copper-X solder joints. J Electron Mater 35 (1): 94-106.

[89] Rizvi MJ, Chan YC, Bailey C, Lu H, Islam MN (2006) Effects of adding 1 wt% Bi into the Sn-2.8Ag-0.5Cu solder alloy on the intermetallic formation with Cu substrate during soldering and isothermal aging. J Alloys Compd 407: 208-214.

[90] Kang SK, Shih DY, Leonard D, Henderson DW, Gosselin T, Cho SI, Yu J, Choi WK (2004) Controlling Ag₃Sn plate formation in near-ternary-eutectic Sn-Ag-Cu solder by minor Zn alloying. JOM 56: 34.

[91] de Sousa I, Henderson DW, Patry L, Kang SK, Shih DY (2006) The influence of low level doping on the thermal evolution of SAC alloy solder joints with Cu pad structures. Proceedings of 56th Electronic Components and Technology Conference, San Diego, CA, p 1454.

[92] Cho MG, Kang SK, Shih D-Y, Lee HM (2007) Effects of minor addition of Zn on interfacial reactions of Sn-Ag-Cu and Sn-Cu solders with various Cu substrates during thermal aging. J Electron Mater 36 (11): 1501-1509.

[93] Jee YK, Yu J, Ko YH (2007) Effects of Zn addition on the drop reliability of Sn-3.5Ag-xZn/Ni (P)

solder joints. J Mater Res 22 (10): 2776-2784.

[94] Lu M, Lauro P, Shih DY, Kang SK, Chae SH, Seo SK (2009) The effects of Cu, Ag compositions and Zn doping on the electromigration performance of Pb-free solders. Proceedings 2009 ECTC, San Diego, 26 – 29 May 2009, p 922.

[95] Cho MG, Seo S, Lee HM (2009) Wettability and interfacial reactions of Sn-based Pb-free solders with Cu-xZn alloy under bump metallurgies, J Alloys Compd 474: 510.

[96] Kang SK, Cho MG, Shih D-Y, Seo SK, Lee HM (2008) Controlling the interfacial reactions in Pb-free interconnections by adding minor alloying elements to Sn-rich solders. Proceedings of 58th ECTC, p 478.

[97] Sawamura T, Komiya H, Inazawa T, Nakagawa F (2004) Pb-free soldering alloy. US Patent 6, 692, 691B2, 17 Feb 2004.

[98] Liu W, Bachorik P, Lee NC (2008) The superior drop test performance of SAC-Ti solders and its mechanism. Proceedings of 58th ECTC, p 452.

[99] Li GY, Chen BL, Tey JN (2004) Reaction of Sn-3. 5Ag-0. 7Cu-xSb solder with Cu metallization during reflow soldering. IEEE Trans Elecron Packag Manuf 27 (1): 1521.

[100] Lee HT, Lin HS, Lee CS, Chen PW (2005) Reliability of Sn-Ag-Sb lead-free solder joints. Mater Sci Eng A 407: 36-44.

[101] Lau JH (2000) Low cost flip chip technologies. McGraw-Hill, New York, 183.

[102] Zhang C, Lin JK, Li L (2001) Thermal fatigue properties of Pb-free solders on Cu and NiP under bump metallurgies. Proceedings of 51st ECTC, p 463.

[103] Terashima S, Kariya Y, Hosoi T, Tanaka M (2003) Effect of silver content on thermal fatigue life of Sn-xAg-0. 5Cu flip-chip interconnects. J Elecron Mater 32 (12): 1527.

[104] Kang SK, Lauro P, Shih D-Y, Henderson DW, Bartelo J, Gosselin T, Cain SR, Goldsmith C, Puttlitz K, Hwang TK, Choi WK (2004) The microstructure, thermal fatigue, and failure analysis of near-ternary eutectic Sn-Ag-Cu solder joints. Mater Trans (The Japan Inst of Metals) 45 (3): 695-702.

[105] Kang SK, Lauro P, Shih D-Y, Henderson DW, Gosselin T, Bartelo J, Cain SR, Goldsmith C, Puttlitz K, Hwang TK (2004) Evaluation of thermal fatigue life and failure mechanism of Sn-Ag-Cu solder joints with reduced Ag contents. Proceedings of 54th ECTC, p 661.

[106] Arfaei B, Xing Y, Woods J, Wolcott N, Tumne P, Borgesen P, Cotts E (2008) The effect of Sn grain number and orientation on the shear fatigue life of Sn-Ag-Cu solder joints. Proceedings of 58th ECTC, p 459.

[107] Quinones H, Babiarz A (2001) Flip chip, CSP, and WLP technologies: a reliability perspective. IMAPS Nordic, p1, Sep 2001.

[108] Jang SY, Hong SM, Park MY, Kwok DO, Jeong JW, Roh SH, Moon YJ (2004) FCOB reliability study for mobile applications. Proceedings of 2004 ECTC, p 62.

[109] Syed A, Kim TS, Cha SW, Scanlon J, Ryu CG (2007) Effect of Pb-free alloy composition on drop/impact reliability of 0. 4, 0. 5, 0. 8 mm pitch chip scale packages with NiAu pad finish. Proceedings of 2007 ECTC, p 951.

[110] Farris A, Pan J, Liddicoat A, Toleno BJ, Maslyk D, Shanggun D, Bath J, Willie D, Geiger DA (2008) Drop test reliability of lead-free chip scale packages. Proceedings of 2008 ECTC, p 1173.

[111] Chiu TC, Zeng K, Stierman R, Edwards D, Ano K (2005) Effect of thermal aging on board level drop reliability for Pb-free BGA packages. Proceedings of 2004 ECTC, p 1256.

[112] Date M, Shoji T, Fujiyoshi M, Sato K, Tu KN (2004) Impact reliability of solder joints. Proceedings of 2004 ECTC, p 668.

[113] Borgesen P, Yin L, Kondos R, Henderson DW, Servis G, Therriault J, Wang J, Srihari K (2007) Sporadic degradation in board level drop reliability—those aren't all Kirkendall voids! . Proceedings of 2007 ECTC, p 136.

[114] Mei Z, Ahmad M, Hu M, Ramakrishna G (2005) Kirkendall voids at Cu/solder interface and their

effects on solder joint reliability. Proceedings of 55th Electronic Component and Technology Conference, pp 1256-1262.

[115] Amagai M, Toyoda Y, Ohnishi T, Akita S (2004) High drop test reliability: lead-free solders. Proceedings of 2004 ECTC, p 1304.

[116] Kim H, Zhang M, Kumar CM, Suh D, Liu P, Kim D, Xie M, Wang Z (2007) Improved drop reliability performance with lead free solders of low Ag content and their failure modes. Proceedings of 2007 ECTC, p 962.

[117] Sylvestre J, Blander A, Oberson V, Perfecto E, Srivastava K (2008) The impact of process parameters on the fracture of device structures. Proceedings of the 58th Electronic Components and Technology Conference, pp 82-88.

[118] Zeng K, Tu KN (2002) Six cases of reliability study of Pb-free solder joints in electronic packaging technology. Mater Sci Eng R Rep 38: 55-105.

[119] Lu M, Shih D-Y, Polastre R, Goldsmith C, Henderson DW, Zhang H, Cho MG (2008) Comparison of electromigration performance for Pb-free solders and surface finishes with Ni UBM. Proceedings of 58th ECTC, p 360.

[120] Seo S-K, Kang SK, Shih D-Y, Lee HM (2009) The evolution of microstructure microhardness of Sn-Ag and Sn-Cu solders during high temperature aging. Microelectron Reliab 49: 288.

[121] Blech IA (1976) Electromigration in thin aluminum films on titanium nitride. J Appl Phys 47: 1203.

[122] Lu M, Shih D-Y, Lauro P, Goldsmith C (2009) Blech effect in Pb-free flip-chip solder joint. J Appl Phys Lett 94: 011912.

[123] Lu M, Shih D-Y, Kang SK, Goldsmith C, Flaitz P (2009) Effect of Zn doping on Sn Ag solder microstructure and electromigration stability. J Appl Phys 106: 053509.

[124] Tu KN (2007) Electromigration in flip chip solder joint, Chapter 9. In: Tu KN (ed) Solder joint technology. Springer, New York, pp 245-287.

[125] Chen C, Liang SW (2007) Electromigration issues in lead-free solder joints. In: Subramanian KN (ed) Lead-free electronic solders. Springer, New York, pp 259-268.

[126] Lee S, Guo X, Ong CK (2005) Electromigration effect on Cu-pillar (Sn) bumps. Electronics Packaging Technology Conference, pp 135-139.

[127] Kariya Y et al (2000) Tin pest in lead-free solders. Soldering Surf Mount Technol 13: 39.

[128] Henderson DW, Gosselin TA, Goldsmith CC, Puttlitz KJ, Kang SK, Shih DY, Choi WK (2004) Lead-free tin-silver-copper alloy solder composition. US Patent 6805974, 19 Oct 2004.

[129] Knickerbocker JU, Andry PS, Dang B, Horton RR, Interrante MJ, Patel CS, Polastre RJ, Sakuma K, Sirdeshmukh R, Sprogis EJ, Sri-Jayantha SM, Stephens AM, Topol AW, Tsang CK, Webb BC, Wright SL (2008) Three-dimensional silicon integration. IBM J Res Dev 52 (6): 553-569.

[130] Meindl JD, Davis JA, Zarkesh-Ha P, Patel CS, Martin KP, Kohl PA (2002) Interconnect opportunities for gigascale integration. IBM J Res Dev 46: 245-263.

[131] Dang B, Wright SL, Andry PS, Sprogis EJ, Tsang CK, Interrante MJ, Webb BC, Polastre RJ, Horton RR, Patel CS, Sharma A, Zheng J, Sakuma K, Knickerbocker JU (2008) 3D chip stacking with C4 technology. IBM J Res Dev 52 (6): 599-609.

[132] Dang B, Wright S, Andry P, Sprogis E, Ketkar S, Tsang C, Polastre R, Knickerbocker J (2009) 3D chip stack with integrated decoupling capacitors. 59th Electronic Component and Technology Conference, pp 1-5, May 2009.

[133] Yu A, Lau J, Ho S, Kumar A, Hnin W, Yu D, Jong M, Kripesh V, Pinjala D, Kwong D (2009) Study of 15 μm pitch solder microbumps for 3D IC integration. 59th Electronic Component and Technology Conference, pp 6-10, May 2009.

[134] Krupp A et al (2005) 3D integration with ICV-solid technology. Conference on 3D Architecture for Semiconductor and Packaging, Tempe, AZ, June 2005.

[135] Ramm P （2004） Vertical integration technologies. Workshop on 3D Integration of Semiconductor Devices，San Diego，Oct 2004.

[136] Lee K （2006） The next generation package technology for higher performance and smaller systems. Conference on 3D Architecture for Semiconductor and Packaging，Burlingame，CA，Oct 2006.

[137] Schaper L （2003） 53rd Electronic Component and Technology Conference，pp 631-633，May 2003.

[138] Schaper L，Burkett S，Spiesshoefer S，Vangara G，Rahman Z，Polamreddy S （2005） Architectural implications and process development of 3-D VLSI Z -axis interconnects using through Silicon Vias. Trans IEEE Adv Packag 28 （3）：356，Aug 2005.

[139] Wang Y，Suga T （2008） 20μm pitch Au micro-bump interconnection at room temperature in ambient air. 58th Electronic Component and Technology Conference，pp 944-949，May 2008.

[140] Chanchani R （2009） 3D Integration technology—an overview. In：Lu D，Wong CP （eds） Materials for advanced packaging. Springer，New York，pp 1-50.

第 **5** 章

倒装芯片下填料：材料、工艺与可靠性

Zhuqing Zhang

Hewlett-Packard Company, 1000 NE Circle Blvd, Corvallis, OR 97330, USA

Shijian Luo

Micron Technology, Inc. , 8000 S. Federal Way, P O Box 6, Boise, ID 83707, USA

C. P. Wong

Dean of Engineering, The Chinese University of Hong Kong, Shatin, NT, Hong Kong SAR, China

摘要　为了提高有机基板倒装芯片封装的可靠性，一般通过填充下填料缓解硅芯片与有机基板之间热失配引起的热机械应力问题。由于传统的毛细下填料缺点较多，为此发明了许多不同的下填料以改善倒装芯片的底部填充工艺。本章主要介绍了倒装芯片下填料材料设计、工艺改进方面的最新进展，以及非流动型下填料、模塑型下填料和晶圆级下填料的可靠性问题，讨论了封装材料、工艺和可靠性之间的关系。

5.1　引言

半导体芯片中的集成电路（IC）是现代电子产品的大脑，为了使大脑能够控制系统，需要建立 IC 芯片与其他电子组件、电源/接地引脚以及输入/输出引脚之间的互连。通常，第一级互连是将芯片与塑料或者陶瓷封装连接起来，主要采用引线键合（WB）、载带自动焊（TAB）和倒装芯片（FC）三种互连技术，然后组装到印制电路板（PCB）上。在引线键合封装中，先利用粘接剂将芯片粘接到载体基板上，且有源面朝上，然后利用 Au 线或 Al 线将芯片焊盘与基板焊盘互连，如图 5.1 所示，最后通过封装将芯片和互连引线保护起来。载带自动焊采用一个预制的引线框架载体，上面具有与芯片焊盘相对应的 Cu 引脚或者 42 合金引脚。通常先对铜引脚进行表面镀金处理，对 42 合金进行表面镀锡处理，然后利用热超声/热压键合或者 Au/Sn 键合将芯片互连到引线框架上。

图 5.1　采用引线键合技术的第一级互连

无论是引线键合还是载带自动焊，互连分布都限制在芯片周围，所以 I/O 数较少。然而，倒装芯片可以利用整个半导体区域进行互连。在倒装芯片封装中，将 IC 芯片的有源面朝下贴装到基板上[1]。通过熔融、粘接、热超声或者热压键合工艺，将芯片有源面的焊锡凸点、柱状凸点或者粘接凸点与基板焊盘互连。图 5.2 所示为芯片表面用于倒装芯片互连的焊锡凸点。与采用引线键合技术的传统封装相比，倒装芯片封装具有诸多优点，例如 I/O 密度高、互连距离短、自对准、通过芯片背面更好地散热、占用面积少、外形尺寸小、产出高等。正是这些突出的优点，使得倒装芯片成为现代电子封装最具吸引力的技术之一，包括多芯片模组（MCM）、高频通信产品、高性能计算机、便携式电子产品以及光纤光学组件等。

自 1961 年倒装芯片技术问世以来，已经出现了许多不同的倒装芯片设计，其中 IBM 于 20 世纪 60 年代研发的可控塌陷芯片连接（C4）技术是最为重要的倒装芯片形式[2]。然而，随着芯片尺寸的增大，C4 焊点的热机械可靠性成为倒装芯片中的关键问题。热机械问题主要是由半导体芯片（Si，$2.5 \times 10^{-6} \, ℃^{-1}$）与基板

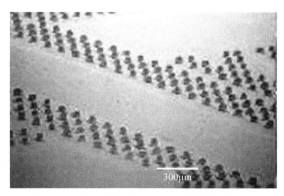

图 5.2　用于倒装芯片互连的焊锡凸点阵列

（陶瓷基板，$4 \times 10^{-6} \sim 10 \times 10^{-6} \text{℃}^{-1}$；有机 FR4 基板，$16 \times 10^{-6} \sim 24 \times 10^{-6} \text{℃}^{-1}$）之间热失配引起的，到中性点的距离（DNP）越远，焊点承受的热应力越大。相比于陶瓷基板，有机基板具有低成本和低介电常数的优点，但有机基板与硅芯片的热膨胀系数相差较大，导致热循环过程中焊点承受较大的热应力，降低了焊点的疲劳寿命，所以低成本的有机基板未能用于倒装芯片封装。直到 19 世纪 80 年代末，倒装芯片都是贴装在硅基板或者陶瓷基板上的。

　　1987 年，Hitachi 公司首次证实通过填充树脂匹配焊料的热膨胀系数，从而可以改善焊点的疲劳寿命[3]。这种填充树脂后来称之为 "下填料"，是最具创新性的发展之一，使得有机基板能够用于倒装芯片封装。下填料是在环氧树脂里掺杂大量 SiO_2 颗粒形成的一种液态包封料，用于填充芯片与基板之间的间隙。固化后的下填料与焊点的热失配较小，具有较高的弹性模量、较低的吸湿性和良好的粘接性。填充下填料之后，芯片、下填料、基板以及所有焊点中的热应力都得到了重新分布，不再集中于外圈焊点。已经证明，相比于未填充下填料的情况，填充下填料可使关键焊点的应变水平减小 $0.10 \sim 0.25$[4,5]，可使焊点疲劳寿命提高 $10 \sim 100$ 倍，另外还能为 IC 芯片和焊点提供环境保护。应用下填料可使倒装芯片技术由陶瓷基板向有机基板延伸，由高端产品向成本敏感型产品延伸。如今，全球几乎所有主要的电子公司都在广泛研究和使用倒装芯片，包括 Intel、AMD、Hitachi、IBM、Delphi、Motorola、Casio、SAE、Micron、FreeScale 等。

5.2　传统下填料与工艺

　　图 5.3 所示为普通倒装芯片封装的示意图。通常在形成倒装芯片互连之后，再填充传统下填料，填充树脂借助毛细作用流入芯片与基板之间的间隙，因此也被称为 "毛细下填料"。典型的毛细下填料是液态有机黏合剂与无机填充剂的混合物，有机黏合剂一般为环氧树脂混合物，也可以采用氰酸脂或者其他树脂，图 5.4 所示为常用环氧树脂的化学结构。下填料中除了环氧树脂以外，还需加入固化剂，当下填料固化时形成交联结构。有时还需结合潜伏性催化剂，以延长下填料的活化寿命，缩短固化时间。下填料中一般采用微米级的 SiO_2 颗粒作为无机填充剂，在树

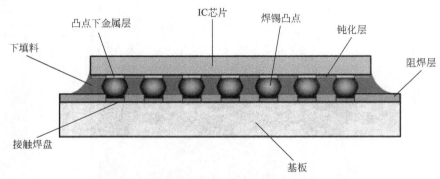

图 5.3　带有下填料的普通 C4 结构

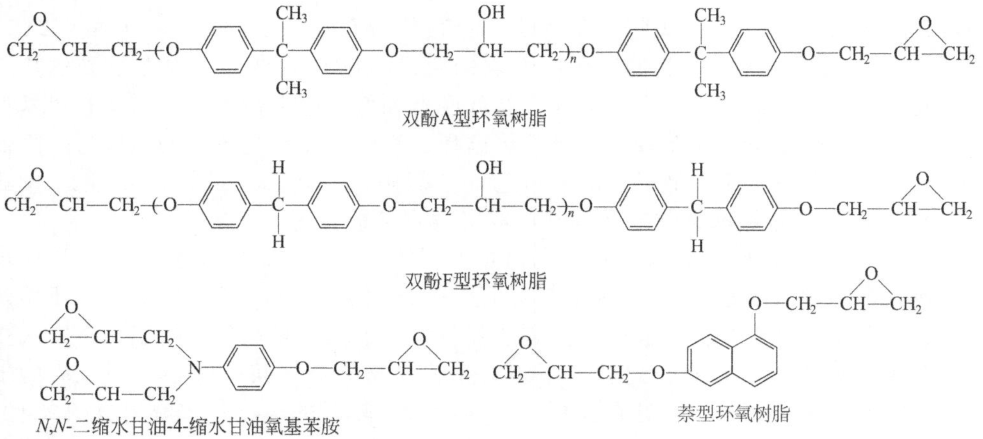

双酚A型环氧树脂

双酚F型环氧树脂

N,N-二缩水甘油-4-缩水甘油氧基苯胺　　　　　　　萘型环氧树脂

图 5.4　下填料中典型环氧树脂的化学结构

脂黏合剂中填充 SiO_2 颗粒可以改善下填料固化后的材料特性，例如较低的热膨胀系数、较高的弹性模量、较低的吸湿性等。下填料中含有的其他添加剂包括黏合增进剂、增韧剂、表面活性剂以及扩散剂等，这些添加剂可以促进树脂混合，并增强下填料固化后的性能。

　　图 5.5 所示为采用传统下填料的倒装芯片工艺流程。贴装芯片之前先涂布助焊剂，待芯片贴装到基板上之后再清洗助焊剂，接着采用针管注射下填料，并借助毛细作用填充芯片与基板之间的间隙，最后通过加热使下填料树脂固化，并形成永久性的混合物。

　　由于毛细下填料的流动问题被认为是倒装芯片工艺的瓶颈之一，所以得到了广泛研究。毛细下填料的流动一般比较缓慢，并且可能填充不完全，导致封装中存在空洞以及树脂/填充剂系统的不均匀性。随着芯片尺寸的增大，下填料的填充问题变得愈发严重。当采用 Hele-Shaw 模型模拟下填料的流动行为时，通常将两平行板之间的填充胶近似为黏性流体。对于长度为 L 的芯片，所需填充时间可由下式计算得到[6]：

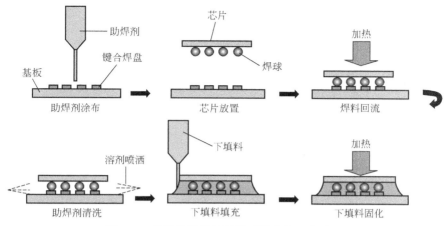

图 5.5　采用传统下填料的倒装芯片工艺流程

$$t_{\text{fill}} = \frac{3\eta L^2}{\sigma h \cos\theta} \tag{5.1}$$

式中，η 为下填料黏度；σ 为表面张力系数；θ 为接触角；h 为间隙高度。

可以看出，尺寸越大且间隙越小的芯片，所需填充时间越长。

上述近似方法并未考虑焊锡凸点的存在，而研究表明，当凸点节距与填充间隙高度相当时，这种近似方法不再适用[7]。因此，不能将 Hele-Shaw 模型用于高密度面阵列倒装芯片。Nguyen 等人将透明石英芯片贴装到不同的基板上，对市售下填料的流动进行观察，并利用 3D PLICE-CAD 建立了下填料的流动前沿模型[8]。对比具有外圈凸点和面阵列凸点的芯片发现，凸点可以提供周期性的润湿点，从而提高了下填料流动前沿的平整度。此外，沿着芯片边缘观察到了竞赛效应，在流动前沿交汇处会形成空洞，并且在液体不流动或流动缓慢的区域形成条痕，这增加了填充剂沉积的可能性。

近年来，改进后的下填料流动模型考虑了焊料接触角和焊锡凸点几何形状的影响。Young 和 Yang 的研究采用了修正的 Hele-Shaw 模型，考虑了沿芯片与基板之间厚度方向和沿凸点平面方向的流动阻力[9]。结果发现，当芯片与基板之间的间隙高度相同时，凸点节距越大，毛细力参数越趋近于常数值。随着凸点节距的减小，下填料会润湿焊料，与焊料的接触角较小，因而毛细力将达到最大值，并且当凸点节距等于凸点直径时，接触角骤降为零。他们的研究还表明，当凸点节距为临界值时，凸点呈六边形分布可更有效地增大毛细力。

5.3　下填料的材料表征

5.3.1　差示扫描量热法测量固化特性

在差示扫描量热法（DSC）固化实验中，先将大约 10mg 的下填料样品放入密闭的样品盘中，然后在 DSC 炉体内以一定的升温速率加热至 300℃，同时可进行氮气吹扫。当样品发生放热反应时,产生的热量可通过 DSC 设备进行测定并记录,所得热流量-温度关系曲线即为样品的固化特性曲线。

固化特性曲线主要与升温速率有关,图 5.6 给出了某种下填料对应于 3 种不同

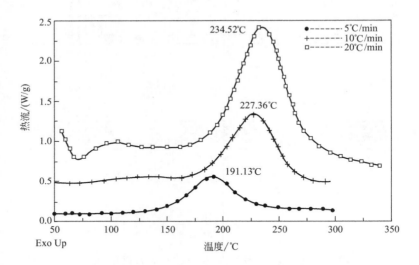

图 5.6　固化特性曲线取决于升温速率

升温速率的固化特性曲线。可以看出,较高的升温速率使得固化反应的温度范围也较高。在研究下填料的固化行为时,升温速率通常取为 5℃/min,从而能够对固化反应进行准确测量。对于不同组分的下填料,可依据相同升温速率下,固化特性曲线的开始固化温度和峰值固化温度对比固化反应延迟。然而,特定组分的下填料其固化行为更多地取决于固化反应动力学,尽管两种下填料的峰值固化温度相同,但固化行为却截然不同。因此,通过升温速率恒定的 DSC 实验获得的下填料固化特性曲线,只能作为判断固化反应延迟的参考。

为了更好地了解下填料的固化反应动力学,可采用等温 DSC 实验,将样品在恒定温度下放置足够长的时间,同时记录固化反应放热并作为时间的函数。图 5.7 所示为典型的 DSC 等温固化曲线,以及分析固化反应采用的自催化模型。

等温 DSC 实验的温度选取十分重要。由于 DSC 实验设备一般需要 30～60s 才能达到平衡状态,所以等温固化曲线的初始阶段会出现波动,如图 5.7 所示。如果在选定温度下固化反应速度很快,则无法对初始热流量进行分析。另外,如果温度过低,则需要较长的时间才能完成固化反应,并且热流量很低,以至于 DSC 设备无法识别。通常在等温实验之前,先以 5℃/min 的升温速率进行动态 DSC 固化,然后以开始固化温度±20℃作为等温实验温度。

n 级反应模型和自催化模型是两种常用的动力学模型,如式 (5.2)(n 级反应模型)和式 (5.3)(自催化模型)所示。

$$\frac{\mathrm{d}C}{\mathrm{d}t}=k\ (1-C)^n \tag{5.2}$$

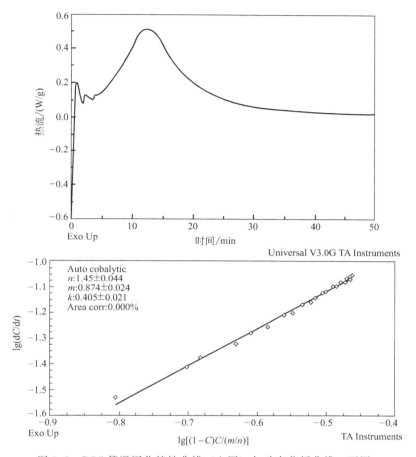

图 5.7　DSC 等温固化特性曲线（上图）与动态分析曲线（下图）

$$\frac{dC}{dt} = k \ (1-C)^n C^m \tag{5.3}$$

式中，C 为生成物浓度；k 为速率常数；n 和 m 为反应级数。

由 Arrhenius 方程即式（5.4）可知，反应速率常数与温度有关。

$$k = K \exp\left(-\frac{E_a}{RT}\right) \tag{5.4}$$

式中，K 为频率因子；E_a 为活化能；R 为气体常数；T 为绝对温度。

5.3.2　差示扫描量热法测量玻璃转化温度

因为大多数交联高聚物都是非晶体，所以玻璃转化温度（T_g）是这类材料的一个重要转化温度。当温度低于 T_g 时，由于分子内能量的制约，高分子链无法自由转动[10]。而当温度达到 T_g 时，高聚物的物理特性会发生急剧变化。在 T_g 以下时，高聚物处于玻璃态，热膨胀系数较低，弹性模量较高；在 T_g 以上，高聚物处于橡胶态，热膨胀系数较高，弹性模量较低。非晶体材料的 T_g 可通过多种表征方法进行测量，其中包括差示扫描量热法、热机械分析仪（TMA）和动态热机械分析仪（DMA）等。然而，对于同样的材料，不同的方法测得的 T_g 通常并不相同。因此，需采用同样的方法对比所有样品。

一般地，DSC 炉内的温度呈线性变化。如果样品发生变化时放热或吸热，则会导致样品温度与参考温度之间出现差异。温度差值同热流量直接相关，如式（5.5）所示。

$$\frac{dQ}{dt} = \frac{\Delta T}{R_D} \tag{5.5}$$

式中，dQ/dt 为热流量；ΔT 为样品温度与参考温度之差；R_D 为康铜盘的热阻。

调制式 DSC 实验在线性变温基础上，叠加了一个正弦振荡温度程序，然后将DSC 热流量分解为两个部分，如式（5.6）所示。

$$\frac{dQ}{dt} = C_p \frac{dT}{dt} + f(t, T) \tag{5.6}$$

式中，dQ/dt 为热流量；dT/dt 为升温速率；C_p 为样品比热容；$f(t, T)$ 为时间与温度的函数，控制 DSC 设备所观察到的物理或化学转变的动力学响应。

式（5.6）表明在调制式 DSC 实验中，总热流由两部分组成，即与升温速率有关的可逆热流部分 $[C_p(dT/dt)]$ 和只与绝对温度有关的不可逆热流部分 $[f(t, T)]$。换句话说，可逆热流随调制升温速率变化，而不可逆热流不随升温速率变化。当高聚物发生玻璃化转变时，由于分子链产生移动，导致材料的比热容增大。利用调制式 DSC 实验，可将材料的比热容变化与其他动态热流区分出来，从而确定出高聚物的玻璃化转变。

在调制式 DSC 实验中，先将已固化下填料样品压入密闭的 DSC 托盘中，然后以（5±1）℃/min 的升温速率，将样品由室温加热至远高于 T_g（如 200℃）的高温，同时可进行氮气吹扫。在可逆热流中，热流发生跃变时对应的初始温度即定义为玻璃转化温度。

5.3.3 采用热机械分析仪测量热膨胀系数

热膨胀系数（CTE）是下填料的一个重要材料参数，与倒装芯片底部填充组件的热机械应力密切相关，可利用热机械分析仪（TMA）进行测量。在 TMA 实验中，先将尺寸确定的已固化下填料样品放置到 TMA 炉内。然后将测量探针移至样品表面，可对探针施加一个静态力，一般为 0.05N。接着以 5℃/min 的升温速率将样品由室温加热至远高于 T_g（如 200℃）的高温，同时可进行氮气吹扫。在加热过程中，样品体积变化会导致表面的探针产生位移，通过测定探针位移得到温度-位移曲线，即样品的热膨胀曲线，从而算得样品的热膨胀系数。

图 5.8 所示为已固化下填料样品典型的热膨胀曲线，曲线拐点对应的温度定义为热变形温度（也称之为 TMA T_g）。如图 5.8 所示，达到 TMA T_g 之后，样品的热膨胀系数增大了两个数量级。而当温度更高时，热膨胀系数有所降低。如果完

成第一次扫描之后，对同一材料再次进行同样的实验，则达到 TMA T_g 之前的热膨胀系数与第一次扫描相近，但达到 TMA T_g 之后的热膨胀系数不如第一次扫描高。通常认为，在第一次扫描中达到 TMA T_g 之后，热膨胀系数的跃变与高聚物固化后的应力释放有关。一般文献中将低于 TMA T_g 时的热膨胀系数定义为 α_1，将高于 TMA T_g 时的热膨胀系数定义为 α_2。

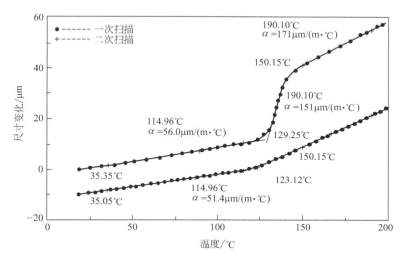

图 5.8　已固化下填料样品的 TMA 热膨胀曲线

5.3.4　采用动态机械分析仪测量动态模量

高聚物的特性之一是具有黏弹性，即同时具有类似固体和类似流体的特性，并且与温度和时间有关[11]。动态热机械分析仪（DMA）可用于表征高聚物的黏弹性行为，在典型的 DMA 实验中，将如式（5.7）所示的正弦振荡应力或应变载荷施加到样品上。

$$\varepsilon = \varepsilon_0 \sin\omega t \qquad\qquad (5.7)$$

$$\sigma = \sigma_0 \sin(\omega t + \delta)$$

式中，ε 表示应变；σ 表示应力；ω 表示角频率；t 表示时间；δ 表示相位延迟。

应力-应变关系可利用与应变同相的 G' 值，以及与应变相位相差 $90°$ 的 G'' 值来表示，如式（5.8）所示。

$$\sigma = \varepsilon_0 G' \sin\omega t + \varepsilon_0 G'' \cos\omega t \qquad\qquad (5.8)$$

其中

$$G' = (\sigma_0/\varepsilon_0)\ \cos\delta,\ G'' = (\sigma_0/\varepsilon_0)\ \sin\delta$$

可定义如式（5.9）所示的复数模量。

$$G^* = \frac{\sigma}{\varepsilon} = \frac{\sigma_0}{\varepsilon_0} \ (\cos\delta + i\sin\delta) \ = G' + G'' \tag{5.9}$$

G' 与应变同相，称之为储能模量，表示外加应变引起样品储存的能量。G'' 与应变相位相差 $90°$，称之为损耗模量，与每个循环损耗的能量有关，如式（5.10）所示。

$$\Delta E = \oint \sigma \, \mathrm{d}\varepsilon = \pi G'' \varepsilon_0^2 \tag{5.10}$$

G'' 与 G' 的比值等于 $\tan\delta$。

$$\tan\delta = \frac{G''}{G'} \tag{5.11}$$

图 5.9 所示为交联高聚物典型的 DMA 曲线。可以看出，储能模量一般比损耗模量高出几个数量级，因而室温下复数模量的模数（$|G^*|$）与储能模量（G'）近乎相等。下填料室温下的储能模量对决定倒装芯片组件的性能至关重要，理想的模量值为 $8 \sim 10\mathrm{GPa}$。未填充 SiO_2 颗粒的环氧树脂，其室温下的储能模量为 $2 \sim 3\mathrm{GPa}$。随着温度升高，储能模量出现跃变，表明材料发生了玻璃化转变，将此时对应的初始温度定义为 DMA T_g。在玻璃转化点附近，损耗模量与 $\tan\delta$ 都达到了最大值，这表示材料发生玻璃化转变时能量损耗最大。

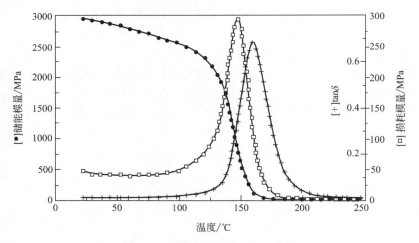

图 5.9　交联高聚物的 DMA 曲线

材料完成玻璃化转变之后，储能模量进入橡胶态高弹区。根据橡胶弹性运动理论，交联密度 ρ 可由橡胶态的储能模量确定，如式（5.12）所示[12]。

$$\rho = \frac{G'}{3\Phi RT} \tag{5.12}$$

式中，G' 为橡胶态储能模量；Φ 为前置因子，假定为 1；R 为气体常数；T 为绝对温度。

5.3.5 采用热重力分析仪测量热稳定性

热重力分析仪（TGA）可对受控气氛下样品质量随温度或时间的变化进行测量，常用于研究某种配方或者配方中某种组分的气体释放情况，以及固化树脂的热稳定性。在 TGA 实验中，先将大约 20mg 的下填料样品放入铂金托盘中，然后以 10℃/min 的升温速率将样品加热至指定温度（通常未固化样品加热至 200℃，已固化样品加热至 600℃），同时进行氮气吹扫，最后通过所得质量损耗-温度曲线确定样品的热稳定性。对于已固化样品，将质量损耗发生跃变时对应的起始温度定义为材料分解的初始温度。

5.3.6 弯曲实验

弯曲实验一般用于测定固体样品的弹性模量，通常利用万能实验机（UTM）在室温下进行三点弯曲实验。由所得实验数据绘制出样品的应力-应变曲线，记录每个样品断裂时的最大应力值和应变值，并计算弯曲模量。图 5.10 所示为两种典型的应力-应变曲线，样品 A 断裂前的应力-应变呈线性关系，样品 B 则表现出屈服行为，屈服后持续变形直至断裂。应力-应变曲线表明样品 A 发生了脆性断裂，而样品 B 发生了韧性断裂。

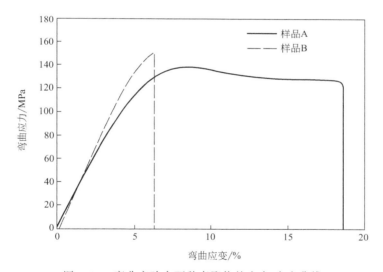

图 5.10 弯曲实验中两种高聚物的应力-应变曲线

5.3.7 黏度测量

下填料的黏度对其应用而言是一个重要参数，一般采用锥板黏度计测量恒剪切率或切应力作用下的下填料黏度。对于含有较大填充颗粒的下填料，可采用平行板测量黏度。大多数不含 SiO_2 填充颗粒的液态下填料具有牛顿流体特性，而含有填充颗粒的下填料具有剪切稀化或剪切稠化特性。对于牛顿流体，可通过恒剪切率实验测定流体在特定温度下的黏度。而非牛顿流体的黏度与剪切率有关，因而需要测定不同剪切率下的黏度。

5.3.8 下填料与芯片钝化层粘接强度测量

下填料与不同界面之间的粘接强度对倒装芯片组件的性能至关重要。一般来说，下填料与硅芯片之间的粘接强度低于下填料与基板之间的粘接强度。在可靠性测试过程中，分层往往发生在下填料与芯片钝化层之间。

评估下填料粘接强度的一种方法是推晶实验。实验采用具有相同钝化层材料的硅芯片（例如 $2 \times 2 \text{mm}^2$）和基板，两者之间有较薄的一层下填料。为了保证硅芯片与基板之间的间隙尺寸一致，可在下填料中加入直径相同的特殊玻璃球。待下填料固化后，即可利用粘接强度实验机对组件进行测试，实验模型结构如图 5.11 所示。粘接强度可由芯片剥离时的剪切力比上芯片面积算得，并表示为表面粘接强度（ASA）。

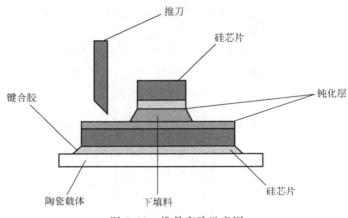

图 5.11　推晶实验示意图

5.3.9 吸湿率测量

测量吸湿率可在 $85\,℃/85\%\text{RH}$ 的恒温恒湿实验箱中进行。首先将相同质量和形状的已固化下填料样品放入实验箱，然后在不同的时间段取出样品并称重，样品质量增加的百分比即定义为某一时刻的吸湿率。

5.4　下填料对倒装芯片封装可靠性的影响

有多种方法可用于评估倒装芯片封装的可靠性，包括热循环实验、热冲击实验、高压蒸煮实验等。互连焊点的热循环寿命一般可利用统计模型来描述，例如威布尔分布，其概率密度函数（PDF）如下。

$$f\,(x)\,=\left(\frac{\beta}{x}\right)\left(\frac{x}{\theta}\right)^{\beta}\exp\left[-\left(\frac{x}{\theta}\right)^{\beta}\right] \tag{5.13}$$

式中，x 为热循环寿命的随机变量；θ 为特征寿命；β 为形状参数。对于威布尔分布，平均失效前时间（MTTF），即失效时间的期望值为

$$\text{MTTF} = \theta\varGamma\left(1+\frac{1}{\beta}\right) \tag{5.14}$$

式中,Γ 为伽玛函数。一般认为,焊点疲劳是造成结构和电气失效的主要原因(Tummala 2001)。在 Coffin-Manson 模型中,焊点疲劳寿命可表示为非弹性剪切应变的函数(Manson & Coffin 1965,1954)。

$$N_f = \frac{1}{2}\left(\frac{\Delta\gamma}{2\varepsilon'_f}\right)^{1/c} \tag{5.15}$$

式中,N_f 为疲劳失效循环次数;$\Delta\gamma$ 为非弹性剪切应变幅;ε'_f 为疲劳延性系数;c 为疲劳延性指数。除此之外,还有其他一些基于应变的疲劳模型,其中 Soloman 模型较为常用(Soloman 1986)。

$$N_f = \left(\frac{\theta}{\Delta\gamma_p}\right)^{1/\alpha} \tag{5.16}$$

式中,$\Delta\gamma_p$ 为非弹性剪切应变幅;θ 和 α 为常数。

研究表明,利用下填料可将焊点热循环寿命提高至少一个数量级[13]。研究发现,在填充下填料的倒装芯片封装中,焊点疲劳寿命主要取决于下填料的材料特性。Nysaether 等人的解析模型表明,不含填充颗粒的下填料可将焊点疲劳寿命提高 5~10 倍,而含填充颗粒且热膨胀系数较低的下填料可将焊点疲劳寿命提高 20~24 倍[14]。此外,无论下填料是否含有填充颗粒,焊点疲劳寿命都与到中性点的距离(DNP)无关,可见下填料有效均化了所有焊点的应力。

为了研究填充或未填充下填料倒装芯片的焊点疲劳寿命,已经建立了许多数值模型。为此,需要对下填料的高分子特性进行表征,并在这些数值模型中输入正确的材料参数。高分子材料的弹性模量不仅是温度的函数,而且还是时间的函数,即具有黏弹性。正如前面所提到的,通常采用热机械分析仪和动态热机械分析仪表征下填料的黏弹性特性。Dudek 等人表征了 4 种市售电子聚合物的特性,并采用有限元分析方法(FEA)研究了芯片尺寸和下填料材料特性对倒装芯片板级封装(FCOB)热机械可靠性的影响[15]。结果发现,尽管利用下填料可有效减小焊点的切应变,但由于焊料与下填料/阻焊层之间的热失配,使得焊点在热循环过程中受到反复拉压,从而导致焊点中产生沿电路板水平方向的蠕变应变。基于蠕变应变准则,热膨胀系数与焊料(22×10^{-6}~26×10^{-6}℃$^{-1}$)相匹配的下填料可使焊点的热循环寿命最优。

在倒装芯片封装中,下填料的作用是将应力重新分布,而非减小应力。刚性下填料将器件与基板进行机械连接,并将焊点所受的切应力部分转变为整体结构的弯曲应力。下填料固化收缩以及冷却过程中的热失配,会导致硅芯片中产生较大的应力,甚至引起芯片开裂。Palaniappan 等人采用带有压阻式应力传感器的测试芯片,原位测量了倒装芯片组装时的应力[16]。结果发现,下填料固化时会在芯片有源面上产生较大的压应力,表明倒装芯片中具有复杂的凸起弯曲状态,测得的应力水平足以导致硅断裂,并且芯片残余应力主要依赖于下填料的热膨胀系数、弹性模量和 T_g。Mercado 等人利用有限元方法分析了倒装芯片 PBGA 封装中芯片边缘开裂的问题,结果发现,硅沿水平方向断裂时的能量释放率,随下填料弹性模量和热膨胀系数的增大而增大[17]。

在底部填充倒装芯片封装中，除了与温度相关的热机械失效以外，湿气引起的失效也较为常见，例如分层和腐蚀。下填料与芯片钝化层的黏附性，对倒装芯片组件的完整性和可靠性至关重要。下填料与芯片界面分层（完全失去黏附性）会造成互连点开裂，然后湿气可通过分层区域扩散，导致金属焊盘、引线和互连点发生腐蚀[18]。研究表明，提高下填料与芯片界面的粘接强度，与提高焊点疲劳寿命和缓解下填料倒角开裂问题密切相关。

由于下填料本身或者界面相互作用的退化，下填料与芯片界面的黏附性会发生退化。

当倒装芯片封装在高温高湿环境中进行时效实验时，例如在 85℃/85％RH（85/85）的环境中，或者在 121℃、2 个大气压和 100％RH 的压力锅中进行可靠性测试，下填料会吸收潮湿环境中的湿气，导致质量增加，介电常数增大，T_g 降低（因为水是聚合物基体的增塑剂）[19]，结果降低了底部填充倒装芯片封装的最高使用温度。此外，吸湿导致下填料发生膨胀，并在下填料与钝化层界面处以及下填料与阻焊层界面处引入膨胀应力[20,21]。环氧下填料中的湿气扩散是造成电子封装中金属腐蚀的主要原因。更重要的是，在时效实验过程中，由于下填料与亲水性钝化层吸湿，导致两者的黏附性降低。

湿气引起的黏附性退化有 3 个主要机制：一是水可以取代下填料与钝化层之间的氢键，二是减少下填料与钝化层之间的偶极和扩散相互作用，三是通过水解反应破坏界面处的化学键。解决方法是利用偶联剂（CA）在下填料与钝化层界面处引入更强的化学键，从而改善潮湿环境中的粘接稳定性。

在一篇综述文章中，Luo 等人系统讨论了湿热时效对倒装芯片封装中下填料（采用酸酐固化的环氧树脂）与钝化层黏附性的影响[22]。在热湿环境中，黏附性的退化与钝化层的亲水性有关。该研究根据聚合物链和聚合物基体中吸收水分的流动性，讨论了黏附性的退化速率，论证了一种改善热湿环境下效粘接稳定性的方法。

本研究采用两种环氧树脂配方。配方 A 包含来自 Union Carbide 的 1 当量脂环族环氧树脂 ERL4221（7-氧杂二环［4，1，0］庚烷-3-羧酸，7-氧杂二环［4，1，0］庚-3-甲基酯），来自 Aldrich 的 0.8 当量固化剂 MHHPA（4-甲基磺酸酐）以及催化剂 Co（Ⅱ）乙酰丙酮（环氧树脂和固化剂总重量的 0.4％）。将配方 A 在烘箱中以 250℃固化 30min，其 T_g 约为 190℃（采用差示扫描量热仪以 5℃/min 的升温速率测定）。配方 B 包含来自 Aldrich 的 1 当量环氧树脂 1，4-丁二醇二缩水甘油醚，0.8 当量的固化剂 MHHPA 以及催化剂 2E4MZ-CN（1-氰乙基-2-乙基-4-甲基咪唑，环氧树脂和固化剂总重量的 1％）。将配方 B 在 175℃下固化 30min，其 T_g 约为 65℃（采用差示扫描量热仪以 5℃/min 的升温速率测定）。当采用偶联剂时，可将环氧硅烷或 γ-丙基三甲氧基硅烷（CA-1）或氨基硅烷或 γ-氨丙基三乙氧基硅烷（CA-2）加入配方 A 中，下填料中硅烷偶联剂的浓度为 1.5％（质量分数）。

5.4.1　钝化层的影响

表 5.1 给出了热湿时效前后，配方 A 下填料与 4 种不同钝化层的粘接强度。

可以看出，经过高温高湿时效之后，配方 A 下填料与 SiO_2 或 Si_3N_4 的粘接强度显著降低。时效之前，配方 A 下填料与 SiO_2 的粘接强度为 50MPa，85/85 时效 500h后减至 13MPa，而经过 24h 的高压蒸煮实验（PCT）后，粘接强度几乎为零。时效之前，配方 A 下填料与 Si_3N_4 的粘接强度为 65.8MPa，85/85 时效 500h 或 PCT时效 24h 后，粘接强度低于 10MPa。然而，苯并环丁烯（BCB）和聚酰亚胺（PI）则表现出不同的行为。85/85 时效 500h 后，配方 A 下填料与苯并环丁烯和聚酰亚胺的粘接强度并未显著下降，表明配方 A 下填料与苯并环丁烯和聚酰亚胺的黏附性比配方 A 下填料与 SiO_2 和 Si_3N_4 的黏附性更加稳定。PCT 时效条件比 85/85 时效更为苛刻。PCT 时效 24h 后，配方 A 下填料与苯并环丁烯的粘接强度由 38MPa降至 12MPa，而配方 A 下填料与聚酰亚胺的粘接强度由 58MPa 降至 12MPa。整体而言，经过 PCT 时效之后，苯并环丁烯和聚酰亚胺表现出比 SiO_2 和 Si_3N_4 更好的粘接稳定性。

表 5.1　配方 A 下填料与不同钝化层的粘接强度

钝化层	时效前的粘接强度/MPa	85/85 时效 500h后的粘接强度/MPa	PCT 时效 24h 后的粘接强度/MPa
SiO_2	50.0±8.3	12.9±8.9	5.4±2.7
Si_3N_4	65.8±12.3	8.7±4.9	2.8±2.8
BCB	37.0±8.3	37.7±8.5	11.5±4.4
PI	58.8±10.5	63.7±9.4	11.2±6.1

热湿时效后的粘接稳定性与钝化层的亲水性有关，疏水性有机钝化层苯并环丁烯和聚酰亚胺，其粘接稳定性比亲水性无机钝化层 SiO_2 和 Si_3N_4 更好。相比于苯并环丁烯或聚酰亚胺钝化层，水分更容易留在下填料与 SiO_2 或 Si_3N_4 钝化层的界面上。界面上的水分通过 3 种机制降低界面黏附性：一是减少下填料与钝化层之间的氢键相互作用，二是减少下填料与钝化层之间的偶极和扩散相互作用，三是通过可能的水解反应破坏界面处的化学键。因此，需要改善环氧下填料与亲水性钝化层之间粘接的水解稳定性。

5.4.2　黏附性退化与 85/85 时效时间

对 85/85 时效实验中湿气扩散进入下填料的过程进行了研究，并确定了配方 A下填料的湿气扩散系数（0.011mm^2/h）。在芯片剪切样品的 85/85 时效实验中，湿气主要经由样品边缘扩散进入下填料，同时通过硅的湿气扩散较慢，可忽略不计。湿气扩散进入芯片剪切样品的速率，与扩散进入横截面积为 $2×2mm^2$ 的无限长四方杆的速率相同。为了研究 85/85 时效实验中湿气扩散进入芯片剪切样品的过程，将配方 A 下填料制成长四方杆（$2×2×50mm^3$），并测定样品在 85/85 条件下的吸湿性，结果见图 5.12。经过不到 24h 的 85/85 时效后，填充下填料的四方杆达到了湿度饱和，这意味着进入芯片剪切样品（芯片面积为 $2×2mm^2$）下填料的湿气在不到 24h 内达到了平衡值。湿气扩散进入配方 B 下填料的速率比配方 A 下填料更快，并且采用配方 B 下填料的芯片剪切样品，在 85/85 时效实验中也在不到 24h 内达到了湿度饱和。

如图 5.13 所示，测定了 85/85 时效实验不同阶段，不同配方的下填料与

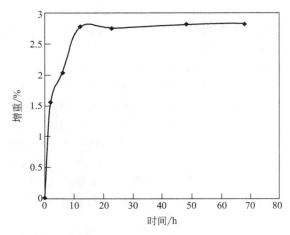

图 5.12　85/85 时效实验中，由配方 A 下填料制得的长四方杆（$2\times2\times50mm^3$）的吸湿性

Si_3N_4 钝化层粘接强度的稳定性。85/85 时效 24h 后，配方 A 下填料和配方 B 下填料的粘接强度都有所降低。然而可以看到，配方 A 下填料与配方 B 下填料的粘接强度退化速率存在显著差异。对于配方 A 下填料，85/85 时效 24h 后，粘接强度降低了一半。继续时效，粘接强度进一步降低。85/85 时效 96h 后，粘接强度达到了平衡值，这表明配方 A 下填料黏附性的退化过程比吸湿过程更加缓慢。对于 T_g 较低的配方 B 下填料，其黏附性退化速率很快，85/85 时效 24h 后，粘接强度降低了约 85%。继续时效 48h、96h 和 200h 似乎对粘接强度没有额外的影响，这表明 85/85 时效 24h 后，粘接强度达到了平衡值。

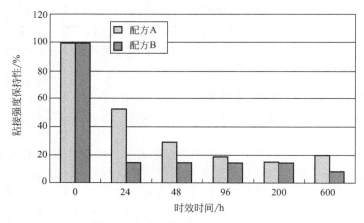

图 5.13　85/85 时效实验中，下填料粘接强度的稳定性（钝化层：Si_3N_4）

在 85/85 时效条件下，黏附性退化速率的差异与下填料聚合物链的流动性和所吸水分的活性有关。在 85/85 时效实验中，配方 A 下填料处于玻璃态，吸湿饱和后的 T_g 为 130℃，而配方 B 下填料处于橡胶态，吸湿饱和后的 T_g 为 45℃。将下填料浸泡过重水以后，记录其固态 ^{1}H NMR 波谱（见图 5.14），并由峰宽确定 85℃下聚合物链的流动性[23]。在 85/85 时效实验中，配方 A 下填料聚合物链的流

动性比配方 B 低很多。浸泡过重水的配方 A 下填料和配方 B 下填料，其固态[1]H NMR 波谱半峰高处的峰宽分别为 56.1kHz 和 3.4kHz。

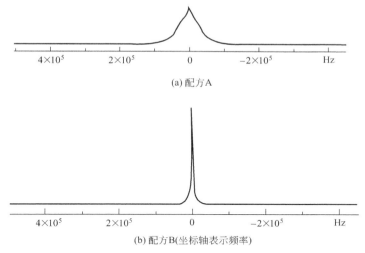

(a)配方A

(b)配方B(坐标轴表示频率)

图 5.14　浸泡过重水的下填料，测得其固态[1]H NMR 波谱

在 85/85 时效实验中，不同聚合物吸收的水分具有不同的流动性。在 85℃ 下，对浸泡过重水的固化下填料进行固态[2]H NMR 实验，以确定聚合物基体中水分的流动性（见图 5.15）。结果发现，相比于处于玻璃态的配方 A 下填料，处于橡胶态

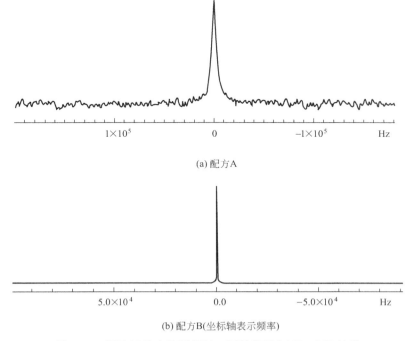

(a)配方A

(b)配方B(坐标轴表示频率)

图 5.15　浸泡过重水的下填料，测得其固态[2]H NMR 波谱

的配方 B 下填料所吸水分的流动性更高。在 85/85 时效实验中,聚合物链和所吸水分更高的流动性,使得橡胶态聚合物的黏附性退化比玻璃态聚合物更快。

5.4.3　采用偶联剂改善粘接的水解稳定性

为了改善下填料和亲水性钝化层之间粘接的水解稳定性,可采用有机官能化硅烷偶联剂作为下填料的添加剂。硅烷偶联剂的一般结构如图 5.16 所示,其中 X 为可水解基团,例如-OCH_3 或 OCH_2CH_3,R 为短烃基,通常为 $2 \sim 3$ 个碳原子长度,Y 为有机官能团,例如氨基、环氧基等。

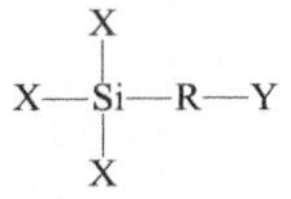

$$X—Si—R—Y$$

图 5.16　硅烷偶联剂的一般结构

当有水分存在时,硅烷偶联剂中的 Si—X 键水解得到—Si—OH 基团,然后与 SiO_2 或 Si_3N_4 表面上的硅烷醇基—Si—OH 反应。当下填料固化时,有机官能团 Y 与下填料中的官能团发生反应,并与聚合物基体形成化学键。因此,SiO_2 或 Si_3N_4 表面与下填料之间通过偶联剂形成了 Si—O—Si 化学键桥[24~26]。

有无偶联剂的配方 A 下填料与 SiO_2 和 Si_3N_4 的粘接强度见表 5.2。对于添加硅烷偶联剂的下填料,时效前的粘接强度并没有提高,这是因为没有潮湿的环境,Si—X 键无法发生水解,所以下填料与 SiO_2 或 Si_3N_4 钝化层之间不能形成化学键桥。但是经过 85/85 时效之后,下填料粘接强度的稳定性得到了显著改善,黏附强度略有降低,这是由于下填料与钝化层界面处吸收的水分,削弱了下填料和钝化层之间的扩散相互作用、偶极相互作用和氢键相互作用。经过 85/85 时效之后,添加环氧硅烷和氨基硅烷偶联剂的下填料,两者之间的粘接稳定性并没有显著差异,但经过高压蒸煮时效之后,添加环氧硅烷偶联剂的下填料,其粘接稳定性比添加氨基硅烷偶联剂的下填料更好。

表 5.2　添加不同偶联剂的配方 A 下填料在时效前后的粘接强度　　　　MPa

项目		时效前	85/85 时效 500h 后	PCT 时效 24h 后
对于 Si_3N_4	无 CA	65.8±12.0	8.7±4.9	2.8±2.8
	有 CA-1	63.3±12.3	43.5±7.1	32.1±10.1
	有 CA-2	62.0±11.4	50.5±8.9	7.7±6.2
对于 SiO_2	无 CA	50.0±8.3	12.9±8.9	5.4±2.7
	有 CA-1	51.2±11.4	12.9±8.9	5.4±2.7
	有 CA-2	48.7±9.0	39.3±7.7	9.7±7.0

注:CA-1 为环氧硅烷;CA-2 为氨基硅烷。

对于添加环氧硅烷和氨基硅烷偶联剂的下填料,两者之间的粘接稳定性差异可以由界面处硅烷偶联剂的结构加以说明。为了使添加硅烷偶合剂的下填料与 SiO_2 或 Si_3N_4 表面之间形成化学键,偶联剂中的 Si-X 基团必须接近钝化层表面。利用流动微量热计测量吸附到玻璃上的硅烷偶联剂(见表 5.3),结果发现,氨基硅烷在玻璃上的吸附性比环氧硅烷更强[27]。这种差异是由有机官能团氨基和环氧基造成的,而非烷氧基团。这表明,因为玻璃表面呈酸性,所以氨基团通过氢键以及酸/碱相互作用紧紧吸附在玻璃表面上。类似地,硅烷偶联剂中的氨基团在 SiO_2 或 Si_3N_4 钝化层表面上的吸附性应比环氧基团更强。正因为如此,当下填料固化时,氨基硅烷中的氨基团与聚合物基体发生反应的概率更小,并且当有水分存在时,氨基硅烷中的 Si-OR 基团与钝化层表面上的硅烷醇基团反应，并形成强化学键的概率也更小。相反地，环氧基团与 SiO_2 或 Si_3N_4 的表面亲和力较小，所以环氧硅烷中的环氧基团有更多的机会与下填料基体反应，并且环氧硅烷中的 Si-OR 基团也有更多的机会与 SiO_2 或 Si_3N_4 表面上的硅烷醇基反应形成强化学键。因此，经过 PCT 时效之后，含有环氧基硅烷的下填料与 SiO_2 或 Si_3N_4 表面之间存在更稳定的化学键桥。

表 5.3 采用两种硅烷的硼硅玻璃加合物的生成热

硅烷	加合物生成热/(kJ/mol)
CA-1(环氧硅烷)	18.01 ± 1.73
CA-2(氨基硅烷)	145.12 ± 11.53

总的来说，粘接的水解稳定性依赖于钝化层的亲水性。相比于疏水性钝化层，例如苯并环丁烯和聚酰亚胺，亲水性钝化层的黏附性退化更为严重，例如 SiO_2 和 Si_3N_4。在 85/85 时效过程中，下填料聚合物链和所吸水分更高的流动性，使得橡胶态聚合物的黏附性退化比玻璃态聚合物更快。为了改善亲水性钝化层粘接的水解稳定性，可利用硅烷偶联剂在界面引入稳定的化学键。对于环氧硅烷和氨基硅烷偶联剂，前者在高压蒸煮实验中能够更有效地改善粘接稳定性，吸附在钝化层表面的硅烷对改善粘接的水解稳定性具有重要作用。

总而言之，许多研究发现下填料的特性是决定封装可靠性的关键因素之一。表5.4 给出了针对倒装芯片封装下填料特性的一般指导原则。但需要注意的一点是，可靠性实验中存在不同的失效模式，有时会出现对下填料相反的要求。例如，为了有效均化焊点上的应力，需要高弹性模量的下填料，而高弹性模量的下填料会导致较高的残余应力，从而造成芯片开裂。另一个例子是下填料中的填充颗粒含量，低热膨胀系数要求填充较多的填充颗粒，而填充颗粒含量较高的下填料通常黏性较高，使得下填料难以扩散，导致下填料中出现空洞且填充不均匀，从而引起可靠性问题。因此，下填料的选择主要依赖于应用情况，例如芯片尺寸、钝化材料、基板材料、焊料类型以及封装器件的服役环境（见表 5.4）。

表 5.4 倒装芯片封装下填料的理想特性

固化温度	$<150℃$	模量	$8\sim10GPa$
固化时间	$<30min$	断裂韧性	$>1.3MPa\cdot m^{1/2}$
T_g	$>125℃$	吸湿性(开水中浸泡 8h)	$<0.25\%$
服役寿命(25℃下黏度加倍)	$>16h$	填料含量	$<70\%$(质量分数)
$CTE(\alpha_1)$	$22\times10^{-6}\sim27\times10^{-6}℃^{-1}$		

5.5 底部填充工艺面临的挑战

随着硅技术向小于 $0.1\mu m$ 的特征尺寸发展，对未来倒装芯片封装的要求包括更小的凸点节距、更小的凸点尺寸和更大的芯片尺寸，结果导致毛细流动底部填充工艺面临着巨大挑战。正如前面所讨论的，随着芯片尺寸的增大以及芯片与基板之间的间隙变小，下填料的流动问题愈发严重。将无铅焊料和低 k 层间电介质

（ILD）/Cu 应用于倒装芯片封装，对底部填充工艺提出了新的挑战[28]。

高铅和锡-铅共晶焊料广泛用于芯片封装互连。但近年来，针对有毒物质的环境法规和消费者对绿色电子产品的需求都推动着无铅焊料的发展，已经提出采用 Sn、Cu、Bi、In、Zn 等元素的多种组合作为含铅焊料替代品。相比于 Sn-Pb 焊料，大多数无铅焊料在焊接时都需要提高回流曲线温度。表 5.5 给出了一些常见的无铅焊料。其中，近三元共晶 Sn-Ag-Cu（SAC）焊料的熔点大约为 217℃，正成为公认的候选无铅焊料。最佳组分 Sn95.4%-Ag3.1%-Cu1.5%具有良好的强度、耐疲劳性和可塑性[29]，并且供应充足，具有足够的润湿性。

表 5.5 可能的无铅合金

合金	熔点	合金	熔点
Sn96.5%-Ag3.5%	221℃	Sn-Ag-Bi	根据组分变化，一般＞200℃
Sn99.3%-Cu0.7%	227℃	Sn95%-Sb5%	232～240℃
Sn-Ag-Cu	217℃（三元共晶）	Sn91%-Zn9%	199℃
Sn-Ag-Cu/X(Sb,In)	根据组分变化，一般＞210℃	Bi58%-Sn42%	138℃

将 SAC 焊料用于倒装芯片组装工艺具有两大挑战。第一，SAC 焊料的熔点比共晶 Sn-Pb 焊料高 30℃，使得工艺温度升高了 30～40℃。过高的工艺温度对基板影响较大，因为普通 FR-4 材料的 T_g 约为 125℃，并使得连接组件承受更高的热应力。另外，当基板承受更高的回流温度时，会产生更大的翘曲。针对无铅工艺的高 T_g 基板已有相当多的研究。第二个挑战来自于助焊剂的化学特性。因为现有的助焊剂通常是为共晶 Sn-Pb 焊料设计的，要么没有足够高的活性，要么在高温下没有足够的热稳定性，所以无铅焊料的润湿性一般不如共晶 Sn-Pb 焊料[30,31]。

在无铅焊料互连的趋势下，与更高的回流温度相兼容是倒装芯片封装底部填充工艺面临的新挑战。高温回流会使材料性能退化、湿气侵入、机械膨胀更加严重，从而损坏元件。因此，下填料的热稳定性、与各界面的黏附性、强度以及断裂韧性都需要改善。相比于 Sn-Pb 焊料，SAC 焊料不容易产生塑性变形，当应力水平较低时，SAC 焊料的蠕变变形较小，反之较大。因此，需根据应用需求选取合适的下填料对焊点进行保护。热循环温差大且驻留时间短时，焊料蠕变变形较大，这就需要下填料提供更多的保护[32]。Intel 对用于无铅产品的下填料进行了评估，结果表明，大多数失效发生在湿度敏感等级 3（MSL-3）测试和随后的 260℃ 回流过程中[33]。高温回流后多为分层失效，这与下填料中填充颗粒含量低和偶联剂含量低有关。一般来说，填充颗粒含量高（因而热膨胀系数低、模量高、吸湿性低）和粘接性良好的下填料能够与无铅工艺相兼容。

随着 IC 制造向着小特征尺寸和高密度方向发展，互连延迟问题愈发突出，这就要求采用新的互连和层间介电材料。Cu 和低 k 层间电介质已成功用于提高器件速度和降低功耗。相比于传统的层间电介质，例如 SiO_2，低 k 层间电介质往往是多孔和脆性材料，热膨胀系数较高且机械强度较低。低 k 层间电介质与硅芯片之间的热失配，导致两者界面处存在较高的热机械应力。因此，下填料的选择变得十分关键，因为它不仅需要对应力进行再分布以保护焊点，还需要保护低 k 层间电介质及其与硅芯片的界面。为了满足低 k 层间电介质封装的可靠性要求，需对下填料的 T_g、热膨胀系数和弹性模量进行优化，但这些特性的最优组合仍存在争议。

Tsao 等对 5 种用于低 k 倒装芯片封装的下填料进行了评估[34]。模拟和实验结果都表明，T_g 与应力耦合指数较低的下填料有利于低 k 倒装芯片封装的可靠性。两种 T_g 较低（在 70～120℃之间）的下填料可更好地保护焊点和低 k 界面，但 T_g 更低（低于 70℃）的下填料未能在热循环实验中对焊点进行保护。然而，LSI Logic 和 Henkel Loctite 公司进行的一项研究表明，具有高 T_g、低弹性模量的下填料有利于低 k 倒装芯片封装的可靠性[35]。下填料的弹性模量较低可减小施加在封装上的应力，从而降低低 k 层上的应力，防止下填料分层和芯片开裂。在热循环过程中，较高的 T_g 通过维持较低的热膨胀系数防止焊点疲劳。Henkel 公司研发的高 T_g、低弹性模量下填料在封装质量鉴定实验中，包括 JEDEC 预处理、热循环实验、湿度偏压实验和高温储存实验，表现出了良好的可制造性和可靠性。

尽管倒装芯片和下填料面临着新的挑战，但毛细流动底部填充仍是倒装芯片器件的主要封装技术。然而，凸点节距与填充间隙高度不断缩小，最终会限制下填料的毛细流动。业界已经开始寻求毛细流动底部填充的替代技术，下面各节将就下填料及填充工艺的最新发展进行介绍。

5.6 非流动型下填料

1992 年，Motorola 的 Pennisi 等将助焊剂与下填料进行混合的想法注册了专利[36]，由此引发了非流动型底部填充工艺的研发。1996 年，Wong 等公开了第一个非流动型底部填充工艺[37]，如图 5.17 所示。与传统工艺中先贴装芯片后底部填充相反，非流动型底部填充工艺在贴装芯片之前，先将下填料涂布到基板上，然后将芯片与基板对准并放置到基板上，接着进行回流使焊料熔化形成焊球互连。这种工艺省去了单独的助焊剂涂布和助焊剂清洗步骤，避免了下填料的毛细流动，并将焊锡凸点回流与下填料固化结合为一步，从而提高了底部填充工艺的生产效率。这是倒装芯片与表面贴装技术（SMT）相兼容的一大进步。

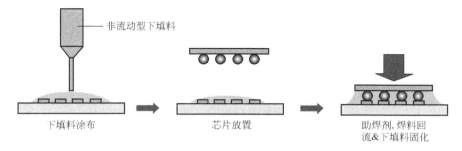

图 5.17　采用非流动型下填料的倒装芯片工艺

非流动型底部填充工艺成功的关键在于下填料，佐治亚理工大学的 Wong 和 Shi 取得了第一项非流动型下填料的专利[38]。为了实现非流动型底部填充工艺，非流动型下填料需具备两个关键特性，即延迟固化能力和内置助焊能力。非流动型底部填充工艺的本质要求下填料在焊点形成之前，具有足够的反应延迟以保持较低的黏度，否则凝胶化的下填料会阻止熔融焊料塌陷到接触焊盘上，降低焊点良率。另外，希望省去后固化步骤，因为后固化占用了额外的离线工艺时间，增加了工艺成本。针对非流动型下填料，已经探索了许多环氧树脂的延迟催化剂。在 Wong 和 Shi 设计的材料系统中，采用 Co（II）乙酰丙酮作为延迟催化剂[39,40]，使非流动型下填料具有足够的固化延迟。金属螯合物的优势不仅包括延迟加速能力，而且能够提供较宽的固化范围。通过探索不同的金属离子和螯合物，可以对不同的非流动型下填料环氧树脂的固化行为进行调节[41]。由于无铅焊料的熔点通常比共晶 Sn-Pb 焊料高，所以用于无铅凸点倒装芯片的非流动型下填料，需要更高的固化延迟以保证无铅焊料在接触焊盘上的润湿性。Zhang 等探索了 43 种不同的金属螯合物，并开发出了与无铅焊料回流相兼容的非流动型底部填充工艺[41]，成功实现了无铅凸点倒装芯片的组装[42]。

尽管非流动型下填料的固化工艺十分重要，但对下填料固化动力学及其与回流曲线关系的研究较少。为了研究表征非流动型下填料固化过程的系统方法，Zhang 等采用具有温度相关参数的自催化固化动力学模型，对焊料回流过程中下填料固化度（DOC）的演变进行预测[43]。图 5.18 所示为共晶 Sn-Pb 和无铅焊料回流过程中，非流动型下填料的固化度计算结果。如果达到焊料熔点时，下填料的固化度比凝胶化点低，则熔融焊料能够润湿基板并形成互连。除此之外，Morganelli 等采用微介电测试法实时测量非流动型下填料的黏度[44]。由于黏度与离子导电性有关，所以在回流过程中，可根据下填料的介电性质对固化过程进行实时分析，以预测焊料的润湿行为。

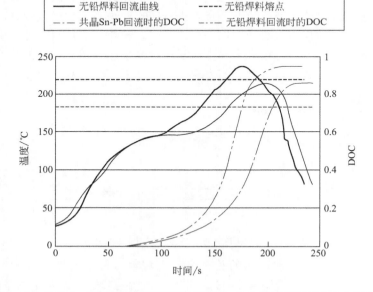

图 5.18 共晶 Sn-Pb 和无铅焊料回流过程中，非流动型下填料的 DOC 演变

非流动型下填料的另一个关键特性是助焊能力。在传统的倒装芯片工艺中，助

焊剂的作用是减少和消除焊料上的金属氧化物，并防止焊料在高温下被二次氧化。而非流动型底部填充工艺不使用助焊剂，非流动型下填料在芯片贴装之前就被涂布到了基板上，所以非流动型下填料需具备助焊能力以增强焊料的润湿性。为了达到这一目的，研发了可回流固化聚合物助焊剂[45]。Shi 等对非流动型下填料中的助焊剂进行了广泛研究[46~48]，包括 Cu 焊盘上表面复合材料与非流动型下填料助焊能力之间的关系，以及添加助焊剂对非流动型下填料固化行为和材料特性的影响。

　　非流动型底部填充工艺始终备受封装产业的关注。在许多倒装芯片非流动型底部填充封装中都观察到了空洞，可能是由于下填料释放气体、基板中存在湿气或者芯片贴装时形成了空洞等。空洞通常贴着焊锡凸点或者位于两个凸点之间[49,50]，如图 5.19 所示。下填料中的空洞，特别是接近焊料凸点的空洞，可通过多种方式引起器件的早期失效，包括应力集中、下填料分层和挤压焊料。研究表明，焊料桥接可能是由相邻凸点之间微小空洞挤压焊料凸点导致的[51]。影响空洞形成的材料和工艺因素较为复杂且相互作用。研究表明，如果固化延迟和回流温度较高，下填料中的酸酐释放气体会导致严重的空洞问题。因此，空洞问题在无铅回流工艺中变得更加突出[52]。在非流动型底部填充工艺中，影响空洞形成的关键

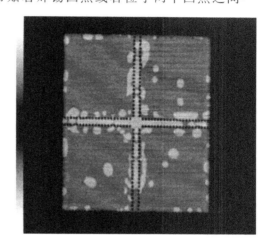

图 5.19　非流动型底部填充封装中的空洞

工艺参数包括下填料涂布方式、阻焊层设计、放置芯片的力度和速度、回流温度曲线等[53,54]。芯片贴装之前，需对印制线路板基板进行烘干以排出湿气，防止形成空洞[50]。某些情况下，希望下填料快速凝胶化以减少空洞的形成，而另外一些情况下，延长高温保温时间可以"赶走"空洞[50,55]。简而言之，采用合适的材料和工艺参数可将非流动型下填料中的空洞减至最少，但非流动型底部填充工艺窗口一般很窄。Zhao 等提出了十分重要的一点，对于小尺寸电路板，其温度分布更为均匀，得到一个"好"的回流温度曲线相对比较容易，而对于包含多个元件，并且电路板上热量差异显著的复杂 SMT 组件，回流工艺的优化面临着巨大挑战[31]。

　　已有许多报道对不同情况下倒装芯片非流动型底部填充封装的可靠性进行了评估，这些报道中存在的矛盾源于非流动型底部填充封装的工艺和可靠性，在很大程度上取决于封装设计，包括芯片尺寸、凸点节距、焊盘表面处理等。最早研究非流动型底部填充工艺的学者中，Gamota 和 Melton 对比了传统底部填充封装与非流动型底部填充封装的可靠性和典型的失效模式[56]。他们发现，在传统底部填充封装中，失效主要是由于下填料与芯片钝化层之间发生了分层。而对于非流动型底部填充封装，下填料与芯片钝化层的界面完好，失效主要是由于基板附近的焊点发生断裂。由于非流动型下填料不含填充颗粒，所以热膨胀系数较高。他们认为，芯

片、下填料和基板之间局部热失配导致局部高应力场，使得焊点中萌生裂纹。另外，未填充 SiO_2 颗粒或者颗粒含量极低的非流动型下填料，不仅热膨胀系数较高，而且断裂韧性较低[57]。较低的断裂韧性加上较高的热失配，导致下填料基体和倒角内部过早开裂。倒角开裂会导致下填料与芯片钝化层之间或者下填料与基板之间发生分层，而基体开裂会导致焊点开裂和焊料桥接[58]。这些都是倒装芯片非流动型底部填充封装中常见的失效模式。为此，可通过添加增韧剂增强非流动型底部填充材料的韧性[59]。非流动型下填料的 T_g 对封装可靠性的影响一直存在争议。通常认为下填料的 T_g 应超过温度循环的上限（125℃或150℃），以保证可靠性测试中材料性能的一致性。但一些研究表明，T_g 较低（约70℃）的下填料在液体-液体热冲击（LLTS）测试中表现得更好[60]。Zhang 等对非酸酐非流动型下填料的研究也表明，较高的 T_g 并不是可靠性的关键[61]。虽然高于 T_g 时，下填料的热膨胀系数比低于 T_g 时高得多，但弹性模量较低，所以当环境温度超过 T_g 时，下填料中的整体应力并没有显著增加。然而，较高的 T_g 可能导致下填料冷却固化后，内部存在更高的残余应力，从而造成下填料过早开裂。

先前的研究表明，倒装芯片下填料的材料特性与封装可靠性之间的关系比较复杂。由于材料特性往往彼此关联，所以很难将各个因素的影响区分开来。但普遍认为，低热膨胀系数和高弹性模量对提高互连可靠性是有利的[62]。因此，将 SiO_2 颗粒填充到下填料中对提高互连可靠性十分关键。然而，由于非流动型底部填充工艺是在芯片贴装之前，将下填料预先沉积到基板上的，所以填充颗粒容易落在焊锡凸点与接触焊盘之间，阻碍互连[63]。为此，可采用热压回流（TCR）工艺除去焊点中的 SiO_2 颗粒[64]，工艺步骤如图5.20所示。在热压回流工艺中，先将下填料涂布在预热基板上，然后拾取芯片并键合到基板上，接着在高温和外力作用下保持一段时间以形成焊点，最后完成后固化。研究发现，键合力和温度是影响芯片互连良率的重要因素。为了确定热压回流非流动型底部填充工艺中，下填料填充颗粒对焊点的影响，NAMICS公司的 Kawamoto 等研究了两种不同尺寸和不同含量的 SiO_2 填充颗粒[65]。结果发现，当下填料中未经表面处理的 SiO_2 颗粒含量为60%（质量分数）时，能够得到良好的互连焊点。尺寸较小的填充颗粒会增加下填料的黏度，并且在相同的质量百分比下，需要填充更多的颗粒，所以会有更多的填充颗粒残留在焊点界面处。该研究还发现，对填充颗粒进行适当的表面处理，可以降低下填料的黏度，并且当填充颗粒含量较高时，可以提高芯片互连良率。

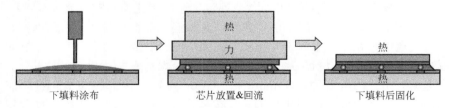

下填料涂布　　　　　芯片放置&回流　　　　　下填料后固化

图5.20　用于倒装芯片的热压回流工艺

还有其他一些方法可利用填充 SiO_2 颗粒的非流动型下填料。Zhang 等提出了双层非流动型底部填充方法并申请了专利[66]，该方法采用两层非流动型下填料，先将黏度较高且不含 SiO_2 颗粒的下填料涂布到基板上，然后将含有 SiO_2 颗粒的下填料涂布在上面，接着将芯片放置到基板上，经过回流形成焊点，并使下填料固化或部分固化，工艺流程如图 5.21 所示。研究证明，采用 SiO_2 颗粒含量为 65%（质量分数）的上层下填料可获得较高的互连良率[67]。进一步的研究表明，影响双层非流动型底部填充互连良率的因素比较复杂，并且彼此相互作用[68]。该方法的工艺窗口较窄，底层下填料的厚度和黏度对焊锡凸点的润湿性至关重要。当然，该方法需两次涂布下填料，因而成本较高。

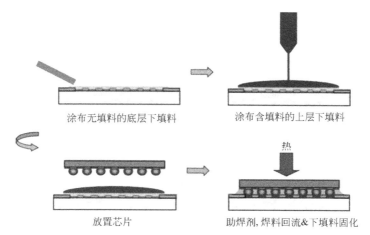

涂布无填料的底层下填料　　　涂布含填料的上层下填料

放置芯片　　　助焊剂,焊料回流&下填料固化

图 5.21　双层非流动型底部填充工艺

纳米科技的发展促进了电子封装材料的创新性研究。研究发现，可以将经过表面处理的 SiO_2 纳米填充颗粒与热固性树脂混合，以使颗粒均匀分散而不凝聚。作为非流动型下填料，纳米复合材料可含有 50%（质量分数）的填充颗粒，并且具有较高的互连良率[69]。3M 公司采用 123nm 的 SiO_2 填充颗粒制得了这种高性能非流动型下填料。当 SiO_2 填充颗粒含量为 50%（质量分数）时，材料的热膨胀系数为 $42 \times 10^{-6} ℃^{-1}$，结合 PB10 芯片（$5 \times 5mm^2$，64 个外围凸点）可以获得良好的互连良率。3M 公司与佐治亚理工大学合作研究了采用 SiO_2 纳米颗粒的非流动型底部填充工艺和可靠性评估[70]。图 5.22 所示为采用含有 SiO_2 纳米颗粒的非流动型下填料得到的焊点 SEM 图像。在空气-空气热循环（AATC）可靠性实验中，采用含有 SiO_2 纳米颗粒的非流动型下填料可将焊点特征寿命提高 1.5 倍。虽然非流动型纳米复合下填料采用了与 SMT 相兼容的非流动型底部填充工艺，能够提高倒装芯片封装的可靠性，但仍未理解 SiO_2 纳米颗粒与焊点及下填料之间相互作用的基本机制。由于纳米颗粒具有较大的表面积，且易于形成不规则的凝聚体，从而难以添加到黏合剂中，所以经过表面处理的 SiO_2 纳米颗粒对制备下填料十分重要。Sun 等研究了下填料中经过表面处理的 SiO_2 纳米颗粒[71]，结果发现，表面处理方式是影响下填料特性的主要因素。此外，采用环氧硅烷能够大大降低纳米复合下填料的黏度。

综上所述，非流动型下填料有效简化了倒装芯片底部填充工艺，并促使倒装芯

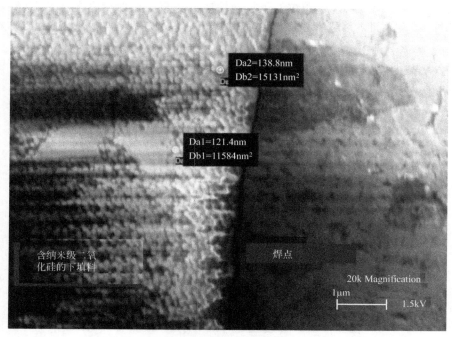

图 5.22　采用含有 SiO$_2$ 纳米颗粒的非流动型下填料得到的焊点 SEM 图像

片向着 SMT 发展。非流动底部填充工艺的实现要求对材料和工艺参数进行深入研究，大量的研究工作致力于研究倒装芯片非流动型底部填充封装的材料、工艺和可靠性。不含 SiO$_2$ 填充颗粒的下填料与传统下填料表现不同，失效模式和可靠性问题有时也与传统的倒装芯片底部填充封装不同。有多种方法可用于提高倒装芯片非流动型底部填充封装的可靠性，一是增强下填料的断裂韧性且不降低其他材料特性，以防下填料在热循环过程中发生开裂；二是采用低 T_g、低弹性模量的材料降低下填料中的应力，但这种方法使得下填料失去了作为应力再分布层的作用，虽然减小了下填料中的应力，但不能防止焊点在热机械应力作用下的疲劳失效，特别是在大芯片、高 I/O 数和小节距的情况下；三是将 SiO$_2$ 填充颗粒添加到下填料中，并与传统下填料的性质相匹配。为了避免 SiO$_2$ 颗粒阻碍焊锡凸点与焊盘互连，已经探索了不同的方法，但这些方法与 SMT 并不十分兼容，并且成本较高。研究发现，将 SiO$_2$ 纳米颗粒添加到非流动型下填料中，能够提高倒装芯片非流动型底部填充封装的可靠性，并且与 SMT 相兼容。然而，仍然缺乏对 SiO$_2$ 纳米颗粒与焊点及下填料之间相互作用的基本理解，需要进一步发展以优化材料和工艺。

5.7　模塑底部填充

环氧模塑化合物（EMC）用于器件封装已经很长时间，将模塑与底部填充结合在一起的想法引出了模塑底部填充工艺[72,73]。模塑底部填充将传递模塑工艺应用于倒装芯片封装中，利用模塑化合物填充芯片与基板之间的间隙，同时包封整个芯片[74]。模塑底部填充工艺将底部填充与传递模塑结合为一步，可以减少工艺时间和提高机械稳定性[75]。模塑底部填充工艺采用的环氧模塑化合物能够实现良好的封装可靠性。传统下填料中的 SiO_2 填充颗粒含量为 $50\%\sim70\%$（质量分数），而模塑下填料中的填充颗粒含量可高达 80%（质量分数），具有与焊点和电路板更加匹配的低热膨胀系数。此外，与传统模塑化合物相比，模塑下填料要求填充颗粒的尺寸更小，这也有利于降低材料的热膨胀系数[76]。模塑下填料特别适用于倒装芯片封装，能够提高生产效率，据报道，模塑底部填充工艺可将传统底部填充工艺的生产效率提高 4 倍[77]。

模塑底部填充的模具设计及工艺与增压底部填充类似[78]，只是前者采用的不是只填充芯片与基板间隙的液态密封剂，而是包封整个组件的模塑化合物。图 5.23 所示为倒装芯片球栅阵列（FCBGA）封装采用的模塑底部填充模具设计。

模具设计面临的挑战是倒装芯片几何形状对模流具有更高阻力，使得空气困于芯片下方。事实上，已经采用声学显微镜在模塑底部填充封装中观察到了空洞[79]。有多种模塑工艺可以减少这种几何效应[80]。一种方法是利用如图 5.23 所示的模具排气口，同时通过几何优化在芯片上下形成相似的流动阻力。另外，也可以采用真空辅助模塑防止空气截留。还有一种方法是在基板上制作如图 5.23 所示的空腔，虽然需要对基板进行特殊设计，但该方法是比较稳健且常用的工艺。

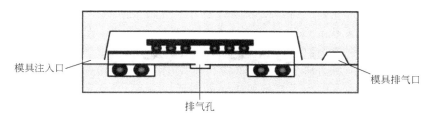

图 5.23　倒装芯片 BGA 封装采用的模塑底部填充模具设计

模塑底部填充工艺的关键工艺参数包括模塑温度、合模力和注入压力[53]。高温模塑对低黏度模塑化合物较为有利，模塑化合物的流动性更好且焊点应力更小。模塑温度的上限是焊料熔点（T_m），当模塑温度接近焊料熔点时，加上较高的注入压力会导致焊料熔化，甚至造成芯片偏移。另外，T_g 较低的基板可能会在高模塑温度与高合模力作用下受损，闪存芯片会受合模力和注入压力的影响，模塑化合物溢出会污染基板上的接触焊盘或测试焊盘，过高的注入压力会导致凸点和芯片开裂。总之，实现模塑底部填充工艺需要材料选择、模具设计以及工艺优化的协同努力，而业界也正努力降低模塑底部填充工艺的成本，提高其可靠性。

5.8　晶圆级底部填充

非流动型底部填充工艺取代了毛细流动底部填充工艺，并将助焊、焊料回流和下填料固化结合为一步，有效简化了底部填充工艺。然而，正如前面所指出的，非流动型底部填充工艺存在一些固有缺点，例如无法采用填充颗粒含量较高的下填料，这对于高可靠性封装而言是一个重大问题。另外，非流动型底部填充工艺仍需单独涂布下填料，这与标准的 SMT 设备并不完全兼容。为此，提出了一种改进的且与 SMT 相兼容的倒装芯片工艺，即晶圆级底部填充工艺，以满足低成本和高可靠性要求[81~84]，工艺步骤如图 5.24 所示。在晶圆级底部填充工艺中，先采用适当的方法，例如印刷或者涂布，将下填料沉积到凸点晶圆或者无凸点晶圆上。接着进行 B 阶段工艺，并将晶圆切割成单个芯片，对于无凸点晶圆，在切割之前，下填料可以作为掩模用于在晶圆上制作凸点。最后利用标准的 SMT 组装设备将单个芯片贴装到基板上。

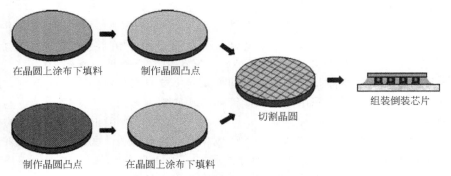

在晶圆上涂布下填料　　制作晶圆凸点　　　　切割晶圆　　组装倒装芯片

制作晶圆凸点　　　在晶圆上涂布下填料

图 5.24　晶圆级底部填充工艺步骤

需要注意的是，在某些类型的晶圆级芯片尺寸封装（WLCSP）中，晶圆上的聚合物层也可用于缓冲 I/O 上的应力，并提高互连可靠性。但聚合物层通常不与基板粘接，且不能视作下填料。这里讨论的晶圆级下填料是指将芯片与基板粘接到一起的粘接剂，作为应力再分布层而非应力缓冲层。晶圆级底部填充工艺的吸引力在于其潜在的低成本（因为无需显著改变晶圆后段制程），以及对组件可靠性的提高。然而，晶圆级底部填充工艺面临着材料和工艺的关键挑战，包括在晶圆上沉积均匀的下填料薄膜、B 阶段工艺、B 阶段化下填料的切割和存储、助焊能力、保质期、焊料的润湿性、无后固化和可返修要求等。由于晶圆级底部填充工艺建议将封装制造的前段和后段制程融合在一起，所以需要芯片制造商、封装厂商以及材料供应商之间的密切合作，一些项目已经进行了这方面的合作研究[85~87]。本节给出了解决上述问题的一些创新方法和晶圆级底部填充工艺实例。

在大多数晶圆级底部填充工艺中，所用下填料必须在切割晶圆之前完成烘烤固化，一般包括部分固化和溶剂蒸发。为了便于切割、存储和处理，B 阶段化下填料必须呈固态，并且具有足够的机械完整性和稳定性。而在最终的组装过程中，下填料需具备"可回流性"，即能够熔融和流动，使得焊锡凸点可以润湿接触焊盘并形成焊点。因此，固化工艺的控制和 B 阶段化下填料的特性，对实现晶圆级底部填充工艺至关重要。佐治亚理工大学进行的一项研究中，采用固化动力学模型计算回流过程中不同下填料的固化度演变[88]，并结合下填料的凝胶化行为，对回流过程中焊料的润湿性进行预测和实验验证。基于 B 阶段的工艺窗口和 B 阶段化下填料的材料特性，开发了有效的晶圆级底部填充材料及工艺，并实现了节距 $200\mu m$ 的晶圆级底部填充全面阵列倒装芯片封装，如图 5.25 所示[89]。

上述研究表明，为了便于晶圆切割和存储，以及提高焊点互连的可靠性，对晶

(a) 涂覆下填料的晶圆　　　　　　　　　　(b) 组装到基板上

图 5.25　节距 200μm 晶圆级底部填充工艺

圆级下填料的 B 阶段工艺进行控制是关键。图 5.26 给出了一种避免切割晶圆时下填料未完全固化的方法，即由 Motorola、Loctite 和奥本大学开发的晶圆级可返修助焊底部填充工艺[85]。因为未固化的下填料会吸湿，导致组件中形成空洞，该工艺在涂布下填料之前切割晶圆，然后利用丝网或模板印刷工艺涂覆助焊剂，利用改进的丝网印刷工艺涂覆大体积下填料，并保持切割道清洁。将助焊剂与下填料分离，延长了下填料的保质期，并防止填充颗粒沉积在焊锡凸点上，保证了倒装芯片组件的互连可靠性。正如前面所讨论的，该工艺无需额外在基板上涂布助焊剂，所以下填料必须是黏性的，以便将芯片与基板粘接到一起。

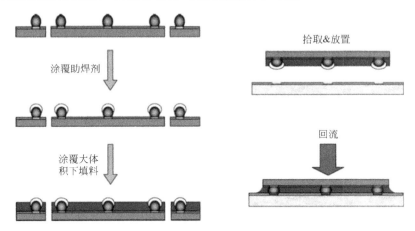

涂覆助焊剂

涂覆大体积下填料

拾取&放置

回流

图 5.26　晶圆级可返修助焊底部填充工艺

在晶圆上涂布或印刷沉积液态下填料需要后续的 B 阶段工艺，而这往往是比较棘手和困难的。由 3M 和 Delphi-Delco 公司开发的薄膜压合工艺规避了 B 阶段工艺[90]，工艺步骤如图 5.27 所示。首先在真空环境下，将热固性/热塑性复合材料制成的固体薄膜压合到凸点晶圆上，并通过加热使得薄膜完全浸润整片晶圆，同时排除所有空洞。然后采用专有工艺露出焊锡凸点，且不改变凸点的原有形状。接着采用与非流动型底部填充类似的工艺进行倒装芯片组装，先将可固化助焊粘接剂涂布到基板上，然后进行回流。

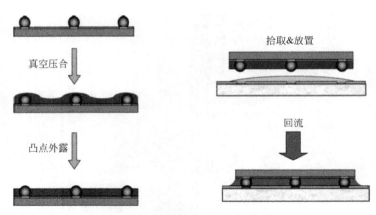

图 5.27　晶圆级薄膜压合底部填充工艺

也可以在凸点工艺之前进行晶圆级底部填充。图 5.28 所示为 AguilaTechnologies 公司开发的多层晶圆级底部填充工艺[91]，先利用丝网印刷将填充颗粒含量较高的晶圆级下填料涂布到无凸点晶圆上并固化，接着通过激光烧蚀在下填料上形成微通孔以露出焊盘，然后在通孔中填充焊膏并回流，最后再填充通孔顶部形成凸点。同样，多层晶圆级底部填充工艺与非流动型底部填充工艺类似，即在芯片贴装之前将聚合物助焊剂涂覆到基板上。

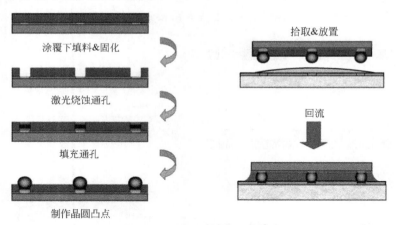

图 5.28　多层晶圆级底部填充工艺

上述 3 种工艺的相似之处是将助焊剂与下填料分离。晶圆级底部填充工艺利用不同的材料满足不同功能需求，这样就无需"解决一切问题的神奇材料"。然而，该工艺可能会引起底部填充层内的不均匀性，这对可靠性的影响目前尚未完全了解。

佐治亚理工大学公开了一种既可充当光刻胶也可用作晶圆级下填料的新型可光定义材料[92]。在如图 5.29 所示的工艺中，先将光刻胶涂布到无凸点晶圆上，然后利用掩模进行 UV 曝光使其发生交联反应，接着通过显影去除未曝光的材料，露出晶圆上的凸点焊盘以形成焊锡凸点。完全固化的光刻胶薄膜留在晶圆上，并在晶圆切割后作为后续 SMT 组装时的下填料。在 SMT 组装过程中，需采用聚合物助焊剂将器件固定在基板上，并提供助焊能力，这类似于干膜压合晶圆级底部填充工艺。为了改善下填料的材料特性，可在下填料中添加 SiO_2 填充颗粒。这种情况下需采用 SiO_2 纳米颗粒，以免下填料曝光时 UV 光发生散射，阻碍光交联反应。另外，该工艺在晶圆上覆盖了一层透光薄膜，便于晶圆切割和组装过程中进行视觉识别。光可定义纳米复合晶圆级下填料可以降低晶圆级底部填充的成本，并且能满足细节距互连的要求。

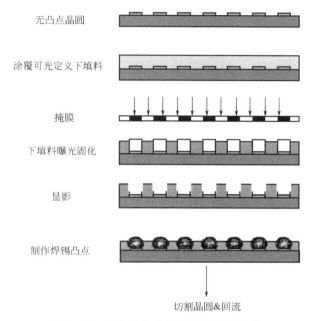

图 5.29　可光定义晶圆级底部填充工艺

　　由于晶圆级底部填充是一种相对较新的概念，大多数研究仍处于工艺和材料的研发阶段，对晶圆级底部填充倒装芯片封装的可靠性研究较少。虽然还没有标准的晶圆级底部填充工艺，但最终决定可能取决于晶圆和芯片尺寸、凸点节距以及封装类型等。类似于 WLCSP，晶圆级底部填充工艺存在多种解决方案。

5.9　总结

　　相比于其他互连技术，倒装芯片具有诸多优点，并得到了广泛应用。为了提高有机倒装芯片封装的可靠性，需进行底部填充，但底部填充工艺的兼容性并不好，并成为了实现倒装芯片组件量产的瓶颈。随着硅技术向着特征尺寸小于 65nm 的技术节点发展，凸点节距和填充间隙的缩小，以及无铅焊料和低 k 层间电介质/Cu 互连的开发，都对下填料和底部填充工艺提出了新的挑战。已经通过改进传统的底部填充工艺克服这些挑战，其中新开发的非流动型底部填充、模塑底部填充和晶圆级底部填充工艺备受关注。非流动性底部填充工艺将助焊剂添加到下填料中，简化了传统的倒装芯片底部填充工艺，避免了下填料的毛细流动，并将焊料回流与下填料固化结合为一步。然而，由于下填料会影响焊点的形成，所以预沉积的下填料不能包含过多的 SiO_2 填充颗粒，这就使得下填料的热膨胀系数较高，降低了封装的可靠性。已经探索了各种方法以提高封装的可靠性，例如提高下填料的断裂韧性，降低下填料的 T_g 和弹性模量，以及采用其他方法掺入填充颗粒。模塑底部填充工艺将底部填充与模塑结合起来，特别适用于倒装芯片封装，以改善毛细下填料的流动性和生产效率。实现模塑底部填充工艺需要材料选择、模具设计以及工艺优化的协同努力。晶圆级底部填充工艺要求将封装制造的前段和后段制程融合在一起，提供低成本、高可靠性倒装芯片工艺解决方案。各种材料和工艺问题，包括下填料沉积、含有下填料晶圆的切割、保质期、视觉识别、芯片放置、含有下填料焊料的润湿性等，已经通过开发新型材料和不同的工艺得以解决。虽然对晶圆级底部填充工艺的研究还处于早期阶段，工艺也没有标准，但是工艺论证已取得相当大的成功，未来的封装制造看起来充满希望。非流动型底部填充、模塑底部填充和晶圆级底部填充这 3 种工艺，都需要材料供应商、封装设计人员、封装厂商或者芯片制造商之间的密切合作。对材料和工艺及其相互关系的深入理解，对实现有效的封装至关重要。

参 考 文 献

[1] Wong CP，Lou S，Zhang Z（2000）Flip the chip. Science 290：2269.

[2] Davis E，Harding W，Schwartz R，Coring J（1964）Solid logic technology：versatile high performance microelectronics. IBM J Res Dev 8：102.

[3] Nakano F，Soga T，Amagi S（1987）Resin-insertion effect on thermal cycle resistivity of flip-chip mounted LSI devices. In：The proceedings of the international society of hybrid microelectronics conference，p 536.

[4] Tsukada Y（1992）Surface laminar circuit and flip-chip attach packaging. In：Proceedings of the 42nd electronic components and technology conference，p 22.

[5] Han B，Guo Y（1995）Thermal deformation analysis of various electronic packaging products by Moire and microscope Moire interferometry. J Electronic Packaging 117：185.

[6] Han S，Wang KK（1997）Analysis of the flow of encapsulant during underfill encapsulation of flip-chips. IEEE Trans Compon Packaging Manuf Technol Part B 20（4）：424-433.

[7] Han S，Wang KK，Cho SY（1996）Experimental and analytical study on the flow of encapsulant during underfill encapsulation of flip-chips. In：Proceedings of the 46th electronic components and technology conference，pp 327-334.

[8] Nguyen L，Quentin C，Fine P，Cobb B，Bayyuk S，Yang H，Bidstrup-Allen SA（1999）Underfill of flip-chip on laminates：simulation and validation. IEEE Trans Compon Packaging Manuf Technol 22（2）：168-176.

[9] Young WB，Yang WL（2006）Underfill of flip-chip：the effect of contact angle and solder bump arrangement. IEEE Trans Adv Packaging 29（3）：647-653.

[10] Rodriguez F（1996）Principles of polymer systems，Chapter 3：physical states and transitions. Taylor & Francis，Washington，DC.

[11] Ward IM，Hadley DW（1993）An introduction to the mechanical properties of solid polymers，Chapter 4：principles of linear viscoelasticity. John Wiley & Sons Ltd，New York.

[12] Tobolsky AV（1960）Properties and structure of polymers. Wiley，New York.

[13] Bressers H，Beris P，Caers J，Wondergerm J（1996）Influence of chemistry and processing of flip-chip

underfills on reliability. In: 2nd international conference on adhesive joining and coating technology in electronics manufacturing, Stockholm Sweden.

[14] Nysaether JB, Lundstrom P, Liu J (1998) Measurements of solder bump lifetime as a function of underfill material properties. IEEE Trans Compon Packaging Manuf Technol Part A21 (2): 281-287.

[15] Dudek R, Schubert A, Michel B (2000) Analyses of flip-chip attach reliability. In: Proceedings of 4th international conference on adhesive joining and coating technology in electronics manufacturing, pp 77-85.

[16] Palaniappan P, Selman P, Baldwin D, Wu J, Wong CP (1998) Correlation of flip-chip underfill process parameters and material properties with in-process stress generation. In: Proceedings of the 48th electronic components and technology conference, pp 838-847.

[17] Mercado L, Sarihan V (2003) Evaluation of die edge cracking in flip-chip PBGA packages. IEEE Trans Compon Packaging Technol 26 (4): 719-723.

[18] van Vroonhoven JCW (1993) ASME Trans J Electronic Packaging 115: 28-32.

[19] Luo S, Wong CP (2001) IEEE Trans Compon Packaging Technol 24: 38-42.

[20] Lam DCC, Yang F, Tong P (1999) IEEE Trans Compon Packaging Technol 22: 215-220.

[21] Wong EH, Chan KC, Rajoo R, Lim TB (2000) In: Proceedings of the 50th electronic components and technology conference, pp 576-580.

[22] Luo S, Wong CP (2004) J Adhes Sci Technol 18 (2): 275.

[23] Luo S, Leisen J, Wong CP (2001) In: Proceedings of the 51st electronic components and technology conference, pp 149.

[24] Andrews EH (1991). In: Lee LH (ed) Adhesive bonding, Plenum Press, New York.

[25] Mittal KL (ed) (1992) Silanes and other coupling agents. VSP, Utrecht.

[26] Mittal KL (ed) (2000) Silanes and other coupling agents, vol 2. VSP, Utrecht.

[27] Welsh DJ, Pearson RA, Luo S, Wong CP (2001) In: Proceedings of the 51st electronic components and technology conference, pp 1502.

[28] Chen T, Wang J, Lu D (2004) Emerging challenges of underfill for flip-chip application. In: Proceedings of the 54th electronic components and technology conference, pp 175-179.

[29] Hwang JS (2000) Lead-free solder: the Sn/Ag/Cu system. Surface Mount Technology, p 18.

[30] Huang B, Lee NC (1999) Prospect of lead free alternatives for reflow soldering. In: Proceedings of SPIE—the international society for optical engineering, vol 3906, p 771.

[31] Butterfield A, Visintainer V, Goudarzi V (2000) Lead-free solder paste flux evaluation and implementation in personal communication devices. In: Proceedings of the 50th electronic components and technology conference, p 1420.

[32] Mahalingam S, Goray K, Joshi A (2004) Design of underfill materials for lead free flip-chip application. In: Proceedings of 2004 I. E. international society conference on thermal phenomena, pp 473-479.

[33] Chee CK, Chin YT, Sterrett T, He Y, Sow HP, Manepali R, Chandran D (2002) Lead-free compatible underfill materials for flip-chip application. In: Proceedings of the 52nd electronic components and technology conference, pp 417-424.

[34] Tsao P, Huang C, Li M, Su B, Tsai N (2004) Underfill characterization for low-k dielectric/Cu interconnect IC flip-chip package reliability. In: Proceedings of the 54th IEEE electronic components and technology conference, pp 767-769.

[35] Rajagopalan S, Desai k, Todd M, Carson G (2004) Underfill for low-k silicon technology. In: Proceedings of 2004 IEEE/SEMI international electronics manufacturing technology symposium.

[36] Pennisi R, Papageorge M (1992) Adhesive and encapsulant material with fluxing properties. US Patent 5, 128, 746, 7 July 1992.

[37] Wong CP, Baldwin D (1996) No-flow underfill for flip-chip packages. US Patent Disclosure, April 1996.

[38] Wong CP, Shi SH (2001) No-flow underfill of epoxy resin, anhydride, fluxing agent and surfactant. US Patent 6, 180, 696, 30 Jan 2001.

[39] Wong CP，Shi SH，Jefferson G (1997) High performance no flow underfills for low-cost flip-chip applications. In：Proceedings of the 47th electronic components and technology conference，pp 850.

[40] Wong CP，Shi SH，Jefferson G (1998) High performance no-flow underfills for flip-chip applications：material characterization. IEEE Trans Compon Packaging Manuf Technol Part A 21 (3)：450.

[41] Zhang Z，Shi SH，Wong CP (2000) Development of no-flow underfill materials for lead-free bumped flip-chip applications. IEEE Trans Compon Packaging Manuf Technol 24 (1)：59-66.

[42] Zhang Z，Wong CP (2000) Development of no-flow underfill for lead-free bumped flip-chip assemblies. In：Proceedings of electronics packaging technology conference，Singapore，pp 234-240.

[43] Zhang Z，Wong CP (2002) Study and modeling of the curing behavior of no-flow underfill. In：Proceedings of the 8th international symposium and exhibition on advanced packaging materials processes，properties and interfaces，Stone Mountain，Georgia，pp 194-200.

[44] Morganelli P，Wheelock B (2001) Viscosity of a no-flow underfill during reflow and its relationship to solder wetting. In：Proceedings of the 51st electronic components and technology conference，pp 163-166.

[45] Johnson RW，Capote MA，Chu S，Zhou L，Gao B (1998) Reflow-curable polymer fluxes for flip-chip encapsulation. In：Proceedings of international conference on multichip modules and high density packaging，pp 41-46.

[46] Shi SH，Wong CP (1998) Study of the fluxing agent effects on the properties of no-flow underfill materials for flip-chip applications. In：Proceedings of the 48th electronic components and technology conference，pp 117.

[47] Shi SH，Lu D，Wong CP (1999) Study on the relationship between the surface composition of copper pads and no-flow underfill fluxing capability. In：Proceedings of the 5th international symposium on advanced packaging materials：processes，properties and interfaces，pp 325.

[48] Shi SH，Wong CP (1999) Study of the fluxing agent effects on the properties of no-flow underfill materials for flip-chip applications. IEEE Trans Compon Packaging Technol Part A 22 (2)：141.

[49] Palm P，Puhakka K，Maattanen J，Heimonen T，Tuominen A (2000) Applicability of no-flow fluxing encapsulants and flip-chip technology in volume production. In：Proceedings of the 4th international conference on adhesive joining and coating technology in electronics manufacturing，pp 163-167.

[50] Puhakka K，Kivilahti JK (1998) High density flip-chip interconnections produced with in-situ underfills and compatible solder coatings. In：Proceedings of the 3rd international conference on adhesives joining and coating technology in electronics manufacturing，pp 96-100.

[51] Wang T，Chew TH，Chew YX，Louis Foo (2001) Reliability studies of flip-chip package with reflowable underfill. In：Proceedings of the pan pacific microelectronic symposium，Kauai，Hawaii，2001，pp 65-70.

[52] Zhang Z，Wong CP (2002) Assembly of lead-free bumped flip-chip with no-flow underfills. IEEE Trans Compon Packaging Manuf Technol 25 (2)：113-119.

[53] Miller D，Baldwin DF (2001) Effects of substrate design on underfill voiding using the low cost，high throughput flip-chip assembly process. Proceedings of the 7th international symposium on advanced packaging materials：processes，properties and interfaces，pp 51-56.

[54] Zhao R，Johnson RW，Jones G，Yaeger E，Konarski M，Krug P，Crane L (2002) Processing of fluxing underfills for flip-chip-on-laminate assembly. In：Presented at IPC SMEMA Council APEX 2002，Proceeding of APEX，San Diego，CA，pp S18-1-1-S18-1-7.

[55] Wang T，Lum C，Kee J，Chew TH，Miao P，Foo L，Lin C (2000) Studies on a reflowable underfill for flip-chip application. In：Proceedings of the 50th electronic components and technology conference，pp 323-329.

[56] Gamota D，Melton CM (1997) The development of reflowable materials systems to integrate the reflow and underfill dispensing processes for DCA/FCOB assembly. IEEE Trans Compon Packaging Manuf Technol Part C 20 (3)：183.

［57］ Dai X，Brillhart MV，Roesch M，Ho PS（2000）Adhesion and toughening mechanisms at underfill interfaces for flip-chip-on-organic-substrate packaging. IEEE Trans Compon Packaging Technol 23（1）：117-127.

［58］ Smith BS，Thorpe R，Baldwin DF（2000）A reliability and failure mode analysis of no flow underfill materials for low cost flip-chip assembly. In：Proceedings of 50th electronic components and technology conference，pp 1719-1730.

［59］ Moon KS，Fan L，Wong CP（2001）Study on the effect of toughening of no-flow underfill on fillet cracking. In：Proceedings of the 51st electronic components and technology conference，pp 167-173.

［60］ Wang H，Tomaso T（2000）Novel single pass reflow encapsulant for flip-chip application. In：Proceedings of the 6th international symposium on advanced packaging materials：process，properties，and interfaces，pp 97-101.

［61］ Zhang Z，Fan L，Wong CP（2002）Development of environmental friendly non-anhydride noflow underfills. IEEE Trans Compon Packaging Technol 25（1）：140-147.

［62］ Shi SH，Yao Q，Qu J，Wong CP（2000）Study on the correlation of flip-chip reliability with mechanical properties of no-flow underfill materials. In：Proceedings of the 6th international symposium on advanced packaging materials：processes，properties and interfaces，pp 271-277.

［63］ Shi SH，Wong CP（1999）Recent advances in the development of no-flow underfill encapsulants—a practical approach towards the actual manufacturing application. In：Proceedings of the 49th electronic components and technology conference，p 770.

［64］ Miao P，Chew Y，Wang T，Foo L（2001）Flip-chip assembly development via modified reflowable underfill process. In：Proceedings of the 51st electronic components and technology conference，pp 174-180.

［65］ Kawamoto S，Suzuki O，Abe Y（2006）The effect of filler on the solder connection for no-flow underfill. In：Proceedings of the 56th electronic components and technology conference，pp 479-484.

［66］ Zhang Z，Lu J，Wong CP（2001）Provisional Patent 60/288，246；"a novel process approach to incorporate silica filler into no-flow underfill".

［67］ Zhang Z，Lu J，Wong CP（2001）A novel approach for incorporating silica fillers into no-flow underfill. In：Proceedings of the 51st electronic components and technology conference，pp 310-316.

［68］ Zhang Z，Wong CP（2002）Novel filled no-flow underfill materials and process. In：Proceedings of the 8th international symposium and exhibition on advanced packaging materials processes，properties and interfaces，pp 201-209.

［69］ Gross KM，Hackett S，Larkey DG，Scheultz MJ，Thompson W（2002）New materials for high performance no-flow underfill. In：Symposium proceedings of IMAPS 2002，Denvor.

［70］ Gross K，Hackett S，Schultz W，Thompson W，Zhang Z，Fan L，Wong CP（2003）Nanocomposite underfills for flip-chip application. In：Proceedings of the 53rd electronic components and technology conference，pp 951-956.

［71］ Sun Y，Zhang Z，Wong CP（2004）Fundamental research on surface modification of nano-size silica for underfill applications. In：Proceedings of the 54th electronic components and technology conference，pp 754-760.

［72］ Weber PO（2000）Chip package with molded underfill. US Patent 6，038，136，14 Mar 2000.

［73］ Weber PO（2000）Chip package with transfer mold underfill. US Patent 6，157，086，5 Dec 2000.

［74］ Gilleo K，Cotterman B，Chen T（2000）Molded underfill for flip-chip in package. High density interconnection，p 28.

［75］ Braun T，Becker KF，Koch M，Bader V，Aschenbrenner R，Reichl H（2002）Flip-chip molding—recent progress in flip-chip encapsulation. In：Proceedings of 8th international advanced packaging materials symposium，pp 151-159.

［76］ Liu F，Wang YP，Chai K，Her TD（2001）Characterization of molded underfill material for flip-chip ball grid array packages. In：Proceedings of the 51st electronic components and technology conference，pp 288-292.

[77] Rector LP, Gong S, Miles TR, Gaffney K (2000) Transfer molding encapsulation of flip-chip array packages. In: IMAPS proceedings, pp 760-766.

[78] Han S, Wang KK (1999) Study on the pressurized underfill encapsulation of flip-chips. IEEE Trans Compon Packaging Manuf Technol Part B 20 (4): 434-442.

[79] Rector LP, Gong S, Gaffney K (2001) On the performance of epoxy molding compounds for flip-chip transfer molding encapsulation. In: Proceedings of the 51st electronic components and technology conference, pp 293-297.

[80] Becker KF, Braun T, Koch M, Ansorge F, Aschenbrenner R, Reichl H (2001) Advanced flip-chip encapsulation: transfer molding process for simultaneous underfilling and postencapsulation. In: Proceedings of the 1st international IEEE conference on polymers and adhesives in microelectronics and photonics, pp 130-139.

[81] Shi SH, Yamashita T, Wong CP (1999) Development of the wafer-level compressive-flow underfill process and its required materials. In: Proceedings of the 49th electronic components and technology conference, p 961.

[82] Shi SH, Yamashita T, Wong CP (1999) Development of the wafer-level compressive-flow underfill encapsulant. In: Proceedings of the 5th international symposium on advanced packaging materials: processes, properties and interfaces, p 337.

[83] Gilleo K, Blumel D (1999) Transforming flip-chip into CSP with reworkable wafer-level underfill. In: Proceedings of the Pan Pacific Microelectronics Symposium, p 159.

[84] Gilleo K (1999) Flip-chip with integrated flux, mask and underfill. WO Patent 99/56312, 4 Nov 1999.

[85] Qi J, Kulkarni P, Yala N, Danvir J, Chason M, Johnson RW, Zhao R, Crane L, Konarski M, Yaeger E, Torres A, Tishkoff R, Krug P (2002) Assembly of flip-chips utilizing wafer applied underfill. In: Presented at IPC SMEMA Council APEX 2002, Proceedings of APEX, San Diego, CA, pp S18-3-1-S18-3-7.

[86] Tong Q, Ma B, Zhang E, Savoca A, Nguyen L, Quentin C, Lou S, Li H, Fan L, Wong CP (2000) Recent advances on a wafer-level flip-chip packaging process. In: Proceedings of the 50th electronic components and technology conference, pp 101-106.

[87] Charles S, Kropp M, Kinney R, Hackett S, Zenner R, Li FB, Mader R, Hogerton P, Chaudhuri A, Stepniak F, Walsh M (2001) Pre-applied underfill adhesives for flip-chip attachment. In: IMAPS proceedings, international symposium on microelectronics, Baltimore, MD, pp 178-183.

[88] Zhang Z, Sun Y, Fan L, Wong CP (2004) Study on B-stage properties of wafer level underfill. J Adhes Sci Technol 18 (3): 361-380.

[89] Zhang Z, Sun Y, Fan L, Doraiswami R, Wong CP (2003) Development of wafer level underfill material and process. In: Proceedings of 5th electronic packaging technology conference, Singapore, pp 194-198.

[90] Zenner RLD, Carpenter BS (2002) Wafer-applied underfill film laminating. In: Proceedings of the 8th international symposium on advanced packaging materials, pp 317-325.

[91] Burress RV, Capote MA, Lee Y-J, Lenos HA, Zamora JF (2001) A practical, flip-chip multilayer pre-encapsulation technology for wafer-scale underfill. In: Proceedings of the 51st electronic components and technology conference, pp 777-781.

[92] Sun Y, Zhang Z, Wong CP (2005) Photo-definable nanocomposite for wafer level packaging. In: Proceedings of the 55th electronic components and technology conference, p 179.

第6章

导电胶在倒装芯片中的应用

Daoqiang Daniel Lu
Henkel Corporation, Shanghai, China
C. P. Wong
Dean of Engineering, The Chinese University of Hong Kong, Shatin, NT, Hong Kong
SAR, China

摘要　导电胶和非导电胶技术的改善取得了重大进展。本章首先回顾了各向异性导电胶/导电膜材料的最新研究进展，及其在倒装芯片中的应用。然后详细回顾了有关各向同性导电胶材料的开发、电学性能和力学性能方面的研究进展，以及在倒装芯片和先进封装中的应用。最后回顾了倒装芯片中非导电胶技术的最新进展。

6.1　引言

导电胶（ECA）技术是代替焊锡连接技术的一种无铅技术。导电胶具有诸多优势，例如减少了工艺步骤，降低了生产成本；降低了工艺温度，使得热敏感、低成本的基板得以应用；能够满足细节距互连的要求[1]等。导电胶分为两类，即各向异性导电胶与各向同性导电胶[2~8]。导电胶由聚合物粘接剂和导电填充颗粒组成，非导电胶只含聚合物粘接剂，不含导电填充颗粒。

6.2　各向异性导电胶/导电膜

6.2.1　概述

各向异性导电胶（ACA）通过填充体积分数为 5％～20％ 的导电颗粒实现单向导电[3,9,10]，由于导电颗粒含量较少，颗粒之间不易接触，从而避免了沿 X-Y 平面导电。膏状或者膜状各向异性导电胶均可用来连接两个元件的互连表面，当对堆叠结构施加热压力时，导电颗粒被夹在两个元件的互连表面之间，一旦能够连续导电，便通过化学反应（热固性）或冷却（热塑性）使导电胶硬化。硬化后的导电胶将两个元件连接起来，同时维持元件互连表面与导电颗粒之间的接触压力。如图6.1所示，芯片与载体芯片之间通过各向异性导电胶实现互连。各向异性导电胶已经被开发用于器件的电气互连，欧洲、日本和美国拥有众多关于各向异性导电胶的设计、配方和加工工艺方面的专利[3]。

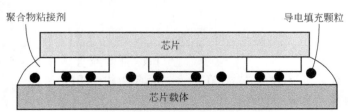

图 6.1　芯片与载体芯片之间通过 ACA 形成互连

6.2.2　分类

概括起来，各向异性导电胶可分为两类：加工前呈各向异性和加工后呈各向异性。两者的特性如下：①加工前呈各向异性的导电胶，其导电颗粒通常呈带状或片状，并有序分布于胶基体薄膜中。这种导电胶的制作过程较为复杂，需先对胶基体薄膜进行激光打孔或刻蚀，然后填充导电材料。这种导电胶的接触情况是可预测的，一般用于基板预成形。②加工后呈各向异性的导电胶，其导电颗粒与胶基体均匀混合，加工之前没有特定的内部结构或顺序，所有膏状以及部分带状导电胶都属于此类。

6.2.3　胶基体

胶基体的作用是实现互连结构之间的机械键合，一般采用热固性和热塑性材料。热塑性胶在玻璃转化温度（T_g）以下呈固体特性，在 T_g 以上则表现出流体特性。因此，所选聚合物材料需具有足够高的 T_g，以免在服役温度条件下发生流动。但 T_g 也不能过高，以免组装过程中对基板和器件造成损伤。热塑性各向异性导电胶的主要优点是，在器件返修时能够比较容易地将互连点拆开[11,12]。但热塑性各向异性导电胶也存在诸多缺点，其中最严重的一个问题在于其粘接性能不足以固定导电颗粒，导致热冲击后器件的接触电阻激增[11,12]。此外，在键合过程中，将导电胶挤压到器件上时会产生应力，而当胶层从应力作用下恢复时会发生回弹，导致接触电阻增加。"回弹"现象源于热塑性弹性体的蠕变，容易发生在对导电胶进行加热并形成电连接之后。胶层回弹（也称为卸载）有时可使接触电阻增至初始阻值的 3 倍以上[11]。

热固性胶，例如环氧树脂和硅树脂，在特定条件下固化时会形成三维交联结构。固化方法包括：加热、UV 光照射以及加入催化剂。固化反应是不可逆的，原先未发生交联的材料会转变成刚性固体。热固性各向异性导电胶在高温下比较稳定，更重要的是接触电阻较低，这是由于固化后产生的压力可使导电颗粒之间保持紧密接触。换句话说，固化反应使得导电胶体积缩小，从而能够长期保持较低的接触电阻。热固性各向异性导电胶的主要优点是，高温下能够保持足够的强度和粘接性能。但由于固化反应不可逆，所以无法对形成互连的器件进行返工或返修[11,12]。胶基体材料的选择及其配方对延长导电胶的寿命至关重要。实际上，胶基体的选择有很多，丙烯酸主要应用于服役温度较低（低于 100℃）的器件；树脂材料更加耐用，可满足服役温度更高（200℃）的情况；聚酰亚胺（PI）可以应对最为严酷的环境，服役温度可达 300℃[3]。

6.2.4　导电填充颗粒

6.2.4.1　固体金属颗粒

导电填充颗粒为导电胶提供导电性。最简单的填充颗粒是金属颗粒，例如 Au、Ag、Ni、In、Cu、Cr 以及无铅焊料（Sn-Bi）等[3,11,13~15]。各向异性导电胶中的填充颗粒通常为球状，直径为 $3 \sim 15 \mu m$[16]。另外，也有一些专利提出采用针状或晶须状填充颗粒[3]。

6.2.4.2　具有金属涂层的非金属颗粒

部分各向异性导电胶中，采用具有薄金属涂层的非金属颗粒作为导电填充颗粒，核心材料为塑料或者玻璃，表面金属涂层为 Au、Ag、Ni、Al 或 Cr。导电颗粒也呈球状，当两个颗粒接触面之间相互挤压时，塑料核心会发生变形，使得接触面积更大。由于具有金属涂层的聚苯乙烯（PS）导电颗粒其热膨胀系数与热固性胶十分接近，所以多采用聚苯乙烯作为核心材料，并且有效改善了导电颗粒的热稳定性[11]。此外，玻璃也可以用作导电颗粒的核心材料，具有金属涂层的玻璃导电颗粒其形状不可变，因此胶层的厚度可控。由于导电颗粒的尺寸已知，所以可以预测导电胶的电导率。

6.2.4.3　具有绝缘涂层的金属颗粒

为了满足细节距互连的要求，提出了在金属球或具有金属涂层的塑料球表面上涂覆绝缘层的方法，这种导电颗粒被称为微胶囊填充料（MCF），只有当颗粒受到挤压时，绝缘层才会破裂并露出内部的导电层。采用微胶囊填充料能够填充更多的导电颗粒，以满足细节距互连的要求，同时可避免印刷电路之间发生短路[11,16]。图 6.2 所示为采用微胶囊填充料的各向异性导电胶互连剖面图。

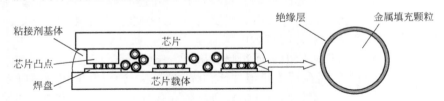

图 6.2　填充 MCF 的 ACA 互连剖面图

6.2.5　ACA/ACF 在倒装芯片中的应用

在传统的倒装芯片封装中，芯片与基板通过焊锡凸点实现电气连接。为了提高封装可靠性，需在芯片和基板之间填充有机下填料。固化后的下填料使得结构形成一体，均化了填充层中所有材料的应力，而不仅仅是焊点的应力。在过去的数年中，许多研究关注于利用各向异性导电胶代替倒装芯片封装中的焊锡凸点。相比于倒装芯片中的含铅焊料，各向异性导电胶具有细节距、无铅、工艺温度低、无助焊剂残留、低成本等优点。此外，各向异性导电胶倒装芯片技术可利用导电胶作为下填料，所以无需额外的底部填充工艺。

各向异性导电胶倒装芯片技术已经广泛用于连接芯片与刚性基板[17]，包括晶体管收音机中专用集成电路芯片，个人数字助理设备（PDA），数码相机中的传感芯片，以及笔记本电脑中的存储芯片等，这些产品都采用各向异性导电胶倒装芯片技术组装细节距裸芯片，节距通常小于 $120\mu m$。对于这些产品，各向异性导电胶倒装芯片技术显然比焊接技术的成本效益更高。

利用各向异性导电胶在柔性基板上进行倒装芯片键合，具有更高的可靠性，这是因为基板弯曲变形能够释放应力，例如树脂固化过程中会产生内应力，而这些内应力可由基板的变形吸收。Wu 等人分析了各向异性导电胶互连点的应力，指出采用刚性基板时，键合后的残余应力高于柔性基板[18]。

6.2.5.1　ACA 凸点倒装芯片

（1）两种填充颗粒　Y. Kishimoto 等人研究了含有两种不同导电颗粒的各向异性导电胶：一种是镀 Au 的橡胶颗粒（较软），另一种是 Ni 颗粒（较硬）[19]。各向异性导电胶的作用是将具有镀 Au 凸点的倒装芯片键合到具有 Cu 金属层的基板上。当施加压力时，各向异性导电胶中的软颗粒与焊盘接触并产生变形，从而降低了接触电阻。而采用硬颗粒时，凸点与焊盘发生变形，导电颗粒与凸点和焊盘紧密接触，从而降低了接触电阻。研究表明，无论是填充软颗粒还是硬颗粒，各向异性导电胶的电压-电流变化都是相似的，经过 1000 次热循环和 1200h 85℃/85%RH 的时效实验后，接触电阻都比较稳定[19]。

（2）包覆塑料填充颗粒 Casio 开发了一种先进的各向异性导电胶，称之为微连接体，如图 6.3 所示[20~22]。这种导电胶包含的导电颗粒由包覆薄金属层的塑料球制成，表面还涂有一层 10nm 厚的聚合物绝缘层，其中包含大量的绝缘粉末颗粒，通过静电吸附作用附着在导电颗粒的金属层表面上，从而实现绝缘。导电胶中的粘接树脂呈热塑性或热固性，固化后会产生压力。当芯片键合过程中施加热压力时，导电颗粒的绝缘层与芯片凸点和键合焊盘接触，受到挤压并破裂，而未受到挤压的导电颗粒其绝缘层保持完好，所以只沿 Z 轴方向形成电气互连，避免了横向短路。在导电颗粒表面涂覆绝缘层之后，就可以通过增加填充颗粒的百分比（即单位体积粘接树脂或薄膜中的导电颗粒数量）实现细节距、低接触电阻互连了，并且没有横向短路的风险。Casio 正采用这种导电胶制造便携液晶电视机[22]。

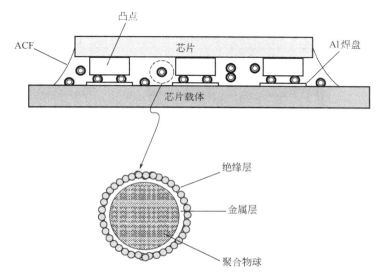

图 6.3 Casio 的 ACF 技术——微连接体

（3）焊料填充颗粒 大多数市售各向异性导电胶的导电性取决于导电颗粒受压时与键合焊盘和芯片凸点的接触程度，而填充焊料颗粒的各向异性导电胶则不同，其导电性是通过形成微观冶金互连实现的，优点是能够避免服役期间粘接树脂基体发生松弛，导致电气连接中断。因此，填充焊料颗粒的各向异性导电胶兼顾焊接与粘接的优点，使得互连点的可靠性更高。此外，由于冶金键合的接触电阻更小，所以电学性能更优[23]。

填充 SnBi 和 Bi 的各向异性导电胶形成的互连点会生成脆性的金属间化合物，并且与常用的导电和涂层材料之间的互连存在问题，例如 Cu、Ni、Au、Pd 等[24]。Bi、SnBi 与 Sn、Pb、Zn、Al 都是相互兼容的，但由于 Zn 和 Al 容易氧化，所以只有 Sn 和 Pb 适合作为填充 SnBi 和 Bi 的各向异性导电胶的表面处理材料。在 Sn-Pb 凸点芯片与涂覆 Sn-Pb 的基板之间，可利用填充 Bi 颗粒的各向异性导电胶形成高质量的互连点[25]，这种在低温下形成的互连点能够经受高温，形成过程如图 6.4 所示。在 160℃ 的键合温度下，当 Bi 颗粒局部渗透到 Sn-Pb 表面的氧化层中时，随即形成液态扁豆体。当 Bi 完全溶于 Sn-Pb 凸点与涂层之间的液态扁豆体中之后，会有更多的 Sn 和 Pb 溶于液态扁豆体中，直至组分在键合温度下达到平衡。导电胶固化后，溶解的 Bi 会以十分细小的颗粒形式从饱和溶液中析出。由于熔化是个瞬态过程，固态扁豆体再次熔化需要达到比第一次更高的温度，重熔点可以通过改变互连点中的 Bi 含量进行控制。经过 2000h 85℃/85％RH 的时效或者 1000 次温度循环（－40～125℃）之后，各向异性导电胶互连点的阻值比较稳定。虽然填充焊料颗粒的各向异性导电胶的研究仍处于初步阶段，但这是一个比较有趣的想法和概念。对于无铅产品，可采用不同的材料，例如纯 Sn，对芯片凸点和基板进行表面处理[25]。

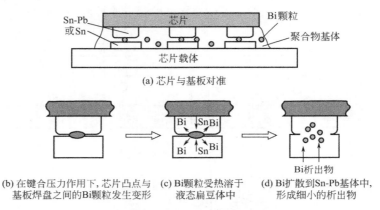

(a) 芯片与基板对准

(b) 在键合压力作用下，芯片凸点与　(c) Bi颗粒受热溶于　(d) Bi扩散到Sn-Pb基体中，
　　基板焊盘之间的Bi颗粒发生变形　　　　液态扁豆体中　　　　形成细小的析出物

图 6.4　凸点芯片与基板通过填充 Bi 颗粒的 ACA 进行互连

（4）Ni 填充颗粒　Toshiba Hino Works 开发了一种倒装芯片技术，采用填充 Ni 颗粒的各向异性导电膜（ACF）实现移动通信终端中大规模集成电路（LSI）芯片的 Au 球微凸点互连，并在 LSI 芯片一侧利用聚合物进行密封处理以提高器件的机械强度，基板采用的是 FR-5 号玻璃环氧树脂，以改善器件的热阻。组装好的寻呼机通过了一系列质量检验，包括跌落、振动、弯曲、扭转以及高温测试。已经证实，该工艺可借助自动倒装芯片键合方法实现量产，每月能够生产 30000 件寻呼机模组[26]。

6.2.5.2　玻璃载片上的 ACA 凸点倒装芯片

各向异性导电胶技术或许是玻璃载片上倒装芯片互连最常用的方法。相比于载带自动焊（TAB）技术，各向异性导电胶技术不仅能够提高组件互连密度，减小尺寸，而且能够简化工艺流程，节约生产成本。此外，在互连节距小于 70～100μm 的情况下，更适合采用各向异性导电胶技术将 IC 芯片直接键合到液晶显示器（LCD）面板的玻璃上。这种玻璃载片上倒装芯片互连技术主要应用于小尺寸、高分辨率的液晶显示器产品中，例如取景器、游戏设备的显示屏、液晶投影仪的光阀等。

（1）选择性黏性粘接方法　Sharp 开发了一种基于各向异性导电胶技术的倒装芯片互连方法，如图 6.5 所示[27,28]。该方法的特点是将导电颗粒粘接在芯片焊盘上，类似于凸点结构。工艺流程如下：首先在晶圆表面上涂覆一层 1～3μm 厚的

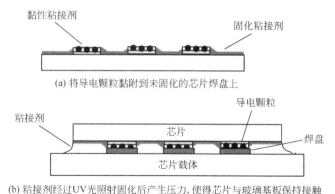

(a) 将导电颗粒黏附到未固化的芯片焊盘上

(b) 粘接剂经过UV光照射固化后产生压力，使得芯片与玻璃基板保持接触

图 6.5　Sharp 开发的基于 ACA 的倒装芯片互连技术

UV 光固化粘接剂，然后按照标准的光刻工艺利用 UV 光对晶圆进行照射，由于 IC 芯片上的 Al 焊盘受掩膜保护，因而 Al 焊盘上的粘接剂未发生固化，仍具有黏性，而芯片上其他区域的粘接剂则完全固化，因为 Al 焊盘上的粘接剂具有黏性，所以导电颗粒只附着在焊盘区域上。Sharp 采用的是镀 Au 聚合物导电颗粒，在 LSI 芯片与玻璃载片对准之前，先在芯片上涂布 UV 光固化粘接剂，接着对 LSI 芯片和玻璃载片施加压力使两者保持接触，同时利用 UV 光进行照射，随后即使撤去压力作用，芯片焊盘仍可与基板焊盘保持电气连接，这是由于粘接剂固化使得导电颗粒受压产生变形，并与焊盘保持接触。该工艺具有诸多优点，例如无需进行凸点电镀，可在室温下利用 UV 光照射实现互连，因而其他材料不会因热影响发生破坏。该工艺有望投入量产。

　　(2) MAPLE 方法　Seiko Epson 公司开发了一种新的玻璃载片上倒装芯片互连工艺，被称为"金属-绝缘层-金属有源面板 LSI 贴装工艺（MAPLE）"，采用内部均布导电 Au 颗粒的热固性各向异性导电膜将 IC 芯片直接键合到玻璃基板上。传统的玻璃载片上倒装芯片互连工艺需要完成多步对准过程，而 MAPLE 工艺则十分简单。首先将各向异性导电胶薄片置于玻璃基板上，接着将 IC 芯片上的凸点与玻璃基板上相应的焊盘对准并临时键合，然后在高温和压力作用下形成永久性键合。MAPLE 工艺要求键合施压面足够平整，并且与 IC 芯片平行[29]。与采用载带自动焊工艺制作的金属-绝缘层-金属（MIM）面板模组相比，MAPLE 工艺制作的金属-绝缘层-金属面板模组外形尺寸更小，厚度更薄，组装边界更少，工艺步骤更少，并且结构更简单。这种采用 MAPLE 工艺制作的面板模组通过了所有可靠性测试，并且正用于量产。

　　6.2.5.3　高频应用中的 ACA 凸点倒装芯片

　　在许多低频应用中，导电胶互连具有较高的性价比和可靠性。近年来，各向异性导电胶互连在高频应用中引起了广泛关注。一些学者对倒装芯片封装中各向异性导电胶的高频性能进行了研究。Rolf Sihlbom 等证实，对于 FR4 基板，当工作频率在 45MHz～2GHz 范围内时，或者对于聚四氟乙烯基板，当工作频率在 1～21GHz 范围内时，各向异性导电胶键合倒装芯片与焊接倒装芯片的性能相当。各向异性导电胶互连点的高频性能随导电胶中导电颗粒尺寸以及材料的不同而不同[30,31]。

Myung-Jin Yim 等基于微波网络分析和 S 参数测量方法，建立了一种针对各向异性导电膜倒装芯片互连的微波频率模型，并对各向异性导电膜倒装芯片互连的高频响应进行模拟，分别考虑了填充 Ni 颗粒和镀 Au 聚合物颗粒两种情况。结果发现，当工作频率不超过 13GHz 时，填充镀 Au 聚合物颗粒的各向异性导电膜倒装芯片互连，其传输及损耗特性与焊锡凸点倒装芯片互连相当，即工作频率可达 13GHz。而填充 Ni 颗粒的各向异性导电膜倒装芯片互连，其工作频率只能达到 8GHz，这是因为 Ni 颗粒比镀 Au 颗粒具有更高的电感。对于高谐振频率的情况，优选由低介电常数的聚合物树脂和低电感的导电颗粒组成的各向异性导电膜[32]。

6.2.5.4　ACA 在无凸点倒装芯片中的应用

尽管各向异性导电胶多用于凸点倒装芯片中，但有时也用于无凸点倒装芯片中。对于无凸点倒装芯片，需通过压力作用使得导电颗粒与芯片上的 Al 焊盘接触，而非与凸点接触。施加的压力必须足够大，以使 Al 焊盘上的氧化层破裂。为了提高互连可靠性，在芯片键合和导电胶固化过程中，接触焊盘区域内要维持足够数量的导电颗粒。此外，还需尽量减少相邻焊盘之间的导电颗粒数量，以免发生短路。无凸点倒装芯片还需注意的一点是键合和固化过程中导电胶的流动情况。在聚合物树脂固化过程中，升温速率必须控制得足够缓慢，以便导电填充颗粒能够由基板一侧转移至芯片一侧的焊盘上[33]。

（1）镀 Au 镍填充颗粒　据报道，采用填充镀 Au 镍颗粒的各向异性导电胶可以实现可靠的无凸点倒装芯片互连[34]。此外，还有研究表明，相比于填充小尺寸颗粒，在各向异性导电胶中填充大尺寸颗粒可以应对由互连表面凹凸不平，或者焊盘表面不平整引起的表面平整度问题。采用填充小尺寸颗粒的各向异性导电胶时，无凸点倒装芯片很难获得 100% 一致的导电性[35]。

（2）镀 Ni/Au 银填充颗粒　Toshiba 开发了一种倒装芯片技术，采用各向异性导电膜将带有 Al 焊盘的无凸点裸芯片贴装到带有凸点的印制电路板（PCB）上，印制电路板上的凸点采用银膏丝网印刷工艺制得[36]。导电膜固化后，在所形成的直径为 $70\mu m$，高度为 $20\mu m$ 的 Ag 凸点上再电镀 Ni/Au。研究表明，填充低热膨胀系数（$28\times10^{-6}℃^{-1}$）、低吸水率（1.3%）的镀 Au 塑料导电颗粒的各向异性导电膜其性能最优。此外，研究还发现，相比于未镀 Ni/Au 的 Ag 凸点，镀 Ni/Au 的 Ag 凸点具有较低的初始连接电阻和阻值增量。

（3）导电柱　Nitto Denko 公司开发了一种针对细节距倒装芯片产品的各向异性导电膜[37]，主要特点包括：①能够连接无凸点芯片与细节距印制线路板（PWB）；②高电导率；③可返修（高温下可将芯片从印制线路板上剥离）；④高可靠性；⑤在室温下易于储存。其他一些显著特点还包括：可满足节距小于 $25\mu m$ 的情况；导电元件是微金属柱，不同于形状各异的导电颗粒；胶基体中含有热塑性聚合物树脂；导电柱表面涂有绝缘层；T_g 较高的聚合物将导电柱与胶基体完全分离。

可以改变导电柱的直径以满足不同的节距要求。将 Sn-Pb 或者其他焊料电镀到导电柱（一般为 Cu 金属）的上下表面上，焊料熔融后在导电柱与芯片以及基板焊盘之间形成良好的金属互连。图 6.6（a）所示为导电膜的剖面图，电镀使得导电膜表面具有一定的粗糙度，有利于与焊盘互连。图 6.6（b）所示为典型的无凸点芯片上的焊盘结构，为了实现良好的互连，导电柱的高度必须高于钝化层的厚度（t_p）。由于基板上 Cu 焊盘表面与芯片钝化层表面之间的距离 t_b 一般小于基板上阻焊层表面与芯片钝化层表面之间的距离 t_a，所以如果导电柱的高度大于各向异性导电膜的厚度（t_{ACF}），键合时可将导电柱倾斜放置。选择合适的基板或基板焊盘以及各向异性导电膜厚度，有助于提高互连和粘接可靠性。可靠性测试结果表明，胶基体 T_g 较高（282℃）的各向异性导电膜具有更高的可靠性，经过 1000 次加速热循环（25～125℃）之后，其接触电阻未发生变化。

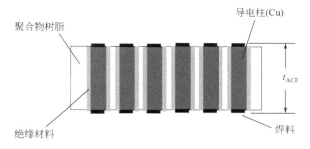

(a) 含有微金属柱的各向异性导电膜

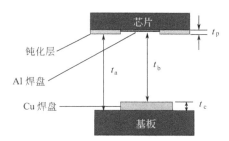

(b) 无凸点芯片及对应的基板剖面图

图 6.6　细节距倒装芯片互连

6.2.6　ACA/ACF 互连的失效机理

各向异性导电胶/各向异性导电膜的胶基体为非导电材料，互连点的形成主要依赖于施加在普通各向异性导电胶上的压力。因此，粘接互连的失效机理与焊锡接点不同，焊锡接点的失效机理主要与金属间化合物的形成以及晶粒粗化有关，而影响粘接互连的失效机理主要有两种：一是导电颗粒表面或接触面上形成绝缘层；二是由于失去粘接性或者压力损失，使得导电元件之间失去机械接触。

6.2.6.1　非贵金属的氧化

非贵金属凸点、焊盘、导电颗粒的电化学腐蚀会导致绝缘金属氧化物的生成，并造成接触电阻激增。发生电化学腐蚀需具备两个条件，即潮湿环境以及金属之间存在电化学势差。湿气会加快氧化层的形成，使得接触电阻增大。采用 Au 凸点和含有 Ni 导电颗粒的各向异性导电膜实现柔性基板倒装芯片（FCOF）互连，并对其进行可靠性测试，结果表明，接触电阻随着高温高湿环境下存储时间的增加而增加[38]。测试过程中，Au 凸点为阴极，Ni 导电颗粒为阳极，最终在 Ni 颗粒表面形成了 Ni 绝缘氧化物。

6.2.6.2　压力损失

各向异性导电胶中，导电元件之间的接触主要是由胶基体固化收缩产生的压力维持的。如果要维持压力作用，必须保证胶基体的内聚力以及胶基体与芯片/基板之间的界面粘接强度足够大。然而，胶基体固化后受热膨胀、吸湿膨胀并产生机械应力，从而减小了维持导电元件接触的压力。此外，湿气不仅会扩散到胶层中，还会渗透到胶层与芯片/基板之间的界面中，降低界面粘接强度。结果导致接触电阻越来越大，甚至造成电接触完全失效[39]。

6.2.7　纳米 ACA/ACF 最新进展

6.2.7.1　纳米 Ag 颗粒填充 ACA/ACF 的低温烧结

各向异性导电胶/各向异性导电膜面临的一个问题是互连电阻较高，因为各向异性导电胶/各向异性导电膜互连主要依赖于机械接触，不同于焊接金属键合。减小各向异性导电胶/各向异性导电膜互连电阻的一种方法是将导电颗粒互熔形成金属连接。然而，由于普通有机印制电路板的 T_g 约为 125℃，电路板上填充金属颗粒的聚合物无法承受过高的温度，例如 Ag 的熔融温度 T_m 为 960℃，所以在聚合物中令金属填充颗粒互熔并不可行。研究表明，材料的熔点和烧结温度随其尺寸的减小而急剧下降[40,41]。据报道，细纳米颗粒（<100nm）表面预熔或烧结是抑制其熔点的主要机制。对于纳米颗粒，可在更低的温度下进行烧结，同时在各向异性导电胶中填充细金属颗粒可以减少颗粒之间的界面，从而改善各向异性导电胶互连点的电学性能。填充纳米颗粒还可以增加焊盘上导电颗粒的数量，从而增大颗粒与焊盘之间的接触面积。图 6.7 所示为不同退火温度下纳米 Ag 颗粒的 SEM 图像。尽管室温下与经过 100℃热处理后的颗粒尺寸很小（20nm），如图 6.7（a）、（b）所示，但经过≥150℃热处理后，颗粒尺寸迅速增大。随着热处理温度的升高，颗粒尺寸变大，形成固形物而非多孔颗粒或结块。如图 6.7（c）～（e）所示，颗粒之间通过表面互熔形成类似于哑铃状的结构，其形貌与陶瓷、金属、聚合物粉末烧结时的初始阶段相似。纳米颗粒的低温烧结行为主要与其表面原子相互扩散率较高有关，这是由于纳米颗粒表面局部区域不稳定。

对于材料系统中的烧结反应，温度和保温时间是最重要的两个因素，尤其是烧结温度。图 6.8 所示为填充纳米 Ag 颗粒各向异性导电胶的电流-电阻（I-R）关系曲线，可以看出，当烧结温度升高时，各向异性导电胶互连点的电阻显著降低，从 $10^{-3}\,\Omega$ 降至 $5\times10^{-5}\,\Omega$。此外，相比于低温烧结各向异性导电胶，高温烧结各向异性导电胶的导电性更好。这说明高温下有更多的纳米 Ag 颗粒发生烧结反应，从而改善了纳米颗粒与金属焊盘之间的互连[42]，并且各向异性导电胶在 x-y 方向仍具有较好的绝缘性。

(a) 室温(未退火)

(b) 100℃下退火

(c) 150℃下退火

(d) 200℃下退火

(e) 250℃下退火

图 6.7　20nm Ag 颗粒在不同温度下退火 30min 后的 SEM 图像

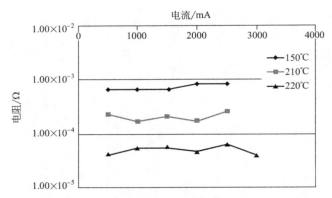

图 6.8　填充 Ag 纳米颗粒 ACA 在不同固化温度下的电流-电阻（I-R）关系曲线[42]

6.2.7.2　自组装单分子层纳米 ACA/ACF

为了改善各向异性导电胶/各向异性导电膜的电学性能，可以在金属填充颗粒与键合焊盘之间引入自组装单分子层（SAM）[43,44]，其中的有机物分子会吸附在金属表面形成物理化学键，并允许电子流动。此外，有机物分子还能够减小电阻，允许通过高电流。这种独特的电学性能是由于有机物分子改变了金属的逸出功，即通过涂覆合适的有机单分子层对金属表面进行改良，从而减小金属的逸出功。值得注意的是，判断有机物单分子层是否适用，取决于有机物分子与金属表面的亲和力。

在各向异性导电胶/各向异性导电膜互连中可以引入不同的有机自组装单分子层，例如二甲酸和二硫酚。对于采用自组装单分子层以及填充微米级 Au/聚合物或 Au/Ni 颗粒的各向异性导电胶，低温固化（＜100℃）时具有更小的互连电阻、更高的允许电流（不引起互连点失效的最大通过电流）。然而，对于高温（150℃）固化的各向异性导电胶，电学性能的改善并不明显，原因是高温下部分有机单分子层会发生解吸附/降解[45]。然而，将二甲酸或二硫酚引入填充纳米 Ag 颗粒的各向异性导电胶中，可以显著改善高温固化时的电学性能，说明高温下纳米 Ag 颗粒表面的分子线不会发生降解，如图 6.9 所示，这可能是由于纳米颗粒之间接触面积较大，表面能较高，使得单分子层更易于附着在金属表面上，并且热稳定性更好。

6.2.7.3　纳米 Ag 颗粒填充 ACA 的 Ag 迁移控制

各向同性导电胶（ICA）中最常用的导电颗粒是 Ag，由于 Ag 具有一些独特的优势，使其在纳米各向异性导电胶/各向异性导电膜中也具有很大的应用潜力。在所有导电金属中，Ag 在室温下的电导率和热导率最高。Ag 的氧化物（Ag_2O）能够导电，这也使得 Ag 在所有高性价比金属中更为特殊。此外，Ag 易于制成不同尺寸（一些颗粒尺寸可达 100nm）和形状（例如球状、棒状、线形、碟状、片状等）的颗粒，并且可以分散于不同的聚合物基体材料中。同时，Ag 的烧结温度低、表面能高，使其成为纳米各向异性导电胶/各向异性导电膜的首选导电填充材料。然而，Ag 电迁移一直以来都是电子行业中一个关键的可靠性问题。金属电迁移是一个电化学过程，在潮湿环境和外加电场条件下，与绝缘材料接触的金属（例如 Ag）会以离子的形式由原有位置迁移并沉积到其他位置上[47]。一般认为，当电

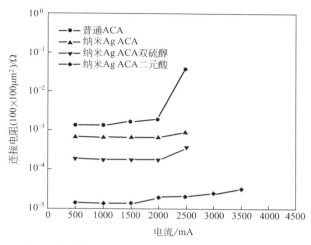

图 6.9　引入二甲酸或二硫酚的填充纳米 Ag 颗粒 ACA 的电学性能[46]

压超过临界值时，就会发生电迁移。电迁移会减小线路间距，或者引起互连短路。当两个反向电极之间的绝缘层上形成连续的水膜时，电迁移便开始进行了。如果在两个电极之间加载电势，阳极一端会发生化学反应生成正金属离子，并通过离子导电向阴极一端迁移，随着时间的推移，在阴极一端富集并形成金属枝晶。随着枝晶的生长，线路间距减小，最终 Ag 枝晶生长到阳极，在电极之间形成金属桥接造成短路[48]。

尽管其他金属在特定环境下也会发生电迁移现象，但 Ag 更容易受电迁移的影响，这主要是因为 Ag 离子具有较高的溶解度和较低的激活能，并且易于形成枝晶状，而非形成稳定的氧化层[49~51]。Ag 离子的迁移速率随着以下几个因素而升高：①加载电势的增大；②电势加载时间的增加；③相对湿度的增加；④离子污染物和吸湿性污染物含量的增加；⑤两个电极之间距离的缩短。

为了减少 Ag 离子的电迁移，提高互连可靠性，可以采取以下几种方法：①将 Ag 和其他阳极稳定金属制成合金，例如 Pd[48]、Pt[52] 或 Sn[53]；②在印制线路板上覆盖疏水性涂层，使线路板表面不被水浸湿或离子污染，因为水和污染物会成为电迁移的传输媒介，加快电迁移速率；③在 Ag 表面电镀 Sn、Ni 或 Au 保护层，减少电迁移；④在基板上涂覆聚合物[54]；⑤在聚合物基体中添加苯丙三唑（BTA）及其衍生物[55]；⑥采用硅氧烷环氧聚合物作为扩散阻挡层，因其对导电金属具有极好的黏附性[56]；⑦将导电胶中的 Ag 颗粒与单分子层螯合[57]，如图 6.10 所示，采用羧酸与 Ag 离子形成螯合物，能够有效减少和控制 Ag 离子的电迁移（漏电流）[58]。

6.2.7.4　直链 Ni 颗粒填充 ACF

SEI 公司研发了一种新型各向异性导电膜，将具有直链结构的纳米 Ni 颗粒和溶剂与环氧树脂混合，并涂覆到薄膜基板上[59]，导电颗粒沿基板表面的竖直方向排列，溶剂蒸发后便固定在树脂中。对这种各向异性导电膜进行评估时，采用的是节距 30μm 的 IC 芯片和玻璃基板，基板上 Au 凸点面积为 2000μm²，凸点节距为

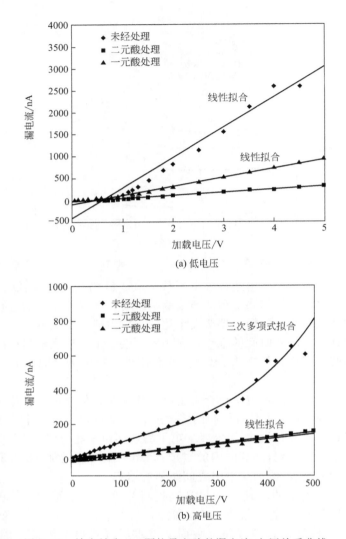

图 6.10　填充纳米 Ag 颗粒导电胶的漏电流-电压关系曲线

$10\mu m$，经过高温高湿（$60\,{}^\circ\!C/90\%$RH）和热循环测试（$-40\sim85\,{}^\circ\!C$）之后，这种各向异性导电膜具有极好的电气互连可靠性。此外，将测试样品放置于高温高湿（$60\,{}^\circ\!C/90\%$RH）环境中，对其表面绝缘电阻（SIR）进行研究。尽管两个电极之间的距离只有 $10\mu m$，但经过 500h 后未发生离子迁移，绝缘电阻一直保持在 $1G\Omega$ 以上。这说明该新型各向异性导电膜具有极好的绝缘可靠性，可用于细节距互连。

6.2.7.5　用于超细节距倒装芯片互连的纳米线 ACF

为了满足减小 I/O 节距并避免短路的要求，可以采用高纵宽比的金属柱。由于纳米线尺寸小且纵宽比高，所以最有可能被采用。文献研究表明，纳米线可用于气体检测的 FET 感应器、磁性硬盘、电化学感应器中的纳米电极、热电器件中的散热和温度控制器等[60~62]。制备纳米线需采用生长纳米线专用的模板，有许多昂贵的制备方法，例如电子束法、X 射线法、扫描探针微影法等，但是都无法获得微米级长度的纳米线。还有一些相对经济的制备方法，即纳米多孔模板内电镀金属，例如阳极氧化铝（AAO）模板[63]或嵌段共聚物自组装模板[64]。嵌段共聚物模板的缺点是厚度较薄，这意味着采用这种模板制得的纳米线长度较短，纳米孔分布不均匀且平行度较差。相反地，阳极氧化铝模板厚度较厚（>10μm），纳米孔尺寸和密度均匀，纳米孔尺寸较大且平行度较好。Lin 等人研制了一种新型的纳米线各向异性导电膜[65]，先利用电沉积方法在阳极氧化铝模板上制得 Ag 和 Co 纳米线阵列，经过表面处理之后，再将低黏度聚酰亚胺填充到纳米线之间。在制作过程中，借助于 Co 与外加磁场的相互作用，Ag/Co 双金属纳米线能够保持平行。这种方法可以制得 Ag 和 Co 纳米线/聚酰亚胺复合导电薄膜，纳米线直径约为 200nm，薄膜最大厚度为 50μm，薄膜 X-Y 方向上的绝缘电阻为 4～6GΩ，将引线电阻（长度3mm）考虑在内，Z 方向上的阻值小于 0.2Ω。

6.2.7.6　ACA/ACF 纳米导电填充颗粒的原位制作

制作填充纳米颗粒各向异性导电胶/各向异性导电膜的一个难点在于纳米导电颗粒的扩散。近年来，已有许多关注于解决纳米导电颗粒聚结问题的研究。尤其对于采用填充纳米颗粒各向异性导电胶/各向异性导电膜的细节距互连，颗粒扩散问题亟待解决，办法包括两种：一种是物理方法，例如超声波法；另一种是化学方法，例如涂覆表面活性剂。最近，提出了一种原位制作各向异性导电胶/各向异性导电膜纳米导电填充颗粒的方法，可以应用于下一代高性能细节距电子封装产品中[66,67]。这种方法制得的导电胶既具有 Z 向导电性，又能够满足极细节距互连（<100nm）的要求。这种方法无需在树脂中加入导电颗粒，而是在固化/组装过程中原位生成导电颗粒。利用这种方法可以在聚合物固化过程中很好地控制导电颗粒的聚集和扩散，并且还能够避免导电颗粒表面氧化的问题。

6.3　各向同性导电胶

6.3.1　引言

6.3.1.1　渗流导电理论

各向同性导电胶（ICA）由聚合物树脂和导电填充颗粒组成，其中导电填充颗粒用于提供导电性，随着导电填充颗粒含量的增加，各向同性导电胶由绝缘体转变成了导体。各向同性导电胶的电学特性可以利用渗流理论加以解释，当导电颗粒含量较低时，各向同性导电胶的电阻率随着颗粒含量的增加而逐渐减小，而当导电颗粒含量超过临界值 V_c 时，各向同性导电胶的电阻率急剧下降，其中 V_c 被称为渗流阈值。当导电颗粒含量达到渗流阈值时，导电颗粒之间相互接触形成一个三维网络，之后即使颗粒含量继续增加，各向同性导电胶的电阻率也只是略微降低[68～70]。渗流理论对各向同性导电胶电阻率变化的解释如图 6.11 所示，为了使各向同性导电胶能够导电，所包含的导电颗粒含量必须大于等于渗流阈值。Agar 等最近的研究指出，由于导电颗粒之间存在较强的排斥力，使得颗粒之间很难通过金属相互作用形成接触渗流金属网络[71]。对掺有不同介电常数环氧树脂的各向同

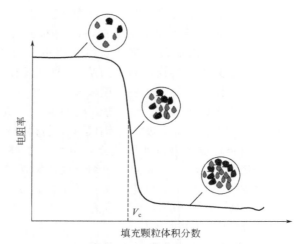

图 6.11　填充颗粒体积分数对 ICA 系统电阻率的影响

性导电胶进行实验发现，各向同性导电胶的介电常数与体积电阻率直接相关，这说明导电颗粒之间的电子输运主要受隧道机制和跳跃机制的影响。

　　与焊料相似，各向同性导电胶互连点起到电气连接和机械键合两个作用。在各向同性导电胶互连点中（见图 6.12），聚合物树脂提供机械稳定性，导电填充颗粒提供导电性，填充过多的导电颗粒会使互连点的机械完整性退化。因此，制作各向同性导电胶的难点在于既要尽量增加导电颗粒的含量以提高导电性，又不能影响其力学性能。一般情况下，各向同性导电胶中导电颗粒的体积分数在 25%～30% 之间[9,10]。

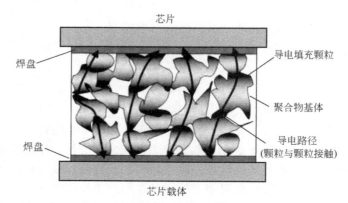

图 6.12　器件与基板焊盘之间通过颗粒与颗粒相互接触建立导电路径

6.3.1.2　胶基体

　　理想的各向同性导电胶聚合物基体应具有较长的保存期（较长的室温等待时间）、较快的固化速度、较高的 T_g、较低的吸湿性以及良好的粘接性[72]。

　　各向同性导电胶的胶基体既可以采用热塑性树脂，也可以采用热固性树脂。热塑性树脂通常采用聚酰亚胺树脂，热塑性各向同性导电胶的优点是允许返工，即易于返修，但也存在缺点，即高温下粘接性能会退化。聚酰亚胺基各向同性导电胶的另一个缺点是通常含有溶剂，加热时溶剂蒸发会使树脂内部产生空洞。大多数市售各向同性导电胶采用的都是热固性树脂，由于环氧树脂具有出色的均衡特性，所以热固性各向同性导电胶多采用环氧树脂，另外也可以采用硅胶、氰酸酯以及氰基丙烯酸酯[73~77]。

大多数各向同性导电胶均在低温下保存和运输，一般为-40℃，以免导电胶固化。对于使用者而言，各向同性导电胶的有效期是一个关键参数。为了使各向同性导电胶在室温下达到理想的保存期，必须选择合适的环氧固化剂。一些市售各向同性导电胶中采用的是固体固化剂，固体固化剂在室温下不溶于环氧树脂，而当温度升高时（固化温度），固化剂会溶于环氧树脂中并与之发生反应。另外一种方法是将咪唑密封在细小的聚合物球中，并作为固化剂和催化剂，聚合物球在室温下不溶于环氧树脂且不发生反应，而当温度升高时，聚合物球破裂，咪唑流出使得环氧树脂固化或催化固化反应。理想各向同性导电胶的另一个特点是快速固化，缩短固化时间可以提高产量，进而降低生产成本。在环氧树脂基各向同性导电胶中加入合适的固化剂和催化剂，例如咪唑和叔胺，可以起到快速固化的作用。

在热循环时效过程中，T_g 较低的导电胶会失去导电性[78,79]。填充金属粉末的导电胶其导电性主要是通过相邻金属颗粒相互接触实现的，从而在器件引脚与基板焊盘之间形成互连。当互连点处于热循环加载条件下时，器件引脚与基板焊盘之间反复受到剪切作用，切应变水平主要受热循环条件，以及器件与基板之间热失配的影响。除了引脚和基板变形之外，切应变主要是由导电胶黏弹性或黏塑性变形引起的。当导电胶产生剪切变形时，金属颗粒会移动，相邻金属颗粒之间的接触点位置发生变化。如果导电胶的聚合物基体屈服较大，聚合物将会流动并填充移动金属颗粒的原先位置。当热循环过程中切应变反向时，相邻金属颗粒会移动到原先位置，此时原先位置已被聚合物部分占据。随着热循环次数的增加，相邻金属颗粒之间的接触电阻不断增加，互连点的电阻也不断增加。

导电胶的互连可靠性受其吸湿性的影响。聚合物复合材料中的湿气对环氧层压基板的力学性能和电学性能均有不利影响[79,80]，对电子封装的可靠性和湿气敏感性研究也得到了类似的结果。研究表明，吸湿会导致接触电阻增加，尤其当键合焊盘与器件上的金属层为非贵金属时更为显著[81]。表 6.1 中列出了吸湿性对导电胶互连点的影响，为了提高互连可靠性，需要低吸湿性的导电胶。电子组装互连要求导电胶与基板焊盘和器件金属层之间具有较高的粘接强度，与聚酰亚胺基和硅胶基各向同性导电胶相比，环氧树脂基各向同性导电胶的粘接强度更高。但相比于环氧树脂基各向同性导电胶，硅胶基各向同性导电胶的吸湿性更低[74]。

表 6.1　湿气对 ICA 互连点的影响

湿气对 ICA 互连点的影响	机械强度降低
	界面粘接强度降低并导致分层
	促进互连点中空洞的生长
	引起互连点中的膨胀应力
	造成腐蚀并生产金属氧化层

6.3.1.3　导电填充颗粒

各向同性导电胶的聚合物基体是介电材料，导电胶的导电性由所含导电填充颗粒提供。为了提高导电胶的电导率，导电填充颗粒的含量必须大于等于渗流理论算得的临界值。

（1）纯 Ag 导电颗粒与镀 Ag 导电颗粒对比　虽然各向同性导电胶中也常以 Au、Ni、Cu、C 作为导电填充颗粒，但至今 Ag 仍最为常用。在所有金属中，Ag 在室温下的电导率与热导率最高。与其他性价比较高的金属不同，Ag 的氧化物（Ag_2O）同样具有导电性，而大多数金属的氧化物都是良好的绝缘体，例如 Cu 粉末经过时效后，其导电性明显退化。Ni 基和 Cu 基导电胶由于极易氧化，所以电学性能稳定性极差。即使采用抗氧化剂，在时效过程中 Cu 基导电胶的阻值仍会增大，尤其在高温高湿条件下。市售导电油墨采用的镀 Ag 铜颗粒，同样可以用于各向同性导电胶。在高温高湿或者热循环条件下，与镀 Ag 铜片导电颗粒相比，填充纯 Ag 导电颗粒的导电胶通常具有更好的导电性。这可能是因为填充纯 Ag 导电颗粒时，热机械能使得颗粒之间的接触更为紧密，而镀 Ag 铜颗粒可能由于表面镀层不连续，内部铜会发生氧化/腐蚀，从而减少了导电路径[9]。

（2）导电颗粒的形状和尺寸　各向同性导电胶中多采用片状导电颗粒，因为与球状颗粒相比，片状颗粒的表面积更大，接触点更多，可以提供更多的导电路径。一般情况下，各向同性导电胶中导电颗粒的尺寸在 $1\sim20\mu m$ 之间。增大导电颗粒的尺寸可以提高导电胶的导电性，同时降低导电胶的黏性[82]。各向同性导电胶中引入了一种新型的 Ag 导电颗粒，即多孔纳米 Ag 颗粒[83,84]。与填充片状 Ag 颗粒的各向同性导电胶相比，填充多孔纳米 Ag 颗粒的各向同性导电胶具有更好的力学性能，但导电性相对较差。此外，还可以采用短碳纤维填充导电胶[85,86]，但导电性比 Ag 填充导电胶差。

（3）纳米导电填充颗粒　近年来，纳米导电填充颗粒包括纳米线、纳米颗粒、石墨烯以及碳纳米管（CNT），这些都应用到了各向同性导电胶中。一些研究主要关注于各向同性导电胶中的 Ag 纳米填充颗粒，例如 Ag 纳米线和 Ag 纳米颗粒。本体溶液合成法是最简单且最常用的 Ag 纳米颗粒填充技术，即利用金属盐（例如 $AgNO_3$）的化学还原反应[87~91]。Ag 纳米线一般采用物理模板[92,93]或者无模板的湿法化学工艺制作[94,95]。图 6.13 所示为 Ag 纳米线、Ag 纳米颗粒和微米级 Ag 片的 SEM 图像。

（4）Ag-Cu 导电填充颗粒　Cu 是导电填充金属的优选材料，因为 Cu 的电阻率和成本较低，并且电迁移性能良好，但氧化会使 Cu 失去导电性。研究表明，可以采用两种方法对各向同性导电胶中的 Cu 颗粒进行表面处理以防止氧化，一种方法是在 Cu 表面涂覆无机材料，另一种方法是涂覆有机材料。无机涂覆材料包括 Ag、Au、Ni/Au 以及焊锡材料（如 Sn 和 In-Sn），一般采用电镀或者化学方法进行涂覆。

1992 年，Yokoyama 等研发了一种具有特殊结构的导电胶填充粉末[96]。粉末颗粒由两种金属组成，即 Cu 和 Ag。Ag 主要聚集在颗粒表面上，含量由外向内逐渐减小，颗粒内部含有少量的 Ag。填充这种粉末的导电胶具有优异的抗氧化性，可以在氧含量为 100×10^{-6} 的氮气氛围中不被氧化，并且可焊性比市售铜膏更好，在加热/冷却测试条件下具有足够高的粘接强度，电迁移较少，几乎与纯铜膏

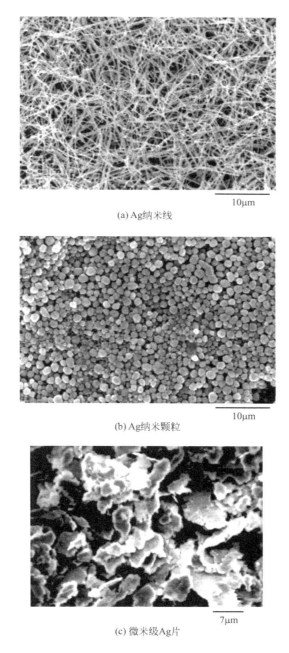

(a) Ag纳米线

(b) Ag纳米颗粒

(c) 微米级Ag片

图 6.13　SEM 图像

相同[96]。

（5）Cu 导电填充颗粒　　由于 Cu 的电导率高、成本低和电迁移性能良好，作为导电填充颗粒具有很好的应用前景。然而，各向同性导电胶中 Cu 颗粒的主要问题是表面易氧化以及电学性能退化。一般防止 Cu 填充颗粒氧化的表面处理方法有两种，即涂覆无机涂层和涂覆有机涂层。

在 Cu 颗粒表面涂覆有机材料时，多选择自组装单分子层结构，包括吡咯或硫醇化合物以及有机硅化合物。然而，需要注意这些材料的热稳定性，因为大部分涂层在各向同性导电胶固化过程中会失效。Yim 等人将新型硅烷偶联剂涂覆于 Cu 颗粒表面以防止其氧化[97]，该研究采用硅烷偶联剂与基体树脂原位混合，得到了一种高性能、低成本的填充 Cu 颗粒的各向同性导电胶。结果表明，各向同性导电胶中硅烷偶联剂可以有效防止 Cu 粉末氧化，并且具有芳香烃结构的硅烷偶联剂能够改善各向同性导电胶的热稳定性。填充硅烷偶联剂的各向同性导电胶，其体电阻率为 $1.28 \times 10^{-3} \Omega \cdot cm$，填充双峰尺寸颗粒和浓度优化的芳族硅烷偶联剂制得的各向同性导电胶，其电阻率降至 $7.5 \times 10^{-4} \Omega \cdot cm$。

防止 Cu 氧化的另一种方法是在 Cu 颗粒表面镀 Ag[98]。Nishikawa 等人研究了填充镀 Ag 铜颗粒的各向同性导电胶在固化以及可靠性测试后的导电性，结果发现，与填充 Cu 颗粒的各向同性导电胶相比，填充镀 Ag 铜颗粒的各向同性导电胶其电阻更小，并且在高温高湿时效条件下，填充镀 Ag 铜颗粒的各向同性导电胶其电阻更加稳定，相比于填充刺状镀 Ag 铜颗粒的各向同性导电胶，填充球状镀 Ag 铜颗粒的各向同性导电胶其电阻更加稳定，如图 6.14 所示。

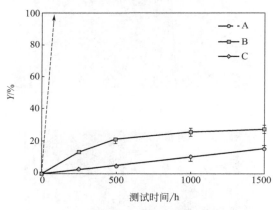

图 6.14 85℃/85%RH 时效过程中，导电胶的电阻变化率（A—刺状铜颗粒填充 ICA；
B—刺状镀 Ag 铜颗粒填充 ICA；C—球状镀 Ag 铜颗粒填充 ICA）[98]

（6）低熔点填充颗粒 为了改善各向同性导电胶的电学性能和力学性能，可以在导电胶中添加低熔点合金，即在导电填充颗粒表面涂覆低熔点金属。填充颗粒可以为 Au、Cu、Ag、Al、Pd 和 Pt，低熔点金属可以为 Bi、In、Sn、Sb 和 Zn。将低熔点金属涂覆在填充颗粒表面，当金属熔化时，相邻颗粒之间或者颗粒与键合焊盘之间会形成金属键合[99,100]。

6.3.2 ICA 在倒装芯片中的应用

实现低成本倒装芯片技术的一个关键因素是采用各向同性导电胶。与传统的倒装芯片技术相比，各向同性导电胶为凸点制作和互连提供了诸多优势，如表 6.2 所示。

表 6.2　ICA 互连倒装芯片技术的优势

优势	工艺简单,省去了活化和净化工艺
	元件与布线载体所受温度载荷更小
	可选的材料组合更多
	根据工艺参数和互连特点可选的粘接剂更多
	无需考虑合金相的形成,故对凸点下金属化层(UBM)无太多要求

6.3.2.1　无凸点芯片的 ICA 工艺

Motorola 通过数学建模和实验,论证了基于模板印刷技术的各向同性导电胶倒装芯片凸点制作工艺的可行性[101]。该研究采用具有薄 Au 层的 Ga-As 和 Si 倒装芯片,以及具有 Au 层的 Al_2O_3 和 FR4 基板,不同的芯片-基板组合(即 Ga-As/Al_2O_3、Ga-As/FR4、Si/FR4)通过导电胶聚合物凸点实现互连。实验结果表明,聚合物凸点的电学性能与 Au 凸点和 AuSn 凸点无明显差异(所有倒装芯片均采用各向同性导电胶连接到基板上)。然而,在高加速应力测试(HAST)和热冲击测试过程中,各向同性导电胶互连点发生了过早失效。

聚合物凸点制作工艺成本低、效率高,主要用于晶圆级封装,并且适合于大规模生产。在加速时效条件下,例如 85℃/85％RH 与热循环测试,互连点的阻值比较稳定,这表明聚合物倒装芯片互连点能够长期保持稳定。聚合物倒装芯片(PFC)组装工艺适用于大多数的刚性基板以及热敏感、柔性基板,这是聚合物倒装芯片相对于焊锡倒装芯片的一个关键优势。目前,聚合物倒装芯片组装工艺广泛应用于低成本热敏感基板的倒装芯片键合中,如表 6.3 所示[102]。

表 6.3　低成本、热敏感基板在聚合物倒装芯片中的应用

应用	聚合物倒装芯片键合
	微控制器芯片与 PET 基板互连
	应答器芯片与 PVC/ABS/PET/PC/PI 衬底互连,用于智能插卡
	柔性基板上的线路
	聚酯纤维上的控制和驱动线路,并与粘接元件结合
	刚性和多层基板(如 FR4 基板)上的线路,或者与 SMD 元件结合的 BGA 封装
	不同载体上及复杂微系统中的温度敏感传感器和驱动器

(1)印刷 ICA 凸点倒装芯片　聚合物倒装芯片凸点制作工艺是一种模板印刷技术,首先在 IC 芯片的 Al 焊盘上沉积 UBM,然后利用金属模板在焊盘上印刷各向同性导电胶形成聚合物凸点。实现聚合物倒装芯片互连的过程包括沉积 UBM、印刷各向同性导电胶、形成凸点(即各向同性导电胶固化)、倒装芯片键合形成电气互连、填充下填料增强力学性能并提供保护[101,103]。

(2)UBM 沉积　几乎所有的倒装芯片工艺都要求对 Al 焊盘进行保护,以免生成绝缘氧化物,确保键合焊盘界面阻值较低且稳定。聚合物倒装芯片工艺采用化学镀方法,在制作聚合物凸点之前,先在 Al 焊盘上化学镀 Ni/Au 或 Pd,通常 Pd 厚度为 $0.5\sim1.0\mu m$,Ni/Au 厚度为 $3.0\sim5.0\mu m$。

(3)ICA 印刷　聚合物倒装芯片凸点制作工艺结合了高精度模板印刷技术和高导电性各向同性导电胶。导电胶的聚合物基体可以是热固性或热塑性的,利用金属掩膜直接在基板或晶圆焊盘上沉积各向同性导电胶形成聚合物凸点。从低成本和可制造性角度讲,印刷导电胶凸点比其他凸点制作技术更具吸引力。印刷工艺一般

采用具有开口的丝网或模板,经由开口沉积导电胶制得凸点。在印刷过程中,通常距模板开口一定距离后再布胶,模板与基板或晶圆之间有一段脱模距离,然后刮刀下压使得模板与基板或晶圆表面接触,随着刮刀沿着模板表面移动,导电胶滚动着向前流动,刮刀产生的动水压力将导电胶压进模板的开口中,最后将模板与基板或晶圆分离,导电胶则留在基板或晶圆表面上。

(4) ICA 凸点固化 各向同性导电胶印刷完成后,对于热固性聚合物凸点,可以进行完全固化或者 B 阶段部分固化。对于热塑性聚合物凸点,可以通过去除其中的溶剂使凸点固化。凸点高度通常为 $50\sim75\mu m$,最小节距可达 5mil,单片晶圆上的凸点数可达 80000 个,并且具有良好的共面性。

凸点晶圆划片完成后,拾取单个芯片,并将芯片翻转与基板互连。有多种工艺可以用于热固性聚合物凸点与热塑性凸点键合,如图 6.15 所示,最后一步是热固性凸点的热固化,而对于热塑性凸点,只需加载数秒钟的热压力就可以使其熔化,

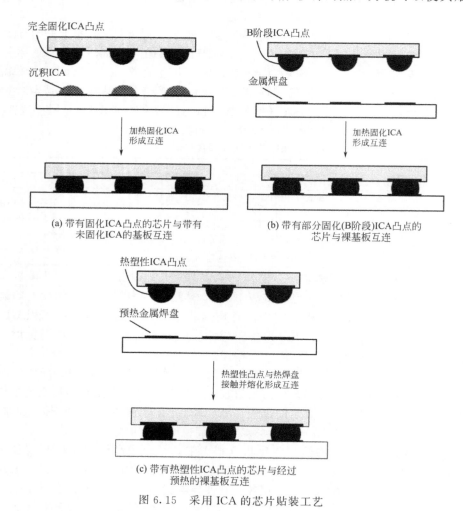

图 6.15 采用 ICA 的芯片贴装工艺

然后实现互连。

（5）下填料填充　凸点固化后，将下填料填入芯片与基板之间的间隙中，然后固化完成倒装芯片工艺。填充下填料或所谓的包封料，是为了提高倒装芯片组件的机械强度，同时免受环境影响。研究表明，在所有加速可靠性测试条件下，热固性和热塑性各向同性导电胶的初始互连电阻均小于 5mΩ，并且阻值比较稳定（Au-Au 倒装芯片键合）。可靠性测试结果表明，热固性与热塑性凸点的性能没有明显差异，两种导电胶都能够保证倒装芯片互连的可靠性[103]。

（6）微机械加工 ICA 凸点倒装芯片　另一种聚合物倒装芯片凸点制作方法称之为微机械加工凸点制作工艺[104]，工艺流程如图 6.16 所示。首先在 Si 晶圆上沉积用于制作聚合物凸点的镀 Cr/Au 金属焊盘，然后涂覆光刻胶并形成凸点开口，形成导电聚合物凸点的关键在于光刻胶开口需具有较高的深宽比且侧壁垂直。完成光刻工艺后，将填充 Ag 片的热塑性导电胶通过点胶或者丝网印刷方法填充到光刻胶开口内。接着将晶圆放入对流烘箱中加热以去除导电胶溶剂，由于光刻胶与导电胶的固化条件不同，所以剥离光刻胶可将聚合物凸点暴露出来。最后将晶圆切割成单个芯片。

将带有热塑性凸点的芯片置于基板上，并在高于聚合物熔点 20℃ 的温度下进行预热，以使凸点回流到对应的基板焊盘上，待基板冷却至聚合物熔点以下时，便形成了机械和电气互连。为了提高机械键合强度，可以在芯片上放置重物对其施加一定的压力。

在传感器、驱动器系统、光学微机电系统（MEMS）、光电多芯片模组（OE-MCM）和电子系统产品中，上述倒装芯片键合工艺具有取代传统焊锡倒装芯片工艺的巨大潜力。

最近 Lohokare 等人采用类似的工艺流程并结合凸点表面抛光工艺，制得的导电胶凸点如图 6.17 所示[105]。与印刷凸点相比，新工艺制得的倒装芯片凸点其接触电阻更小。此外，为了研究这些导电胶凸点的高速电学性能，采用锑化物材料制得的 10GHz p-i-n 光电探测器进行测量，结果发现，导电胶凸点的电学性能与金属互连相当。

6.3.2.2　金属凸点倒装芯片互连点

各向同性导电胶也可以用于金属凸点芯片的电气互连。与各向异性导电胶相比，各向同性导电胶包含更多的填充颗粒，从而使得整个材料表现出各向同性导电性。为了将各向同性导电胶应用于倒装芯片产品中，必须选择性地只连接那些需要互连的区域。同时，导电胶在涂布和固化过程中不可以流动，以免线路之间发生短路。一般采用模板或丝网印刷技术精确沉积各向同性导电胶。为了满足倒装芯片的尺寸和精度要求，芯片键合对位必须非常精准。为此，Matsushita 公司开发了一种沾移工艺[106]。

Matsushita 采用传统的球状键合机在芯片或基板上制作 Au 凸点，速度比引线键合快得多，且无需溅镀和电镀工艺。为了防止键合面积过大，所以将凸点制成圆锥状，并利用平面将凸点压平，使其高度一致。然后将芯片带有凸点的一面与丝网印刷制得的各向同性导电胶薄膜接触，各向同性导电胶选择性地

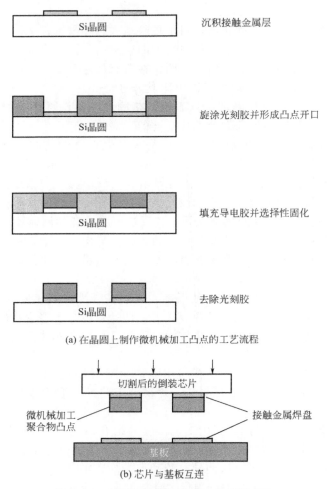

(a) 在晶圆上制作微机械加工凸点的工艺流程

沉积接触金属层

旋涂光刻胶并形成凸点开口

填充导电胶并选择性固化

去除光刻胶

接触金属焊盘

微机械加工
聚合物凸点

(b) 芯片与基板互连

图 6.16　采用微机械加工凸点的倒装芯片

转移至凸点尖端，凸点上的各向同性导电胶厚度通过改变印刷薄膜厚度进行控制。接着拾取芯片，对准并放置到基板上。然后通过加热使同性导电胶热固化，并在芯片与基板之间形成互连。最后在芯片和基板之间填充下填料（绝缘胶）并固化。该工艺仅需一个固化炉，芯片组装过程无需施加压力。为了避免 Ag 电迁移，各向同性导电胶包含 Pd 含量为 20% 的 Ag-Pd 合金。图 6.18 所示为采用各向同性导电胶进行柱状凸点倒装芯片互连的工艺流程。该工艺特别适合于在已经贴装了元件的线路板上组装倒装芯片器件，即所谓的混合互连技术。由于导电胶沾移或扩散容易造成相邻凸点短路，所以控制转移到 Au 柱凸点上的导电胶量，对确保较高的组装良率至关重要。

另一种金属凸点倒装芯片互连工艺包括在基板上模板印刷各向同性导电胶、对准、放置芯片、导电胶固化以及填充下填料。Y. Bessho 研究对比了各向同性导电胶倒装芯片互连与焊锡倒装芯片互连，采用带有 Ni/Au 金属层的 FR4 基板[107]，

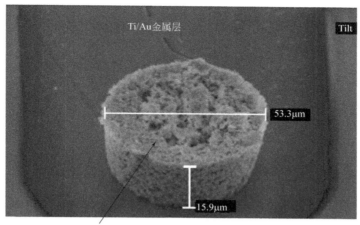

图 6.17　表面平整的导电胶凸点 SEM 图像[104]

将两种情况下线路失效时的热循环次数（-55～125℃）进行对比。结果发现，经过 1000～2000 次热循环之后，各向同性导电胶倒装芯片互连点的接触电阻仍保持稳定，这与焊锡倒装芯片互连点的寿命相当。然而，各向同性导电胶样品之间的可靠性差异较大，需要对组装工艺进行优化以使接触电阻保持一致[107]。此外，还有研究论证了将类似的倒装芯片互连工艺用于 I/O 数多达 8000 个的器件的可行性[108]。图 6.19 所示为模板印刷各向同性导电胶凸点，并与 Au 柱凸点形成互连[108]。

6.3.2.3　碳纳米管倒装芯片

采用焊锡凸点进行 LSI 倒装芯片互连存在一些问题，例如电迁移和凸点热应力[109]。碳纳米管（CNT）在倒装芯片互连中具有广阔前景，碳纳米管具有良好的电学性能，例如高电导率、电流密度可超过 $10^9\,A/cm^2$[110]、可弹道传输等[111]，已经建议将碳纳米管作为未来 LSI 的内部布线材料[112～116]。此外，碳纳米管具有高纵宽比结构[117～119]，以及较高的机械灵活性和强度。

可以采用碳纳米管图形转移工艺在芯片上制作碳纳米管凸点[120,121]。首先在芯片焊盘上印刷导电胶，然后将芯片按压在布有竖直碳纳米管的薄膜上，将碳纳米管薄膜剥离后，由于芯片焊盘上未固化的导电胶具有黏性，所以碳纳米管凸点会附着在芯片上，接着在 180℃下进行固化，使碳纳米管凸点固定在芯片焊盘上。碳纳米管图形转移工艺无需经历高温碳沉积过程即可制得碳纳米管凸点，从而避免了芯片材料性能退化。碳纳米管凸点的 SEM 图像如图 6.20 所示，凸点的平均直径和高度分别约为 170μm 和 100μm。

采用碳纳米管凸点接触链测量凸点阻值，结果发现，在碳纳米管凸点表面镀 Au 可以有效降低凸点与芯片和基板之间的接触电阻，阻值可降至 2.3Ω。碳纳米管凸点具有弹性和柔性，可以实现零热应力的倒装芯片结构，碳纳米管凸点吸收的芯片与基板之间的位移能够达到凸点高度的 10%～20%。

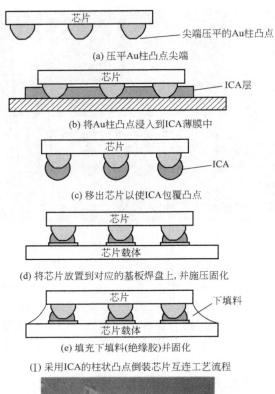

(a) 压平Au柱凸点尖端

(b) 将Au柱凸点浸入到ICA薄膜中

(c) 移出芯片以使ICA包覆凸点

(d) 将芯片放置到对应的基板焊盘上,并施压固化

(e) 填充下填料(绝缘胶)并固化

(I) 采用ICA的柱状凸点倒装芯片互连工艺流程

(II) ICA互连点的SEM图像

图 6.18　采用各向同性导电胶进行柱状凸点倒装芯片互连

6.3.3　ICA 在先进封装中的应用

6.3.3.1　太阳能电池封装

太阳能电池难以采用标准的焊接技术进行互连,焊接时的高温会使焊点和电池中产生应力,引起封装翘曲和损伤。采用低温连接技术代替焊接技术可以避免产生机械应力,从而提高工艺良率和可靠性。

导电胶互连具有广阔的应用前景,根据导电胶的不同,工艺温度可以足够低。D. W. K. Eikelboom 等人针对背接触式太阳能电池,分别采用焊料和导电胶互连,对比了两种情况下电池和互连点中的应力[122]。

太阳能电池会产生高电流,要求阻值低。为了保证在室外条件下能够长期稳定工作,太阳能电池需要具有良好的光学和力学性能。此外,批量生产太阳能电池要求导电胶能够进行丝网印刷。镀 Ag 基板与镀 Ag 凸点互连具有优异的电学性能,

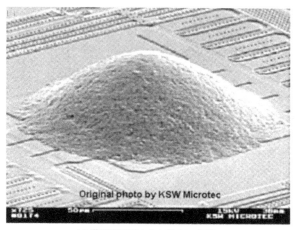

(a) 模板印刷ICA凸点的SEM图像

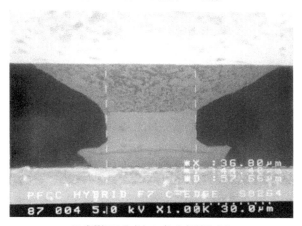

(b) 印刷ICA凸点与Au柱凸点所形成的
倒装芯片互连点的SEM图像

图 6.19　模板印刷各向同性导电胶凸点与 Au 柱凸点互连

接触电阻与焊锡接点相当，均在毫欧范围内。

参考焊点可靠性测试标准，对导电胶互连样品进行湿/热可靠性测试。在 $85℃/85\%RH$ 条件下时效 2500h 后，样品性能未发生退化。对相同样品进行 $-40℃/80℃$ 的热循环测试，经过 200 次循环后，未发现明显变化，并且填充与未填充下填料的样品之间无明显差异。将导电胶涂布到普通 Cu 焊盘或者丝网印刷烧结 Al 焊盘上，固化后阻值较低，但经过时效实验后，由于发生氧化以及导电胶与金属键合发生断裂，使得样品性能迅速退化。此外，丝网印刷多孔 Al 会吸收导电胶中的粘接剂，使得键合强度变差。

6.3.3.2　3D 堆叠封装

对于芯片堆叠封装，为了实现可靠的摩擦焊接互连，引线键合工艺需要施加较高的机械力[123,124]，这会在减薄至 $75\mu m$ 以下的芯片键合位置下方产生圆锥状的潜在缺陷区，并且还会延伸至下层粘接材料和芯片中。反向拱丝键合工艺的开发在一

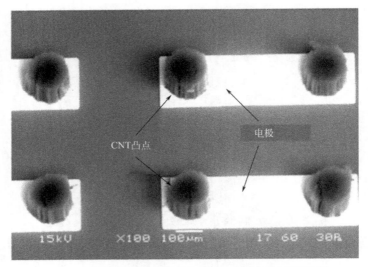

图 6.20　图形转移工艺制得的 CNT 凸点 SEM 图像[121]

定程度上缓解了这个问题[125]，但当晶圆减薄至 $50\mu m$ 以下时，会出现同样的可靠性问题。在超薄晶圆上进行引线键合是一个巨大挑战，与传统的互连工艺相比，减小互连时施加的外力能够提高产品良率和可靠性。

Andrews 等人论证了挤压成形工艺的可行性[126]，利用自动针管点胶设备局部沉积导电胶，在堆叠芯片边缘形成互连。这种垂直互连工艺可以用于制作三维线路，并且无需施加很高的机械力，以免损伤薄芯片和脆性基板材料，其生产效率超过了每分钟 100 个互连。图 6.21 所示为采用导电胶实现垂直互连的堆叠芯片封装。采用自动针管点胶设备沉积导电胶，在芯片与芯片或者芯片与基板之间形成互连，无需施加很高的机械力，因而不会损伤薄芯片或其他脆弱的基板材料，例如 GaAs、InGaP。导电胶垂直互连工艺对芯片类型、芯片堆叠数（最多堆叠 128 个

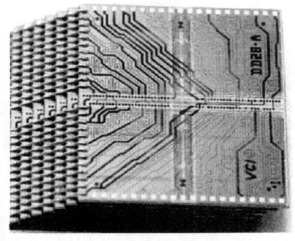

图 6.21　采用导电胶垂直互连工艺的堆叠芯片封装[126]

芯片)、堆叠结构或最终的封装要求(例如 QFN、BGA、WLCSP 等)都没有限制。

导电胶垂直互连工艺可以通过缩短生产周期获得成本优势,不管堆叠多少层芯片,只需一步即可实现芯片互连,这与引线键合工艺不同。此外,导电胶垂直互连工艺无需镀 Au,从而降低了成本(省去引线键合工艺,降低了键合表面的 Au 层厚度)。为了进一步降低成本,可以采用并行垂直互连工艺,包括多针管点胶和印刷方法。

6.3.3.3　微弹簧互连

对于器件测试,微机械加工弹簧具有低应力互连、高密度和低损伤探测的优点,在微系统封装中引起了广泛关注。例如,由微弹簧构成的新型探针卡已经投入实际应用[127],并且对于高性能器件测试必不可少,因为微弹簧的尺寸可以小于几百微米,适用于高焊盘密度和小焊盘节距的芯片,以及 1GHz 以上的高速信号测试。有文献报道,可将卷曲微悬臂梁弹簧探针[128]和多层电镀 S 型微弹簧探针[129]用于探针卡中。

此外,微弹簧也满足微电子封装的要求。用于高性能微系统的倒装芯片封装通常使用标准的互连技术,例如焊球、Au 凸点、导电胶,但这些互连结构的顺应性有限,硅集成电路(IC)与封装基板之间的热失配会引起热循环过程中器件失效、低 k 电介质损伤等问题。为了解决这些问题,Chow 等人的实验结果证明,采用薄膜微弹簧[130]可以与 Au 焊盘形成可靠的、顺应的、低接触力(10mgf)互连[131]。此外,在 MEMS 零级封装中,普遍采用的玻璃晶圆需借助互连通孔和微弹簧将器件电极互连起来。

由于多步光刻成本较高,所以此类微机械加工弹簧不适用于微系统封装。T. Iitohl 等人利用超精密三轴点胶系统进行连续重复点胶,开发了一种新的三维微结构成形工艺,无需进行光刻[132,133]。点胶喷嘴内径为 22μm,即胶点最小直径为 22μm。通过连续重复点胶可以得到高纵横比结构,将基板加热至 350K 以上,使得导电胶中的有机物溶剂蒸发,增大导电胶的黏度。连续点胶工艺可以形成悬臂结构,例如,当喷嘴横向移动时可以形成悬臂梁,如图 6.22(a)所示。如图 6.22(b)、(c)所示的悬臂梁,垂直部分点胶 20 次,水平部分点胶 40 次,并在 423~523K 温度下固化 30min。所制得的微悬臂梁探测阻值低于 1Ω,接触力为 1mN。通过控制点胶条件和基板温度,可以制作形状更为复杂的螺旋结构,如图 6.23 所示。

6.3.4　ICA 互连点的高频性能

目前对各向同性导电胶互连点高频性能的研究较少。J. Felba 等人研究了一种各向同性导电胶,可以代替微波器件中的焊料,其中涉及不同的胶基体材料,以及数种填充颗粒(Ag、Ni、石墨)和添加剂(碳烟和半片状 Ag 粉末)。为了评估给定导电胶配方的有效性,将标准微带带通滤波器的 Au 带切断,并由导电胶和 Ag 跳线连接,测量该滤波器的品质因子(Q 值)和损耗因子(L),初始实验的测量频率为 3.5 GHz,最终实验测量的频率为 3.5GHz 和 14GHz。实验发现,对于用

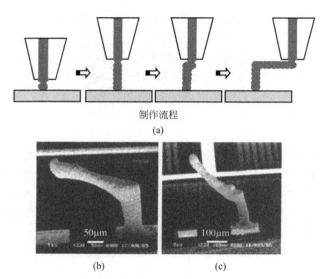

制作流程

(a)

(b)　　　　　　　(c)

图 6.22　采用连续点胶工艺制得的微悬臂梁弹簧[133]

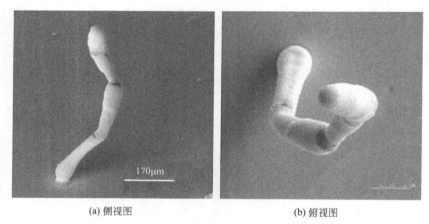

(a) 侧视图　　　　　　　(b) 俯视图

图 6.23　采用连续点胶工艺制得的螺旋结构[133]

于微波器件的各向同性导电胶，片状 Ag 粉末是最佳的填充材料，因为填充片状 Ag 粉末的各向同性导电胶具有最高的品质因子和最低的损耗因子。另外，需要避免各向同性导电胶中混入碳烟，因为碳烟会降低品质因子[134]。

佐治亚理工大学的一项研究采用镀 Au 传输铜线将倒装芯片测试模型贴装到 FR4 基板上[135]，利用该测试模型对共晶 Sn-Pb 焊料和各向同性导电胶的性能进行评估和对比。研究发现，当工作频率在 45MHz～2GHz 之间时，两种材料的性能相当，并且测得的传输损耗都很小。此外，在 85℃/85％RH 条件下时效 150h 后，测得两种材料的 S_{11} 参数与时效前无明显差异，但 Sn-Pb 焊点的 S_{12} 参数偏差高于各向同性导电胶互连点。

最近，Kaoru Hashimoto 等人研究了将导电胶互连点用于高速信号传输的可行性，利用特殊设计的互连模型，包括一个高速 CMOS 驱动 LSI、一个 BGA 封装和一个电路板模型，对导电胶互连点的传输特性和供电能力进行评估[136]。结果发现，差分脉冲信号能够以 12Gbps 的速率通过由 8 个导电胶互连点组成的菊花链，并且不会发生信号衰减，而当传输时间过长时，导电胶互连点会出现波形衰减，这可能是因为导电胶互连点的直流电阻较高，约为焊锡接点的十倍以上。当传输时间较短时，波形衰减并不明显，这可能是因为导电胶中相邻 Ag 片的电容耦合干扰效应。

6.3.5　ICA 互连点的可靠性

迄今为止，已经有许多研究论证了不同时效条件下，采用各向同性导电胶将具有不同电路和金属化层的表面贴装元件（例如 QFP）与无源器件（电阻和电容）进行互连的有效性和局限性[72]。大多数各向同性导电胶都需要填充贵金属，例如 Au 或 Ag-Pd，以免在严酷环境下失效，例如 85℃/85%RH 和 −40～+125℃ 热循环测试。经过 85℃/85%RH 测试后，大多数导电胶与 Sn-Pb 表面的粘接性较差，但也有一些例外的情况。互连点电学性能的退化是由于接触电阻的增加，虽然导电胶的体积电阻远高于焊料，但通常保持恒定值。将导电胶与钝化 Cu 基板互连，其电学性能良好。

Jon B 等人对比了热循环条件下，采用焊料和各向同性导电胶并填充下填料的板上倒装芯片（FCOB）封装的失效情况[137]。对于采用焊料的 FCOB 封装，测得凸点平均寿命为 2700～5500 次循环，对于采用各向同性导电胶的 FCOB 封装，测定凸点平均寿命为 500～4000 次循环，这表明凸点寿命似乎与芯片焊盘上凸点的特性有关。各向同性导电胶/凸点界面分层是一个重要的失效机制，$5\mu m$ 高的 Ni/Au 凸点其寿命最高，超过了 4000 次循环。

为了研究断裂和疲劳载荷作用下各向同性导电胶互连点的特性，J. Constable 等人对拉伸和疲劳实验（循环加载 1000 次）过程中互连点的阻值变化（灵敏度为微欧姆级）进行了监测。通过观察互连点断面发现，断裂位置位于导电胶与金属表面之间。拉伸结果表明，各向同性导电胶接点的断裂应变为 20%～38%，在弹性范围内互连点的阻值基本保持不变，当拉力超出线弹性范围后，阻值开始迅速增加。在疲劳实验中，加载位移线性增至预定最大值后，又线性降至初始位置。实验结果表明，循环加载 1000 次后，各向同性导电胶互连点的切应变达到了 10%，高出焊锡接点一个量级，这表明部分倒装芯片可以采用各向同性导电胶。由于各向同性导电胶中填充的 Ag 颗粒不能承受这种大应变，所以当环氧树脂胶基体产生应变时，Ag 颗粒会产生相对移动。通常情况下，互连点突然失效之前，接触电阻会增大至对应于界面开裂面积为 70% 的一点，表明界面裂纹已经略微扩展到了胶基体中[138]。

　　为了理解各向同性导电胶的疲劳退化机理，R. Gomatam 等人研究了高温高湿条件下各向同性导电胶互连点的行为[139]。实验结果表明，在高温高湿条件下，各向同性导电胶互连点的疲劳寿命有所降低。此外，随着热循环频率的降低，各向同性导电胶互连点的疲劳寿命显著降低。这是因为随着热循环频率的降低，扩展裂纹承受高负载的时间更长，引起较高的蠕变载荷[139]。

　　M. Yamashita 等人研究了高温下填充 Ag 颗粒的各向同性导电胶与 Sn-Pb 界面的退化机制[140]。结果发现，在 150℃下，Sn-Pb 镀层中的 Sn 会优先扩散到导电胶的 Ag 填充颗粒中，并生成 Ag-Sn 金属间化合物，使得 Sn-Pb 镀层中形成大量的柯肯达尔空洞，从而引起界面退化。此外，在高温作用下，可观察到各向同性导电胶与 Sn-Pb 镀层的分离现象。

　　Xu 等人研究了高温高湿条件下导电胶的力学行为和导电胶互连点的失效机制[141]，采用了 3 种填充 Ag 颗粒的环氧树脂基导电胶，以及镀 Au/Ni/Cu 和镀 Cu 印制电路板基板，通过双悬臂梁（DCB）实验研究了高温高湿环境对导电胶互连点的影响。结果表明，导电胶和基板金属层对互连点的耐久性有显著影响。相比于镀 Au/Ni/Cu 基板，湿气对镀 Cu 基板上导电胶互连界面的侵蚀速率更快，这可以从表面自由能和界面自由能的角度加以解释。3 种各向同性导电胶互连点的断裂能均随着时效时间的增加而降低，将时效后的互连点在 150℃下烘干，其断裂能有一定程度的恢复，这可能是由于块体胶增塑的可逆作用，以及导电胶与基板粘接强度的恢复。然而，金属表面被氧化后，导电胶互连点的断裂能仅有较小程度的恢复。对于导电胶/Cu 互连点，湿气侵蚀分为 3 个阶段：使导电胶从基板上脱落；使 Cu 氧化；削弱氧化铜。经过时效后，3 种导电胶/Cu 互连点表现出了不同的失效模式。导电胶 1/Cu 互连点的失效位置位于胶/氧化铜界面上，导电胶 2/Cu 互连点的失效位置位于氧化铜层中，导电胶 3/Cu 互连点的失效位置位于靠近界面的胶层中，即 Ag 颗粒耗尽层。失效样品的 XPS 分析结果表明，在高温高湿时效过程中，镀 Au/Ni/Cu 基板上可能有 Cu 扩散到 Au 表面上，并且在基板表面上检测到了氧化铜[141]。

　　S. Kuusiluoma 等人对比了各向同性导电胶和无铅焊料分别与液晶聚合物（LCP）基板互连的可靠性[142]，采用相似的表面贴装元件进行组装，并对组件进行热循环和正弦振动实验，通过实时监测互连点的接触电阻对其可靠性进行评估。结果表明，当以液晶聚合物作为基板材料时，在热循环载荷作用下，Sn-Ag-Cu 焊点的可靠性较差。振动实验中未发现有组件失效，两种封装组件的可靠性无显著差异。失效分析表明，对于两种封装组件，大多数失效均发生在器件引脚与互连材料的界面上，但测试方法仍需改进以得到进一步的结论。

　　Ales Duraj 等人研究了动态机械载荷（弯曲实验）对导电胶互连点电阻的影响[143]，载荷是由测试板（在玻璃纤维层压印制电路板上安装 1206 个贴片电阻）产生一定的挠曲引起的。结果发现，外加动态载荷会引起互连点基本电学参数的变化，测试板挠度越大，互连点电阻变化越大，并且电阻呈非线性增加，所有用于测试的导电胶其电阻变化各异。

　　J. Lee 等人研究了 85℃/85％RH 条件下，镀 Cu 和浸 Ag 印制线路板上 Ag 填充环氧树脂基各向同性导电胶的互连电阻变化[144]。结果发现，在时效过程中，浸 Ag 印制线路板上导电胶的互连电阻和阻值变化均小于镀 Cu 印制线路板。

6.3.6　纳米 ICA 的最新进展

为了满足先进封装对细节距和高性能互连的要求，采用纳米材料或纳米技术制得的导电胶，因为具有独特的电学、机械、光学、磁性以及化学特性，吸引了越来越多的关注。已经有许多关于纳米导电胶的研究，例如填充纳米颗粒、纳米线、碳纳米管和石墨烯等。本节主要介绍有关纳米导电胶的最新研究结果。

6.3.6.1　Ag 纳米线 ICA

Wu 等人研发了填充 Ag 纳米线的环氧树脂基各向同性导电胶，并对比了这种纳米导电胶与其他两种填充微米 Ag 颗粒（约 1μm 和 100nm）各向同性导电胶的电学和力学性能[145]。所填充的纳米线为多晶材料，直径约为 30nm，长度达到了 1.5μm。结果发现，Ag 纳米线填充量较低[例如 56%（质量分数）]的各向同性导电胶，其体积电阻率明显低于填充 Ag 颗粒的各向同性导电胶，这是因为纳米线接触电阻较低，更重要的是纳米线之间的隧道效应[145]。此外，填充量相同的条件下[例如 56%（质量分数）]，填充 Ag 纳米线各向同性导电胶与填充 Ag 颗粒各向同性导电胶的剪切强度相近。然而，为了使 3 种导电胶的电导率相同，必须将填充微米 Ag 颗粒各向同性导电胶的填充量增至 75%（质量分数），但是会降低导电胶的剪切强度[低于 Ag 纳米线填充量为 56%（质量分数）的各向同性导电胶]。

6.3.6.2　纳米 Ag 颗粒对 ICA 导电性的影响

Lee 等人利用纳米 Ag 胶部分或全部代替聚合物基体[聚（醋酸乙烯）-醋酸乙烯酯]中的微米 Ag 颗粒，研究了纳米填充颗粒对导电胶导电性的影响[146]。将测得的 Ag 体积分数作为导电胶电阻率函数的变量，结果发现，当纳米 Ag 颗粒含量以 2.5%（质量分数）的增幅逐渐增加时，导电胶的电阻率也逐渐增加，而当微米 Ag 颗粒含量接近于渗流阈值时，电阻率显著降低，这是因为在渗流阈值附近，微米 Ag 颗粒仍未形成互连，添加少量的纳米 Ag 颗粒之后，有助于 Ag 颗粒之间形成导电网络，从而降低了导电胶的电阻率。然而，当 Ag 颗粒填充量超过渗流阈值之后，所有微米 Ag 颗粒已经形成互连，加入的纳米 Ag 颗粒只会增加颗粒之间的接触电阻。由于纳米颗粒体积小，所以当 Ag 胶添加量一定时，其中包含的纳米颗粒比微米颗粒更多，从而有利于颗粒之间的互连，但是这也不可避免地增加了接触电阻，使得各向同性导电胶的电阻率增加了。

Ye 等人通过实验发现了类似的现象，即加入纳米颗粒使得导电胶导电性降低[147]。他们提出了两种类型的接触电阻，一是由接触面积小引起的限制电阻，二是加入纳米颗粒后产生的隧穿电阻。填充微米 Ag 颗粒的各向同性导电胶，其导电性主要受颗粒之间接触电阻的影响，而填充纳米 Ag 颗粒的各向同性导电胶，其导电性主要受隧穿效应和热电子发射的影响。Fen 等人[148]和 Mach 等人[149]也观察到类似的现象（加入纳米颗粒的各向同性导电胶导电性降低）。

Lee 等人研究了温度对导电胶导电性的影响[146]。结果发现，将填充纳米颗粒的导电胶加热到更高温度时，可以显著降低电阻率，这可能是因为纳米颗粒具有较高的活性。而对于填充微米颗粒的导电胶，温度效应的影响可以忽略不计。Ag 原子在纳米颗粒之间的扩散有助于降低接触电阻，在 190℃ 下保温 30min 后，各向同性导电胶的电阻率可降至 $5 \times 10^{-5} \Omega \cdot cm$。Jiang 等人的研究表明，在填充纳米 Ag 颗粒的各向同性导电胶中加入合适的表面活性剂，可以促进 Ag 原子在颗粒之间的扩散，各向同性导电胶的电阻率可降至 $5 \times 10^{-6} \Omega \cdot cm$[150]。

6.3.6.3   纳米 Ag 颗粒团簇填充 ICA

为了改善各向同性导电胶在热循环条件件下的力学性能，并使导电胶的电导率保持在一个可接受的较高水平，Kotthaus 等人研究了填充纳米 Ag 颗粒团簇的环氧树脂基各向同性导电胶[151]，目的是开发一种对聚合物基体力学性能影响较小的填充材料，而多孔 Ag 粉末可以满足这个要求。采用惰性气体凝聚法（IGC）制作 Ag 粉末，粉末由尺寸为 50～150nm 的超细颗粒烧结网络构成，团簇平均直径可达数微米。过筛粉末需具备以下特性：杂质含量水平低，内部孔隙率约为 60%，易于树脂渗透。由于树脂能够渗透到粉末孔隙中，所以利用多孔 Ag 粉末代替 Ag 片更有利于维持树脂基体的特性。测量各向同性导电胶的应力-应变关系，结果发现，无论选用何种树脂基体，互连点的热力学性能均提高了两倍。

测量了 10～325K 温度范围内的导电胶电阻，填充纳米 Ag 粉末的各向同性导电胶其电阻率为 $10^{-2} \Omega \cdot cm$，高于市售导电胶的电阻率 $10^{-4} \Omega \cdot cm$，这可能是因为纳米 Ag 颗粒呈球状，提供的导电路径比 Ag 片更少，并且固有电导率较低。对于一些机械应力为主要影响因素的产品，填充纳米 Ag 粉末的各向同性导电胶足以用于互连，所以多孔 Ag 粉末可以作为一种新的导电胶填充材料。

6.3.6.4   纳米 Ni 颗粒填充 ICA

众所周知，纳米级的金属粉末颗粒其特性不同于块体金属。根据尺寸大小，可以将粉末分为普通颗粒、微粒和纳米颗粒。虽然分类标准不明确，但通常将直径小于 100nm 的颗粒称之为纳米颗粒，这是因为当颗粒直径小于 100nm 时，其特性与直径大于 100nm 的微粒完全不同。例如，当 Fe 和 Ni 等磁性材料的颗粒直径接近 100nm 时，其磁畴结构由多磁畴转变为单磁畴，磁性特性发生了改变[152]。Majima 等人报道了在导电胶中添加纳米颗粒的一个应用实例[152]，指出填充纳米金属颗粒的各向同性导电胶与普通各向同性导电胶的性能完全不同。SEI 公司采用电镀技术开发了一种新的液相沉积工艺[152]，可以制备纯度大于 99.9% 纳米颗粒，并且易于控制颗粒的直径和形状。利用 X 射线衍射测得颗粒的晶粒尺寸为 1.7nm，可以推测出初始颗粒尺寸极小。当 Ni 等磁性金属颗粒的直径小于 100nm 时，会从多磁畴颗粒转变为单磁畴颗粒，因而磁性特性会发生变化。换句话说，当 Ni 颗粒直径为 50nm 时，每个颗粒可以看作一个普通的磁铁，相互之间通过磁力连接形成链状团簇，将其添加到导电胶中，导电胶的电学性能会优于未添加团簇的导电胶。以聚偏二氟乙烯（PVDF）作为粘接剂，加入 Ni 颗粒团簇，然后与 N-甲基-2-吡咯烷酮基体混合制成导电胶，将制得的导电胶涂覆到聚酰亚胺薄膜上，烘干后制成导电片。采用四线电阻测量法测量该导电片的体积电阻率，并采用同样的方法测量由填充普通球状 Ni 颗粒导电胶制得的导电片的体积电阻率。结果发现，链状 Ni 粉末的电阻是普通球状 Ni 颗粒的 1/8。这表明将这种链状 Ni 颗粒添加到导电胶中，无需按压导电片即可大幅提高导电率。SEI 公司研发并测试了纳米金属颗粒，研究了纳米金属颗粒在导电胶中应用的可能性。

6.3.6.5　碳纳米管填充 ICA

（1）CNT 填充 ICA 的电学性能和力学性能　填充金属颗粒的导电胶可以替代常规的 Sn-Pb 焊接工艺，其工艺制程比较简单，工艺温度较低，并且无需使用 Pb 元素或腐蚀性助焊剂，但缺点是颗粒填充量高会降低导电胶的机械强度，填充量低会使导电胶的电学性能退化。

碳纳米管是一种新型碳结构，由日本 NEC 的 Sumio Iijima 于 1991 年首次发现[153]。将石墨烯薄片卷成无缝圆柱状即为碳纳米管，既可以形成单壁结构（SWNT），也可以形成多壁结构（MWNT），即一层包着一层。碳纳米管直径为 1~50nm，长度可达数厘米，两端由半个五元环或六元环的富勒烯圆顶"盖住"，可以在侧壁和端部添加官能化分子，以改变碳纳米管的性能。碳纳米管是由石墨烯卷成圆柱状形成的手性结构，具有一定的捻度，手性决定了碳纳米管是以金属方式导电还是以半导体方式导电。碳纳米管具有许多独特且优异的性能，金属碳纳米管的电导率为 10^4S/cm（弹道输运）[153]，室温下碳纳米管的热导率高达 3000~6600W/mK[154]，杨氏模量约为 1TPa，最大抗拉强度接近 30GPa，一些报道中测得碳纳米管的最大抗拉强度达到了 TPa 量级[155]。多壁碳纳米管的密度为 2.6g/cm³，单壁碳纳米管的密度与手性有关[156]，密度范围为 1.33~1.40g/cm³。由于碳纳米管密度小、纵宽比大，能够在聚合物基体中以较低的密度达到渗流阈值。

Wu 等人开发了一种制备镀 Ag 碳纳米管（SCCNT）的工艺[157]，并对比了填充镀 Ag 碳纳米管、填充多壁碳纳米管以及填充微米 Ag 颗粒各向同性导电胶的电学和力学性能。结果发现，填充镀 Ag 碳纳米管各向同性导电胶的体积电阻率较低，为 $2.21×10^{-4}$Ω·cm，当填充体积分数相同（28%）时，其剪切强度比填充微米 Ag 颗粒各向同性导电胶更高。

Qian 等人的实验表明，聚苯乙烯（PS）/碳纳米管复合材料的弹性模量和拉伸强度分别增加了 36%~42% 和 25%[158]。利用 TEM 观察发现，裂纹沿着碳纳米管-聚合物界面或低碳纳米管密度区域扩展，并引起失效。如果将多壁碳纳米管外层官能化，以便与聚合物基体形成牢固的化学键，则可以进一步改善碳纳米管/聚合物复合材料的机械强度，并且具有可控的热学和电学性能。

（2）添加 CNT 对导电胶电学性能的影响　Lin 等人在实验中以环氧树脂为基体，制备碳纳米管含量不同的填充 Ag 颗粒导电胶，研究了添加碳纳米管对导电胶导电性的影响[159]。结果发现，碳纳米管能够在 Ag 颗粒含量低于渗流阈值时，增强导电胶的导电性。例如，Ag 含量为 66.5%（质量分数）的导电胶其电阻率为 10^4Ω·cm，而添加 0.27%（质量分数）的碳纳米管后，电阻率可降至 10^{-3}Ω·cm。因此，可以在导电胶中添加少量的碳纳米管代替 Ag 填充颗粒，并达到相同的电导率水平。

（3）填充经过表面处理 CNT 的复合材料　尽管碳纳米管具有特殊的物理性质，但由于非极性和表面疏水性，使得碳纳米管难以融入其他材料中，亟待解决的问题包括相析出、聚合、在基体中的分散性较差、与基体的黏附性较差等。为此，在碳纳米管的侧壁和基体之间建立多官能桥联，并将经过表面处理和未经表面处理的碳纳米管添加到聚碳酸酯、聚苯乙烯或环氧树脂中，对比这些复合材料的断裂行为以确定桥联强度。结果发现，未经表面处理的碳纳米管与聚合物基体的相互作用较差，断裂后基体中存在空洞。而经过表面处理的碳纳米管与聚合物基体的相互作用较强，断裂后碳纳米管仍然留在基体中。由于经过表面处理的碳纳米管在聚合物基体中的分散性较好，如果要使聚合物基体达到相同的电导率，与添加未经表面处理的碳纳米管相比，经过表面处理的碳纳米管添加量可以大大减少[160～162]。

6.4　用于倒装芯片的非导电胶

与导电胶相比，非导电胶（NCA）只由聚合物树脂粘接剂和固化剂组成，无需填充导电颗粒。非导电胶技术可以减小互连节距，简化工艺，降低封装成本，实现无铅互连，在有机基板倒装芯片方面有很大的应用潜力。

1988 年，Matsushita 公司最先将非导电胶用于倒装芯片键合，称之为"微凸点键合组装技术"[163,164]。图 6.24 所示为采用非导电胶将 LSI 芯片上的 Au 凸点与基板上的 Cr/Au 焊盘键合的剖面图，芯片由光固化树脂的粘接力固定，并由树脂内部的收缩应力实现键合。该方法适用于互连节距为微米级的产品，将绝缘树脂用于芯片键合对互连节距几乎没有限制，并且是柔性结构，组装过程中产生的热应力可以通过树脂释放，从而提高产品的可靠性。

图 6.24　Au 凸点 LSI 芯片与基板通过 NCA 键合的剖面图

Ferrando 等人开发了一种基于 Au 柱凸点和非导电胶的低成本倒装芯片工艺，并且无需填充下填料[165]。对于有机基板倒装芯片封装，热失配问题至关重要，而该工艺尤其适用于有机基板，并且可以用于量产。工艺流程如图 6.25 所示，芯片上的 Au 柱凸点已经预先制作完成，可以补偿基板焊盘变形引起的不共面性。印制电路板的设计必须与非导电胶倒装芯片工艺相兼容，例如，基板上互连区域内的金属孔必须为盲孔，以免非导电胶漏到基板另一侧。涂布非导电胶之前，需要对基板进行烘干和表面处理，增加表面活性和表面张力。采用丝网印刷或点胶机涂布完非导电胶后，将芯片与基板对准，并将芯片凸点压合到基板上涂布非导电胶的区域，凸点与基板焊盘接触并产生变形，同时对封装两侧加热以使非导电胶发生固化反应。所采用的倒装芯片键合机必须能够保证定位精度，并且能够提供较大的作用力和温度范围。满足该工艺要求的设备，其生产效率为每小时 100 个芯片。数种采用不同非导电胶互连的器件，经过热循环和恒温恒湿时效之后，可靠性良好。该工艺主要应用于微型电子器件的组装，例如助听器和心脏除颤器[165]。

6.4.1　低热膨胀系数 NCA

热循环实验过程中，倒装芯片失效多是由芯片与基板之间热失配引起的。由于

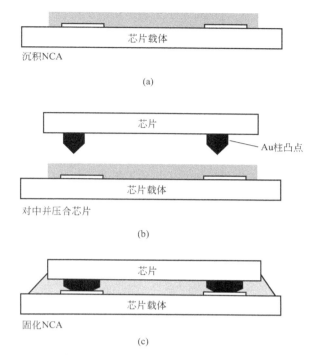

图 6.25　Au 凸点芯片与基板通过 NCA 实现倒装芯片互连的工艺流程

非导电胶材料的热膨胀系数较高，在非导电胶倒装芯片组装过程中，芯片与基板之间的热失配问题会更加严重。为此，Yim 等人将低热膨胀系数绝缘填充材料添加到非导电胶中，从而降低非导电胶的热膨胀系数，以改善有机基板倒装芯片封装的可靠性[166]。图 6.26 所示为非导电胶倒装芯片互连点的 SEM 图像。添加绝缘填充材料对非导电胶的热膨胀系数有显著影响，同时也提高了非导电胶的粘接性能。研

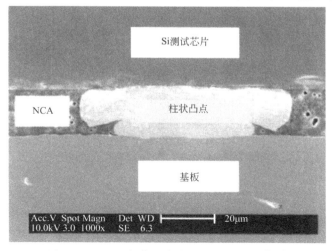

图 6.26　NCA 倒装芯片接点的 SEM 图像[166]

究发现，采用填充绝缘材料非导电胶进行互连的倒装芯片封装具有更好的可靠性。

Chang-Kyn Chung 等人研究了多官能团环氧树脂和 SiO_2 填料对固化后非导电膜（NCF）热力学性能的影响，以及对非导电膜 FCOB 封装热循环可靠性的影响[167]。结果发现，相比于采用双官能团环氧树脂非导电膜，采用多官能团环氧树脂非导电膜的 FCOB 封装具有更好的热循环可靠性。在非导电膜中掺入 10%（质量分数）的 SiO_2，可以使镀 Au 凸点的热循环可靠性最佳，掺入 20%（质量分数）的 SiO_2，也可以使 Au 柱凸点的热循环可靠性最佳。因此，为了提高非导电膜 FCOB 封装的热循环可靠性，需要改善非导电膜的热力学性能，尤其是 T_g，并且需要优化 SiO_2 的填充量。

Chuang 等人论证了一种新的非导电胶倒装芯片键合工艺的可行性，即热超声键合工艺，提高了柔性基板倒装芯片封装的粘接强度[168,169]。在倒装芯片键合之前，将非导电膏（NCP）沉积到柔性基板的 Cu 焊盘表面上，然后将带有 Au 凸点的芯片翻转过来，利用热超声键合到柔性基板的 Cu 焊盘上。在键合过程中，利用超声波去除凸点下方的非导电膏，从而使得 Au 凸点能够直接键合到 Cu 焊盘上，实现芯片与柔性基板之间良好的电气互连。超声功率为 Au 凸点和 Cu 焊盘之间形成金属键合提供了必要的能量，芯片与柔性基板的键合强度随着超声功率的增加而增加，并达到一个理想值。此外，选择合适的固化温度对提高芯片与柔性基板的键合强度同样重要。热超声键合工艺在 IC 芯片与柔性基板互连方面具有潜在的应用价值，例如薄膜晶体管液晶显示器（TFT LCD）驱动器的封装。由于 Au 凸点与 Cu 焊盘之间属于金属键合，所以键合强度得到了改善。采用合适的超声功率不仅提高了键合强度，而且经过高压蒸煮（PCT）测试后，键合强度仍可以保持较高水平。经过热循环（TCT）测试后，芯片与柔性基板的键合强度没有显著变化。在高温/高温高湿（HT/HH）测试过程中，键合强度随着时间的延长而显著增大，未观察到键合界面有裂缝或缺陷产生。采用非导电膏和热超声键合工艺实现芯片与柔性基板互连，其可靠性满足 JEDEC 规范的要求，但是经过高压蒸煮测试后，需要进一步改善非导电膏的粘接强度。

6.4.2 NCA 在细节距柔性基板芯片封装中的应用

Chun-Chih Chuang 等人开发了一种新工艺，结合了晶圆级封装工艺和超细节距柔性基板上芯片（COF）封装工艺[170]。首先在晶圆上分别压合两种胶层，即单层非导电胶和非导电胶/各向异性导电胶组成的双层胶。然后将晶圆切割成单个芯片之后，采用高精度的倒装芯片键合机进行热压键合。键合后的芯片通过电学性能测试之后，再进行 85℃/85%RH 可靠性测试。结果发现，采用单层非导电胶和非导电胶/各向异性导电胶双层胶的 COF 封装均具有较高的可靠性。

6.4.3 快速固化 NCA

Frye 等人利用热压键合工艺开发了一种可靠的、快速固化、易于使用的非导电胶[171]。为了防止键合过程中形成空洞，需采用低黏度、触变性适中、流动性好的非导电胶。细节距器件要求小尺寸金属互连，所以控制非导电胶中的颗粒尺寸成为关键问题。各种具有不同化学组分的非导电胶中，自由基固化有助于将 300℃ 以下的键合时间缩短至 1s。此外还发现，在非导电胶固化过程中，减少挥发物的释放可以减少内部空洞的形成。该新型非导电胶具有较短的键合时间和良好的 MSL-L3 可靠性，能够通过 1000 次的热循环（－55～125℃）测试和 168h 的 HAST 测试（130℃，85％RH）。

6.4.4 柔性电路板中 NCA 与 ACA 对比

这里对比了各向异性导电胶互连与非导电胶互连的可靠性，这两种互连技术主要用于连接驱动器和液晶显示器。一种结构采用柔性聚酰亚胺电路板与 FR4 基板互连，另一种结构采用柔性聚酰亚胺电路板与硬质玻璃基板互连，对两种测试结构和显示器进行测试。各向异性导电膜广泛用于生产高质量液晶显示器，其中包含少量体积分数的导电颗粒，由导电颗粒在两个接触区之间形成互连。非导电胶利用配对接触焊盘的粗糙表面进行互连。与传统的热固性各向异性导电膜相比，非导电胶互连的可靠性更高。通过对测试结构和显示器进行热循环（－30～90℃）和恒温恒湿实验（85℃/85％RH），验证了该结果[172]。

参 考 文 献

[1] Cdenhead R，DeCoursey D（1985）Intl J Microelectron 8（3）：14.

[2] Jagt JC（1998）IEEE Trans Compon Packag Manuf Tech A 21：215-225.

[3] Ogunjimi AO，Boyle O，Whalley DC，Williams DJ（1992）J Electron Manuf 2：109-118.

[4] Harris PG（1995）Soldering Surf Mount Technol 20：19-21.

[5] Gilleo K（1995）Soldering Surf Mount Technol 19：12-17.

[6] Liu J，Lai Z，Kristiansen H，Khoo C（1998）Proceedings of the 3rd international conference on adhesive joining & coating technology in electronics manufacturing. Binghamton，NY，pp 1-17.

[7] Corbett S，Dominano MJ（1997）Surf Mount Technol 48：48-52.

[8] Bolger J，Morano S（1984）Adhesives Age 17：17-20.

[9] Gilleo K（1995）Assembly with conductive adhesives. Soldering Surf Mount Technol（19）：12-17.

[10] Hariss PG（1995）Conductive adhesives：a critical review of progress to date. Soldering Surf Mount Technol（20）：19-21.

[11] Asai S，Saruta U，Tobita M，Takano M，Miyashita Y（1995）Development of an anisotropic conductive adhesive film（ACAF）from epoxy resins. J Appl Polym Sci 56：769-777.

[12] Chang DD，Crawford PA，Fulton JA，McBride R，Schmidt MB，Sinitski RE，Wong CP（1993）An overview and evaluation of anisotropically conductive adhesive films for fine pitch electronic assembly. IEEE Trans Compon Hybrids Manuf Technol 16（8）：320-326.

[13] Ando H，Kobayashi N，Numao H，Matsubara Y，Suzuki K（1985）Electrically conductive adhesive sheet. European Patent 0，147，856.

[14] Gilleo K（1987）An isotropic adhesive for bonding electrical components. European Patent 0，265，077.

[15] Pennisi R，Papageorge M，Urbisch G（1992）Anisotropic conductive adhesive and encapsulant materials. US Patent 5，136，365.

[16] Date H，Hozumi Y，Tokuhira H，Usui M，Horikoshi E，Sato T（1994）Anisotropic conductive adhesives for fine pitch interconnections. In：Proceedings of ISHM'94，Bologna，Italy，Sept 1994，pp 570-575.

[17] Liu J（2000）ACA bonding technology for low cost electronics packaging applicationscurrent status and remaining challenges. In：Proceedings of 4th international conference on adhesive joining and coating technology in electronics manufacturing，Helsinki，Finland，Jun 2000，pp 1-15.

[18] Wu CML，Liu J，Yeung NH（2000）Reliability of ACF in Flip chip with various bump height. In：Proceedings of 4th international conference on adhesive joining and coating technology in electronics manufacturing，Helsinki，Finland，Jun 2000，pp 101-106.

[19] Kishimoto Y，Hanamura K（1998）Anisotropic conductive paste available for flip chip. In：Proceedings of 3rd international conference on adhesive joining and coating technology in electronics manufacturing，Binghamton，NY，Sept 1998，pp 137-143.

[20] Sugiyama K，Atsumi Y（1991）Conductive connecting structure. US Patent 4，999，460，12 Mar 1991.

[21] Sugiyama K，Atsumi Y（1992）Conductive connecting method. US Patent 5，123，986，23 Jun 1992.

[22] Sugiyama K，Atsumi Y（1993）Conductive bonding agent and a conductive connecting method. US Patent 5，180，888，19 Jan 1993.

[23] Nagle R（1998）Evaluation of adhesive based flip-chip interconnect techniques. Int J Microelectron Packag 1：187-196.

[24] Kivilahti JK（1999）Design and modeling of solder-filled ACAs for flip-chip and flexible circuit applications. In：Liu J（ed）Conductive adhesives for electronics packaging. Electrochemical Publications Ltd，Port Erin，British Isles，pp 153-183.

[25] Vuorela M，Holloway M，Fuchs S，Stam F，Kivilahti J（2000）Bismuth-filled anisotropically conductive adhesive for flip-chip bonding. In：Proceedings of 4th international conference on adhesive joining and coating technology in electronics manufacturing，Helsinki，Finland，Jun 2000，pp 147-152.

[26] Torii A，Takizawa M，Sawano M（1998）The application of flip chip bonding technology using anisotropic conductive film to the mobile communication terminals. In：Proceedings of international electronics manufacturing technology/international microelectronics conference，Tokyo，Japan，Apr 1998，pp 94-99.

[27] Atarashi H（1990）Chip-on-glass technology using conductive particles and light-setting adhesives. In：Proceedings of the 1990 Japan international electronics manufacturing technology symposium，Tokyo，Japan，Jun 1990，pp 190-195.

[28] Matsubara H（1992）Bare-chip face-down bonding technology using conductive particles and light-setting adhesives. In：Proceedings of international microelectronics conference，Yokohama，Japan，pp 81-87.

[29] Endoh K，Nozawa K，Hashimoto N（1993）Development of 'The Maple Method'. In：Proceedings of Japan international electronics manufacturing technology symposium，Kanazawa，Japan，pp 187-191.

[30] Sihlbom R，Dernevik M，Lai Z，Starski JP，Liu J（1998）Conductive adhesives for high-frequency applications. IEEE Trans Compon Packag Manuf Tech A 20（3）：469-477.

[31] Dernevik M，Sihlbom R，Axelsson K，Lai Z，Liu J，Starski P（1998）Electrically conductive adhesives at microwave frequencies. In：Proceedings of 48th IEEE electronic components & technology conference，Seattle，Washington，May 1998，pp 1026-1030.

[32] Yim MJ，Ryu W，Jeon YD，Lee J，Kim J，Paik K（1999）Microwave model of anisotropic conductive adhesive flip-chip interconnections for high frequency applications. In：Proceedings of 49th electronic components and technology conference，San Diego，CA，May 1999，pp 488-492.

[33] Gustafsson K，Mannan S，Liu J，Lai Z，Whalley D，Williams D（1997）The effect on ramping rate on the flip chip joint quality and reliability using anisotropically conductive adhesive film on FR4 substrate. In：Proceedings of 47th electronic components and technology conference，San Jose，CA，May 1997，pp 561-566.

[34] Connell G（1997）Condutive adhesive flip chip bonding for bumped and unbumped die. In：Proceedings of 47th electronic components and technology conference，San Jose，CA，May 1997，pp 274-278.

[35] Oguibe CN，Mannan SH，Whalley DC，Williams DJ（1998）Flip-chip assembly using anisotropic conducting adhesives：experimental and modelling results. In：Proceedings of 3rd international conference on adhesive joining and coating technology in electronics manufacturing，Binghamton，NY，Sept 1998，pp 27-33.

[36] Hirai H，Motomura T，Shimada O，Fukuoka Y（2000）Development of flip chip attach technology using Ag paste bump which formed on printed wiring board electrodes. In：Proceedings of international symposium on electronic materials & packaging，Hong Kong，China，Nov-Dec 2000，pp 1-6.

[37] Hotta Y，Maeda M，Asai F，Eriguchi F（1998）Development of 0.025 mm pitch anisotropic conductive film. In：Proceedings of 48th IEEE electronic components & technology conference，Seattle，Washington，May 1998，pp 1042-1046.

[38] Chan YC，Hung KC，Tang CW，Wu CML（2000）Degradation mechanisms of anisotropic conductive adhesive joints for flip chip on flex applications. In：Proceedings of 4th international conference on adhesive joining and coating technology in electronics manufacturing，Helsinki，Finland，Jun 2000，pp 141-146.

[39] Kristiansen H，Liu J（1998）Overview of conductive adhesive interconnection technologies for LCDs. IEEE Trans Compon Packag Manuf Tech A 21（2）：208-214.

[40] Moon K，Dong H，Maric R，Pothukuchi S，Hunt A，Li Y，Wong CP（2005）J Electron Mater 34：132-139.

[41] Efremov MY，Schiettekatte F，Zhang M，Olson EA，Kwan AT，Berry RS，Allen LH（2000）Phys Rev Lett 85：3560-3563.

[42] Li Y，Moon K，Wong CP（2006）J Appl Polym Sci 99：1665-1673.

[43] Li Y，Moon K，Wong CP（2004）Proceedings of 54th IEEE electronic components and technology conference，Las Vegas，NV，pp 1968-1974.

[44] Li Y，Wong CP（2005）Proceedings of 55th IEEE electronic components and technology conference，Lake Buena，FL，pp 1147-1154.

[45] Li Y，Moon K，Wong CP（2005）J Electron Mater 34：266-271.

[46] Li Y，Moon K，Wong CP（2005）J Electron Mater 34：1573-1578.

[47] Davies G，Sandstrom J（1976）Circuits Manufacturing 56-62.

[48] Harsanyi G，Ripka G（1985）Electrocompon Sci Technol 11：281-290.

[49] Di Giacomo G（1992）In：McHardy J，Ludwig F（eds）Electrochemistry of semiconductors and electronics：processes and devices. Noyes Publications，Park Ridge，NJ，pp 255-295.

[50] Manepalli R，Stepniak F，Bidstrup-Allen SA，Kohl P（1999）IEEE Trans Adv Packag 22：4-8.

[51] Di Giacomo G（1997）Reliability of electronic packages and semi-conductor devices，Chapter 9. McGraw-Hill，New York，NY.

[52] Klein Wassink RJ（1987）Microelectron Int 9：9-12.

[53] Shirai Y，Komagata M，Suzuki K（2001）Proceedings of the 1st international IEEE conference on polymers and adhesives in microelectronics and photonics，Potsdam Germany，pp 79-83.

[54] Schonhorn H，Sharpe LH（1983）US Patent 4，377，619.

[55] Brusic V，Frankel GS，Roldan J，Saraf R（1995）J Electrochem Soc 142：2591-2594.

[56] Wang PI，Lu TM，Murarka SP，Ghoshal R（2007）US Patent 7，285，842.

[57] Li Y，Wong CP（2005）US Patent pending.

[58] Li Y，Wong CP（2006）Appl Phys Lett 89：112.

[59] Toshioka H，Kobayashi M，Koyama K，Nakatsugi K，Kuwabara T，Yamamoto M，Kashihara H（2006）SEI Tech Rev 62：58-61.

[60] Lieber CM（2001）Science 293：1289-1292.

[61] Prinz GA（1998）Science 282：1660-1663.

[62] Martin CR，Menon VP（1995）Anal Chem 67：1920-1928.

[63] Xu JM（2001）Appl Phys Lett 79：1039-1041.

[64] Russell TP（2000）Science 290：2126-2129.

[65] Lin R，Hsu Y，Chen Y，Cheng S，Uang R（2005）Proceedings of 55th IEEE electronic components and technology conference，Lake Buena，FL，pp 66-70.

[66] Li Y，Moon K，Wong CP（2006）Proceedings of 56th IEEE electronic components and technology con-

ference, San Diego, CA, pp 1239-1245.

[67] Li Y, Zhang Z, Moon K, Wong CP (2006) US Patent pending.

[68] Jana PB, Chaudhuri S, Pal AK, De SK (1992) Polym Eng Sci 32: 448-456.

[69] Malliaris A, Turner DT (1971) Influence of particle size on the electrical resistivity of compacted mixtures of polymers and metallic powders. J Appl Phys 42: 614-618.

[70] Ruschau GR, Yoshikawa S, Newnham RE (1992) Resistivities of conductive composites. J Appl Phys 73 (3): 953-959.

[71] Agar JC, Lin KJ, Zhang R, Durden J, Lawrence K, Moon K-S, Wong CP (2010) ECTC, pp 1713-1718.

[72] Jagt JC (1998) Reliability of electrically conductive adhesive joints for surface mount applications: a summary of the state of the art. IEEE Trans Compon Packag Manuf Technol A 21 (2): 215-225.

[73] Lutz MA, Cole RL (1990) High performance electrically conductive adhesives. Hybrid Circuits (23): 27-30.

[74] Pujol JM, Prud'homme C, Quenneson ME, Cassat R (1989) Electroconductive adhesives: comparison of three different polymer matrices. Epoxy, polyimide, and silicone. J Adhesion 27: 213-229.

[75] Gonzales JIJ, Mena MG (1997) Moisture and thermal degradation of cyanate-ester-based die attach material. In: Proceedings of 47th electronic components and technology conference, San Jose, CA, May 1997, pp 525-535.

[76] Chien IY, Nguyen MN (1994) Low stress polymer die attach adhesive for plastic packages. In: Proceedings of 1994 electronic components and technology conference, San Diego, May 1994, pp 580-584.

[77] Galloway DP, Grosse M, Nguyen MN, Burkhart A (1995) Reliability of novel die attach adhesive for snap curing. In: Proceedings of the IEEE/CPMT international electronic manufacturing technology (IEMT) symposium, Austin, TX, Oct 1995, pp 141-147.

[78] Keusseyan RL, Dilday JL (1994) Electric contact phenomena in conductive adhesive interconnections. Int J Microcircuits Electron Packag 17 (3): 236-242.

[79] Antoon MK, Koenig JL (1981) Fourier-transform infrared study of the reversible interaction of water and a crosslinked epoxy matrix. J Polym Sci (Physics) 19: 1567-1575.

[80] Antoon MK, Koenig JL (1981) Irreversible effects of moisture on the epoxy matrix in glass reinforced composites. J Polym Sci (Physics) 19: 197-212.

[81] Khoo CGL, Liu J (1996) Moisture sorption in some popular conductive adhesives. Circuit World 22 (4): 9-15.

[82] Pandiri SM (1987) The behavior of silver flakes in conductive epoxy adhesives. Adhesives Age 30: 31-35.

[83] Günther B, Schäfer H (1996) Porous metal powders for conductive adhesives. In: Proceedings of the 2nd international conference on adhesive joining & coating technology in electronics manufacturing, Stockholm, Sweden, Jun 1996, pp 55-59.

[84] Kotthaus S, Gunther BH, Haug R, Schafer H (1996) Study of isotropically conductive adhesives filled with aggregates of nano-sized Ag-particles. In: Proceedings of the 2nd international conference on adhesive joining & coating technology in electronics manufacturing, Stockholm, Sweden, Jun 1996, pp 14-17.

[85] Pramanik PK, Khastgir D, De SK, Saha TN (1990) Pressure-sensitive electrically conductive nitrile rubber composites filled with particulate carbon black and short carbon fibre. J Mater Sci 25: 3848-3853.

[86] Jana PB, Chaudhuri S, Pal AK (1992) Electrical conductivity of short carbon fiber-reinforced poly-chloroprene rubber and mechanism of conduction. Polym Eng Sci 32 (6): 448-456.

[87] Chaudhari VR, Haram SK, Kulshreshtha SK (2007) Colloids Surf A 301: 475-480.

[88] Pal A, Shah S, Devi S (2007) Colloids Surf A 302: 51-57.

[89] Chen Z, Gao L (2007) Mater Res Bull 42: 1657-1661.

[90] Kumar A, Joshi H, Pasricha R, Mandale AB, SastryM (2003) J Colloid Interface Sci 264: 396.

[91] Guzmán MG, Dille J, Godet S (2008) Synthesis of silver nanoparticles by chemical reduction method and

their antibacterial activity. Proc World Acad Sci Eng Technol 33：367-374.

［92］Hu Z，Xu T，Liu R，Li H（2004）Mater Sci Eng A 371：236-240.

［93］Sun Y，Yin Y，Mayers B，Herricks T，Xia Y（2002）Chem Mater 14：4736-4745.

［94］Hernandez EA，Posada B，Irizarry R，Castro ME（2004）A new wet chemical approach for selective synthesis of silver nanowires. NSTI Nanotech 2004 3：156-158.

［95］Korte KE，Skrabalak SE，Xia Y（2008）Rapid synthesis of silver nanowires through a CuCl-or CuCl$_2$-mediated polyol process. J Mater Chem 18：437-441.

［96］Yokoyama A，Katsumata T，Fujii A，Yoneyama T（1992）New copper paste for CTF applications. In：IMC Proceedings，pp 376-338.

［97］Yim MJ et al（2007）Proceedings of electronic components and technology conference（ECTC），p 82.

［98］Nishikawa H（2008）2nd Electronics system integration technology conference，p 825.

［99］Kang SK，Rai R，Purushothaman S（1997）Development of high conductivity lead（Pb）-free conducting adhesives. In：Proceedings of 47th electronic components and technology conference，San Jose，CA，May 1997，pp 565-570.

［100］Kang SK，Rai R，Purushothaman S（1998）Development of high conductivity lead（Pb）-free conducting adhesives. IEEE Trans Compon Packag Manuf Technol A 21（1）：18-22.

［101］Lin JK，Drye J，Lytle W，Scharr T，Subrahmanyan R，Sharma R（1996）Conductive polymer bump interconnects. In：Proceedings of 46th electronic components and technology conference，Orlando，FL，May 1996，pp 1059-1068.

［102］Seidowski T，Kriebel F，Neumann N（1998）Polymer flip chip technology on flexible substrates-development and applications. Proceedings of 3rd international conference on adhesive joining and coating technology in electronics manufacturing，Binghamton，NY，Sept 1998，pp 240-243.

［103］Estes RH（1998）Process and reliability characteristics of polymer flip chip assemblies utilizing stencil printed thermosets and thermo-plastics. In：Proceedings of 3rd international conference on adhesive joining and coating technology in electronics manufacturing，Binghamton，NY，Sept 1998，pp 229-239.

［104］Oh KE（1999）Flip chip packaging with micromachined conductive polymer bumps. IEEE J Select Topics Quantum Electron 5（1）：119-126.

［105］Lohokare SK，Lu Z，Schuetz CA，Prather DW（2006）Electrical characterization of flip-chip interconnects formed using a novel conductive-adhesive-based process. IEEE Trans Adv Packag 29（3）：542-547.

［106］Gaynes M，Kodnani R，Pierson M，Hoontrakul P，Paquette M（1998）Flip chip attach with thermo-plastic electrically conductive adhesive. In：Proceedings of 3rd international conference on adhesive joining and coating technology in electronics manufacturing，Binghamton，NY，Sept 1998，pp 244-251.

［107］Bessho Y（1990）Chip on glass mounting technology of lysis for LCD module. In：Proceedings of international microelectronics conference，May 1990，pp 183-189.

［108］Clayton JE（2003）Proceedings of international symposium on microelectronics，Boston，MA，16-20 Nov 2003，pp 1-7.

［109］Chang YW，Chiang TH，Chih Chena（2007）Appl Phys Lett 91：132113.

［110］Kong J，Yenilmez E，Tombler TW，Kim W，Dai H（2001）Phys Rev Lett 87：106801.

［111］Yao Z，Kane CL，Dekker C（2000）Phys Rev Lett 84：2941-2944.

［112］Nihei M，Horibe M，Kawabata A，Awano Y（2004）Proceedings of the IEEE interconnect technology conference，pp 251-253.

［113］Nihei M，Kondo D，Kawabata A，Sato S，Shioya H，Sakaue M，Iwai T，Ohfuti M，Awano Y（2005）Proceedings of the IEEE interconnect technology conference，pp 234-236.

［114］Kreupl F，Graham AP，Duesberg GS，Steinhogl W，Liebau M，Unger E，Hoenlein W（2002）Microelectron Eng 64：399-408.

[115] Li J, Stevens R, Delzeit L, Ng HT, Cassell A, Han J, Meyyappan M (2002) Appl Phys Lett 81: 910-912.

[116] Nihei M, Horibe M, Kawabata A, Awano Y (2004) Jpn J Appl Phys 43: 1856-1859.

[117] Terrones M, Grobert N, Olivares J, Zhang JP, Terrones H, Kordatos K, Hsu WK, Hare JP, Townsend PD, Prassides K, Cheetham AK, Kroto HW, Walton DRM (1997) Nature 388: 52-55.

[118] Pan ZW, Xie SS, Chang BH, Wang CY, Lu L, Liu W, Zhou WY, Li WZ, Qian LX (1998) Nature 394: 631-632.

[119] Murakami Y, Maruyama S (2004) Chem Phys Lett 385: 298-303.

[120] Fujii T, Someya M (2006) US Patent 7, 150, 801.

[121] Ikuo Soga, Daiyu Kondo, Yoshitaka Yamaguchi, Taisuke Iwai, Masataka Mizukoshi, Yuji Awano, Kunio Yube, and Takashi Fujii (2008) Proceedings of electronic components and technology conference, pp 1390-1394.

[122] Eikelboom D. W. K., Bultman JH, Schönecker A, Meu-wissen MHH, Van Den Nieuwenhof MAJC, Meier DL (2002) Conductive adhesives for low-stress interconnection of thin back-contact solar cells. In: 29th IEEE photovoltaic specialists conference, May 2002, pp 403-406.

[123] Prasad SK (2004) Advanced wirebond interconnection technology. Springer, New York.

[124] Harman GG (1997) Wirebonding in microelectronics: materials processes reliability and yield, 2nd edn. McGraw Hill, New York.

[125] Carson F (2007) Advanced 3D packaging and interconnect schemes. In: Ku-licke and Soffa symposium at Semicon, San Francisco, CA.

[126] Andrews LD, Caskey TC, McElrea SJS (2007) 3D Electrical interconnection using extrusion dispensed conductive adhesives. In: International electronics manufacturing technology symposium, pp 96-100.

[127] http: Hwww. formfactor. com/.

[128] Kataoka K, Kawamura S, Itoh T, Suga T, Ishikawa K, Honma H (2002) Low contact-force and compliant mems probe card utilizing fritting contact. In: Proceedings 15th International conference on micro electro mechanical systems (MEMS' 02), Las Vegas, 20-24 Jan 2002, pp 364-367.

[129] Kataoka K, Itoh T, Inoue K, Suga T (2004) Multi-layer electro-plated micro-spring array for MEMS probe card. In: Proceedings 17th international conference on micro electro mechanical systems (MEMS' 04), Maastricht, 25-29 Jan 2004, pp 733-736.

[130] Smith DL Alimonda AS (1996) A new flip-chip technology for high-density packaging. In: Proceedings 46th electronic components and technology conference, Orlando, 28-31 May 1996, pp 1069-1073.

[131] Chow EM, Chua C, Hantschel T, van Schuylenbergh K, Fork DK (2005) Solder-free pressure contact micro-springs in high-density flip-chip packages. In: Proceedings 55th electronic components and technology conference, Lake Buena Vista, FL, May 31-June 3 2005, pp 1119-1126.

[132] Itoh T, Kataoka K, Suga T (2006) Fabrication of microspring probes using conductive paste dispensing. In: Proceedings 19th international conference on micro electro mechanical systems (MEMS' 06), Istanbul, 22-26 Jan 2006, pp 258-261.

[133] Itoh T, Suga T, Kataoka K (2007) Microstructure fabrication with conductive paste dispensing. In: Proceedings of the 2nd IEEE international conference on nano/micro engineered and molecular systems, Bangkok, Thailand, Jan 2007, pp 1003-1006.

[134] Felba J, Friedel KP, Moscicki A (2000) Characterization and performance of electrically conductive adhesives for micro-wave applications. In: Proceedings of 4th international conference on adhesive joining and coating technology in electronics manufacturing, Helsinki, Finland, Jun 2000, pp 232-239.

[135] Liong S, Zhang Z, Wong CP (2001) High frequency measurement for isotropically conductive adhesives. In: Proceedings of 51th electronic components and technology conference, Orlando, FL, May 2001, pp 1236-1240.

[136] Hashimoto K, Akiyama Y, Otsuka K (2008) Transmission characteristics in GHz region at the con-

ductive adhesive joints. In: Proceedings of electronic components and technology conference, pp 2067-2072.

[137] Jon B, Lai Z, Liu J (2000) IEEE Tran Adv Packag 23 (4): 743.

[138] Constable JH, Kache T, Teichmann H, Muhle S, Gaynes MA (1999) Continuous electrical resistance monitoring, pull strength, and fatigue life of isotropically conductive adhesive joints. IEEE Trans Compon Packag Technol 22 (2): 191-199.

[139] Gomatam R, Sancaktar E, Boismier D, Schue D, Malik I (2001) Behavior of electrically conductive adhesive filled adhesive joints under cyclic loading, part I: experimental approach. In: Proceedings of 4th international symposium and exhibition on advanced packaging materials, processes, properties and interfaces, Braselton, GA, Mar 2001, pp 6-12.

[140] Yamashita M, Suganuma K (2002) Degradation mechanism of conductive adhesive/Sn-Pb plating interface by heat exposure. J Electron Mater 31: 551-556.

[141] Xu S, Dillard DA, Dillard JG (2003) Environmental aging effects on the durability of electrically conductive adhesive joints. Int J Adhesion Adhesives 23: 235-250.

[142] Kuusiluoma S, Kiilunen J (2005) The reliability of isotropically conductive adhesive as solder replacement—a case study using LCP substrate. In: Proceedings of electronic packaging and technology conference (EPTC), pp 774-779.

[143] Duraj, Mach P (2006) Stability of electrical resistance of isotropic conductive adhesives within mechanical stress. In: International conference on applied electronics, Pilsen, Sept 2006.

[144] Jeahuck L, Cho CS, Morris JE (2007) Proceedings of international conference on electronic materials and packaging, 19-22 Nov 2007, pp 1-4.

[145] Wu HP, Wu XJ, Liu JF, Zhang GQ, Wang YW (2005) Development of a novel isotropic conductive adhesive filled with silver nanowires. J Composite Mater 40 (21): 1961-1968.

[146] Lee HH, Choua KS (2005) Effect of nano-sized silver particles on the resistivity of polymeric conductive adhesives. Int J Adhesion Adhesives 25: 437-441.

[147] Ye L, Lai Z, Johan L, Tholen A (1999) Effect of Ag particle size on electrical conductivity of isotropically conductive adhesives. IEEE Trans Electron Packag Manuf 22 (4): 299-302.

[148] Fan L, Su B, Qu J, Wong CP (2004) Electrical and thermal conductivities of polymer composites containing nano-sized particles. In: Proceedings of electronic components and technology conference, Las Vegas, NV, pp 148-154.

[149] Mach P, Radev R, Pietrikova A. (2008) Electrically conductive adhesive filled with mixture of silver nano and microparticles. In: Proceedings of 2nd electronics system integration technology conference, 2008, pp 1141-1146.

[150] Jiang H, Moon KS, Li Y, Wong CP (2006) Surface functionalized silver nanoparticles for ultrahigh conductive polymer composites. Chem Mater 18-13: 2969-2973.

[151] Kotthaus S, Günther BH, Hang R, Schafer H (1997) Study of isotropically conductive bondings filled with aggregates of nano-sized Ag-particles. IEEE Trans Compon Packag Manuf Technol A 20 (1): 15-20.

[152] Majima M, Koyama K, Tani Y, Toshioka H, Osoegawa M, Ka-shihara H, Inazawa S (2002) Development of conductive material using metal nano particles. SEI Tech Rev 54: 25-27.

[153] Iijima S (1991) Helical microtubules of graphitic carbon. Nature 354: 56.

[154] Berber S, Kwon YK, Tománek D (2000) Unusually high thermal conductivity of carbon nanotubes. Phys Rev Lett 84 (20): 4613-4616.

[155] Yu MF, Files BS, Arepalli S, Ruoff RS (2000) Tensile loading of ropes of single wall carbon nanotubes and their mechanical prop-erties. Phys Rev Lett 84 (24): 5552-5555.

[156] Gao G, Cagin T, Goddard WA (1998) Energetics, structure, mechanical and vibrational properties of single walled carbon nano-tubes (SWNT). Nanotechnology 9: 184-191.

[157] Wu HP, Wu XJ, Ge MY, Zhang GQ, Wang YW, Ji-ang JZ (2007) Properties investigation on isotropical conductive adhesives filled with silver coated carbon nanotubes. Composites Sci Technol 67: 1182-1186.

[158] Qian D, Dickey EC, Andrews R, Rantell T (2000) Load transfer and deformation mechanisms in carbon nanotubepolystyrene composites. Appl Phys Lett 76: 2868.

[159] Lin X, Lin F (2004) Improvement on the properties of silver-containing conductive adhesives by the addition of carbon nanotube. In: Proceedings of high density microsystem design and packaging, Shanghai, China, pp 382-384.

[160] Rutkofsky M, Banash M, Rajagopal R, Jian C (2005) Using a carbon nanotube additive to make electrically conductive commercial polymer composites. SAMPE Journal 41 (2): 54-55.

[161] Lin W, Xiu Y, Jiang H, Zhang R, Hildreth O, Moon K, Wong CP (2008) Self-assembled monolayer-assisted chemical transfer of in-situ functionalized carbon nanotubes. J Am Chem Soc 130 (30): 9636-9637.

[162] Lin W, Moon K, Wong CP (2009) A combined process of in-situ functionalization and microwave treatment to achieve ultra-small thermal expansion of aligned carbon nanotube/polymer nanocomposites: toward applications as thermal interface materials. Adv Mater 21 (23): 2421-2424.

[163] Hatada K, Fujimoto H, Kawakita T, Ochi T (1988) A new LSI bonding technology: micronbump bonding assembly technology. In: Proceedings fifth IEEE/CHMT international electronic manufacturing technology symposium, Orlando, FL, pp 45-49.

[164] Hatada K, Fujimoto K, Ochi T, Ishida Y (1989) Applications of new assembly method 'Micron Bump Bonding Method'. In: Proceedings of '89 IEEE/CHMT Japan international electronic manufacturing technology symposium, Nara, Japan, Apr 1989, pp 45-48.

[165] Ferrando F, Zeberli J-F, Clot P, Chenuz J-M (2000) Proceedings of 4th international conference on adhesive joining and coating technology in electronics manufacturing, Helsinki, Finland, Jun 2000, pp 205-211.

[166] Myung-Jin Yim, Jin-Sang Hwang, Woonseong Kwon, Kyung Woon Jang, Kyung-Wook Paik (2003) IEEE Trans Electron Packag Manuf 26 (2): 150-155.

[167] Chang-Kyu Chung, Kyung-Wook Paik (2007) Proceedings of 57th electronic components and technology conference, Reno, NV, pp 1831-838.

[168] Cheng-Li Chuang, Jong-Ning Aoh, Qing-An Liao, Shi-Jie Liao, Guo-Shing Huang (2008), Proceedings of international conference on electronic materials and packaging, Oct 2008, pp 208-211.

[169] Cheng-Li Chuang, Jong-Ning Aoh, Wei-How Chen (2009) Proceedings of international conference on electronic packaging technology & high density packaging, Aug 2009, pp 725-732.

[170] Chun-Chih Chuang, Su-Tsai Lu, Tao-Chih Chang, Kyoung-Lim Suk, Kyung-Wook Paik (2009) Proceedings of 4th international microsystems, packaging, assembly and circuits technology conference, Oct 2009, pp 56-59.

[171] Frye D, Guino R, Gupta S, Sano M, Sato K, Iida K (2010) Proceedings of electronic components and technology conference, pp 427-430.

[172] Kristiansen H, Bjorneklett A (1992) J Electron Manuf 2 (1): 7-12.

第 **7** 章
基板技术

Yutaka Tsukada
i-PACKS

摘要　最初倒装芯片封装采用的是陶瓷基板。陶瓷基板高密度封装中，低热膨胀系数硅芯片（Si：3×10^{-6}℃$^{-1}$）与低热膨胀系数基板（陶瓷氧化铝：8×10^{-6}℃$^{-1}$）之间良好的热匹配，再加上塑性较好的高铅焊料焊点，由此组成的封装具有良好的可靠性。然而，此类封装也存在一些缺点，例如成本高、电性能低、体积大、质量重。20 世纪 90 年代早期，出现了采用环氧树脂为主要材料的有机基板技术，但这类有机基板热膨胀系数达 17×10^{-6}℃$^{-1}$，与硅芯片之间的严重热失配会导致高应力。通过在芯片与基板之间填入下填料，倒装芯片焊点的应力被分散到整个封装体中，从而解决了由于芯片与有机基板热失配引起的应力问题。有机基板技术具有成本低、电性能高、体积小、质量轻的优点，且已广泛应用于半导体封装。本章重点讨论有机基板技术，并详细讨论涉及的材料和工艺，分析了为什么要将有机基板设计成今天人们所看到的样子。尽管有机基板技术具有多种形式，但其基本原理都是共通的，这些基本原理对设计制造高效可靠的封装至关重要，未来倒装芯片封装的发展也在很大程度上依赖于这些基本原理。

7.1　引言

起初，倒装芯片封装基板采用的是陶瓷材料，并于 1964 年最先用于 IBM System/360 的固态逻辑技术（SLT）封装中。早期的陶瓷基板用于针栅阵列（PGA）封装，几何形状为边长为半英寸（约 12.7mm）的方形，随后尺寸增大至最常用的 35mm × 35mm，以与新一代 PGA 封装（即单片系统技术，MST）结构匹配。1970 年发布了第 1 版陶瓷基板封装。陶瓷基板尺寸可以根据需求进一步增大，但从 20 世纪 70 年代中期至 80 年代，35mm PGA 的应用最为广泛。为了提高互连密度，实现更高的系统性能，不仅增大了基板尺寸，而且采用了多层结构。例如，IBM System/308X 系列产品采用的热传导模块（TCM），包含 35 层 90mm 见方的基板，装配了多达 131 个芯片。以往的研究已经对陶瓷基板的特性进行了很好的探讨和描述，例如 Tummala 与 Kymaszewski 编写的《微电子封装手册》[1]。本章主要通过一些实例对比讨论有机基板相关问题，而对陶瓷基板不再进行细述。

在应用陶瓷基板的时期，倒装芯片技术是极具价值的封装技术，但由于成本较高，只局限于高性能应用领域。与此同时，随着全球网络的普及，计算机产业进入萎缩期，使得应用需求从高端产品转向低端产品。这一过程中，一个重要事件是在 1991 年，IBM 日本公司的 Yasu 技术应用实验室实现了基于有机基板的倒装芯片封装技术[2]。这项技术主要包括两个部分：一是利用下填料进行加固的倒装芯片键合技术，可将裸芯片贴装到热膨胀系数（CTE）与硅芯片相差较大的环氧树脂基板上[3]；二是增层型印制电路板（PCB）基板技术，可通过微通孔实现细节距线路互连，从而得到高 I/O 倒装芯片封装[4]。如今这些技术已广泛应用于低成本、小尺寸、轻量化、高性能产品，比如超级计算机。此外，相当多的衍生技术也应用到了众多产品之中。至 2010 年底，有机基板的产值达到了全球印制电路板产值的 20%。然而，该技术仍在不断发展以扩大其应用范围。本章旨在通过描述有机基板技术的基本原理和背景来理解其特性，为其进一步广泛应用提供技术基础。

7.2　基板结构分类

有机微通孔基板主要有两种结构，一种是如图 7.1（a）所示的顺序增层型，另一种是如图 7.1（b）所示的 Z 向堆叠型。

(a) 顺序增层基板

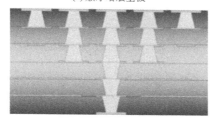

(b) Z向堆叠基板

图 7.1　增层基板结构

7.2.1　顺序增层结构

顺序增层结构采用一般的印制电路板制造技术，即在芯板两侧顺序堆叠各增层，层与层之间通过通孔互连。其中，芯板含有 Cu 导电板，为基板提供必要的刚度，并起到电源层作用；各增层在芯板两侧顺序堆叠，提供倒装芯片键合所需的高密度布线。芯板的刚度保证了加工过程中基板的变形较小，使得顺序增层型基板具有较高的尺寸稳定性，这对于获得高密度布线十分重要。顺序增层型基板的一个缺点是：由于连接正背面的通孔是采用机械钻孔方式形成的，通孔节距大、密度低。因此，相比于正面的布线层，背面布线层的利用率较低，但又不能减少背面布线层以免造成结构不对称引起翘曲。翘曲是有机基板技术中普遍存在的一个问题，严重翘曲会影响后续组装工艺。顺序增层型基板的另一个缺点是层数越多，良率越低，这是顺序增层型基板的固有问题。增层制造总的工艺良率与各层良率的关系如式（7.1）所示：

$$总良率＝第 1 层良率×第 2 层良率×\cdots×第 N 层良率 \qquad (7.1)$$

式中，各层良率为正背面良率的平均值。

例如，"3 层增层＋芯板＋3 层增层"的结构，其总良率为芯板良率×（各增层平均良率）[3]。基于这样的性质，随着层数的增加，总良率呈指数下降。因此，为了降低顺序增层型基板的成本，通过采用较高的布线密度来减少增层数量是关键。

7.2.2　Z 向堆叠结构

Z 向堆叠型基板被称为"任意叠层通孔"基板。制造时，首先在各层上制作微通孔和线路层，然后利用压合工艺堆叠所需数量的叠层形成基板。Z 向堆叠结构较为均匀，具有良好的电性能，工艺简单，成本较低。但是由于堆叠工艺需要较高的压力，与顺序增层型基板相比，Z 向堆叠结构的线路层和通孔的对准度较差，各层的布线密度较低，因此需要的叠层数较多。另外一个难点是基板中的堆叠通孔数不同，缩小了堆叠工艺窗口。由于介电层比通孔中的金属更软，所以堆叠通孔数较少时的界面压力低于堆叠通孔数较多时的界面压力。当堆叠通孔数较多时，通孔之间的接触力会率先达到所要求的水平，而当堆叠通孔数较少时，需要施加更高的压力以达到所要求的接触力水平，从而导致通孔重合度进一步退化。

以上这些结构的制作工艺的基本特性与半导体布线工艺类似，顺序增层型基板采用了传统的印制电路板工艺，Z 向堆叠型基板则采用了微通孔技术。这些特性也正是用于高密度处理器和专用集成电路（ASIC）芯片的顺序增层型基板与用于消费类产品的 Z 向堆叠型基板的区别所在。

7.3　顺序增层基板

图 7.2 所示为典型的有机基板倒装键合的剖面图。基板中间为芯板，两侧是带有微通孔的高密度增层。芯板提供了电源层，各增层提供了倒装芯片的扇出式布线层。基板正面布有用于倒装芯片键合的焊盘，背面布有 BGA 焊盘。芯片与基板之间填有下填料树脂以保护倒装芯片焊点。

图 7.2　典型的有机封装剖面图[5]

7.3.1　工艺流程

制作顺序增层型基板的工艺流程如图 7.3 所示，图中只给出了芯板一侧的制作工艺，实际工艺在芯板正背面同时进行。

首先制作与普通印制电路板结构相同的芯板，在电镀通孔中填入包含 SiO_2 填充料的树脂，并在通孔两端镀 Cu，以便下一层的通孔能够直接连接到芯板通孔上，如图 7.3 (a) 所示。

采用真空压膜机在芯板两侧覆盖介电树脂并半固化，然后利用激光烧蚀在树脂上制作通孔，接着利用高锰酸钾对树脂表面和通孔内部进行粗化处理以便镀 Cu，同时需要清除激光打孔后通孔中的胶渣，如图 7.3 (b) 所示。

利用化学沉积方法在介电层表面上和通孔中制作 Cu 种子层，接着在种子层上涂覆负性光刻胶，并通过曝光显影形成线路图形，然后利用电镀 Cu 工艺制作导电线路，并对通孔进行电镀，接着去除光刻胶，并使介电树脂完全固化，如图 7.3 (c) 所示。

重复上述步骤制作所需数量的增层，如图 7.3(d)～(g)所示。

在整个基板表面上覆盖阻焊层树脂并半固化，如图 7.3 (h) 所示。

对阻焊层树脂进行光刻形成倒装芯片键合焊盘，并使阻焊层树脂完全固化，如图 7.3 (i) 所示。

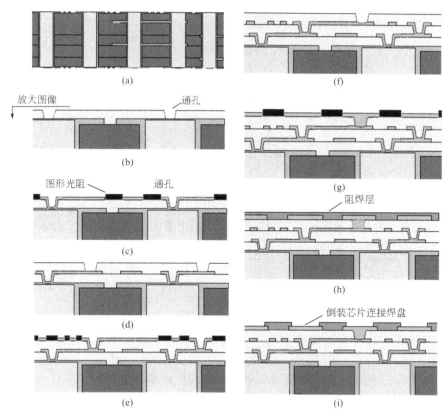

图 7.3　制作顺序增层型基板的工艺流程

7.3.2 导线

陶瓷基板采用焊膏印刷工艺制作线路层，而有机基板采用高分辨率光刻法布线工艺制作 Cu 线路层，所以有机基板各层的布线密度更高。图 7.4 所示为从倒装芯片键合区到芯片外部走线的设计思想，图中给出了基板焊盘和导线设计，上侧与芯片中心对应，下侧与芯片边缘对应。图中假定倒装芯片焊点节距为 $150\mu m$，其中焊盘直径为 $75\mu m$，焊盘之间的间隙为 $75\mu m$。焊盘之间 $75\mu m$ 的间隙又可以划分为 $25\mu m$ 的间隙＋$25\mu m$ 的线宽＋$25\mu m$ 的间隙，即宽度 $25\mu m$ 的线路可在焊盘之间穿过，从而可以由外侧两排焊盘引出两条线路，如图 7.4（a）所示。另外，还有其他的走线设计，如果去掉第一排（图中最下排）中的一些焊盘，则可以在第一排焊盘之间以 $25\mu m$ 的线宽和 $25\mu m$ 的间隙引出 4 条线路，相当于在两倍的焊点节距之间布置 5 条线路，即每 $150\mu m$ 布置 2.5 条线路。去掉一个焊盘便增加了走线数量，从而可以连接 3 排焊盘。如果线宽更细，则可以布置更多的线路，连接更多的焊盘。$20\mu m$ 的线宽/$20\mu m$ 的间隙能够实现每 $150\mu m$ 布置 3 条线路，连接 4 排焊盘。图中只给出了信号线，由于信号焊盘之间还有许多电源焊盘，所以实际的走线设计更加复杂。但是图中的设计思想表明，芯片与基板设计者之间的设计协作至关重要，否则设计成本会更高或者性能会降低。

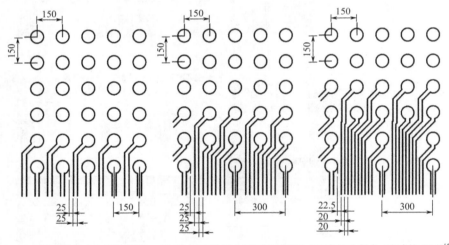

(a) 未减少焊盘, 2条走线/通道　(b) 减去1个焊盘, 2.5条走线/通道　(c) 减去2个焊盘, 3条走线/通道[5]

图 7.4 走线设计

用于倒装芯片键合的高密度有机基板采用图形电镀工艺（半加成电镀）制作 Cu 导线。图 7.5（a）所示为显影后的图形光刻胶，可以看出图形光刻胶之间的表面比较粗糙，这有助于提高金属 Cu 与介电材料之间的粘接力，实际上所看到的是介电树脂上的化镀 Cu 层。图 7.5（b）所示为图形电镀得到的实际 Cu 导线，节距分别为 $30\mu m$（$15\mu m$ 的线宽/$15\mu m$ 的间隙）、$40\mu m$（$20\mu m$ 的线宽/$20\mu m$ 的间隙）和 $50\mu m$（$25\mu m$ 的线宽/$25\mu m$ 的间隙），由于电镀 Cu 的颗粒性，电镀 Cu 导线的表面也比较粗糙。

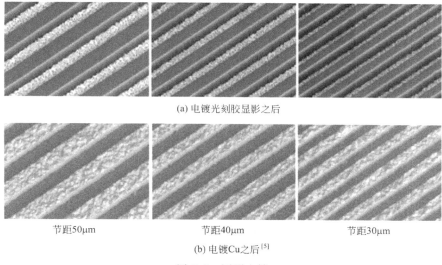

(a) 电镀光刻胶显影之后

节距50μm　　　　　　节距40μm　　　　　　节距30μm

(b) 电镀Cu之后[5]

图 7.5　图形电镀

图 7.6 所示为 Cu 与介电材料之间的粘接强度测试结果。测试时，先对 1cm 的 Cu 带样品进行不同时间的烘烤，最多烘烤 240h（10 天），然后对样品沿着垂直于其表面的方向进行拉伸，测定样品的剥离强度。图中给出了 4 批不同样品（批次 1～4）的剥离强度曲线，样品数量 $n = 30$，90。可以看出，相比于未经过烘烤的样品，烘烤约 50h 的样品其剥离强度降低了 20%，但随着烘烤时间的延长，样品的剥离强度不再降低，而是略微提高。

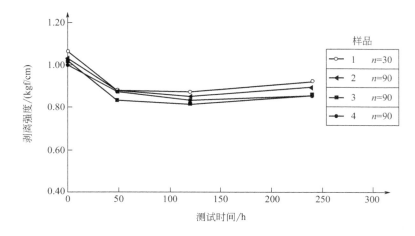

图 7.6　Cu 剥离强度[6]

烘烤温度可由下式定义：

$$t_2 = 1.076(t_1 + 288) - 273 \tag{7.2}$$

式中，t_1 为最高服役温度；t_2 为测试时的烘烤温度。

上述测试过程参见有机材料在时效环境下性能退化测试的 UL 规范。由测试结果可计算得到规范中定义的铜带最小剥离强度。尽管有标准的时效测试，但 10 天的烘烤测试对常用的标准测试进行了简化。Cu 带（厚度为 $38\mu m$）与普通印制电路板材料（FR4）的最小粘接强度通常大于 1kgf/cm，而与增层基板材料的粘接强度较低，但仍能满足测试的退化限制条件。粘接强度的不同是由于 Cu 锚固（粘接）机理不同：在普通印制电路板中，介电树脂被压合到表面粗糙的 Cu 箔上，而在增层基板中，Cu 被电镀到刻蚀形成的粗糙树脂表面上。UL 规范对有机基板有两个基本要求，一是粘接性能退化测试，另一个是介电层材料的易燃性。

图 7.7 所示为去除光刻胶后的线路层剖面图。介电层上有一层铜种子层，作为图形电镀时的阴极，该种子层通过化镀方法在经过高锰酸钾刻蚀的粗糙介电层表面上制得。为了保证导线的粘接性能，良好的锚固机理是图形电镀的关键。从图中可以看出，导线比导线之间的间隙更宽，目的是使得种子层刻蚀后的导线宽度仍满足设计要求。刻蚀种子层时，导线表面也受到刻蚀，并且线宽变窄达到设计公称尺寸。

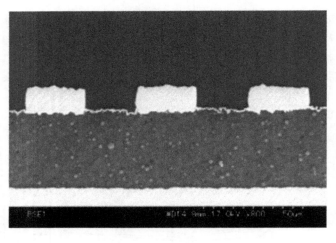

图 7.7　种子层剖面图[5]

图 7.8 所示为刻蚀种子层之前的线路层放大图，导线节距为 $50\mu m$，其中线宽为 $25\mu m$，导线之间的间隙为 $25\mu m$，该图是经过高锰酸钾刻蚀介电层、化镀 Cu、涂覆光刻胶、曝光、显影以及电镀 Cu 等一系列工艺之后得到的。可以看出，经过高锰酸钾刻蚀后介电层表面比较粗糙，能够起到机械锚固作用以提高电镀 Cu 层的粘接力，介电层表面上覆盖有一层化镀 Cu 层。图像中间是图形光刻胶，两侧是电镀 Cu 导线，导线之间的间隙为 $21.5\mu m$。去除光刻胶后，利用刻蚀工艺去除介电层表面的化镀 Cu 层，同时导线表面也受到刻蚀，间隙由 $21.5\mu m$ 变宽至 $25\mu m$，即设计公称尺寸，相反地，线宽由 $28.5\mu m$ 缩减至 $25\mu m$，也达到了设计公称尺寸。如图 7.8 所示，导线需要更宽，导线之间的光刻胶需要更窄，以留出种子层刻蚀余量。因此，当导线节距减小时，种子层的粗糙度必须更小，否则由于形成的高深宽

比光刻胶过于狭窄，光刻胶成形良率显著降低。为此，迫切需要降低介电层的表面粗糙度，同时又要保证电镀 Cu 层的粘接强度，以满足可加工性和可靠性的要求。

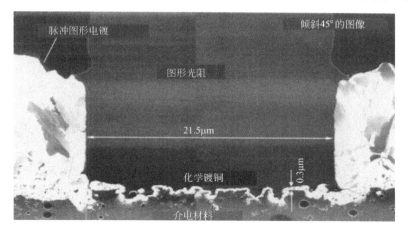

脉冲图形电镀　　　　　　　　倾斜45°的图像

图形光阻

21.5μm

化学镀铜

0.3μm

介电材料

图 7.8　图形电镀剖面图[5]

　　还有其他一些原因要求介电层的表面粗糙度更小。图 7.9 所示为种子层刻蚀后残留的 Cu 晶须。在刻蚀种子层时，需要花费较长的时间才能刻蚀掉粗糙表面凹陷处的金属 Cu。此外，由于图形光刻胶与粗糙表面的粘接性并不好，光刻胶边缘下方的 Cu 会受到挤压，如图中的箭头所示。当导线节距和间隙减小时，这种现象更为严重，有时甚至违反了最小间隙限制。除此之外，由于电场集中，挤压作用会引起 Cu 电迁移，并最终导致可靠性问题。

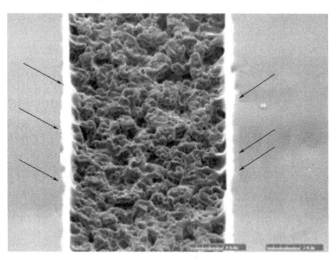

图 7.9　线路边缘残留的 Cu 晶须[5]

　　另外一个需要降低介电层表面粗糙度的原因是后面将要介绍的趋肤效应。最初的介电材料其锚固深度为 $1 \sim 3\mu m$，随着树脂配方的改变以及填充料尺寸的减小，目前的介电材料其锚固深度小于 $1\mu m$。除了降低介电层表面粗糙度以外，还有其他一些方法可以保证 Cu 层的粘接性，例如改变树脂的表面特性[7]，或者在 Cu 和树脂之间形成分子界面[8]。

除了 Cu 与其底部介电树脂之间的粘接性以外，介电树脂与其底部 Cu 之间的粘接性同样重要。无论是在导线顶部或底部，失去粘接性均会导致服役过程中基板内部某些地方产生应力集中，以及热循环过程中产生裂纹。如图 7.10（a）所示，传统的印制电路板通过形成氧化铜微观结构改善界面的粘接性，但是由于氧化物易溶于酸，所以在激光烧蚀通孔周围会出现一种被称为"粉红圈"的缺陷，即介电层与 Cu 分离，并延伸至热循环温度剧增区域。与传统的印制电路板相比，倒装芯片基板内部的应力更高，因此需要采用其他方法以改善界面的粘接性。图 7.10（b）所示为刻蚀掉导线表面的 Cu 晶界后看到的锚固机理，锚固尺寸为数微米。从图中可以看出，导线上下表面都比较粗糙以起到锚固作用。此外，还有其他一些方法可以减小 Cu 导线的表面粗糙度，并保证 Cu 导线与介电树脂的粘接性，例如利用化学反应，或者添加界面材料，又或者形成界面分子层。

(a) 氧化处理之后   (b) 晶界刻蚀之后

图 7.10　Cu 表面粗糙度

除了图形电镀之外，还需采用各向异性刻蚀工艺制作 Cu 线路层。如图 7.11 所示，光刻胶掩膜的宽度和间隙均为 $30\mu m$，厚度为 $10\mu m$，Cu 厚度为 $20\mu m$。图 7.11（a）所示为各向同性刻蚀工艺，刻蚀前端呈半椭圆形不断向下刻蚀，得到的 Cu 导线上窄下宽。图 7.11（b）所示为各向异性刻蚀工艺，形成垂直的导线侧壁，只有底部的刻蚀前端呈半椭圆形。尽管各向异性刻蚀为减成工艺，但所得到的导线剖面为完整的矩形。

图 7.12 所示为各向异性化学刻蚀过程。化学刻蚀剂中的抑制剂选择性沉积在侧壁上，使得侧壁上的刻蚀速率低于底部的刻蚀速率。随着刻蚀的进行，抑制剂在侧壁上形成一层薄膜，并以此控制刻蚀方向，最终形成垂直的侧壁。

表 7.1 给出了 Ajinomoto Fine-techno 公司的"ABF GX13"以及新型介电材料的特性。GX13 实际上是目前有机基板所采用的标准介电材料，是"GX3"（CTE，$60\times10^{-6}℃^{-1}$）的升级版本，主要通过增加树脂中的填充料含量将热膨胀系数降至 $46\times10^{-6}℃^{-1}$，不仅减小了基板 $X\text{-}Y$ 方向的热膨胀系数，更重要的是减小了 Z 方向的热膨胀系数。因为无需添加玻璃以满足电性能要求和更小的通孔尺寸，所以 GX13 的介电常数低至 3.1，通常作为芯板的玻璃环氧树脂层其介电常数约为 4.2，

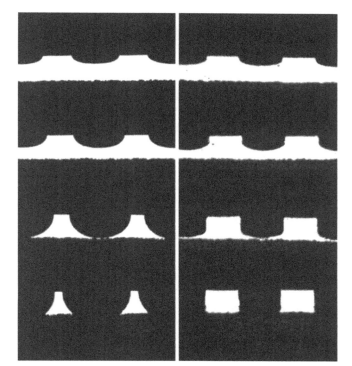

(a) 各向同性刻蚀　　　　　(b) 各向异性刻蚀

图 7.11　刻蚀工艺

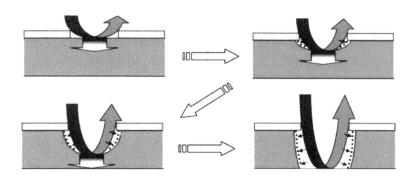

图 7.12　各向异性刻蚀机理[9]

这在表中并未给出。GX13 的介电损耗为 0.019，远高于陶瓷基板，但在有机基板中可以通过低电阻率的电镀 Cu 布线进行补偿，而陶瓷基板采用的是焊膏布线。GX13 的吸水率为 1.1％，但环氧树脂本质上是一种疏水性材料，不会影响材料的电化学性能。相反地，需要注意的是高湿环境下的焊料回流过程，可能会导致环氧树脂或者其他树脂材料与 Cu 导线之间发生分层。

　　表 7.1 中还给出了一种改善表面形貌的介电材料，能够满足减小表面粗糙度的要求，从而可以控制表层厚度，避免几何形状方面的问题。图 7.13 对比了两种

ABF 放大 3500 倍后表面粗糙形貌的 SEM 图像，图 7.13（a）所示为 GX13，表面粗糙度为 600～700nm，实验测得 Cu 的剥离强度为 0.7～0.8kgf/cm，图 7.13（b）所示为改善表面形貌的介电材料，表面粗糙度为 300～400nm，测得 Cu 的剥离强度有所降低，但仍满足要求。

表 7.1　介电材料[10]

特性	GX13	GX92	GZ41
	低 CTE	低粗糙度	低 tanδ
CTE/10^{-6}℃$^{-1}$　x-y,30～150℃	46	39	20
CTE/10^{-6}℃$^{-1}$　x-y,150～240℃	120	117	67
T_g/℃　TMA	156	153	176
T_g/℃　TMA	177	168	198
弹性模量/GPa　23℃	4.0	5.0	9.0
拉伸强度/GPa　23℃	93	98	120
伸长率/%　23℃	5.0	5.6	1.7
介电常数　谐振腔共振频率 5.8GHz	3.1	3.2	3.3
介电损耗　谐振腔共振频率 5.8GHz	0.019	0.017	0.0074
吸湿率/%(质量分数)　100℃,1h	1.1	1.0	0.5

(a) 粗糙度较高　　　　　　　　　　(b) 粗糙度较低[10]

图 7.13　表面粗糙形貌对比

表 7.1 中还给出了一种低 tanδ 介电材料。由于环氧树脂的介电损耗比氧化铝陶瓷高出一个数量级，所以对高性能产品而言，减小有机基板的介电损耗至关重要。图 7.14 所示为有机基板中信号衰减的仿真结果，图中的信号损耗为 Cu 导线的电阻损耗与有机基板的介电损耗之和，对比了 3 种介电损耗水平下，厚度为 10μm，宽度分别为 25μm 和 50μm 的两种信号线。从图中可以清楚地看到，降低有机基板的介电损耗，增大导线宽度以减小电阻损耗，可以改善信号衰减问题。相比于改变导线尺寸，改善基板的介电损耗更为困难，因为需要改变材料组分，从而会影响整个基板制作工艺和可靠性。图中给出的是单位导线长度的信号衰减，其实缩短导线长度对改善信号衰减问题有直接影响。减小基板尺寸可以有效改善信号衰减问题，尽管减小导线宽度会增大电阻损耗。

介电树脂还有另一个重要特性。电镀工艺完成后，需利用介电树脂填充导线以及微通孔之间的间隙，因此介电树脂在基板压合过程中必须具有良好的流动性。在涂布介电材料时，布线层中有许多 Cu 导线和其他不规则的间隙，所有凹凸不平的

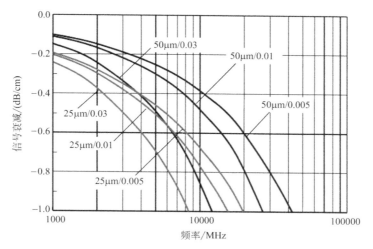

图 7.14 信号衰减[10]

地方及通孔都需要进行填充。此外，由于介电树脂薄膜中没有玻璃纤维布，所以需要以较低的压力压合介电树脂。压合普通印制电路板材料的压力较高，例如玻璃环氧预浸料，会使介电树脂过度流动，厚度难以控制，或者使介电树脂从导线之间溢出，因此需要采用低压真空压膜机。基于这些情况，良好的流动性是增层介电树脂的一个关键特性。如图 7.15 所示，ABF 的黏度比普通印制电路板树脂（FR4）更低。

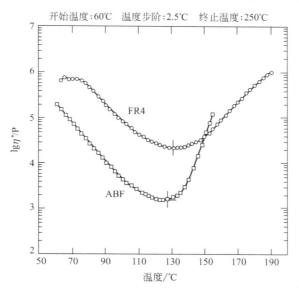

图 7.15 树脂熔融黏度[10]

7.3.3 微通孔

利用低压真空压膜机将介电树脂薄膜压合完之后，再进行半固化以便激光打孔。树脂半固化是为了形成一个易于刻蚀的表面，便于高锰酸钾去胶渣以提高电镀

Cu 的粘接性。激光打孔时，主要采用 CO_2 和 UV-YAG 两种激光在介电层中制作微通孔。表 7.2 给出了两种激光的一些特性，UV-YAG 为 3 倍频激光，波长为 355nm，功率低，频率高，光束直径小，聚焦深度深。CO_2 激光功率高，频率低，光束直径大，聚集深度浅。由于光束直径和功率特性的不同，CO_2 激光适用于制作直径大于 $60\mu m$ 的微通孔，而 UV-YAG 适用于制作直径更小的微通孔。进行 CO_2 激光打孔时，通常以冲孔的方式在同一点重复照射多次（$35\mu m$ 厚的介电层需照射 2～5 次），而进行 YAG 激光打孔时，通常采用轮廓迂回的方式以较细的光束呈环状扫射数次，形成所需的通孔直径。两种激光的加工能力相近，在实际的生产设备中，通常配有多个激光头以提高生产效率，降低成本。

表 7.2　不同激光的比较

参数	UV-YAG	CO_2
波长	355nm	$9.3\mu m$
振荡器类型	YAG 固体	CO_2 气体
功率范围	3～7W	100～300W
脉冲频率	40～60kHz	4～5kHz
脉冲宽度	20～200ns	10～200μs
光束直径	20～80μm	50～200μm
聚集深度	$100\mu m$	$10\mu m$
工件尺寸(一般)	530mm×630mm	530mm×630mm
照射次数/通孔(一般)	40～70	2～5
生产能力	200～300 个通孔/s	200～300 个通孔/s

图 7.16 所示为激光烧蚀通孔的剖面图，图 7.16（a）为不含玻璃的增层环氧树脂薄膜中，采用波长 355nm 的 YAG 激光制得的微通孔，通孔顶部直径为 $48\mu m$，图 7.16（b）为印制电路板的玻璃环氧树脂层中，利用 CO_2 激光制得的微通孔。由于含有玻璃纤维布，所以玻璃环氧树脂层比较厚，需采用光束直径更大的 CO_2 激光制作微通孔，通孔顶部直径约为 $90\mu m$。玻璃环氧树脂层优选 CO_2 激光进行打孔，因为玻璃对 UV-YAG 激光的能量吸收较少。当然 UV-YAG 激光也能烧穿玻璃，但所需的能量较高，会增加烧穿通孔底部 Cu 导线的风险。

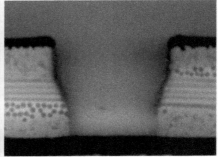

(a) 直径50μm的激光烧蚀通孔　　　　　(b) 直径90μm的激光烧蚀通孔[5]

图 7.16　通孔对比

玻璃纤维预浸料已被用于激光烧蚀微通孔，如图 7.17 所示。对于常规的玻璃纤维布，由于单根纤维数量较多且直径较大，使得玻璃线较宽较厚。图 7.17（a）

所示为玻璃纤维布的俯视图，在纤维密布区域和无纤维区域，激光熔样作用明显不同，烧蚀通孔形状比较粗糙，并且孔径尺寸不稳定。图 7.17（b）给出了一种平滑的玻璃纤维布，玻璃线紧密排布没有间隙，激光能量被均匀吸收，孔径尺寸比较稳定，可以制作更为精细的通孔。图 7.17（c）所示为超薄玻璃纤维布的剖面图，厚度约为 $10\mu m$，不仅厚度薄，而且玻璃线紧密排布如同单层纤维。这种玻璃纤维布可以用于制作超薄基板或薄增层，以增强基板的尺寸稳定性。

| (a) 普通玻璃纤维布 | (b) 平滑玻璃纤维布 |

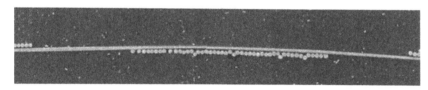

(c) 超薄玻璃纤维布

图 7.17　用于激光钻孔的玻璃纤维布

激光打孔完成之后，利用高锰酸钾去除裸孔中激光烧蚀残留的碳化树脂胶渣，同时利用高锰酸钾刻蚀粗化介电层表面以提高电镀 Cu 的粘接性。图 7.18（a）所示为标准增层薄膜中利用 CO_2 激光制得的裸孔，底部胶渣残留严重。图 7.18（b）所示为经过高锰酸钾刻蚀后的通孔，残留的胶渣已经完全去除，露出了底部 Cu 层的表面颗粒，并且整个介电树脂表面以及通孔内部都变得比较粗糙。当采用 UV-YAG 激光时，烧蚀通孔底部的胶渣残留不像 CO_2 激光那样严重，但仍有胶渣残留在通孔底部。

去除通孔中残留的胶渣之后，进行化镀 Cu，为后续的电镀 Cu 工艺提供种子层。化镀 Cu 同时覆盖于介电层表面和介电层通孔内部，重要的是能够牢固地覆盖于通孔内壁与底部 Cu 层的界面上，否则界面处会留有沟槽，后续受到应力作用时会发生分离。图形电镀同时在介电层表面和通孔内部形成导线。对通孔进行共形电镀时，采用的是脉冲电镀工艺，以不同的脉冲频率改变电流极性，从而能够在介电层表面和通孔内部沉积相同厚度的 Cu。图 7.19 所示为采用脉冲电镀工艺进行通孔共形电镀的过程。如图 7.19（a）所示，在电镀初始阶段，由于达到通孔底部的 Cu 离子较少，所以介电层表面沉积的 Cu 比通孔底部厚，电场集中点会沉积更多的 Cu。当以较高的频率改变电流极性时，电场越高的地方，Cu 溶解速率越快，因

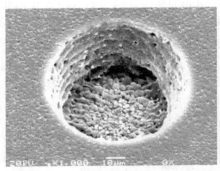 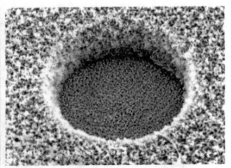

(a) 激光烧蚀之后   (b) 去除胶渣之后[10]

图 7.18　采用 CO_2 激光烧蚀的微通孔

而通孔底部会留有更多的 Cu。重复这一系列过程，使得介电层表面与通孔中沉积的 Cu 厚度更为均匀，如图 7.19（b）～（d）所示。

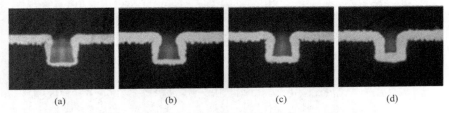

(a)　　　　　(b)　　　　　(c)　　　　　(d)

图 7.19　脉冲电镀通孔[5]

图 7.20 所示为有机基板中采用的通孔类型。图 7.20（a）为共形通孔，"共形"表示沿着通孔轮廓电镀的 Cu 厚度一致。通孔电镀完之后，再由下一层的介电树脂填满，而最外层的通孔则由阻焊层树脂填满。共形通孔是最标准的通孔类型，但无法用于通孔堆叠。通孔堆叠需采用填充电镀 Cu 的填充通孔，以实现基板中的高密度布线，如图 7.20（b）所示。由于上层通孔直接位于下层通孔之上，利用激光由上层向下烧蚀更深的通孔并不困难，但电镀更深的通孔比电镀一般深度的通孔需要耗费更多的时间。如果将一般深度的通孔进行填充，那么就可以采用相同的工艺制作下一层通孔，并且更易于对整体进行控制。

电镀时通常采用有机硫化物作为增亮剂以使电镀薄膜更为光亮，并通过细化沉积金属晶粒使得电镀薄膜更具延展性。如图 7.21（a）所示，增亮剂还具有整平作用。电镀开始之前，增亮剂最先均匀沉积于平坦的表面上和下凹的通孔中。电镀开始之后，增亮剂仍留在电镀表面上，并不会融进电镀薄膜中。因此，随着镀层厚度的增加，面积减小的区域增亮剂密度不断增大。由于增亮剂的催化作用，促进了狭小凹陷区域的电镀过程，从而使得电镀更为均匀。如图 7.21（b）所示，整平剂的吸收活性受到扩散作用的控制，电镀液搅动不剧烈的区域，例如通孔内部，整平剂的沉积密度较低，而搅动剧烈的区域，例如平坦的表面上，整平剂的沉积密度较高。由于整平剂的抑制作用，平坦表面上的电镀过程受到抑制。整平剂为四元氨基化合物，其中阳离子优先被吸引到电流较高的区域抑制该处的电镀过程，从而起到

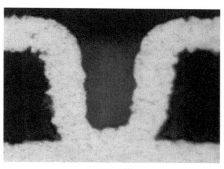
(a) 共形通孔[5]

(b) 堆叠通孔

图 7.20　通孔类型

整平作用。借助这些基本的整平作用，通过改变化学电镀液的组分和添加剂可以实现最优的通孔填充效果。

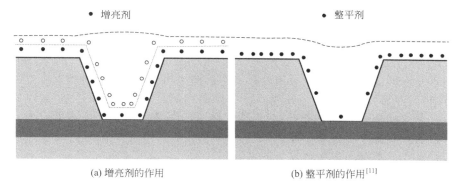

● 增亮剂　　　　　　　　　　　　　　　　　● 整平剂

(a) 增亮剂的作用　　　　　　　　　　　　(b) 整平剂的作用[11]

图 7.21　通孔填充所用化学剂的作用

　　图 7.22 所示为增层中电路元件的设计思想。所需线宽定义为基板上整体布线线宽的平均值，并且考虑了如前面所述的最窄区域的走线设计，以及整个基板线路层的制程能力。定义好线宽之后，可由式 (7.3) 算得介电层厚度，使其特性阻抗保持在 50Ω。在增层型印制电路板出现之前，普通印制电路板的特性阻抗更高，为 75～90Ω。引入增层型印制电路板之后，将新结构定义为直接芯片贴装基板，即倒装芯片基板，而非印制电路板。选定基板的特性阻抗为 50Ω，与普通半导体器件的输出阻抗相匹配，并考虑通过提高有机基板中的布线密度减小传输线的长度。根据式 (7.3)，介电层厚度由图 7.22 中右上角的带状传输线给定。确定好介电层厚度之后，通孔直径可由通孔电镀制程能力算得。为了满足通孔质量以及尽可能缩短工艺时间的要求，图 7.22 中给定通孔深宽比为 0.7，深宽比的定义如图中右下角所示。通孔直径定义为 50μm，考虑到高锰酸钾 2μm 的刻蚀量，激光打孔直径为 48μm。

$$Z_0 = \frac{377}{E_r} \times \frac{H}{W_{eff}} \times \frac{1}{2 + 2.8(H/W_{eff})^{3/4}} \qquad (7.3)$$

　　式中，Z_0 为特性阻抗；E_r 为介电常数；H 为导线高度，μm；W_{eff} 为有效线宽，μm。

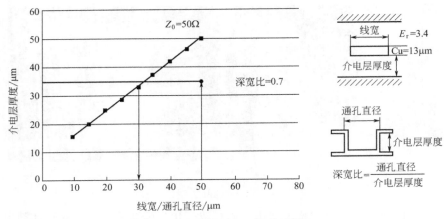

图 7.22　通孔几何形状设计[5]

图 7.23 所示为由电子背散射衍射花样（EBSP）得到的电镀通孔中的 Cu 晶界图像，通孔直径约为 $60\mu m$，通过填充电镀 Cu 连接上下两层线路。电镀完之后，111 晶面上的 Cu 晶粒由下层 Cu 层不断生长，并与下层 Cu 层形成金属连接。然而，如图 7.23 所示，电镀 Cu 与下层 Cu 层之间存在一条明显且沿水平方向的晶界，两者并未形成金属连接，只是晶粒之间机械地相互接触。这种情况下，当电镀 Cu 受拉时，容易与下层 Cu 层分离，分离界面两侧呈完全贴合的凹凸状。如果是这种情况下的堆叠通孔，金属 Cu 与周围的树脂之间热失配引起的 Z 向应力，很容易使堆叠通孔发生分层。对于未来用于提高有机基板布线密度的更细小的通孔而言，这种通孔技术水平存在着较高的风险。

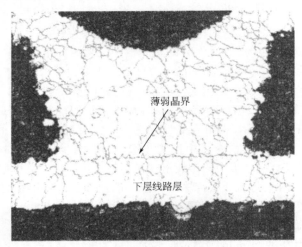

图 7.23　通孔连接较差[12]

图 7.24 所示为另一个通孔剖面图，图中 Cu 晶粒生长贯穿了下层 Cu 层的上界面，即化镀 Cu 层上布有一排空洞的位置，如图中箭头所示。这表明 Cu 晶粒由下层 Cu 层中开始生长，使得下层 Cu 层与电镀 Cu 之间形成金属连接。图中通孔直径

约为 $25\mu m$，并且通孔镀层完整性良好。采用化学通孔清洗工艺去除氧化膜和有机材料残渣时，需保证足够的清洗时间以便完全去除通孔中溶解的化学物质。其他清洗方法，例如等离子清洗，也可以用于去除这些材料。

图 7.24　通孔连接良好

相比于其他方法，标准顺序增层型基板的一个缺点是需要制作贯穿芯板的通孔，并且需要电镀以连接芯板正背面的各个增层。对倒装芯片基板正背面互连线路的要求是，最好具有与倒装芯片焊点相同的节距，以便直接利用堆叠通孔实现信号和电源的板级互连。然而，目前通孔钻削采用的是机械钻孔方法，虽然可以满足 $60\mu m$ 的小孔径，但钻头成本较高，且并不常用。通常采用直径 $100\sim200\mu m$ 的钻头制作通孔，并且不要求通孔节距与倒装芯片焊点一致。为了提高基板布线密度并满足减小倒装芯片焊点节距的要求，激光打孔方法是下一阶段的必然选择。图 7.25 对比了不同打孔方法制得的通孔。采用 CO_2 激光打孔时，由于光束直径较大，所以制得的通孔直径较大，不足以满足未来的需求。尽管玻璃对 CO_2 激光的能量吸收较高，但光束能量集中程度仍不足以迅速穿透玻璃纤维，制得的通孔内壁比较粗糙。当采用 UV-YAG 激光时，情况明显有所改善。但由于玻璃纤维对激光的能量吸收率较低，采用 355nm 的 UV-YAG 激光仍不足以得到干净的通孔，需在基板芯板正背面同时打孔以保证两侧孔径一致。采用 266nm 的 UV-YAG 激光在 $40\mu m$ 厚的芯板上进行打孔，制得的通孔情况较为良好，孔径为 $30\mu m$，节距为 $100\mu m$，虽然在靠近玻璃的位置形状略微不规则，但并不存在质量和可靠性问题，结果仍满足要求，虽然孔径由上至下并不一致，但电镀 Cu 时并未出现问题。如图 7.25（d）所示，通孔质量良好，并且可以满足未来减小通孔节距的要求。

图 7.26 所示为不同材料对激光的能量吸收率与激光波长之间的关系。可以看出，介电树脂的能量吸收率曲线比较平稳，对 CO_2 和 UV-YAG 激光的能量吸收率

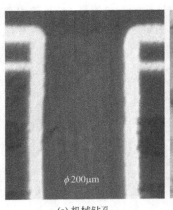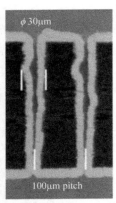

(a) 机械钻孔　　　　　(b) CO_2激光　(c) 355nm UV-YAG激光　(d) 266nm UV-YAG激光[13]

图 7.25　不同的打孔方法

相近。金属 Cu 对激光的能量吸收率与激光波长密切相关，对 UV-YAG 激光的能量吸收率相对较高，而对 CO_2 激光的能量吸收率很低。玻璃则与金属 Cu 完全相反，对 CO_2 激光的能量吸收率很高，而对 355nm 的 UV-YAG 激光的能量吸收率较低。因此，采用 CO_2 和 UV-YAG 激光在介电树脂上进行打孔的效率相近。对于玻璃材料，采用 CO_2 激光打孔更为有效。树脂与玻璃对 CO_2 激光的能量吸收率较高，金属 Cu 则相反。由图 7.26 可知，如果在内部不含 Cu 板的玻璃环氧面板上打孔，采用 CO_2 激光则更为有效。如果内部含有 Cu 板，则优选 266nm 4 倍频 UV-YAG 激光，可以兼顾树脂、玻璃以及金属 Cu 的能量吸收率。248nm KrF 准分子激光与 266nm UV-YAG 激光的打孔效果相近。更重要的是，如图 7.25 所示，不同打孔方法得到的通孔直径各异，这是必须事先考虑的问题。

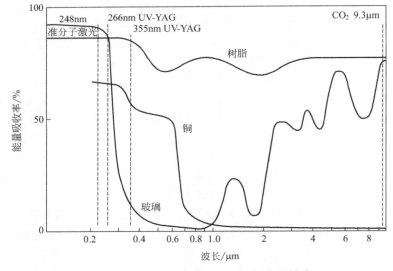

图 7.26　不同材料对激光的能量吸收率[13]

7.3.4　焊盘

基板表面的阻焊层对于倒装芯片焊点的形成十分重要。印制电路板技术将阻焊层覆盖于基板表面上，以免焊接时焊料与导线接触以及焊点桥接造成短路。由于倒装芯片有机基板外部线路层中的导线和焊盘节距远小于普通印制电路板，所以阻焊层的作用至关重要。图 7.27 给出了两种针对倒装芯片基板焊盘的阻焊层设计，以及所得到的焊点形状，焊点节距为 $225\mu m$，焊盘尺寸为 $125\mu m$。图 7.27 中下面两幅图是由芯片一侧所看到的阻焊层开口，上面两幅图是焊点剖面图，其中图 7.27（a）称之为阻焊层限定（SMD）设计，即倒装芯片焊盘边缘被阻焊层覆盖，光刻得到的阻焊层开口尺寸小于实际焊盘尺寸；图 7.27（b）称之为非阻焊层限定（NSMD）设计，即阻焊层开口尺寸大于焊盘尺寸，焊盘完全位于阻焊层开口之中。两种设计各有优缺点。非阻焊层限定的开口较大，与芯片凸点对位比较容易。阻焊层限定的开口较小，与芯片凸点对位有时会比较困难。阻焊层开口采用的是刻蚀工艺，而刻蚀小尺寸开口且无树脂残留在开口之中会比较困难，偶尔会留下一层不可见的薄树脂层，导致焊盘镀 Au 存在缺陷，最终造成焊料无法润湿焊盘。形成倒装芯片焊点之后，当焊料体积相同时，非阻焊层限定的焊点高度低于阻焊层限定的焊点高度，如图 7.27 中上面两幅图所示，焊点高度较低不利于清洗芯片与基板之间的间隙和下填料流动。阻焊层限定与非阻焊层限定的焊点可靠性水平相同。阻焊层限定的焊点底部较窄存在应力集中，但由于填充下填料的倒装芯片焊点具有较高的安全系数，所以应力集中并不是问题。对于非阻焊层限定的情况，由于介电树脂与焊料之间的 Z 向热失配，导致焊盘边缘偶尔会出现介电树脂开裂，但通过产生无害的裂纹将应力释放之后，裂纹不再扩展。

图 7.28 所示为有机基板上倒装芯片焊盘的一个替代设计方案。目前采用的是前面提到的阻焊层限定和非阻焊层限定设计，但随着基本设计原则的改进，这两种设计在减小焊盘节距方面都存在着障碍。阻焊层限定将难以形成直径更小且干净的开口，而非阻焊层限定开口之间的狭小区域很容易破坏。图 7.28（a）所示的设计方案将表面线路层全部作为焊盘，与陶瓷基板一样，称之为焊盘层。如图 7.28（b）所示，在引线键合基板上采用平板焊盘结构，其表面与基板表面一样平整。

有机基板有多种焊盘表面处理方法，常用的方法包括镀 Au/Ni、镀 Au/Pd/Ni、涂覆有机保焊膜（OSP）和焊料。涂覆焊料时，一般采用电镀、焊膏印刷或者植球方法，最常用的是焊膏印刷方法。焊膏中的焊球尺寸各异以提高填充速率，如图 7.29 所示。满足焊膏印刷工艺的焊盘节距范围为 $150\sim200\mu m$，$100\mu m$ 的节距仍面临挑战。为了使焊膏印刷更为精细，需对设备进行改进，例如利用回转式压头沿着一个方向挤压焊膏，然后利用气囊对印刷掩膜表面施压使得印刷焊膏完全脱离掩膜，如图 7.30 所示。化镀 Au/Ni 制得的 Ni 厚度为 $5\sim7\mu m$，Au 厚度为 $0.4\sim0.5\mu m$。相比于镀 Au/Ni 焊盘，镀 Au/Pd/Ni 焊盘上的焊球剪切强度更高，这是因为基板经过多次回流时 Ni 发生氧化，焊盘与焊球界面偶尔会发生分层。有机保焊膜多用于制作印制电路板，无铅焊料采用的是增强型有机保焊膜，即预助焊剂。

图 7.31 所示为镀 Au/Ni 焊盘上经过回流的焊锡凸点剖面图，采用的是焊膏印

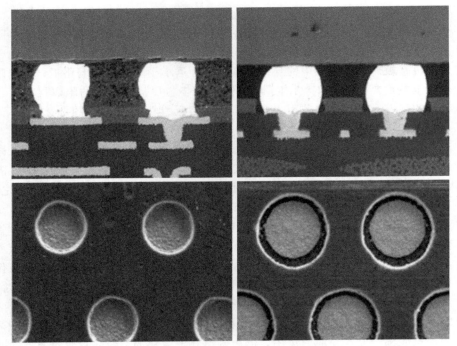

(a) 阻焊层限定   (b) 非阻焊层限定[5]

图 7.27 倒装芯片焊点剖面图

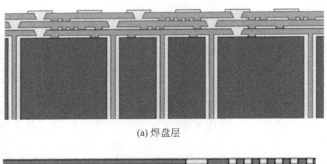

(a) 焊盘层

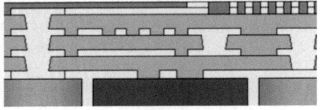

(b) 平板焊盘

图 7.28 不同的基板焊盘

刷工艺。在放置倒装芯片凸点之前，先将焊锡凸点顶部压平，以免放置在上面的倒装芯片凸点发生移动。自 Cu 焊盘表面往上的焊锡凸点高度约为 $30\mu m$，高出阻焊

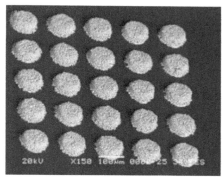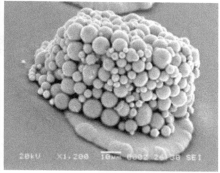

(a) 印刷后的焊膏　　　　　　　　　　(b) 放大图

图 7.29　焊膏印刷

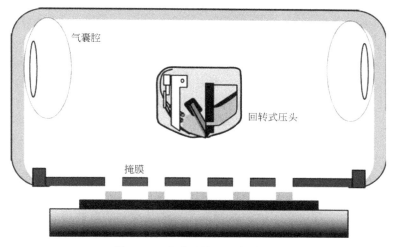

气囊腔

回转式压头

掩膜

图 7.30　改进后的丝网印刷工艺

层表面 $20\sim25\mu m$。当焊锡凸点顶部压平之后，其顶部比焊盘开口更宽，超出阻焊层表面的高度降至 $5\sim10\mu m$，即回流温度下凸点的初始高度。焊锡凸点高度的变化为形成倒装芯片焊点在 Z 方向上留出了 $10\sim20\mu m$ 的尺寸余量，换句话说，该尺寸余量弥补了由倒装芯片键合部分高度偏差造成的间隙。可能的高度偏差如下。

（1）芯片凸点高度偏差，即芯片焊盘高度偏差（最大 $1\mu m$）与凸点高度偏差（$1\sim5\mu m$）之和。

（2）基于式（7.2），由 Cu 线路表面形貌造成的基板焊盘高度偏差（$5\sim20\mu m$），线路表面形貌与基板布线设计密切相关。

由于焊盘上的焊料能够补偿倒装芯片焊点各组成部分的高度偏差，所以对于尺寸要求和焊料润湿性而言，这是最保险的焊盘表面处理方法。如果要减小倒装芯片焊点尺寸，或者将其他方法和材料引入倒装芯片焊点结构中，必须仔细考虑 Z 向的尺寸偏差问题，否则会降低芯片的连接良率和焊点的可靠性。

对于直径 $100\mu m$ 的 Cu 焊盘，一般当焊料润湿焊盘时，由焊盘表面向上的焊料

图 7.31　基板焊盘表面处理[13]

高度限定在 $10\mu m$ 左右，这是因为共晶 Sn-Pb 焊料在 Cu 焊盘上的润湿角为 $23.5°$。但由于凸点制作工艺的特性或者搬运过程中芯片凸点发生变形，导致凸点高度不一致，所以这样的焊料高度不足以与芯片凸点形成最佳的焊点。此外，介电层下方的线路层使得基板表面形貌凹凸不平，导致焊盘高度偏差在 $10\mu m$ 左右，甚至高达 $20\mu m$。因此，需要利用特殊的方法沉积足够多的焊料以形成足够高的焊锡凸点。典型的方法是利用焊料的"反润湿"特性，即借助于掩膜通过电镀、焊膏印刷或者其他沉积工艺在比焊盘更大的区域上沉积焊料，当焊料回流时，焊盘以外多余的焊料会缩回到焊盘上，最终形成更高的凸点。但"反润湿"要求焊盘周围有足够的空间沉积多余的焊料，当芯片 I/O 数较少时该方法可行，而对于细节距的高密度逻辑芯片，焊盘周围没有更多的空间沉积焊料，所以该方法并不适用。

为了解决焊锡凸点高度不够的问题，在有机基板倒装芯片键合的早期阶段，针对高密度逻辑芯片，采用如图 7.32 所示的焊料注射装置在基板焊盘上制作焊锡凸点，注射头上具有通孔排布与基板焊盘位置相对应的掩膜，熔融焊料储存在注射头的储存器中。焊料注射工艺步骤如下。

（1）将掩膜通孔与基板焊盘对准，如图 7.32（b）所示；

（2）对储存器加压将焊料由掩膜通孔压出，并与下面的焊盘接触，如图 7.32（c）所示；

（3）等待数秒使得焊料润湿焊盘表面，对储存器施加负压将熔融焊料吸回到储存器中，如图 7.32（d）所示；

（4）截断熔融焊料，并在焊盘上留下一定量的焊料，如图 7.32（e）所示。

焊料体积可以由焊盘尺寸、掩膜通孔尺寸以及掩膜距离焊盘的高度确定。焊料注射方法的一个主要优点是适用于任何熔融焊料，能够在直径 $100\mu m$ 的焊盘上沉积 $50\mu m$ 厚的焊料，其缺点是必须对基板上的芯片逐一处理。

对焊料注射法进行改进之后，得到如图 7.33 所示的可连续作业的扫描式焊料沉积装置。熔融焊料经由扫描头中的狭缝压出并与基板表面接触，而非采用通孔掩膜（第 1 步）。当扫描头扫描时，焊料被压到扫描头与基板表面之间，并接触润湿

(a)

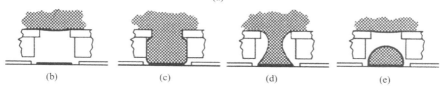

(b)　　　　　(c)　　　　　(d)　　　　　(e)

图 7.32　焊料注射装置[14]

Cu 焊盘（第 2 步）。随着扫描头在基板表面上的移动，焊料被分配到各个焊盘上，当焊料从扫描头上脱离之后，由于"反润湿"作用在焊盘上形成球状焊锡凸点（第 3 步）。这种方法的优点也是适用于任何焊料，并且通过连续扫描快速沉积焊料。将焊料分配到焊盘上与焊盘分布和压力控制密切相关，以免熔融焊料在扫描头与基板之间的间隙中分散开来。

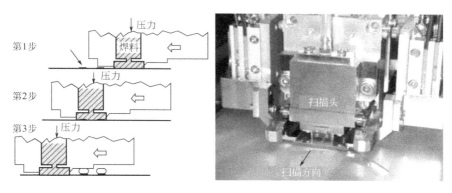

图 7.33　扫描式焊料沉积装置[14]

图 7.34 给出了一种先进的熔融焊料处理装置。由有机薄膜制成的掩膜其通孔布局与基板焊盘相对应，并与基板焊盘对准。掩膜通孔上窄下宽，以免焊料由通孔顶部压入后又返回到储存器中。扫描头在通孔掩膜上进行扫描，同时焊料经由掩膜通孔润湿基板焊盘。当焊料冷却固化之后，移去掩膜。这种方法的主要优点是焊锡凸点的高度可由掩膜厚度进行控制，即使焊盘尺寸不同，也能保证凸点高度一致。节距 $250\mu m$、直径 $150\mu m$ 的凸点已经量产，节距 $150\mu m$、直径 $75\mu m$ 的凸点于 2010 年底

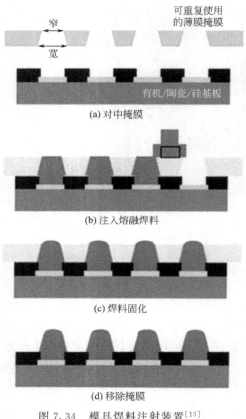

(a) 对中掩膜

(b) 注入熔融焊料

(c) 焊料固化

(d) 移除掩膜

图 7.34　模具焊料注射装置[15]

通过质量认证，并计划制作节距 $50\mu m$、直径 $25\mu m$ 的凸点。

图 7.35 给出了晶圆和基板所采用的焊球凸点制作工艺，工艺步骤如下。

（1）利用真空平板吸取焊球，如图 7.35（a）所示；

（2）利用超声振动去除多余的焊球，如图 7.35（b）所示；

（3）检查吸附在平板上的焊球，如图 7.35（c）所示；

（4）位置对准，如图 7.35（d）所示；

（5）放置焊球，如图 7.35（e）所示；

（6）检查基板上的焊球，如图 7.35（f）所示；

（7）纠正焊球位置偏差，如图 7.35（g）所示；

（8）回流，如图 7.35（h）所示；

（9）清洗，如图 7.35（i）所示。

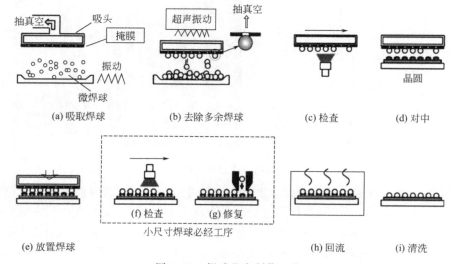

(a) 吸取焊球　　(b) 去除多余焊球　　(c) 检查　　(d) 对中

(e) 放置焊球　　小尺寸焊球必经工序（(f) 检查　(g) 修复）　　(h) 回流　(i) 清洗

图 7.35　焊球凸点制作工艺

采用该工艺制作晶圆凸点时，需要一次处理大量的焊球。该工艺允许对缺失和不规则的凸点进行返工，确保形成全部凸点。如果采用该工艺制作基板凸点，一般无需返工，因为凸点数目没有晶圆凸点那么多，可以对单个基板或者包含有限个基板的板材进行处理。

图 7.36 所示为 Showa Denko 公司采用"Super Juffit"工艺沉积的焊料。图 7.36 (a) 为细节距基板焊盘上焊料粉末的 SEM 图像，右上角为放大图，焊盘节距为 $50\mu m$，可以连接细节距引线键合芯片。图 7.36 (b) 为回流后的焊料粉末。

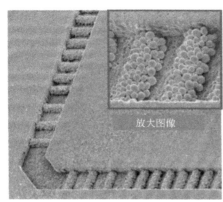

(a) 涂覆焊料之后　　　　　　　　　　(b) 回流之后

图 7.36　Super Juffit 工艺

图 7.37 给出了"Super Juffit"工艺流程：

(1) 清洗以去除污染物和 Cu 氧化层，如图 7.37 (a) 所示；

(2) 将专用化学剂涂覆在整个基板表面上，待清洗干燥之后，只在铜表面上留下一层黏性材料，其他区域的化学剂都被洗去，如图 7.37 (b) 所示；

(3) 涂覆焊料粉末，由于焊盘上覆盖有黏性层，所以焊料粉末只粘贴在焊盘上，其余焊料粉末很容易从基板表面上去除，如图 7.37 (c) 所示；

(4) 涂覆助焊剂以便焊料润湿焊盘，如图 7.37 (d) 所示；

(5) 焊料粉末回流，如图 7.37 (e) 所示；

(6) 助焊剂清洗，如图 7.37 (f) 所示。

由于"Super Juffit"工艺利用了化学剂只与 Cu 反应的特性，所以无需利用掩膜或其他辅助手段在细节距基板焊盘上沉积焊料。

图 7.38 所示为芯片凸点以及与之对应的基板凸点。通过在基板上制作焊锡凸点，使得基板能够与具有坚硬金属柱凸点的芯片以较高的良率进行键合。

7.3.5　芯片封装相互作用

有机基板上倒装芯片键合的一个主要问题是由于芯片与基板之间的热失配，导致倒装芯片焊点中存在应力。图 7.39 所示为以低 k 材料作为介电层的芯片中，布线层发生失效的剖面示意图。芯片与基板互连时，当温度超过焊料熔点以后，焊料熔化并将芯片与基板焊盘连接起来，此时即使芯片与基板之间产生热失配，焊点中

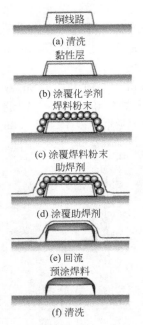

图 7.37 Super Juffit 工艺流程

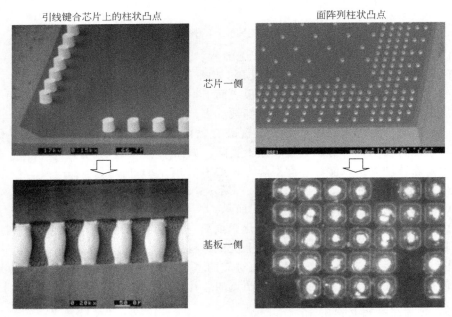

图 7.38 与芯片金属柱凸点进行键合的基板凸点[14]

也没有应力存在，如图 7.39（a）所示。然后随着温度下降，焊料固化，由于基板的热膨胀系数远高于芯片，所以基板比芯片收缩得更快，芯片焊盘与基板焊盘之间产生相对位移，导致焊点中产生切应力并发生变形，如图 7.39（b）所示。焊点变

形导致低 k 层中产生拉应力，使得低 k 发生分层失效，如图 7.39 中右侧所示。

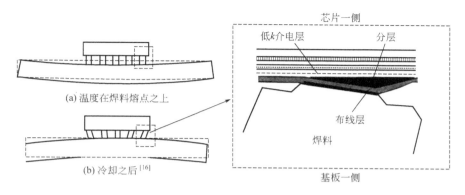

图 7.39　芯片布线层失效

　　上述问题根本上是由芯片与基板热失配引起的。芯片基材为 Si，热膨胀系数一般为 $3\times10^{-6}\sim3.5\times10^{-6}\,℃^{-1}$，并随着布线层的厚度而变化。此外，标准有机基板的热膨胀系数为 $17\times10^{-6}\,℃^{-1}$，较低的约为 $15\times10^{-6}\,℃^{-1}$。有机基板的芯板本质上与印制线路板相同，通过平衡 E 型玻璃纤维编织布（CTE，$5\times10^{-6}\sim6\times10^{-6}\,℃^{-1}$）和环氧树脂（CTE，$70\times10^{-6}\sim80\times10^{-6}\,℃^{-1}$）的热膨胀系数，将芯板的热膨胀系数调节至 $17\times10^{-6}\,℃^{-1}$，目的是保护层压基板中的 Cu 布线。由于超声波扫描显微镜（SAM）观察到的低 k 层分层呈现白色，所以该技术问题被称为"白色凸点"，引起该问题的原因被称为"芯片封装相互作用"，并且成为这些年低 k 芯片封装最关键的问题，同时也是缩短倒装芯片焊点节距的主要障碍。

　　图 7.40 给出了下填料对芯片与有机基板互连所起到的作用，其中图 7.40（a）所示为在芯片与基板之间填充下填料树脂之后，由树脂固化温度降至室温的冷却过程。由于芯片与基板紧紧粘接在一起，所以芯片焊盘与基板焊盘之间的相对位移很小，从而能够显著提高倒装芯片的焊点寿命。相反地，类似于双层金属结构的热失配使得芯片和基板整体发生弯曲，这是导致 BGA 封装中心焊点失效的主要原因。对于标准厚度的结构，即芯片厚度约为基板厚度的 50%，热失配引起的应力其中 30% 转化为结构弯曲，其余 70% 的应力被基板吸收，因为有机基板的弹性模量低于陶瓷基板。如果基板设计不合理，则分布基板中的应力会引起不同的失效模式，详细的设计规范对避免局部应力集中至关重要。

　　填充下填料可以使封装焊点免受热失配的影响，但是当芯片与基板互连时，由焊料回流温度冷却至室温的过程中，热失配导致芯片焊盘与基板焊盘之间产生相对位移，使得焊点承受较大的变形，导致芯片布线层中存在较高的拉应力，如图 7.40（b）中标记"A"所示。

　　图 7.41 所示为阻挡金属层边缘下方，芯片钝化层开裂，裂纹扩展使得布线层发生破坏。当钝化层发生开裂时，即使布线层未发生破坏，芯片功能未立即失效，但后续水汽会进入芯片布线层中引起腐蚀或金属迁移。为此，建议在芯片的阻挡金属层下方增加聚酰亚胺缓冲层。倒装芯片底部填充技术所要确定的第一件事情是，

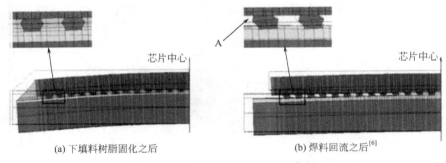

(a) 下填料树脂固化之后　　　　　　　　(b) 焊料回流之后[6]

图 7.40　下填料对有机基板的作用

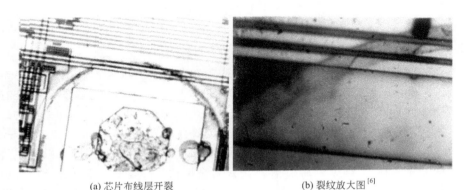

(a) 芯片布线层开裂　　　　　　　　(b) 裂纹放大图[6]

图 7.41　芯片上钝化层开裂

在填充下填料之前，芯片能否经受应力的作用，其失效机制就是所谓的芯片封装相互作用，这是一开始引入倒装芯片底部填充技术就面临的问题。需要清楚的是，底部填充并没有改变倒装芯片技术的基础。

在陶瓷基板倒装芯片封装的早期阶段，Goldman 于 1969 年发表了一篇题为"可控塌陷互连的几何优化"的文章。文章中指出，芯片与陶瓷基板之间热失配引起的剪切力使得倒装芯片焊点发生了变形，从而导致芯片焊盘边缘处的布线层中产生拉应力，并且还指出了焊点的关键位置，如图 7.42 所示。该文章表明，不仅有机基板会导致芯片布线层破坏，陶瓷基板也是如此。芯片布线层破坏的可能性本质

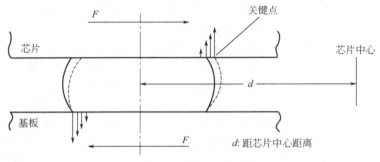

图 7.42　倒装芯片焊点的关键位置[17]

上是倒装芯片焊点的热应力问题。随着芯片布线密度和功能的提高，芯片布线层的介电材料总是面临着失效的风险。当一种技术成熟以后，某个问题看似已经解决，但是逐步引入新技术时，问题又会再次出现。

正如前面所提到的，当周围温度变化时，芯片与基板会整体发生翘曲。在下填料固化温度下，由于焊点发生蠕变，所以芯片与基板都比较平整。但冷却之后，整体发生永久性翘曲，如图 7.43 所示。图中给出的是 20mm 见方的芯片与 30mm 见方的基板互连，并由 130℃ 的树脂固化温度降至室温后的翘曲形式，整体呈平滑均匀的下凹状。在后续制程中，芯片受热冷却，芯片与基板翘曲，即封装翘曲会反复发生。图中给出的只是封装翘曲，进行下一级板级互连时的应力状态更为复杂。

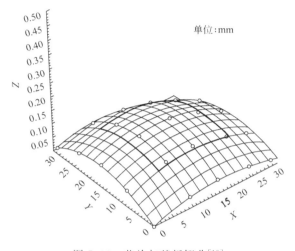

图 7.43　芯片与基板翘曲[18]

图 7.44 给出了芯片与基板形成 BGA 封装之后，BGA 焊点在热循环测试过程中的失效情况。图 7.44（a）所示为 BGA 焊点分布，其中虚线框表示芯片贴装区域，"A"～"J" 表示 BGA 焊点连接网络，以监测热循环测试过程中焊点的失效

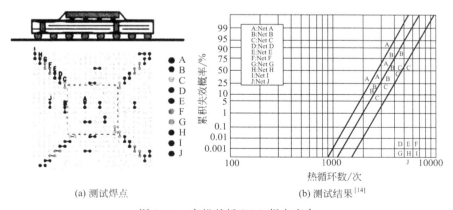

(a) 测试焊点　　　　　　　　　(b) 测试结果[14]

图 7.44　有机基板 BGA 焊点寿命

情况。图 7.44（b）所示为每个网络中焊点累积失效概率的对数正态分布图。由测试结果可知，位于芯片中心区域的焊点网络 A 最先失效，其次是位于芯片边缘的网络 B，最后是位于芯片角点处的网络 C，其余沿着基板对角线分布的焊点网络未发生失效。芯片下方的 BGA 焊点最先失效，而其他位置的焊点都比较可靠，这表示弯曲应力局部分布于芯片贴装区域，而基板上其他区域几乎不发生弯曲。该测试结果清楚地表明，板级互连增加了基板中的应力，而未进行板级互连的封装体能够自由弯曲成下凹状。此外，该测试结构也说明了为什么现在许多封装体都将 BAG 焊点由芯片下方区域移出。

　　将 BGA 封装组装到母板上之后，较大的弯曲力使得母板也发生弯曲。图 7.45 给出了在母板两侧对称贴装两个 BGA 封装后的焊点寿命测试结果。可以看出，双侧贴装时的 BGA 焊点寿命比单侧贴装时低 45%，最先失效的焊点仍位于中心区域。这表明单侧贴装时，芯片与基板整体弯曲使得下方的母板也发生弯曲，而双侧贴装时，由于两侧芯片和基板的弯曲拉伸作用，母板受到两侧 BGA 封装的约束且不发生弯曲。因此，双侧贴装时的 BGA 焊点寿命显著降低，不能满足产品要求。当在基板两侧进行倒装芯片互连时，焊点寿命同样有所下降，降幅约为 35%，但仍具有较高的安全系数，不足以降低产品寿命。一系列测试结果表明，有机基板倒装芯片的应力状态十分复杂，应用时需仔细分析和测试。

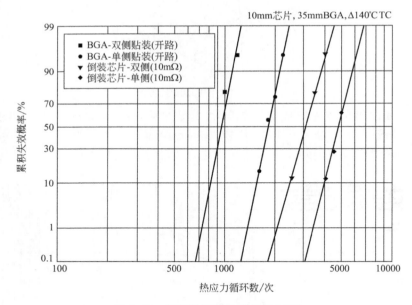

图 7.45　双面贴装时的焊点寿命[14]

　　图 7.46 所示为热失配引起的应力导致芯片开裂的实例，图 7.46（a）中箭头所指为水平贯穿芯片的裂纹。芯片边缘的崩边位置存在应力集中，裂纹由此萌生。图中的芯片为引线键合芯片，利用 Au 柱凸点以倒装芯片键合的方式贴装到基板上。一般引线键合芯片是通过对晶圆有源面进行单面切割并留有一定厚度，然后沿

切割道折断得到的，所以芯片背面边缘通常存在崩边。用于倒装芯片封装的芯片一般采用双面切割，以免发生崩边造成应力集中。图 7.46（b）给出了一种比较特殊的裂纹，裂纹沿横向扩展，使得 Si 基体与芯片有源区分离并留在基板上。由于 Si 更容易沿着晶界开裂，所以基板和下填料过硬引起的高应力会导致这样的开裂形式。

(a) 裂纹贯穿芯片　　　　　　(b) 裂纹使得硅芯片沿横向分离[14]

图 7.46　应力造成芯片开裂

有机基板倒装芯片焊点周围的热应力状态更为复杂。图 7.47 所示为位于有机基板堆叠通孔上的倒装芯片焊点示意图，该结构实现了芯片焊盘到基板一侧 BGA 焊点的垂直导通，电性能更优。该结构中各类材料的热膨胀系数如下：芯片的热膨胀系数随着布线层数而变化，大约为 $3×10^{-6}℃^{-1}$，即各向同性 Si 的热膨胀系数；焊料的热膨胀系数随着组分而变化，各向同性共晶焊料的热膨胀系数约为 27×

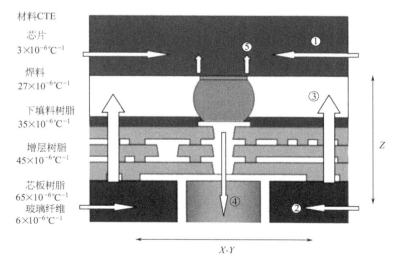

图 7.47　焊点周围的热应力，各材料的 CTE

10^{-6}℃$^{-1}$；下填料树脂是环氧树脂与 SiO$_2$ 的混合物，各向同性热膨胀系数约为 $35×10^{-6}$℃$^{-1}$；增层树脂也是环氧树脂与填充料的混合物，各向同性热膨胀系数约为 $35×10^{-6}$℃$^{-1}$；基板芯板是由热膨胀系数为 $65×10^{-6}$℃$^{-1}$ 的环氧树脂与热膨胀系数为 $6×10^{-6}$℃$^{-1}$ 的玻璃纤维组成的复合材料；Cu 导线的热膨胀系数为 $17×10^{-6}$℃$^{-1}$。基板中多数材料都是各向同性的，但玻璃纤维布是由沿 X-Y 方向堆积的玻璃纤维编织成的。相比于低弹性模量高热膨胀系数的树脂，芯片与玻璃纤维布的弹性模量更高，热膨胀系数更低，图 7.47 所示结构沿 X-Y 方向的热膨胀系数主要由芯片和玻璃纤维布决定，如箭头①、②所指。因此升温时，树脂主要沿 Z 向膨胀，如箭头③所指，X-Y 方向受到芯片和玻璃纤维布的约束。由于堆叠通孔中填有低热膨胀系数高弹性模量的金属 Cu，所以堆叠通孔与倒装芯片焊点形成的互连结构以及电镀通孔之间的区域几乎不沿 Z 向膨胀。因此，拉应力会集中于堆叠通孔中，如果电镀冶金质量不好，可能会引起堆叠结构分层。尽管倒装芯片焊点能够产生蠕变释放应力，但堆叠通孔仍有可能发生分层。因此，增加倒装芯片焊点的焊料体积十分重要。如果焊点中生成金属间化合物，沿箭头④所指方向的应力会显著增大，从而破坏通孔金属界面，并引起芯片布线层中的拉应力，如箭头⑤所指。这很容易理解，焊点材料变硬会使应力增大，所以引入像 Cu 柱这样更坚硬的金属时需要特别注意。为了避免应力集中，理想的情况是采用低应力、低熔点的焊料。一种候选焊料是 In，其延展性较好，可以避免应力集中，并且熔点低至 151℃，可以降低芯片互连降温过程中的热应力。

图 7.48 给出了有机基板中热膨胀系数的情况。有机基板采用的都是普通印制电路板材料，尽管进行了一些改进，但目前的热应力问题主要是由有机基板较高的热膨胀系数引起的。无论最终的封装体外形如何，封装体中都分布有较高的应力，当内部器件存在集中应力时，封装体加工过程中会存在风险。如果在有机基板上进行芯片堆叠，情况则会更加复杂。为了改善这种情况，需要减小有机基板材料的热

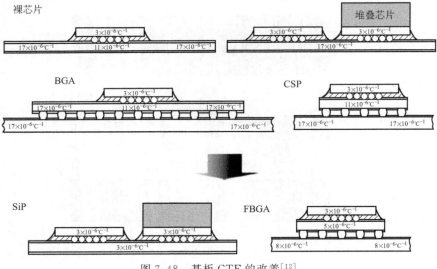

图 7.48　基板 CTE 的改善[12]

膨胀系数，几乎所有有机基板及其封装组件领域都已经开始行动。理想的方法有两种，一种是采用热膨胀系数与 Si 相同的基板，另一种是采用热膨胀系数较低且可变的基板和线路板，从而能够对整体封装的热应力进行设计，以使应力集中降至最小。

7.3.6　可靠性

对于工作站、PC 以及高端消费类产品等注重成本效率的系统，表 7.3 列出了典型的有机基板应力测试，和其他形式的封装一样，共有 3 类。然而，需要注意的

表 7.3　应力测试[14]

应力测试	测试条件	测试目标
干法 TC($\Delta T=180℃$)	$-55\sim125℃$	750 次
干法 TC($\Delta T=165℃$)	$-40\sim125℃$	1000 次
干法 TC($\Delta T=100℃$)	$0\sim100℃$	3000 次
湿法 TC（参考实验）	$0\sim100℃$	3000 次
THB	85℃，85%RH，偏压	1000h
PCBT（HAST）	109.8℃，85%，偏压，1.2atm	264h
PCT（参考实验）	121℃，100%RH，2atm	96h
HTS	150℃	1000h

是不同材料的失效加速因子不同。特别地，一些用于陶瓷基板的测试条件对有机基板而言太过苛刻，并非加速实验而是破坏性实验。最重要的一点是，加速实验的失效模式必须与产品在服役过程中设想的失效模式一致。一个典型的例子是 $\Delta T=180℃$ 的热循环实验，由于陶瓷基板是无机硬质材料，所以通常取 $\Delta T=180℃$，而有机基板材料主要为环氧树脂，最终会由于时效作用产生疲劳裂纹。进行 $\Delta T=180℃$ 的热循环实验时，在达到陶瓷基板的 1000 个目标循环次数之前，有机基板会过早地出现裂纹，造成引线断裂。虽然开裂加速因子较高，但推断的服役寿命并无问题。对于有机基板，考虑到加速实验的准确性，优选的热循环实验条件是 $\Delta T=165℃$、1000 次。如果出于某些原因需取 $\Delta T=180℃$，则最合理的目标循环数为 750 次。当 $\Delta T=100℃$ 时，目标循环数可设定为 3000 次，与板级封装组件的热循环实验条件相同。有时采用湿法热循环实验对基板中的 Cu 导线、微通孔以及填充电镀 Cu 的通孔施加应力，但不可以用于评定环氧树脂材料的失效模式，因为循环速率太快，减少了环氧树脂的蠕变持续时间，引起了低周疲劳。由于金属 Cu 的蠕变比环氧树脂小，所以湿法热循环实验可以作为参考实验评定 Cu 导线的失效模式。为了研究温度和湿度的影响，通常采用 85℃、85%RH 的偏压实验。但由于恒温恒湿偏压实验（THB）的目标小时数为 1000h，包含数据读取时间在内约 2.5 个月，所以多采用高加速应力实验（HAST），常用条件为 109.8℃、85%RH、偏压、1.2atm，即不饱和水蒸气。有时也采用更高的温度，但必须是不饱和水蒸气，否则会缺少与产品服役失效的相关性。即使是 109.8℃、85%RH、1.2atm 的实验条件，腐蚀失效偶尔也会失去相关性，例如有机基板中的氯离子被驱使出来并在表

面上结晶。高压蒸煮实验（PCT）也可以作为参考实验，因为饱和水蒸气条件对环氧基有机基板具有破坏性。在 $\Delta T=150℃$、1000h 的高温存储实验（HTS）中，基板被烧坏，但该实验是为了测试基板上半导体器件的扩散情况，燃烧并不是问题。未来随着器件密度的提高和器件的小型化，高温存储实验可用于测试有机基板中金属结构的电子迁移和扩散情况。完成 JEDEC 规定的 MSL-3 预处理之后，即可进行上述这些应力实验。

图 7.49 所示为有机基板倒装芯片封装的热循环实验结果。对一组 BGA 板级封装组件进行不同温度范围的热循环实验直到样品失效，得到 $\Delta T=180℃$ 和 $\Delta T=100℃$ 之间的焊点 N50 的寿命。对于 $\Delta T<100℃$ 的情况，即大多数产品的服役温度范围，可由所得实验数据推断焊点寿命。

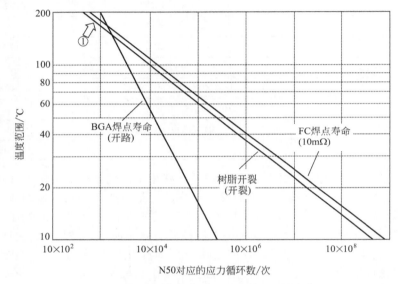

图 7.49　不同失效模式下的寿命预测值[14]

图 7.49 中，BGA 焊点失效寿命表示为"BGA 焊点寿命"。正如前面所述，芯片与基板整体弯曲导致了 BGA 焊点失效，并且位于 BGA 封装中心位置的焊点会最先发生疲劳开路失效。本例中采用的是共晶 Sn-Pb 焊料，BGA 焊点寿命遵循修正的 Coffin-Manson 公式，即焊点寿命与应变的平方根成反比。另外，基板中由于介电树脂开裂造成的线路开路表示为"树脂开裂"，相比于 BGA 焊点开路失效，树脂开裂具有更高的加速因子，如果采用 Coffin-Manson 公式，则近似遵循五次方根法则。这些实验结果都是源于焊料与环氧树脂不同的疲劳特性，当 $\Delta T>160℃$ 时，树脂开裂失效寿命比 BGA 焊点失效寿命更短，如箭头①所指，而当 $\Delta T<100℃$ 时，多数产品的树脂开裂失效寿命比 BGA 焊点失效寿命更长。由这些实验结果可以得到以下重要的两点：

（1）必须将封装体组装到母板上再测试其寿命，即在服役条件下进行测试。

（2）改变材料后，需对板级封装重新进行测试以确定失效模式的加速因子。

图 7.49 中，倒装芯片焊点寿命表示为"FC 焊点寿命"。倒装芯片焊点以阻值

变化 10mΩ 作为其失效准则，如果采用一般的失效准则，则需要较长的实验周期。有趣的是，如图 7.49 所示，FC 焊点寿命曲线与树脂开裂曲线平行。这说明倒装芯片焊点受到下填料环氧树脂的保护，当环氧树脂失效时，倒装芯片焊点由于失去保护也随之发生失效。

有机基板典型的失效模式之一是环氧树脂开裂。尽管如前面所述，环氧树脂开裂的加速因子较高，但它是固有失效模式，当基板应力设计与加速实验结果不一致时，产品寿命主要取决于环氧树脂开裂失效。如图 7.50 所示，当热循环实验条件超出保证产品寿命的要求时，产品中一些特定位置会出现环氧树脂开裂失效。图中，基板表面上存在沿着 $1mm^2$ Cu 焊盘边缘的裂纹，并由角点②处扩展到阻焊层中。由于与输入线相连的焊盘边缘可以将该处的应力释放掉，所以裂纹一般不会在该处产生。这表明，有机基板中大尺寸的 Cu 结构应当具备分散其周围应力的设计特点。

图 7.51 所示为基板内部导体结构周围的裂纹，呈白色线条状。当热循环实验条件超出保证产品寿命的要求时，不仅在基板表面上，在基板内部的介电层中，沿着 Cu 导线和 Cu 焊盘边缘也有可能出现裂纹。正如前面所述，内部增层存在较大的 Z 向位移，使得内部 Cu 结构边缘处产生应力。这说明基板中存在应力集中的风险，所以应当遵循详细的设计准则尽量避免应力集中。此外，在介电材料中添加填充料不仅可以减小热膨胀系数，而且可以增大弹性模量，使得材料更硬，从而在一定程度上能够减小 Z 向位移。然而，需要注意填充料表面与介电材料的粘接性，

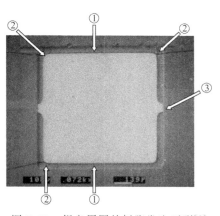

图 7.50 焊盘周围的树脂发生开裂[6]

否则裂纹会在填充料与介电材料分离的位置处萌生，反而降低了产品寿命。

图 7.52 所示为恒温恒湿偏压实验条件下典型的失效模式，可以清楚地看到由负极向正极生长的 Cu 枝晶，而制作精良的有机基板在时效条件下不会出现这种失效模式。图中给出的是 85℃、85%RH、5V 的实验条件下经过＞2500h 的一段时间后，$35\mu m$ 厚的介电层中金属 Cu 的迁移情况。由于 Cu 离子半径小于 1Å，所以在电场作用下环氧树脂的交联密度无法阻挡 Cu 离子移动，从而发生金属 Cu 迁移并降低产品寿命。因此，需要注意的是，环氧树脂交联不充分可能会引起 Cu 迁移失效，并且该失效模式的加速因子与偏压以及增层中的电场变化有关。某些情况下，增层基板中沿垂直方向堆叠的导线边缘存在更强的电场集中，金属 Cu 迁移使得产品寿命更短。

塑料材料典型的失效形式是丧失粘接性。正如前面所述，由于有机封装中的应力沿着各材料层分布，所以材料失去粘接性会造成应力集中，并导致基板中的布线层失效。图 7.53 给出了典型的失效模式，图 7.53（a）为芯片与下填料之间发生分层，导致芯片边缘处产生裂纹并沿着应力梯度向基板中扩展，延伸到阻焊层和介

图 7.51　基板内部线路周围的树脂发生开裂[14]

图 7.52　金属 Cu 迁移[6]

电层中。一旦介电层开裂，线路很容易断裂。这种情况下，在焊点顶部可以清楚地看到由芯片与基板分离引起的裂纹。图 7.53（b）为下填料与阻焊层之间发生分层，导致特定位置产生应力集中，引起介电树脂开裂，造成线路断裂。这些实例表明，各材料之间分层会导致基板致命性的失效，有时还会导致焊点失效。

　　图 7.54 所示为由下填料边缘处产生的裂纹。由于芯片与基板热失配引起封装翘曲，芯片与基板在芯片边缘处分离，所以芯片边缘处的下填料倒角承受着较高的拉应力。通常情况下，基板材料必须能够流动并填满导线和焊盘之间的间隙和拐角，所以基板材料的弹性模量比下填料低。如果下填料的弹性模量远高于基板材料，例如阻焊层和介电树脂，那么基板材料就会发生破坏，在下填料倒角边缘处产生裂纹并扩展至基板中，如图 7.54 所示。

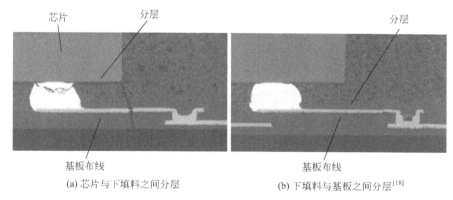

(a) 芯片与下填料之间分层 　　　　(b) 下填料与基板之间分层[18]

图 7.53　各材料之间分层

图 7.54　基板在下填料倒角边缘处开裂[18]

　　基板是倒装芯片封装中尺寸最大的组件。图 7.55 和图 7.56 简要对比了基板尺寸对系统级封装尺寸和性能的影响。图 7.55 给出了 3 种 SiP 封装，各由 4 个基板尺寸不同的 BGA 芯片构成。Case42.5 表示 42.5mm² 的 BGA 基板，Case35 表示

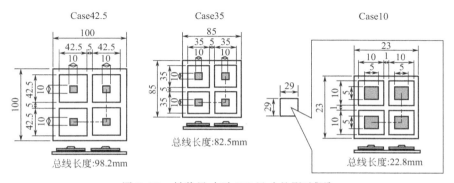

图 7.55　封装尺寸对 SiP 尺寸的影响[12]

$35\mathrm{mm}^2$ 的 BGA 基板，Case10 表示 $10\mathrm{mm}^2$ 的 BGA 基板，其封装密度比前两者高出数倍。每个基板上贴装 4 个芯片，为了保证每个基板可以包含 6000 个网络，芯片的布线规则和 BGA 节距定义如下：

（1）对于 Case42.5，芯片尺寸：$10\mathrm{mm}^2$，基板线路/间隔：$25\mu\mathrm{m}/25\mu\mathrm{m}$，

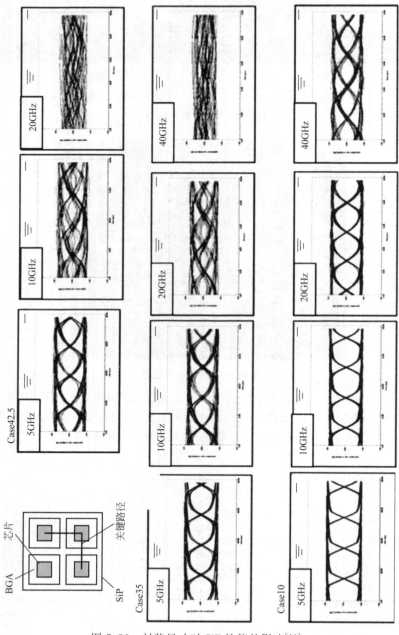

图 7.56　封装尺寸对 SiP 性能的影响[12]

BGA 节距 $1.0\mu m$。

（2）对于 Case35，芯片尺寸：$10mm^2$，基板线路/间隔：$20\mu m/20\mu m$，BGA 节距 $0.8\mu m$。

（3）对于 Case10，芯片尺寸：$5mm^2$，基板线路/间隔：$7.5\mu m/7.5\mu m$，BGA 节距 $0.2\mu m$。

根据信号传递最差的情况对比 SiP 封装的性能，即考虑由右上角芯片到左下角芯片的信号传递，并作为关键总线长度。结果如下：对于 Case42.5，SiP 尺寸为 $100mm^2$，关键总线长度为 $98.2mm$；对于 Case35，SiP 尺寸为 $85mm^2$，关键总线长度为 $82.5mm$；对于 Case10，SiP 尺寸为 $29mm^2$，关键总线长度为 $22.8mm$。

图 7.56 给出了 3 种情况下信号沿关键路径传递时的眼图。由于 Case42.5 的基板尺寸较大，所以可能的工作频率为 5GHz。Case35 有所改善，但工作频率极限并未显著提高，最大工作频率为 10GHz。与前两者相反，Case10 的工作频率极限明显增大，达到了 20GHz。由此可以看出，基板尺寸对封装整体性能有显著影响，并且随着基板尺寸的减小，单位工件尺寸可以制得更多的基板，从而降低了基板的单位成本。因此，即使采用成本更高的材料和工艺，通过减少基板尺寸甚至可以降低产品的最终成本。

7.3.7　历史里程碑

图 7.57 所示为 1990 年初世界上第一款上市的有机基板倒装芯片。该产品是用于 PC 产品的 16MB SIMM 卡，将 18 个芯片直接贴装到普通 FR4 基板的正背面，芯片通过下填料环氧树脂进行加固，以免热失配引起的应力对焊点产生影响。由于该产品为存储芯片，所以 I/O 数较少，普通 FR4 印制电路板足以作为基板满足 SIMM 卡对 I/O 数的要求。

图 7.57　第一款有机基板产品[6]

图 7.58 所示为第一款增层基板产品。该插件的一个功能是用于日文汉字字符识别，将两个尺寸分别为 $12mm^2$ 和 $8.7mm^2$ 的逻辑芯片直接贴装到两增层基板上，如图 7.58（a）中箭头所指。图 7.58（b）为芯片剖面图，图 7.58（c）为具有微通孔的增层基板剖面图，所用介电材料为市售阻焊材料，微通孔利用光刻工艺制得。裸芯片在装配到增层基板上之前，需要在临时载体上利用芯片贴装和移除工艺进行预烧试验。该技术将逻辑芯片作为表面贴装元件，与其他表面贴装元件一起在同一组装线上进行组装。

图 7.59 所示为第一款采用有机基板的 BGA 封装。将尺寸为 $17mm^2$ 具有 1918 个 I/O 的专用集成电路芯片贴装到 $33.5mm^2$ 的 4 层增层＋4 层 FR4＋4 层增层结构的基板上，微通孔采用光刻工艺制得，基板四角各有一个用于固定热沉的螺柱，

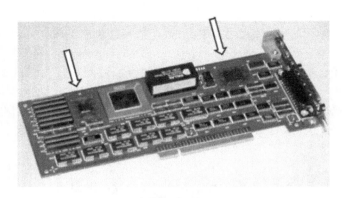

(a) 第一款增层PCB基板封装

(b) 首次将逻辑芯片直接贴装到基板上

(c) 增层PCB基板的剖面图 [6]

图 7.58　第一款采用增层基板的逻辑芯片

基板整面布有 BGA 焊点格栅阵列。

　　图 7.60 所示为第一款用于 PC 产品的有机基板微处理器的剖面图。1998 年，Intel 的 Pentium Ⅱ 处理器开始采用有机基板。如图 7.60 所示，芯片先以 BGA 封装的形式贴装到有机基板上，然后组装到针栅转接板上形成最终的 PGA 封装。有机基板中的微通孔采用激光烧蚀而非光刻工艺制得，自该产品问世以后，激光烧蚀微通孔成为有机基板的主流工艺。

　　图 7.61 所示为第一台采用有机基板封装主处理器的超级计算机。该名为"地球模拟器"的超级计算机位于日本横滨市，自 2002 年 6 月至 2004 年 11 月，该超级计算机一直位居全球"超级计算机 500 强"排行榜首位。表 7.4 给出了处理器封

图 7.59　第一款采用有机基板的 BGA 封装[14]

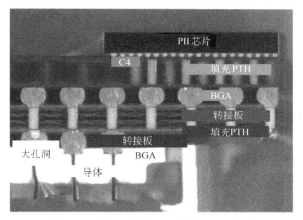

图 7.60　第一款有机基板微处理器[13]

(a) 由160节点、1280CPU
组成的系统全局视图

(b) 处理器封装,芯片位于中
央,电源接口位于两端

图 7.61　第一台采用有机基板封装的超级计算机

装规格说明，主处理采用的是 4 层增层＋8 层芯板＋4 层增层结构的有机基板，尺寸为 $140 \times 112.5 mm^2$，基板上的处理器芯片尺寸为 $19.84 \times 21.04 mm^2$，具有 8960 个 I/O。截至 2010 年底，对其结构和连接的服务器进行改进之后，"地球模拟器"

仍位居超级计算机排行榜第 4 位。

表 7.4　处理器封装规格说明

LSI I/O(信号)		8960(1791)
LSI 尺寸/mm		19.84×21.04
封装尺寸/mm		140×112.5
FC 焊点		Sn/Ag/Cu
电容	芯片上/nF	1020
	封装上/μF	103
层数		4 层增层＋8 层芯板＋4 层增层
封装连接		电缆连接
封装引脚(信号)		2628(1521)
引线长度/m		80
CLK/GHz		3.2
功率/W		250

7.4　Z 向堆叠基板

　　由于在注重成本效率的有机基板领域，例如 CPU、GPU 和游戏处理器基板等，顺序增层基板成为主流的有机基板技术，所以除了详细的设计元素之外，其结构没有太多变化。与此同时，Z 向堆叠基板在其应用领域则具有更多的类型，因为 Z 向堆叠基板主要用于低端领域，例如移动设备和消费类产品。不仅仅是应用领域不同，两类基板在制作方法上也有各自的独特之处。

7.4.1　采用图形转移工艺的 Z 向堆叠基板

　　本节主要介绍 KYOCERA SLC 公司的"CPCore" Z 向堆叠基板，图 7.62 给出了该方法的工艺流程：①先将 Cu 箔粘接到聚合物载体薄膜上，然后在上面压合用于制作线路图形的干膜光阻，接着对光阻进行曝光显影以形成线路图形；②与此同时，利用激光在未固化的介电薄片上制作通孔，并在通孔中填入由 Cu 颗粒和树脂黏合剂组成的导电膏；③将聚合物载体薄膜上的线路图形转移至未固化的介电薄片上，然后将各个带有转移线路的介电薄片堆叠起来，接着在热压力作用下进行压

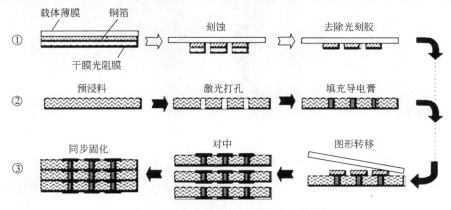

图 7.62　Z 向堆叠与图形转移工艺[18]

合固化形成基板，该同步固化工艺流程与陶瓷基板的生瓷片共烧工艺类似。

图 7.63 所示为 Cu 导线与通孔中的导电膏互连。在线路图形转移工艺中，Cu 线路层在压力作用下被埋入预浸料中，同时预浸料通孔中的导电膏受到 Cu 导线的挤压，两者在压力作用下紧紧粘接在一起形成互连。最后，在 Cu 导线与导电膏的界面上形成 Cu-Sn 金属间化合物，从而保证了互连的可靠性。

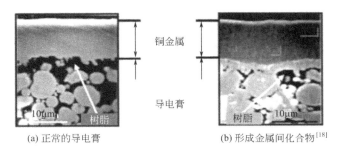

(a) 正常的导电膏   (b) 形成金属间化合物[18]

图 7.63 通孔互连

图 7.64 所示为包含 7 层金属层的 Z 向堆叠基板剖面图，预浸料采用的是热固性聚苯醚，以获得更好的加工性能和电学特性。

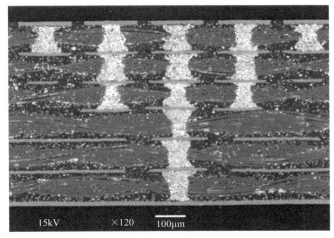

图 7.64 Z 向堆叠基板[18]

图 7.65 所示为结合 Z 向堆叠和顺序增层技术以满足更高密度要求的基板。

7.4.2 任意层导通孔基板

起初"任意层导通孔"是 Z 向堆叠基板的概念，源于 Panasonic 公司开发的任意层内互连孔技术（ALIVH）。该技术不采用芯板，而是将具有相同结构的各个叠层堆叠起来，各叠层预先利用激光制作微通孔并填入导电膏，最后将整个堆叠结构压合成基板。此外，还有一种称之为"任意层导通孔"的基板，本质上属于顺序增层基板，中间包含一层很薄的芯板，看起来与增层基板类似，剖面看起来像无芯基板。但由于各增层采用的是内部包含玻璃纤维布的预浸料，所以任意层导通孔基板的设计准则与普通增层基板大不相同。虽然加入的玻璃纤维布很薄，但基板中的线

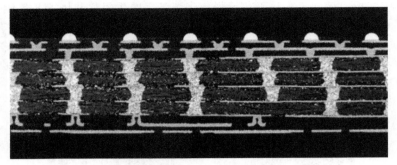

图 7.65　结合 Z 向堆叠与增层技术的基板[18]

路和微通孔尺寸比普通增层基板粗糙得多。任意层导通孔基板良率高且布线规则要求低，芯板两侧有数层增层，顺序增层数较多。

7.4.3　埋嵌元件基板

普通的埋嵌元件基板先将元件埋入顺序增层基板的芯板中，然后叠加各增层。由于埋嵌元件基板属于应用导向型基板，所以设计细节存在很多变化。本节主要介绍 Dai Nippon Printing 公司基于预埋凸点互连技术（B^2it）的埋嵌元件基板，B^2it基板属于 Z 向堆叠基板，采用了独特的凸点通孔构造方法。图 7.66 给出了基本的工艺流程：

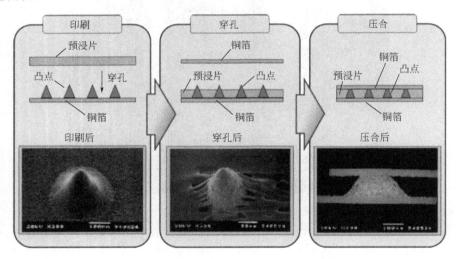

图 7.66　基板工艺流程

（1）印刷：在 Cu 箔上印刷 Ag 膏，固化后形成圆锥状的导电凸点。

（2）穿孔：将预浸片压合到 Cu 箔上，使得凸点透过玻璃纤维贯穿预浸片。

（3）将另一片 Cu 箔压合到预浸片上形成通孔互连，接着对层压板进行刻蚀形成电路图形。

制作完电路图形之后，再重复以上步骤直至完成基板制作，如图 7.67 所示。

图 7.68 所示为结合其他方法制得的基板，图 7.68（a）为结合普通通孔芯板

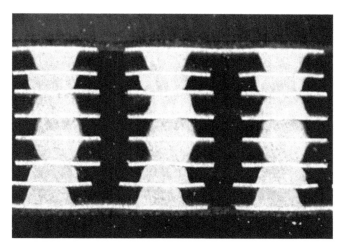

图 7.67 制作好的 B²it 基板

的基板，图 7.68（b）为结合激光微通孔增层的基板。

(a) 结合通孔芯板

(b) 结合激光微通孔增层

图 7.68 结合其他方法制作的基板

图 7.69 给出了一个埋嵌元件基板的例子，埋入了 3 个 WLCSP 和 18 个 1005C、0603C 无源器件，基板尺寸为 $9.2 \times 9.2 \times 0.65 \mathrm{mm}^3$，包含 6 层 B^2it，采用的是无卤素介电材料。

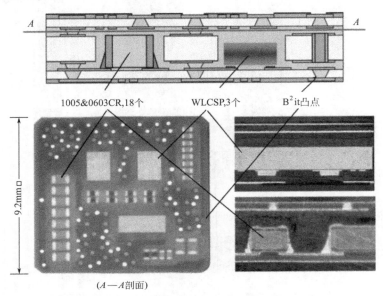

图 7.69　埋嵌 WLCSP 和无源器件的基板[19]

图 7.70 所示为埋嵌有源器件的基板，埋入了 1 个尺寸为 $3.1 \times 3.1 \mathrm{mm}^2$ 的裸芯片，以及 10 个 1005C 和 0402C 两种无源器件。基板尺寸为 $8.5 \times 8.5 \times 0.48 \mathrm{mm}^3$，

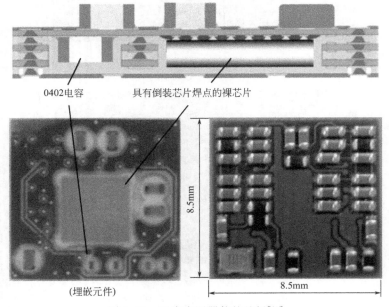

图 7.70　埋嵌有源器件的基板[20]

包含 7 层 B²it。包括 46 个元件和石英在内，整体封装厚度为 1.0mm。该模块具备近场通信功能（NFC），近些年对该功能的需求不断增长。

图 7.71 给出了图 7.70 所示埋嵌元件基板的工艺流程。首先提供由 B²it 工艺制得的顶部和底部叠层，以及包含内部线路的芯板。然后采用常规的 SMT 工艺将无源器件贴装到底部叠层上，并以倒装芯片键合的方式将裸芯片贴装到底部叠层上。在顶部叠层和芯板一侧制作凸点并压合预浸片，在芯板中间制作用于容纳芯片和无源器件的空腔。接着将各部分堆叠起来，并在压力作用下进行压合。最后涂覆阻焊层，并组装其他所需元件得到最终产品。由于具有厚度薄、尺寸小的优点，埋嵌元件基板多用于手机产品的外围器件中。

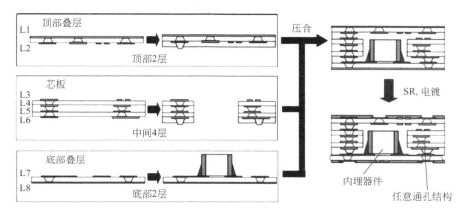

图 7.71　埋嵌元件基板的工艺流程[20]

7.4.4　PTFE 材料基板

图 7.72 所示为采用聚四氟乙烯（PTFE）制得的用于高速信号传输的基板。Endicott Inter Connect Technologies 公司的"HyperBGA"产品采用了聚四氟乙烯无芯基板半导体封装，可以实现信号的超高速传输。低介电损耗、低介电常数材料与带状线剖面结构相结合，使得信号传输速度超过了 12Gbps。聚四氟乙烯的顺应性加上铜-殷钢-铜中心面的尺寸稳定性，延长了产品服役寿命，避免了 BGA 焊点疲劳、芯片开裂、分层或者倒装芯片凸点疲劳。

图 7.72　采用 PTFE 材料制得的用于高速信号传输的基板

图 7.73 给出了聚四氟乙烯无芯基板的剖面图，中间是较厚的铜-殷钢-铜结构，用以控制基板的热膨胀系数和尺寸稳定性。带状线三明治结构中埋有两信号层 S1 和 S2，夹在电源层与芯板（接地层）之间。在电源层外侧有两层重布线层，用于连接倒装芯片焊点与信号线。基板顶部和底部分别布有倒装芯片焊盘和 BGA 焊盘，中间各层通过微通孔和电镀通孔（PTH）实现互连。

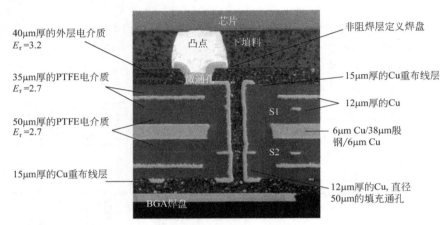

图 7.73　聚四氟乙烯无光基板剖面图[21]

表 7.5 给出了该基板的材料特性，聚四氟乙烯具有较低的介电常数及介电损耗。此外，整体的热膨胀系数与弹性模量较低，减小了倒装芯片焊点中的应力。

表 7.5　材料特性

PTFE 介电常数	2.7(在 10GHz 条件下)	外层介电损耗	0.0027(在 1MHz 条件下)
PTFE 介电损耗	0.003(在 1MHz 条件下)	复合弯曲模量	1.2Mpsi
外层介电常数	3.2(在 1MHz 条件下)	热膨胀系数	$10 \times 10^{-6} \sim 12 \times 10^{-6} \,℃^{-1}$

7.5　挑战

7.5.1　无芯基板

图 7.74 所示为无芯基板的剖面图。顺序增层基板的一个缺点是含有芯板结构，尤其是通孔芯板。因为芯板的作用是增加基板的机械刚度，所以芯板的厚度一般比增层厚。芯板正背面通过机械钻孔方法制得的通孔进行连接，孔径比微通孔大得多，影响了电学性能。一个解决方法是省去普通顺序增层基板中的芯板。

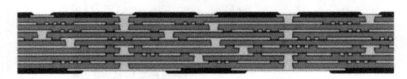

图 7.74　无芯基板

然而，如果只在一侧进行顺序增层，而非像普通顺序增层基板在两侧进行顺序增层，那么由于层压材料的弹性模量较低，会导致基板尺寸稳定性更差，并且增加了成本。为了解决成本问题，如图 7.75 所示，借助于由两块假嵌板粘接而成的芯板，先在芯板两侧进行顺序增层，然后将两假嵌板分离并移除，最终得到无芯基板。

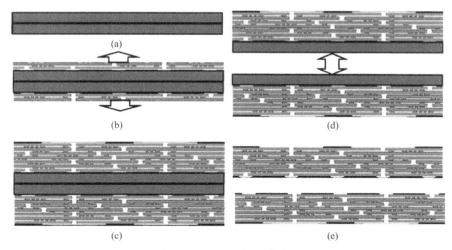

图 7.75　无芯基板制作流程

尽管如此，无芯基板仍存在一些根本问题。一是由于层压材料是弹性模量较低（5~7GPa）的塑料，导致基板的弹性模量较低且尺寸稳定性差。二是相比于树脂材料，层压板中金属 Cu 的弹性模量较高，使得基板局部区域发生了弯曲、扭转和畸变，而非像普通有芯基板整体均匀翘曲，这个问题根据不同的线路图形设计会有所不同。除此之外，理论上无芯基板的成本更高，因为无芯基板的制作工序大约是普通顺序增层基板的两倍，正如前面所述，顺序增层基板的一个缺点是增层数较多，这对基板的良率损失有显著影响。在顺序增层基板中，芯板的一个作用是作为电源层，采用的是普通印制电路板工艺以降低成本。另外，由于芯板的通孔密度低于增层中的微通孔密度，所以芯板的缺点是未能充分利用其背面的布线层。但是对于 BGA 基板，BGA 一侧的布线密度无需同基板正面的布线密度一样高，因为基板正面包含芯片区域的走线。

近期公开了一种性能更优越的基板，生产商通过在基板上装配一个固定器以避免基板翘曲，并对定位系统进行了改进以避免组装过程中基板发生倾斜[22]。

7.5.2　沟槽基板

图 7.76 所示为 Atotech Deutschland GmbH 公司的激光开槽基板制作工艺流程，称之为"V2"工艺，包括激光雕刻、电镀、表面平坦化以及去光阻成线工艺，其中去光阻成线工艺是降低有机基板制作良率的主要因素。首先压合完介电材料之后，利用 UV-YAG 激光烧蚀形成引线沟槽和通孔。相比于 CO_2 激光，UV-YAG 激光单次照射的能量低、频率高，所以引线沟槽与通孔深度可控。接着对介电层进行表面粗化之后，利用化镀 Cu 工艺沉积种子层。然后电镀填充引线沟槽和通孔，最后通过表面平坦化去除多余的电镀 Cu，并进入下一道工序。

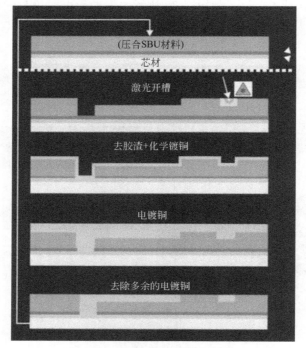

图 7.76　沟槽基板工艺流程[23]

图 7.77 所示为沟槽结构，图 7.77（a）为激光开槽后的结构，图 7.77（b）为填充引线沟槽和通孔后的结构。该方法的一个优点是制作引线和通孔只需在激光设备上进行一次对位，不必像常规的增层工艺那样需要完成激光打孔和光刻工艺两次对位。

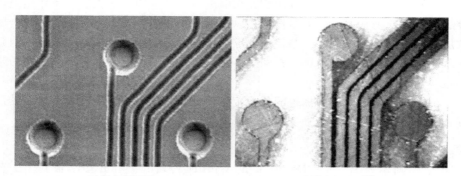

(a) 激光开槽后　　　　　　　　　　(b) 制作完线路后[23]

图 7.77　沟槽结构与制作好的线路图形

图 7.78 所示为引线和通孔的剖面图，利用电镀添加剂保证沟槽电镀填充后的凹坑深度小于 $10\mu m$，即介电层表面的镀层厚度。

图 7.79 所示为细节距引线和基板的剖面图，关键在于电镀厚度的控制和表面平坦化。此外，介电材料中填充颗粒尺寸对激光烧蚀的尺寸均一性也很重要。

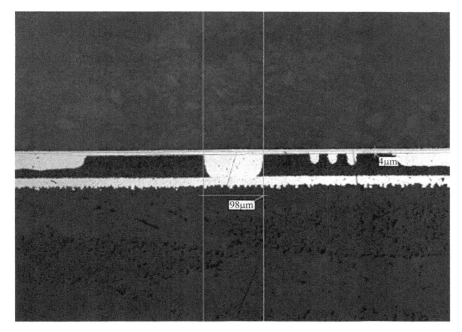

图 7.78　电镀 Cu 剖面图[23]

355nm 的 UV-YAG 激光与 248nm 的准分子激光可以满足特征尺寸小于 $10\mu m$ 的布线要求。

7.5.3　超低热膨胀系数基板

目前有机基板采用的是普通印制电路板材料，其主要问题是热膨胀系数较高。众所周知，减小有机基板的热膨胀系数可以降低基板与硅的整体热失配，但问题是如何尽可能减小有机基板的热膨胀系数。图 7.80 (a) 所示为采用新型材料减小热膨胀系数的基板结构，中间是由 2 层金属构造的芯板，芯板两侧各有 3 层增层。芯板包含聚对苯撑苯并二噁唑（PBO）有机纤维，热膨胀系数为 $-6\times10^{-6}℃^{-1}$，弹性模量为 270GPa，并浸渍聚酰胺树脂。该芯板的独特之处不仅包括材料组合，而且包括浸渍方式。有机纤维为单向结构，预浸的树脂含量低至 40%，用于提高纤维的热膨胀系数。如图 7.80 (b) 所示，"0＋0，Cu%"表示芯板的热膨胀系数，达到了 $-1\times10^{-6}℃^{-1}$，基板的复合热膨胀系数约为 $3.5\times10^{-6}℃^{-1}$。另外，还需要注意金属 Cu 对基板热膨胀系数的影响。复合热膨胀系数是在布线层中金属 Cu 面积比例为 50% 的情况下测得的，当金属 Cu 面积比例为 100% 时，对基板的整体热膨胀系数有显著影响，因为金属 Cu 的热膨胀系数（$17\times10^{-6}℃^{-1}$）和弹性模量（100GPa）都较高。这是减小有机基板热膨胀系数需要强调的一点。

图 7.81 所示为通过应力测试的超低热膨胀系数基板原型，基板尺寸为 $10\times10mm^2$，芯板通孔节距为 $100\mu m$，增层中的引线节距为 $8\sim10\mu m$，倒装芯片焊点节距为 $100\mu m$。该基板可以组装 I/O 密度达 $10^4/cm^2$ 的芯片，I/O 密度约为现有有机封装的 10 倍，并且有望满足下一代封装的要求。

(a) 细节距线路

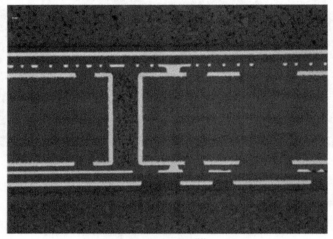

(b) 基板剖面图[23]

图 7.79　制作好的结构

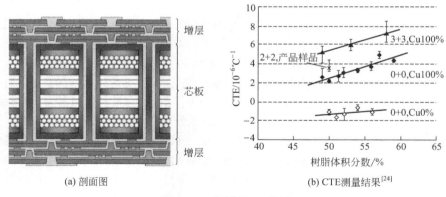

(a) 剖面图

(b) CTE测量结果[24]

图 7.80　超低 CTE 基板

7.5.4　堆叠芯片基板

　　由于提高下一代芯片的互连密度面临着巨大挑战，过去十年当中针对半导体芯片堆叠技术开展了大量的研发工作。图 7.82 给出了与 3D 芯片堆叠有关的各类问

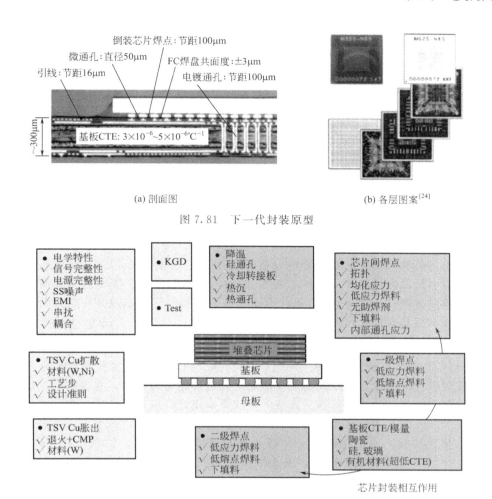

(a) 剖面图　　　　　　　　　　(b) 各层图案[24]

图 7.81　下一代封装原型

图 7.82　3D 芯片堆叠存在的问题

题，其中这些年最受关注同时也切实可行的是硅通孔（TSV）技术。目前的研究工作已经转移到其他问题上，如图中弯曲箭头所表示的热应力管理问题，即"芯片封装相互作用（CPI）"问题。引起该问题的原因与本章前面所述的 2D 封装一样，但对于 3D 芯片堆叠该问题更为严重。如今，封装的可靠性不仅与封装体自身有关，而且与其服役条件有关。如果将封装体组装到印制电路板上，其可靠性必须根据板级封装所受载荷进行评估。对于芯片封装相互作用的有关问题，众多的文献和报道针对 Si 基板进行了研究，但在撰写本文时很少有对 Si 基板可靠性进行全面评估的报道。

　　图 7.83 给出了一个为数不多的将 Si 基板贴装到有机基板上的实例。该例中，芯片被贴装到 $150\mu m$ 厚的 Si 基板上，并在芯片与 Si 基板以及硅基板与有机基板之间填充下填料树脂。当直接采用 Si 基板时，可以将有机基板视为电路板。如果 Si 基板与有机基板之间未填充下填料，则与将裸芯片贴装到有机基板上，不填充下填

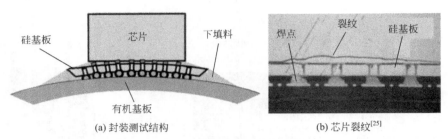

(a) 封装测试结构 (b) 芯片裂纹[25]

图 7.83　具有 IMC 倒装芯片焊点硅基板

料，并且焊点未承受热循环应力时的情况一样。图 7.83（b）所示为 −55～125℃（$\Delta T = 180℃$）的热循环实验结果，当焊点材料为 Cu-Sn 金属间化合物时，在应力作用下芯片发生开裂。此外还发现，当焊点材料比金属间化合物更软时，芯片中无裂纹产生。这说明，即使芯片与有机基板之间填充了下填料，并使得 X-Y 方向的位移最小，但如果倒装芯片焊点的硬度超过了一定水平，Si 芯片与有机基板之间的热失配也足以损坏芯片。因此，需要注意的是 Z 向应力。该实验结果清楚地表明，必须根据服役条件评估 3D 芯片堆叠封装的可靠性，并非只是评估封装过程中的可靠性，这与本章前面提到的可靠性本质一样。

7.5.5　光波导基板

"热"是现代高性能计算机的一个主要问题。目前均采用多核并行处理技术抑制时钟频率，但多核要求处理器与存储器之间进行高宽带通信，众多的电气连接还要求较高的功率，并且会发热。理想的方法是采用已经应用于系统门和板级封装的光学技术，因而不久的将来会对封装级光学技术有所需求。该技术的一个研发成果就是光波导基板，并结合倒装芯片技术应用于 MCM 封装，如图 7.84 所示。图 7.84（a）为封装原型的剖面图，基板增层上有一层用于测试的波导层，包含宽度

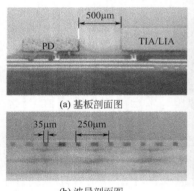

(a) 基板剖面图

(b) 波导剖面图

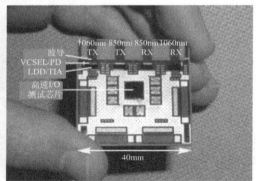

(c) 封装原型

图 7.84　光波导基板

为 35μm 的芯材和宽度为 55μm 的虚设图案，两者节距均为 250μm[26]。图 7.84（c）为封装原型，每个传输通道的数据传输速率可达 20Gbps，$40 \times 40 mm^2$ 的模块其带宽达到 32Tbps[27]。

7.6 陶瓷基板

图 7.85 所示为典型的倒装芯片陶瓷基板，图 7.85（a）左侧为基板正面，右侧为基板背面，图 7.85（b）为芯片一侧的基板剖面图，可以清楚地看到各层之间的垂直互连通孔。

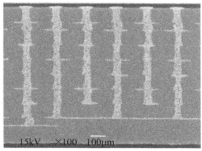

(a) 基板外观   (b) 芯片一侧的基板剖面图

图 7.85 陶瓷基板

表 7.6 与图 7.86 给出了倒装芯片陶瓷基板的尺寸设计，并以通孔尺寸作为主要参数进行分组。基板堆叠层数最多为 35 层，倒装芯片封装多采用 18～26 层。

表 7.6 尺寸设计

项目	CC200/mm	CC100/mm	CC075mm	CC050/mm
(a)通孔直径	0.200	0.100	0.075	0.050
(b)通孔接触点直径	0.381	0.150	0.127	0.100
(c)通孔中心节距	0.635	0.254	0.200	0.150
(d)通孔接触点距引线距离	0.254	0.127	0.075	0.050
(e)线宽	0.127	0.100	0.075	0.050
(f)线间间隙	0.127	0.100	0.075	0.050
(g)面上通孔接触点直径	0.381	0.150	0.127	0.100
(h)面上线宽	0.200	0.100	0.075	0.050
(i)间隙直径	0.990	0.455	0.280	0.200
(j)面上通孔节距	1.120	0.560	0.356	0.254
(k)层厚	0.05～0.55	0.05～0.20	0.05～0.15	0.10

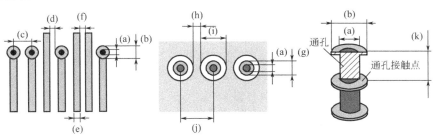

图 7.86 设计元素

表 7.7 给出了基板材料特性，其中包含多种基板材料。氧化铝陶瓷可细分为多

种类型，氮化铝陶瓷的热膨胀系数最小。相比于其他陶瓷，含有 Ag 和 Cu 的低温共烧陶瓷（LTCC）的电阻率较小，热膨胀系数较高，并且具有独特的性质。陶瓷基板可以填充下填料，虽然不会像有机印制电路板那样显著提高倒装芯片的焊点寿命，但相比于未填充下填料的情况，也足以延长焊点寿命。由于倒装芯片焊点受到下填料的保护，所以热膨胀系数较高的基板材料可以更多地保护 BGA 焊点。

表 7.7　材料特性

陶瓷材料		电学特性				热学特性		力学特性		导电材料
		介电常数		损耗因数 /10^{-4}		CTE（RT~400℃）/10^{-6}K^{-1}	热导率 /[W/(m·K)]	弯曲强度 /MPa	杨氏模量 /GPa	
		1MHz	2GHz	1MHz	2GHz					
Al$_2$O$_3$	A473	9.1	8.5	5	10	6.9	18	400	270	W，Mo
	A440	9.8	—	24	—	7.1	14	400	310	W，Mo
	A443	9.6	—	5	—	6.9	18	460	310	W，Mo
	AO600	9.0	8.8	10	21	7.2	15	400	260	Cu，W
	AO700	9.4	9.2	6	6	7.2	21	620	315	Mo
AlN	AN242	8.7	8.6	1	170	4.7	150	400	320	W
LTCC	GL940	—	18.7	—	2.5	10.7	3.5	220	188	Ag
	GL950	—	9.4	—	14	8.5	4.1	400	173	Ag
	GL330	7.8	7.7	4	5	8.2	4.3	400	178	Cu
	GL570	5.6	5.7	3	7	3.4	2.8	200	128	Cu
	GL771	5.3	5.2	8	36	12.3	2.0	170	74	Cu

7.7　路线图

7.7.1　日本电子与信息技术工业协会路线图

日本电子与信息技术工业协会（JEITA）共包括 6 个工作组，其中由 17 家企业构成的 WG5 负责印制线路板技术，包括基板技术在内。JEITA 隔年发布一期《日本安装技术路线图》。该路线图分为 4 组，共 10 个部分，并参考了对日本材料和印制线路板（PWB）厂商的问卷调查。刚性印制线路板部分包括增层、多层、双面和单面印制电路板。柔性印制线路板（FPC）部分包括多层、双面和单面印制电路板。TAB/COF 为简短单独的一部分。基板部分包括载带、刚性、增层和陶瓷基板。另外，该路线图还给出了各部分存在的挑战，描述了各部分未来 10 年的发展前景，并划分为 3 个等级，即"A 级：大规模生产""B 级：技术先进，有限的生产商可生产""C 级：存在挑战，未能大规模生产"。对于半导体封装基板，A 级针对存储器之类的低端产品，B 级针对 CPU 之类的中端产品，C 级针对 FPGA 之类的高端产品。该路线图的基板部分涉及基板的 T_g、ε、$\tan\delta$、CTE_{x-y}、CTE_z、翘曲、最小线宽/线距、最小通孔直径/通孔盘径等参数。

表 7.8 给出了 JEITA 路线图对未来增层基板线宽和线距的展望，阴影部分表示"现阶段无法实现"。表 7.9 给出了 JEITA 路线图对未来刚性基板通孔参数的展望。

表 7.8　JEITA 路线图、基板线宽/线距[28]　　　　　　　　　　　　　　　　　　　　　μm

项目	等级	2010	2012	2014	2016	2018	2020
最小线宽	A	15	12	10	7	7	7
	B	12	7	7	5	5	5
	C	7	5	5	3	3	3
线宽容差	A	±5	±4	±3	±3	±2	±2
	B	±3	±2	±2	±2	±2	±2
	C	±2	±1	±1	±1	±1	±1
最小线距	A	15	13	10	8	8	8
	B	13	8	8	5	5	5
	C	8	5	5	3	3	3

表 7.9　JEITA、通孔直径与通孔盘径、节距[28]　　　　　　　　　　　　　　　　　　　μm

项目	等级	2010	2012	2014	2016	2018	2020
机械钻孔最小通孔直径	A	100	100	100	75	75	75
	B	100	100	75	75	75	75
	C	75	75	75	50	50	50
机械钻孔最小通孔盘径	A	220	205	205	180	180	180
	B	200	200	180	160	160	160
	C	140	140	120	120	120	120
机械钻孔最小通孔节距	A	305	285	280	270	270	260
	B	225	215	210	205	200	190
	C	190	175	175	155	150	145
激光打孔最小通孔直径	A	100	75	75	75	50	50
	B	50	50	50	50	30	30
	C	50	50	50	30	30	30
激光打孔最小通孔盘径	A	200	180	170	160	150	150
	B	120	120	110	110	90	90
	C	100	100	90	80	80	80
激光打孔最小通孔节距	A	305	285	270	240	240	240
	B	185	175	160	140	140	140
	C	150	135	120	105	105	105

7.7.2　国际半导体技术路线图

在国际半导体技术路线图（ITRS）中有关于封装 & 测试的一个章节，其中与基板有关的部分包括低成本产品（PBGA）、便携式产品（FBGA）、移动产品（SiP，PoP）、高性价比产品（CPU、GPU、游戏处理器）、高性能产品（高端、LTCC）。表 7.10 给出了 ITRS 路线图对未来高性价比产品（CPU、GPU、游戏处理器）中基板尺寸参数的展望。除此之外，还包括基板的 T_g、CTEx-y、CTEz、Dk（1GHz 条件下）、Df（1GHz 条件下）、弹性模量、芯板与增层材料的吸湿率等参数。ITRS 路线图已经在互联网上公开。

在表 7.10 给出的参数当中，近些年的最小微通孔直径为 $60\mu m$。实际上在 2000 年以前，由于担心可靠性问题，作为有机基板产品主要驱动因素的 PC 和游戏机处理器，其微通孔尺寸一直没有改变。这表示有机基板的设计基本准则十多年没有改进，因为基板的布线能力取决于单位面积的通孔密度，制作节距更细的引线比减小通孔直径容易得多，有机基板技术的发展要求开发能够实现更小通孔直径的技术。

表 7.10　ITRS 中的基板尺寸参数[29]

参数	生产年份								
	2009	2010	2012	2014	2016	2018	2020	2022	2024
芯片到基板的互连焊盘节距/μm	150	135	110	100	100	95	95	95	95
最小基板厚度/mm	1.1	1.1	1.1	1.1	1.1	0.8	0.8	0.6	0.6
最小线宽/线距/μm	18/18	15/15	12/10	10/10	8/8	5/5	3/3	2/2	1/1
最小引线厚度/μm	25	25	20	15	12	10	5	4	3
最小通孔直径/μm	100	100	80	80	70	70	70	60	60
最小通孔焊盘直径/μm	250	250	200	200	150	150	150	120	120
最小微通孔直径/μm	60	60	60	50	50	30	30	20	20
最小微通孔焊盘直径/μm	150	130	120	100	100	70	70	70	70
最小微通孔节距/μm	300	300	275	275	275	250	250	250	250
最小阻焊层开口直径/μm	80	80	60	60	50	50	40	30	30
最小阻焊层开口直径容差/μm	20	20	18	18	15	15	10	8	8

7.8　总结

就性能、可制造性、减小尺寸、降低成本等方面而言，倒装芯片是一种卓越的技术。基板材料已经由陶瓷材料发展到了有机材料。通过降低成本，如今有机基板在电子产品中的应用越来越广泛，将来还会继续增长。然而，由于高性能和高密度的要求，所以必须遵循合理的工程作业以实现原有优势。本章主要强调了有机基板技术及其应用的发展要素，同时还介绍了一些基本技术和背景。

参 考 文 献

[1] Tummala R，Rymaszewski E（eds）（1989）Microelectronics packaging handbook. Van Nostrand Rheinhold，New York.

[2] Tsukada Y（1991）Low cost multi-layer thin film substrate，filling a gap to semiconductor. Nikkei Micro Device 73：61-67.

[3] Tsukada Y，Mashimoto Y，Nishio T，MiiN（1992）Reliability and stress analysis of encapsulated flip chip joint on epoxy base printed circuit board. In：Proceedings of ASEM/JSME joint conference for advanced in electronics packaging-milpitas CA，vol 2，pp 827-835.

[4] Tsukada Y，Tsuchida S，Mashimoto Y（1992）Surface laminar circuit packaging. In：Proceeding of IEEE 42nd electronics components & technology conference，San Diego，CA，pp 22-27.

[5] Tsukada Y，Yamanaka K，Kodama Y，Kobayashi K（2002）Features of new laser micro-via organic substrate for semiconductor package. In：Proceeding of ISE 27th international electronics manufacturing technology conference，Dusseldorf.

[6] Tsukada Y（1998）Introduction of build-up PCB technology. Nikkan kogyo newspaper publication.

[7] Watanabe K，Fujimura T，Nishiwaki T，Tashiro K，Honma H（2004）Surface modification of insulation resin for build-up process using TiO$_2$ as a photo catalist and its application to the metallization. J JIEP 7 （2）：136-140.

[8] Tsukada Y，Kido Y（2011）Bonding of heterogeneous material using molecular interface technology，ap-

plication to organic substrate. Electronics Packaging Technol，27 (1)．

［9］ Toda K (2011) Anisotropic etching for ultra fine pitch pattern formation using a subtractive method. In：12th PWB EXPO technical conference，Tokyo.

［10］ Mago G (2011) Text of technical seminar. 40th Iinter NEPCON Japan，Tokyo.

［11］ Nishiki S (2009) Advanced copper plating wiring technology. CMC Publication，pp 198-207.

［12］ Tsukada Y (2008) Issues on flip chip bonding technology and future direction. In：Presentation at 4th JIEP-west technical lecture，Osaka.

［13］ Tsukada Y (2005) The packaging，10 years from now. Presentation at JIEP International Conference of Electronics Packaging，Tokyo.

［14］ Tsukada Y (2000) High density，high performance and low cost flip chip technology. Nikkankogyo news-paper publication.

［15］ Orii Y (2011) C4NP solder bump build technology. In：481st Technical seminar，electric Journal，Tokyo.

［16］ Nishio T (2008) In：Text of technical seminar，37th Iinter NEPCON Japan，Tokyo.

［17］ Goldman L (1969) Geometric optimization of controlled collapse interconnections. IBM J Res Dev 13：251-265.

［18］ Tsukada Y (2004) A consideration for total mechanical stress in flip chip packaging utilizing build up sub-strate technology. In：Presentation at TC6，IEEE 54th electronics component and technology conference，Las Vegas.

［19］ Sasaoka K，Yoshimura H，Takeuchi K，Terauchi T，Tsuchiko M (2010) Development of new build up PWB with embedded both active devices and chip passive components at the same time. In：Proceedings of 16th symposium on microjoining and assembly technology in electronics，pp 369-374.

［20］ Sasaoka K，Motomura T，Morioka N，Fukuoka Y (2007) Development of substrate with embedded bare chip and passives. In：Proceedings of 17th micro electronics symposium，pp 159-162.

［21］ MaCbride R，Rosser S，Nowak R (2003) Modeling and simulation of 12. 5Gb/s on a Hyper BGA pack-age. In：Proceedings of 28th IEMT symposium，IEEE.

［22］ (2011) Nikkei Electronics，5-2 (1055)：61-68 and pp 87-95.

［23］ Baron D (2011) A Comprehensive packaging solution for advanced IC substrates using novel composite materials. In：Text of technical seminar，40th Iinter NEPCON Japan，Tokyo.

［24］ Yamanaka K，Kobayashi K，Hayashi K，and Fului M (2009) Advanced surface laminar circuit packaging with low coefficient of thermal expansion and high wiring density. In：Proceedings of 59th ECTC，IEEE，pp 325-332.

［25］ Sakuma K，Sueoka K，Kohara S，Matsumoto K，Noma H，Aoki T，Oyama Y，Nishiwaki H，Andry P，Tsang C，Knickerbocker J，and Orii Y (2010) IMC bonding for 3D interconnection. In：Proceedings of 59th ECTC，IEEE，pp 864-871.

［26］ Nakagawa S，Taira Y，Numata H，Kobayashi K，Terada K，Tsukada Y (2008) High-density optical interconnect exploiting build-up waveguide-on-SLC board. In：Proceedings of 58thECTC，IEEE，pp 256-260.

［27］ Tokunari M，Tsukada Y，Toriyama K，Noma H，Nakagawa S (2011) High-bandwidth density optical I/O for high-speed logic chip on waveguide-integrated organic carrier. Proceedings of 60th ECTC，IEEE，pp 819-822.

［28］ Japan Packaging Roadmap，JEITA (2011)．

［29］ ITRS roadmap，WEB.

第 **8** 章

IC 封 装 系 统 集 成 设 计

Yiyu Shi

Missouri Univesity of Science and Technology（formerly University of Missouri），Rolla, USA

Yang Shang, Hao Yu

Nanyang Technological Univesity, Singapore, Singapore

ShaukiElassaad

Stanford University, Stanford, CA 94305, USA

摘要　电子器件一直以来都在向着小型化方向发展。虽然业界正致力于在相同面积的芯片中集成更多的功能，但是采用 45nm 及以下技术节点实现小型化的成本过高，使得这一趋势难以继续。为此，提出了超越摩尔定律技术，通过在半导体产品中创建和集成非数字功能以探索新的集成维度，从而激发新技术出现的可能性和无限的应用潜力。

为了在封装内集成具有完整电气功能的模块，集成电路-封装-系统集成设计作为一种灵活且更具成本效益的解决方案，能够实现超越摩尔定律。众多商用和消费类产品都得益于在常规的 IC 封装内集成多个半导体器件以及其他无源和有源元件，未来的 IC 封装会将 MEMS、光学器件以及光电器件集成到半导体子系统中。封装技术的扩展源于器件和系统技术演变对传统 IC 封装提出的要求，随着产品的要求越来越高，封装技术不断扩展以提供成本最低的最优解决方案。

虽然片上系统仍将是一个重点领域，但整合元件制造商更多地通过封装级集成为客户提供完整的子系统。由于晶圆制造的掩膜成本较高，产品寿命较短且良率较低，所以混合技术晶圆制造工艺使得片上系统对一些产品并不适用。新兴的集成电路-封装-系统产品通过单一的 IC 封装中集成多个器件，从而解决了这些问题。逻辑与存储器件组合较为普遍，逻辑器件可以与不同容量的存储器件进行组合以满足不同产品的需求。

在射频产品中，无源网络设计是完成子系统设计的关键，而集成电路-封装-系统集成设计可以将这种复杂性从系统主板转移至封装中。这种方法在无线产品中的应用正日趋普遍，标准无线电元件可以与各类最终产品进行连接，无需广泛的射频设计能力。

对于空间有限的集成电路-封装-系统产品，三维封装是得到广泛认可的实现方法。芯片堆叠封装能够在相同的单个芯片空间内集成多种器件，目前绝大多数手机均采用了这种技术，通常是将闪存和静态随机存储器堆叠在单个封装内，而未来则需要更高的集成水平。许多公司将把数字基频处理器以及其他具有特定功能的专用集成电路，例如 MP3 解码器和 GPS 处理器，集成到包含扩容存储器件的堆叠结构中。

对于半导体封测服务，通用的解决方案是采用芯片尺寸封装为芯片制造商提供设计选择，以满足产品的外观和性能需求。现有的芯片尺寸封装技术可以满足不同封装产品的性能、尺寸和可靠性要求，包括引脚键合、引线键合以及各类多芯片封装，其中多芯片封装技术包括芯片堆叠封装，混合芯片系统级封装，以及采用基板折叠和焊球堆叠的封装体堆叠等。倒装芯片封装能够增大较小区域内的互连密度，从而提高器件的性能，可以用于解决高性能高 I/O 数器件的高良率和高可靠性问题。倒装芯片互连是一种可扩展的 Cu 互连技术，能够实现基于大尺寸芯片、超低 k 电介质和无铅材料的细节距倒装芯片封装。

提高封装级集成度面临着许多新的挑战，因为同一封装中的不同器件可能并非来自同一家半导体公司。为此，半导体公司、封装公司和最终用户之间必须达到新的合作水平以建立高效的设计流程，从而有效实现集成设计并保持较高的良率。需要考虑设计自动化和对封装系统内各个部件进行验证，并将适当的能力水平设计到系统中。

目前集成电路-封装-系统集成设计工具流程中的缺口包括多层次约束管理、多技术工具支持、多领域仿真支持、多层次模型和验证,并且还需要 IC 封装和印制电路板设计工具之间的标准数据格式。例如,不存在单一的设计流程和工具用于处理整个芯片、封装以及电路板的电学、机械和热学问题,设计流程需要考虑静电放电、多芯片堆叠的线路优化,以及支持三维封装中硅通孔技术的新工具。

本章的结构如下:8.1 节简要介绍了解决上述问题的设计探索和考虑因素;8.2 节介绍了通过插入去耦电容抑制噪声;8.3 节讨论了三维集成系统,一种超越摩尔定律的新技术。

8.1 集成的芯片封装系统

8.1.1 引言

电子器件一直以来都在向着小型化方向发展。虽然业界正致力于在相同面积的芯片中集成更多的功能,但是采用 45nm 及以下技术节点实现小型化的成本过高,使得这一趋势难以继续。为此,提出了超越摩尔定律技术,即通过在半导体产品中创建和集成非数字功能以探索新的集成维度(Zhang and Roosmalen. More than Moore—creating nanoelectronics systems/nanoelectronics systems. Springer,New York,2009),从而激发新技术出现的可能性和无限的应用潜力[1]。

为了在封装内集成具有完整电气功能的模块,集成电路-封装-系统(ICPS)集成设计作为一种灵活且更具成本效益的解决方案,能够实现超越摩尔定律。众多商用和消费类产品都得益于在常规的 IC 封装内集成多个半导体器件以及其他无源和有源元件,未来的 IC 封装会将 MEMS、光学器件以及光电器件集成到半导体子系统中。封装技术的扩展源于器件和系统技术演变对传统 IC 封装提出的要求,随着产品的要求越来越高,封装技术不断扩展以提供成本最低的最优解决方案。

虽然片上系统(SoC)仍将是一个重点领域,但整合元件制造商(IDM)更多地通过封装级集成为客户提供完整的子系统。由于晶圆制造的掩膜成本较高,产品寿命较短且良率较低,所以混合技术晶圆制造工艺使得片上系统对一些产品并不适用。新兴的 ICPS 产品通过单一的 IC 封装中集成多个器件,从而解决了这些问题。逻辑与存储器件组合较为普遍,逻辑器件可以与不同容量的存储器件进行组合以满足不同产品的需求。

在射频(RF)产品中,无源网络的设计是完成子系统设计的关键,而 ICPS 集成设计可以将这种复杂性从系统主板转移至封装中。这种方法在无线产品中的应用正日趋普遍,标准无线电元件可以与各类最终产品进行连接,无需广泛的射频设计能力。

对于空间有限的 ICPS 产品,三维封装是得到广泛认可的实现方法。芯片堆叠封装能够在相同的单个芯片空间内集成多种器件,目前绝大多数手机均采用了这种技术,通常是将闪存和静态随机存储器堆叠在单个封装内,而未来则需要更高的集成水平。许多公司将把数字基频处理器以及其他具有特定功能的专用集成电路,例如 MP3 解码器和 GPS 处理器，集成到包含扩容存储器件的堆叠结构中。

对于半导体封测服务（SATS），通用的解决方案是采用芯片尺寸封装为芯片制造商提供设计选择，以满足产品的外观和性能需求。现有的芯片尺寸封装技术可以满足不同封装产品的性能、尺寸和可靠性要求，包括引脚键合、引线键合以及各类多芯片封装，其中多芯片封装技术包括芯片堆叠封装，混合芯片系统级封装，以及采用基板折叠和焊球堆叠的封装体堆叠等。倒装芯片封装能够增大较小区域内的互连密度，从而提高器件的性能，可以用于解决高性能高 I/O 数器件的高良率和高可靠性问题。倒装芯片互连是一种可扩展的 Cu 互连技术，能够实现基于大尺寸芯片、超低 k 电介质和无铅材料的细节距倒装芯片封装。

提高封装级集成度面临着许多新的挑战，因为同一封装中的不同器件可能并非来自同一家半导体公司。为此，半导体公司、封装公司和最终用户之间必须达到新的合作水平以建立高效的设计流程，从而有效实现集成设计并保持较高的良率。需要考虑设计自动化和对封装系统内各个部件进行验证，并将适当的能力水平设计到系统中。

目前 ICPS 集成设计工具流程中的缺口包括多层次约束管理、多技术工具支持、多领域仿真支持、多层次模型和验证，并且还需要 IC 封装和印制电路板（PCB）设计工具之间的标准数据格式。例如，不存在单一的设计流程和工具用于处理整个芯片、封装以及电路板的电学、机械和热学问题，设计流程需要考虑静电放电（ESD），多芯片堆叠的线路优化，以及支持三维封装中硅通孔（TSV）技术的新工具。

本章的结构如下：8.1 节简要介绍了解决上述问题的设计探索和考虑因素；8.2 节介绍了通过插入去耦电容抑制噪声；8.3 节讨论了三维集成系统，一种超越摩尔定律的新技术。

8.1.2 设计探索

ICPS 的设计探索应尽量平衡对 ICPS 中不同组件的要求和约束，以及适用于不同组件的封装技术。除了满足所有 ICPS 组件的性能、功耗和可靠性约束条件之外，选择满足设计约束条件，并且能够降低设计周期总体成本和复杂性的封装基板同样重要。

本节中，我们主要强调设计过程以及与 ICPS 相关的设计因素。只有满足这些设计目标和约束条件，才能够实现满足性能和可靠性约束条件，并且具有成本效益的系统。我们首先强调了设计过程和决策，然后讨论了如何尽早解决 ICPS 设计周期中芯片封装协同设计的相关问题。特别地，我们关注并讨论了两个最重要且亟待解决的设计问题：通道（信号接口）的设计和电源输送网络的设计。本节中，目标是通过芯片封装协同设计以满足迅速将产品推向市场的设计要求，重点是利用合理准确的模型评估设计探索阶段的技术与设计选择是否充分。在该设计探索阶段，既没有完成封装，也并没有完成相关组件的设计或布局设计。因此，从效能或者设计角度出发，采用精细的分析模型并增加虚拟系统的设计成本都是不明智的。

此外，我们还探讨了对 ICPS 物理设计和实施的约束条件及其对技术选择和探索的影响。特别地，我们讨论了有关时序、噪声、与布局设计相关的散热以及芯片和 I/O 布局的问题。所有这些约束条件会影响整个系统的封装技术选择和设计探索，有必要采用一种设计方法同时解决这些问题，以便顺利实现设计并满足约束条件。

图 8.1 给出了 ICPS 的系统设计流程，由系统规范开始，概述了电源、性能、噪声容限以及其他设计目标，并且还提供了 ICPS 与系统中其他模块进行通信所需的接口设计规范。基于系统规范，芯片和封装设计者便可以协同工作，并以最具成本效益的方式实现设计目标。给定基板材料规格以及 I/O 缓冲库和模型（IBIS/Spice）之后，芯片封装设计者通过建立有效的模型研究封装特性。如果模型的估算结果在设计目标的变动范围以内，则可以建立芯片和封装原型，并且可以进一步完善和优化芯片以及封装的设计与实施，随后仔细考察提取和仿真步骤以验证整个系统。虽然芯片和封装设计步骤相互耦合，并且一些步骤是同时进行的，但在这里我们将其分开进行阐述以使设计流程更为清晰。

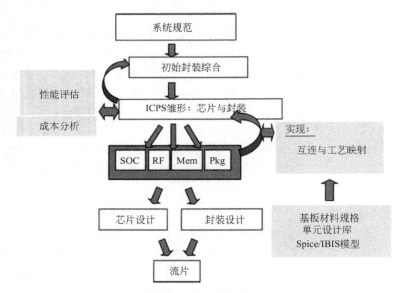

图 8.1　ICPS 设计方法

从芯片的角度出发，设计者要求整个系统和封装能够以经济有效的方式提供稳定可靠的电源供给、无噪声（如果可能的话）的通信媒介。

从封装的角度出发，设计者要求芯片 I/O 的布局能够就所需封装层数和电源供给系统设计方面满足封装的有效实施。系统中 I/O 噪声的管理很大程度上取决于 I/O 缓冲区的类型、大小和布局。封装设计者还希望封装技术能够提供既满足 ICPS 对电源的要求，同时又不会降低封装可布线性的凸点节距。

在设计探索阶段，I/O 接口的类型及所需带宽取决于接收元件和系统整体性能目标。同时实现内核、I/O 以及封装设计和规划的模型应能够高效准确地对噪声和时序进行度量，以便能够估算互连点的工作频率范围。

8.1.2.1　片上设计决策

在 ICPS 设计的早期阶段，芯片设计者的目标是实现系统设计规范确定的信道带宽。为此，系统设计依据特征阻抗、误码率（BER）、时序、定时偏差以及与其他信道的串扰余量规定信道特性。芯片 I/O 设计者的目标是优化 I/O 线路和位置，并将芯片上的 I/O 连接到封装凸点上（重分布层或 RDL 布线）。为了使信道设计满足系统设计规范，芯片设计者必须与封装设计者密切合作，以确保所采取的任何决策都考虑到基板特性。

（1）I/O 线路设计　如图 8.2 所示，接口信道的合理设计必须遵循一套复杂的规范和约束条件，包括电压等级和噪声、误码率、信号抖动和转换速率。I/O 线路的合理设计和优化必须以可接受的成本满足面积和功耗方面的设计规范[2~6]。

图 8.2　芯片到芯片的通信信道框图，包括：发射器，接收器，以及由 RDL 布线、
封装布线和 PCB 布线构成的有损信道

为了满足 I/O 驱动器的性能和信号完整性的要求，需建立良好的封装和线路板模型以考虑系统中电容耦合与电感耦合。在设计周期的初始阶段，封装尚未布线或者线路板模型并不存在，这就需要良好的评估。在高端设计中，采用特定指标例如经验法则，不足以确定 I/O 的类型和尺寸，以及驱动器的电容性和电感性负载，所需要的是能够反应封装和线路板影响的虚拟模型。

图 8.3 所示为评估 ICPS 中信号接口性能和噪声指标的模型。依据信道接口规范，I/O 线路被划分为多个电源域，每个电源域都有给定的电压水平，并对每个电源域进行表征以研究封装对信道带宽的影响。此外，该模型还研究了 I/O 驱动器噪声对芯片上电源输送网络以及其他驱动器的影响。

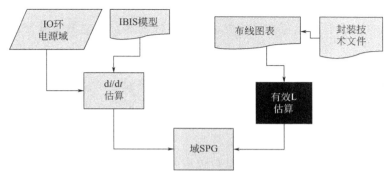

图 8.3　基于驱动器 IBIS 模型、封装层参数以及驱动器到封装引脚信号
布线模型的快速同步开关噪声估算模型

为了控制 I/O 缓冲区的功耗，需要减小电路阻抗。然而，良好的电路设计应考虑到封装和印制电路板中损耗传输介质的阻抗，电路阻抗应尽可能与信道或终端阻抗接近，以减少由于阻抗不匹配造成的反射。高带宽片上系统包含许多目前正在应用的高速 I/O 电路，采用了不同的信号传输技术，例如低电压差分信号传输（LVDS），可以改善延迟、电源和噪声问题[7]。差分信号传输技术也常用于减小由高开关速率引起的噪声，从而改善信道带宽。一系列常用的标准 I/O 缓冲电路包括高速收发逻辑电路（HSTL）、短截线串联终端逻辑电路（SSTL）和正极性射极耦合逻辑电路（PECL），其中高速收发逻辑电路和短截线串联终端逻辑电路是高带宽产品常用的两种设计选择。为了实现这些电路的功能，需要对控制器和接收器阻抗进行严格控制，例如，短截线串联终端逻辑电路要求其输出阻抗与封装中的传输线阻抗相匹配，同时维持接收器一端较低的电容性负载，从而产生急剧衰减的波形，有助于降低噪声和串扰并保持时钟和数据抖动可控[8]。

（2）I/O 缓冲区物理规划　在芯片上规划和布置 I/O 线路时，需要满足物理和电气约束[9~13]。芯片的平面布局限定了 I/O 线路的物理和时序约束条件，需要满足对 I/O 线路和闩锁之间路径的时序约束，以及对差分对布置和走线的时序偏差约束[14,15]。需要满足电源和信号完整性的约束，其中主要是同步开关噪声（SSN）约束[16]。为了正确模拟同步开关噪声的影响，需要对从 I/O 输出引脚到每个电源引脚的整个线路回路进行建模，这就需要在封装中建立虚拟跟踪线路，直到完成封装布线以进行同步开关噪声分析，并验证满足信号和电源完整性约束[17,18]。

（3）片上电源设计与规划　电源网络设计的主要目标之一是实现从直流到信号转换频率范围内的低阻抗稳定电源传输，这就需要芯片与封装之间的密切相互作用。对于芯片，具有可接受直流压降的可靠电源网络最为重要。如果不控制片上电阻压降，开关器件的性能将受到直接影响。片上电源网络会受到片上噪声源的影响，例如片上的器件同时开关以及由封装中电容和电感耦合引起的扰动。针对所关注的整个频谱实现低阻抗稳定电源传输，需要考虑整个电源传输网络。设计时应考虑低、中以及高频率噪声源，印制电路板和走线属于低频噪声源，而封装及其基板、走线和通孔属于中频噪声源，高频噪声与线路附近芯片的开关速率有关。

8.1.2.2　封装设计探索

对于成功的设计，以可接受的成本满足系统性能目标是最为重要的评判标准。如果不考虑成本，针对封装层数和层间间隔的过设计系统即可满足性能目标。但由于成本过高，所以过设计系统并不可行。由于高速封装设计较为困难，所以封装解决方案可能比芯片更贵。对于大批量的设计，这种解决方案是不可取的。在芯片-封装设计早期阶段，对线路开关布局以及 I/O 缓冲区的大小和位置的了解并不多，因而需要对有效的协同设计定义约束条件，这就是令封装设计较为困难的主要原因。

（1）封装基板堆叠顺序　封装基板选定之后，封装设计最重要的决定之一是基板堆叠层数和最优设计规则的确定。当封装基板堆叠层数超过两层时，通常设计一层很厚的芯层并在其两侧对称堆叠若干层。例如，3 层结构的基板其堆叠形式为111，即芯层被一对布线层夹在中间，5 层结构的基板其堆叠形式为212，即芯层上下两侧各有 2 层叠层。每对叠层都会增加封装成本，对于高效的封装设计，基板堆叠层数应最小且能够满足设计约束和性能目标[19,20]。

（2）基板叠层布置　基板叠层的布置对于封装的性能、可靠性以及成本十分关键。对于高速封装设计，将更多的叠层作为电源层和接地层可以保证稳定低阻抗的电源供给，同时减少封装中的电感和电容耦合，以保护信号线并改善封装性能。然而，更多的电源层增加了封装成本，进而增加了整个系统的成本。另外，低速封装设计需要的叠层数较少，因而成本更低[21~25]。

无论是通过测量还是建模方法对封装进行表征，所算得的参数，例如同步开关噪声或封装谐振，都会影响封装中的电源层和接地层层数。

为了研究和优化与关键基板设计尺寸有关的高速信号传输特性的差异，例如特征阻抗（Z_0）、插入损耗和串扰，实验设计（DOE）方法被高端设计公司广泛采用。对于特征阻抗，其目标中心值和容差由芯片和系统设计人员给出，所制订的设计规则必须满足这些要求。此外，必须为低成本和批量生产对设计规则进行优化。主要的约束条件是导线宽度，更窄的导线导致特性阻抗变化更大，而更宽的导线则制约了布线密度[26]。大多数情况下，设计规则属于过度设计，并由基板制造商提供作为封装设计团队遵从的模板。

（3）电压域规划　ICPS中众多的电压域采用了不同的技术，每个域的电压水平由模块中的电路、工艺节点或者叠层/组件的性能约束条件决定。此外，每个电压域由一个或多个电源域组成，这些电源域构成系统中不同信号和总线的逻辑分区。通常需要一个实体平面为其上下两侧的导线提供稳定的参考，如图 8.4 和图 8.5 所示。

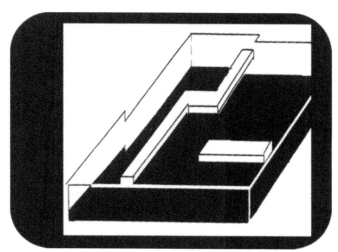

图 8.4　利用实体平面为其上下两侧的导线提供稳定的参考，这种设计实现了更为紧密的回传回路，使得有效回路电感更小

8.1.3　模拟与分析决策

对于封装预布局的表征，通常采用集总或传输线模型。大多数封装设计人员一

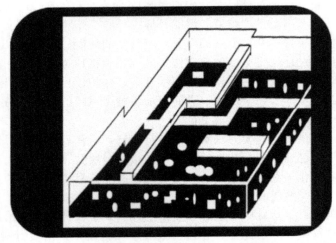

图 8.5　多孔平面无法提供稳定的参考并导致封装中存在较大的回路电感和噪声问题

般熟知传输线模型，并且具有计算 S-参数的成熟方法，可以确定封装行为和信号特征。

封装基板设计应满足时域规范和频域规范，例如插入损耗或串扰，眼图张开度和抖动定义了系统必须满足的时域约束条件。这些规范本身不能仅仅通过表征封装基板得到保证，因为眼图是由整个信道的特性决定的，包括印制电路板和封装。为了验证信道，通常需要进行最坏情况下的时域仿真[26,27]。

对于在高频条件下（毫米波设计）建立芯片封装精细模型的系统，需要通过测量对系统进行设计和验证。此外，对于基于测量的系统建模方法，所得到的模型可以用于系统设计和优化。这种方法对于 I/O 数较少的系统是可行的，但对于 I/O 数较多的系统，基于测量的模型会十分昂贵，并且更注重芯片封装系统设计和优化的建模与仿真。

对于模拟方法，采用的模型类型是关键。一般情况下，模型越精细，越能获取设计系统的复杂性。然而，如果这种精细的模型存在的话，则模拟与设计的成本会较高。在设计早期阶段，既不布置 I/O 也不进行封装布线，没有必要采用精细模型。

为了具体说明影响封装设计关键参数的主要因素，需要采用实验设计方法和统计分析。在设计优化过程中，需要进行 2D 和 3D 电磁分析以及电路模型仿真。此外，还需要通过被动表征获得封装设计的基本参数。

8.1.4　ICPS 设计问题

本节中，我们阐述了在设计周期中需要优先解决的两个最重要的设计问题：

（1）电源完整性模拟。

（2）时序和信号完整性模拟。

这两个问题决定并定义了所需的 I/O 线路类型及其布局和走线。此外，这些决定限定了封装层数，实现封装的设计规则以及封装叠层的布置。

8.1.4.1　供电系统的设计和规划

供电系统的设计需要对芯片和封装进行时域和频域仿真与分析。为了控制电源网络电阻-电感-电容（RLC）模型的大小和复杂性，需要分别完成芯片和封装电源网络的模拟与验证。在芯片和封装的设计规划阶段，可以建立和分析不同 I/O 电源域以及封装电压域的 RLC 模型。对芯片电源网络而言，封装电源网络在引线键合设计中起到的作用比在倒装芯片设计中更加突出。对于倒装芯片封装，有大量的 C4 电源凸点为核心逻辑器件供电，而在引线键合设计中，需要利用芯片周围的电源焊盘进行电源传输。插入去耦电容是 ICPS 电源设计的主要部分。理解电容和动态电源波动行为模型十分必要，以便精确地预测处理器电压轨上的噪声[28]。

8.1.4.2　信号接口的设计和规划

急需解决的是对信号从芯片发射端传送到接收端的整个信道进行建模，其中包括片上发射器、ICPS 中不同的基板层以及接收器。如果发射器与接收器不在同一ICPS 中，则需要对印制电路板走线和接收端 ICPS 进行建模，印制电路板和媒介的电学特性会影响信号传递性能及可靠性。模拟信号在芯片中输入输出需要理解封装中信号的传输行为，另外为了研究芯片的电源需求，需要理解封装中的电源网络，其作用是将电源从电压调节模块（VRM）向下通过印制电路板传输到芯片中。在芯片规划的早期阶段，信号传输系统的许多重要组成部分并没有定义。

对信号接口的表征，包括带宽、信号抖动和偏差，需要在 ICPS 下线之前进行。对于信道的设计和模拟，图 8.6 给出了一个基本模型，一旦实施上述的芯片和封装决策，即可构建该模型。

图 8.6 所示为用于评估信道噪声以及信号时序、偏差和抖动的精细模型。在芯

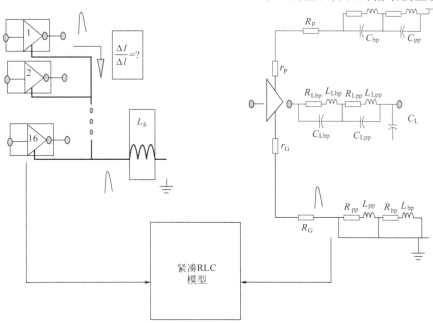

图 8.6　ICPS 设计早期阶段，用于评估信号接口的噪声和时序的 RLC 模型

片完成和封装布线之前的设计规划阶段，该模型的精确度是可以接受的。基于芯片上和封装中划分的电源和电压域，RDL 布线和封装中的寄生性会反映出信号的虚拟走线。图中的 RLC 模型为简化模型，设计规划阶段并未考虑任何通孔。文献[2~6]中深入探讨了信道设计与表征。

通常的情况是芯片和封装会共用一些叠层或电压域，这时，一些封装完整性问题可能会涉及芯片，反之亦然。其中一个简单的例子是，当 I/O 信号与片上信号共用同一个接地层时，任何接地反弹现象或一般的电源完整性问题可能会通过接地层转移至片上器件。为了解决这样的问题，必须对封装中的 I/O 信号和电源层进行仔细分析和表征。此外，为了提高系统的可靠性，应尽可能将芯片与封装相互隔离以免产生电源噪声。

下一节中，将详细讨论一些设计问题以解决 ICPS 中的电源完整性问题。

8.2 去耦电容插入

8.2.1 引言

电源完整性对 ICPS 的性能至关重要，折中的话会导致逻辑错误和转换缓慢。如今，芯片 I/O 数不断增加，并且都在很高的频率下工作，功耗较大。高功率导致供电系统（PDS）中存在较大的电流，这会造成较大的 IR 压降和 di/dt 噪声。高频会引起电感效应，并且可能引发共振，导致电力传输系统中较大的阻抗。另外，大量的 I/O 会造成严重的同步开关噪声问题。所有这些问题都可能导致电源轨崩溃，并影响电路工作。电源完整性必须在由电压调节模块到片上电源网络的整个供电系统中得到保证。我们关注于采用去耦电容（Decap）优化 IC 封装的电源完整性，特别是同步开关噪声问题。当然，也可以利用去耦电容对供电系统的其他部分进行优化。

去耦电容，作为临时电流源和交流（AC）信号的低通滤波器，对减小供电系统中的电压波动是必不可少的。为了封装去耦合的目的，采用分立的去耦电容。这些去耦电容并不完美，其频率响应可以通过等效串联电容（ESC）、等效串联电感（ESL）以及等效串联电阻（ESR）进行模拟。不同价格和类型的去耦电容具有不同的等效串联电容、等效串联电感和等效串联电阻，因而具有不同的有效频率范围。正如文献 [29] 中所指出的，昂贵的去耦电容对电气性能而言，可能并非是最佳选择。此外，去耦电容的有效性取决于其电气环境，会随其位置而变化。因此，最有效的设计必须以最低的成本对去耦电容的类型和位置进行优化。

去耦电容优化的问题已经在文献中给出。在文献 [30~35] 中，针对不同的目标函数对片上去耦电容的优化问题进行了研究。片上去耦电容通常可以忽略等效串联电感和等效串联电阻，并且可以取连续值，但这些对封装内去耦电容都不成立。

对封装内和板上去耦电容的优化问题也进行了研究，但大多数工作都属于试错法，例如文献 [36] 和文献 [37]，两者都是人工处理。自动优化方法也存在，文献 [38] 中，作者利用部分元等效电路（PEEC）模型和模型降阶方法计算输入阻抗，然后通过梯度搜索方法搜索去耦电容的最佳位置以减少阻抗。文献 [39] 中，作者借助于时域有限差分法（FDTD）和快速傅里叶变换（FFT）得到了与频率相关的坡印廷矢量，并根据最大坡印廷矢量在端口迭代放置去耦电容。然而，这两篇文献中的去耦电容值均是固定的，并且不考虑等效串联电感或等效串联电阻。

文献［29］对封装去耦电容优化问题的研究最为全面，作者采用电纳（电感的倒数）代替电感对封装的电感效应进行模拟，并提取出了封装的电阻-电容-电纳（RCS）模型。基于该模型，利用模型降阶方法建立一个宏模型。然后基于该宏模型，开发出模拟退火算法搜索给定位置的最优去耦电容类型，以在芯片 I/O 端口目标阻抗约束条件下实现去耦电容成本最小化。该研究考虑了具有不同等效串联电容、等效串联电感和等效串联电阻的不同类型的去耦电容。

然而，上述方法是基于阻抗指标，这会导致显著的过设计。如图 8.7 所示，我们给出了一种情况，其中有效频率范围高达 10GHz 的信号满足噪声范围限制，但并不满足阻抗范围限制。图 8.7（a）表明目标阻抗在频带大部分区域都没有满足范围限制，而如图 8.7（b）所示，噪声波形满足范围限制。很显然，目标阻抗不能准确反应噪声情况，并且可能导致过设计。

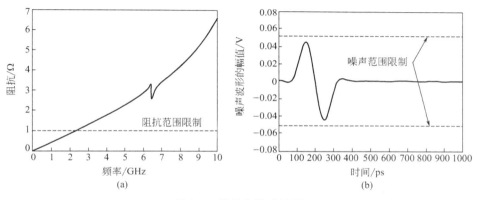

图 8.7　阻抗与噪声波形

因此，我们提出直接利用噪声作为同步开关噪声的指标，并开发了一种有效的噪声模型用于优化去耦电容的位置和类型，我们考虑了大量的端口以搜索去耦电容插入的最佳位置。我们假设初始阻抗矩阵已经给出，并开发了一个有效模型用于计算插入或去除一个去耦电容后的新阻抗矩阵。相比于现有研究的 $O(n_3)$，我们算法的时间复杂度为 $O(n_2)$[40]。基于阻抗矩阵和预表征开关电流波形，我们利用快速傅里叶变换计算噪声波形，并得到最坏情况下的噪声。基于这些模型，采用模拟退火（SA）算法可以使最大噪声约束条件下的去耦电容成本最小化。实验结果表明，去耦电容优化成本降低了 3 倍，并且速度比基于阻抗的方法提高了 10 倍以上，该结果发表在文献［41］中。虽然方法比较简单，但是面对大型设计时，模拟退火方法的效率仍然受到限制。

为了解决效率问题，我们开发了一种可扩展、基于灵敏度的算法，去耦电容采用环状配置，随后完成更为细致的去耦电容配置使其合理化。该方法的主要贡献有两方面。第一，为了得到考虑大量输入端口的有效宏模型，我们提出了谱聚类方法，并基于 I/O 的相关性找到少量主要的 I/O，从而促成有效的模型降阶。此外，聚类 I/O 的信息可以进一步用于对较大的供电 RLC 网络进行分区。通过进一步结合结构宏建模[42,43]，我们可以对每个区块进行局部降阶和分析。相比于文献［29］中采用的宏模型，我们的方法精确度提高了 3.04 倍，效率提高了 25 倍。第二，给定大量的合理位置，我们对去耦电容进行环状配置，以免像模拟退火方法一样需要尝试每个合理位置。为了系统地配置去耦电容，首先将合理位置区域分解为多个环。通过在状态方程中参数化描述这些环，I/O 对环的标称响应和灵敏度可以由每个区块的结构化和参数化宏模型产生。然后，可以根据增量计算灵敏度配置去耦电容。相比于文献［29，41］中的去耦电容配置方法，实验表明，我们的分配速度提高了 97 倍，去耦电容的成本降低了 16%。

8.2.2　电学模型

8.2.2.1　封装模型

如图 8.8 所示，半导体芯片的封装通常包含多个信号层、电源层、接地层及其之间的介电层。连接芯片 I/O 和印制电路板走线的金属信号线分布于各层之间，封装各层通过通孔进行互连，并通过焊球连接到印制电路板上。我们假设芯片 I/O 端口的位置是已知的，并且去耦电容可能的位置是预先定义的。我们可以在优化 I/O 和去耦电容之前，预先建立具有指定端口的封装宏模型。该宏模型不仅包括电源或接地层，还可以包括通孔和布线，也可以包括供电系统的其他部分，例如片上电源网络、印制电路板和电压调节模块。具体来说，根据宏模型，我们预先得到指定端口在一系列采样频率 f_k 下的阻抗矩阵 $Z(f_k)$。$Z(f_k)$ 的矩阵元素 $Z_{ij}(f_k)$ 表示在频率 f_k 下从端口 j 到端口 i 的传输阻抗。根据不同的时间和精度要求以及设计阶段，与频率相关的阻抗 Z 可以通过多种方法获得，例如 3D 场求解器、模型降阶或者测量方法。我们的方法可以与其中任意一种方法结合使用。借助于宏模型，后续优化过程的效率不再取决于原始电路的大小，而是仅仅依赖于所定义的端口数量，这允许在很短的时间内对非常复杂的封装进行优化。

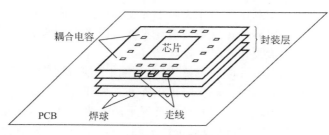

图 8.8　IC 封装

首先，我们提取封装详细的 RLCK 电路，然后利用模型降阶方法得到阻抗矩阵。对于 RLCK 电路，将各层划分为网格，将布线划分为小区段，然后提取每段的电阻、自感、接地电容，以及每两段之间的耦合电容和相邻段之间的耦合电感。

8.2.2.2　去耦电容模型

正如引言中所讨论的，封装的去耦电容都是分立元件。各类去耦电容都具有不

同的频域响应，并可以表征为图 8.9 所示的等效
串联电容（ESC）、等效串联电感（ESL）和等
效串联电阻（ESR）。我们假设有多种类型的去
耦电容，并且它们的等效串联电容、等效串联电

图 8.9 去耦电容模型

感以及等效串联电阻均已给出。为了高效地优化去
耦电容，我们预先计算了各类去
耦电容在采样频率下的阻抗为

$$Z_\text{d}（\omega）=\text{ESR}+\frac{1}{j\omega\text{ESC}}+j\omega\text{ESL} \tag{8.1}$$

8.2.2.3 I/O 单元模型

通常每个 I/O 单元都会驱动封装中的传输线。当 I/O 单元开关时，会从供电
系统得到很大的电流并造成电压波动（SSN）。I/O 单元的电学行为可以通过各种
模型进行模拟，例如物理模型，如 BSIM 模型[44]，或者行为模型，如 IBIS 模
型[45]。对于给定负载，我们可以预先表征 I/O 单元，并通过模拟获得类似于 IBIS
模型的与时间相关的电流波形。我们进一步将得到的时域波形变换到频域，并得到
用于后续优化过程的电流频率分量。

类似于文献［31］，为简单起见，我们采用的电流波形为三角波，如图 8.10 所
示。根据图中定义的参数 T_d、T_r 和 T_f，频率分量的计算结果为

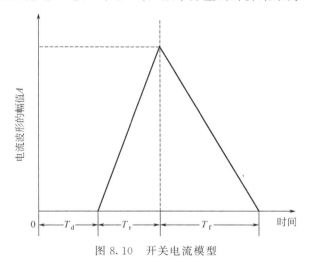

图 8.10 开关电流模型

$$I（\omega）=\frac{a}{s^2}\text{e}^{-sT_\text{d}}+\frac{b-a}{s^2}\text{e}^{-s(T_\text{d}+T_r)}-\frac{b}{s^2}\text{e}^{-s(T_\text{d}+T_r+T_\text{f})} \tag{8.2}$$

其中

$$\omega=2\pi f \tag{8.3}$$

$$s=j\omega \tag{8.4}$$

$$a = \frac{A}{T_r} \tag{8.5}$$

$$b = -\frac{A}{T_f} \tag{8.6}$$

在该模型中，每个 I/O 单元可以有不同的幅值、上升时间和下降时间。注意，我们在本章其余部分所讨论的方法并不局限于这样的波形，而是适用于任何波形。我们可以采用更为精确和复杂的电流模型，并且频率分量可以通过数值或解析方法预先得到而不影响优化过程。

8.2.3　阻抗矩阵及其增量计算

对于给定的输入电流，端口噪声取决于阻抗。随着插入或移除去耦电容，系统的阻抗矩阵会发生变化并影响噪声值。因此，阻抗矩阵必须随去耦电容分布的变化而不断更新。在文献［29］中，这是通过 n_{io} 交流扫描实现的，其中 n_{io} 是 I/O 端口的数量。文献［40］中提出了另一种方法，假设无去耦电容的宏模型由导纳矩阵 Y（ω）给出，具有去耦电容的阻抗计算结果为

$$Z(\omega) = [Y(\omega) + \tilde{Y}(\omega)]^{-1} \tag{8.7}$$

式中，$\tilde{Y}$（ω）为对角矩阵，其中 $\tilde{Y}_{ii}$ 等于端口 i 处的去耦电容在频率 ω 下的导纳。

上述两种方法均至少需要一次矩阵求逆，所需的计算时间主要取决于此。因为 Y 是宏模型，它通常是稠密矩阵，并且矩阵求逆的时间复杂度大约为 O（n_p^3），其中 n_p 为端口数，包括 I/O 端口和去耦电容端口。

对于同时插入或移除大量去耦电容的情况，可以采用上述方法计算阻抗。然而，在迭代优化过程中，正如本章后面将要介绍的，我们通常每次只增加或移除一个或少量去耦电容。在这种情况下，通过全矩阵求逆计算阻抗是没有必要的，为了提高效率需要采用增量方法。

假设在某一频率下，插入去耦电容之前的阻抗矩阵为 Z，在端口 k 插入一个去耦电容之后，如图 8.11 所示，我们需要求解新的阻抗 $\hat{Z}$。$\hat{Z}_{ij}$ 表示从端口 j 到端口 i 的传输阻抗，等于在端口 j 施加 1A 的电流时端口 i 的电压。由于系统是线性的，我们可以利用 Thevenin 等效电路代替封装中除了去耦电容之外的其余部分，如图 8.12 所示。电压源等于 Z_{kj}，内阻等于 Z_{kk}，所以通过去耦电容的电流为 Z_{kj}/（$Z_{kk} + Z_d$），其中 Z_d 为去耦电容的阻抗。如图 8.13 所示，利用具有相同电流的电流源代替电容，

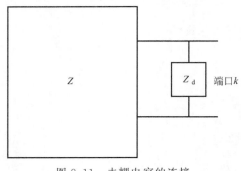

图 8.11　去耦电容的连接

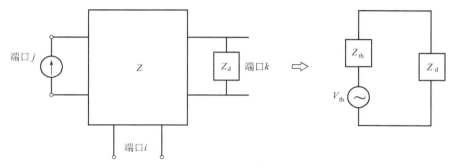

图 8.12　Thevenin 等效电路

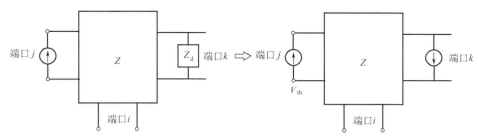

图 8.13　等效电流源

不会改变电路其余部分的电压或电流。根据叠加原理，Z_{ij} 的变化等于 $-Z_{ik}Z_{kj}/(Z_{kk}+Z_d)$，而

$$\hat{Z}_{ij}=Z_{ij}-\frac{Z_{ik}Z_{kj}}{Z_{kk}+Z_d} \tag{8.8}$$

式中，Z_{ij} 为插入去耦电容之前从端口 j 到端口 i 的传输阻抗。

我们可以看到，Z_{ij} 的变化只依赖于 Z_{ik}、Z_{kj}、Z_{kk} 和 Z_d。因此，在给定频率下，端口 k 增加去耦电容之后的整体阻抗矩阵为

$$\hat{Z}=Z-\frac{a_kb_k}{Z_{kk}+Z_d} \tag{8.9}$$

式中，a_k 为 Z 的第 k 行；b_k 为 Z 的第 k 列。

该过程的计算时间主要通过计算 a_kb_k 确定，这是 $O(n_p^2)$ 过程。移除端口 k 的去耦电容相当于在端口 k 增加等值的负导纳，所以在给定频率下，端口 k 移除去耦电容后的整体阻抗矩阵为

$$\hat{Z}=Z-\frac{a_kb_k}{Z_{kk}-Z_d} \tag{8.10}$$

相比于式（8.7），当只增加或移除一个去耦电容时，就端口数而言，上述方法显然更为高效且更具可扩展性，尤其适用于迭代优化过程或反复实验过程，即只增加或移除一个或少量去耦电容，每次迭代都需要重新计算阻抗矩阵。这种方法的另一个优点是，为了得到某些端口的阻抗，我们只需要利用式（8.8）进行选择性计

算，而无需计算其他端口的阻抗，这又比较适用于反复实验方法。例如，在模拟退火法中，我们可以首先只计算 I/O 端口的阻抗，如果结果可以接受，再进一步计算其他端口的阻抗，否则再次进行迭代而非进一步计算。由于 I/O 端口数仅是端口总数的一小部分，我们可以节省大量的计算时间。

如果改变 n 个去耦电容，则式（8.9）中的计算需要重复 n 次。当 $n \ll n_p$ 时，式（8.9）仍然比式（8.7）更高效。最坏的情况是当 $n = n_p$ 时，这意味着所有端口处的去耦电容分布均发生变化，且复杂度变为 $O(n_p^3)$，与文献［12］一样。幸运的是，这种情况绝不会在一次迭代中发生。

8.2.4　噪声矩阵

阻抗矩阵的一个潜在问题是它与噪声不成正比，并且可能成反比，它假定所有频率分量都具有相同相位的相同阻抗，并相加起来作为总噪声。

实际上，电流并不是均匀分布在整个频带上，不同频率下的阻抗是不同的。另外，不同频率分量具有不同的幅值和相位，并且可能相互抵消。阻抗会随频率变化，并且无需保证整个频带上的阻抗都很小。如图 8.14 所示，我们给出了一个激励电流波形，其频谱高达 10GHz。该电流波形为三角波，上升和下降时间都等于 100ps，幅值为 50mA。我们可以看到，电流主要分布在 0～10GHz 之间，但频率分量对应的幅值随着频率的增加而逐渐减小。时域噪声是频域中电流与阻抗的卷积，因此低频下较大的阻抗可能会引起较大的时域噪声，但在高频下可能不会引起问题，如图 8.7 所示。

无需阻抗矩阵，我们可以直接考虑所关注的各个端口处供电系统中的噪声。我们可以比较容易地计算出不同采样频率下的阻抗，并且可以预先计算出各端口开关电流的频谱。对于由端口 j 处开关动作引起的噪声，可以比较容易地算得第 k 个频率采样点的噪声分量

$$V_{ij}(f_k) = Z_{ij}(f_k) I_j(f_k) \qquad (8.11)$$

然后，我们采用快速傅里叶变换计算时域波形，这是由端口 j 在端口 i 处引起的噪声波形。快速傅里叶变换的时间复杂度为 $O(n\log n)$，其中 n 是采样点的数目。对于如图 8.14 所示的信号，从 0～50GHz 设定了 512 个采样点。对于具有更短上升时间或下降时间的信号，频率越高，需要的采样点越多。

在给定的端口，我们同时考虑与端口相连的 I/O 单元引起的噪声，以及与其他端口相连的 I/O 单元的开关动作引起的噪声。因为 I/O 单元的开关是随机的，而系统是线性的，端口处最坏情况下的噪声是所有单元引起的最大噪声的总和，每个最大噪声都可以利用我们所提出的方法来计算。

8.2.5　基于模拟退火算法的去耦电容插入

8.2.5.1　参数设置

本节中，我们利用所开发的阻抗和噪声模型，使得供电系统噪声约束条件下的封装去耦电容成本最小化。图 8.15 所示为 IC 封装简图，考虑到 I/O 单元位于芯片边缘的环形结构上，并且去耦电容围绕芯片分布，通常将封装分成不同的电压域，

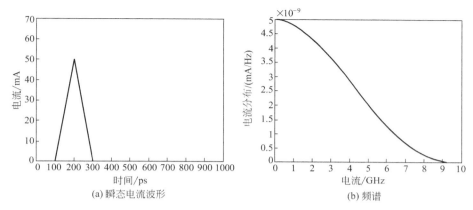

图 8.14　瞬态电流波形及其频谱

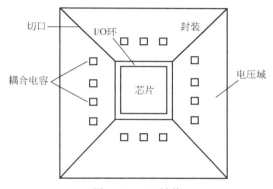

图 8.15　IC 封装

可以分别对每个电压域进行优化。作为例子，本节只考虑封装的一侧，可以看作为封装的一个电压域。

类似于文献 [29]，也尽量令去耦电容总成本最小化。考虑不同价格和类型的去耦电容，并假设去耦电容的类型、参数与文献 [29] 相同，见表 8.1。

表 8.1　去耦电容[29]

类型	1	2	3	4
ESC/nF	50	100	50	100
ESR/Ω	0.06	0.06	0.03	0.03
ESL/pH	100	100	40	40
价格	1	2	2	4

然而，不同于文献 [29]，我们没有采用目标阻抗约束条件，相反地，我们直接要求最坏情况下的噪声要小于给定的噪声范围限制。我们假设 V_{dd} 为 2.5V，并要求噪声小于 V_{dd} 的 15%，即每个端口的噪声为 0.35V。

8.2.5.2　算法

我们采用模拟退火（SA）算法优化去耦电容的类型和位置，从而使得总成本最小，并且电源/接地层上的噪声比给定的限制更小。目标函数定义为

$$F\ (p_i,\ c_j)\ =\alpha \sum_i p_i+\beta \sum_j c_j \tag{8.12}$$

式中，α 和 β 分别为噪声和成本的权重。α 设定为远大于 β，从而可以实现噪声约束。第一个求和项是对所有端口，第二个求和项是对所有去耦电容。p_i 是对违反噪声约束的惩罚函数，定义为

$$p_i=\begin{cases}0 & (V_i<\overline{V})\\ V_i-\overline{V} & (V_i>\overline{V})\end{cases} \tag{8.13}$$

式中，$\overline{V}$ 为噪声上限；V_i 为端口 i 在最坏情况下的噪声，这是通过 8.2.4 节中提出的方法计算得到的；c_j 为每个去耦电容的成本，如表 8.1 所示。

在我们的模拟退火算法中有两种变化情况①在随机挑选的端口处增加一个随机类型的去耦电容；②移除一个去耦电容。一个端口至多只允许存在一个去耦电容，每次变化之后，依据式（8.9）计算新的阻抗矩阵，依据式（8.11）计算噪声。当初始温度为 20 时开始模拟退火，在 0.001 时终止，温度衰减因子为 0.95，特定温度下的迭代次数为 100 次。

8.2.5.3 结果

（1）案例 1 我们的模型和算法可以应用到具有任意层数的任何封装结构中。在本案例中，我们假设封装层为 $1\times 2cm^2$ 的矩形，包含一个电源层和一个接地层。假设有 30 个 I/O 单元，并且都位于封装结构的一边，每个都通以如图 8.14 所示的电流。由于邻近的单元具有相似的阻抗且彼此强烈耦合，所以我们将 30 个 I/O 单元划分为 3 组，并定义 3 个 I/O 端口。每个单元都连接到最近的 I/O 端口上，并且每个端口都与 10 个 I/O 单元相连。为了提高精度，可以根据需要定义更多的端口。我们允许去耦电容分布在整个平面上，并在封装上定义了 90 个均匀分布的端口，宏模型中总共有 93 个端口。

我们基于噪声的算法找到了一个有效解，所有端口都满足噪声约束条件，每个端口在最坏情况下的噪声见表 8.2。根据表 8.1 中列出的价格，去耦电容的总成本为 20。如图 8.16 所示，我们给出了去耦电容在均匀网格中的分布，图中数字代表如表 8.1 所定义的去耦电容类型，而"0"表示没有去耦电容。

表 8.2 端口处在最坏情况下的噪声

端口	1	2	3
优化前/V	2.52	2.49	2.48
优化后/V	0.344	0.343	0.344

将我们的结果与基于阻抗的方法进行对比，利用最大阻抗代替噪声作为目标函数，并利用目标阻抗代替噪声范围限制。因为我们要求噪声低于 0.35V，并且连接到同一端口的 10 个 I/O 其总峰值电流为 500mA，所以算得每个端口的目标阻抗为 0.7Ω。由阻抗驱动方法得到的最优去耦电容分布如图 8.17 所示，可以看出，虽然去耦电容仍集中在芯片周围，但相比噪声驱动方法，去耦电容在整个平面上的分布更为分散，总成本为 72，比噪声驱动方法高 3 倍。表 8.3 给出了每个端口的最大

阻抗和噪声，可以看出，端口的阻抗并没有达到目标阻抗，但噪声已经远低于噪声范围限制。因此，如果继续利用目标阻抗指导设计，我们需要插入额外的去耦电容，这将导致较大的过设计。

0	0	0	0	0	0	0	0	0	0	0
0	0	0	0	0	0	0	0	0	0	0
0	0	0	0	0	0	0	0	0	0	0
0	0	0	0	0	0	0	0	0	0	0
0	0	0	0	0	0	0	0	0	0	0
0	0	0	0	0	0	0	0	0	0	0
0	0	0	**1**	0	0	0	0	0	0	0
0	**1**	0	0	0	**3**	0	0	0	0	**3**
1	0	0	**1**	0	**4**	0	**2**	**3**	0	**1**
0	0	0	0	0	0	0	0	0	0	0

芯片

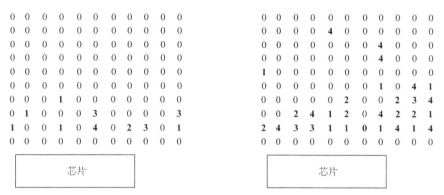

图 8.16　基于噪声驱动方法的去耦电容最优分布

0	0	0	0	0	0	0	0	0	0	0
0	0	0	0	**4**	0	0	0	0	0	0
0	0	0	0	0	0	0	**4**	0	0	0
0	0	0	0	0	0	0	**4**	0	0	0
1	0	0	0	0	0	0	0	0	0	0
0	0	0	0	0	0	0	**1**	0	**4**	**1**
0	0	0	0	0	**2**	0	0	**2**	**3**	**4**
0	0	**2**	**4**	**1**	**2**	0	**4**	**2**	**2**	**1**
2	**4**	**3**	**3**	**1**	**1**	**0**	**1**	**4**	**1**	**4**
0	0	0	0	0	0	0	0	0	0	0

芯片

图 8.17　基于阻抗驱动方法的去耦电容最优分布

表 8.3　端口处的阻抗和噪声

端口	1	2	3	范围限制
最大阻抗/Ω	5.31	5.59	7.12	0.7
最坏情况下的噪声/V	0.256	0.302	0.284	0.35

（2）案例 2　在案例 2 中，我们假设芯片一侧上的域如图 8.18 所示，封装包含 4 层电源层或接地层，各层都通过均匀分布的通孔连接在一起，并且底部电源/接地层通过多个位置实现接地。我们定义了 70 个用于连接去耦电容的端口，以及 3 个用于噪声优化的端口。最优电容分布如图 8.19 所示，可以看出，电容在整个平面上围绕芯片分布。这是因为通孔和接地连接改变了不同位置的电气环境，去耦电容的最佳位置可能并非最接近芯片的位置。

图 8.18　封装域

0	0	0	0	0	0	0	0	0	0	0	0	0
0	0	0	0	0	0	0	0	0	0	0	0	0
0	0	0	0	0	0	0	0	0	0	**2**	**3**	0
0	0	0	0	0	0	**1**	0	0	0	**1**	0	0
0	0	**3**	0	0	0	0	0	0	0	0	0	0
0	0	0	0	0	0	**1**	0	0	0	0	**2**	0
0	**2**	0	0	0	0	0	0	0	0	0	0	0
0	0	0	0	0	0	**4**	0	**3**	0	0	**1**	0
0	0	0	0	0	0	0	0	0	0	0	0	0
0	0	0	**2**	**2**	0	**1**	**2**	**1**	0	**2**	**2**	**1**
0	0	0	0	0	**4**	0	0	0	0	0	0	0
0	0	0	0	0	0	0	0	0	0	0	0	0

芯片

图 8.19　基于噪声驱动方法的去耦电容最优分布

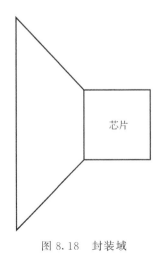

8.2.5.4　运行时间

我们在 Matlab 中实现了这些算法，并在一个 2.8GHz 的 Xeon 系统上进行实验。为了进行对比，我们还采用了文献［40］中的方法。对于案例 1，表 8.4 列出的不同方法其运行时间见表 8.5。表中，方法 1 是推荐的方法，采用增量阻抗计算方法和快速傅里叶变换计算噪声，方法 2 采用文献［40］中的阻抗计算方法和快速傅里叶变换计算噪声，方法 3 来自文献［29］。对比方法 1 和 2，我们可以看到，增量阻抗计算方法的求解速度比基于矩阵求逆的方法快 11 倍。与方法 3 相比，我们的方法的求解速度更快，甚至考虑了计算平台的速度差异的情况且具有更多的端口。

表 8.4　计算方法

1	增量阻抗＋噪声目标
2	矩阵求逆[40]＋噪声目标
3	文献［29］

表 8.5　运行时间

方法	1	2	3
端口数	93	93	20
迭代次数	5881	5403	920
运行时间/s	389.5	4156.1	2916.0
平均运行时间/s	0.0662	0.7692	0.519

注：方法 3 的运行时间来自文献［1］，计算平台为 1GHz Pentium3，计算语言未知。

8.2.6　基于灵敏度分析算法的去耦电容插入

以上讨论的模拟退火方法，其最大的缺点是它实际上几乎尝试了所有可能的位置，因而只能处理小型设计。本节中，我们将讨论基于局部模型降阶、参数化问题公式化和灵敏度优化的另一种方法。

8.2.6.1　改进模型及问题公式化

封装通常由多个信号层、电源层、接地层及其之间的介电层组成。连接芯片 I/O 和印制电路板走线的金属信号线分布在各层之间，封装各层通过通孔连接在一起，并通过焊球连接到印制电路板上。与模拟退火方法类似，我们假设芯片 I/O 端口的位置是已知的，可能位置的数目，即去耦电容的合理位置，由多层封装中各区域的封装布线和焊球分布引起的阻塞预先定义。合理位置是连接去耦电容端口的插槽，但不一定有去耦电容位于其中。如图 8.20 所示，I/O 位于封装的中心，合理位置用来分配包围芯片的去耦电容，同时考虑保留布线区。当去耦电容分配到合理位置之后，去耦电容被称为合理放置。

需要注意的是，为了能够精确表示封装各层、C4 凸点、通孔、片上电源网络以及其他信号线之间的互连，需要完整的 RLC 模型。电源/接地层可以均匀划分为 N_v 个区，并利用 RLC 单元建立每个区的部分元等效电路模型[46]。然而，提取精细的 3D 部分元等效电路模型[46]引入了密集的耦合电感（L），增加了模型的复杂性。这个问题可以通过如 8.2.6.2 节所讨论的增加一个稀疏化 L^{-1} 单元加以解决。

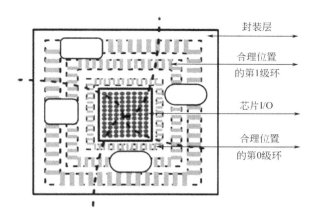

封装层

合理位置
的第1级环

芯片I/O

合理位置
的第0级环

图 8.20 封装层、芯片 I/O 以及去耦电容合理位置的示意图，
合理位置可以分解成多个环，整个系统可以进一步分割

与模拟退火方法相同，设计自由度仍然是合理位置和去耦电容类型。如果可能的话，蛮力检查每一可能的组合在计算方面成本较高。为了以一种可控的方式配置去耦电容，我们建议对所有合理位置进行环状分解。这是基于观察发现，去耦电容对 I/O 电源完整性的影响可以通过到芯片中心的距离进行区分。合理位置被分解成 M_1 个环，每个环由一组合理位置组成，并根据到芯片中心的距离进行分级。由于封装布线的缘故，不合理位置并不包括在各个级别的环中。另外，假设合理位置在环上均匀分布，并且第 i 级环上有 m_i 个合理位置。第 0 级环最接近 I/O，但合理位置最少，第 M_0 级环远离 I/O，但合理位置最多。

此外，由于 I/O 非均匀分布，除了距离之外，合理位置的取向对 I/O 的电源完整性也有不同的影响。这可以通过在某一级别的环中配置不同类型的去耦电容加以补偿。换言之，一个级别的环中可以不均匀地分配不同类型的去耦电容。假设有 M_2 种去耦电容，每个级别的环被复制成 M_2 份，本章中称之为模板。需要注意的是，同一模板上的合理位置具有相同的去耦电容（成本），但是某一级别的环只能有一个模板被选来配置去耦电容。

因此，总共有 $M = M_1 \times M_2$ 个模板，而模板矢量可定义为

$$T = [T_1, T_2, \cdots, T_M] \tag{8.14}$$

通常情况下，在实际的设计中只有不到 10 种去耦电容[29,41]可供选择，因而数目 M 仍是可控的。

此外，我们需要定义精确的度量值以描述每个 I/O 的电源完整性。电源完整性，即每个 I/O 的地弹在足够长的时间 t_p 内随时间和空间的变化。在这里，仍然可以采用模拟退火方法所采用的噪声振幅（最坏情况下的噪声）度量 I/O 的电源完整性，但是大振幅且很窄的噪声可能不会引起噪声干扰。

为了避免过设计，我们通过考虑噪声的脉冲宽度，采用噪声积分改善噪声度量值。对第 i 个 I/O，在目标电压 Vd_i 上的噪声积分为

$$f_i = \int_{t_o}^{t_p} \max[y_i(T, t), Vd_i]\mathrm{d}t = \int_{t_s}^{t_e} \max[y_i(T, t) - Vd_i]\mathrm{d}t \quad (8.15)$$

脉冲宽度为(t_s, t_θ)，在此区间中电压高于目标电压，并且第i个I/O处的瞬态噪声波形为$y_i(T, t)$。我们要求该噪声度量值小于第j个I/O单元的限制V_{cj}，即

$$f_i \leqslant V_{cj}(j = 1, \cdots, p) \quad (8.16)$$

回想一下，我们的设计自由度包括两个方面：一个是环的级别，另一个是去耦电容的类型。因此，我们的问题可以概括为：给定允许噪声(V_c)、合理位置(M_1)和去耦电容类型(M_2)，确定去耦电容配置问题，并在给定的去耦电容数(M)限制条件下，使得去耦电容的总成本最小化，从而使得每个I/O处的电压干扰比允许的噪声更小。

该问题的数学表示为

$$\min \sum_{i=1}^{M} n_i T_i (i = 1, \cdots, M)$$

$$\mathrm{s.\,t.}\, Uf \leqslant V_c \text{ 且 } \min \sum_{j}^{M_1} m_j \leqslant M \quad (8.17)$$

式中，$f = [f_1, \cdots, f_N]^{\mathrm{T}}$，$U = I_{N \times N}$，$V_c = [V_{c1}, \cdots, V_{cN}]^{\mathrm{T}}$。此外，$n_i$是第$i$个模板$(i = 1, \cdots, M)$的成本，$m_j$是第$j$级$(j = 1, \cdots, M_1)$的合理位置数。正如后面将要讨论的，这个问题可以通过基于灵敏度分析的去耦电容配置方法加以解决，关键是需要通过局部完整性分析计算出参数化灵敏度。

8.2.6.2　参数化电路方程

因为部分元等效电路中的局部电感引入了严重的磁耦合问题，会降低仿真速度。如文献［42］所示，利用矢量势等效电路（VPEC）模型描述的矩阵L的逆运算$L^{-1[47]}$，可以在电路矩阵中通过矢量势能节点分析（VNA）得以稳定且被动地稀疏化和标记。本章中，利用矢量势等效电路模型对封装层的标准RLC网络进行建模，并通过矢量势能节点分析在频域进行标记：

$$(G_0 + sC_0)\, x\,(s) = BI\,(s), \, y\,(s) = B^{\mathrm{T}} x\,(s) \quad (8.18)$$

其中

$$x\,(s) = \begin{bmatrix} v_n \\ a_l \end{bmatrix}, \, B = \begin{bmatrix} E_i \\ 0 \end{bmatrix}$$

以及

$$G_0 = \begin{bmatrix} G & E_l L^{-1} \\ -E_l^{\mathrm{T}} & 0 \end{bmatrix}, \, C_0 = \begin{bmatrix} C & 0 \\ 0 & L^{-1} \end{bmatrix} \quad (8.19)$$

式（8.19）中所有符号见表8.6。注意B是用来描述相同输入和输出的邻接矩

阵，其中输入 $J = BI(s)$ 是 I/O 电流源，输出 $y(s)$ 是在这些 I/O 处的电压响应（噪声）。正如 8.2.6.3 节中所讨论的，研究这样的 I/O 映射可以指导 RLC 网络分区。

表 8.6　系统方程（8.18）中的符号

$x(y)(\in R^{N \times l})$	状态变量（输出）	$C(\in R^{Nv \times Nv})$	标称电容矩阵
$v_n(\in R^{Nv \times l})$	节点电压变量	$L^{-1}(\in R^{N_1 \times N_1})$	标称电纳矩阵
$a_l(\in R^{N_1 \times l})$	分支矢量势能变量	$E_l(\in R^{Nv \times N_1})$	诱导关联矩阵
$G(\in R^{Nv \times Nv})$	标称电导矩阵	$B(\in R^{N \times p})$	输入/输出关联矩阵

注：$N = N_v + N_1$。

为了获得灵敏度，我们首先需要令系统参数化。每个模板 T_i 通过一对拓扑矩阵 T_i^g 和 T_i^c 进行描述，其中 T_i^g 用以描述如何连接节点的等效电导，T_i^c 定义了如何连接节点的电容和分支等效电纳（电感的倒数）。对于第 i 个模板，在 m 区和 n 区之间增加去耦电容得到：

$$T_i^g(k, l) = T_i^g(l, k) = \begin{pmatrix} \sum_l^{-g_i} |T_i^l(l, k)| & \begin{matrix} if\, k = m, l = n, k \neq l \\ if\, k = l \end{matrix} \\ 0 & \text{其他} \end{pmatrix} \quad (8.20)$$

式中，k，$l \in 1, 2, \cdots, N$；g_i 为去耦电容的等效电导。类似地，可以通过添加等效电容 c_i 和电纳 s_i 给出 $T_i^c(k, l)$。这种分解能够实现高效的去耦电容分配，随后将仔细讨论。

因此，去耦电容可以参数化地添加到标称状态矩阵中

$$[G_0 + sC_0 + \sum_{i=1}^{M}(T_i^g + sT_i^c)]x(T, s) = BI(s),$$

$$y(T, s) = B^T x(T, s) \quad (8.21)$$

回想一下，$x(T_M, s)$ 是总电压响应。为了设计优化的目的，类似于文献 [48] 中处理变量的方式，首先将状态变量 $x(T, s)$ 扩展为关于 T_i 的泰勒级数，然后采用标称值和一阶灵敏度构造新的状态变量

$$x_{ap} = [x_0^{(0)}, x_1^{(1)}, \cdots, x_M^{(1)}]^T \quad (8.22)$$

可以根据扩展阶数对维度增广系统进行重组

$$(G_{ap} + sC_{ap})x_{ap} = B_{ap}I(s), \quad y_{ap} = B_{ap}^T x_{ap} \quad (8.23)$$

其中

$$G_{ap} = \begin{bmatrix} G_0 & 0 & & 0 \\ T_l^g & G_0 & & 0 \\ \vdots & \vdots & \ddots & \vdots \\ T_M^g & 0 & & G_0 \end{bmatrix} \text{ 与 } C_{ap} = \begin{bmatrix} C_0 & 0 & & 0 \\ T_l^c & C_0 & & 0 \\ \vdots & \vdots & \ddots & \vdots \\ T_M^c & 0 & & C_0 \end{bmatrix} \quad (8.24)$$

都具有下三角区结构。尽管采用这种方式添加去耦电容会增大系统尺寸，但增广系统的端口仍然是 I/O 电流的输入端口，仍然可以通过模型降阶减小增广系统

的尺寸。与此相反，基于阻抗的方法[29,41]需要显著增加端口数以添加这些去耦电容。

8.2.6.3　I/O 电流相关性与谱聚类

由于输入端口数量较多，所以经过降阶的宏模型[29]仍然是低效的。由于输入电流矢量有冗余，所以时间/空间不同的输入 I/O 电流不是相互独立的。如果各种输入相互关联，那么可以采用特征值分解法（ED）进行主成分分析（PCA），将其表示为自变量更少的函数。

这促使了采用奇异值分解法（SVD）[49~51]减少终端数，因为当被分解矩阵为对称正定矩阵时，奇异值分解法等价于特征值分解法。这些方法主要研究基于矩的输入相关性或相似性，并通过低秩近似压缩系统的传递函数。因为端口压缩是基于系统传递函数的奇异值（极）分析，所以实际上端口压缩是研究系统的相似性。与此相反，输入的真实相关性依赖于输入信号。因此，通过系统相似性寻找代表性端口或忽略一些"微不足道的"端口可能会引起仿真误差，因为系统极点分析有可能忽略输入某一端口的显著信号所引起的显著输出响应。本章中，我们建议直接研究 I/O 电流的相似性或相关性，结果是大量的 I/O 都集中到了 K 个组中，每个组都有一个主要的 I/O 电流作为输入。

给定一组 I/O 输入矢量，每个 I/O n_i 在时刻 t_k 的瞬态电流 $I(t_k, n_i)$（$k=1, \cdots, T$，$i=1, \cdots, P$）可以通过一个随机过程描述如下：

$$S_{n_1} = \{I(t_1, n_1), \cdots, I(t_T, n_1)\}, \; S_{n_2} = \{I(t_1, n_2),$$
$$\cdots, I(t_T, n_2)\}, \cdots, S_{n_p}$$
$$= \{I(t_1, n_p), \cdots, I(t_T, n_p)\}$$

电流空间相关矩阵定义为

$$C(i, j) = \frac{\mathrm{cov}(i, j)}{\sigma_i \sigma_j} \tag{8.25}$$

式中，$\mathrm{cov}(i, j)$ 为节点 n_i 和 n_j 之间的协方差；σ_i 和 σ_j 是节点 n_i 和 n_j 的标准偏差。相关系数 $C(i, j)$ 可以预先计算，并且可以制定成表。

对输入电流提取相关性后，就可以根据相关系数 $C(i, j)$ 指定 I/On_i 和 n_j 之间的边权，由此建立一个关联图。基于频谱分析的快速聚类方法[52]可以有效处理大型关联图，采用 K 均值方法寻找 K 集群 $A_1, \cdots, A_k$，其中同一集群的 I/O 都具有相似的电流波形。另外，可以通过主成分分析方法来减少 I/O 电流源的数目：

$$J_x = VJ = VBI(x) \in R^{1 \times K}$$

这等价于缩减端口矩阵

$$B_x = VB \in R^{N \times K}$$

因此，只选择一个主端口代表每个集群。

整体聚类算法如图 8.21 所示。通常如果输入是强相关的，1000 个源可以由大约 10 个源进行近似。此外，借助于频谱分析，由主成分分析方法和 K 均值方法得到的结果是等价的[52]。因此，每个集群只有一个主端口。

谱聚类算法
1. 输入：簇号 K，相关矩阵 $C \in R^{N \times N}$，I/O 端口矩阵 $B \in R^{N \times p}$；
2. 计算归一化拉普拉斯算子：$L = D^{-1/2} C D^{1/2}$，其中 $D = \mathrm{diag}(C)$；
3. 计算 L 的前 K 项特征向量 $v_1, \cdots, v_K$；
4. 令 $V = [v_1, \cdots, v_K] \in R^{N \times K}$；
5. 令 $y_i \in R^K (i = 1, \cdots, N)$ 为 V 的第 i 行向量；
6. 利用 K-means 算法将 $y_i (i = 1, \cdots, N)$ 类聚为 $C_1, \cdots, C_K$；
7. 利用 PCA 方法变换 $B \in R^{N \times p}$；$B_x = VB \in R^{N \times K}$；
8. 将 $A_1, \cdots, A_K$ 类聚为 $A_I = \{j \mid y_j \in C_i\}$，新 I/O 端口矩阵 B_x。

图 8.21　基于 PCA 和 K 均值方法的输入电流源频谱分析算法

8.2.6.4　局部完整性分析

（1）网络分解　因为 I/O 电流在空间中并非均匀分布，所以对沿不同方向的地弹具有不同的影响。因此，某一级环可能非均匀地布置着不同类型的去耦电容，最好将 I/O 单元，用于供电的 RLC 网络，以及 M 模板分解成 K 块，如图 8.20 所示，可以预先进行局部分析确定 I/O 每一区域需要多少去耦电容。

网络分解需要基于网络的物理特性，例如耦合和延迟。文献 [43] 中的三角化结构（TBS）方法利用了延迟属性，这更适合于时序仿真。但是对于验证电源完整性，研究基于 I/O 输入的分区更有意义。此外，三角化结构中的分区[43]是将节点电压变量 v_n 分解为电导和电容矩阵，这不适合于电感/电纳分区，因为电感/电纳是通过分支电流/矢量电势进行描述的，这可以通过如下方式解决。

首先将式（8.18）中平面矢量势能节点分析网络（G_0，C_0，B_x）映射到一个电路图中，其中分配 3 个不同的权重（2，1，0）给电阻、电容和自感（分支 L^{-1}），采用快速多级最小切分 h-Metis[53]分解那些具有从谱聚类得到指定端口 $A_1, \cdots, A_K$ 的互连分支。结果是，矢量势能节点分析网络被分解成具有分割电阻、电容和自感的两级互连区，而所有剩余区域通过关联矩阵与互连区相连，如下所示。

$$G_{\mathrm{ap}} \to G_{\mathrm{ap}} = \begin{bmatrix} G_1 & \cdots & 0 & X_{1,0} \\ \vdots & \ddots & \vdots & \vdots \\ 0 & \cdots & G_K & X_{K,0} \\ -X_{1,0}^{\mathrm{T}} & \cdots & -X_{K,0}^{\mathrm{T}} & Z_r \end{bmatrix}$$

$$C_{\mathrm{ap}} \to C_{\mathrm{ap}} = \begin{bmatrix} C_1 & \cdots & 0 & X_{1,0} \\ \vdots & \ddots & \vdots & \vdots \\ 0 & \cdots & C_K & X_{K,0} \\ -X_{1,0}^{\mathrm{T}} & \cdots & -X_{K,0}^{\mathrm{T}} & Z_i \end{bmatrix}$$

$$B_x \to B = \begin{bmatrix} B_1 & & & \\ \vdots & \ddots & & \\ & & B_K & \\ & & & 0 \end{bmatrix} \tag{8.26}$$

其中

$$G_i = \begin{bmatrix} G_i & 0 & \cdots & 0 \\ T_{1,i}^g & G_i & \cdots & 0 \\ \vdots & \vdots & \ddots & \vdots \\ T_{M,i}^g & 0 & 0 & G_i \end{bmatrix}, \quad C_i = \begin{bmatrix} C_i & 0 & \cdots & 0 \\ T_{1,i}^c & C_i & \cdots & 0 \\ \vdots & \vdots & \ddots & \vdots \\ T_{M,i}^c & 0 & 0 & C_i \end{bmatrix} \tag{8.27}$$

式中，G_0 和 C_0 被划分为 K 个块 G_j 和 C_j（$j=1, \cdots, K$），因而这些参数化的模板 T_i 也被划分成 T_{ij}（$i=1, \cdots, M, j=1, \cdots, K$）。需要注意的是，分块矩阵结构是用来避免建立大尺寸矩阵的。

因为耦合作用被重新转移到互连块 $Z_{r,i}$ 中，对角线上每个块都可以单独分析或减少，但具有相同的精度，并且系统极点不仅仅是由对角线上的块确定的。只通过低阶缩减获得高阶精度，可以利用文献［43］中的三角化结构缩减方法考虑电感的影响，具体内容如下。

（2）三角化结构缩减 将矢量势能节点分析网络分解为两级形式之后，我们进一步通过复制将其转化为局部三角块的形式[43]。如式（8.28）所示，首先将 G_{ap} 复制块沿对角线堆叠以构造双倍尺寸的 G_{tb}，然后将这些下三角块移动到 G_{tb} 的上三角部分，由此得到的三角化系统为

$$G_{\mathrm{tb}} = \begin{bmatrix} \begin{array}{cccc|cccc} G_1^x & \cdots & 0 & X_{1,0} & & & & \\ \vdots & \ddots & \vdots & \vdots & G_1^y & \cdots & \cdots & 0 \\ 0 & \cdots & G_K^x & X_{K,0} & \vdots & \ddots & \vdots & \vdots \\ 0 & \cdots & 0 & Z_r & 0 & 0 & G_K^y & 0 \\ & & & & -X_{1,0}^{\mathrm{T}} & 0 & -X_{K,0}^{\mathrm{T}} & 0 \\ \hline & & & 0 & & & & G_{\mathrm{ap}} \end{array} \end{bmatrix} \tag{8.28}$$

其中

$$G_i^x = \mathrm{diag}\,[\underbrace{G_i, \cdots, G_i}_{M}], \quad G_i^y = \begin{bmatrix} 0 & 0 & \cdots & 0 \\ T_{1,i}^g & 0 & \cdots & 0 \\ \vdots & \vdots & \ddots & \vdots \\ T_{M,i}^g & 0 & \cdots & 0 \end{bmatrix} \tag{8.29}$$

C_{tb} 可以以类似的方式转化。该安定的系统具有局部极点分布，其中极点只由对角线上的块决定。此外，因式分解成本也仅来自那些对角线上的块。但由于是复制块，所以三角化系统总的因式分解成本仍然不变。为了减少总的计算成本，我们

进一步通过区块结构投影减小系统尺寸。

随着网络被分解并进一步三角化，每个块 $(G_i，C_i，B_i)$ 可以通过寻求第 q 个投影矩阵 Q_i $(R^{nb_i \times q})$ $(1 \leqslant i \leqslant K)$ 以包含对角块的矩空间，从而实现独立简化[42,43]。

$$\{R_i，A_i R_i，\cdots，A^{q-l_i} R_i\}$$

式中，$A_i = G_i^{-1} C_i$，$R_i = G_i^{-1} B_i$，$(n_b)_i$ 是原始块的尺寸。因此，建立分块对角投影矩阵

$$Q = \text{diag} \left[\underbrace{Q_1，\cdots，Q_1}_{M}，\underbrace{Q_K，\cdots，Q_K}_{M}，Q_0，Q_{ap} \right] \tag{8.30}$$

以分别简化原始矩阵 G_{tb}、C_{tb} 和 B_{tb}。

$$\widetilde{G}_{tb} = Q^T G_{tb} Q，\widetilde{C}_{tb} = Q^T C_{tb} Q，\widetilde{B}_{tb} = Q^T B_{tb} \tag{8.31}$$

此外，注意 Q_0 是投影那些互连分支的单位矩阵，Q_{ap} 或者直接通过将低阶被动无源互连线宏模型降阶算法（PRIMA）应用到 $(G_{tb}，C_{tb}，B_{tb})$ 中得到，或者通过 $|Q_1，Q_2，\cdots，Q_K，Q_0|^T$ 近似得到[43]。

另外十分重要的一点是，由于每个块只选择一个主端口，所以单输入多输出（SIMO）简化可以用来实现每个块的 q 阶矩匹配，并且每个块的简化宏模型可以适用于任何输入信号。

因此，时域中的局部完整性响应和灵敏度为

$$\left(\widetilde{G}_{tb} + \frac{1}{h} \widetilde{C}_{tb} \right) \widetilde{x}_{tb}(t) = \frac{1}{h} \widetilde{C}_{tb} \widetilde{x}_{tb}(t-h) + \widetilde{B}_{tb} I(t)$$

$$\widetilde{y}_{tb}(t) = \widetilde{B}_{tb}^T \widetilde{x}_{tb}(t) \tag{8.32}$$

主端口第 k 个块受到第 i 个模板干扰的电源完整性为

$$\widetilde{y}_{tb}(t) = \widetilde{y}_{tb}^{(0)}(t) + \widetilde{y}_{tb}^{(1)}(t) \tag{8.33}$$

需要注意的是，尽管它是一个局部解，但由于两级网络分解和三角化的缘故，仍然考虑了不同块之间的耦合作用。下一节中，我们将给出基于区块完整性，包括标称响应和灵敏度的去耦电容分配算法。

8.2.6.5　算法与实验结果

（1）基于灵敏度的优化　8.2.6.1 节中的问题可以通过基于灵敏度的优化方法有效解决，其关键是利用 8.2.6.2 节中结构化和参数化的宏模型计算灵敏度，然后根据 I/O 电源完整性对模板的灵敏度将去耦电容分配到每个块中，根据增益阶数递归地增加分区模板 $T_{i,j}$，最后通过在式（8.17）中添加最小数目的去耦电容降低电压越限。这样的贪婪流问题解决算法能够有效地求解大规模设计问题。

整体优化如图 8.22 所示，首先基于式（8.32）的结构化和参数化宏模型一次算得标称值和灵敏度，然后将去耦电容分别添加到每个块中。在第 k 个块中，根据灵敏度的大小对模板矢量 T 进行排序：

多环分配算法
1. 输入：完整性矢量 V_c；
2. 利用(33)计算初始 $y^{(0)}$ 和 $y^{(1)}$；
3. 重新排列 $T_k = \{T_{i1,k}, T_{i2,k}, \cdots, T_{iM,k}\} (k=1, \cdots, K)$；
4. 根据最大 T_k 对块 k 进行分配；
5. 删除最大 T_k, $M=M-1$；
6. 计算 $y_k = y_k^{(0)} + y_k^{(1)}$；
7. 直到 y_k 满足块完整性 V_{ck}；
8. 输出：分配模板矢量 T 以便具体放置去耦电容。

图 8.22　基于灵敏度的去耦电容配置算法

$$\{\delta y_{i_1,k}, \ \delta y_{i_2,k}, \ \cdots, \ \delta y_{i_M,k}\}$$

　　并根据这个顺序不断增加直到满足第 k 个块的完整性约束。接着将算法应用到下一个块，直到所有块的电源完整性都满足为止。因为每个输入模板起初都排除了那些不合理的位置，所以输出模板矢量 T 可以直接用于放置去耦电容。

　　（2）实验结果　我们利用 C 语言和 Matlab 实现了所提出的宏模型和分配算法，称之为 TBS2 及多环分配方法（MRA）。实验在具备 2GB RAM 的 Linux 工作站上进行。假定一个典型的具有特定应用输入的 FPGA 封装模型，4 层 P/G 层的尺寸均为 $1 \times 1 cm^2$。假定 V_{dd} 为 2.5V，目标噪声为 $10\% V_{dd}$，即 0.25V。最坏情况下的 I/O 电流源为三角波形，其上升时间为 0.1ns，宽度为 1ns 宽度，周期为 150ns。电流源随机分布在位于 $1 \times 1 cm^2$ 封装层中心的 $0.2 \times 0.2 cm^2$ 正方形区域上，剩余面积的 30% 作为合理位置。我们仍采用表 8.1 中给出的 4 类去耦电容，其总数限定为 80 个，环的总数为 5 个，每个环分解为 4 级（0~3）。我们通过增加离散区块的数量增加电路的复杂性，并且当离散区块数目更多时，合理位置需要更多的层级。我们通过多环分配方法和模拟退火方法分配去耦电容，以满足噪声幅值（NA）或者噪声积分（NI）约束条件下 I/O 处的电源完整性。

　　首先对比了文献［29］中的宏模型方法与我们的方法。将封装层离散为 4096 个区块，利用 4096 个电阻、6144 个电容以及 64000 个基座构成的 RLC 网格进行描述。有 420 个 I/O 电流源作为输入，通过模拟数百万个周期的特定输入矢量产生 I/O 电流序列，并从中提取出一个空间相关矩阵 C。然后谱聚类算法通过主成分分析找到 8 个主端口，并分为 8 个组。相应地，通过 h-Metis 将网络分成 8 个块。图 8.23 比较了第 4 主端口的频域和时域响应。由于 I/O 端口缩减以及局部缩减和分析，我们的方法其构建速度比文献［29］中的方法快 21 倍（765s vs.35.2s），而模拟速度比文献［29］中的方法快 25 倍（51min vs.2min）。此外，通过三角化结构缩减可以达到更高的精度，因而通过 TBS2 获得的波形与原始波形基本一致。然而，由文献［29］得到的缩减波形其误差不可忽略。详细的分析表明，文献［29］在时域中存在大约 3.06 倍的较大波形误差。

　　我们还比较了模拟退火方法与多环分配方法配置去耦电容的运行时间和成本。对比时，两种方法都采用噪声幅值作为约束条件。如表 8.7 所示，由于采用了基于灵敏度的系统化配置方法，多环分配方法的配置时间平均比模拟退火方法减少了

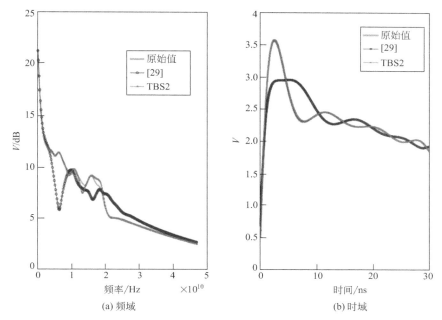

(a) 频域　　　　　　　　　　　(b) 时域

图 8.23　不同方法得到的第 4 主端口波形与原始波形对比

97 倍。此外，模拟退火方法能够处理的电路最多包含大约 10000 个节点。为了在合理的时间内得到结果，模拟退火方法通常不能找到最小解。对具有 10680 个节点的电路，多环分配方法大约耗时 13min 找到成本为 216 的解，而模拟退火方法耗时 1 天找到成本约为 233（+9%）的解。

此外，图 8.24 给出了顶层的地弹曲线（80ns 时）。配置去耦电容之前的地弹曲线如图 8.24（a）所示，初始噪声幅值大约为 1.0V。与此相反，利用多环分配方法配置去耦电容后产生的地弹较小，十分接近目标值（0.25V），如图 8.24（b）

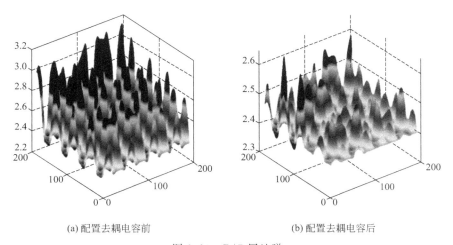

(a) 配置去耦电容前　　　　　　　(b) 配置去耦电容后

图 8.24　P/G 层地弹

所示。

　　我们进一步对比了基于噪声幅值和噪声积分配置去耦电容的运行时间和成本，均采用多环分配方法配置去耦电容。如表 8.7 所示，相比于噪声幅值优化，在相近的时间内噪声积分优化可以使去耦电容成本降低 7%。这是因为噪声幅值约束条件忽略了瞬态噪声波形的累积效应。相反地，噪声积分约束条件可以考虑噪声的脉冲宽度，并且采用瞬态噪声波形可以准确地预测去耦电容配置。因此，相比于采用噪声幅值的模拟退火方法，噪声积分可以使成本降低 16%[41]。

表 8.7　基于 SA 和 MRA 方法的去耦电容配置结果

电路(节点数 +I/O 数)	级数	合理位置数	分区数	SA-NA		MRA-NA		MRA-NI	
				运行时间	成本	运行时间	成本	运行时间	成本
280+40	0,1	20	4	192.2s	16	5.2s	10	5.4s	10
1160+160	0,1	80	4	2h	55	62.3s	50	64.2s	40
4720+640	0,1	320	4	7h	102	277.1s	96	280.2s	80
10680+1440	0,1,2	720	8	1d	233	783.7s	216	773.5s	200
19521+3645	0,1,2	1701	8	NA	NA	932.4s	277	972.2s	265
55216+10880	0,1,2,3	5440	16	NA	NA	51min	340	54min	312

　　下一节中，我们将更多地讨论 ICPS 中三维封装的最新进展。

8.3　TSV 3D 堆叠

8.3.1　3D IC 堆叠技术

　　近年来，IC 设计在 3D IC 堆叠技术的帮助下开始朝向 3D 方向发展。3D IC 堆叠能够实现更小的封装尺寸、更高的时钟速度以及异构集成，从而获得优异的性能，降低芯片成本。此外，3D IC 堆叠提供了许多新的设计自由度。3D IC 堆叠技术主要可以分为 3D 系统级封装（3D SIP）和基于 TSV 技术的 3D IC 集成[54,55]。

　　目前许多半导体封测服务企业都提供 3D SIP 封装服务，例如 ASE、SPIL 以及 ChipMOS 公司。3D SIP 技术通常采用两种堆叠方式：引线键合与 PoP 堆叠[55]。前者主要用于子系统集成，例如闪存（Flash）与静态随机存取存储器（SRAM），逻辑器件（Logic）与存储器，比如动态随机存取存储器（DRAM）、非易失性存储器等。如图 8.25（a）所示，两个芯片垂直堆叠成金字塔形状，并通过边缘的键合引线实现互连。采用这种堆叠方法可以显著减小封装的整体尺寸以及信号线和电源线的长度，从而提高电源效率和信号完整性，但是芯片之间的互连点只能位于芯片边缘，从而限制了互连数目。此外，采用引线键合堆叠方法时，上层芯片的尺寸必须比下层芯片小，从而限制了堆叠层数。作为引线键合方法的"升级"版本，PoP 堆叠技术允许堆叠更多芯片和更多互连，如图 8.25（b）所示。首先利用凸点或者键合引线将每个芯片连接到芯片载体上，然后将全部芯片载体像多层建筑一样堆叠起来。PoP 堆叠技术的一个主要优点是能够实现异构集成，例如 RF、电源管理、处理器、天线、传感器等采用不同技术制造的多功能模块，通常称之为"E-CUBE"[56]。

　　不同于相对成熟的 3D SIP 封装技术，基于 TSV 的 3D IC 集成仍处于研究阶

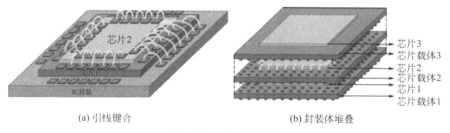

(a) 引线键合　　　　　　　　(b) 封装体堆叠

图 8.25　3D SIP 堆叠

段[57,58]，如图 8.26 所示。目前已经有一些能够提供该服务的半导体封测企业，例如 ALLVIA、Austriamicrosystems、AVIZA Technology 的 Versalis FXP 系统[59]、MIT 林肯实验室、Tezzaron 以及 Ziptronix 公司。与 SIP 技术相比，TSV 技术在芯片集成方面主要有两个优势：通孔尺寸小和异构集成。相比于现有的 3D SIP 封装技术，TSV 技术能够显著减小通孔和节距尺寸，TSV 直径可以低至 $1\sim 5\mu m$，节距尺寸可以低至 $2\sim 10\mu m$，比 SIP 技术减小了 10 倍以上[54]。类似与 3D SIP 中的 "E-CUBE"，TSV 能够以更薄更紧凑的方式将两种或更多不同技术的芯片集成在同一个封装中。通过晶圆减薄工艺，每层芯片的厚度可以小于 $20\mu m$，相比于 $700\mu m$ 厚的硅基板可以忽略不计[60]。另外，通过减小通孔和节距尺寸，能够获得更密集的层间互连和更好的信号完整性，并且具有较小的面积成本和寄生电容[55]。

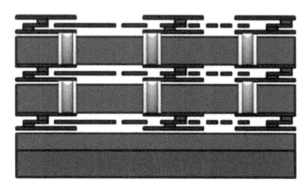

图 8.26　基于 TSV 的 3D IC 堆叠

　　一般来说，基于 TSV 的 3D IC 集成有 3 种键合方式：面对面、面对背以及背对背，如图 8.27 所示。面对面键合可以采用凸点或 Cu-Cu 热扩散键合工艺[61]，由于互连界面比较紧密，所以面对面键合具有最佳的性能且成本较低，但只能键合两个芯片。面对背以及背对背键合可以键合多个芯片，其中也需要 TSV。

　　此外，根据不同的 IC 制作工序，TSV 制作工艺可以分为先孔（via-first）、中孔（via-middle）、后孔（via-last）和之后孔（via-after）工艺[62]。先孔工艺是在前段制程（FEOL）工艺之前，于裸 Si 或者 SOI 晶圆上制作 TSV；中孔工艺是在前段制程和后段制程（BEOL）工艺之间制作 TSV；后孔工艺是在后段制程和键合

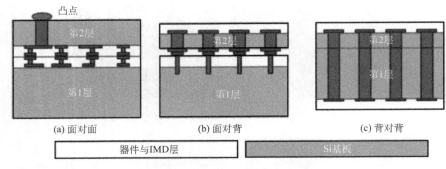

(a) 面对面　　　　　　(b) 面对背　　　　　　　(c) 背对背

| 器件与IMD层 | Si基板 |

图 8.27　常见的键合方式

工艺之间制作 TSV；之后孔工艺是在键合工艺之后制作 TSV。通常，先孔工艺的通孔直径（1~10μm）比后孔工艺（10~50μm）更小。所有这些工艺均有所应用，由于制作成本较低，目前后孔和中孔工艺是最受关注的关键领域[62]。

最后，如图 8.28 所示，可以采用的一些 TSV 堆叠技术包括：晶圆上堆叠晶圆，晶圆上堆叠芯片以及芯片上堆叠芯片[54]。考虑到热应力的影响，晶圆上堆叠晶圆更适用于同类技术键合，而晶圆上堆叠芯片和芯片上堆叠芯片更适用于异类技术键合[54]。晶圆上堆叠晶圆为单步操作，因而成本相对较低[63]，不过会受到不合格芯片累积良率损失的影响，即使有些不合格芯片在预键合测试时就已知，但是仍然需要与整个晶圆键合。根据预键合测试结果，晶圆上堆叠芯片和芯片上堆叠芯片可以更加灵活，例如，只有已知合格芯片（KGD）可以被分选出来用于键合，但其成本会更高，我们将在 8.3.2 节中更为详细地解释。

(a) 晶圆上堆叠晶圆　　　　(b) 晶圆上堆叠芯片　　　　(c) 芯片上堆叠芯片

图 8.28　TSV 堆叠技术

借助于上述所有的 3D IC 堆叠技术，毫无疑问 IC 技术将在 3D 领域更快地发展，我们预计 TSV 的应用将在这场革命中扮演基础性的重要作用。然而，在采用 TSV 构建 3D IC 世界的过程中，我们还面临着许多尚未解决的关键问题。在本节的第二部分，我们将阐述 TSV 应用的主要挑战，并简要回顾众多研究人员为解决这些问题所作出的努力。在本节的最后，我们详细讨论了两个关键挑战的解决方法。

8.3.2　挑战

关于 3D IC 集成，文献［64］提出了许多与 TSV 相关的问题，例如已知合格芯片要求、测试方法、设计自动化、芯片散热以及其他与制造工艺相关的问题。实际上，大多数问题都相互关联，并且可以分为两个方面：热/电源问题与测试问题。

8.3.2.1　3D IC 中的热和电源分布

以如图 8.29 所示的基于 TSV 的 3D 堆叠封装，说明 3D IC 集成的热和电源分布问题。

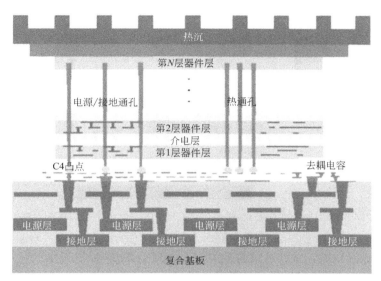

图 8.29　典型的基于 TSV 的 3D 堆叠封装

　　3D IC 集成的电源分布问题可以从两种角度加以理解。第一，电源效率和噪声达标。如图 8.29 所示，3D IC 的电源由底部封装通过 C4 凸点提供。假设每个器件层消耗的电流是相同的，那么通过电源/接地通孔的平均电流会随着层数的增加而不断增大。因此，需要设置大量的 TSV 以减小 TSV 中总的电阻损失。实际情况中，每个器件层消耗的电流可能不同，所以通孔分配会更加复杂。第二，在 3D IC 中，更多的电流槽连接到了相同的电源/接地线上，这会带来更大的片上同步开关噪声。片外去耦电容可能无法有效减少片上同步开关噪声，并且 3D IC 内部会产生一些感应回路引起相互干扰，如图 8.30 所示。建议通过合理分配电源/接地 TSV 解决以上两个问题[65~67]。

　　热分布是 3D IC 集成面临的另一个重大挑战。因为芯片之间介电层的热导率比 Si 基板低得多[68]，产生的热功率很容易聚集并形成热点[69]。高温条件下，器件和互连的性能会大大降低[70~73]。由图 8.29 可知，随着器件层数的增加，热阻逐渐降低，并且底部第 1 层器件层与热沉之间的热阻最高。如文献[74]中所述，合理分配信号 TSV 可以在引线长度和芯片温度之间取得平衡。此外，为了缓解底层的热应力，建议设置热 TSV（假 TSV）以提高整个 3D IC 的有效热导率[75]，如图 8.29 所示。然而，这些热 TSV 会增加芯片面积，并且减少了信号线和电源线的布线资源。

　　现代超大规模集成电路（VLSI）设计要求芯片内部具有动态电源管理，例如双核或四核处理器。因此，实际的热模型不仅随空间变化，而且也随时间变化。如文献［76，77］所提出的，可以采用随时间变化的热功率输入对动态热模型进行研究，该功率定义为周期精确功率对数个热时间常数的滑动平均值，如图 8.31 所示。在这种方法中，输出端口随时间和空间变化的温度可以通过定义时间和空间的完整

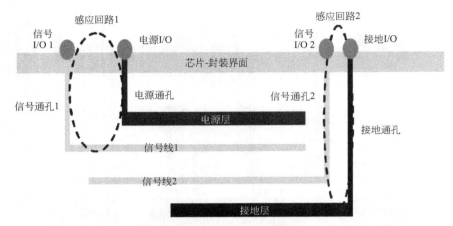

图 8.30 采用垂直电源/接地通孔供电及其对感应电流回路的影响

积分进行估算[78]。因此，芯片中不同的位置在不同的时间达到各自最坏情况下的温度。由于温度激增，器件的可靠性可能会受到显著影响。

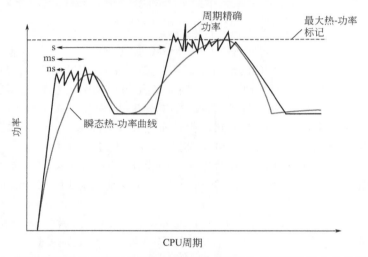

图 8.31 不同时间常数尺度下的周期精确功率、瞬态热功率以及最大热功率的定义

为了解决动态热功率和热完整性问题，提出了分布式热 RC 模型和电 RLC 模型以实现计算机辅助分析[79]，数学描述如下：

$$Gx(t) + C\frac{\mathrm{d}x(t)}{\mathrm{d}t} = BI(t), \quad y(t) = L^{\mathrm{T}}x(t) \tag{8.34}$$

或在频域（s）

$$(G + sC)x(s) = BI(s), \quad y(s) = L^{\mathrm{T}}x(s) \tag{8.35}$$

式中，B 为拓扑矩阵，用来描述具有注入输入源的 p_i 输入端口；L 也为拓扑矩阵，用来描述探测热或电源完整性并调整通孔密度的 p_o 输出端口。

为了解决与热和电源完整性相关的通孔分配问题，需要计算机辅助设计自动化以及基于模型的计算。这也是一个非常具有挑战性的任务，可以通过 3 个步骤加以解决，我们将在本节的第三部分进行详细讨论。

8.3.2.2　3D IC 测试

3D IC 集成的良率随着芯片数目的增加而呈指数下降。假设芯片良率为 90%，不考虑堆叠工艺的良率，则堆叠 6 个芯片的良率仅为 50%，并且会大幅增加 3D IC 的成本。因此，为了提高 3D IC 堆叠的良率，集成已知合格芯片至关重要[80~82]。

然而，在进行 3D IC 堆叠时，找到已知合格芯片并不容易，必须在堆叠之前对各层芯片进行预键合测试，其中主要包括两个部分：探测接口，例如键合焊盘或凸点；功能完整性，意味着测试过程中被测芯片必须能够实现所需的实际功能。

对于单层晶圆芯片，一般通过探测键合焊盘或凸点对每个芯片的功能进行检验。对于单层 2D IC，可以通过芯片表面的键合焊盘或凸点直接对所有 I/O 进行测试。但是对于 3D IC，需要额外的焊盘和走线连接到内层芯片，以保证可测试性，如图 8.32 所示。增加额外的焊盘和走线不可避免地减少了内层芯片的使用面积，并且增加了 3D IC 的成本。不过内层焊盘占据的面积并不会完全浪费，文献 [81] 中建议，通过合理布置测试焊盘，可以将其作为片上去耦电容。

功能完整性是 3D IC 预键合测试中的另一项挑战，主要表现在电路划分和综合时钟树两个方面。如文献 [83] 中所提到的，3D IC 划分方法有 3 种层面的粒度：技术层面、结构层面和电路层面。技术层面划分主要针对不同的芯片层，因而可以利用额外的走线和测试焊盘进行预键合测试。预键合测试的主要挑战来自于结构层面和电路层面，如图 8.32 所示，如果模块 1 和 2 是结构层面划分的子模块，并且必须连接在一起以实现特定的功能，那么问题就是"如何对他们单独进行预键合测试"。

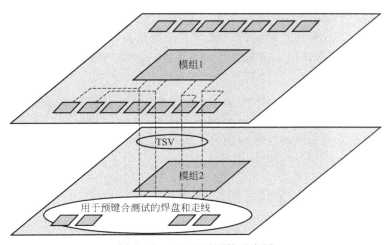

图 8.32　3D IC 可测性示意图

为了解决未完成阶段电路的预键合测试问题，文献 [81，84] 提出了基于扫描链的设计方法。首先，将各层芯片上的模块划分为多个"岛"，其间放置有寄存器。

在正常工作条件下，数据可以在岛之间自由地追踪，而在测试模式中，这些寄存器可以作为桥将测试模式嵌入到每个"岛"中。层测试控制器（LTC）可以用于管理各层芯片上所有的寄存器，并连接测试焊盘进行预键合测试，也可以用于后键合测试中与全局测试控制器进行通信。文献［80，85］还提出了传统的基于2D总线的测试访问机制（TAM）方法，以解决3D IC预键合测试问题。测试访问机制方法促成了模块化基础上的预键合可测试性，选定模块之后，将其从周围的模块中隔离，并通过测试访问机制总线进行测试。

3D时钟树设计是预键合可测性问题最根本的挑战。首先，每层芯片必须有一个完整的2D时钟树进行预键合测试。其次，必须有完整的3D时钟树用于3D IC的正常工作。不幸的是，最优2D时钟结构通常与3D时钟结构不同，并且最优3D时钟结构通常无法进行预键合测试[81,82]。此外，综合3D IC中的时钟信号有几个限制条件，例如信号偏移和延迟。在设计阶段，通常要求时钟信号对不同模块输入的偏移为零。为了同时解决3D时钟分配和预键合可测性问题，文献［82］提出了预键合测试时钟树设计。这种方法的主要思想是将多余的时钟树加入到优化的3D时钟树中，以实现预键合可测试性，并采用传输门（TG）断开所有冗余的时钟树，以避免不必要的电容性负载。

图8.33（a）给出了3D时钟树的概念，利用TSV将时钟信号分配到不同的芯片层。用于预键合测试的2D冗余时钟树如图8.33（b）所示。通过图8.33（c）所示的传输门，在预键合测试阶段将2D冗余树与时钟树连接，并在芯片堆叠后断开。图8.33（d）给出了最终的3D时钟结构，由3D时钟树和2D冗余树构成。

TSV的可靠性也十分重要[86]，因为一个TSV失效会导致整个芯片失效，这是不可接受的。为了提高TSV的可靠性，提出了各种冗余技术。Samsung在其8GB DDR3 3D DRAM中对TSV进行分组，包括2个备用TSV和4个信号TSV[58]。另一个解决方法是为每个信号TSV添加一个备用TSV[87]，从而显著提高芯片的可靠性。这种方法虽然可以提高芯片良率，但是会增加芯片面积。因此，挑战在于降低TSV数量且不降低芯片的可靠性，这个问题将在下节详细讨论。

8.3.3　解决方法

本节主要阐述将TSV应用于3D IC集成所面临的挑战，众多研究人员都在致力于解决这些问题，但仍有许多尚未解决的电源/热完整性和预键合测试方面的问题。本节重点关注其中的两大关键问题，第一部分解决了与电源和热完整性相关的TSV分配问题，第二部分给出了一种全新的方法，可以减少TSV的数量并保证芯片的可靠性。

8.3.3.1　考虑动态电源/热完整性的3D IC自动化设计

正如上节所述，需要利用设计自动化和模型计算方法解决与电源和热完整性相关的TSV分配问题。首先从形式上确定问题，然后通过3个步骤求解：①建立和简化所考虑的热和电源模型；②建立和简化所考虑的热/电源 I/O 端口；③在3D IC中找到最低的TSV密度，能够同时保证热和电源完整性。

（1）TSV分配问题　一般来说，金属TSV也是良好的热导体，有助于3D IC

(a) 芯片堆叠后的3D时钟树

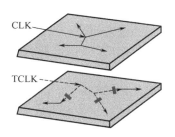

(b) 芯片堆叠前，每个芯片的2D时钟树

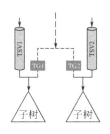

(c) 冗余树的连接结构

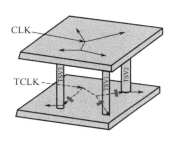

(d) 3D时钟结构

图 8.33　3D 时钟树，2D 冗余时钟树，以及 3D 时钟结构

散热。在我们的方法中，通过调整 TSV 密度解决热和电源完整性问题需要满足以下约束条件，第一个是温度梯度（T_t）和地弹（V_t）的完整性约束，第二个是对信号网络拥塞的资源约束，例如最大和最小 TSV 密度（$n_{\min}$，$n_{\max}$）。

此外，利用热完整性积分[88]表示温度的急剧转变以及随时间累积的温度影响，以此衡量第 j 个（$j=1, \cdots, p_o$）输出端口的动态热完整性：

$$f_j^T = \int_{t_0}^{t_p} \max[y_j(t), Tc]\mathrm{d}t = \int_{t_s}^{t_e}[y_j(t) - T_r]\mathrm{d}t \tag{8.36}$$

式中，脉冲宽度(t_s，t_e)在足够长的时间周期 t_p 内都在热常数尺度(ms)内，$y_j(t)$ 是第 j 个输出端口的瞬态温度波形，T_r 是参考温度。

另外考虑到底部器件层 p_o 输出端口的空间差异，通过归一化求和定义总体热完整性：

$$f^T = \frac{\sum\limits_{j=1}^{p_o} f_j^T}{t_p^T p_o} \tag{8.37}$$

这种热完整性测量考虑了随时间和空间的温度变化。类似地，电源完整性积分 f_j^V 定义为第 j 个具有参考电压 V_{dd} 的电源 I/O 和接地 I/O，在电常数尺度(ns)区间 t_p^V 中的积分。对于具有参考电压 V_r 的 p_o I/O(0 对应于接地通孔，V_{dd} 对应于电源通孔），其整体电源完整性 f^V 的定义与 f^T 类似。

总之，TSV 分配问题可以总结如下：

① 电源 / 接地 I/O 对 p_o 输出端口的有限地弹 V_t；

② 底部器件层对 p_o 输出端口的有限温度梯度 T_t；

③ 最少的 TSV 数。

也可以用数学形式表示为：

$$\min \sum_{j=1}^{p_0} n_j$$

$$\text{s. t. } f^V \leqslant V_t, \quad f^T \leqslant T_t$$

和

$$n_{\min} \leqslant n_j \leqslant n_{\max} \tag{8.38}$$

式中，n_j 为在第 j 条路径的 TSV 密度；V_t 和 T_t 分别为目标地弹和温度梯度；f^V 和 f^T 分别为电源完整性和热完整性指标。

（2）算法　利用上述方程求解 TSV 分配问题比较困难，原因在于：①要考虑众多的输入输出点；②分布式热 RC 和电 RLC 模型十分复杂，难以利用有限的计算能力进行求解；③作为设计优化方法，灵敏度是我们主要关注的问题，而非标称响应。因此，对于设计自动化，应当研究缩减状态和 I/O 技术并得到灵敏度的结果。

（3）缩减状态复杂性　正如文献 [89，90] 中所示，可以通过模型降阶得到占主导的状态变量和紧凑宏模型。占主导的状态变量与块 Krylov 子空间有关：

$$K (A, R) = \{A, AR, \cdots A^{q-1}R, \cdots\}$$

块 Krylov 子空间在某一频率 S_0，通过扩展系统传递函数

$$H (s) = L^T (G+sC)^{-1} B$$

由矩阵

$$A = (G+s_0 C)^{-1} C, \quad R = (G+s_0 C)^{-1} B$$

构造得到。

采用块 Arnoldi 迭代方法[90]，可以找到包含 q 阶块 Krylov 子空间的低维度投影矩阵 Q $(N \times q \times p_i)$

$$K (A, R, q) \subseteq Q$$

原始系统可以通过投影矩阵 Q 实现降阶

$$H (s) = L^T (G+sC)^{-1} B$$

相应地，降阶的系统传递函数变为

$$\widetilde{H} (s) = L^T (G+sC)^{-1} B$$

正如文献 [89，90] 所证明的，通过匹配在频率点 s_0 扩展的第一个 q 块矩，

使得降阶的 $\hat{H}$ 与原始系统的传递函数 H（s）近似。对于热 RC 和电 RLC 线路，可以利用这个步骤得到紧凑宏模型。

通常有大量的输入端口，并且还需要大量输出探针监测系统的完整性。在我们的热 RC 和电 RLC 模型中，多输入多输出（MIMO）技术给基于投影的模型降阶带来了挑战。降阶后，多输入多输出系统的维度 $\hat{H}$（$\in R^{p_o \times p_i}$）取决于输入输出端口数 p_i 和 p_o。因此，当 p_i 和 p_o 都很大时，需要进一步压缩端口数量以建立有效的宏模型。然后，通过相关性研究确定少量的主输入和主输出端口。

（4）I/O 复杂性压缩　通常，每个器件层可能有成千上万的热-功率源注入，或者在 I/O 处有数百个开关电流源注入。宏模型的大小随着端口数的增加而增大，因而求解宏模型的计算成本仍然很高。由于电信号可以共享相同的时钟，并以相似的逻辑功能运行，所以某个输入端口处的电信号在时域中的波形可以显示出相关性。类似地，在那些有无门控时钟的区域之间，热功率可能有显著差别，但在具有相同模式的区域内可能十分类似，因为输入端口具有类似的随时间变化的工作周期。基于相关性，我们可以通过确定那些主要端口以减少 I/O 中的冗余。

我们称这种现象为输入相似性，通常输入矢量

$$I（t）= [I_1 I_1 \cdots I_{p_i}] \in R^{p_i \times 1} \tag{8.39}$$

在物理设计过程中是已知的，可以通过在足够长的周期 $[0, T_p]$ 内，在 N 个时间点采集一组"快照"进行表示

$$\begin{bmatrix} I_1（t_0） & \cdots & I_1（t_N） \\ \vdots & \ddots & \vdots \\ I_{p_i}（t_0） & \cdots & I_{p_i}（t_N） \end{bmatrix} \tag{8.40}$$

采样循环的时间尺度与热功率(ms)和开关电流(ns)不同。根据本征正交分解（POD）分析[91]，相似性可以利用相关矩阵（或 Grammian）进行数学描述，利用协方差矩阵进行估算

$$R = \frac{1}{N} \sum_{\alpha=1}^{N} \{[I（t_\alpha）- I]I（t_\alpha）- I\}^T \in R^{p_i \times p_i} \tag{8.41}$$

I 为平均值矢量，定义为

$$I = \frac{1}{N} \sum_{\alpha=1}^{N} I（t_\alpha） \tag{8.42}$$

通常，输入矢量 $I(t)$ 是周期性的，并且各周期内的波形可以通过分段线性模型近似。

输出相似性定义为输出端口的响应，并通过输出相关矩阵测得。为了提取与输入无关的输出相关矩阵，我们假设输入矢量 $I(s)$ 中的输入端口 p_i 都是单位脉冲源 $h(s)$，并定义输入端口矢量 $J(s)$ 为

$$J = BI(s), \ \in R^{1 \times N} \tag{8.43}$$

其中包含单位值为"1"的 p_i 非零输入。因此，算得 p_o 的输出响应 $y(s)$ 为

$$y(s) = L^T (G + sC)^{-1} J = [y_1(s), \ y_2(s), \ \cdots, \ y_{p_o}(s)] \in R^{p_o \times 1} \tag{8.44}$$

在频域中提取相应的输出相关矩阵。同样，输出信号可以通过在足够宽的频带 $[0, s_{\max}]$ 内，在 N 个频点采集一系列"快照"进行表示

$$\begin{bmatrix} y_1(s_0) & \cdots & y_1(s_N) \\ \vdots & \ddots & \vdots \\ y_{p_i}(s_0) & \cdots & y_{p_i}(s_N) \end{bmatrix} \tag{8.45}$$

对于温度，$s_{\max}$ 位于低频范围内；对于电压，$s_{\max}$ 位于高频率范围内。频域内的协方差矩阵定义如下

$$R = \frac{1}{N} \sum_{\alpha=1}^{N} [y(s_\alpha) - \overline{y}][y(s_\alpha) - \overline{y}]^T \in R^{p_o \times p_o} \tag{8.46}$$

用以估算输出端口 p_o 之间的相关矩阵。

$\overline{y}$ 为平均值矢量，定义为

$$\overline{y} = \frac{1}{N} \sum_{\alpha=1}^{N} y(s_\alpha) \tag{8.47}$$

令 $V = [v_1, v_2, \cdots, v_K] (\in R^{N \times K})$ 作为输入相关矩阵 R 的第一个 K 奇异值矢量，$W = [w_1, w_2, \cdots, w_K] (\in R^{N \times K})$ 作为输出相关矩阵 R 的第一个 K 奇异值矢量，所有奇异值矢量通过 (V, W) 的奇异值分解获得。K 阶矩阵 p_i 可以通过 $P_i = VV^T$ 构造，而 K 阶矩阵 P_o 可以通过 $P_o = WW^T$ 构造。如文献 [90] 中所示，相关矩阵 (R, R) 本质上是令原始状态 $[I(t), y(s)]$ 与其 K 阶近似值 $[P_i I(t), P_o y(s)]$ 的误差平方和最小的解。因此，输入信号 $I(t)$ 和输出信号 $y(s)$ 都可以通过 V 列和 W 列的不变（或显性）子空间分别近似为：

$$I = VI_K, \ y = Wy_K \tag{8.48}$$

基于式 (8.48)，得到下面的等效系统方程

$$(G + sC) \ x_K \ (s) = B_K I_K \ (s), \ y_K \ (s) = L_K^T x_K \ (s) \tag{8.49}$$

其中

$$L_K^T = W^T, \ B_K = BV \tag{8.50}$$

因此，当 $K \ll p_i$ 和 p_o 时，能够显著降低 $L (\in R^{N \times p_o})$ 和 $B (\in R^{N \times p_i})$ 的维度。我们称 I_K 和 y_K 为主输入和主输出端口，分别由主输入和主输出端口矩阵 B_K 和 L_K 确定。

（5）基于结构化和参数化宏模型的动态完整性和灵敏度　前面问题公式化中的设计参数为路径上的 TSV 密度，通过搜索各种组合盲目分配 TSV 并非不可能，但计算成本较高。因此，我们根据 TSV 密度变化引起的输出端口变化，即灵敏度，确定 TSV 密度。

为了计算灵敏度，首先令标称系统（8.35）参数化。某一路径上添加的 TSV 由两个参数描述：TSV 的密度 n_j 以及连接 TSV 到标称系统的拓扑矩阵 X_j。因此，参数化的状态空间为

$$(G + sC + \sum_{-j=1}^{-p_o} n_j g_j + s\sum_{-j=1}^{-p_o} n_j c_j)x_K(n, s) = B_K I_K(s)$$
$$y_K(n, s) = L_K^T x_K(n, s) \tag{8.51}$$

类似于文献[78,88,92~95]，我们将 $x(n, s)$ 展开为关于 n_j 的泰勒级数，并引入新的状态变量 x_{ap}

$$x_{ap} = [x^{(0)}, x_1^{(1)}, \cdots, x_{p_o}^{(1)}]^T \tag{8.52}$$

其中包含标称响应 $x^{(0)}$ 及其关于 p_o 参数 $[n_1,\cdots,n_{p_o}]$ 的一阶灵敏度 $[x_1^{(1)},\cdots, x_{p_o}^{(1)}]$，得到的总体响应为

$$x = x^{(0)} + \sum_{-j=1}^{-p_o} x_j^{(1)}$$

将式（8.52）代入式（8.51），可以利用

$$(G_{ap} + sC_{ap})x_{ap} = B_{ap}I_K(s), \ y_{ap} = L_{ap}^T x_{ap} \tag{8.53}$$

将式（8.51）重新表示为具有增强维度的参数化系统，其中 G_{ap} 和 C_{ap} 具有下三角块结构，并通过块向后置换求解 $x_{ap}^{[77, 88, 92\sim95]}$。

为了进一步压缩状态矩阵 G_{ap} 和 C_{ap} 的维度，我们首先从式（8.53）的矩展开构造一个低维度子空间 Q_{ap}，然后将 Q 转化为块对角形式 Q_{ap}。Q_{ap} 块正交归一化之后，我们利用 Q_{ap} 对式（8.53）进行两侧投影，并得到具有下三角块结构的降维系统。我们称所得到的宏模型为结构化和参数化宏模型，并保证了模型精度以匹配原始模型的主矩。更重要的是，由于结构不变，与 TSV 密度变化相关的灵敏度和标称响应可以同时计算。因此，结构化和参数化宏模型可以比较容易地嵌入到 TSV 分配问题的优化流程中。

求解式（8.38）的整体优化流程如图 8.34 所示，其输入包括两部分，第一部分是具有 K 个主输入端口和 K 个主输出端口的主系统，即式（8.53），第二部分是用户提供的温度限制 T_{max}、地弹限制 V_{max}、信号网络拥塞限制 n_{max} 以及电流密度限制 n_{min}。然后，一次性建立结构化和参数化宏模型，并一次求解 K 个主输入端口对每种微扰分配方式的标称响应和灵敏度。如果 K 条主路径不能满足完整性约束条件，则根据灵敏度增加 TSV 密度矢量 n。这个过程反复进行，直到满足完整性约束条件。这个算法的详细说明参见文献[92]。

算法:基于灵敏度的 TSV 分配
1. Input:K 主输入端口,K 主输出端口,最高温度限制 T_{max},最大地弹限制 V_{max},信号网络拥塞限制 n_{max},电流密度限制 n_{min};
2. 建立结构化和参数化宏模型;
3. 计算标称电压(V)/温度(T)及灵敏度 S_V/S_T;
4. 检查所有区块的 V_{max} 与 T_{max} 约束;
5. 根据加权灵敏度 S 在区间(n_{min},n_{max})内增加 TSV 密度 n;
6. 更新结构化和参数化宏模型;
7. 重复步骤 3 直至满足步骤 4;
8. 输出:TSV 密度矢量 n。

图 8.34　采用宏模型并基于灵敏度的 TSV 分配算法

（6）结果

① 实验设置。借助于 C 语言和 Matlab,在一个具有 2G 内存的 Sun-Fire-V250 工作站上进行实验。我们称热 TSV 和电源/接地 TSV 分配为顺序优化,称针对电源和热完整性的电源/接地 TSV 分配为同步优化。此外,采用稳态分析计算静态完整性[96~98]。我们利用具有静态完整性的顺序优化作为基准,比较具有动态完整性的顺序优化和本研究中所提出的具有动态完整性的同步优化。电学、热学常数以及芯片尺寸都与文献[92]相同,目标电压越限 V_t 为 0.2V,目标温度 T_t 为 52℃,假设 3D 堆叠结构具有 2 层器件层和 2 层介电层。此外,本实验还采用了 1 个热沉和 2 层 P/G 层。

② 结果分析。底部器件层 i 的稳态温度分布如图 8.35 所示。实验假定所有热-功率源位于器件层一侧,底层芯片的初始温度为 150℃,分配 TSV 之前的稳态温度分布如图 8.35（a）所示。相反地,分配 TSV 之后的芯片温度较低,接近目标温度,如图 8.35（b）所示。可以看出,即使达到稳定状态,温度仍然是空间变量。因此,完整性的准确测量需要考虑所选探测端口的时间和空间平均完整性。

基准电路的详细说明见表 8.8。表 8.9 对比了不同优化方法的运行时间和分配的 TSV 数量,表中第 2、3 列给出了运行时间和分配的 TSV 数量的基准,第 4~8列给出了采用动态完整性优化的结果。具体来说,第 4 列给出了采用无端口压缩宏模型得到的瞬态分析运行时间,第 5 列给出了采用顺序优化分配的 TSV 数量,第 6列给出了采用端口压缩宏模型进行瞬态分析的运行时间,第 7、8 列分别给出了采用顺序和同步优化分配的 TSV 数量。

采用宏模型降低了求解电源和热完整性及其灵敏度的计算成本。相比于未采用端口压缩的宏模型,端口压缩宏模型能够将总运行时间减少 16 倍,即可得到类似的分配结果。相比于采用全矩阵分析的稳态分析,端口压缩宏模型能够将总运行时间减少 127 倍。对于规模最大的分配 TSV 的例子,稳态分析方法比端口压缩宏模型的运行时间更长。相比于精确的瞬态波形,由宏模型引入的最大瞬态波形差约为 7%。

进一步对比了顺序热/电源优化与同步热/电源优化,两种方法均采用动态完整性分配 TSV。相比于采用静态完整性的顺序优化,同步优化可以使 TSV 的成本

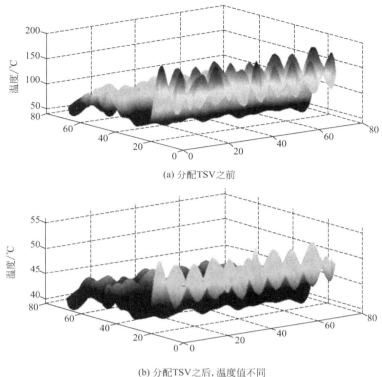

(a) 分配TSV之前

(b) 分配TSV之后, 温度值不同

图 8.35　底部器件层的稳态温度分布图

降低 34％，相比于采用动态完整性的顺序优化，同步优化可以使 TSV 的成本降低 22％。这表明，除了电源／接地 TSV 以外，再额外分配热 TSV 会增加 TSV 的成本，而电源／接地 TSV 的再利用可以降低 TSV 的成本。

表 8.8　原始电路和简化电路的复杂性，包括：尺寸、输入端口数量和输出端口数量

电路	总区块数	缩减尺寸(T,V)	输入源数(T,V)	K 输入(T,V)	输出路径数(T,V)	K 输出(T,V)
电路 1(2 层)	1.9k	(30, 80)	(10, 20)	(10, 20)	4^2	(4^2, 4^2)
电路 2(2 层)	6k	(15, 48)	(100, 200)	(5, 8)	4^3	(6, 4)
电路 3(2 层)	12k	(80, 160)	(300, 600)	(10, 16)	4^4	(8, 5)
电路 4(2 层)	27k	(96, 180)	(1k, 2k)	(12, 18)	4^4	(10, 8)
电路 5(2 层)	52k	(96, 220)	(1k, 3k)	(12, 20)	4^5	(12, 14)

表 8.9　采用稳态分析的顺序优化，采用瞬态分析的顺序优化以及采用瞬态分析的同步优化，3 种优化方法分配的 TSV 数量和运行时间对比

电路	稳态（直接）		瞬态（MACRO -1）		瞬态（MACRO -2）		
	运行时间 /s	顺序优化的 TSV 总数	运行时间 /s	顺序优化的 TSV 总数	运行时间 /s	顺序优化的 TSV 总数	同步优化的 TSV 总数
电路 1 (2 层)	5.4	178800	0.63	153800 (－13％)	0.63	153800 (－13％)	112800 (－36％)

电路	稳态（直接）		瞬态（MACRO -1）		瞬态（MACRO -2）		
	运行时间 /s	顺序优化的 TSV 总数	运行时间 /s	顺序优化的 TSV 总数	运行时 间 /s	顺序优化的 TSV 总数	同步优化的 TSV 总数
电路 2 （2 层）	29.7	184900	0.81	159600 （−13％）	0.56	159600 （−13％）	118200 （−36％）
电路 3 （2 层）	182.2	218100	18.6	183800 （−16％）	4.2	184200 （−15％）	136200 （−38％）
电路 4 （2 层）	1269.2	234800	165.7	199000 （−15％）	10.3	199600 （−15％）	145600 （−38％）
电路 5 （2 层）	NA	NA	NA	NA	41.2	208600 （NA）	154200（NA）

注：瞬态分析采用两种宏模型，宏模型 -1 未采用端口压缩，宏模型 -2 采用端口压缩。

8.3.3.2　容错 3D 时钟方案

正如 8.3.2 节所讨论的，时钟信号对 3D IC 的预键合可测试性至关重要。此外，减少时钟信号 TSV 的数量以提高 TSV 的可靠性也十分重要。为此，提出了 TSV 容错单元（TFU）以达到与双 TSV 方法同样的可靠性，并显著减少 TSV 的数量[99]。

（1）基于 TFU 的时钟设计　如图 8.33 所示，时钟信号通过由 TSV 连接的 3D 时钟树传递到不同芯片层，一旦某个 TSV 失效，则无法将时钟信号传递至与 TSV 相连的子树，从而导致芯片故障。为了解决这个问题，可以为每个子树提供冗余路径，当某个 TSV 失效时，可以利用对应的冗余路径代替原路径传递时钟信号。从概念上讲，这个想法比较简单，但实现起来比较困难：有许多不同的方式设计这种冗余路径（例如双 TSV），并且每种方式都会增加芯片面积。我们希望选择一种面积成本最小的方式。

接下来，我们首先引入 TSV 容错单元，然后讨论对 TSV 容错单元的设计思路，最后解释如何将所提出的 TSV 容错单元与 3D 时钟方案综合方法结合起来。

（2）算法

① TSV 容错单元。TSV 容错单元的主要思想是再利用一部分 2D 冗余树作为 TSV 的冗余路径。图 8.36(a) 给出了 TSV 容错单元的设计，由两个 TSV 构成，每一个 TSV 都带有一个复接器。

配置 3 个传输门和 2 个复接器，用于确定时钟信号的路径。在后键合阶段有两种配置方式：第一，当 2 个 TSV 都完好时，3 个传输门都关闭，2 个复接器由对应的 TSV 选择时钟信号，即通过 TSV1 和 TSV2 传递时钟信号；第二，当其中一个 TSV 发生故障（假设为 TSV2）时，TG1 关闭，其余 2 个传输门打开，此时对应的复接器选择通过 TSV1 和冗余路径传输的时钟信号。在预键合阶段有一种配置，3 个传输门都打开，时钟信号通过 2D 冗余树传递。含有 TSV 容错单元的容错 3D 时钟方案如图 8.36(b) 所示。

要实现这样的 TSV 容错单元，需要解决两个基本问题：第一，我们需要决定如何配对 TSV；第二，如果在 TSV 失效时使用冗余路径，我们需要利用附加缓冲器平衡时钟偏移。这两个问题将在下面详细讨论。

② TSV 配对和缓冲器插入。本部分主要讨论 TSV 配对和缓冲器插入。为了容许 TSV 失效，我们为每个 TSV 对插入一个 TSV 容错单元，配对的两个 TSV 彼此充当"备用"TSV。如果这两个 TSV 之间的距离过长，则会带来附加的互连电阻和电容，反过来又会增加时钟平衡的难度。因此，我们只配对可行范围 T 内的两个 TSV，并形成一个 TSV 容错单元。需要注意的是，范围 T 也不能过小，否则可能无法在其中找到任何 TSV 对。实验中，我们发现 $T=100\mu m$ 能够实现可配对 TSV 数量与延迟成本之间的最佳平衡。在可行范围内，TSV 容错单元的成本不会超过容许限制。需要注意的是，仍有可能无法在可行范围内为某一个 TSV 找到另一个配对 TSV，这时需要采用双 TSV 技术为该 TSV 提供保护。

虽然 TSV 容错单元能够容许 TSV 失效，但是当时钟信号通过冗余路径传递时，时钟延迟会发生变化。因此，当使用冗余路径时，时钟偏移可能会违反设计约束条件。为了解决这个问题，我们可以对每个复接器插入一个延迟缓冲器，如图8.36(a) 所示。当其中一个 TSV 失效时，利用缓冲器平衡由冗余路径带来的附加延迟。显然，缓冲器的延迟应当等于通过 TG2 和 TG3 的冗余路径的延迟(用于时钟信号传输的附加时间)。另外，在预键合测试过程中，复接器并未选择通过缓冲器的路径，所以不会产生任何影响。

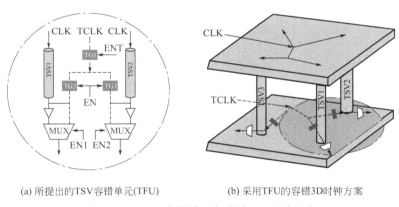

(a) 所提出的TSV容错单元(TFU)　　　　(b) 采用TFU的容错3D时钟方案

图 8.36　TSV 容错单元与容错 3D 时钟方案

需要注意的是，插入缓冲器可能会改变上游负载电容，进而改变信号延迟。为此，我们没有采用单个缓冲器，而是采用适当大小的缓冲链以匹配未插入 TSV 容错单元时的上游负载电容，从而保证整个时钟树的时钟偏移。

③ 集成 TFU 与时钟树综合。接下来讨论如何构建含有 TSV 容错单元的 3D 时钟树。因为 TSV 容错单元由可行范围 T 约束，所以 3D 时钟树中 TSV 的位置会影响 TSV 容错单元的数量。因此，最好是在时钟树综合过程中构建 TSV 容错单元。为了论证 TSV 容错单元结构的有效性，我们扩展了文献[98]中的聚类算法以综合 3D 时钟方案。然而，也可以采用其他自下而上的时钟树综合算法。

为了便于讨论，我们利用图 8.37 中的例子对我们的算法进行说明，2 层结构并包含 5 个接收器。图 8.37(a) 所示为通过连接两个节点得到的父节点，我们以自下而上的方式和最低的成本迭代形成新的父节点，从而得到时钟树拓扑结构。

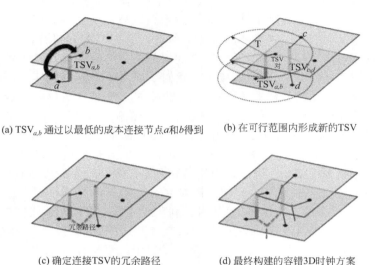

(a) TSV$_{a,b}$ 通过以最低的成本连接节点a和b得到　　(b) 在可行范围内形成新的TSV

(c) 确定连接TSV的冗余路径　　　　　(d) 最终构建的容错3D时钟方案

—— 3D时钟树　　---- 冗余树
● 第一层上的接收器　◆ 第二层上的接收器　▌TSV

图 8.37　构建容错时钟树

连接两个节点 N_a 和 N_b 的成本取决于平面几何距离，其定义如下

$$\text{Cost}_{N_a,\,N_b} = \begin{cases} 几何距离(N_a,\,N_b) & N_a,\,N_b\ 在同一层 \\ 几何距离(N_a,\,N_b) + \alpha \times \text{TSV}_{\text{length}} & 其他 \end{cases} \tag{8.54}$$

式中，参数 α 表示权重系数，考虑了采用 TSV 的成本。当成本最低的两个节点不在同一层中时，需要利用 TSV 进行连接。如图 8.37（a）所示，TSV$_{a,b}$ 连接的是节点 a 和节点 b。

创建完 TSV$_{i,j}$ 之后，我们开始在 TSV$_{i,j}$ 的可行范围 T 内寻找距离 TSV$_{i,j}$ 最近的配对 TSV，以构成 TSV 容错单元。如图 8.37（b）所示，节点 c 和 d 在 TSV$_{a,b}$ 的可行范围 T 内，通过建立 TSV$_{c,d}$ 与之配对，构成 TSV 容错单元。创建完一个 TSV 对之后，TSV 对之间的冗余路径可以在图 8.37（c）中确定。如果未找到配对 TSV，则采用双 TSV 技术保护 TSV$_{i,j}$。上述过程一直持续到建立完整个时钟树。

综合 3D 时钟树之后，我们按照文献[100]中讨论的算法继续在各层中综合其余的 2D 冗余树，最后得到的容错 3D 时钟方案如图 8.37（d）所示。此外，我们还结合了偏移感知缓冲器插入技术[101,102]，以解决时钟偏移率控制问题，当某个节点的下游电容超过最大电容值 C_{max} 时，就插入一个时钟缓冲器。整体算法如算法 1 所示。同样，这里需要强调的是，由于自下而上构建时钟树的过程中进行了 TSV 配对，所以各种自下而上的时钟树综合算法（例如文献[100,103]）均可以与我们提出的 TSV 容错单元相结合。

算法 1：3D 时钟方案综合

输入：将一组接收器分配到 N 个区
输出：包含 TFU 的 3D 时钟方案
初始化：将所有接收器放入池中
while 池不为空 do
　自下而上建立时钟树；
　if 需要 TSV_{ij} then
　　在可行范围 T 内寻找可能的配对 TSV
　if 找到配对 TSV then
　　选取距离 TSV_{ij} 最近的 TSV 构成 TFU
　else
　　采用双 TSV 技术
　end if
　end if
通过插入缓冲器优化时钟偏移
将父节点加入池中
end while，
综合每个区剩余的 2D 冗余时钟树

（3）结果

① 实验设置。我们利用 C＋＋语言实现了我们的算法，并对一些 3D 设计进行实验，包括具有 2 层结构和 55400 个时钟接收器的工业案例，其他设计则是堆叠来自 IBM 或 ISCAS89 的基准电路，所有设计都综合到一个工业 65nm 技术文库中。图 8.38 给出了实验采用的 TSV 模型[104]，导线单位长度的电阻和电容分别为 $r_w＝0.14\Omega$ 和 $c_w＝0.206fF$，每个缓冲器的最大负载电容为 200fF 以控制时钟偏移率，容错单元的可行范围 T 为 $100\mu m$。对工业设计的时钟偏移约束条件为 150ps，对其他基准电路的时钟偏移约束条件为 10ps。TSV 容错单元中的组件，例如缓冲器和

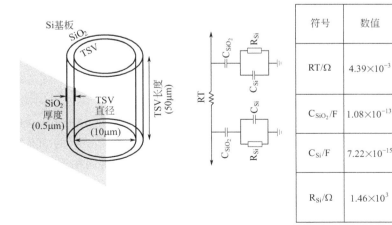

符号	数值
RT/Ω	4.39×10^{-3}
C_{SiO_2}/F	1.08×10^{-13}
C_{Si}/F	7.22×10^{-15}
R_{Si}/Ω	1.46×10^{3}

图 8.38　TSV 模型

复接器，均由同一技术文库实例化，TFU 的面积为 $11.7\mu m^2$。此外，TSV 的直径为 $10\mu m$，失效率为 1%。基于 TSV 容错单元的 3D 时钟方案称之为 F3D，采用双 TSV 技术的 3D 时钟方案称之为 Double3D，未采用容错技术的正常时钟树称之为原始设计（Orig）。

② 结果分析。表 8.10 对比了原始设计、Double3D 和 F3D 方法，第 1、2 列分别为名称和电路的接收器数目，第 3～5 列分别表示原始设计、Double3D 和 F3D 采用的 TSV 数量。需要注意的是，对于无法在可行范围内找到配对 TSV 的 TSV，F3D 还采用了双 TSV 技术。第 6 列给出了 F3D 中 TSV 对的数量，第 7 列给出了 Double3D 的面积成本，第 8 列给出了 F3D 的面积成本，其中包括 TSV 容错单元和附加的 TSV 成本，第 9 列给出了原始设计的良率，如式（8.55）所示，第 10、11 列分别给出了 Double3D 和 F3D 的良率，如式（8.56）所示。

$$Y_{\text{original}} = (1 - f_{\text{TSV}})^{\#\text{TSV}} \tag{8.55}$$

$$Y_{\text{original}} = \left[1 - (f_{\text{TSV}})^2\right]^{\frac{\#\text{TSV}}{2}} \tag{8.56}$$

式中，f_{TSV} 是 TSV 的失效率，并假设失效事件对每个 TSV 是独立的。对于无冗余 TSV 的设计，任何一个 TSV 失效都将导致芯片失效。而对于 Double3D 和 F3D，只有相互配对的 TSV 均失效时，芯片才会失效。表 8.10 中，第 12、13 列分别给出了 Double3D 和 F3D 总的导线长度，第 14、15 列分别给出了由 HSpiCE 仿真得到的 Double3D 和 F3D 的时钟偏移，第 16、17 列分别给出了构建 Double3D 和 F3D 的运行时间。平均而言，Double3D 采用的 TSV 数量是原始设计的 2 倍，而 F3D 采用的 TSV 数量只是原始设计的 1.31 倍。此外，F3D 的面积成本比 Double3D 减少了 64%。最后，Double3D 的良率比原始设计提高了 34%，而 F3D 的良率比原始设计提高了 35%。

尤其对于工业案例，原始设计采用的 TSV 数量为 871，Double3D 和 F3D 采用的 TSV 数量分别为 1742 和 1158。Double3D 和 F3D 的面积成本分别为 $87100\mu m^2$ 和 $33728\mu m^2$，F3D 的面积成本比 Double3D 减少了 61%。如果没有任何故障保护，工业设计的良率将几乎为零，而 Double3D 可以将良率提高到 90.41%，F3D 可以将良率提高到 94.37%。可以看出，F3D 的良率更高，因为 F3D 采用的 TSV 数量比 Double3D 更少。Double3D 和 F3D 的导线长度分别为 1302mm 和 1353mm，F3D 的导线长度成本比 Double3D 高出了 4%。此外，所有得到的 3D 时钟方案都满足时钟偏移约束条件。最后，F3D 与 Double3D 的运行时间相近。

图 8.39 给出了由我们所提出的容错技术得到的工业电路 3D 时钟方案，时钟源位于第一层，55400 个接收器分布于第二层，图中的圆点表示 TSV 的位置，为清楚起见未标出接收器。图 8.39（a）、（b）分别为第一层和第二层的 3D 时钟树，图 8.39（c）为第二层的冗余时钟树。

表 8.10　Orig、Double3D 和 F3D 方法对比

电路		接收器数目	TSV 数目			TP 数目	面积成本/μm²		良率/%			引线长度/mm		偏移/ps		运行时间/s	
			Orig	Double 3D	F3D	F3D	Double 3D	F3D	Orig	Double 3D	F3D	Double 3D	F3D	Double 3D	F3D	Double 3D	F3D
工业案例		55410	871	1742	1158	429	87100	33728	~0	90.41	94.41	1302	1353	98	143	5691	5735
2层	2T_案例 1	3199	31	62	40	17	3100	1099	68.94	99.63	99.80	30	33	44	72	9.31	9.34
	2T_案例 2	3025	31	62	38	15	3100	876	71.06	99.66	99.81	30	30	38	48	8.27	8.31
	2T_案例 3	3025	34	68	42	18	3400	1011	67.57	99.61	99.79	31	31	66	93	8.32	8.37
	2T_案例 4	1460	5	10	8	3	500	335	93.21	99.93	99.96	7	7	29	43	1.86	1.89
	2T_案例 5	2765	8	16	10	5	800	259	90.44	99.90	99.95	12	12	43	57	7.31	7.51
	2T_案例 6	5004	15	30	18	7	1500	382	85.51	99.84	99.91	22	23	51	63	27.71	28.75
3层	3T_案例 1	4496	64	128	82	35	6400	2210	46.59	99.24	99.59	49	55	35	73	20.45	20.66
	3T_案例 2	4753	63	126	74	30	6300	1452	51.00	99.33	99.63	49	54	49	83	22.85	22.91
	3T_案例 3	3363	15	30	18	7	1500	382	85.15	99.84	99.91	15	15	28	37	11.72	11.74
	3T_案例 4	5866	24	48	28	12	2400	541	77.00	00.74	99.86	27	27	69	90	40.92	41.22
平均比值		—	1	2	1.31	—	1	0.36	1	1.34	1.35	1	1.04	—	—	1	1.01

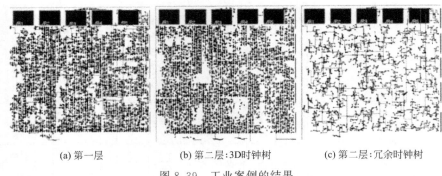

(a) 第一层　　　　　　　(b) 第二层:3D时钟树　　　　(c) 第二层:冗余时钟树

图 8.39　工业案例的结果

8.4　总结

虽然业界正致力于在相同面积的芯片中集成更多的功能，但是采用 45nm 及以下技术节点实现小型化的成本过高，使得这一趋势难以继续。针对此问题，提出了具有成本效益和灵活性的 ICPS 解决方案，为电子器件小型化开辟了新的路径。本章中，我们从 ICPS 各种设计考虑和设计空间探索的概述开始，然后扩展到两项重要的具体内容：用于噪声抑制的去耦电容插入和三维集成系统。但是由于篇幅有限，我们不可能涉及其中的每个方面。希望我们的努力至少能够提供一些有见地的想法以激励和启发今后的工作，并促进 ICPS 技术的发展。

参 考 文 献

[1] ZhangG，RoosmalenA（2009）More than Moore—creating high value micro/nanoelectronics systems. Springer，New York.

[2] Palmer R，Poulton J，Dally WJ，Eyles J，Fuller AM，Greer T，Horowitz M，Kellam M，Quan F，Zarkeshvari F（2007）A 14 mW 6. 25 Gb/s transceiver in 90nm CMOS for serial chip-to-chip communications. IEEE international solid-state circuits conference，2007（ISSCC 2007），Digest of technical papers，San Francisco，CA，11-15 Feb 2007，pp 440-614.

[3] Dally WJ，Poulton J（1998）Digital systems engineering. Cambridge University Press，Cambridge.

[4] Lee M-JE et al（2000）Low-power area-efficient high-speed I/O circuit techniques. IEEE J Solid-State Circ 35：1591-1599.

[5] Hatamkhani H et al（2006）Power-centric design of high-speed I/Os. In：DAC，pp 867-872.

[6] Balamurugan G et al（2008）A scalable 5-15 Gbps，14-75 mW low-power I/O transceiver in 65nm CMOS. IEEE J Solid-State Circ 43：1010-1019.

[7] Horowitz M et al（1998）High-speed electrical signaling：overview and limitations. IEEE Micro 18：12-24.

[8] Dabral S，Maloney T（1998）Basic ESD and I/O design. Wiley，New York.

[9] Lai M-F，Chen H-M（2008）An implementation of performance-driven block and I/O placement for chip-package codesign. 9th International symposium on quality electronic design，2008（ISQED 2008），San Jose，CA，17-19 Mar 2008，pp 604-607.

[10] Mak WK（2004）I/O placement for FPGAs with multiple I/O standards. IEEE Trans Comput Aided Des Integrated Circ Syst 23：315-320.

[11] Caldwell A，Kahng AB，Mantik S，Markov IL（1998）Implications of area-array I/O for rowbased placement methodology. Proceedings 1998 IEEE symposium on IC/package design integration，1998，

Santa Cruz，CA，2-3 Feb 1998，pp 93-98.

[12] Kar J，Shukla R，Bhattacharyya BK (1999) Optimizing C4 bump placements for a peripheral I/O design. Proceedings of the 49th electronic components and technology conference，1999，San Diego，CA，pp 250-254.

[13] Hsieh H-Y，Wang T-C (2005) Simple yet effective algorithms for block and I/O buffer placement in flip-chip design. IEEE international symposium on circuits and systems，2005 (ISCAS 2005)，vol 2，Kobe，Japan，23-26 May 2005，pp 1879-1882.

[14] Yasar G，Chiu C，Proctor RA，Libous JP (2001) I/O cell placement and electrical checking methodology for ASICs with peripheral I/Os. International symposium on quality electronic design，2001，San Jose，CA，pp 71-75.

[15] Lai M-F，Chen H-M (2008) An implementation of performance-driven block and I/O placement for chip-package codesign. 9th International symposium on quality electronic design，2008 (ISQED 2008)，San Jose，CA，17-19 Mar 2008，pp 604-607.

[16] Chrzanowska-Jeske M，Her S-K (1992) Improved I/O pad assignment for sea-of-gates placement algorithm. Proceedings of the 35th midwest symposium on circuits and systems，1992，vol 2，Washington，DC，9-12 Aug 1992，pp 1396-1399.

[17] Kozhaya JN，Nassif SR，Najm FN (2001) I/O buffer placement methodology for ASICs. The 8th IEEE international conference on electronics，circuits and systems，2001 (ICECS 2001)，vol 1，pp 245-248.

[18] Malta Buffet PH，Natonio J，Proctor RA，Sun，Yu H，Yasar G (2000) Methodology for I/O cell placement and checking in ASIC designs using area-array power grid. Proceedings of the IEEE 2000 custom integrated circuits conference (CICC) 2000，Orlando，FL，pp 125-128.

[19] Mechaik MM (2000) Effects of package stackups on microprocessor performance. ISQED 2000：475-481.

[20] Darnauer J et al (1999) Electrical evaluation of flip-chip package alternatives for next generation microprocessors. IEEE Trans Adv Packag 22：407-415.

[21] Libous JP (1998) Characterization of flip-chip CMOS ASIC simultaneous switching noise on multilayer organic and ceramic BGA/CGA packages. IEEE 7th topical meeting on electrical performance of electronic packaging，1998，West Point，NY，26-28 Oct 1998，pp 191-194.

[22] Audet J，O' Connor DP，Grinberg M，Libous JP (2004) Effect of organic package core via pitch reduction on power distribution performance. Proceedings of the 54th electronic components and technology conference，2004，vol 2，Las Vegas，NV，1-4 June 2004，pp 1449-1453.

[23] O' Connor DP，Hamel H，Spring C，Audet J (2003) Electrical modeling and characterization of packaging solutions utilizing lead-free second level interconnects. Proceedings of the 53rd electronic components and technology conference，2003，New Orleans，LA，27-30 May 2003，pp 1270-1276.

[24] Libous JP，O' Connor DP (1997) Measurement，modeling，and simulation of flip-chip CMOS ASIC simultaneous switching noise on a multilayer ceramic BGA. IEEE transactions on components，packaging，and manufacturing technology，part B：advanced packaging，vol 20，no 3，Aug 1997，pp 266-271.

[25] Garben B，Huber A，Kaller D，Klink E，Grivet-Talocia S (2002) Novel organic chip packaging technology and impacts on high speed interfaces. Electrical performance of electronic packaging，2002，Monterey，CA，21-23 Oct 2002，pp 231-234.

[26] Goto Y，Hosomi E，Harvey PM，Kawasaki K，Noma H，Mori H，Miura M，Takiguchi I，Audet J，Mandrekar R，Nishio T (2006) Electrical design optimization and characterization in cell broadband engine package. Proceedings of the 56th electronic components and technology conference，2006，San Diego，CA，p 9.

[27] Harvey P，Zhou Y，Yamada G，Questad D，Lafontant G，Mandrekar R，Suminaga S，Yamaji Y，Noma H，Nishio T，Mori H，Tamura T，Yazawa K，Takiguchi，Ohde T，White R，Malhotra A，Audet J，Wakil J，Sauter W，Hosomi E (2007) Chip/package design and technology tradeoffs in the 65nm cell broadband engine. Proceedings of the 57th electronic components and technology conference，

2007（ECTC 2007），Reno，NV，29 May-1 June 2007，pp 27-34.

[28] Suryakumar M，Cui W，Parmar P，Carlson C，Fishbein B，Sheth U，Morgan J（2004）Power delivery validation methodology and analysis for network processors. Proceedings of the 54th electronic components and technology conference，2004，Las Vegas，NV，vol 1，1-4 June 2004，pp 589-592.

[29] Zheng H，Krauter B，Pileggi L（2003）On-package decoupling optimization with package macromodels. Proceedings of the IEEE 2003 custom integrated circuits conference，2003，San Jose，CA，21-24 Sept 2003，pp 723-726.

[30] Zhao S et al（2002）Power supply noise aware floorplanning and decoupling capacitance placement. In：ASPDAC，pp 489-494.

[31] Su H et al（2003）Optimal decoupling capacitor sizing and placement for standard-cell layout designs. IEEE Trans Comput Aided Des Integrated Circ Syst 22：428-436.

[32] Pant MD et al（2002）On-chip decoupling capacitor optimization using architectural level prediction. IEEE Trans Very Large Scale Integr Syst 10：319-326.

[33] Chen HH，Neely JS，Wang MF，Co G（2003）On-chip decoupling capacitor optimization for noise and leakage reduction. Proceedings of the 16th symposium on integrated circuits and systems design，2003（SBCCI 2003），San Paulo，Brazil，8-11 Sept 2003，pp 251-255.

[34] Chen HH，Schuster SE（1995）On-chip decoupling capacitor optimization for high-performance VLSI design. International symposium on VLSI technology，systems，and applications，1995. Proceedings of technical papers，Taipei，Taiwan，31 May-2 June 1995，pp 99-103.

[35] Fu J，Luo Z，Hong X，Cai Y，Tan SX-D，Pan Z（2004）A fast decoupling capacitor budgeting algorithm for robust on-chip power delivery. Proceedings of the Asia and South Pacific design automation conference，2004（ASP-DAC 2004），Yokohama，Japan，27-30 Jan 2004，pp 505-510.

[36] Chen Y，Chen Z，Fang J（1996）Optimum placement of decoupling capacitors on packages and printed circuit boards under the guidance of electromagnetic field simulation. Proceedings of the 46th electronic components and technology conference，1996，Orlando，FL，28-31 May 1996，pp 756-760.

[37] Yang X，Chen Q-L，Chen C-t（2002）The optimal value selection of decoupling capacitors based on FD-FD combined with optimization. Electrical performance of electronic packaging，2002，Monterey，CA，21-23 Oct 2002，pp 191-194.

[38] Kamo A，Watanabe T，Asai H（2000）An optimization method for placement of decoupling capacitors on printed circuit board. IEEE conference on electrical performance of electronic packaging，2000，Scottsdale，AZ，pp 73-76.

[39] Hattori I，Kamo A，Watanabe T，Asai H（2002）A searching method for optimal locations of decoupling capacitors based on electromagnetic field analysis by FDTD method. Electrical performance of electronic packaging，Monterey，CA，21-23 Oct 2002，pp 159-162.

[40] Zhao J，Mandhana OP（2004）A fast evaluation of power delivery system input impedance of printed circuit boards with decoupling capacitors. IEEE 13th topical meeting on electrical performance of electronic packaging，Portland，OR，25-27 Oct 2004，pp 111-114.

[41] Chen J，He L（2006）Noise driven in-package decoupling capacitor optimization for power integrity. Proceedings of the 2006 international symposium on physical design（ISPD '06），San Jose，CA，pp 94-101.

[42] Yu H，Shi Y，He L，Smart D（2006）A fast block structure preserving model order reduction for inverse inductance circuits. IEEE/ACM international conference on computer-aided design，2006（ICCAD '06），San Jose，CA，5-9 Nov 2006，pp 7-12.

[43] Yu H，Shi Y，He L（2006）Fast analysis of structured power grid by triangularization based structure preserving model order reduction. 43rd ACM/IEEE design automation conference，2006，San Francisco，CA，pp 205-210.

[44] http：//www-device. eecs. berkeley. edu/ptm/.

［45］http：//www. eda. org/pub/ibis/.

［46］Ruehli AE（1974）Equivalent circuit models for three-dimensional multiconductor systems. IEEE Trans Microw Theor Tech 22：216-221.

［47］Devgan A，Ji H，Dai W（2000）How to efficiently capture on-chip inductance effects：introducing a new circuit element K. IEEE/ACM international conference on computer aided design，2000（ICCAD-2000），San Jose，CA，pp 150-155.

［48］Li X，Li P，Pileggi LT（2005）Parameterized interconnect order reduction with explicitandimplicit multiparameter moment matching for inter/intra-die variations. IEEE/ACM international conference on computer-aided design，2005（ICCAD-2005），San Jose，CA，6-10 Nov 2005，pp 806-812.

［49］Feldmann P，Liu F（2004）Sparse and efficient reduced order modeling of linear subcircuits with large number of terminals. IEEE/ACM international conference on computer aided design，2004（ICCAD-2004），San Jose，CA，7-11 Nov 2004，pp 88-92.

［50］Li P，Shi W（2006）Model order reduction of linear networks with massive ports via frequency dependent port packing. 43rd ACM/IEEE design automation conference，San Francisco，CA，24-28 July 2006，pp 267-272.

［51］Liu P，Tan SX-D，Li H，Qi Z，Kong J，McGaughy B，He L（2005）An efficient method for terminal reduction of interconnect circuits considering delay variations. IEEE/ACM international conference on computer-aided design，2005（ICCAD-2005），San Jose，6-10 Nov 2005，pp 821-826.

［52］Ding C（2005）Spectral clustering，principal component analysis and matrix factorizations for learning. In：Conference on machine learning（Tutorial）.

［53］Karypis G et al（1999）Multilevel hypergraph partitioning：application in VLSI domain. IEEE Trans Very Large Scale Integr Syst 7：69-79.

［54］Franzon PD，Rhett Davis W，Thorolffson T（2010）Creating 3D specific systems：architecture，design and CAD. Proceedings of the conference on design，automation and test in Europe（DATE ' 10），European design and automation association，3001 Leuven，Belgium，8-12 Mar 2010，pp 1684-1688.

［55］Beyne E，Swinnen B（2007）3D system integration technologies. IEEE international conference on integrated circuit design and technology，2007（ICICDT ' 07），Austin，TX，30 May-1 June 2007，pp 1-3.

［56］Peter R，Armin K（2008）Through-silicon via technologies for extreme miniaturized 3D integrated wireless sensor systems（e-CUBES）. International interconnect technology conference，2008（IITC 2008），Burlingame，CA，1-4 June 2008，pp 7-9.

［57］Rao VS，Ho SW，Vincent L，Yu LH，Ebin L，Nagarajan R，Chong CT，Zhang X，Damaruganath P（2009）TSV interposer fabrication for 3D IC packaging. 11th Electronics packaging technology conference，2009（EPTC ' 09），Singapore，9-11 Dec 2009，pp 431-437.

［58］Kang U，Chung H-J，Heo S，Ahn S-H，Lee H，Cha S-H，Ahn J，Kwon D，Kim JH，Lee J-W，Joo H-S，Kim W-S，Kim H-K，Lee E-M，Kim S-R，Ma K-H，Jang D-H，Kim N-S，Choi M-S，Oh S-J，Lee J-B，Jung T-K，Yoo J-H，Kim C（2009）8 Gb 3D DDR3 DRAM using through silicon-via technology. IEEE international solid-state circuits conference，2009（ISSCC 2009），Digest of technical papers，San Francisco，CA，8-12 Feb 2009，pp 130-131，131a.

［59］AVIZATechnology（2011）3D-IC system. http：//www. aviza. com/products/ic. html.

［60］Iker F，Tezcan DS，Teixeira RC，Soussan P，De Moor P，Beyne E，Baert K（2007）3D embedding and interconnection of ultra thin（<20μm）silicon dies. 9th Electronics packaging technology conference，2007（EPTC 2007），Singapore，10-12 Dec 2007，pp 222-226.

［61］Tezzaron（2011）http：//www. tezzaron. com/technology/FaStack. htm

［62］Johnson SC（2009）Via first，middle，last，or after? 3D Packaging 1-6. .

［63］Maeda N，Kitada H，Fujimoto K，Suzuki K，Nakamura T，Kawai A，Arai K，Ohba T（2010）Wafer-onwafer（WOW）stacking with damascene-contact TSV for 3D integration. International symposium on VLSI technology systems and applications（VLSI-TSA），Hsin-Chu，Taiwan，26-28 Apr

2010，pp 158-159.

[64] Lau JH (2010) TSV manufacturing yield and hidden costs for 3D IC integration. Proceedings of the 60th electronic components and technology conference (ECTC), Las Vegas, NV, 1-4 June 2010, pp 1031-1042.

[65] Zhao J, Zhang J, Fang J (1998) Effects of power/ground via distribution on the power/ground performance of C4/BGA packages. IEEE 7th topical meeting on electrical performance of electronic packaging, West Point, NY, 26-28 Oct 1998, pp 177-180.

[66] Hong Y-S, Lee H, Choi J-H, Yoo M-H, Kong J-T (2005) Analysis for complex power distribution networks considering densely populated vias. Sixth international symposium on quality of electronic design, 2005 (ISQED 2005), San Jose, CA, 21-23 Mar 2005, pp 208-212.

[67] Ryu C, Chung D, Lee J, Lee K, Oh T, Kim J (2005) High frequency electrical circuit model of chip-to-chip vertical via interconnection for 3-D chip stacking package. IEEE 14th topical meeting on electrical performance of electronic packaging, Austin, TX, 24-26 Oct 2005, pp 151-154.

[68] Beyne E (2004) 3D interconnection and packaging: impending reality or still a dream? IEEE international solid-state circuits conference, 2004 (ISSCC 2004), Digest of technical papers, vol 1, San Francisco, CA, 15-19 Feb 2004, pp 138-139.

[69] Banerjee K et al (2001) 3D ICs: a novel chip design for improving deep submicron interconnect performance and systems-on-chip integration. In: Proc. IEEE, vol 6, pp 602-633.

[70] Teng CC et al (1997) iTEM: a temperature-dependent electromigration reliability diagnosis tool. IEEE Trans Comput Aided Des Integrated Circ Syst 16 (8): 882-893.

[71] Wang TY, Chen CCP (2003) Thermal-ADI: a linear-time chip-level dynamic thermal simulation algorithm based on alternating-direction-implicit (ADI) method. IEEE Trans Very Large Scale Integr Syst 11 (4): 691-700.

[72] Li P et al (2004) Efficient full-chip thermal modeling and analysis. In: ICCAD, 319-326.

[73] Zhan Y, Sapatnekar SS (2007) High efficiency green function-based thermal simulation algorithms. IEEE Trans Comput Aided Des Integr Circ Syst 6: 1661-1675.

[74] Cong J et al (2011) Thermal-aware cell and through-silicon-via co-placement for 3D ICs. Design Automation Conference (DAC), 2011 48th ACM/EDAC/IEEE, 5-9 June 2011, pp 670-675.

[75] Chiang TY et al (2001) Compact modeling and SPICE-based simulation for electrothermal analysis of multilevel ULSI interconnects. In: ICCAD, pp 165-172.

[76] Liao W et al (2005) Temperature and supply voltage aware performance and power modeling at microarchitecture level. IEEE Trans Comput Aided Des Integr Circ Syst 24 (7): 1042-1053.

[77] Tiwari V, Singh D, Rajgopal S, Mehta G, Patel R, Baez F (1998) Reducing power in high-performance microprocessors. Proceedings of the design automation conference, 1998, San Francisco, CA, 19 June 1998, pp 732-737.

[78] Yu H, Shi Y, He L, Karnik T (2006) Thermal via allocation for 3D ICs considering temporally and spatially variant thermal power. Proceedings of the 2006 international symposium on low power electronics and design, 2006 (ISLPED' 06), Tegernsee, 4-6 Oct 2006, pp 156-161.

[79] Jiang L, Huang L, Xu Q (2009) Test architecture design and optimization for three-dimensional SoCs. Design, automation and test in Europe conference and exhibition, 2009 (DATE ' 09), Nice, 20-24 Apr 2009, pp 220-225.

[80] Zhao X, Lewis DL, Lee H-HS, Lim SK (2009) Pre-bond testable low-power clock tree design for 3D stacked ICs. IEEE/ACM international conference on computer-aided design, 2009 (ICCAD 2009), Digest of technical papers, San Jose, CA, 2-5 Nov 2009, pp 184-190.

[81] Lewis DL, Lee HHS (2007) A scanisland based design enabling prebond testability in die stacked microprocessors. In: ITC, pp 1-8.

[82] Zhao X, Lewis DL, Lee H-HS, Lim SK (2009) Pre-bond testable low-power clock tree design for 3D

stacked ICs. IEEE/ACM international conference on computer-aided design, 2009 (ICCAD 2009), Digest of technical papers, San Jose, CA, 2-5 Nov 2009, pp 184-190.

[83] Lewis DL, Lee H-HS (2009) Testing circuit-partitioned 3D IC designs. IEEE computer society annual symposium on VLSI, 2009 (ISVLSI'09), Tampa, FL, 13-15 May 2009, pp 139-144.

[84] Wu X, Falkenstern P, Xie Y (2007) Scan chain design for three-dimensional integrated circuits (3D ICs). 25th International conference on computer design, 2007 (ICCD 2007), Lake Tahoe, CA, 7-10 Oct 2007, pp 208-214.

[85] Wu X, Chen Y, Chakrabarty K, Xie Y (2008) Test-access mechanism optimization for corebased three-dimensional SOCs. IEEE international conference on computer design, 2008 (ICCD 2008), Lake Tahoe, CA, 12-15 Oct 2008, pp 212-218.

[86] Loi I, Mitra S, Lee TH, Fujita S, Benini L (2008) A low-overhead fault tolerance scheme for TSV-based 3D network on chip links. IEEE/ACM international conference on computeraided design, 2008 (ICCAD 2008), San Jose, CA, 10-13 Nov 2008, pp 598-602.

[87] Laisne M et al (2010) System and methods utilizing redundancy in semiconductor chip interconnects. United States Patent Application 20100060310.

[88] Yu H, Ho J, He L (2006) Simultaneous power and thermal integrity driven via stapling in 3D ICs. IEEE/ACM international conference on computer-aided design, 2006 (ICCAD'06), San Jose, CA, 5-9 Nov 2006, pp 802-808.

[89] Grimme EJ (1997) Krylov projection methods for model reduction. PhD Thesis. University of Illinois at Urbana-Champaign.

[90] Odabasioglu A et al (1998) PRIMA: passive reduced-order interconnect macromodeling algorithm. IEEE Trans Comput Aided Des Integr Circ Syst 17 (8): 645-654.

[91] Astrid P et al (2008) Missing point estimation in models described by proper orthogonal decomposition. IEEE Trans Automat Contr 53 (10): 2237-2251.

[92] Yu H et al (2009) Allocating power ground vias in 3D ICs for simultaneous power and thermal integrity. ACM Trans Des Autom Electron Syst.

[93] Yu H et al (2008) Thermal via allocation for 3-D ICs considering spatially and temporally variant thermal power. IEEE Trans Very Large Scale Integr Syst 16 (12): 1609-1619.

[94] Yu H, Chu C, He L (2007) Off-chip decoupling capacitor allocation for chip package codesign. 44th ACM/IEEE design automation conference, 2007 (DAC'07), San Diego, CA, 4-8 June 2007, pp 618-621.

[95] Yu H, Shi Y, He L (2006) Fast analysis of structured power grid by triangularization based structure preserving model order reduction. 43rd ACM/IEEE design automation conference, San Francisco, CA, 24-28 July 2006, pp 205-210.

[96] Yu H, Hu Y, Liu C, He L (2007) Minimal skew clock embedding considering time variant temperature gradient. Proceedings of the 2007 international symposium on physical design (ISPD'07), Austin, TX, pp 173-180.

[97] Goplen B, Sapatnekar S (2005) Thermal via placement in 3D ICs. Proceedings of the 2005 international symposium on physical design (ISPD'05), San Francisco, CA, pp 167-174.

[98] Cong J, Wei J, Zhang Y (2004) A thermal-driven floorplanning algorithm for 3D ICs. IEEE/ACM international conference on computer aided design, 2004 (ICCAD-2004), San Jose, CA, 7-11 Nov 2004, pp 306-313.

[99] Lung C-L et al (2011) Fault-tolerant 3D clock network. Design Automation Conference (DAC), 48th ACM/EDAC/IEEE, 5-9 Jun 2011, pp 645-651.

[100] Edahiro M (1994) An efficient zero-skew routing algorithm. 31st Conference on design automation, 1994, San Diego, CA, 6-10 June 1994, pp 375-380.

[101] Albrecht C et al (2003) On the skew-bounded minimum-buffer routing tree problem. IEEE Trans Com-

put Aided Des Integr Circ Syst 22: 937-945.

[102] Shiyan H et al (2007) Fast algorithms for slew-constrained minimum cost buffering. IEEE Trans Comput Aided Des Integr Circ Syst 26: 2009-2022.

[103] Cong J et al (1993) Matching-based methods for high-performance clock routing. IEEE Trans Comput Aided Des Integr Circ Syst 12: 1157-1169.

[104] Wang H et al (2011) The effects of substrate doping density on the electrical performance of through-silicon-via. In: Proc. of Asia-Pacific EMC Symposium, 2011.

第9章

倒装芯片封装的热管理

Richard C. Chu

IBM Corporation, Hopewell Junction, NY USA

Robert E. Simons

IBM Corporation, Poughkeepsie, NY USA

Madhusudanlyengar

Thermal Engineer, Storage Hardware Systems, Facebook, Bldg. 17-3,

1601 Willow Road, Menlo Park, CA 94025, USA

Lian-Tuu Yeh

Thermal Consultant, Dallas, TX USA

摘要   一般来说，提供给电子器件的电能最终将以热量的形式耗散。热量的产生伴随着热源温度的升高，然后传递至电子模组和封装内外温度较低的区域。在封装体中，热量传递依靠固体材料中的热传导过程。当热量传递至封装外表面时，一般通过热对流的形式传递至冷却流体（如空气）中。对于低功耗器件，在向外部环境传递热量时，热辐射也发挥着重要作用。电子封装内的温度会不断升高，直到封装体向外传递热量的速率与产生热量的速率相等，温度变化才能达到稳定。因此，值得指出的是，即使并未有目的地对封装体进行散热，自然或物理定律也会限制温度的升高。然而，大多数情况下，如果不采取散热措施，封装体的温度将会变得过高。美国空军航空电子整体研究项目的研究结果表明，55％的器件失效是由温度因素导致的。但需要注意的是，不同于军用航空器件，大多数商用产品中的封装器件无需经过振动、灰尘或湿气等严苛的环境可靠性测试，所以温度引起的失效比例可能会更高。除了影响电子器件的可靠性之外，温度还会影响 CMOS 电路性能。因此，有必要通过人为设计对电子封装进行有效的散热。

9.1　引言

一般来说，提供给电子器件的电能最终将以热量的形式耗散。热量的产生伴随着热源温度的升高，然后传递至电子模组和封装内外温度较低的区域。在封装体中，热量传递依靠固体材料中的热传导过程。当热量传递至封装外表面时，一般通过热对流的形式传递至冷却流体（如空气）中。对于低功耗器件，在向外部环境传递热量时，热辐射也发挥着重要作用。电子封装内的温度会不断升高，直到封装体向外传递热量的速率与产生热量的速率相等，温度变化才能达到稳定。因此，值得指出的是，即使并未有目的地对封装体进行散热，自然或物理定律也会限制温度的升高。然而，大多数情况下，如果不采取散热措施，封装体的温度将会变得过高。如图 9.1 所示，美国空军航空电子整体研究项目的研究结果表明，55％的器件失效是由温度因素导致的[1]。考虑到大多数商用产品中的封装器件一般并不工作在振动、灰尘或湿气等严苛环境下，所以温度引起的失效比例可能会更高。除了影响电子器件的可靠性之外，温度还会影响 CMOS 电路性能。因此，有必要通过人为设计对电子封装进行有效的散热。

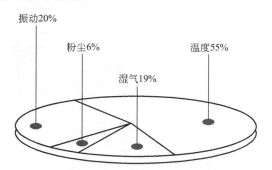

图 9.1　美国空军航空电子整体研究项目给出的造成电子器件失效的主要因素[1]

多年来，不断提高封装密度已经成为一种趋势。随着封装密度的提高，单位电路的功率耗散也不断增大以减小电路延迟，提高运行速度；同时，芯片和封装模组的热通量也不断增大。图 9.2 给出了封装模组热通量的演变趋势，包括早期的双极型电路技术和目前正在广泛使用的 CMOS 技术。1990 年，由双极型电路技术向 CMOS 电路技术转变时出现了短暂的缓冲期，但由于对更高性能的 CMOS 电路封装的需求，之后模组的热通量水平又不断增大。

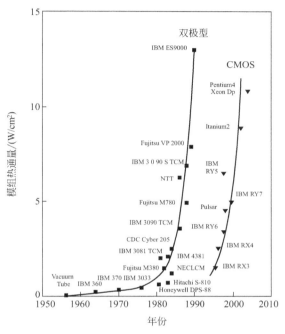

图 9.2　模组热通量不断增加的趋势[2]

9.2　理论基础

9.2.1　传热理论

　　热量由热源器件产生，并通过传导、对流和辐射 3 种机制传递到外部环境中，这些内容在一些传热学教科书[3~5]中都有深入讲解。本章只对这些传热机制进行简要介绍，建议有兴趣的读者可以查阅参考文献以获取更深入的内容。图 9.3 给出了热传导和热对流两种基本的传热原理及其定义公式。

　　热传导可以表述为，热量通过物质中分子之间逐步的能量交换，由高温区传递至低温区。热量传导速率可以由傅里叶方程（图 9.3 左侧给出了其简单形式）求得，其中 Q 为传递的热量，K 为热导率，A 为截面面积，ΔT 为截面的温度差，L 为厚度或热量传递的距离。也可根据傅里叶公式求解 ΔT，ΔT 公式中的 $L/(KA)$ 通常被称为内热阻，单位为℃/W。一旦热量传递至外表面，将通过对流、辐射或两者相结合的方式进行热量传递。

　　热对流可以表述为，热量通过热传导、能量存储以及混合运动相结合的方式由

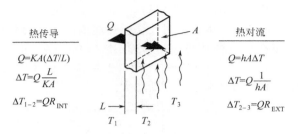

$$T=\Delta T_{1-2}+\Delta T_{2-3}+T_3=QR_{INT}+QR_{EXT}+T_3=QR_{TNT}+T_3$$

图 9.3 基本的传热机机理与方程

物体表面传递至气体或液体中。温度变化会使流体密度发生改变，从而引起气体或液体流动，这种类型的对流传热称之为自然或自由对流。另外，一些机械装置，例如风扇或鼓风机，也可以对受热表面进行冷却，这种类型的对流传热称之为强制对流。对流传递的热量可以由牛顿方程（图 9.3 右侧所示）求得，其中 Q 为传递的热量，h 为热导率，A 为表面传热面积，ΔT 为物体表面与冷却流体之间的温度差。同样，也可以根据牛顿方程求解 ΔT，所得 ΔT 公式中的 $1/(hA)$ 被称为外热阻，单位也是℃/W。如图 9.3 下方给出的方程所示，热传导和热对流的热阻可以简单相加，共同确定热源与冷却介质之间的温度差，进而确定热源和热沉（即冷却介质）的温度。在电子封装中，这些基本理论已经被广泛应用于创建复杂的热网络模型。

与自然对流传热相比，对于给定的温度差，强制对流传热通常可以提供更高的传热速率。正如前面所讨论的，自然对流传热是由受热表面与邻近冷却空气之间的温度差驱动的，因而热导率与受热表面和冷却空气之间的温度差成正比，一般为 0.25。强制对流的表面热通量 Q/A 通常可以达到 5 或远大于自然对流传热，强制对流传热与受热表面的强制流动情况密切相关。相对于自然对流传热，强制流动能够以更高的速率有效转移受热的冷却剂。强制对流可以分为两种流动状态：层流与紊流。层流也被称为流线型流动，流体在互相平行的方向进行无干扰的流动。紊流则更加复杂，通常伴随着混沌混合以及无序且持续波动的涡流，但其整体的流动方向是一致的。紊流相对于层流有着更高的热导率，紊流与层流的热导率与其在通道中的平均流速成正比，一般为 0.5～0.8。

热辐射是将热量通过电磁波的形式进行传递的过程，不需要任何中间介质。温度为 T_1 的高温物体与温度为 T_2 的低温物体之间的辐射热量传递速率可由下式求得

$$Q=\sigma A_1 F_{\epsilon} F_s (T_1^4-T_2^4)$$

式中，σ 为 Stefan-Boltzman 常数 [5.67×10^{-8} W/（m²·K⁴）]；A_1 为表面辐射面积，m²；F_{ϵ} 为考虑到两个表面发射率和反射率的辐射系数；F_s 为形状参数，它考虑到了两个表面的相对位置以及形状和尺寸对两个表面吸收能量的影响。

由上式可以看出，两个表面之间净传热量同热源与热沉温度四次方的差值成正

比。需要注意的是，与牛顿方程不同，在热辐射传热方程中必须采用绝对温度（即开尔文温度）。可以发现，热辐射传热速率同时受到表面辐射系数 F_ε 和形状参数 F_s 的影响。如果封装模组或印制电路板表面周围存在其他接近室温的表面时，则通过热辐射传递的热量与自然热对流相当。另外，如果模组或电路板周围也是同样温度的模组或电路板，则热辐射便无法传递热量或只能传递极少的热量。类似地，相比于强制对流传热，热辐射对封装模组和印制电路板的冷却作用微不足道。具体关于热辐射传热的研究可以查阅文献［6，7］。

9.2.2　电热类比模型

正如本章后面将要讨论的，一般采用复杂且精确的热传导和计算流体力学 (CFD) 的计算软件对电子封装进行详细热分析。然而，基于电热类比的简单计算模型已经能够确定出封装结构中热阻较高的部分，并帮助热分析工程师尽可能地改善封装热管理。图 9.4 简单说明了电热类比模型的概念。

由欧姆定律可知，电阻压降 V 等于电流 I 乘以电阻 R_Ω。那么，如果将通过热阻的热流 Q 类比为电流，与电阻压降驱动电流流动一样，温度差 ΔT 驱动热流通过热阻 R_{th}，温度差、热流和热阻之间的关系可以很好地与电学对应起来。通过应用这种类比方式，任何电子封装的传热路径都可以通过热阻网络来表示，由此便可以与电气工程师分析电阻网络一样，利用热阻网络预测芯片和封装的温度。

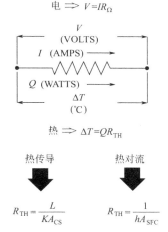

图 9.4　电热类比的基本概念

图 9.5 给出了一个利用电热类比方法确定贴装在陶瓷针栅上倒装芯片温度的例子，上方的封装模组剖面图中标记出了热阻线路，下方为进一步简化的热阻线路。这张简单的网络图给出了芯片热源与冷却空气之间所有主要的传热路径，包括焊盘热阻（R_1）、基板热阻（R_2 和 R_6）、引脚热阻（R_3）、电路板热阻（R_4）、环氧密封胶热阻（R_7）、盖板的热阻（R_8 和 R_{11}）以及芯片背面与盖板内表面之间的导热膏热阻（R_{10}）。每个热阻的大小都可以由傅里叶热传导方程或其修正形式算得。需要注意的是，连接基板与电路板的引脚热阻（R_3）实际上代表了整个引脚阵列的总热阻，位于芯片边缘与基板外边缘的中间位置。热量由盖板（R_9）和电路板（R_5）传递出之后，热传导热阻变为了热对流形式的热阻，其大小需要通过估算热对流公式中的热导率 h、有效面积 A 及其乘积的倒数 $1/hA$ 确定。如果封装模组中未加入导热膏，那么芯片与盖板之间的热阻将会非常大，从而可以忽略掉该传热路径。我们需要获得所有从芯片到冷却流体的热阻数据，然后连接为一个串并联的热阻网络。

由于导热膏的存在，将热阻网络缩减为一个单独的整体热阻变得更加困难，所以有必要参考 Kirchoff 定律分析一个类似的拓扑电阻网络的方法。与电阻网络一

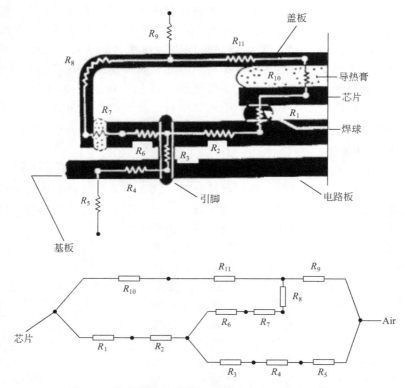

图 9.5　风冷倒装芯片模组及其对应的电热类比模型

样，热阻网络中流入节点的热量必须和流出节点的热量相等。文献［8］给出了一
个采用 Kirchoff 定律建立可以通过矩阵求逆进行求解的联立线性方程组，从而求
解热阻网络的详例。

9.3　热管理目标

正如引言中所提到的，自从引入 CMOS 电路技术以后，电路的封装密度以及
芯片和模组热通量都呈现了不断增加的趋势。事实上，对于 CMOS 之前的双极电
路技术而言，这种趋势也是相同的。在热通量不断增加的同时，器件和封装需要保
持相对较低的温度，这样的目标已经成为现今热管理工程师面临的主要挑战之一。
为了达到这样的目标，必须满足各种热设计要求，而不仅仅是将热量从倒装芯片中
传递出去，这些不同的热设计要求包括：

（1）保持所有器件的温度均在各自功能的限制范围内。

（2）保证所有器件/封装的温度满足可靠性目标。

（3）保证任何外表面的温度都在可接受的安全限值内。

（4）提供冷却系统设计，满足系统整体的有效性和可靠性目标。

（5）提供冷却系统设计，满足客户对散热性能的需求。

（6）提供冷却系统设计，满足系统整体的成本目标。

如图 9.6 所示，可以利用三种方法或热管理策略控制或限定器件或芯片的温度[9]。其中一种方法是降低冷却热沉的温度，多数情况下，就是降低冷却空气的温度。一些例子中已经采用了这种方法，然而在大多数产品中，这种方

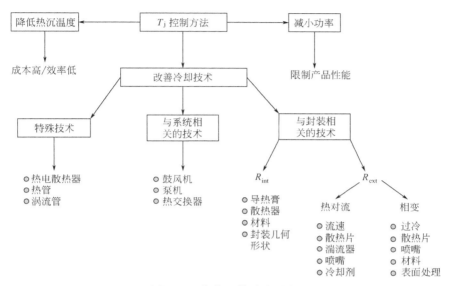

图 9.6　热管理策略与选择

法成本较高，效率过低或难以实施。第二种方法可以建议负责电学设计的工程师降低产品功耗，这种方法确实值得尝试，但通常会限制产品的性能而无法实施。第三种方法是改进冷却技术，这也是一直以来都在推行的策略。改进冷却技术的方法又可以分为三类，其中最常用的是通过改变封装设计提高散热能力，可以通过改变集成电路或封装的设计减小封装内部或外部热阻。减少内部热阻（R_{int}）的例子包括：①利用导热膏填充封装中的空隙；②在封装中增加散热器以提高封装的散热性能；③提高基板材料的热导率；④改变封装的几何形状以改善传热路径。为了减少外部热阻（R_{ext}），可以采用单相对流或者相变制冷的方法。使用最广泛的方法是自然或强制对流风冷，一些改善风冷散热效果的方法包括：①提高气流速度以增大热导率；②增加延伸表面（例如散热片）以增加传热的有效面积；③利用冲击气流获得更高的热导率；④利用湍流加强传热。另外还有其他一些改进冷却技术的措施，例如采用特殊的冷却技术或改善系统级冷却技术。特殊的技术包括利用热电散热器，热管与均热板或者涡流管，其中热管和均热板已经应用于众多产品中，并且效果良好。对于系统级冷却技术，往往采用更大或者更强的风扇和鼓风机将冷却气体送至封装体，或者在液冷系统中采用更大的泵机或者更加有效的冷却板和热交换器。

9.4　芯片与封装水平的热管理

9.4.1　热管理示例

图 9.7 给出了有机基板倒装芯片封装的示意图[10]。首先利用可控塌陷芯片连接（C4）方法将硅芯片贴装到有机层压基板上，然后利用固化工艺将下填料填满 C4 凸点之间的空隙，接着利用热界面材料（TIM）将芯片背面与金属盖板（散热器）粘接在一起，同时利用二次固化工艺将金属盖两端通过密封材料粘接到基板上。

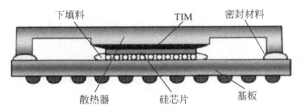

图 9.7　有机基板上的倒装芯片封装[10]

图 9.8 给出了一些目前应用于服务器上的倒装芯片封装产品。图 9.8(a)、(b) 所示为 Intel 的微处理器模组，图 9.8（c）所示为 Samsung 带有存储芯片的双列直插式内存卡。

(a) Intel Xeon处理器的顶部盖板

(b) Intel Xeon处理器的底部互连点

(c) Samsung带有存储芯片的DIMM内存卡

图 9.8　商用服务器产品中的倒装芯片封装

9.4.2　芯片中的热点

9.4.2.1　芯片热点的测定

倒装芯片上的功率分布是以最优性能为目标的电学设计的直接结果，并且受到生热元件位置和密度的影响。图 9.9（a）给出了一个 $20 \times 20 mm^2$ 芯片的表面功率分布图，可以看到芯片一些区域存在功率尖峰[11]。图 9.9（b）以工作频率作为衡量芯片性能的指标，并根据文献 [11] 中的数据给出了芯片性能与局部热点热通量的关系曲线[12]，可以看出，为了提高芯片性能，需要通过热设计应对更高的局部热通量。

如图 9.9 所示，较高的局部热通量会导致局部温度大幅升高，局部温度较高的位置称为热点。然而，我们无法轻易得到芯片有源面实际的功率和温度分布图。Hamann 等人开发了一种新的测量方法[14]，利用红外（IR）测量硅芯片背面的温度分布。该方法借助一种特殊设计的导管使得电介质冷却剂在芯片背面强制流动，同时红外设备可以通过芯片背面上方的透明窗口对芯片进行测量。测量时需要在芯片背面涂覆一层较薄的黑体，并将芯片减薄到 0.1mm 以减少热扩散的影响。采用该方法对单核运行和双核运行时微处理芯片（Power PC™ 970 MP）的温度进行测量，结果如图 9.10(a)、(b)所示[15]。可以看出，双核运行时芯片上的热点向中间移动了 2mm，表明芯片热点与工作负载有关，也说明了正确理解芯片温度传感器数据的重要性。图 9.10(c)[16]给出了一个双核 $13.2 \times 11.6 mm^2$ 处理器芯片在一般工作负载下运行时的表面温度云图，频率为 1.6GHz。

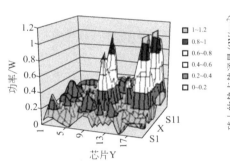

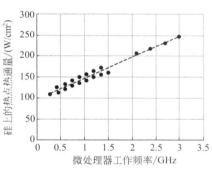

(a) $20 \times 20 mm^2$ 芯片的表面功率分布图[11]　　(b)芯片性能与局部热通量的关系图[12,13]

图 9.9　倒装芯片封装中不均匀的功率分布[11~13]

图 9.11 所示为 PC 产品中 $1 \times 1 cm^2$ 的芯片在室温下启动后的瞬态温度云图[14]，平均功率密度可达 $100 W/cm^2$，热通量峰值超过了 $300 W/cm^2$。图中的温度云图是启动后每 10s 的变化情况，可以看出，微处理器中不同部分的升温情况取决于芯片的计算工作负载。另外，为了减少热扩散的影响，芯片被减薄到了 0.1mm。

9.4.2.2　芯片热点的解析模型

为了考虑功率分布图中的热点影响，提出了各种解析模型。Torresola 等人[17]提出了采用密度系数表征芯片功率分布不均的影响。Iyengar 和 Schmidt[13]对包含多个离散热源的模型进行了总结，并利用其中一些模型估算了两种倒装芯片封装结

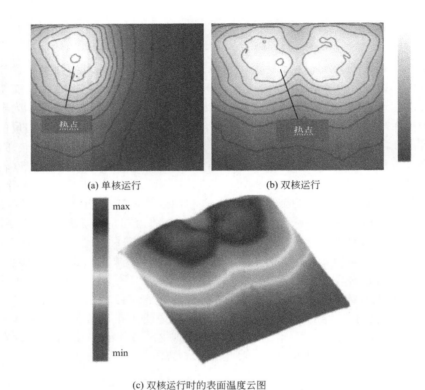

(a) 单核运行　　　　　　　　(b) 双核运行

(c) 双核运行时的表面温度云图

图 9.10　测得的商用倒装芯片微处理器的热点温度分布云图[15,16]
（扫描封底二维码下载彩图）

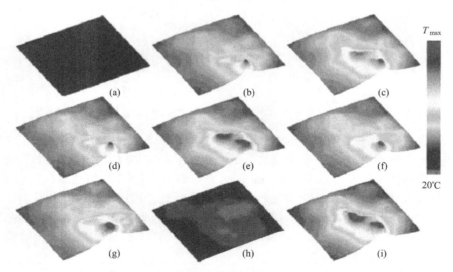

图 9.11　PC 产品中的倒装芯片在室温下启动后的瞬态热点温度云图[14]
（扫描封底二维码下载彩图）

构的热阻，一种结构是将密封的模组贴装到风冷热沉上，另一种结构是将裸芯片贴装到风冷热沉上。文献［13］中总结的一些研究工作如下。

　　Culham 等人[18]给出了一个基于傅里叶级数的综合模型，可以对包含多层材料并贴装多个热源器件的电子封装模型进行三维热扩散分析。对于位于矩形散热器上的多个矩形热源，其通解已由 Muzychka 等人[19]推导出来，并将其用于具有多热源的热沉。Muzychka 通过引入影响系数将该通解扩展到一个简化模型中，可以采用先进的数学软件工具对多热源-散热器系统进行编程和求解。Muzychka 的方法[20]采用基于影响系数的解析模型确定温度分布，可用于局部均布热源、质心热源以及包含多个矩形热源的双层矩形基板。如图 9.12 中的矩阵方程所示，其中 θ 8　表示热源温度矩阵，Q 表示输入功率矩阵，f 为影响系数矩阵[13]，其中 $\theta_1 \cdots \theta_N$ 和 $Q_1 \cdots Q_N$ 分别为热源 $1 \cdots N$ 的温度计算结果和输入功率，$f_{1,1} \cdots f_{N,N}$ 为热源 1 的影响系数值（见图 9.12）。影响系数矩阵 f 为对称矩阵，例如，矩阵的第 1 行第 N 列 $f_{1,N}$ 和第 N 行第 1 列 $f_{N,1}$ 相等。影响系数矩阵 f 可以通过文献［13，20］中的公式计算得到。

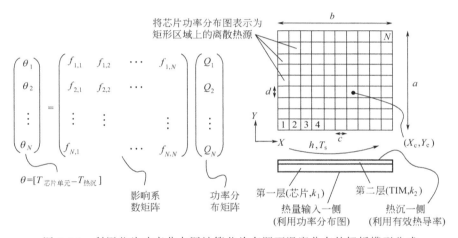

图 9.12　利用芯片功率分布图计算芯片有源面温度分布的解析模型公式

$$f = \text{function }(t_1, t_2, k_1, k_2, A, B, C, D, h)$$

　　式中，t_1、t_2、k_1、k_2、A、B、C、D 和 h 分别表示第一矩形层的厚度（芯片），第二矩形层的厚度（TIM），第一层的热导率（芯片），第二层的热导率（TIM），矩形热源沿 X 轴的尺寸坐标矩阵，矩形热源沿 Y 轴的尺寸坐标矩阵，矩形热源质心在 X 轴上的坐标矩阵，矩形热源质心在 Y 轴上的坐标矩阵，以及第二层上表面的热对流边界条件（均匀热导率），矩阵 A、B、C 和 D 包含了 $1 \sim N$ 号热源。

　　Sikka[21]利用已知的单个热源级数解[22]，将芯片功率分布图上各个热源的独立解进行线性叠加，以此估算芯片-热界面-散热器组件中芯片有源面一侧的温度分布。Sikka 忽略了芯片以及第一热界面（TIM1）中热量扩散的影响，只是将功率分布图叠加到了散热器底面上，然后将芯片和第一热界面中的一维热传导补充到其中[21]。忽略芯片和热界面中的热扩散会影响结温预测的准确性，这取决于芯片和第一热界面（TIM1）的热导率和厚度，第一热界面上表面的有效热导率，以及输入功率的不均匀性。Sikka 将功率分布图叠加在散热器上，而 Iyengar 与 Schmidt[4]利用 Muzychka[20]的方法将芯片和热界面（TIM1）中的热扩散考虑在内，但需要在热界面上表面假设一个均匀有效的热导率，从而可以忽略散热器中热点热源的扩散影响。

Muzychka[20]利用这种解析模型得到了贴装数个元件的印制电路板的温度分布。该方法由 Muzychka[20]提出，并由 Iyengar 和 Schmidt[13]推广和应用到风冷倒装芯片封装中，将芯片直接贴装到在风冷热沉上，或者通过第二层热界面材料将盖板与热沉上粘接起来。图 9.13(a)、(b)给出了利用 Iyengar 和 Schmidt[13]的解析模型得到的 100W 双核硅芯片的功率分布图，芯片尺寸为 $12\times12mm^2$，热点热通量为 $200W/cm^2$。由图 9.13 (b) 中的信息可知，该芯片的工作频率可以达到 2GHz。

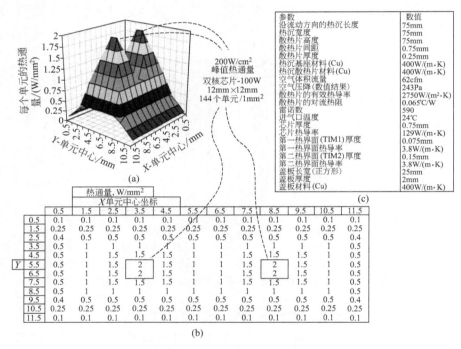

参数	数值
沿流动方向的热沉长度	75mm
热沉宽度	75mm
散热片高度	75mm
散热片间距	0.75mm
散热片厚度	0.25mm
热沉基座材料(Cu)	400W/(m·K)
热沉散热材料(Cu)	400W/(m·K)
空气(体积流量)	62cfm
空气压降(数值结果)	243Pa
散热片的有效热导率	2750W/(m²·K)
散热片的对流热阻	0.065℃/W
雷诺数	590
进气口温度	24℃
芯片厚度	0.75mm
芯片热导率	129W/(m·K)
第一热界面(TIM1)厚度	0.075mm
第一热界面热导率	3.8W/(m·K)
第二热界面(TIM2)厚度	0.15mm
第二热界面热导率	3.8W/(m·K)
盖板长宽(正方形)	25mm
盖板厚度	2mm
盖板材料(Cu)	400W/(m·K)

(c)

热通量，W/mm²

	X单元中心坐标											
Y	0.5	1.5	2.5	3.5	4.5	5.5	6.5	7.5	8.5	9.5	10.5	11.5
0.5	0.1	0.1	0.1	0.1	0.1	0.1	0.1	0.1	0.1	0.1	0.1	0.1
1.5	0.25	0.25	0.25	0.25	0.25	0.25	0.25	0.25	0.25	0.25	0.25	0.25
2.5	0.4	0.5	0.5	0.5	0.5	0.5	0.5	0.5	0.5	0.5	0.5	0.4
3.5	0.5	1	1	1	1	1	1	1	1	1	1	0.5
4.5	0.5	1	1.5	1.5	1	1	1	1.5	1	1	1	0.5
5.5	0.5	1	1.5	2	1.5	1	1	1.5	2	1.5	1	0.5
6.5	0.5	1	1.5	2	1.5	1	1	1.5	2	1.5	1	0.5
7.5	0.5	1	1.5	1.5	1	1	1	1.5	1	1	1	0.5
8.5	0.5	1	1	1	1	1	1	1	1	1	1	0.5
9.5	0.5	0.5	0.5	0.5	0.5	0.5	0.5	0.5	0.5	0.5	0.5	0.4
10.5	0.25	0.25	0.25	0.25	0.25	0.25	0.25	0.25	0.25	0.25	0.25	0.25
11.5	0.1	0.1	0.1	0.1	0.1	0.1	0.1	0.1	0.1	0.1	0.1	0.1

(b)

（图中标注）每个单元的热通量/(W/mm²)；X-单元中心/mm；Y-单元中心/mm；(a)

$200W/cm^2$ 峰值热通量 双核芯片-100W $12mm\times12mm$ 144个单元/1mm²

图 9.13　文献［13］中利用解析和数值模型得到的功率分布图

图 9.13 (c) 列出了模型中需要输入的参数。图 9.14(a)、(b)给出了两种封装结构模型[13]，一种是将风冷热沉贴装到带有盖板的封装模组上(图 9.7 也给出了这样的结构)，另一种是将风冷热沉通过热界面材料直接贴装到芯片背面。除了上述讨论的以及图 9.13 给出的求解功率分布的方法以外，其他一些简化和建模方法也可以用于求解功率分布结果，如图 9.15 所示。例如，为了更好地使用功率分布模型，散热片需要表征为热沉基座上表面的有效热导率。同样，除了本节所讨论的多热源功率分布模型以外，在描述散热器时也可以采用单热源热扩散模型。风冷热沉将在

本章后面进行详细讨论。

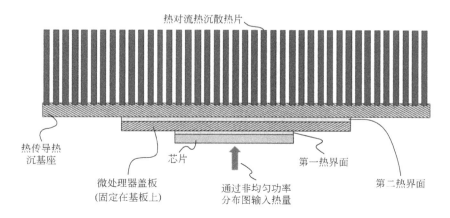

(a) 将具有盖板的模组贴装到风冷热沉上

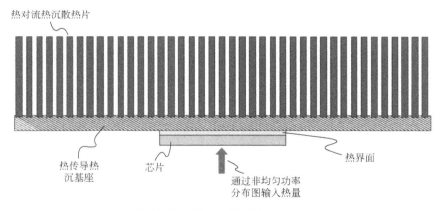

(b) 将裸芯片直接贴装到风冷热沉上

图 9.14　文献 ［13］ 研究的倒装芯片冷却结构

　　图 9.15 总结了如图 9.14(a)、(b)所示的两种结构中芯片连接点到外部环境的热阻。除了芯片的一维热阻外，其余热阻都是由材料上下表面的平均温差除以输入总热量 （100W） 算得的。热点热阻定义为芯片热点温度与芯片平均温度的差值除以总的芯片功率。热对流热阻来自散热片，通过外围环境参考温度和热沉基座上表面温度的差值计算得到。如图 9.15 所示，对于不含盖板和第二热界面 （TIM2） 的直接贴装设计，从第一热界面上表面到热沉基座上表面的传热面积比更大。因此，对于直接贴装的情况，热沉基座的热阻更大，达到了 0.18℃/W，而含有盖板的模组其热沉基座的热阻为 0.08℃/W，两者相差了 0.1℃/W，但不含盖板和第二热界面 （TIM2） 的模组其总体热阻比含有盖板的模组降低了 0.14℃/W。需要重点指出的是，这两种设计的热点热阻占到整体热阻的 27%～29%。

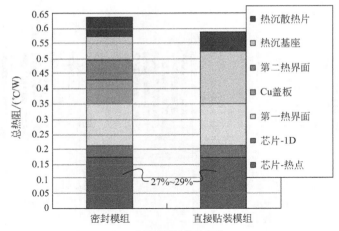

(a) 风冷模块设计类型

单元平均温度/℃											
X单元中心坐标/mm											
0.5	1.5	2.5	3.5	4.5	5.5	6.5	7.5	8.5	9.5	10.5	11.5
53.0	53.3	53.8	54.2	54.5	54.7	54.7	54.5	54.2	53.8	53.3	53.0
56.5	57.1	57.8	58.5	58.8	59.0	59.0	58.8	58.5	57.8	57.1	56.5
62.0	63.6	65.1	66.1	66.5	66.6	66.6	66.5	66.1	65.1	63.6	62.0
67.8	71.3	74.3	75.9	76.3	75.9	75.9	76.3	75.9	74.3	71.3	67.8
72.1	76.8	82.2	84.8	84.7	82.6	82.6	84.7	84.8	82.2	76.8	72.1
74.3	79.6	86.1	90.2	88.9	86.0	86.0	88.9	90.2	86.1	79.6	74.3
74.3	79.6	86.1	90.2	88.9	86.0	86.0	88.9	90.2	86.1	79.6	74.3
72.1	76.8	82.2	84.8	84.7	82.6	82.6	84.7	84.8	82.2	76.8	72.1
67.8	71.3	74.3	75.9	76.3	75.9	75.9	76.3	75.9	74.3	71.3	67.8
62.0	63.6	65.1	66.1	66.5	66.6	66.6	66.5	66.1	65.1	63.6	62.0
56.5	57.1	57.8	58.5	58.8	59.0	59.0	58.8	58.5	57.8	57.1	56.5
53.0	53.3	53.8	54.2	54.5	54.7	54.7	54.5	54.2	53.8	53.3	53.0

（Y中心坐标/mm 依次为 0.5、1.5、2.5、3.5、4.5、5.5、6.5、7.5、8.5、9.5、10.5、11.5）

(b)

单元平均温度/℃											
X单元中心坐标/mm											
0.5	1.5	2.5	3.5	4.5	5.5	6.5	7.5	8.5	9.5	10.5	11.5
49.6	49.9	50.3	50.7	51.0	51.2	51.2	51.0	50.7	50.3	49.9	49.6
52.9	53.5	54.2	54.8	55.2	55.3	55.3	55.2	54.8	54.2	53.5	52.9
58.3	59.8	61.3	62.2	62.6	62.7	62.7	62.6	62.2	61.3	59.8	58.3
63.9	67.3	70.2	71.8	72.1	71.7	71.7	72.1	71.8	70.2	67.3	63.9
67.9	72.6	77.9	80.5	80.3	78.2	78.2	80.3	80.5	77.9	72.6	67.9
70.0	75.2	81.6	85.7	84.3	81.4	81.4	84.3	85.7	81.6	75.2	70.0
70.0	75.2	81.6	85.7	84.3	81.4	81.4	84.3	85.7	81.6	75.2	70.0
67.9	72.6	77.9	80.5	80.3	78.2	78.2	80.3	80.5	77.9	72.6	67.9
63.9	67.3	70.2	71.8	72.1	71.7	71.7	72.1	71.8	70.2	67.3	63.9
58.3	59.8	61.3	62.2	62.6	62.7	62.7	62.6	62.2	61.3	59.8	58.3
52.9	53.5	54.2	54.8	55.2	55.3	55.3	55.2	54.8	54.2	53.5	52.9
49.6	49.9	50.3	50.7	51.0	51.2	51.2	51.0	50.7	50.3	49.9	49.6

（Y中心坐标/mm 依次为 0.5、1.5、2.5、3.5、4.5、5.5、6.5、7.5、8.5、9.5、10.5、11.5）

(c)

图 9.15　图 9.13 和图 9.14 所示结构的热阻结果[13]

9.4.3　热管理方法

9.4.3.1　芯片减薄

芯片减薄就是减小芯片厚度，目的是减小芯片热阻。芯片减薄会显著影响芯片中高功率密度区域的热量扩散，同时也会影响芯片翘曲以及倒装芯片的热机械性能。

9.4.3.2　热界面材料

热界面材料（TIM）用来将盖板或热沉粘接到芯片封装背面，或者将盖板与热沉粘接起来，前者表示为 TIM1，后者表示为 TIM2，图 9.7 和图 9.14 中给出了 TIM1 和 TIM2 材料的位置。TIM1 的目的是将盖板或热沉粘接到芯片背面，同时也可以有效传热。因此，TIM1 材料的抗压和抗剪强度以及热导率是重要的指标。另外，由于 TIM1 是硅芯片与金属盖板之间的中间层，硅芯片与金属盖板之间的热膨胀系数（CTE）有显著差异，再加上倒装芯片组装工艺包括数个固化工艺步骤和温度循环过程，所以，TIM1 材料的热膨胀系数也是一个重要参数。在一些情况下，如图 9.14（b）所示，采用 TIM1 材料直接将热沉底面与芯片背面粘接在一起，即直接贴装结构。对于 TIM2 材料，通常用于将液冷或风冷热沉与盖板粘接在一起。在大多数产品中，TIM2 材料一般作为可分离界面，因为热沉可能需要在线或在系统级组装过程中移除或重新贴装，而 TIM1 材料通常用于芯片与盖板的永久性连接。

Yeh 和 Chu[5] 以及 Prasher 等人[23] 都给出了相似的计算热界面材料热阻 R_{TIM} 的公式，其中 Prasher 给出的公式为

$$R_{TIM} = BLT/k_{TIM} + R_{c1} + R_{c2}$$

式中，BLT、k_{TIM}、R_{c1} 和 R_{c2} 分别为热界面材料粘接层的厚度、热界面材料的热导率、热界面材料与第一键合面的热阻以及热界面材料与第二键合面的热阻。对于含有填充颗粒的热界面材料，BLT 和 k_{TIM} 都是填充颗粒尺寸及其体积分数的函数[23]。Prasher 等人详细讨论了含有填充颗粒的热界面材料[23]，并将其热学性能与所施加的压力联系起来以使 BLT 最小。

在大多模型中，两个接触热阻 R_{c1} 和 R_{c2} 包含在了修正的热导率 $k_{TIM, corrected}$ 中，所以求解热界面热阻 R_{TIM} 的公式变为了

$$R_{TIM} = BLT_{estimated}/k_{TIM, corrected}$$

式中，$BLT_{estimated}$ 为估算的热界面材料粘接层厚度；$k_{TIM, corrected}$ 为依据经验进行修正的热界面材料热导率，它是通过对已知形状和结构的材料进行实验测试，利用所得的热界面材料总热阻减去粒状材料的热导率得到的。

表 9.1 给出了常用热界面材料的一些信息，例如矿物油、导热膏、导热腻子、

表 9.1　几种典型 TIM 材料的热学特性

热界面材料	标准 BLT/mm	标准 k_{TIM}/[W/(m·K)]	热阻/(℃·mm²/W)
矿物油	0.1	0.2	500
导热膏	0.05	3.8	13
导热腻子	0.5	4	125
PCM 衬底	0.25	4	63
填充 Ag 颗粒的环氧树脂	0.025	1.4	18
低熔点金属	0.2	30①	7

　　① 考虑接触热阻的修正热导率。

相变材料（PCM）衬垫、含有填充颗粒的环氧树脂和凝胶剂。矿物油通常为硅酮

或碳氢油类，导热膏是填充一定剂量的具有高热导率颗粒的油类。

表 9.2 给出了一些先进的热界面材料，例如可以用作热界面材料的金属，具有很高的热导率[24]。

表 9.2 金属 TIM 的热学特性

焊料	液相温度/℃	热导率/[W/(m·℃)]
In-Sn-Ga (21.5%：16%：62.5%)	10.7	35
In-Sn-Bi (51%：16.5%：32.5%)	60	
In-Bi (66%：34%)	72	40
In-Sn (52%：48%)	118	34
In-Ag (97%：3%)	143	73
In (100%)	157	86
Sn-Pb (63%：37%)	183	50
Sn-Ag (96.5%：3.5%)	221	33
Sn (100%)	223	73
Au-Sn (80%：20%)	280	57

在讨论倒装芯片封装中的热界面材料时，芯片翘曲对第一级热界面材料的影响尤为重要[10]。当下填料固化以及封装体降至室温的过程中，基板与硅芯片之间热失配会导致芯片封装发生翘曲[10]。如图 9.16 所示，芯片背面不同位置的 BLT 差异显著。

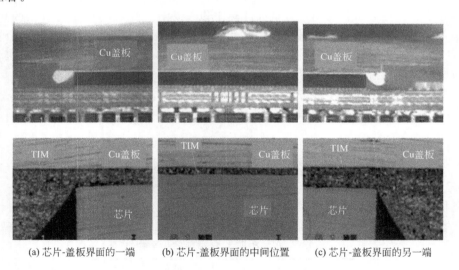

(a) 芯片-盖板界面的一端   (b) 芯片-盖板界面的中间位置   (c) 芯片-盖板界面的另一端

图 9.16 倒装芯片翘曲对 TIM 的影响[10]

9.5 系统级热管理

9.5.1 热管理示例

板级与机架级电子封装的冷却设计可以看作是"系统级热管理"。在芯片和模块中，经由包括硅、焊球阵列、塑封结构、热界面材料以及金属散热器等在内的不同材料的热传导过程进行散热。对于系统级封装，还有其他一些散热方法。例如，通过输送冷却剂在受热表面进行自然和强制热对流散热，利用散热器中的汽化和冷凝过程进行散热，以及通过热辐射向周围环境散热等。

图 9.17 所示为最新推出的两种用于服务器产品的主板，均由不同的器件构成，包括印制电路板和板上器件，如封装芯片、电容器、微处理器模块、内存卡、磁盘驱动器、I/O 驱动器等。由于本书主要关注倒装芯片封装，所以重点讨论微处理器模块和双列直插式内存卡（DIMM）阵列的热管理，两者均为倒装芯片封装。

(a) 装满1U服务器的机架　(b) 装有1U服务器的单个机架

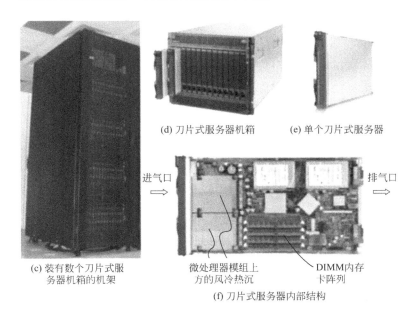

(d) 刀片式服务器机箱　(e) 单个刀片式服务器

(c) 装有数个刀片式服务器机箱的机架

(f) 刀片式服务器内部结构

图 9.17　不同的风冷服务器节点与机架设计

图 9.17（a）给出了一个装满上述服务器的机架，可以装入 45 个 1.75in 高的服务器。图 9.17（b）所示为装有 1U 服务器的单个机架，其中装配了风扇，可以从服务器前方吸入空气并从风冷微处理器热沉和风冷 DIMM 散热装置器上方流过实现降温。图 9.17（c）～（f）所示为刀片式服务器，其中不含风扇，而是利用机

箱中的鼓风机透过刀片式服务器吸入空气，从而对微处理器热沉和 DIMM 阵列进行降温。

9.5.2　热管理方法

9.5.2.1　热传导散热器

倒装芯片封装中的散热速率相对较慢。为了能够利用常见的冷却方法调节传热速率，例如风冷，需要将热量传递至面积更大的散热面上，以保证电子器件与周围冷却剂的温差不会过大。通常利用散热器将热量由面积较小的热源表面传递至面积较大的散热面，散热器一般分为两类，即热传导散热器与热管或均热板。

图 9.18 给出了利用热传导进行散热的过程。如图 9.18(a)、(b) 所示，热量输入面为微处理器热沉底面的中间区域，或者如图 9.18(c)、(d) 所示，热量输入面为通过热界面材料直接与存储芯片粘接的 DIMM 散热器表面。热传导散热器通常由铝或铜等金属材料制成，也可以由特殊材料例如石墨或金刚石制成。

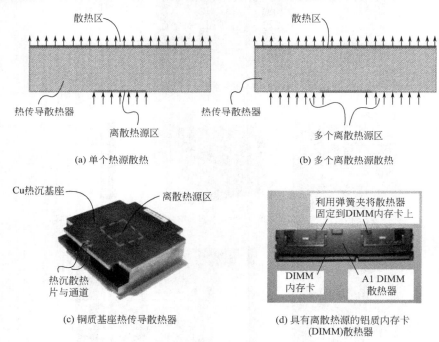

(a) 单个热源散热　　　　　　　　　(b) 多个离散热源散热

(c) 铜质基座热传导散热器　　　　　(d) 具有离散热源的铝质内存卡
　　　　　　　　　　　　　　　　　　(DIMM)散热器

图 9.18　热传导散热器的传热过程

一些文献中给出了封闭形式的解析表达式用以估算散热器的热阻[25~28]，其中 Song 等人[25] 给出了应用最为广泛的公式。

9.5.2.2　热管

第二种常用的散热器结构为热管或均热板，即利用两相热传导进行高效散热。热管呈圆筒状，通常由高热导率材料制成，例如金属铜，沿热管内表面以及中心区域含有吸液芯结构。图 9.19 给出了热管的结构图，突出了不同结构和区域对热管散热性能的重要性。

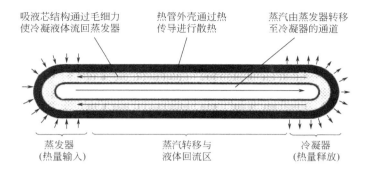

图 9.19　热管工作原理图

吸液芯结构通过毛细力
使冷凝液体流回蒸发器

热管外壳通过热
传导进行散热

蒸汽由蒸发器转移
至冷凝器的通道

蒸发器
(热量输入)

蒸汽转移与
液体回流区

冷凝器
(热量释放)

热管中充满了液体，例如水，到达蒸发器时汽化，到达冷凝器时凝结，从而完成传热过程。如图 9.19 所示的热管，热量由一端通过外壳传递到管内，并到达蒸发器引起液体汽化，蒸汽经过中心区域到达热管另一端的冷凝器中发生凝结。在冷凝器一端的热管外表面，利用风冷等方法使蒸汽冷凝液化，然后借助毛细效应的表面张力经由吸液芯流回热管另一端。

图 9.20 所示为利用热管将集中热源（微处理器模块）的热量传递到热沉基座中，然后再扩散到空气中的过程。热管也可以制作成中心包含吸液芯的矩形厚板结构，称之为均热板，其工作原理与圆筒状的热管相似，但具有散热结构尺寸小、占用面积比圆筒状热管小等优点。热管还有另一种形式——平板热管，与圆筒状热管相似，但其外壳呈扁平状。

理想情况下，当蒸汽液化后借助重力作用由冷凝器流回蒸发器时，热管能够发挥最好的作用。虽然热管结构可以设计为抗重力作用的，但并不值得提倡。

风冷热沉散热
片与气体通道

热源区

嵌入到热沉基座中的热管

热沉基座

图 9.20　在基座中嵌入热管的风冷热沉

9.5.2.3　风冷热沉

业界通常采用风冷热沉对电子产品进行降温，将热量传递到由风扇或鼓风机驱动的流动空气中[29]。图 9.21 给出了一个如前面所讨论的利用风冷热沉进行散热的电子器件。

散热片通常与热沉集成在一起，从而促使热量由相对较小的区域（如微处理器模组的盖板）传递到较大的区域（如热沉基座），然后传递到散热片，最后通过热对流将热量传递到流动的空气中。散热片可以制成矩形薄板并贴装到热沉基座上，或者由热沉基座上延伸出来呈圆柱状。图 9.21 进一步给出了芯片中的传热路径，包括芯片扩散传热，芯片与盖板之间第一层热界面的热传导，盖板以及盖板与热沉之间第二层热界面的热传导，热沉基座（或散热管）的热传导，最后通过散热片的热传导和热对流进行散热。可以预料的是，空气流过散热片的速率越快，散热效果越好，但要求风扇功率更高以驱动空气更快流动。

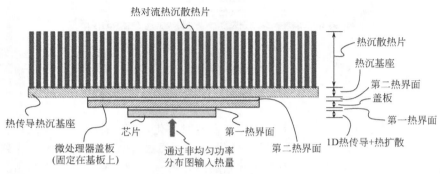

图 9.21　风冷热沉示意图

图 9.22 给出了采用不同加工技术制造的风冷热沉，对图 9.21 所示的结构进行了改变[30]。图中，不同的技术在制造条件限制和成本方面差异较大，这反过来又导致了冷却设计在成本或性能指标方面的较大差异。其中，最经济的方法在图 9.22 中并未给出，即利用挤压成形工艺以适当的长宽比大规模生产铝质热沉，长宽比越高，热沉密度越高（即单位宽度的散热片越多），导热性能越好。近年来，热沉的加工技术在不断发展进步。

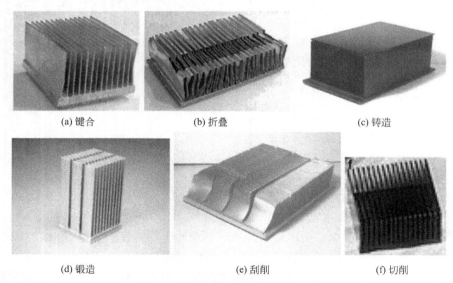

图 9.22　利用不同加工方法制造的风冷热沉

9.5.2.4　液冷散热板

对一些电子器件进行降温时，风冷方式并不可行，这是由于空气热导率相对较低，并且比热容较小，限制了空气热对流传热的能力，所以导致散热片表面的热导率过低，并且载热量也不够，从而造成热沉基板与空气之间的温差过大，或者维持器件工作的冷却气流速度过高。

相比之下，水等液体有着较高的热导率和比热容，对于个人电脑和服务器上的高热通量热源而言，冷却液的导热性极好。图 9.23 所示为液冷散热板的示意图，与图 9.21 所示的风冷示意图相似。然而，风冷热沉一般利用的是室内空气，液冷则需要在热源器件中设置往返的冷却液管道。如图 9.23 所示，液冷散热板通常由一个矩形空腔构成，冷却液由一端注入并由另一端抽出，同时流经粘接在散热板基座上的散热片阵列。热量通过热界面材料由模组盖板或热源传递至散热板基座之后，散热片再通过热对流和热传导的方式将热量传递至流动的冷却液中。

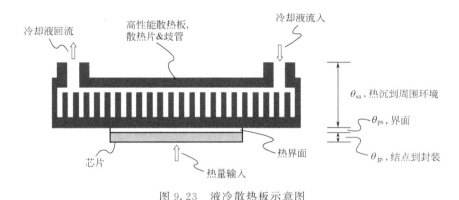

图 9.23　液冷散热板示意图

与风冷热沉类似，液体流动速率越高，散热效果越好，但也意味着成本更高。得益于冷却液较高的热导率和比热容，液冷散热板结构和散热片通常比风冷热沉更加紧凑。

图 9.24 给出了两种最常见的液冷散热板，一种是将扁平铜管嵌入到铝块中，另一种是基于散热片阵列。前者将装有液体的铜管压入铝块的凹槽中，并与凹槽表面粘接在一起，从而以较低的成本得到热性能适中的设计。后者利用与风冷热沉相似的工艺将散热片制作在散热板基座上，制作方法包括金属切削、锻造、刮削以及键合工艺，考虑到工件的几何形状和制造成本，各种方法的加工能力也有所不同。

图 9.25 给出了一种更为复杂的歧管液冷散热板设计，利用散热片上方的歧管层将冷却液分为相互平行的流束流至散热板，以此提高散热板的散热性能，同时需要限制热沉中的压降。

9.5.2.5　内置液冷-风冷混合系统

液冷散热板一般只用于高功率器件中，另外还有一些产品先采用液冷散热板从高功率器件中提取热量，然后通过气液热交换器将热量传递到流动的空气中，如图 9.26 所示。在这类产品中，液冷散热板、水泵以及管道用于提取和传递热量，气液热交换器和风扇用于散热[33]。图 9.27 给出了用于高端个人电脑的内置液冷-风冷混合系统。

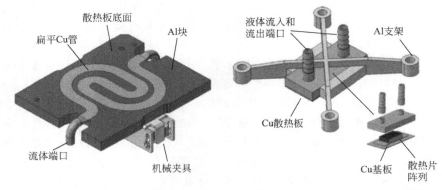

(a) 将铜管嵌入到铝块中[31] (b) 有冷却液流经散热片的液冷散热板[32]

图 9.24　液冷散热板

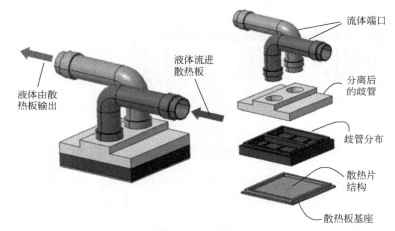

图 9.25　复杂的歧管液冷散热板，利用散热片阵列上方的歧管来设置平行的液体流动路径

9.5.2.6 制冷冷却系统

这里所讨论的制冷冷却系统是指利用液体制冷剂和蒸汽压缩循环将热量传递至水或空气等第二冷却剂的系统，其主要优点是可以使器件温度低于水或空气等冷却剂的温度。近些年来，许多计算机生产商已经利用制冷冷却技术使得计算机能够在较低的器件结温下运行，从而增强了计算机性能[34~38]。正如文献［34］中所提到的，由于芯片掺杂的特点，晶体管的温度每降低 10℃，其性能可提高 1%~3%。

图 9.28 给出了电子封装或模组中的制冷冷却系统回路示意图。该回路在某种程度上与前面讨论的间接水冷类似，但其中的冷却液为经过压缩的制冷剂，可以达到更低的温度，制冷剂吸收热量后汽化，然后经过压缩重新变为液态。该制冷冷却系统采用的制冷剂为 R-134a（CH_2FCF_3），具有良好的环境兼容性，普遍应用于汽车和家用空调系统中[36]。这种制冷剂不含氯元素且不会损耗臭氧层。尽管这种制冷剂具有全球变暖潜能值（GWP）（与相同质量的二氧化碳相比，一种用于衡量吸收辐射能相对能力的指数），但仍然是首选的制冷剂之一。

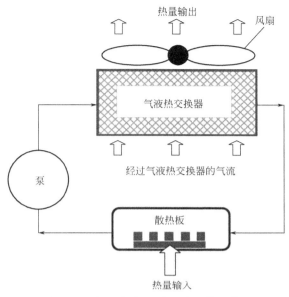

图 9.26　内置液冷-风冷混合系统示意图

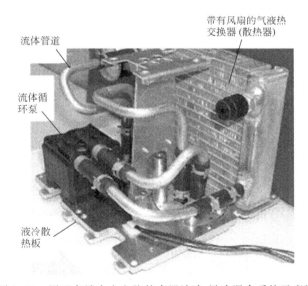

图 9.27　用于高端个人电脑的内置液冷-风冷混合系统示意图

　　由图 9.28 可知，构成制冷系统回路的基本元件包括压缩机、冷凝器、节流阀或膨胀阀以及蒸发器。压缩机和冷凝器被安装在远离封装体的位置，两者通常需要足够的空间。高温高压（即高于饱和温度）的制冷剂蒸汽由压缩机流出，然后流经冷凝器，并凝结为低温过冷（即低于饱和温度）液体流出，从而通过冷凝器将电子封装和压缩制冷剂产生的总热量传递到外界空气或水中。虽然在图 9.28 中没有表示出来，但还需要在冷凝器的下方安装过滤器以去除制冷系统中的水汽、酸性物

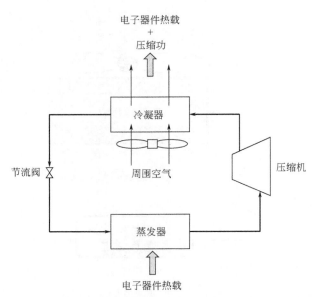

图 9.28　用于冷却电子封装的蒸汽压缩制冷回路示意图

质、油类分解物、金属颗粒或者其他污染物。为了保证系统的正常工作，需要将制冷系统中的水汽限制在允许范围以内。液态制冷剂由冷凝器/过滤器流出，然后通过膨胀阀后发生膨胀并降温，最后形成低质量比的气液混合物进入蒸发器。所谓的质量比是蒸汽质量与总体（即蒸汽与液体）质量之比，所以进入蒸发器的冷却剂质量比几乎为零。在蒸发器中，液态冷却剂转变为气态时，具有相对较高的热导率 $[1400\sim1600W/(m^2\cdot K)]$，可以有效传热[36]。另外，与水的比热容 $[4.179kJ/(kg\cdot K)]$ 相比，R-134a 具有较高的汽化热（215.9kJ/kg），这意味着传递相同的热量，制冷循环所需制冷剂的剂量远小于水。制冷剂由蒸发器流回压缩机时几乎完全为气态，此时质量比接近于 1。虽然图 9.28 中没有表示出来，但还需要在蒸发器与压缩机之间安装蓄热器，以确保没有液体进入压缩机中，否则会损害压缩机。接着蒸汽进入压缩机被压缩，然后流入冷凝器完成整个循环。

　　尽管许多人认为对电脑中的封装体进行制冷冷却是近几年才发展起来的技术，但是早在 1964 年，由 Seymour Cray 设计的 CDC 7600 型计算机就已经采用了制冷冷却技术[39]。紧接着，于 1976 年问世的 CRAY-1 性计算机采用了氟利昂进行制冷冷却[40]。但直到 20 世纪末才开始广泛采用制冷冷却技术，例如 1996 年，KryoTech 联合 Digital Equipment 公司采用制冷冷却技术对在 767MHz 频率下运行的工作站进行降温。KryoTech 公司的 Super G™ 计算机问世之后，使得 KryoTech 成为第一家可以提供 1GHz PC 系统的公司，利用 -40℃ 的制冷散热板对处理器进行降温，使其运行速度提高了 33%。图 9.29 所示为打开侧盖的计算机[35]，图中左下方是前后带有风扇的压缩机，冷凝器位于右下方，风扇用于抽取空气并穿过冷凝器，将处理器和压缩制冷剂产生的热量传递到外界环境中。在计算机左上角，可以看到包裹着蒸发器的隔热材料。图中黑色软管由压缩机延伸至蒸发器，用于制冷剂供应和回流。隔热层可以防止室内空气在制冷系统表面上由于温度低于环境露点温度而发生凝结。机箱左上方也装有一个风扇，目的是为机箱中其他未采用制冷冷却的器件进行风冷冷却。

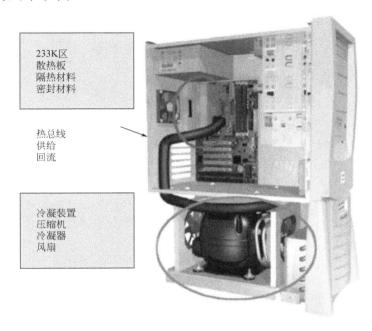

233K区
散热板
隔热材料
密封材料

热总线
供给
回流

冷凝装置
压缩机
冷凝器
风扇

图 9.29　Kryotech 公司推出的带有制冷冷却系统的 Super G™计算机

　　为了通过降低处理器运行温度提高系统性能，IBM 决定利用制冷冷却技术代替其他冷却方式（例如风冷或水冷），并且已经成功应用于 IBM 的许多高端服务器产品中[34,36~38]。1997 年，IBM 的 S/390G4 CMOS 系统首次采用制冷冷却技术。以下内容简单介绍了制冷冷却系统在高性能倒装芯片处理器中的集成与应用。

　　图 9.30 所示为 G4 系统的封装结构。电源隔层下为中央电子单元（CEC），其中多芯片模组（MCM）包含了 12 个处理器倒装芯片。图 9.31 所示为处理器模块的剖面图，其上表面与蒸发器粘接在一起。热量通过导热膏由芯片背面传递到盖板中，然后传递到制冷剂 R-134a 中。贴装在处理器模块上的蒸发器具有两个独立的制冷通道，多余的一个通道作为备用。尽管图 9.31 中没有给出，但还需要在蒸发器外面包裹隔热材料以防空气中的水汽凝结。图 9.30 给出了两个组合式制冷单元（MRU），位于靠近机箱中间的位置，并通过绝热软管与蒸发器相连。图 9.32 给出了组合式制冷单元中的主要元件，从图中可以看到带有翅片管的风冷冷凝器，用以传递制冷剂吸收的热量，并利用由图 9.30 中机箱下方的 I/O 扩展笼流出的空气对冷凝器进行冷却。计算机正常运行时，只有一个制冷单元在工作，流经一个通道的制冷剂足以对 MCM 进行冷却，其最大功耗为 1050W。当发生制冷故障时，失效的制冷单元会断开连接并由另一个制冷单元替换继续进行制冷。该方法可以将处理器的平均温度控制在 40℃，而风冷冷却只能达到 75℃。

图 9.30 采用制冷冷却的 IBM S/390G4 CMOS 系统

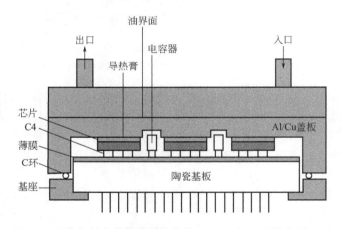

图 9.31 带有制冷蒸发器散热板的 CMOS 处理器模块剖面图

由前面的讨论和实例可知，利用制冷冷却可以改善器件的电学性能。然而，在决定采用制冷冷却时，事先还需考虑诸多因素，包括制冷冷却元件的体积、重量和成本。相比于传统的冷却方法（例如空冷或液冷冷却），这些因素都有所不同。另外，还需仔细测量制冷回路中制冷剂和制冷元件的温度，以免空气中的水汽凝结。

9.5.3 新型散热技术

随着对高密度封装需求的不断增加，封装中的热量密度不断增大，这就需要研发先进的制冷技术以应对这些挑战，包括直接浸入冷却、3D 芯片堆叠、先进热界面、合成射流冷却以及热电冷却技术。

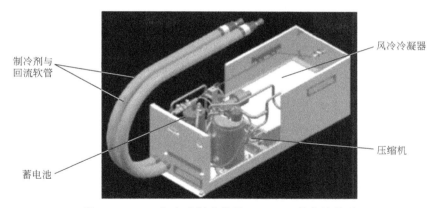

图 9.32　IBM 组合式制冷单元（MRU）的实体模型

9.5.3.1　直接浸入散热技术

尽管在倒装芯片封装中应用最为广泛的冷却方法仍是风冷，但长久以来已经意识到液冷方法可以应对更高的热通量。针对微电子器件的液冷方法可以分为间接式和直接式。前面已经讨论了间接式液冷方法，即以水作为冷却剂的散热板冷却。本节主要关注直接式液冷方法，也可以称之为直接浸入冷却，因为该方法并未利用物理隔墙将倒装芯片以及基板表面与液体冷却剂隔离开来，所以能够直接将芯片中的热量带走，避开了除了器件热源与芯片表面之间热阻以外的其他中间材料的热阻。19 世纪 60 年代早期就已经开始利用直接浸入冷却方法对集成电路芯片进行降温[41~43]，然后一直延续至今[44,45]。

直接浸入冷却利用热对流方式传递热量，可以分为自然对流、强制对流和沸腾传热。针对一种典型的碳氟化合物冷却液，图 9.33 给出了不同对流形式下，芯片表面的热通量与壁面过热度或芯片表面和冷却液之间温差的关系曲线。

自然或自由对流是通过芯片表面将热量传递至冷却液使其密度发生变化，从而引起流体流动进行传热的过程。对于给定的壁面过热度，这种传热形式传递的热通量或冷却能力最低。尽管如此，直接液冷自然对流的传热速率也可以匹敌或超过强制空气对流。

为了获得更高的传热速率，可以利用泵机迫使冷却液在芯片表面流动，称之为强制对流冷却，如图 9.33 所示。对于给定的壁面过热度，这种传热形式传递的热通量随着芯片表面冷却剂流动速率的增加而增加。

沸腾传热是直接浸入冷却方法中最有效的形式，即冷却液在芯片表面上以蒸汽泡的形式由液态转变为气态进行传热。沸腾传热行为通常可以由沸腾曲线进行描述，可以通过对特定的表面与关注的冷却液（例如硅表面与 FC-72）进行实验获得沸腾曲线。图 9.33 所示为给定壁面过热度下，随着芯片表面热通量的增加所形成的冷却路径 A—B—C—D—E—F—G。如果芯片功率缓慢增加，则首先以自然对流的方式（A-B 段）进行冷却。当功率达到一定水平并产生足够的过热度时，在受热表面会产生蒸汽泡，开始沸腾传热（B 点）。随着功率继续增加，更多的汽化核心变得活跃起来，并且气泡脱离的频率也在加快。图 9.33 中，B-C 段为泡核沸腾区。蒸汽泡运动引起的冷却液循环流动以及沿着芯片表面热边界的剧烈搅动，可以应对芯片表面热通量大幅增加的情况，并且芯片表面的温度增幅较小。图 9.34 (a)、(b) 分别给出了两个利用泡核沸腾进行散热的例子，一种是将芯片贴装在金属化陶瓷基板上，另一种是将芯片贴装在多层陶瓷基板上。当芯片功率增加至 C 点时，热通量达到另一个临界值，此时芯片表面产生了太多的蒸汽泡，形成了一层蒸汽层，阻碍了新的液体到达芯片表面。当功率进一步增加时，传热形式转变为膜态沸腾传热（D-E 段），此时由芯片表面到液体的热量传递依赖于蒸汽的导热性，但效果非常差。大多数情况下，一旦转变为膜态沸腾传热将会导致器件发生高温失效。为了更好地利用沸腾传热对电子设备进行冷却，理想情况是保持在泡核沸腾区内（B-C 段）。

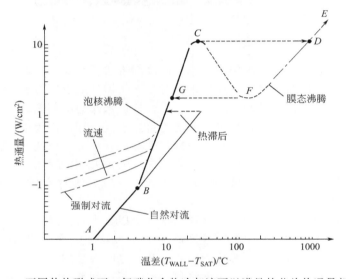

图 9.33 不同传热形式下，氟碳化合物冷却液可以满足的芯片热通量相对值

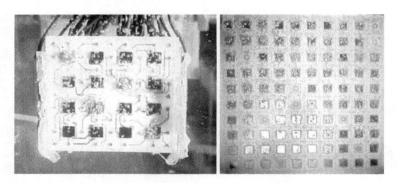

(a) 25×25mm² 金属化陶瓷基板   (b) 90×90mm² 多层陶瓷基板

图 9.34 沸腾传热芯片

当碳氟化合物之类的冷却液进行池沸腾冷却时，有时会出现温度超调（或热滞

后）问题。这种现象可以通过泡核沸腾的延迟开始（即超过 *B* 点）进行表征，即受热表面仍以自然对流的方式进行冷却，其表面温度不断升高，直至达到足够的过热度后才开始泡核沸腾。出现这种现象是因为碳氟化合物良好的润湿性以及硅芯片表面光滑的特性。尽管对该问题已经进行了大量的研究[46]，但仍是一个需要考虑的潜在问题。然而，流动沸腾冷却则很少出现这种温度超调现象。

当考虑采用直接浸入冷却方法时，需要注意的是，不能只以冷却液的传热性能作为选取直接浸入冷却液的依据。冷却液与芯片以及其他暴露在液体中的封装材料的相容性，必须作为选取冷却液的首要考虑因素。可能会有多种冷却液可以满足冷却要求，但只有很少一部分具有较好的化学相容性。水是一种具有理想传热性能的液体，但由于其化学特性，并不适合作为直接浸入冷却液。虽然碳氟化合物（例如 FC-72、FC-86、FC-77 等）的热物理特性较差，但被普遍认为最适合作为直接浸入冷却液。然而，随着近些年来对全球变暖问题的更加关注，业界已经开始寻求全球变暖潜能值更低的冷却液。相对于碳氟化合物冷却液，氢氟醚与氟化酮被认为是安全、可持续的替代品[47]。

尽管已经对高热通量芯片采用直接浸入式冷却进行了长期研究，但目前仍只有有限的几种商用产品采用了这种冷却方法，在这里我们讨论其中的两种产品。

一个例子是 IBM 于 20 世纪 70 年代开发的液体包封模块（LEM），采用了池沸腾冷却方法。如图 9.35 所示，具有 100 个 C4 凸点（100 个引脚）的芯片贴装在基板上，然后将其安装到含有碳氟化合物冷却液（FC-72）的密封冷却模组中。在暴露的芯片表面产生沸腾提供了较高的热导率 [$1700 \sim 5700 W/ (m^2 \cdot K)$]，可以满足芯片冷却的要求。冷却模组内部的散热片可以将蒸汽冷凝并带走液体中的热量，在模组背面可以利用风冷或水冷的方式传递热量。借助这种冷却方法，可以对 4W

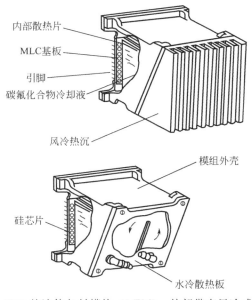

内部散热片

MLC基板

引脚

碳氟化合物冷却液

风冷热沉

模组外壳

硅芯片

水冷散热板

图 9.35　IBM 的液体包封模块（LEM），外部带有风冷或水冷装置

（$4.6\times 4.6mm^2$）的芯片以及 300W 的模组进行降温。另外，IBM 采用直接浸入冷却技术已经 20 多年，在最终模块组装之前的电测试过程中，用于冷却多芯片基板上的高功率双极型芯片。

　　另一个直接浸入冷却的例子是 CRAY-2 型超级计算机[48]，采用的是大型单相（即无沸腾）强制对流氟碳化合物冷却系统。如图 9.36 左侧所示，堆叠的电子模组通过平行流过的 FC-77 冷却液进行冷却。每个模组由 8 块印制电路板组成，每块电路板上贴装有 8×12 个芯片，共计 14 个堆叠模块，每个堆叠模块包含 24 个模组，冷却液流量为 70 加仑/min，每个模组的功耗散为 $600\sim 700W$。冷却液通过两台泵机输送至电子设备处，然后通过水冷热交换器将热量传递至冷却水中。

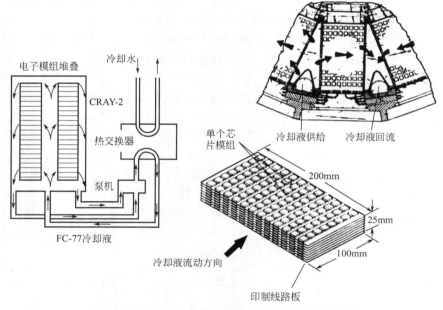

图 9.36　CRAY-2 直接浸入冷却系统及封装示意图

9.5.3.2　3D 芯片堆叠封装的散热技术

　　到目前为止，本章所讨论的倒装芯片都是厚度较薄的 2D 硅芯片，并与盖板和基板构成单个芯片封装。而在过去的十多年里，学术界与业界一直致力于研发 3D 芯片封装，如图 9.37 所示的 3D 多芯片堆叠封装[49]。文献 [49~51] 详细介绍了 3D 芯片封装的发展趋势以及不同形式的 3D 封装，讨论了 3D 封装技术成为重要创新领域的原因。正如文献 [49~56] 所述，3D 芯片封装只是一个通用术语，依据不同的设计、制造工艺和应用，可以具有不同的封装形式。3D 封装的优点是可以减小芯片功率和尺寸[51]，通过垂直方向集成减小芯片之间的互连距离，实现异构芯片互连以及比 2D 芯片更多的 I/O 数[57]。

　　尽管 3D 芯片封装拥有如上所述的诸多电学方面的优势，但是难以实施，堆叠芯片的热管理就是尚未解决的关键难题之一。其中一个主要原因是堆叠芯片之间填充的聚合物材料，导致底部芯片到热沉的传热效果较差，这对于热分析工程师而言

图 9.37　3D 芯片堆叠封装的剖面图（晶圆上的堆叠薄硅片测试结构）

是一个巨大挑战[57]。文献中对一些 3D 封装形式进行了研究，其中文献 [52] 对不同的芯片堆叠进行了热仿真分析，仿真模型中，功率 507W 保持不变，但调整散热最高芯片在堆叠中的位置。采用两种不同类型的芯片构建 3D 芯片堆叠：一种是 6 核逻辑或处理器芯片，功率为 477W；另一种是两个存储芯片（DRAM 和 SRAM），功率分别为 12W 和 18W。芯片面积均为 $21 \times 15 mm^2$，并通过热界面材料将液冷散热板粘接在芯片背面对其进行降温。研究结果表明，利用液冷散热板降温时，当功率最高的芯片置于叠层的最上层时效果最好。但是，另一方面也意味着需要更多的通孔连接底层芯片与最上层的处理器芯片。从电学角度讲，这种封装形式最不理想，因为来自 I/O 引脚的信号其传输的距离更长，而且连接低层芯片与处理器芯片的通孔数也较多。因此，随着芯片堆叠技术越来越普遍，3D 芯片堆叠封装电学与热管理设计之间的矛盾愈发需要模型级的协同设计和协同优化。前面提到的利用液冷散热板对 3D 芯片堆叠进行降温只是比较简单的方法，这种方法无法满足多个高功率芯片堆叠对散热的要求，因为堆叠后的总功率极高。如果仅对 3D 芯片堆叠的一侧进行降温，则远离冷却设备的芯片其传热路径的热阻会很大。

对 3D 芯片堆叠封装热管理的研究仍然比较活跃，最近的研究包括：①芯片堆叠封装中热界面的表征与热导率（以及互连通孔的影响）；②利用介电材料[58]和水[59]对 3D 芯片进行液冷冷却，以及 3D 芯片堆叠的热机械建模。关于 3D 芯片堆叠封装最新进展的综述可以查阅 Venkatadri 等人的文献[60]。

9.5.3.3　先进热界面技术

纳米热界面材料是当前研究的关键领域[61]，其中包括双面碳纳米管（CNT）薄膜技术、金属纳米弹簧和纳米线技术。这些技术的目标是进一步改善现有热界面材料的特性，例如热阻、可返工性、抵抗横向剪切的能力、长期可靠性以及芯片之间的一致性。文献 [62] 中介绍了 3D 排布的碳纳米管，其中沿薄膜一侧或两侧生长的碳纳米管是比较有发展前景的热界面材料，如图 9.38 所示[62]。

碳纳米管在相互啮合的表面上生长并缠绕在一起，从而改善了界面的导热性

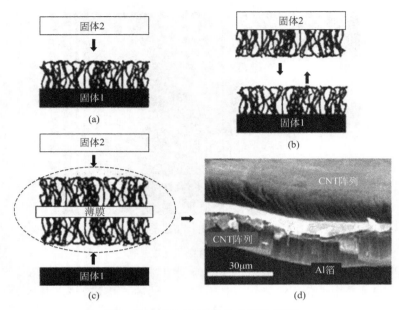

图 9.38　基于 CNT 的热界面结构[62]

能，同时具有良好的可返工性。一种应用方法是碳纳米管可以生长在热沉底部和盖板上表面，两者都是金属，允许在高温下（＞700℃）生长出碳纳米管。另一种方法是在 22μm 厚的铝箔两侧生长碳纳米管形成独立的界面材料，然后将其插入相互啮合的两个热表面之间。

文献 [63] 中介绍了纳米弹簧热界面材料，即利用 C 形和 S 形石墨烯弹簧构造热界面材料以改善导热性能。石墨烯由一层碳原子组成，碳原子相互结合在一起形成一层薄膜，而将石墨烯薄膜卷起来便构成了碳纳米管[63]。其他类型的纳米热界面材料，比如填充金属颗粒的泡沫状纳米结构，金属颗粒中含有聚合物材料（例如环氧树脂）[64]，这种材料同样具有良好的导热性能。

9.5.3.4　合成射流散热技术

本章所介绍的许多冷却技术针对的是高功率产品，与此同时，手持设备以及移动计算和通信设备的出现使得低功率器件的应用越来越多，其也同样需要散热。目前，手机等设备通常利用自然对流进行散热，合成射流[65～67]作为一种先进技术，利用功率较低的风扇和空气压缩装置增强散热性能。合成射流一般通过施加振荡电压引起压电磁盘或悬臂梁振动，并结合经过特殊设计的外壳，以产生较小的空气扰动和运动，从而可以有效提高自然对流的传热能力。图 9.39 给出了合成射流装置的粒子图像测速数据图。其他合成射流驱动技术还包括电磁、静电以及燃烧驱动活塞技术。

除了合成射流冷却装置以外，基于悬臂梁的空气驱动装置[68]和离子风驱动装置[69]同样也在研究当中，以生产低流速和低风扇功率的产品。

9.5.3.5　多核芯片散热技术

文献中报道的解决多核微处理器散热问题的技术为多路复用[70]或核心切换技

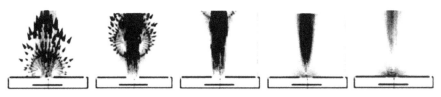

图 9.39　合成射流冷却装置的粒子图像测速数据图[67]

术。借助这种技术，处理器中不同核心可以按照预定算法逐一运行，使得核心有时间冷却下来，这样每个核心的平均温度就会低于单个核心持续高速运行时的温度，并且还可以使多核芯片的表面温度更加均匀。图 9.40 所示为未采用多路复用技术和采用两种算法（两种不同的核心负载迁移时间常数）的多路复用技术的芯片有源面温度场的数值计算云图[70]。

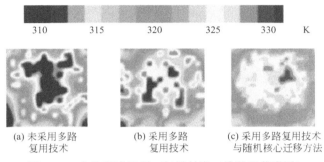

| 310 | 315 | 320 | 325 | 330 | K |

(a) 未采用多路　　　(b) 采用多路　　　(c) 采用多路复用技术
　　复用技术　　　　　复用技术　　　　　与随机核心迁移方法

图 9.40　芯片温度云图（扫描封底二维码下载彩图）

9.5.3.6　热电增强散热技术

热电散热器可以改善集成电路芯片封装的散热效果，从而在给定功耗水平下降低芯片运行时的温度，或在相同温度下允许更高的功耗水平。热电散热器相当于一种固体热泵，可以利用电子装置沿着温度梯度的相反方向（即由低温区至高温区）将热量由器件一端传递至另一端，并消耗一定的电能。热电散热器具有结构紧凑、噪声小、可以自由移动等优点，其散热能力可以通过调节电流进行控制。遗憾的是，相比于蒸汽压缩制冷，热电冷却允许的热通量比较有限。另外，热电冷却的效能系数（COP，即热电散热器泵出的热量与消耗的能量之比）也较低。这两个限制因素使得热电冷却技术一般只应用于热通量相对较低的产品中。

尽管热电效应原理可以追溯到 1834 年 Peltier 效应的发现[71]，但直到 20 世纪 50 年代中期才开始小规模的实际应用。在此之前，由于已知材料的热电性能较差，不适宜应用于实际的制冷设备中。从 20 世纪 50 年代中期至今，主要的热电材料设计方法是由 Ioffe 提出的，例如 Bi_2Te_3 等，这些材料至今仍用于市售热电散热器中[72]，能够将温度降至环境温度以下，并且无需采用蒸汽压缩制冷方法。

近年来，人们越发关注利用热电冷却技术对电子封装进行降温[73~77]。热电材料的固态冷却有效性可以通过无量纲量乘积 ZT 表示，其中 Z 为热电优值系数，T 为温度（单位为 K）。材料的热电优值系数可以由下式算得

$$Z = \frac{\alpha^2}{\rho k}$$

式中，α 为 Seebeck 系数；ρ 为电阻率，k 为热导率。

一般市售热电散热器所用材料的最大 ZT 值约为 1，但仍在不断努力研发新的粒状材料和薄膜微散热器以提高热电散热设备的散热性能[78]。

热电增强冷却技术可以用于模组或芯片的散热。图 9.41 给出了一个采用热电散热器降低模组温度的例子，$126 \times 126 mm^2$ 的 MCM 中含有 30 个 $15 \times 15 mm^2$ 的芯片。在该研究中，假设热电冷却模块安装在 MCM 上表面与水冷散热板或风冷热沉之间，得到的芯片温降与 MCM 总功耗之间的关系如图 9.41 所示，MCM 中芯片的温度也等量下降。

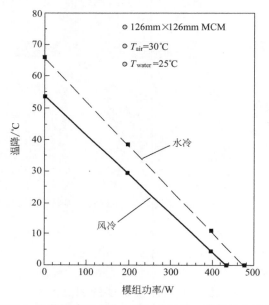

图 9.41　$126 \times 126 mm^2$ 的风冷或水冷 MCM 封装中，采用热电冷却时的温降情况

图 9.42 对比了采用和未采用热电增强冷却技术时 MCM 的容许功耗与芯片最大容许温度之间的关系，包括风冷和水冷两种情况。从图中可以看出，风冷情况下，芯片温度为 47℃时，无论是否采用热电增强冷却技术，模组的容许功耗都是相同的。在更高的芯片温度下，采用热电增强冷却技术时模组的容许功耗更高。水冷情况下有类似的结论，即芯片温度为 31℃时，模组的容许功耗都是相同的。两种情况下，模组的容许功耗均为 450～500W。因此，对于采用热电增强冷却技术的产品，必须考虑该技术能否达到预期的散热效果。

近年来，已经开始关注采用热电冷却技术解决芯片热点问题[79~85]。例如，文献［84］中的方法是将微型热电散热器直接与芯片热点贴合在一起，如图 9.43 所示。芯片上的热点热通量为 $1250 W/cm^2$，尺寸为 $400 \times 400 \mu m^2$。通过仿真分析发现，采用厚度为 $20\mu m$ 且接触热阻低于 $10^{-5} K \cdot m^2 / W$ 的热电散热器可以将峰值热点温度降低 17℃。

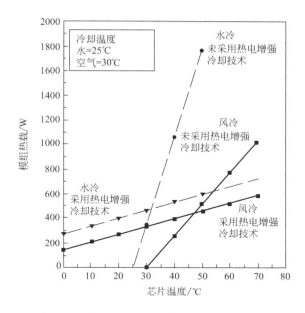

图 9.42 采用和未采用热电增强冷却技术时模组的容许功耗对比

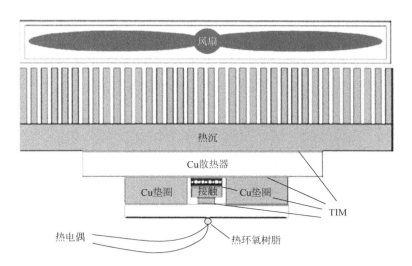

图 9.43 利用微型接触增强热电散热器对芯片热点进行降温的测试模型[84]

9.6 热测量与仿真

热测量对任何电子封装的开发和表征都至关重要，包括倒装芯片封装。另外，建立仿真模型预测器件在工作时的热响应，并对改善器件热学性能的不同方法进行权衡，这种仿真能力同样重要。下面的章节主要针对封装热测量、温度测量设备与方法、热测量标准、简化热模型和有限元/计算流体力学仿真进行讨论。

9.6.1　封装温度测量

长久以来，热测量对电子元件和系统的演变与发展都起到了重要作用。为了表征封装中芯片热源到热沉之间的热阻，需要精确测定温度和功率大小。另外，还需要精确测定冷却剂的流动速率和温度。这些温度测量结果可以用于确定封装中单条或多条传热路径的热阻。为了验证散热设计是否有效，一直以来都需要对原型封装进行温度测量。同样，温度测量对于评估和验证客户封装的质量也十分重要。

图 9.44 给出了一个倒装芯片封装温度测量的简单例子。其中，理想情况下芯片到冷却空气的热阻用 θ_{ja} 或 R_{ja}（在文献中常用）表示，可以由下式计算

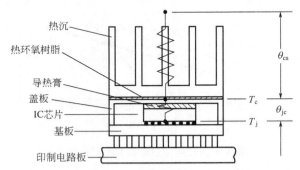

图 9.44　通过温度测量来表征倒装芯片封装的热学性能

$$\theta_{ja} = (T_j - T_a)/P_c$$

式中，T_j 为芯片温度或结温；T_a 为周围空气温度；P_c 为芯片功率。

当温度单位为℃，功率单位为 W 时，测得的热阻单位为℃/W。此外，通常还需要确定封装中芯片到封装外壳的热阻值（即内热阻），以及封装外壳到空气的热阻值（即外热阻）。在图 9.44 中，内热阻 θ_{jc} 包括芯片、导热膏和封装盖板的热阻，可以由下式计算

$$\theta_{jc} = \frac{T_j - T_c}{P_c}$$

式中，T_c 为盖板温度。

外热阻 θ_{ca} 包括热导环氧树脂、热沉基座以及热沉到周围空气的热传导和热对流热阻，可以由下式算得

$$\theta_{ca} = \frac{T_c - T_a}{P_c}$$

周围空气温度通常是指靠近封装的空气温度。通过将整体热阻分解为 θ_{jc} 和 θ_{ca}，从而能够确定封装内部和外部容许升高的温度，以及如何减小热阻以达到最好的散热效果。

9.6.2　温度测量设备与方法

用于温度测量的传感器和技术有许多，其中传感器包括热电偶、热敏电阻以及电阻测温计。电阻测温计也被称为电阻式温度检测器或 RTD[86~88]。对倒装芯片

封装或者其他类型的封装进行外部温度测量时，最常采用的设备是热电偶。热电偶由两种不同的金属导体（引线）构成，其产生的电压与导体两端的温差成正比。热电偶的优点是结构简单、成本相对较低、耐用以及易弯曲变形等，并且在相当大的温度范围内都比较精准。然而，将热电偶这样的温度传感器与倒装芯片封装在同一模组中会互相干扰，因而难以实行。一般采用的方法是利用芯片自身的温度敏感电学参数（TSEP）测量倒装芯片封装中的芯片温度或结温[89,90]。例如，温度敏感电气元件可以是实际产品芯片上单独的一个二极管，或者是测试芯片上用于模拟实际产品芯片热学性能的一个二极管。在进行热测试之前，温度敏感参数需要在恒温箱或恒温槽中进行校准[9,89,91]。当传感器为二极管时，通过发射极和基极的电流很小，测得的正向压降是恒温箱或恒温槽温度的函数。需要保证测量的电流足够大，以确保电压读数不受表面漏电流的影响，同时还需要保证电流足够小，以确保自身不会产生过高的热量。然后将同样的测量电流施加到传感器设备中并读取压降，接着通过输入校准曲线或表格，就可以确定相应的温度值了。关于温度测量方法更详细的内容可以参见 EIA/JEDEC 标准 JESD51-1[92]。

9.6.3　温度测量标准

在不同条件下对封装模组进行测试，得到的热阻值（θ_{ja} 或 R_{ja}）会有很大差异。例如，参照图 9.44，假设测试 1 在测试板热沉一侧进行强制对流散热，在测试板另一侧进行自然对流散热，且测试板面积略大于模组面积。在该条件下，图 9.44 所示的热阻路径是十分合理的一种，大部分热量通过热沉散去。现在，假设测试 2 在测试板两侧都施加强制对流，且测试板面积远大于模组面积。在该条件下，图 9.44 所示的热阻路径并不合理，因为很大一部分的热量通过引脚传递到了冷却空气中，不仅从模组下方的测试板区域通过，也从周围测试板区域通过。对比这两种测试结果，测试 2 的热阻值远小于测试 1。另外，测试 2 中得到的内热阻（θ_{jc}）小于测试 1，尽管封装模组本身并未发生变化。如果这两种测试是由供应相似产品的两个不同供应商完成的，那么只根据报告的热阻结果，但并不了解测试条件，工程师就会直接选择热设计较好的供应商。为了避免这样的情况，了解清楚报告中每个温度结果对应的测试条件至关重要。

热标准对于温度测量条件的明确定义和理解非常重要。JEDEC 的分委会 JC15.1 自 1990 年以来一直致力于建立微电子封装的温度测量与建模标准[93]。尽管这些标准过于广泛，这里不便详细讨论，但仍需注意的是这些发行、提出和建议的标准包含了温度测量、热环境、元件安装、器件构造、热分析建模和测量应用等内容。不同的热标准可以通过 JEDEC 网站（http：//www.jedec.org）下载得到。

9.6.4　简化热模型

自 20 世纪 80 年代以来，研究人员就开始关注和报道不同冷却条件下封装热阻的易变性。例如 1988 年，Andrews[94]详细研究了由测试条件外推到应用条件时总体热阻（R_{ja}）的变化，描述了一个可以将 R_{ja} 从测试条件转化到实际应用条件的模型。在这之后，Bar-Cohen[95]的论文中提出了一个"通用的、经过修正的 θ_{jc}，可以用于各种封装结构"。然后，20 世纪 90 年代早期，一个由终端用户企业构成的欧洲团体制订了一个集成设计环境物理模型库发展计划（DELPHI）[96]。该计划从1993年执行至1996年，目的是开发一种方法，器件制造商可以用于建立有效的热模型并转交给用户。

DELPHI计划最重要的成果是使得简化热模型（CTM）得到了广泛认可，并在业界得到了普遍应用。简化热模型不同于传统的精细热模型（DTM），精细热模型试图去描述真实的物理模型和封装中主要的热流路径，在一定程度上这是可行的。为了达到所要求的精度，精细热模型可能十分复杂，这就限制了模型中不能包含具有众多器件的电路板或系统。建立精细热模型还要求对封装体内部结构，例如倒装芯片封装有详细的了解，而大多数供应商考虑到专利问题都不愿意透露这些信息。但Shidore[97]指出，由边界条件独立（BCI）建立合理的精细热模型，无论冷却环境如何，都可以准确预测封装中各个位置的温度。相比于精细热模型，简化热模型只是一种行为模型，只能准确预测封装中关键位置的温度，简化热模型不会试图去获取整个封装布局和材料属性。与精细热模型相比，简化热模型由较少的热阻元件构成，因而对计算的挑战更少。

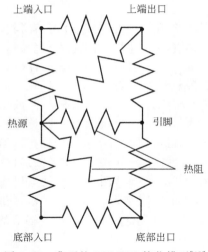

图 9.45 典型的 DELPHI 简化模型[97]

简化热模型面临的关键挑战是如何针对大范围的系统应用环境，建立一个边界条件独立的模型。图 9.45 给出了一个典型的 DELPHI 简化模型。

为了建立这样一个模型，需要通过逐步模拟和统计优化使得大环境范围下的结温误差最小化，从而得到热阻网络以及各个热阻元件的阻值。例如，环境范围可以包括印制电路板热导率的高低、是否采用热沉以及自然与强制对流。最终得到的结果是一个简化热模型，对简单的双热阻模型进行了改进，将结温和热通量的预测误差控制在 10% 以内[97]。

正如前面所提到的，供应商通常不愿意透漏封装的内部构造和材料。与精细热模型不同，除了用户应用环境下的封装热学性能以外，简化热模型不会透漏其他任何信息。关于简化热模型的发展与应用更详细的内容可以参见 JEDEC DELPHI 简化热分析模型指南[98]。

9.6.5 有限元/计算流体力学仿真

在过去的 20 年中，商用数值求解器得到了迅速发展，并可以作为解决电子器件冷却问题的通用求解器或程序。由于数值计算方法的发展进步、计算机性能的不断提高以及资源的普及，这些工具对任何工程研发过程都不可或缺。这些求解器或程序可以解决电子器件冷却设备中的多种热传导问题，例如不同材料之间的热传导、表面热对流和热辐射等。这些求解器或程序采用的数学方法包括有限元法

（FEM）、有限差分法（FDM）和有限体积法（FVM）等[99,100]。

一个典型的电子器件冷却模型通常包括芯片有源面的功率分布图、硅芯片、芯片背面与盖板之间的第一热界面材料、金属盖板以及热盖板上表面的传热边界条件，如图 9.46（a）所示。图 9.46（b）给出了一种常见的带有风冷热沉的冷却模型，包括热沉基座、散热片、散热片之间的气流以及热通量边界条件。图 9.46（a）、（b）相结合可以形成一个更完整的解决方案，只需要在盖板上表面与热沉底部之间增加一层第二热界面材料。

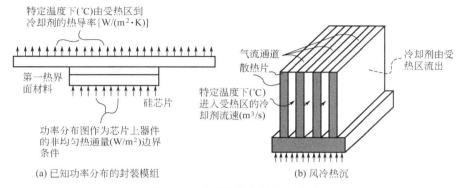

图 9.46　典型的模组级冷却模型

建立模型一般需要模型的几何结构、不同材料和流体的热学参数以及问题的边界条件，如进入模型的热通量、特定温度下流入和流出模型的冷却剂等。工程师可以借助数值计算软件建立几何模型、定义材料属性和边界条件，从而建立热分析模型。电子产品中常用的固体与液体材料属性（如铜、铝、空气、水、FR4、导热膏等）均可以在文献中找到，随温度变化的材料属性也常会用到。

分析模型将问题域离散为较小的几何单元（如节点或体），称之为网格，然后建立大量的联立方程，其中的变量代表各个单元的参数（如温度或流速），最后通过求解这些方程得到各个参数值。模型方程求解采用的是迭代方法，每次迭代后都会输出求解结果。求解残差用户既可以采用软件的默认值，也可以自行设置。求解残差指的是方程求解结果的数值误差范围，误差较大意味着求解结果无法准确描述问题的物理特性。网格尺寸决定了求解方程的数目，以及所需要的计算能力和求解时间。对于关注的部位或者求解结果（如温度或流速）变化较大的区域，都需要将网格细化。实体结构常用 3D 模型表示，也可以将壳单元或者 2D 单元与 3D 单元结合起来，以减少计算时间。当第三个方向上的变化可以忽略时，常采用 2D 单元，例如热界面材料或者热沉都可以建成 2D 平面单元。

基于过去数十年的大量研究成果，已经出现了功能强大的软件，可以生成复杂网格并对方程进行求解。随着超级计算机、工作站以及多核处理器笔记本的出现，模型并行计算开始应用，即将模型的不同部分分开求解（在不同芯片或处理器中），并定期地对这些解的边界条件进行耦合，从而保证最终整个模型的结果是连续的。

虽然计算机的计算能力已经有了显著提高，比如工作站或笔记本，但工程师在建模分析前通常还需要对模型进行简化。例如，尽管各种机械设计细节（法兰、倒直角、倒圆角、螺栓与螺母、通孔等）对于结构分析非常重要，但对系统的热学性能并没有太大影响，只会增加模型尺寸和计算时间，甚至会增加模型的复杂程度，导致计算结果不收敛。然而，需要注意的是从概念到产品的整个设计过程中，为了让不同的工程团队之间共享计算机辅助设计（CAD）数据、快速互动并使技术信息流畅传递，还必须协同电子封装与系统设计中涉及的各个工程学科。其中，软件系统的一个重要方面是根据需要合理筛选来自不同工程学科（如热学、力学、声学、热机械学、EMC）的设计数据细节，而不过度依赖专家。

参 考 文 献

[1] Reynell M (1990) Thermal analysis using computational fluid dynamics. Electron Packag Prod.

[2] Chu RC，Simons RE，Ellsworth MJ，Schmidt RR，Cozzolino V (2004) Review of cooling technologies for computer products. IEEE Trans Device Mater Reliab 4 (4)：568 – 585.

[3] Incropera FP，DeWitt DP (2006) Introduction to heat transfer. Wiley，Hoboken，NJ.

[4] Holman JP (2009) Heat transfer. McGraw-Hill，New York.

[5] Yeh L-T，Chu RC (2002) Thermal management of microelectronic equipment：heat transfer theory，analysis methods and design practices. ASME，New York.

[6] Howell JR，Siegal R，Menguc MP (2010) Thermal radiation heat transfer，5th edn. CRC Press，New York.

[7] Modest MF (2003) Radiative heat transfer，2nd edn. Academic，New York.

[8] Simons RE Using a matrix inverse method to solve a thermal resistance network. http：//www. electronics-cooling. com/2009/05/using-a-matrix-inverse-method-to-solve-a-thermal-resistance-network/，Accessed Feb 2013.

[9] Simons RE，Antonetti VW，Nakayama W，Oktay S (1997) Heat transfer in electronic packages. In：Tummala RR，Rymazewski EJ，Klopfenstein AG（eds）Microelectronics packaging handbook—technology drivers（Part Ⅰ）. Chapman & Ha Ⅱ，New York，NY.

[10] Wei X，Marston K，Sikka K (2008) Thermal modeling for warpage effects in organic packages. In：Proceedings of the intersociety conference on thermal phenomena (ITherm)，Lake Buena Vista，FL.

[11] Watwe A，Vishwanath R (2003) Thermal implications of non-uniform die power and CPU performance. In：Proceedings of ASME InterPack conference，Maui，Hawaii，USA.

[12] Banerjee K，Mahajan R. Advanced cooling strategies—assembly technology development. Intel corporation. http：//www. intel. com，Accessed Dec 2005.

[13] Iyengar M，Schmidt R (2006) Analytical modeling for prediction of hot spot chip junction temperature for electronics cooling applications. In：Proceedings of the InterSociety conference on thermal phenomena (ITherm)，San Diego，CA.

[14] Hamann H，Lacey J，Weger A，Wakil J (2006) Spatially-resolved imaging of microprocessor power (SIMP)：hotspots in microprocessors. In：Proceedings of the InterSociety conference on thermal phenomena (ITherm)，San Diego，CA.

[15] Hamann H，Weger A，Lacey J，Cohen E，Atheton C Power distribution measurements of the dual core Power PCTM970MP microprocessor. In：Proceedings of 2006 Solid-State Circuits Conference (ISSCC 2006)，San Francisco，CA.

[16] Etessan-Yazdani K，Hamann H，Asheghi M (2007) Spatial frequency domain analysis of heat transfer in microelectronic chips with applications to temperature aware computing. In：Proceedings of the ASME InterPack conference，Vancouver，Canada.

[17] Torresola J，Chiu C，Chrysler G，Grannes D，Mahajan R，Prasher R，Watwe A (2005) Density factor

approach to representing impact of die power maps on thermal management. IEEE Trans Adv Packag 28 (4): 1521-3323.

[18] Culham JR, Yovanovich YY, Lemczyk TF (2000) Thermal characterization of electronic packages using a three dimensional Fourier series solution. Trans ASME J Electron Packag 122: 233-239.

[19] Muzychka YS, Culham JR, Yovanovich YY (2003) Thermal spreading resistance of eccentric heat sources on rectangular flux channels. Trans ASME J Electron Packag 125: 178-185.

[20] Muzychka YS (2004) Influence coefficient method for calculating discrete heat source temperature on finite convectively cooled substrates. In: Proceedings of the ITHERM conference, vol 1, pp 394-402.

[21] Sikka K (2004) An analytical temperature prediction method for a chip power map. In: Proceedings of the SEMITHERM conference, San Jose, CA.

[22] Kadambi V, Abuaf N (1985) An analysis of the thermal response of power chip packages. IEEE Trans Electron Devices ED-32 (6): 1024-1033.

[23] Prasher R, Chang J, Sauciuc I, Narasimhan S, Chau D, Chrysler G, Myers A, Prstic S, Hu C (2005) Nano-and micro technology-based next-generation package-level cooling solutions. Intel Technol J 9 (4): 285-296.

[24] Furman BK, Lauro PA, Shih DY, Van Kessel T, Martin Y, Colgan EG, Zou W, Iruvanti S, Wakil J, Schmidt R, Iyengar MK (2005) Metal TIM's for high power cooling applications. International microelectronics and packaging society—IMAPS, advanced thermal workshop, Palo Alto.

[25] Song S, Lee S, Au V (1994) Closed form equation for thermal constriction/spreading resistances with variable resistance boundary condition. In: Proceedings of the 1994 IEPS conference, pp 111-121, Atlanta, GA.

[26] Kennedy DP (1960) Spreading resistance in cylindrical semiconductor devices. J Appl Phys 31: 1490-1497.

[27] Lee S, Song S, Au V, Moran KP (1995) Constriction/spreading resistance model for electronic packaging. In: Proceedings of the 4th ASME/JSME thermal engineering joint conference, vol 4. pp 199-206, Maui, Hawaii.

[28] Fischer TS, Zell FA, Sikka KK, Torrance KE (1996) Efficient heat transfer approximation for the chip-on-substrate problem. J Electron Packag 118: 271-279.

[29] Kraus AD, Bar-Cohen A (1995) Design and analysis of heat sinks. Wiley, New York.

[30] Iyengar M, Bar-Cohen A (2001) Design for manufacturability of SISE parallel plate forced convection heat sinks. IEEE Trans Compon Packaging Technol 24 (2): 150-158.

[31] Ellsworth J et al (2011) An overview of the IBM power 775 supercomputer. In: Proceedings of the ASME InterPack conference, Portland, OR.

[32] Iyengar M, David M, Kamath V, Kochparambil B, Graybill D, Schultz M, Gaynes M, SimonsR, Schmidt R, Chainer T (2012) Server liquid cooling with chiller-less data center design to enable significant energy savings. In: Proceedings of 28th IEEE SEMI-THERM Symposium, San Jose, CA.

[33] Iyengar M, Garimella S (2006) Analytical modeling for prediction of hot spot chip junction temperature for electronics cooling applications. In: Proceedings of the InterSociety conference on thermal phenomena (ITherm).

[34] Schmidt RR (2000) Low temperature electronic cooling. 6 (3): 18-24.

[35] Peeples JW (2001) Vapor compression cooling for high performance applications. Electron Cooling 7 (3): 16-24.

[36] Schmidt RR, Notohardjono BD (2002) High-end server low-temperature cooling. IBM J Res Dev 46 (6): 739.

[37] Goth GF, Kearney DJ, Meyer U, Porter D (2004) Hybrid cooling with cycle steering in the IBM eServer z990. IBM J Res Dev 48 (3/4): 409.

[38] Torok JG, Bosco FE, Brodsky WL, Furey EF, Goth GF, Kearney DJ, Loparco JJ, Peets MT, Pizzo-

lato KL，Porter DW，Ruehle G，White WH（2009）Packaging design of the IBM system z10 enterprise class platform central electronic complex. IBM J Res Dev 53（1）：9.

[39] Bar-Cohen A，Wang P（2011）On-chip thermal management of nanoelectronic hot spots. In：InterPack tutorial，ASME InterPack conference，Portland，OR.

[40] Kolodzey JS（1981）CRAY-1 computer technology. IEEE Trans CHMT-4（2）：181-186.

[41] Armstrong RJ（1967）Cooling components with boiling halocarbons. IEEE Trans PMP-3（4）：135-142.

[42] Cochran DL（1968）Boiling heat transfer in electronics. Electron Packag Prod 8（7）：CL3-CL7.

[43] Preston SB，Shillabeer RN（1970）Direct liquid cooling of microelectronics. In：InterNEPCON proceedings：10-31.

[44] Simons RE（1996）Direct liquid immersion cooling for high density microelectronics. Electron Cooling 2（2）：24-29.

[45] Bar-Cohen A，Arik M，OhadiM（2006）Direct liquid cooling of high heat flux micro and nano electronic components. Proc IEEE 94（8）：1549-1570.

[46] Bergles AE，Bar-Cohen A（1994）Immersion cooling of digital computers. In：Kakac S，Yuncu H，Hijikata K（eds）Cooling of electronic systems. Kluwer Academic Publishers，Boston，MA.

[47] Tuma P，Hesselroth D，Brodbeck T（2009）Next-generation dielectric heat transfer fluids for cooling military electronics. http：//www. mil-embedded. com/articles/id/? 4039，Accessed Feb 2013.

[48] Danielson RD，Krajewski N，Brost J（1986）Cooling a superfast computer. Electron Packag Prod 26（7）：44-45.

[49] Knickerbocker JU，Andry PS，Dang B，Horton RR，Interrante MJ，Patel CS，Polastre RJ，Sakuma K，Sirdeshmukh R，Sprogis EJ，Sri-Jayantha SM，Stephens AM，Topol AW，Tsang CK，Webb BC，Wright SL（2008）Three-dimensional silicon integration. IBM J Res Dev 52（6）：571-581.

[50] Rhett W，Wilson J，Mick S，Xu J，Hua H，Mineo C，Sule A，Steer M，Franzon P（2005）Demystifying 3D ICs：the pros and cons of going vertical. IEEE Des Test Comput 22（6）：498-510.

[51] Hummler K（2011）Stacked IC packaging with TSV true 3D without glasses. In：Presentation at the electronics packaging symposium in Binghamton，New York.

[52] Sri-Jayantha SM，McVicker G，Bernstein K，Knickerbocker JU（2008）Thermomechanical modeling of 3D electronic packages. IBM J Res Dev 52（6）：539-540.

[53] Emma PG，Kursun E（2008）Is 3D chip technology the next growth engine for performance. improvement? IBM J Res Dev 52（6）：541-552.

[54] Dang B，Wright SL，Andry PS，Sprogis EJ，Tsang CK，Interrante MJ，Webb BC，Polastre RJ，Horton RR，Patel CS，Sharma A，Zheng J，Sakuma K，Knickerbocker JU（2008）3D chip stacking with C4 technology. IBM J Res Dev 52（6）：571-581.

[55] Koester SJ，Young AM，Yu RR，Purushothaman S，Chen K-N，La Tulipe DC Jr，Rana N，Shi L，Wordeman MR，Sprogis EJ（2008）Wafer-level 3D integration technology. IBM J Res Dev52（6）：583-597.

[56] Sakuma K，Andry PS，Tsang CK，Wright SL，Dang B，Patel CS，Webb BC，Maria J，Sprogis EJ，Kang SK，Polastre RJ，Horton RR，Knickerbocker JU（2008）3D chip-stacking technology with through-silicon vias and low-volume lead free interconnections. IBM J Res Dev52（6）：611-622.

[57] Oprins H，Cherman V（2012）Modeling and experimental characterization of hot spot dissipation in 3D chip stacks. Electron Cooling：18-23.

[58] Bar-Cohen A，Geisler K，Rahim E（2008）Pool and flow boiling in narrow gaps—application to 3D chip stacks. In：5th European thermal-sciences conference，Netherlands.

[59] Brunschwiler T，Paredes S，Drechsler U，Michel B，Cesar W，Leblebici Y，Wunderle B，Reichl H（2011）Heat-removal performance scaling of interlayer cooled chip stacks. In：Proceedings of the thermal and thermomechanical phenomena in electronic systems (12thITherm)，San Diego，CA.

[60] Venkatadri V，Sammakia B，Srihari K，Santos D（2011）A review of recent advances in thermal man-

agement in three dimensional chip stacks in electronic systems. ASME J Electro Packag 133 (4) .

[61] Avram Bar-Cohen Thermal management technologies. DARPA presentation. http：//www. darpa. mil/WorkArea/DownloadAsset. aspx? id＝2147484801，Accessed Feb 2013.

[62] Cola B (2010) Carbon nano tubes as high performance thermal interface materials. Electron Cooling 16 (1)：24-29.

[63] Tilak V，Nagarkar K，Tsukalakos L，Wetzel T (2010) Thermal management system with graphene based thermal interface material. US Patent Application US 2010/0128439A1，2010.

[64] Pashayi K，Fard HR，Lai F，Iruvanti S，Plawsky J，Borca-Tasciuc T (2012) High thermal conductivity epoxy-silver composites based on self-constructed nanostructured metallic networks. J Appl Phys 111，104310 (2012) .

[65] Smith B，Glezer A (1998) The formation and evolution of synthetic jets. Phys Fluids 10 (9)：2281-2297.

[66] Li R，Sharma R，Arik M (2011) Energy conversion efficiency of synthetic jets. In：Proceedings of the ASME 2011 Pacific Rim technical conference &. exposition on packaging and integration of electronic and photonic systems (InterPACK)，paper number IPACK2011-52034，Portland，USA.

[67] Mahalingam R，Heffington S，Jones L，Williams R (2007) Synthetic jets for forced air cooling of electronics. Electron Cooling 13 (2)：12-18.

[68] Acikalin T，Garimella SV，Raman A，Petroski J (2007) Characterization and optimization of the thermal performance of miniature piezoelectric fans. Int J Heat Fluid Flow 28 (4)：806-820.

[69] Schiltz DJ，Garimella SV，Fisher TS (2004) Microscale ion-driven air flow over a flat plate. In：ASME 2004 heat transfer/fluids engineering summer conference，paper no. HT-FED2004-56470，pp 463-468，Charlotte，NC.

[70] Gupta MP，Cho M，Mukhopadhya S，Kumar S (2012) Thermal investigation into power multiplexing for homogenous many-core processors. ASME J Heat Transf 134：061401.

[71] Godfrey S (1996) An Introduction to thermoelectric coolers. Electron Cooling 2 (3)：30-33.

[72] Nolas GS，Slack GA，Cohn JL，Scujman SB (1998) The next generation of thermoelectric materials. In：Proceedings of the 17th international conference on thermoelectrics，Nagoya，Japan.

[73] Simons RE (2000) Application of thermoelectric coolers for module cooling enhancement. Electron Cooling 6 (2)：18-24.

[74] Simons RE，Ellsworth MJ，Chu RC (2005) An assessment of module cooling enhancement with thermoelectric coolers. J Heat Trans 127 (1)：76-84.

[75] Johnson DA，Bierschenk J (2005) Latest developments in thermoelectrically enhanced heat sinks. Electron Cooling 11 (3)：24-32.

[76] Lasance CJM，Simons RE (2005) Advances in high-performance cooling for electronics. Electron Cooling 11 (4)：22-39.

[77] DeBock HP，Icoz T (2007) Evaluation on use of thermoelectric devices for electronics cooling. In：Proceedings of IPACK 2007，Vancouver，Canada.

[78] Habbe B，Nurnus J (2011) Thin film thermoelectrics today and tomorrow. Electron Cooling：24-31.

[79] Shakouri A，Zhang Y，Fukutani K (2006) Solid-state microrefrigerator on a chip. Electron Cooling 12 (3) .

[80] Ramanathan S，Chrysler GM (2006) Solid-state refrigeration for cooling microprocessors. IEEE Trans Compon Packag Technol 29 (1)：179-183.

[81] Snyder GJ，Soto M，Alley R，Koester D，Conner R (2006) Hot spot cooling using embedded thermoelectric coolers. In：Proceedings 22nd IEEE semi-therm symposium，Dallas，TX.

[82] Lee KH，Kim OJ (2007) Simulation of the cooling system using thermoelectric micro-coolers for hot spot mitigation. In：Proceedings of 2007 international conference on thermoelectrics，Jeju，Korea.

[83] Yang B，Wang P，Bar-Cohen A (2007) Mini-contact enhanced thermoelectric cooling of hotspots in high

power devices. IEEE Trans Compon Packaging Technol 30 (3): 432-438.

[84] Wang P, Bar-Cohen A, Yang B (2007) Enhanced thermoelectric cooler for on-chip hot spot cooling. In: Proceedings of IPACK 2007, Vancouver, Canada.

[85] Alley R, Soto M, Kwark L, Crocco P, Koester D (2008) Modeling and validation of on-die cooling of dual-core CPU using embedded thermoelectric devices. In: Proceedings 24th IEEE SEMI-THERM symposium, San Jose, CA.

[86] Azar K (1997) Thermal measurements in electronics cooling. CRC, Boca Raton, FL.

[87] Michalski L, Eckersdorf K (2001) Temperature measurement. Wiley, New York, NY.

[88] Childs PRN (2001) Practical temperature measurement. Butterworth-Heinemann, Woburn, MA.

[89] Sofia JW (1997) Electrical temperature measurement using semiconductors. Electron Cooling 3 (1): 22-25.

[90] Rencz M (1996) The increasing importance of thermal test dies, Electron Cooling 2 (2).

[91] Claassen A, Shaukatullah H (1997) Comparison of diodes and resistors for measuring chip temperature during thermal characterization of electronic packages using thermal test chips. In: Proceedings of the 13th SEMI-THERM symposium, Austin, TX.

[92] EIA/JESD51-1 (1995) Integrated circuits thermal measurement method—electrical test method (single semiconductor device). http://www.jedec.org/standards-documents/results/jesd-51-5, Accessed Feb 2013.

[93] Guenin B (2002) Thermal standards for the 21st Century. In: Proceeding of 18th IEEE SEMI-THERM symposium, San Jose, CA.

[94] Andrews JA (1988) Package thermal resistance model dependency on equipment design. In: Proceedings of 4th IEEE SEMI-THERM symposium, San Diego, CA.

[95] Bar-Cohen A (1989) θ_{jc} characterization of chip packages—justification, limitations, and future. In: Proceedings of the 5th IEEE SEMI-THERM symposium, San Diego, CA.

[96] Rosten HI, Parry JD, Lasance CJM, Vinke H, Temmerman W, Nelemans W, Assouad Y, Gautier T, Slattery O, Cahill C, O' Flattery M, Lacaze C, Zelianoy P (1997) Final report to SEMITHERM XIII on the European-funded project DELPHI—the development of libraries and physical models for an integrated design environment. In: Proceedings of the 13th IEEE SEMI-THERM symposium, Austin, TX.

[97] Shidore S (2007) Compact thermal modeling in electronics design. Electron Cooling 13 (2).

[98] JEDEC JESD 15-4 (2008) DELPHI thermal 1 compact model guideline. http://www.jedec.org/standards-documents/docs/jesd-15-4, Accessed Feb 2013.

[99] Mincowycz WJ, Sparrow EM, Schneider GE, Murthy JY (2006) Handbook of numerical heat transfer, 2nd edn. Wiley, New York.

[100] Patankar SV (1980) Numerical heat transfer and fluid flow. Hemisphere Publishing Corporation, New York.

第**10**章

倒装芯片封装的热机械可靠性

Li Li, Hongtao Ma.
Cisco Systems, Inc., 170 West Tasman Drive, San Jose, CA 95134, USA

摘要　倒装芯片封装的可靠性很大程度上取决于构成组件以及它们之间界面的特性。硅芯片、下填料和封装基板（有机或无机）之间的机械和热兼容性，对封装的设计和性能至关重要。将封装体组装到印制电路板上之后，强烈的热机械、芯片封装相互作用可能会引起芯片开裂、焊锡凸点开裂、封装基板线路开裂、硅芯片层间电介质分层、下填料分层以及板级互连相关的问题。随着向无铅封装材料转变，以及在硅芯片中采用低 k 和超低 k 层间电介质，这些问题变得更加严重。除了热机械应力以外，封装材料特别是关键界面的吸湿性、电流、制造缺陷也会引起封装失效。

本章重点关注倒装芯片封装，特别是 Cu/低 k 芯片封装的可靠性，采用实验和数值模拟相结合的方法研究影响封装可靠性的热机械行为和失效机理。首先研究了倒装芯片封装组件的热变形，以使芯片-基板的热机械耦合作用最小化。然后采用高分辨率云纹干涉方法、解析和数值模拟方法对封装的热机械响应进行测量和分析，通过四点弯曲实验表征芯片钝化层和下填料之间关键界面的界面断裂能。将实验和数值模拟结果与 JEDEC 标准的器件级可靠性测试结果相关联，为封装可靠性评估和材料选取提供了一个系统的方法。此外，通过验证发现，控制硅芯片与封装的热机械耦合作用以及增强封装内的关键界面，可以显著改善倒装芯片 PBGA 封装的可靠性。

10.1　引言

倒装芯片封装的可靠性很大程度上取决于构成组件以及它们之间界面的特性。硅芯片、下填料和封装基板（有机或无机）之间的机械兼容性和热兼容性，对封装的设计和性能至关重要[1]。如图 10.1 所示，将封装体组装到印制电路板（PCB）上之后，强烈的热机械、芯片封装相互作用（CPI）可能会引起芯片开裂、焊锡凸点开裂、封装基板线路开裂、硅芯片层间电介质（ILD）分层、下填料分层以及板级互连相关的问题。随着向无铅封装材料转变，以及采用低 k 和超低 k 层间电介质的 32nm 与 28nm 硅技术节点，这些问题变得更加严重。除了热机械应力（图 10.1 中的"T"和"F"）以外，封装材料特别是关键界面的吸湿性（RH）、电流（j）、制造缺陷也会引起图 10.1 中的大多数失效模式。

由于器件集成度越来越高，自 90nm 技术节点开始，Cu 互连和低 k 电介质（Cu/低 k）成为理想选择。Cu/低 k 的优点包括：①减少 RC 延迟；②减少功率耗散；③改善性能。

然而，低 k 层间电介质为多孔材料，使其面临着一些挑战：①低 k 层间电介质薄膜弹性模量低、坚硬、附着力差、存在残余拉应力，在后段制程中的应用比较困难；②需要优化封装工艺包括晶圆切割工艺；③由于强烈的芯片封装相互作用，需要维持产品的可靠性。

业界已经普遍发现低 k 层间电介质界面分层问题。例如，Chen 等人报道了在 $-55\sim125℃$ 热循环实验中发生了低 k 层间电介质分层和焊锡凸点开裂[2]，结论是由于下填料选择不当。Tsao 等人也发现了靠近低 k 层间电介质与硅基板界面处的低 k 层间电介质分层[3]，分层位置位于芯片拐角处，该处的层间电介质与硅基板

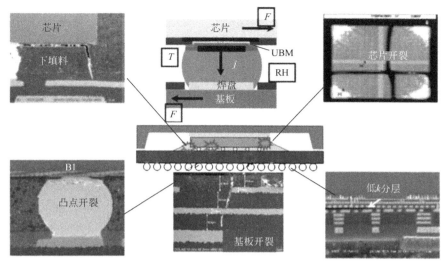

图 10.1　CPI 会导致倒装芯片组件中芯片开裂、焊锡凸点开裂、封装基板
线路开裂、硅芯片 ILD 分层以及下填料分层

界面中存在较高的热应力。

在倒装芯片封装中，下填料可以有效地重新分配焊锡凸点上的热机械载荷，从而解决焊锡凸点的疲劳问题。为了防止焊锡凸点发生疲劳开裂，要求下填料具有较高的玻璃转化温度（T_g）和弹性模量，并且热膨胀系数（CTE）与焊料相近。虽然采用低 T_g 温度的下填料可以在较低温度下降低芯片和封装的应力，但需要确定焊锡凸点的可靠性是否完好。最近的研究表明，下填料不仅对焊锡凸点的可靠性，而且对芯片-封装相互作用也具有较大影响[4]。

本章重点关注倒装芯片封装，特别是 Cu/低 k 芯片封装的可靠性，采用实验和数值模拟相结合的方法研究影响封装可靠性的热机械行为和失效机理。首先研究了倒装芯片封装组件的热变形，以使芯片-基板的热机械耦合作用最小化。然后采用高分辨率云纹干涉方法、解析和数值模拟方法对封装的热机械响应进行测量和分析，通过四点弯曲实验表征芯片钝化层和下填料之间关键界面的界面断裂能。将实验和数值模拟结果与 JEDEC 标准的器件级可靠性测试结果相关联，为封装可靠性评估和材料选取提供了一个系统的方法。此外，通过验证发现，控制硅芯片与封装的热机械耦合作用以及增强封装内的关键界面，可以显著改善倒装芯片 PBGA 封装的可靠性。焊锡凸点的可靠性建模部分包括对焊料本构方程的简要讨论，以及基于实验研究和数值模拟技术的可靠性分析。

10.2　倒装芯片组件的热变形

在倒装芯片塑料球栅阵列（FCPBGA）封装中，硅芯片通过焊点连接到层压基板上，并在芯片与基板之间填充下填料以提高焊点的可靠性。填充下填料之后，芯片与基板牢固地键合在一起，并且不应该存在界面分层。硅芯片的热膨胀系数为 $2.6\times10^{-6}℃^{-1}$，层压基板的热膨胀系数为 $15\times10^{-6}\sim25\times10^{-6}℃^{-1}$，热循环过程中由于两者之间产生热失配，导致芯片和基板中产生较高的热应力。在器件级可靠性测试中，多数失效模式都与热应力有关，包括芯片开裂、下填料分层以及低 k 层间电介质分层。近来对于 FCPBGA 封装的开发，降低芯片应力和改善可靠性是一个至关重要的问题。

10.2.1　连续层合板模型

倒装芯片封装可以视作一个多层层合系统。连续层合板模型将芯片、下填料和载体基板，即芯片/载体模块作为多层层合板，其假设与薄板和经典层合板理论相同[5]。

连续层合板模型基于芯片与基板的连续变形假设，因此系统中的应变仅依赖于板中间某个参考平面上的应变 ε^0 和层合板的曲率 K

$$\begin{Bmatrix} \varepsilon_x \\ \varepsilon_y \\ \varepsilon_z \end{Bmatrix} = \begin{Bmatrix} \varepsilon_x^0 \\ \varepsilon_y^0 \\ \varepsilon_z^0 \end{Bmatrix} + z \begin{Bmatrix} K_x \\ K_y \\ K_z \end{Bmatrix} \tag{10.1}$$

层合板中各层的本构关系为

$$\boldsymbol{\sigma} = \boldsymbol{Q}\ (\boldsymbol{\varepsilon} - \boldsymbol{\Lambda}) \tag{10.2}$$

其中应力矢量 $\boldsymbol{\sigma}$ 与诱导应变矢量 $\boldsymbol{\Lambda}$ 分别为

$$\boldsymbol{\sigma} = \begin{Bmatrix} \sigma_x \\ \sigma_y \\ \sigma_{xy} \end{Bmatrix}, \ \boldsymbol{\Lambda} = \begin{Bmatrix} \Lambda_x \\ \Lambda_y \\ \Lambda_{xy} \end{Bmatrix} = \begin{Bmatrix} \alpha_x \Delta T \\ \alpha_y \Delta T \\ \alpha_{xy} \Delta T \end{Bmatrix} \tag{10.3}$$

式中，α 为热膨胀系数；ΔT 为温度变化范围。

矩阵 $\boldsymbol{Q}$ 为层合板的变换缩减刚度，参考文献 [6] 给出的公式如下

$$\boldsymbol{Q} = \begin{Bmatrix} \overline{Q}_{11} & \overline{Q}_{12} & \overline{Q}_{16} \\ \overline{Q}_{12} & \overline{Q}_{22} & \overline{Q}_{16} \\ \overline{Q}_{16} & \overline{Q}_{16} & \overline{Q}_{66} \end{Bmatrix} \tag{10.4}$$

连续平板的载荷-变形关系由下式给出

$$\begin{Bmatrix} \boldsymbol{N} \\ \boldsymbol{M} \end{Bmatrix} = \begin{Bmatrix} \boldsymbol{A} & \boldsymbol{B} \\ \boldsymbol{B} & \boldsymbol{D} \end{Bmatrix} \begin{Bmatrix} \varepsilon^0 \\ \boldsymbol{K} \end{Bmatrix} - \begin{Bmatrix} \boldsymbol{N}^\Lambda \\ \boldsymbol{M}^\Lambda \end{Bmatrix} \tag{10.5}$$

其中机械应力合力 $\boldsymbol{N}$ 与力矩 $\boldsymbol{M}$ 分别为

$$\boldsymbol{N} = \int_t \boldsymbol{\sigma} \, \mathrm{d}z \tag{10.6}$$

$$\boldsymbol{M} = \int_t \boldsymbol{\sigma} z \, \mathrm{d}z \tag{10.7}$$

矩阵 $\boldsymbol{A}$、$\boldsymbol{B}$、$\boldsymbol{D}$ 分别为平板的拉伸刚度矩阵、弯曲拉伸耦合刚度矩阵以及弯曲刚度矩阵[6]。将上式沿复合板的厚度进行积分，等效热力 $\boldsymbol{N}^{\Lambda}$ 与力矩 $\boldsymbol{M}^{\Lambda}$ 分别为

$$\boldsymbol{N}^{\Lambda} = \int_{t} \boldsymbol{Q}\boldsymbol{\Lambda}\,\mathrm{d}z \tag{10.8}$$

$$\boldsymbol{M}^{\Lambda} = \int_{t} \boldsymbol{Q}\boldsymbol{\Lambda}z\,\mathrm{d}z \tag{10.9}$$

板内存储的总势能由下式给出

$$U = \frac{1}{2}\iint_{\Omega} \begin{Bmatrix} \varepsilon^{0} \\ K \end{Bmatrix}^{\mathrm{T}} \begin{bmatrix} \boldsymbol{A} & \boldsymbol{B} \\ \boldsymbol{B} & \boldsymbol{D} \end{bmatrix} \begin{Bmatrix} \varepsilon^{0} \\ K \end{Bmatrix} \mathrm{d}\boldsymbol{\Omega} - \iint_{\Omega} \begin{bmatrix} N^{\Lambda} \\ M^{\Lambda} \end{bmatrix}^{\mathrm{T}} \begin{Bmatrix} \varepsilon^{0} \\ K \end{Bmatrix} \mathrm{d}\boldsymbol{\Omega} \tag{10.10}$$

结合该应变能量方程与 Ritz 近似解法可以求解多层层合板的近似应变和曲率。

10.2.2　自由热变形

当不存在外部机械载荷时，式（10.5）可以缩减为

$$\begin{bmatrix} \boldsymbol{A} & \boldsymbol{B} \\ \boldsymbol{B} & \boldsymbol{D} \end{bmatrix} \begin{Bmatrix} \varepsilon^{0} \\ K \end{Bmatrix} = \begin{bmatrix} \boldsymbol{N}^{\Lambda} \\ \boldsymbol{M}^{\Lambda} \end{bmatrix} \tag{10.11}$$

式（10.11）可以直接用于求解 ε^{0} 和 K。

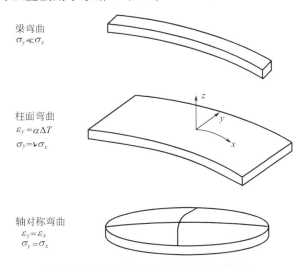

图 10.2　多层结构三种可能的变形模式

如图 10.2 所示，对于电子封装分析三种弯曲情况，即梁弯曲、柱面弯曲和轴对称弯曲。当各层材料的各向异性较小时，式（10.4）可改写为

$$\boldsymbol{Q} = \begin{Bmatrix} \dfrac{E_{i}}{1-\boldsymbol{v}_{i}^{2}} & \dfrac{\nu_{i}E_{i}}{1-\boldsymbol{v}_{i}^{2}} & 0 \\[3mm] \dfrac{\nu_{i}E_{i}}{1-\boldsymbol{v}_{i}^{2}} & \dfrac{E_{i}}{1-\boldsymbol{v}_{i}^{2}} & 0 \\[3mm] 0 & 0 & \dfrac{E}{2(1+\nu_{i})} \end{Bmatrix} \tag{10.12}$$

式中，E_i 和 ν_i 是第 i 层平板的弹性模量和泊松比。注意式（10.12）给出的是轴对称情况，对于柱面和梁弯曲的情况，我们可以简单地利用 E_i 替换 $\dfrac{E_i}{1-\nu_i}$ 项。

层合板的变形可以进一步简化：

对于梁弯曲，$\sigma_y \ll \sigma_x$

对于柱面弯曲，
$$\begin{Bmatrix} K_x \\ K_y \\ K_z \end{Bmatrix} = \begin{Bmatrix} K_x \\ 0 \\ 0 \end{Bmatrix}, \quad \begin{Bmatrix} \varepsilon_x^0 \\ \varepsilon_y^0 \\ \varepsilon_{xy}^0 \end{Bmatrix} = \begin{Bmatrix} \varepsilon_x^0 \\ \varepsilon_x^0 \\ 0 \end{Bmatrix}$$

对于轴对称弯曲，
$$\begin{Bmatrix} K_x \\ K_y \\ K_z \end{Bmatrix} = \begin{Bmatrix} K_x \\ K_x \\ 0 \end{Bmatrix}, \quad \begin{Bmatrix} \varepsilon_x^0 \\ \varepsilon_y^0 \\ \varepsilon_{xy}^0 \end{Bmatrix} = \begin{Bmatrix} \varepsilon_x^0 \\ \varepsilon_x^0 \\ 0 \end{Bmatrix}$$

上述三种情况的力和力矩方程变为

$$\begin{bmatrix} A_x & B_x \\ B_x & D_x \end{bmatrix} \begin{Bmatrix} \varepsilon_x^0 \\ K_x \end{Bmatrix} = \begin{bmatrix} N_x^\Delta \\ M_x^\Delta \end{bmatrix} \tag{10.13}$$

其中系数 A_x, B_x, D_x，N_x^Δ 和 M_x^Δ 由下式给出[5]

$$\begin{cases} A_x = \int_t \dfrac{E_i}{1-\nu_i} \mathrm{d}z \\ B_x = \int_t \dfrac{E_i}{1-\nu_i} z \,\mathrm{d}z \\ D_x = \int_t \dfrac{E_i}{1-\nu_i} z^2 \,\mathrm{d}z \\ N_x^\Delta = \int_t \dfrac{E_i \alpha_i}{1-\nu_i} z \,\mathrm{d}z \\ M_x^\Delta = \int_t \dfrac{E_i \alpha_i}{1-\nu_i} z \,\mathrm{d}z \end{cases} \tag{10.14}$$

同样，式（10.14）给出的是轴对称情况，对于柱面和梁弯曲的情况，我们可以简单地利用 E_i 替换 $\dfrac{E_i}{1-\nu_i}$ 项。

10.2.3 基于双层材料平板模型的芯片应力评估

考虑如图 10.3 所示的倒装芯片封装，采用连续层合板模型时，如果只关注芯片顶部的弯曲曲率和应力，则可以将封装结构视为由两个平板键合在一起的系统，下填料和焊点可以看作是基板的一部分。上层平板（平板 1 或芯片）的弹性模量、泊松比、热膨胀系数及厚度分别为 E_1、ν_1、α_1、h_1（见图 10.4），下层平板（平板 2 或基板）相应的参数分别为 E_2、ν_2、α_2、h_2。在倒装芯片封装中，两个平板

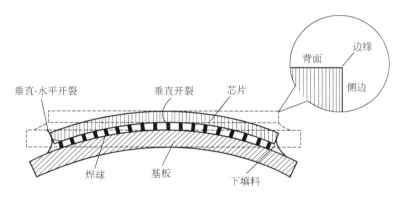

经常观察到的失效模式:器件级测试过程中
芯片弯曲应力引起垂直或者垂直-水平开裂

图 10.3 倒装芯片封装以及芯片弯曲引起开裂失效的示意图（虚线表示的是封装体在下填料固化温度下的无应力状态，实线表示的是室温下，芯片与基板热失配导致封装发生弯曲）

在温度 T_0 下键合在一起，当温度降至 T（如图 10.4 所示温度变化范围为 ΔT）时，双层材料平板（BMP）系统会弯曲成一个球面（轴对称弯曲）。针对双层材料平板系统求解式（10.13）得到

$$\begin{cases} \varepsilon_x^0 = \dfrac{D_x N_x^\Delta - B_x M_x^\Delta}{A_x D_x - B_x^2} \\ K_x = \dfrac{A_x M_x^\Delta - B_x N_x^\Delta}{A_x D_x - B_x^2} \end{cases} \quad (10.15)$$

需要注意的是，ε_x^0 依赖于 x-y 平面的位置，而 K_x 沿着板厚是连续的。将式（10.14）代入式（10.15），经过数学变换后得到

$$\begin{cases} \varepsilon_x^0 = \dfrac{hm\ (4+3h+h^3m)\ (\alpha_2+\alpha_1)\ \Delta T}{1+hm\ (4+6h+4h^2+h^3m)} \\ K_x = \dfrac{6\varepsilon_m hm\ (1+h)}{h_1\ [1+hm\ (4+6h+4h^2+h^3m)]} \end{cases}$$

$$(10.16)$$

式中，$h=h_2/h_1$ 为上层平板与下层平板

材料1(芯片):
$E_1, \alpha_1, \nu_1, h_1$

材料2(基板):
$E_2, \alpha_2, \nu_2, h_2$

热载荷
$\Delta\varepsilon_m = \Delta\alpha\Delta T$

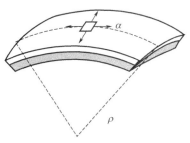

图 10.4 用于倒装芯片模块的双层材料平板模型

的厚度比；$m=M_2/M_1$ 为下层平板的双轴模量 $[M_2=E_2/\ (1-\nu_2)]$ 与上层平板的双轴模量 $[M_1=E_1/\ (1-\nu_1)]$ 之比；$\varepsilon_m=\ (T-T_0)\ (\alpha_1-\alpha_2)$ 为两平板之间的热失配应变。

实际上，可以方便地以无量纲量的形式表示曲率，或者所谓的特征曲率：

$$\overline{K}=\frac{h_1}{6\varepsilon_m}K_x=\frac{hm\ (1+h)}{1+hm\ (4+6h+4h^2+h^3m)} \tag{10.17}$$

特征曲率仅是厚度比 h 和双轴模量比 m 的函数。

根据式(10.2)和式(10.16)，平板 1 即芯片顶部的应力可表示为

$$\sigma_{top}=\frac{\varepsilon_m M_1 hm\ (2+3h-h^3m)}{1+hm\ (4+6h+4h^2+h^3m)} \tag{10.18}$$

芯片顶部任意一点的应力都是均匀的，这是忽略边缘效应的结果。无量纲应力或特征应力定义为

$$\overline{\sigma}=\frac{\sigma_{top}}{\varepsilon_m M_1}=\frac{hm\ (2+3h-h^3m)}{1+hm\ (4+6h+4h^2+h^3m)} \tag{10.19}$$

以曲率或特征曲率表示芯片顶部的应力是有益的。

$$\sigma=K_x\frac{h_1 M_1\ (2+3h-h^3m)}{6\ (1+h)} \tag{10.20}$$

$$\overline{\sigma}=\overline{K_x}\frac{2+3h-h^3m}{6\ (1+h)} \tag{10.21}$$

由式（10.20）和式（10.21）可知，应力表达式中包含曲率 K_x。因此，曲率 K_x 可以提供芯片和封装应力的直接信息。

10.2.4　芯片封装相互作用最小化

芯片封装相互作用（CPI）是硅芯片与封装材料之间热失配的结果，正如先前的热变形分析结果所示，芯片封装相互作用高度依赖于封装材料的特性。

为了最小化芯片封装相互作用及其对 Cu/低 k 互连可靠性的影响，深入了解 FCPBGA 封装的热机械性能至关重要。为了研究材料特性对芯片封装相互作用的影响，通过精心设计和筛选，选取两种 FCPBGA 封装进行热变形验证，封装形式完全相同，包含增层层压基板、铜增强板和散热器，封装尺寸为 $40\times40mm^2$，区别在于两者所采用的下填料不同，封装 A 采用的是 T_g 较高的下填料 A，而封装 B 采用的是 T_g 较低的下填料 B，封装结构如图 10.5 和图 10.6 所示。两种下填料与封装热变形相关的材料特性见表 10.1。

采用云纹干涉技术测量 FCPBGA 封装的热变形。云纹干涉是一种用于测定面内位移和应变的光学测量方法，具有很高的灵敏度和空间分辨率。实验过程中，云纹干涉测定的封装体剖面位于芯片边缘位置，如图 10.5 所示，剖面结构如图 10.6 所示。

在 122℃（或 80℃）下，采用厚度小于 5μm 的环氧树脂胶层将 1200 线/mm 的光栅制作在试样剖面上，以该温度下的变形为参考变形（零变形状态）。然后将试样冷却至室温（22℃），并进行云纹干涉测量，所记录的干涉条纹表示温度由 122℃降至 22℃或者由−100℃的温差所引起的位移等值线。

图 10.7 和图 10.8 给出了两种 FCPBGA 封装的干涉条纹。封装热变形可以通过分析干涉条纹的空间分布定量测定，位移灵敏度为 417nm/条纹。图 10.7 对比

了两种封装的水平位移 U，图 10.8 对比了两种封装的竖直位移 V。

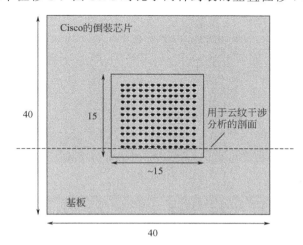

图 10.5　用于云纹干涉分析的 FCPBGA 示意图

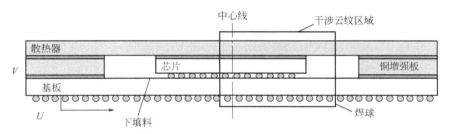

图 10.6　云纹光栅附着的倒装芯片组件剖面

表 10.1　下填料的材料特性

底部填充	A	B	底部填充	A	B
填充物含量/%	55	55	$CTE > T_g / 10^{-6} ℃^{-1}$	141	120
$T_g / ℃$	150	70	模量$< T_g$/GPa	4	8
$CTE < T_g / 10^{-6} ℃^{-1}$	45	32	模量$> T_g$/GPa	0.1	0.04

由干涉条纹的分析结果可以看出，填充高 T_g 下填料 A 的封装在垂直和水平方向上的位移都较大。这表明，相比于填充低 T_g 下填料 B 的封装，填充高 T_g 下填料 A 的封装其芯片与封装的耦合作用更强。该结果在图 10.9 中有进一步说明，图中给出了两种封装的芯片在不同热载荷下的竖直位移 V。

因此，对于填充高 T_g 下填料的封装，在 T_g 以下芯片的应力更高。另外，当温度接近或超过下填料 T_g 时，低 T_g 下填料可以有效地消除芯片与封装基板的耦合作用，这反过来会降低"无应力"温度，并减小封装中的热应力。降低倒装芯片组装过程中的热应力可以使芯片开裂、基板开裂、下填料分层、低 k 层间电介质分层等可靠性风险最小化。

通过比较两种封装的干涉条纹还发现，填充低 T_g 下填料的封装中，底部填充区域的变形相对较大，下填料界面处的条纹十分密集。这表明，需要关注低 T_g 下填料保护焊锡凸点的有效性。

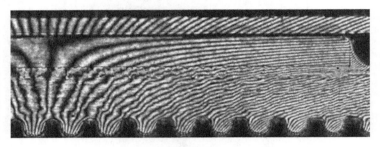

(a) 封装A

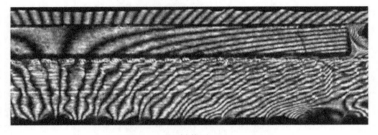

(b) 封装B

图 10.7　水平位移等值线图

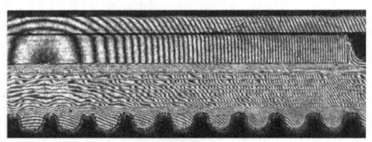

(a) 封装A

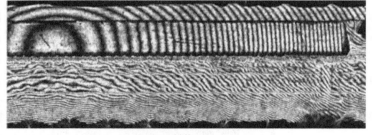

(b) 封装B

图 10.8　弯曲位移等值线图

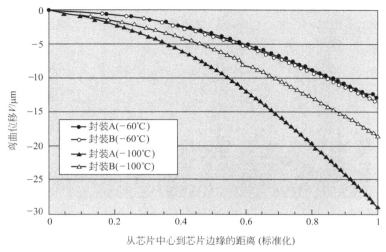

图 10.9　封装 A 与封装 B 的弯曲变形对比结果

10.2.5　总结

当倒装芯片封装经受热载荷 ΔT 时，芯片与封装材料之间热失配会引起封装的热变形。芯片封装相互作用对采用 Cu/低 k 芯片的倒装芯片封装是一个关键的可靠性问题。采用了实验与数值模拟相结合的方法研究影响封装可靠性的热机械行为和失效机理，研究了新一代下填料对芯片-基板热机械耦合作用最小化的影响。实验与数值模拟相结合提供了可靠性评估和封装材料选取的系统方法。

通过大量的可靠性测试评估 FCPBGA 封装的可靠性，包括 JEDEC 湿度等级 4 级预处理、热循环（条件 B，－55℃/125℃）和高加速温度湿度应力测试（HAST），测试结果与数值模拟以及实验评估数据比较一致。结果表明，相比于填充高 T_g 下填料的封装，填充低 T_g 下填料的封装其可靠性更高。

10.3　倒装芯片组装中焊锡凸点的可靠性

由于芯片与封装之间的热失配，在芯片连接和底部填充工艺的冷却过程中会引入热应力。当封装组件经受功率循环、热循环或者热冲击时，在封装以及封装-电路板组件中，特别是在焊点中会进一步引入随时间变化的热机械应力。随时间变化的应力/应变对焊点的长期可靠性有很大影响。

10.3.1　焊锡凸点的热应变测量

在倒装芯片封装中，下填料可以有效地重新分配焊锡凸点上的热机械载荷，从而解决焊锡凸点的疲劳问题。为了防止焊锡凸点发生疲劳开裂，要求下填料具有较高的 T_g 和弹性模量，并且热膨胀系数与焊料相近。虽然采用低 T_g 的下填料可以在较低温度下降低芯片和封装应力，但是需要确定焊锡凸点的可靠性是否完好。

高分辨率云纹干涉被开发用于测量温度变化过程中关键焊点局部的热应力分布[4,7]。高分辨率云纹干涉采用的是相移方法，通过记录和分析光场的相位提取位移信息，并非干涉条纹的幅值。例如当温差为 $-60℃$ 时，填充高 T_g 下填料的封装 A 其相位图如图 10.10 所示，对应的位移图如图 10.11 所示。借助相移技术，可以将位移灵敏度从 417nm/条纹提高到 52nm/条纹。

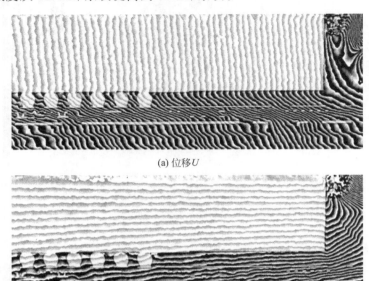

(a) 位移 U

(b) 位移 V

图 10.10　封装 A 的相位图，温差为 $-60℃$

微应变分布也可以由高分辨率干涉条纹得到。对于焊锡凸点和界面的可靠性，最引人关注的是层间切应变。为此，对沿 FCPBGA 封装中两个关键界面的层间切应变进行评估。如图 10.12 所示的封装剖面光学显微图像中，A 线沿芯片与焊锡凸点界面，B 线沿底部填充层的中间位置，C 线沿焊锡凸点与基板界面。填充高 T_g 下填料的封装 A 和填充低 T_g 下填料的封装 B，两者的切应变分布如图 10.13 和图 10.14 所示。

由切应变分布图可以看出，对于这两种封装，切应变在接近芯片边缘位置显著增加。对比芯片/底部填充层界面（A 线）和底部填充层中（B 线）的应变分布可以发现，封装 B 的切应变比封装 A 更大。这是意料之中的，因为高温下 T_g 较低的下填料其顺应性优于 T_g 较高的下填料，芯片与基板热失配会在封装 B 中引起更大的切应变。切应变测量强调了在采用低 T_g 下填料降低封装应力与控制焊锡凸点机械应变及疲劳之间取得平衡的重要性。

10.3.2　焊锡材料的本构方程

建立精确的焊锡材料本构方程对焊锡凸点的可靠性仿真具有重要作用。商用有限元软件 ANSYS 包含黏塑性单元的标准选项，采用的是 Anand 本构模型[8,9]。使用这些单元十分方便，因为用户不必修改源代码。Anand 模型是为热加工金属开

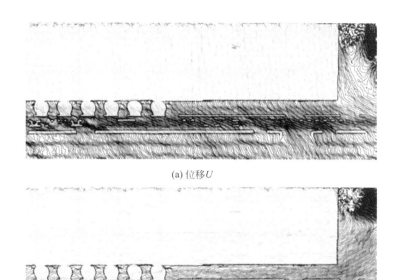

(a) 位移 U

(b) 位移 V

图 10.11　封装 A 的位移等值线图，其中每条等值线表示 52nm 的位移，温差为−60℃

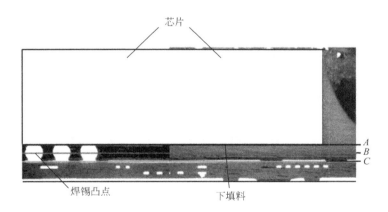

图 10.12　关键凸点位置和下填料倒角的光学显微图像

发的，通过一组流动和演化方程统一塑性和蠕变：

流动方程

$$\frac{d\varepsilon_{p}}{dt} = A \left[\sinh \left(\xi \sigma / s \right) \right]^{\frac{1}{m}} \exp \left(-\frac{Q}{kT} \right) \tag{10.22}$$

演化方程

$$\frac{ds}{dt} = \left\{ h_{0} \left(|B| \right)^{a} \frac{B}{|B|} \right\} \frac{d\varepsilon_{p}}{dt} \tag{10.23}$$

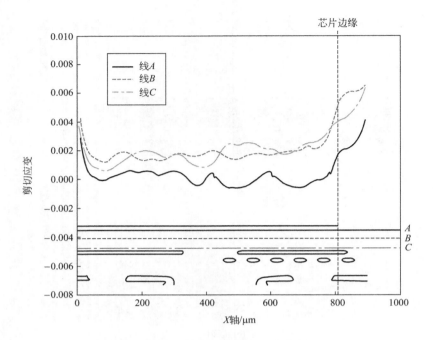

图 10.13 封装 A 中的切应变分布

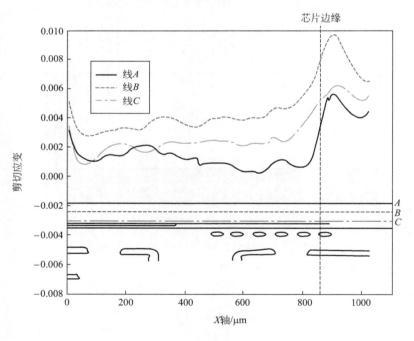

图 10.14 封装 B 中的切应变分布

$$B = 1 - \frac{s}{s^*} \tag{10.24}$$

$$s^* = \hat{s} \left\{ \frac{\dfrac{\mathrm{d}\varepsilon_\mathrm{p}}{\mathrm{d}t}}{A} \exp\left(-\frac{Q}{kT}\right) \right\}^n \tag{10.25}$$

Darveaux 等人率先通过修改 Anand 本构关系中的参数考虑与时间相关和与时间无关的现象[10]。近共晶 62% Sn-36% Pb-2% Ag 焊料的 Anand 参数见表 10.2[10,12]。

在 ANSYS 中，焊锡凸点也可以采用 SOLID182 和 SOLID185 单元分别考虑与时间无关的塑性变形和与时间有关的蠕变变形。对于高同系温度下的焊料合金（>$0.5T_\mathrm{m}$），初始蠕变和稳态蠕变是主要的变形形式，并伴随着应力松弛。

蠕变通常是指在恒定单轴应力作用下与时间相关的塑性变形[13~16]。当同系温度高于 $0.5T_\mathrm{m}$ 时，蠕变变形加快。当外加恒定载荷时，产生初始瞬态应变后，焊料蠕变分为三个阶段[13]，其中稳态蠕变是焊料合金经历的主要变形阶段。在稳态蠕变阶段，应变速率因应变硬化而减缓，降低了变形速率，而变形恢复和重结晶（软化）趋于加快蠕变速率[14]。稳态蠕变速率可以定量地估计，并且提出了一系列的本构模型。下面两种模型考虑了扩散控制的蠕变变形机制，并广泛用于焊料合金的表征。

Dorn 幂定律[16]：

$$\dot{\varepsilon} = A\sigma^n \exp\left(-\frac{Q}{RT}\right) \tag{10.26}$$

Garofalo 双曲正弦定律[14]：

$$\dot{\varepsilon} = C\left[\sinh(\xi\alpha\sigma)\right]^n \exp\left(-\frac{Q}{RT}\right) \tag{10.27}$$

式中，R 为气体常数；T 为开氏温度；σ 为外加应力；A 和 C 为材料常数；n 为应力指数；Q 为激活能。

以上两个模型表明，稳态蠕变应变速率与应力和温度密切相关。

焊料的本构模型可以通过不同温度和应力水平下的蠕变实验得到，但蠕变数据存在较大差异，材料常数也在一个较大范围内变化。材料常数对于采用有限元分析预测焊锡凸点失效寿命的准确性至关重要，较大的差异会降低预测结果的准确性。

最近的研究结果表明，室温时效对焊料合金的机械特性有显著影响[17,18]。样品实验条件的任何差异都可能严重影响实验数据的准确性。实验数据表明，在室温下经过 2 个月的时效处理后，样品拉伸强度降低了 35%，并且蠕变阻力也会降低。另外，室温下时效 10 天后，SAC405（即 Sn-4.0% Ag-0.5% Cu）无铅焊料的拉伸性能趋于稳定。为了使室温时效引起的实验结果差异最小化，Ma 等人将样品在室温下时效 10 天后，对无铅焊料（SAC405）和 Sn-Pb 焊料均进行了不同温度和应力水平下的蠕变实验[19]，当所有样品在室温下稳定后进行相同时长的实验，可以将室温时效引起的实验数据差异最小化。式（10.28）是 SAC405 焊料蠕变本构模型的双曲正弦定律拟合公式，式（10.29）是幂定律拟合公式，图 10.15 对比了相同实验温度和应力水平下的这两种本构模型。结果表明，在大于 15MPa 的高应力水平

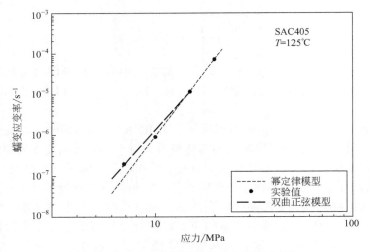

图 10.15　SAC405 焊料的蠕变本构模型对比

下，两种模型对实验数据的拟合结果十分接近，但在低应力水平下，双曲正弦模型的拟合结果比幂定律模型更好，所得到的本构模型可以用于数值模拟方法预测焊锡凸点失效寿命，例如有限单元法。总体而言，Garofalo 双曲正弦模型对现有实验数据的拟合结果更好。

$$\dot{\varepsilon} = 1.77E + 0.5 \left[\sinh \left(0.48E - 0.2\sigma \right) \right]^{4.89} \exp \left(-\frac{76.13}{RT} \right) \qquad (10.28)$$

$$\dot{\varepsilon} = 5.09E - 0.3\sigma^{6.27} \exp \left(-\frac{76.2}{RT} \right) \qquad (10.29)$$

　　分别采用 Garofalo 双曲正弦模型和 Dorn 幂定律模型对 Sn-Pb 共晶焊料的蠕变实验数据进行多变量数据拟合，对比结果如图 10.16 所示。结果与无铅焊料类似，

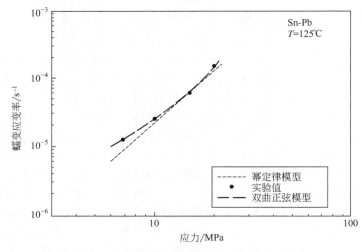

图 10.16　Sn-Pb 焊料的蠕变本构模型对比

在大于 15MPa 的高应力水平下，两种模型的拟合结果相近，而在低应力水平下，双曲正弦模型的拟合结果比幂定律模型更好。总体而言，Garofalo 双曲正弦模型对 Sn-Pb 焊料实验数据的拟合结果更好。

$$\dot{\varepsilon}=0.908\ [\sinh\ (0.105\sigma)\ ]^{1.51}\exp\ (-\frac{35.74}{RT}) \qquad (10.30)$$

$$\dot{\varepsilon}=2.87E-0.4\sigma^{2.58}\exp\left(-\frac{33.30}{RT}\right) \qquad (10.31)$$

对比 Sn-Pb[式(10.30)和式(10.31)]与 SAC 焊料[式(10.28)和式(10.29)]的材料常数，Sn-Pb 焊料的激活能明显小于 SAC 焊料，表明 Sn-Pb 焊料的蠕变阻力比 SAC 焊料更低。Sn-Pb 焊料的应力指数也明显小于 SAC 焊料，这也表明 Sn-Pb 焊料的蠕变阻力比 SAC 焊料更低。SAC 与 Sn-Pb 焊料的双曲正弦模型参数见表 10.3。

表 10.2　ANSYS 中 62%Sn-36%Pb-2%Ag 焊料的 Anand 参数

ANSYS	参数	数值	定义
C1	S_0/psi	1800	初始变形阻抗
C2	Q/K/K^{-1}	9400	激活能/玻尔兹曼常数
C3	A/s^{-1}	4.0×10^6	前置指数因子
C4	ξ	1.5	应力乘子
C5	m	0.303	与应力相关的应变率敏感指数
C6	h_0/psi	2.0×10^5	硬化常数
C7	$\hat{s}$/psi	2.0×10^3	变形阻抗饱和值系数
C8	n	0.07	与变形阻抗饱和值相关的应变率敏感指数
C9	a	1.3	与硬化相关的应变率敏感指数

表 10.3　SAC 与 Sn-Pb 焊料的蠕变本构模型

双曲线模型	C	ζ/MPa^{-1}	n	Q/(kJ/mol)
SAC	1.77×10^5	5.48×10^{-2}	4.89	76.13
Sn-Pb	0.908	0.105	1.51	35.74

对比 Sn-Pb 与 SAC 焊料，在相同的实验温度和应力水平下，SAC 焊料的蠕变阻力比 Sn-Pb 焊料更高（见图 10.17）。本构模型也表明，SAC 焊料的激活能比 Sn-Pb 焊料更高，即 SAC 焊料的蠕变阻力比 Sn-Pb 焊料更高。激活能表示原子扩散并迁移至较低能级时，必须克服的能量势垒高度。Dorn、Garofalo 和 Weertman 分别发现，当 $T_h\geqslant0.5T_m$ 时，蠕变激活能等于自扩散激活能[13,14,20,21]，也就是说，当焊料服役温度范围内的同系温度超过焊料熔点的一半时，自扩散激活能是引起焊料合金蠕变变形时原子所要克服的能量势垒，对应于蠕变阻力水平。无铅焊料较高的蠕变阻力归结于 SAC 合金中形成的第二相金属间化合物，例如 Ag$_3$Sn 和 Cu$_6$Sn$_5$，它们可以有效地阻止位错运动并提高材料的蠕变阻力。

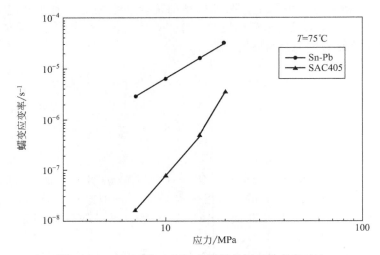

图 10.17　Sn-Pb 与 SAC405 焊料的蠕变应变率对比

10.3.3　焊锡接点的可靠性仿真

加速实验，例如热循环实验，被广泛用于焊点的疲劳寿命预测。焊点疲劳一般为低周疲劳，疲劳寿命由焊点在应力作用下的塑性应变得到。金属疲劳可以利用 Coffin-Manson 公式进行描述：

$$N = \left(\frac{A}{\Delta \varepsilon}\right)^{\frac{1}{m}} \tag{10.32}$$

式中，N 为疲劳失效循环数；$\Delta \varepsilon$ 为每个循环的塑性应变幅；m 为经验材料常数；A 为比例因子。

Norris-Landzberg 模型［式(10.33)］假设塑性应变幅正比于热循环温度变化范围，过去数十年一直用于预测 Sn-Pb 焊点的疲劳寿命[28]。

$$\text{AF} = \frac{N_P}{N_T} = \left(\frac{\Delta T_T}{\Delta T_P}\right)^n \left(\frac{f_P}{f_T}\right)^m \exp\left[Q\left(\frac{1}{T_{\text{MaxP}}+273} - \frac{1}{T_{\text{MaxT}}+273}\right)\right] \tag{10.33}$$

式中，N 为疲劳失效循环数；ΔT 为热循环温度变化范围；T 为开氏温度；f 为热循环频率。下标 "P" 指产品工作条件，"T" 指实验条件。

随着无铅焊料的广泛应用，出现了采用 Norris-Landzberg 模型分析无铅焊点疲劳问题的研究，一些重要研究探讨了无铅焊料的加速因子（AF）。Pan 等人率先建立了基于 0～100℃ 标准实验条件的无铅焊料加速模型，然而没有证据表明该模型可以用于更为极端的实验条件[22]。Andersson 等人[23]，Vasudevan 等人[24]，Xie 等人[25]，Salmela 等人[26] 也基于特定测试条件和封装类型，建立了类似的具有不同参数的模型。Dauksher 基于先前的研究资料建立了通用模型[27]。Ma 等人发现现有的模型适用于热循环温度变化范围适中的情况，但并不适用于更为极端的温度条件，因为在极端温度条件下，特别是在极端低温条件下发现了焊盘坑裂失效模式。对极端温度条件下的焊点疲劳模型需要进行更多的研究[29]，将极端加速热循环条件下的不同失效模式与相应的寿命预测模型联系起来。

除了基于非弹性应变幅的 Coffin-Manson 疲劳模型以外，多年来发展和完善了一种基于能量的用于预测焊点中裂纹萌生和生长的模型[10~12]，利用最后一个循环累积的塑性功建立裂纹生长与焊点疲劳寿命之间的关系。与直径为 a 的焊盘互连的焊球其特征疲劳寿命（N_a）为

$$N_a = A (\Delta W_{ave})^B + C (\Delta W_{ave})^D \tag{10.34}$$

式中，A、B、C、D 为与材料和焊点设计及组装工艺有关的常数；ΔW_{ave} 为每个循环的体积均化的黏塑性应变能密度增量。

实际上，非线性有限元模型已经被开发用于计算每次热循环过程中焊点累积的单位体积塑性功（或黏塑性应变能量密度）。通过模拟几个完整的热循环建立稳定的应力-应变迟滞环，常数 A、B、C、D 由模拟和热循环实验结果确定。作为一个例子，这里给出了加速热循环条件下 FCPBGA 板级封装的有限元仿真过程，采用 ANSYS 6.0 进行预处理、求解和后处理。

由于模型具有对称性，所以只建立四分之一的板级封装组件，如图 10.18 所示。BGA 焊料为黏塑性固体，PBGA 基板与印制电路板为复合材料，包含铜电源层、接地层以及正交各向异性、与温度有关的介质材料。硅芯片、下填料以及电路板的物理和机械特性见表 10.4。

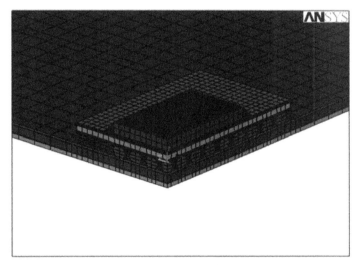

图 10.18　FCPBGA 板级封装的有限元模型

表 10.4　FCPBGA 组件建模所用材料参数

材料	模量(23℃)/GPa	泊松比(23℃)	CTE(23℃)/10^{-6}℃$^{-1}$	T_g/℃
硅芯片	186	0.28	3.2	NA
下填料	3.4	0.33	24	145
PBGA 基板(电源层)	45.6	0.34	17.6	NA
PBGA 基板(介电层)	1.64(x,y)2.6(z)	0.48(x,y)0.16(z)	14.8(x,y)67(z)	170
Sn-Pb 焊料	黏塑性，见文献[12]	0.29	22	NA
印制电路板(电源层)	45.6	0.34	17.6	NA
印制电路板(介电层)	88.6(x,y)2.7(z)	0.48(x,y)0.16(z)	22.4(x,y)67(z)	170

施加在 FCPBGA/PCB 组件上的循环温度载荷与加速热循环实验中测得的温度曲线相匹配,如图 10.19 所示。可以看出,循环周期为 30min,温度变化范围为 0~100℃,高低温驻留时间为 5min,升降温时间为 10min。此外,预循环、5 天 23℃的温度-时间历程也包括在仿真中。

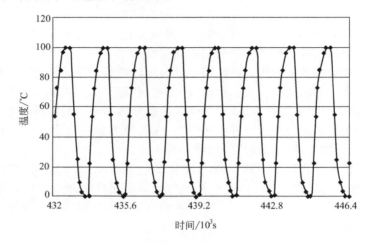

图 10.19　有限元仿真采用的热循环温度载荷

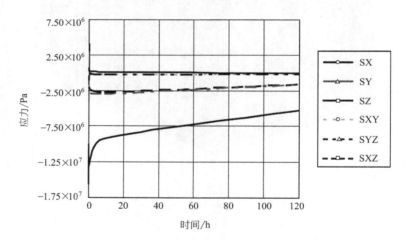

图 10.20　组装之后焊点的残余应力

FCPBGA 模块组装到电路板上并冷却至室温之后,在热循环实验之前,焊点中的残余应力如图 10.20 所示。正如所预料的,组装之后残余应力在第 1 小时内迅速松弛。图 10.20 给出了图 10.24 中的芯片角点处焊球的应力。图 10.21 和图 10.22 分别给出了同一焊球由于热循环温度变化产生的随时间变化的应力和应变。可以看出,应力和应变随热循环温度载荷在一定范围内波动。图 10.23 所示为多个热循环的法向应力(σ_z)与法向黏塑性应变迟滞环。对于黏塑性分析,需要研究多个热循环的应力-应变响应直到迟滞环趋于稳定。图 10.23 表明,塑性应变在第 3

个循环后达到稳定，而蠕变响应在第 4 个循环后收敛。

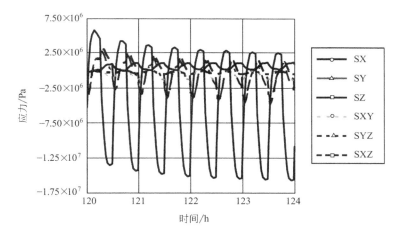

图 10.21　热循环过程中与时间相关的焊点应力

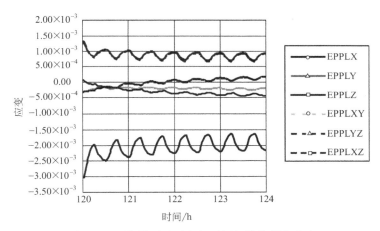

图 10.22　热循环过程中与时间相关的焊点应变

图 10.24 给出了由第 8 次到第 7 次循环算得的黏塑性应变能密度增量。值得注意的是，累积黏塑性应变能量密度最高的焊料球正好位于芯片边角下方。实验结果表明，在加速热循环实验中，芯片边角下方的焊球通常会最先失效。

10.3.4　下填料粘接强度对焊锡凸点可靠性的影响

界面分层开始和生长阻力是决定 FCPBGA 封装整体可靠性的关键问题。采用断裂力学方法，可以根据沿两种关键材料界面的裂纹扩展对界面分层进行分析。

可以通过测量界面临界能量释放率确定界面断裂能，从而对芯片与下填料界面的粘接强度进行评估。测量临界能量释放率可以采用四点弯曲实验[4]，样品由两片硅晶圆夹着一层下填料构成，如图 10.25 所示。临界能量释放率 G_c 与下填料厚度 Δ 之间的关系为

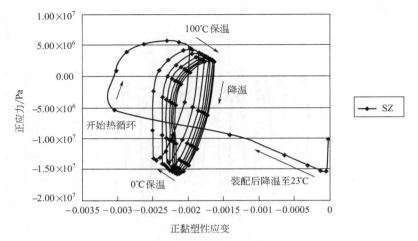

图 10.23　应力与黏塑性应变迟滞环

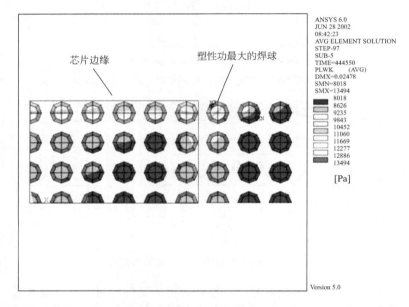

图 10.24　塑性功（黏塑性应变能密度）增量计算结果（扫描封底二维码下载彩图）

$$G_c = \frac{3P_c^2 L^2 (1-\nu^2)}{2Eb^2 h^2}\left\{\frac{1}{h+3\lambda\Delta} - \frac{1}{8h+12\Delta}\right\} \tag{10.35}$$

式中，E 和 ν 为硅的弹性模量和泊松比；b 为样品宽度；h 为晶圆厚度；P_c 为外加机械载荷；L 为内侧与外侧载荷作用点之间的距离；λ 为下填料与硅的弹性模量之比。

当裂纹沿界面扩展时，临界能量释放率 G_c 由临界负载 P_c 确定。

对填充如表 10.1 所示两种下填料的样品进行四点弯曲实验测定芯片钝化层与

下填料界面的粘接强度。需要注意的是，四点弯曲实验只能测量一定相位角的临界能量释放率（模态混合度）。如图 10.25 所示的样品几何形状，相位角为 $42°$。两种下填料的临界能量释放率 G_c 见表 10.5，两种材料都具有优异的界面粘接性。

表 10.5　界面粘接强度测试结果

界面	下填料 A/芯片钝化层	下填料 B/芯片钝化层
$G_c/(J/m^2)$	~130.0	~130.0

10.3.5　总结

在倒装芯片封装中，下填料可以有效地重新分配焊锡凸点上的热机械载荷，从而解决焊锡凸点的疲劳问题。为了防止焊锡凸点发生疲劳开裂，要求下填料具有较高的 T_g 和弹性模量，并且热膨胀系数与焊料相近。采用高分辨率云纹干涉方法评估了新一代下填料对焊点可靠性的影响。通过测量 FCPBGA 芯片钝化层-下填料界面的粘接强度对下填料分层阻力进行了表征。焊点应变和下填料粘接强度的测量结果表明，在采用低 T_g 下填料降低封装应力与控制焊锡凸点机械应变及疲劳之间取得平衡至关重要。

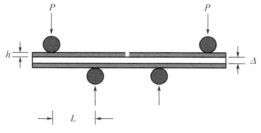

图 10.25　四点弯曲实验示意图

热循环引起的随时间变化的热应力对倒装芯片封装的长期可靠性和完整性有很大影响。引入了非线性有限元仿真方法模拟 FCPBGA 组件焊点中与时间相关的热应变或应变能密度，模拟结果可以与热循环实验结果相结合，用以预测各种服役和测试条件下的焊点可靠性。

参 考 文 献

［1］Jimarez M et al (1998) Technical evaluation of a near chip scale size flip chip/plastic ball grid array package. Proceedings of 48th Electronic Components and Technology Conference，Seattle，WA，May 1998，pp 219-225.

［2］Chen K et al (2006) Effects of underfill materials on the reliability of low-k flip-chip packaging. Microelectron Reliab 46 (1)：155-163.

［3］Tsao P-H et al (2004) Underfill characterization for low-k dielectric/Cu interconnect IC. Proceedings of 54th Electronic Components and Technology Conference，Las Vagas，NV，May 2004，pp 767-769.

［4］Li L et al (2006) Materials effects on reliability of FC-PBGA packages for Cu/low-k chips. Proceedings of 56th Electronic Components and Technology Conference，San Diego，CA，May 2006，pp 1590-1594.

［5］Ashton JE，Whitney JM (1970) Theory of laminated plates，vol Ⅳ，Progress in materials science series. Technomic Publishing，Stamford，CN，p 153.

［6］Jones R (1975) Mechanics of composite materials. Hemisphere Publishing Corporation，New York.

［7］Post D，Han B，Ifju P (1994) High sensitivity moire：experimental analysis for mechanics and materials，Chap 2. Springer，New York.

［8］Anand L (1985) Constitutive equations for hot-working of metals. Int J Plast 1：213-231.

［9］Brown SB，Kim KH，Anand L (1989) An internal variable constitutive model for hot working of metals. Int J Plast 5：95-130.

[10] Darveaux R，Banerji K，Mawer A，Dody G (1995) Reliability of plastic ball grid array assembly. In: Lau J (ed) Ball grid array technology. McGraw-Hill，New York.

[11] Darveaux R (1997) Solder joint fatigue life model. Proceedings of TMS Annual Meeting，Orlando，FL，pp 213-218.

[12] Darveaux R (2000) Effect of simulation methodology on solder joint crack growth correlation. ECTC，Las Vegas，NV，pp 1048-1063.

[13] Garofalo F (1966) Fundamentals of creep and creep-rupture in metals. The Macmillan Company，New York.

[14] Hertzberg RW (1996) Deformation and fracture mechanics of engineering materials，4th edn. Wiley，New York.

[15] Evans RW，Wilshire B (1985) Creep of metals and alloys. The Institute of Metals，London.

[16] Mukherjee AK，Bird JE，Dorn JE (1969) Experimental correlation for high-temperature creep. Trans Am Soc Met 62：155-179.

[17] Ma H，Suhling JC，Lall P，Bozack M (2006) Reliability of the aging lead-free solder joints. Proceeding of the 56th Electronic Components and Technology Conference (ECTC)，San Diego，California，30 May - 2 June 2006，pp 849-864.

[18] Ma H，Suhling JC，Lall P，Bozack M (2007) The influence of elevated temperature aging on reliability of lead-free solder joints. The Proceeding of The 57th Electronic Components and Technology Conference (ECTC)，May 2007，pp 653-668.

[19] Ma H (2009) Constitutive models of creep for lead-free solders. J Mater Sci 44 (14)：3841-3851.

[20] Dorn JE (1957) Creep and recovery. ASM Publication，Metal Park，OH，pp 255 - 259.

[21] Weertman J (1968) Dislocation climb theory of steady-state creep，noting necessity of self diffusion mechanism in any high temperature creep theory. ASM Trans Q 61：681-694.

[22] Pan N et al (2005) An acceleration model for Sn-Ag-Cu solder joint reliability under various thermal cycle conditions. Surface Mount Technology Association International，pp 876-883.

[23] Andersson K，Salmela O，Perttula A，Sarkka J，Tammenmaa M (2005) Measurement of acceleration factor for lead-free solder (SnAg3. 8CuO. 7) in thermal cycling test of BGA components and calibration of lead-free solder joint model for life prediction by finite element analyses，EuraSimE，pp 448-453.

[24] Vasudevan V，Fan X (2008) An acceleration model for lead-free (SAC) solder joint reliability under thermal cycling. Proceedings of the 58th Electronic Components and Technology Conference，pp 139-145.

[25] Xie D，Gektin V，Geiger D (2009) Reliability study of high-end Pb-free CBGA solder joint under various thermal cycling test conditions. Proceedings of the 59th Electronic Components and Technology Conference，pp 109-116.

[26] Salmela O (2007) Acceleration factors for lead-free solder materials. IEEE Trans Compon Packag Technol 30 (4)：700-707.

[27] Dauksher W (March 2008) A second-level SAC solder-joint fatigue-life prediction methodology. IEEE Trans Device Mater Reliab 8 (1)：168-173.

[28] Norris KC，Landzberg AH (1969) Reliability of controlled collapse interconnections. IBM J Res Dev 13：266-271.

[29] Ma H，Ahmad M，Liu K-C (2010) Acceleration factor study of lead-free solder joints under wide range thermal cycling conditions. The IEEE 60th Electronic Components and Technology Conference (ECTC)，Las Vegas，June 2010，pp 1816-1822.

第11章
倒装芯片焊锡接点的界面反应与电迁移

C. E. Ho

Department of Chemical Engineering & Materials Science, Yuan Ze Univesity,
Jhongli, Taoyuan, Taiwan

C. R. Kao

Department of Material Science & Engineering, National Taiwan University, Taipei, Taiwan

K. N. Tu

Department of Materials Science & Engineering, University of Califirnia-Los Angeles,
Los Angeles, CA, USA

　　摘要　自电子时代伊始，钎焊就成为电子产品最重要的组装和互连技术之一。随着电子器件变得更加复杂且尺寸更小，焊点尺寸不断减小，每个器件上的焊点数量不断增加——一些化学和物理过程对微小焊点的可靠性越来越有威胁，其中包括化学反应、金属溶解、化学势梯度驱动的扩散、电迁移、焦耳热、热迁移和应力迁移。有两个关键问题都是源于这些过程的综合效应：①过量金属间化合物的形成；②过量凸点下金属化层的消耗。本章首先讨论了化学势梯度引起的溶解过程，以及基板材料（例如 Cu 和 Ni）与 Sn 基焊料（例如共晶 Sn-Ag 和 Sn-Ag-Cu 焊料）之间的化学反应动力学。出现的可靠性问题包括：①Cu 和 Ni 之间化学相互作用/交叉相互作用；②含活性元素合金对反应的影响；③小体积焊料对焊点的影响。然后着重讨论了电迁移问题，例如电流作用，对焊料和凸点下金属化层的影响，最后提出了缓解电迁移的方法。

11.1　引言

　　自电子时代伊始，钎焊就成为电子产品最重要的组装和互连技术之一。尽管很受欢迎，但一直以来都认为焊点是造成电子产品失效的薄弱环节。目前的中央或图形处理器中焊点数量在 10^4 范围内，对于典型的电子系统，例如个人电脑，焊点数量可以达到 10^5。然而，任一个焊点发生失效都会引发电子系统故障，相应地，最薄弱焊点的寿命决定了整个电子产品的可靠性。

　　随着电子设备变得更加复杂且尺寸更小，焊点尺寸不断减小，每个器件上焊点数量不断增加。在电子系统的所有焊点中，倒装芯片焊点的尺寸最小且最具技术挑战性。目前，直径 $50\mu m$ 的倒装芯片焊点正在研发中。制作这样小尺寸的焊锡凸点，传统的电镀工艺或丝网印刷工艺已经不再适用。虽然电镀工艺能够制作这样小尺寸的焊锡凸点，但在电镀过程中不能充分控制焊料的组分，而正如本章后面所提到的，控制焊料组分对满足焊点的性能要求至关重要。模板印刷工艺能够提供良好的焊料组分控制，但是当模板开口大小接近 $50\mu m$ 时，印刷变得非常困难。为此，开发了两种新工艺可以将焊点尺寸减小至 $50\mu m$ 及以下。一种是微焊球晶圆凸点制作技术[1]，将预先制作好的焊球直接放置到晶圆的凸点下金属化层（UBM）开口中，类似于在球栅阵列（BGA）基板上植球。另一种是 IBM 的可控塌陷芯片连接新工艺（C4NP）[2,3]，先将熔融焊料注入模具中形成许多微小的焊锡圆柱或半球，然后将这些圆柱或半球转移至晶圆上对应的 UBM 开口中，形成焊锡凸点。这两种工艺都可以精确控制焊料的组分，并且可以制作直径小于 $50\mu m$ 的焊锡凸点，如图 11.1（a）所示。

　　另一种如图 11.1（b）所示的 Cu 柱互连方法也越来越受欢迎[4~6]，该工艺利用 UBM 上的电镀 Cu 柱取代大部分焊料。Cu 柱互连的一个优点是局部高电流密度区总是位于 Cu 内部，而 Cu 的抗电迁移性能优于焊锡材料[7]。在电子进入焊料之前，Cu 柱可以使电流均匀分布，从而能够缓解焊点的电迁移问题。该方法还可以缩小互连节距，因为相邻互连点的熔融焊料发生桥接的可能性较小。然而，由于每个互连点的焊料含量有限，化学反应可能会将全部焊料转变为脆性金属间化合物[8]。

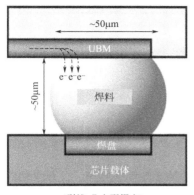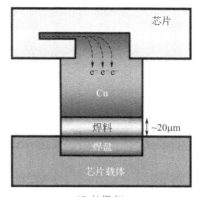

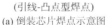

(引线-凸点型焊点)　　　　　　　　　　(Cu柱焊点)
(a) 倒装芯片焊点示意图　　　　　　(b) Cu柱凸点示意图

图 11.1　焊锡凸点与 Cu 柱凸点

当焊点变得更小时，一些化学和物理过程对微小焊点的可靠性越来越有威胁，其中包括化学反应、金属溶解、化学势梯度驱动的扩散、电迁移、焦耳热、热迁移和应力迁移[7,9~11]，而那些具有相同关键变量的过程相互耦合使得问题变得更为复杂[7,10,12]。例如，通以高电流密度的焊点不仅会发生电迁移，而且会产生焦耳热。所生成的焦耳热会使样品温度升高，反过来又会加快金属溶解和化学反应[12]。金属溶解和化学反应会改变焊点微观结构和金相，这反过来又会扰乱局部电子流动，并改变电迁移行为。倒装芯片焊点包含一类独特的材料体系，众多化学和物理过程同时进行，这就是为什么倒装芯片焊接技术更具有挑战性的原因之一。

在这些化学和物理过程中，本章主要讨论化学反应和电迁移这两个关键过程，原因是这两个过程不仅最为重要而且相对易于理解。此外，还涉及金属溶解作用，主要是因为金属溶解与化学反应和电迁移密切相关。化学反应将在 11.2 节中讨论，电迁移则在 11.3 节中讨论。

11.2　无铅焊料与基板的界面反应

钎焊是利用焊料与两个互连表面之间的化学反应形成连接[13]，因此，理解焊料和键合表面之间的化学反应至关重要。过去数年中，已经发表了几篇有关电子封装用焊料的综述文章[9,10,14~23]，其中界面反应总是这些文章的关键。

11.2.1　回流过程中的溶解与界面反应动力学

倒装芯片焊点中的界面反应可以发生在组装（回流）和时效过程中。在回流过程中，焊料处于熔融状态，界面反应在固体（芯片一侧的 UBM 或基板一侧的表面镀层）和液体（熔融焊料）之间进行。在时效过程中，焊料为固态，界面反应在固体之间发生。这两种情况的主要区别在于，固/液反应过程中溶解起着重要作用，而固/固反应并非如此。图 11.2 所示为固体 A 和熔融体 B 之间的反应，在 A_xB_y/B 界面处反应和溶解都比较重要，而在 A/A_xB_y 界面处溶解问题较小。如果固体在液体中的溶解度相当大，则溶解作用就尤其重要[24,25]。

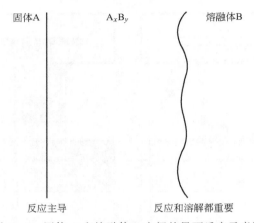

图 11.2　固体 A 和熔融体 B 之间的界面反应示意图

图 11.3 给出了几种金属在熔融 Sn-40％Pb（质量分数，下同）焊料中的溶解速率，这对焊接过程十分重要，图中数据来源于 Bader 的研究[26]。需要注意的是，图 11.3 中的数据表示薄金属线在焊锡槽中的溶解度远未达到特定温度下的饱和值，因为金属溶解速率随着焊料中金属含量的增加而减缓，所以图 11.3 中的数据对应于给定温度下的溶解速率上限。从图 11.3 中可以看出，在 250℃ 温度下，即在无铅焊料的回流温度峰值处，Cu 的溶解速率为 0.1～0.2μm/s。而在相同温度下，Ni 的溶解速率比 Cu 慢 30～40 倍，这表明 Ni 是很好的焊接反应扩散阻挡层材料。与此相反，Au 的溶解速率比 Cu 快 30 倍，这表明在焊接过程早期阶段，Au/Ni 和 Au/Pd/Ni 表面上的 Au 层会从界面上消失。

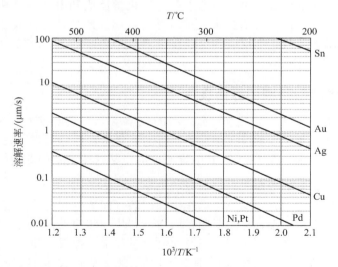

图 11.3　不同金属在熔融 Sn-40％Pb 焊料中的溶解速率与温度之间的关系[26]

在焊接回流时，一个关键的工艺问题是 UBM 金属层或表面镀层过度溶解于熔融焊料中，可能会导致器件失效。虽然图 11.3 中的数据可以作为估算金属层消耗厚度的起始参考点，但实际的消耗量由于以下复杂因素很难估算：所用焊料量、焊料与金属之间的接触面积、焊料中初始金属含量、回流温度曲线和回流次数。图 11.4 所示为经过一次回流后，消耗的 Cu 厚度与 Sn-3％Ag-x％Cu 焊料中初始 Cu 含量的关系曲线[27]。回流在 BGA 基板上进行，其中电镀 Cu 层上覆盖着有机保焊膜（OSP），图 11.4 中每条带状线代表了不同的焊球直径和焊盘直径组合。所采用的回流曲线峰值温度为 235℃±2℃，保温时间为 90s，标称的升降温速率为 1.5℃/s。由图 11.4 可以看出，大尺寸焊点消耗的 Cu 厚度更多，并且与初始 Cu 含量更加密切相关。焊点尺寸越大消耗的 Cu 越多，因为需要消耗更多的 Cu 使熔融焊料达到饱和。图 11.5 所示为直径 760μm 的焊球在直径 600μm 的焊盘上进行回流的情况，第一次回流消耗了大部分的 Cu，而后续回流仅消耗了少量的 Cu，因为熔融焊料几乎达到了饱和。通常情况下，即使对于大尺寸 BGA 焊点，也仅需 1~2 次回流便可以使焊料中的 Cu 含量达到饱和。

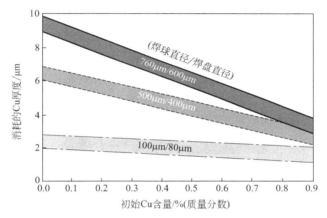

图 11.4　对于不同初始 Cu 含量以及不同焊球/焊盘组合，一次回流后消耗的 Cu 厚度[27]

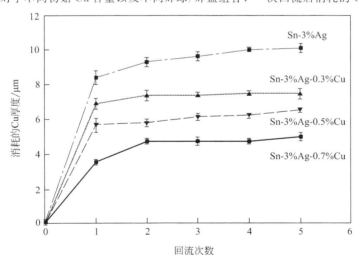

图 11.5　不同焊料消耗的 Cu 厚度（累计结果）与回流次数之间的关系，焊球和焊盘开口直径分别为 760μm 和 600μm[27]

　　回流后金属间化合物的形貌也取决于焊点尺寸。如图 11.6 所示，Cu_6Sn_5 具有常见的扇贝状微观结构，这种扇贝状微观结构是 Cu 与熔融 Sn 基焊料反应的结果。

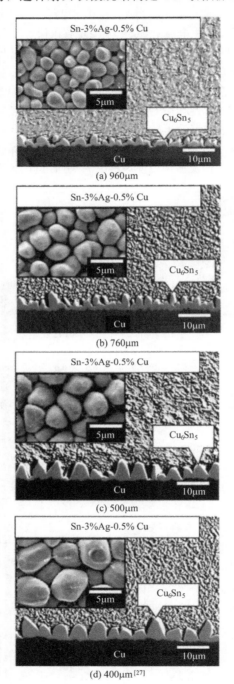

图 11.6　不同尺寸的 Sn-3％Ag-0.5％Cu 焊球剖面与俯视微观结构图

在固态时效过程中，这些扇贝状结构会转变为连续的层状结构[9,10,17,18,21]。随着焊球直径的减小，Cu_6Sn_5 的扇贝尺寸在增大，同时界面上金属间化合物的平均厚度也在增大。

11.2.2　无铅焊料与 Cu 基焊盘的界面反应

Cu 是优选的 UBM 表层材料之一，主要是因为 Cu 与焊料良好的润湿性[7,9,10,28]。Cu 也是键合焊盘最常用的母材，在组装之前的储存阶段，Cu 母材必须由焊盘表面镀层包裹住以保证其润湿性。常用的表面镀层包括浸 Sn、浸 Ag、有机保焊膜、Ni/Au 和 Ni/Pd/Au。对于前 3 种镀层，焊接时 Sn、Ag 会溶于焊料中，界面上的有机保焊膜则会被取代，从而使得 Cu 层外露并与焊料接触。

众所周知，当温度高于 50~60℃时，Cu 与 Sn 基焊料之间的反应（纯 Sn、共晶 Sn-Pb 和 Sn-Ag-Cu 焊料，Sn-Zn 焊料除外[29]）有两种产物，即 Cu_6Sn_5 与 Cu_3Sn，如图 11.7 给出的 Cu-Sn 二元合金相图所示[30]。当温度低于 50~60℃时，

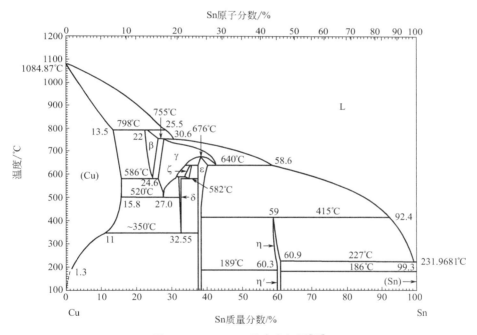

图 11.7　Cu-Sn 二元合金相图[30]

在界面上只检测到了 Cu_6Sn_5[21]。但近来的透射电子显微镜（TEM）的观察结果表明，在反应初期阶段也会形成 Cu_3Sn，但其厚度过薄（<100nm）因而不易分辨。最近有报道称，在 Cu_3Sn 生长过程中倾向于形成微空洞[21,31~35]。如图 11.8(a)所示，这些空洞不仅存在于 Cu/Cu_3Sn 界面上，而且 Cu_3Sn 层内也存在空洞[32]。毫无疑问，Cu 在 Cu_3Sn 中的扩散速率更快是形成这些空洞的主要原因。实验证明，Cu_3Sn 中 Cu 原子通量比 Sn 原子通量更大，200℃时 Cu 原子通量是 Sn 原子通量的 3 倍[36]。

伴随 Cu_3Sn 生长的微空洞会引起严重的可靠性问题,因为形成过多的空洞增加了脆性界面断裂的风险[31,32,35,37]。图 11.8（a）的第四个图中,如此多的空洞几乎汇聚成连续的区域。这种可靠性威胁在高温下尤其严重,因为在高于 $50\sim$ $60℃$ 的温度下,Cu_3Sn 的生长速率更快。研究表明,在跌落实验中,随着在 $125℃$ 下样品时效时间的延长,累积失效概率达到 50% 时对应的跌落次数在降低,如图 11.8（b）所示[35]。

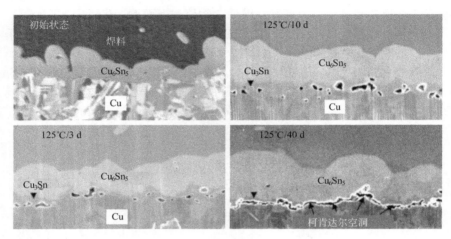

(a) 聚焦离子束(FIB)处理后的剖面图,给出了125℃下时效0~40天后Sn-Ag-Cu/Cu界面的微观结构[32]

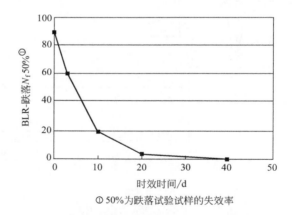

① 50%为跌落试验样的失效率

(b) 板级跌落实验中,累积失效概率达到50%时对应的跌落次数与时效时间的关系曲线[35]

图 11.8 Sn-Ag-Cu/Cu 界面空洞增加了脆性界面断裂的风险

最近的研究发现,在焊料中添加微量合金能够减少甚至完全抑制微空洞的形成,这方面的最新进展见 11.2.5 节。

11.2.3 无铅焊料与镍基焊盘的界面反应

如图 11.9 给出的二元合金相图所示[30],Ni-Sn 系统中包含 3 种稳定的金属间化合物,即 Ni_3Sn、Ni_3Sn_2 和 Ni_3Sn_4。但在焊接温度下只观察到 Ni_3Sn_4,其他两

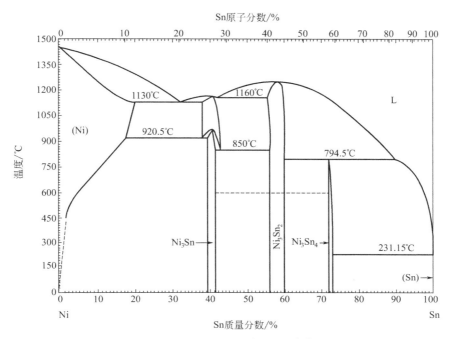

图 11.9 Ni-Sn 二元合金相图[30]

种化合物仅在更高的温度下可以观察到[21,38,39]。虽然 Ni 和纯 Sn 在焊接温度下只反应生成 Ni_3Sn_4，但 Ni 与含有少量 Cu 元素的 Sn 基焊料之间的反应十分复杂。不巧的是，各个国家或国际组织所推荐的无铅焊料都将 Cu 作为一种微量成分（见表 11.1)[22]，每种元素允许的含量变化范围通常为±0.2%（质量分数），与共晶 Sn-Pb 焊料一样。正如下面将要讲到的，这±0.2%（质量分数）的差异足以改变界面处形成的金属间化合物。

表 11.1 各个国家或国际组织所推荐的无铅焊料[22]

Sn-Ag-Cu 组成(质量分数)/%	推荐组织
Sn-(3.5±0.3)Ag-(0.9±0.2)Cu	NIST(三元共晶焊料)[40]
Sn-(3.9±0.2)Ag-(0.6±0.2)Cu	NEMI(北美)[41]
Sn-(3.4~4.1)Ag-(0.45~0.9)Cu	Soldertec-ITRI ITRI(英国)[42]
Sn-3.8Ag-0.7Cu	IDEALS(欧盟)[43]
Sn-3.0Ag-0.5Cu	JEITA(日本)[44]
Sn-4.0Ag-0.5Cu	—
Sn-2.5Ag-0.8Cu-0.5Sb	AIM,CASTIN alloy[45]
Sn-3.5Ag-0.5Cu-1.0Zn	NCMS[46]

当 Sn-Cu 或 Sn-Ag-Cu 焊料在覆盖 Ni、Ni（P）和 Ni（V）垫层的焊盘上回流时，界面处的反应产物对焊料中的 Cu 含量十分敏感。自从数年前第一次报道这种 Cu 敏感性之后[47]，关于这个主题的论文已经发表了 40 余篇。正如表 11.2 所总结的[22]，这些研究结果整体上是比较一致的，尽管采用的是不同的回流条件和 Ni 基

板，包括 Ni、Ni（P）、Ni（V）或 Au/Ni。如表 11.2 所示，当 Cu 含量较低时 [<0.3%（质量分数）]，在界面处仅形成 $(Ni_{1-y}Cu_y)_3Sn_4$。当 Cu 含量增加至 0.4%～0.5%（质量分数）时，则会形成 $(Ni_{1-y}Cu_y)_3Sn_4$ 和 $(Cu_{1-x}Ni_x)_6Sn_5$。当 Cu 含量超过 0.5%（质量分数）时，仅形成 $(Cu_{1-x}Ni_x)_6Sn_5$。一些特殊情况下的结果乍看似乎与表 11.2 中的趋势不同[64,66,71,72]，这种不一致性实际上可以归结于所谓的"焊料体积效应"，这将在 11.2.6 节中进行讨论。

表 11.2　回流后 Sn 基焊料与各类镀 Ni 焊盘之间的反应产物

Cu(质量分数)/%	Ag(质量分数)/%	Sn(质量分数)/%	母材	金属间化合物	参考文献
0.0	3.5～3.9	平衡	Ni 和 Ni(P)	Ni_3Sn_4	[48～52]
			Au/Ni 和 Au/Ni(P)	Ni_3Sn_4	[37,53～65]
0.1	0	平衡	Ni	Ni_3Sn_4	[66]
0.2	0～3.9	平衡	Ni 和 Ni(P)	$(Ni,Cu)_3Sn_4$	[47,49,67～69]
0.3	0～3.0	平衡	Ni	$(Ni,Cu)_3Sn_4$	[66, 70]
0.4	0～3.9	平衡	Ni	$(Ni,Cu)_3Sn_4$ / $(Cu,Ni)_6Sn_5$	[49,67,69～72]
			Au/Ni(P)	$(Ni,Cu)_3Sn_4$ / $(Cu,Ni)_6Sn_5$	[73]
0.5	1.0～4.0	平衡	Ni 和 Ni(P)	$(Cu,Ni)_6Sn_5$	[70～72]
			Au/Ni 和 Au/Ni(P)	$(Cu,Ni)_6Sn_5$	[57,60,62,63,74～76]
			Ni 和 Ni(P)	$(Ni,Cu)_3Sn_4$ / $(Cu,Ni)_6Sn_5$	[49,68,69]
			Au/Ni 和 Au/Ni(P)	$(Ni,Cu)_3Sn_4$ / $(Cu,Ni)_6Sn_5$	[54,64,74,77]
0.6	0～3.9	平衡	Ni	$(Cu,Ni)_6Sn_5$	[47,49,69～72]
0.7	0～3.8	平衡	Ni 和 Ni(P)	$(Cu,Ni)_6Sn_5$	[49,66～68,78～80]
			Au/Ni 和 Au/Ni(P)	$(Cu,Ni)_6Sn_5$	[64,81～88]
0.75	3.5	平衡	Au/Ni 和 Au/Ni(P)	$(Cu,Ni)_6Sn_5$	[89]
			Sn 和 Ni(P)	$(Cu,Ni)_6Sn_5$	[54,58,61,89]
0.8	0～3.9	平衡	Au/Ni 和 Au/Ni(P)	$(Cu,Ni)_6Sn_5$	[49,69]
			Ni	$(Cu,Ni)_6Sn_5$	[62]
0.9	0	平衡	Ni	$(Cu,Ni)_6Sn_5$	[66]
1.0	3.5～3.9	平衡	Ni 和 Ni(P)	$(Cu,Ni)_6Sn_5$	[49,67,68]
			Au/Ni	$(Cu,Ni)_6Sn_5$	[90]
1.5	0	平衡	Ni	$(Cu,Ni)_6Sn_5$	[66]
1.7	4.7	平衡	Ni	$(Cu,Ni)_6Sn_5$	[90]
3.0	0～3.9	平衡	Ni	$(Cu,Ni)_6Sn_5$	[49, 78]
			Au/Ni		[86]

注：表中只包含那些所采用的回流条件与实际生产相似的研究[22]。

　　为了排除可能会使讨论费解的其他因素，首先检验了大量焊料与较厚的高纯度

Ni 基板之间的反应。由于焊料量较大，所以即使 Cu 从焊料中转移到反应产物中，即（Cu$_{1-x}$Ni$_x$）$_6$Sn$_5$ 和（Ni$_{1-y}$Cu$_y$）$_3$Sn$_4$，也仍可以假定反应过程中焊料组分保持不变。另外，由于 Ni 基板较厚，所以 Ni 基板不会被完全消耗掉。如图 11.10（a）所示，当 Cu 含量为 0.2%（质量分数）时，界面处反应形成连续的（Ni$_{1-y}$Cu$_y$）$_3$Sn$_4$ 层。当 Cu 含量增加至 0.4%（质量分数）时，在（Ni$_{1-y}$Cu$_y$）$_3$Sn$_4$ 连续层上开始形成不连续的（Cu$_{1-x}$Ni$_x$）$_6$Sn$_5$ 颗粒，如图 11.10（b）所示。当 Cu 含量增加至 0.5%（质量分数）时，（Cu$_{1-x}$Ni$_x$）$_6$Sn$_5$ 和（Ni$_{1-y}$Cu$_y$）$_3$Sn$_4$ 都形成连续

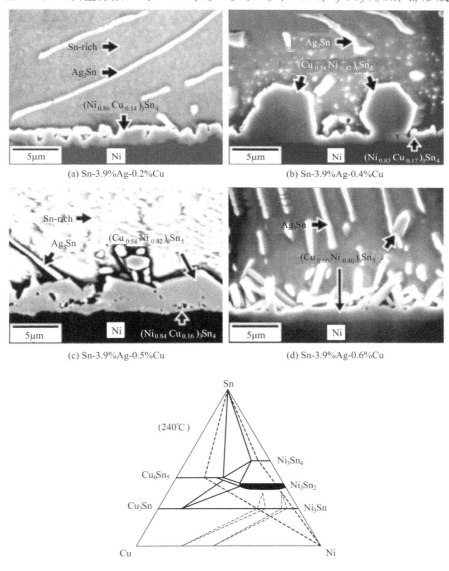

(a) Sn-3.9%Ag-0.2%Cu

(b) Sn-3.9%Ag-0.4%Cu

(c) Sn-3.9%Ag-0.5%Cu

(d) Sn-3.9%Ag-0.6%Cu

(e) 240℃下的Cu-Ni-Sn等温线,基于Lin等人的图重新绘制[94]

图 11.10　250℃下焊接 10min 后，Sn-3.9%Ag-x%Cu/Ni 界面的电子显微图像[22]

层，如图 11.10（c）所示。当 Cu 含量达到 0.6%（质量分数）时，只存在连续的（$Cu_{1-x}Ni_x$）$_6Sn_5$ 层，如图 11.10（d）所示。产物的晶体结构通过 X 射线衍射（XRD）和透射电子显微镜（TEM）进行了验证[22,47,91]。图 11.10（b）中不连续的（$Cu_{1-x}Ni_x$）$_6Sn_5$ 颗粒和图 11.10（d）中连续的（$Cu_{1-x}Ni_x$）$_6Sn_5$ 层可能具有不同的形成机理。图 11.10（d）中那些（$Cu_{1-x}Ni_x$）$_6Sn_5$ 晶粒通过 Ni 与焊料的直接反应生成，并且具有 [001] 优先生长方向[91]。在 Ni 与掺杂 0.5%（质量分数）Cu 的共晶 Sn-Pb 焊料的反应过程中，也观察到了该优先生长方向[92]。另外，图 11.10（b）中不连续的（$Cu_{1-x}Ni_x$）$_6Sn_5$ 颗粒没有表现出任何择优取向。

为了理解这种对 Cu 含量的高度依赖性，需要有 Sn-Ag-Cu-Ni 系统的合金相图信息。虽然 Ag 是一种控制焊料固态微观结构的重要组分[20,77,93]，但研究表明，只要考虑到界面反应，Ag 均呈现惰性[22,47,49,67]，因而只需对 Sn-Cu-Ni 三元合金相图进行研究。Sn-Cu-Ni 等温线由三组独立的测试测得[21,94,95]，其结果大体一致。基于以上两个研究结果，240℃下的 Sn-Cu-Ni 等温线如图 11.10（e）所示，其中富 Sn 区如图 11.11 所示中[22]。一些证据表明有三元化合物（Ni26%-Cu29%-Sn45%，原子分数）存在[96]，如果该化合物确实是稳定的，那么图 11.10（e）中的等温线仅为亚稳态等温线[21]。但是就焊接而言，图 11.10（e）所示的等温线仍是足够的，因为大多数焊接反应实验观察到的结果都遵循图 11.10（e）给出的相态关系。

如图 11.11 所示，液相（L 相）Sn 具有相界 a-b-c，由 a-b 和 b-c 两段构成。沿 a-b 段，液相与 Cu_6Sn_5 相平衡，而沿 b-c 段，液相与 Ni_3Sn_4 相平衡，b 点代表液相同时与 Cu_6Sn_5 和 Ni_3Sn_4 两相平衡。过 b 点的虚线表示 b 点的 Cu 含量约为 0.4%（质量分数），换句话说，当在焊料中 Cu 含量为 0.4%（质量分数）时，焊料与 Cu_6Sn_5 和 Ni_3Sn_4 两相都平衡，这就解释了为什么图 11.10（b）中会形成这两相。当 Cu 含量小于 0.4%（质量分数）时，在此范围内焊料只与 Ni_3Sn_4 相平衡，所以只形成如图 11.10（a）所示的 Ni_3Sn_4 相。当 Cu 含量高于 0.4%（质量分数）时，焊料只与 Cu_6Sn_5 相平衡，所以只形成如图 11.10（c）和图

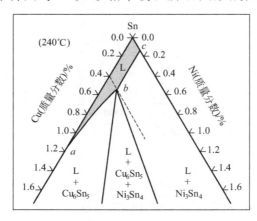

图 11.11　240℃下 Cu-Ni-Sn 等温线的富 Sn 区示意图[22]

11. 10 （d）所示的 Cu_6Sn_5 相。

11. 2. 4　贯穿焊锡接点的 Cu 和 Ni 交叉相互作用

11.2.2 节和 11.2.3 节中分别讨论了 Cu 与焊料之间的反应以及 Ni 与焊料之间的反应。本节主要考虑贯穿焊点的 Cu 和 Ni 相互作用，其重要性已经在众多文献中有所报道[22,81,97~106]。

11. 2. 4. 1　回流时贯穿熔融焊料的 Cu 和 Ni 交叉相互作用

为了研究回流阶段 Cu 和 Ni 的交叉相互作用，比较了采用两种不同组装工序制得的焊点。如图 11.12 所示，在工序 I 中，第一次回流时先将 Sn-3.5％Ag 焊料粘接到 Cu 基板上，然后第二次回流时将 Ni 基板粘接到焊点的另一侧。在工序 II 中，第一次回流时先将 Sn-3.5％Ag 焊料粘接到 Ni 基板上，然后第二次回流时将 Cu 基板粘接到焊点的另一侧。

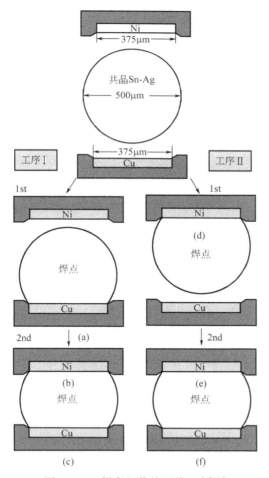

图 11.12　焊点组装的两种工序[22]

图 11.13 给出了两次回流后，工序Ⅰ（左列）和工序Ⅱ（右列）得到的焊料/Cu 和 Ni/焊料界面。对于工序Ⅰ，第一次回流时有大量的 Cu 溶解到熔融焊料中，在焊料/Cu 界面上形成了扇贝状的 Cu_6Sn_5，如图 11.13（a）所示。根据所得数据，$7.5\mu m \pm 0.3\mu m$ 厚的 Cu 可以溶解于 Sn-3.5% Ag，焊料中 Cu 含量高达约 1.2%（质量分数）。当焊料固化时，这些溶解的 Cu 原子由焊料中析出生成 Cu_6Sn_5。在第二次回流过程中，溶解的 Cu 原子会影响 Ni/焊料界面反应，反应产物为 $(Cu_{0.89}Ni_{0.11})_6Sn_5$，如图 11.13（b）所示，其微观结构与图 11.13（d）有明显差异，图 11.13（d）给出的是纯 Sn-3.5% Ag 焊料与 Ni 基板的反应产物，第二次回流时也会影响焊料/Cu 界面反应。如图 11.13（c）所示，在 Cu_6Sn_5 中检测到了少量的 Ni[约 2%（原子分数）]，而 Ni 基板是唯一的 Ni 来源，这表明，在第二次回流过程中 Ni 能够在 Ni/焊料界面处溶解，并穿过焊点融入 Cu_6Sn_5 中。简而言之，组装工序Ⅰ得到的 Cu/焊料/Ni 焊点中，两个界面在回流阶段会发生交叉相互作用。

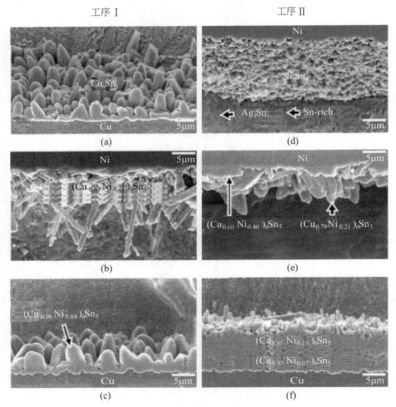

图 11.13　图 11.12 中工序Ⅰ（左列）和工序Ⅱ（右列）得到的焊料/Cu 和 Ni/焊料界面电子显微图像，其中图（a）和图（d）均倾斜了 $30°$[22]

对于工序Ⅱ，第一次回流时有少量的 Ni 溶解到熔融焊料中，在 Ni/焊料界面上形成了 Ni_3Sn_4 薄层，如图 11.13（d）所示。第二次回流时，溶解的 Ni 原子会影响焊料/Cu 界面反应，焊料/Cu 界面处形成了 $(Cu_{0.81}Ni_{0.19})_6Sn_5$ 和 $(Cu_{0.93}$

$Ni_{0.07})_6Sn_5$ 两个区域，如图 11.13（f）所示。显然，回流条件足以令足够量的 Ni 溶解于焊料中，并对界面反应产生显著影响。但出乎意料的是，第一次回流时（即工序 Ⅱ 的第二次回流）溶解的 Cu 也足够引起 Cu 含量效应。如图 11.13（e）所示，Ni/焊料界面处的外层金属间化合物已经由 Ni_3Sn_4 转变为 $(Cu_{1-x}Ni_x)_6Sn_5$，转变时间仅有短短的 90s，这似乎并不合理。利用聚焦离子束（FIB）切割焊点发现，这种转变确实较快，但并不完全，$(Cu_{1-x}Ni_x)_6Sn_5$ 层下方还有一层很薄的 $(Ni_{1-y}Cu_y)_3Sn_4$ 层[22]。对比工序 Ⅰ 和工序 Ⅱ 可知，组装顺序会影响金属间化合物的微观结构。

11.2.4.2　时效时贯穿固态焊料的 Cu 和 Ni 交叉相互作用

图 11.14 给出了图 11.13 中的界面在 160℃ 下时效 1000h 后的微观结构，通过一次焊接形成的 Ni/焊料和焊料/Cu 界面在时效过程中并未发生交叉相互作用，如图 11.14（a）、（b）所示，图 11.14（c）、（d）和图 11.14（e）、（f）分别给出了工序 Ⅰ 和工序 Ⅱ 焊点时效后的界面。可以看出，图 11.14（d）、（f）中的 Cu_3Sn 比图 11.14（b）中的更薄，并且图 11.14（f）中的 Cu_3Sn 比图 11.14（d）中的更薄。这是合理的，因为工序 Ⅱ 中的 Ni 比工序 Ⅰ 中多经历一次回流，所以有更多的 Ni 溶解。此外，在图 11.14（d）、（f）中，即使利用 FIB 对样品进行处理也没有观察到微空洞。还应当指出的是，这种交叉相互作用加快了 Cu 基板的消耗速率，减缓了 Ni 基板的消耗速率[107]，Ni 消耗速率降低是因为 $(Cu_{1-x}Ni_x)_6Sn_5$ 生长消耗的 Ni 比 $(Ni_{1-y}Cu_y)_3Sn_4$ 生长消耗的更少[54,92,107,108]。

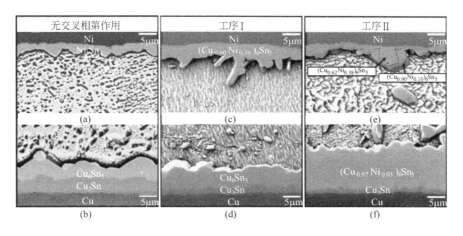

图 11.14　图 11.13 中的界面在 160℃ 下时效 1000h 后的微观结构电子显微图像[22]

11.2.5　与其他活泼元素的合金化效应

Sn-Ag-Cu 族焊料已被广泛用作电子产品中 Sn-Pb 共晶焊料的替代品。目前，世界各地的研究人员很少致力于开发其他焊料系统用以取代 Sn-Pb 共晶焊料。相反地，目前无铅焊料的研究主要是通过添加少量合金元素改善或微调 Sn-Ag-Cu 焊料的各种性能，例如评估 Ni[22,109~118]、Ge[109,111]、Fe[118,119]、Co[112,115,118,119]、

Zn[29,111,120,121]、Bi[122]、Mn[111]、Ti[111]、Si[111]、Cr[111]等元素作为 Sn 基无铅焊料微量合金元素的可能性。研究指出，添加微量合金元素可以改善焊料不同方面的性能。在这些合金元素中，Fe、Co、Ni、Zn、Cu 更值得关注，下文将讨论这些合金元素对焊料性能的影响。Fe、Co、Ni 三种元素对焊料性能的影响十分相似，因此一起讨论。

11.2.5.1 Fe、Co 和 Ni 添加剂

研究表明，在 Sn-3.5%Ag 中添加低至 0.01%（质量分数）（100×10^{-6}）的 Ni 元素，可以有效减缓焊接[97]以及时效[110,111,116~118,123,124]过程中 Cu_3Sn 的生长。如图 11.15（a）、（b）所示，在 150℃下时效 1000h，Cu_3Sn 的厚度仍然很薄[110]。由于 Cu_3Sn 的生长会引起微空洞的形成，增加了界面脆断的可能性，所以更薄的 Cu_3Sn 层可以提高焊点的强度。

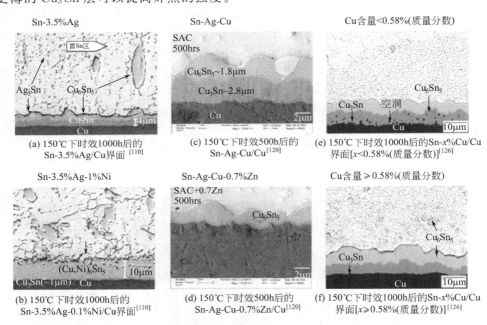

(a) 150℃下时效1000h后的
Sn-3.5%Ag/Cu界面[110]

(c) 150℃下时效500h后的
Sn-Ag-Cu/Cu[120]

(e) 150℃下时效1000h后的Sn-x%Cu/Cu
界面[x<0.58%(质量分数)][126]

(b) 150℃下时效1000h后的
Sn-3.5%Ag-0.1%Ni/Cu界面[110]

(d) 150℃下时效500h后的
Sn-Ag-Cu-0.7%Zn/Cu[120]

(f) 150℃下时效1000h后的Sn-x%Cu/Cu
界面[x≥0.58%(质量分数)][126]

图 11.15　添加合金元素对 Sn-Ag-Cu 族焊料性能的影响

如图 11.15（b）所示，相比于未添加 Ni 元素的情况，添加 Ni 元素后焊料/Cu 界面处形成了更多的 Cu_6Sn_5，并且 Cu_6Sn_5 相中含有少量的 Ni，形成了 $(Cu_{1-x}Ni_x)_6Sn_5$[110]，对这一现象的解释可参见其他文献[22]，这里不再赘述。

如果只就抑制 Cu_3Sn 的生长而言，将 Ni 引入反应系统的方式似乎无关紧要。有报道称，即使采用 Ni 合金 Cu 基板也能够抑制 Cu_3Sn 的生长，这些基板包括含 6%~9%（质量分数）Ni 的 Cu 合金[125]以及含 15%（原子分数）Ni 的 Cu 合金[21]。

在无铅焊料中，添加 Fe 和 Co 元素与添加 Ni 元素在减小 Cu_3Sn 厚度和增加 Cu_6Sn_5 厚度方面具有十分相似的效果[118]，并且所需的 Fe 或 Co 最低添加量也与 Ni 相似。实验证明，在 160℃下时效至少 2000h，添加低至 0.03%（质量分数）的

Fe、Co 或 Ni 元素均可以有效减小 Cu₃Sn 的厚度。

11.2.5.2　Zn 添加剂

虽然添加 Fe、Co、Ni 元素可以减小 Cu₃Sn 的厚度，从而减少微空洞的数量，但最近的研究发现，将微量 Zn 元素［0.1％和0.7％（质量分数）］添加到 Sn-Ag-Cu 焊料中能够完全抑制 Cu₃Sn 的生长，从而避免微空洞的形成[121]。如图 11.15（c）所示，未添加 Zn 元素时，可以看到焊料/Cu 界面处较厚的 Cu₃Sn 层[120]，而添加 0.7％（质量分数）的 Zn 元素之后，界面处便不存在 Cu₃Sn 了，如图 11.15（d）所示[120]。

添加 Zn 元素还能够提高 Sn-Ag-Cu 焊料抵抗蠕变的能力[127]，并且能够抑制大块 Ag₃Sn 的形成[126,128]。一般认为，抑制 Cu₃Sn 的生长可能与 Zn 在 Cu₃Sn/Cu 界面处的积累有关[121]。

如果 Zn 元素的添加量足够高[>2％（质量分数）]，实际上可以同时完全抑制 Cu₃Sn 和 Cu₆Sn₅ 的形成，转而生成 CuZn 化合物[29,129]。图 11.16（a）～（c）给出了不同 Zn 含量的焊料，在 250℃下与 Cu 反应 2min 后的产物[29]。当焊料组分为 Sn-0.5％Zn 时，焊料/Cu 界面处存在一层具有扇贝状微观结构的化合物，通过 XRD

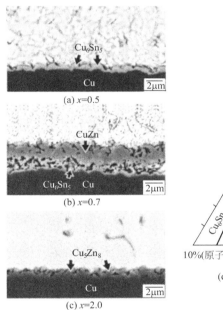

(a) x=0.5

(b) x=0.7

(c) x=2.0

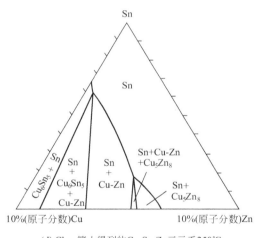

(d) Chou等人得到的Cu-Sn-Zn三元系250℃
等温截面图的富Sn区部分[131]

图 11.16　250℃下反应 2min 的 Sn-x％Zn/Cu 界面剖面图
Sn-0.5％Zn/Cu 反应生成 Cu₆Sn₅，Sn-2.0％Zn/Cu 反应生成 Cu₅Zn₈，
Sn-0.7％Zn/Cu 反应生成 Cu₆Sn₅ 和 Cu-Zn。
利用选择性 Sn 刻蚀溶液［5％（体积分数）HCl-甲醇］来显露反应区的形貌[29]

分析确定该化合物具有 Cu₆Sn₅ 晶体结构，如图 11.16（a）所示。由于该化合物层厚度很薄，所以其组分难以利用常规的电子探针显微分析仪（EPMA）进行精确测定。为此，该研究采用了场发射电子探针显微分析仪（FE-EPMA），其作用体积更小，能够精确测定化合物的组分。结果测得该化合物的组分为 39.1％（原子分数）的 Sn、4.8%（原子分数）的 Zn 和 56.1%（原子分数）的 Cu，表明有少量 Zn 进入了 Cu_6Sn_5 的 Sn 亚晶格中，因而该化合物应当表示为 $Cu_6(Sn_{1-x}Zn_x)_5$。另外，对反应时间为 10min 的 Sn-0.5%Zn/Cu 样品进行了测量，其中 $Cu_6(Sn_{1-x}Zn_x)_5$ 的厚度为 $1.5\mu m$，测得 $Cu_6(Sn_{1-x}Zn_x)_5$ 组分不变，表明化合物厚度对组分没有影响，并且所测得的组分是精确的。基于只形成 $Cu_6(Sn_{1-x}Zn_x)_5$ 这一事实可知，在 Sn 中添加 0.5%（质量分数）的 Zn 并未改变 Sn/Cu 反应产物的化学组成，其影响是 Zn 进入了 Cu_6Sn_5 的 Sn 亚晶格中。然而，当 Zn 添加量增加至 2%（质量分数）时，Sn/Cu 反应产物的化学组成则完全不同，如图 11.16（c）所示，通过 XRD 分析确定反应产物具有 Cu_5Zn_8 晶体结构。利用 FE-EPMA 对反应时间为 2min 和 10min 的 Sn-2.0%Zn/Cu 样品（较大的颗粒尺寸有利于提高 FE-EPMA 的测量精确）进行测量，测得 Cu_5Zn_8 的组分为 1.5%（原子分数）的 Sn、59.5%（原子分数）的 Zn 和 39.0%（原子分数）的 Cu。显然，Zn 是最活泼的元素，当 Zn 含量足够高时，焊料/Cu 界面处以 Cu-Zn 反应为主，并生成 Cu_5Zn_8，与共晶 Sn-9.0%Zn 焊料和 Cu 基板的反应产物一样[130]。因此，可以预见当焊料中的 Zn 含量为 2%~9%（质量分数）时，焊料/Cu 界面处的反应产物为 Cu_5Zn_8。当 Zn 含量为 0.7%（质量分数）时，焊料/Cu 界面处存在两种化合物：靠近 Cu 基板的 Cu_6Sn_5 基化合物和靠近焊料的 Cu-Zn 基化合物，如图 11.16（b）所示。FE-EPMA 测得 Cu_6Sn_5 基化合物的组分为 38.3%（原子分数）的 Sn、7.1%（原子分数）的 Zn 和 54.6%（原子分数）的 Cu，而 Cu-Zn 基化合物的组分为 17.5%（原子分数）的 Sn、33.1%（原子分数）的 Zn 和 49.4%（原子分数）的 Cu。

　　Zn 元素对界面反应的强烈影响可以通过 Cu-Sn-Zn 合金相图进行说明。图 11.16（d）给出了 Chou 等人得到的 Cu-Sn-Zn 三元系 250℃等温截面图的富 Sn 区部分[131]。需要注意的是，根据 Zn 含量的不同，熔融 Sn 相可以分别与 Cu_6Sn_5、CuZn 或 Cu_5Zn_8 达到两相平衡。当焊料中的 Zn 含量较高[2%（质量分数）]时，焊料/Cu 界面为 Sn+Cu_5Zn_8 两相区的连接线，并且在焊料附近生成 Cu_5Zn_8。当 Zn 焊料较低[0.5%（质量分数）]时，焊料/Cu 界面为 Sn+Cu_6Sn_5 两相区的连接线，并且在焊料附近生成 Cu_6Sn_5。当 Zn 含量介于两者之间［0.7%（质量分数）］时，Sn+Cu_6Sn_5+Cu-Zn 三相区占主导，同时生成 Cu_6Sn_5 和 Cu-Zn。应当注意的是，该研究中未发现 Cu-Zn+Sn 两相区，并且焊料/Cu 界面处未单独生成 Cu-Zn 相。但如果当 Zn 含量介于 0.7%（质量分数）和 2%（质量分数）之间时，则有可能在界面处单独生成 Cu-Zn 相。

11.2.5.3　Cu 添加剂

　　虽然 Cu 元素是许多市售 Sn-Ag-Cu 无铅焊料中的关键元素，但仍没有完全理解 Cu 元素对 Cu_3Sn 层内微空洞形成的抑制作用。如图 11.15（e）、（f）所示，保持焊料中的 Cu 含量高于 0.58%（质量分数），可以完全抑制 Cu_3Sn 层内的微空洞。一般认为，焊料中较高的 Cu 含量能够减少金属间化合物与焊料之间的 Cu 扩散通量，使得 Cu_3Sn 层内的空穴不至于过度饱和，从而避免了空洞的成核和生长[126]。

11.2.6　小焊料体积的影响

当焊点变得更小时，焊料中可能会富集更多的溶解金属，从而改变焊点微观结构或焊料与金属焊盘之间的化学反应[155,156]。在小焊料体积情况下，面临着两个新的挑战。第一个挑战是焊料中活泼元素（除 Sn 以外）的逐渐消耗。活泼元素转移至反应产物中，并且随着更多反应产物的生成，焊料中活泼元素的有效含量逐渐减少。第二个挑战是焊料主要成分（Sn）的逐渐消耗。当大部分 Sn 转变为反应产物时，金属间化合物所占的体积分数在增大，导致焊点力学性能退化。后者对小于 $50\mu m$ 的倒装芯片焊点尤其严重。

11.2.6.1　小焊料体积导致的活性元素耗尽

在回流和后续的时效过程中，Sn-Ag-Cu 焊料中的 Cu 原子会转移至界面上的金属间化合物［即 $(Cu_{1-x}Ni_x)_6Sn_5$ 和 $(Ni_{1-y}Cu_y)_3Sn_4$］中。随着金属间化合物的生长，更多的 Cu 原子被消耗。如果焊料体积较大，则 Cu 原子的供给几乎是无限的，焊料中的平均 Cu 含量可以保持稳定。因而界面处的热力学条件是静态的，一种或另一种化合物的形成或多或少由热力学条件决定。但对于阵列-阵列封装中真正的焊点，Cu 原子的供给其实十分有限，首先因为焊料体积相当小，其次 Sn-Ag-Cu 焊料中的 Cu 含量通常低于数个原子分数（见表 11.1）。随着金属间化合物的生长，Cu 含量会显著降低[72]。当 Cu 含量发生变化时，界面上处于平衡态的金属间化合物可能会转变为其他类型的化合物，此时界面处的热力学条件是动态的。当焊点尺寸减小时，Cu 的供给变得更为有限，并且 Cu 含量的降低变得更为关键。

在 Sn-Ag-Cu 焊料与 Ni 基板的反应中，回流之前焊球中的初始 Cu 含量等于焊料中剩余的 Cu 加上转移至金属间化合物中的 Cu。忽略焊料中那些金属间化合物颗粒包含的 Cu 原子，可以得到下面的公式[72]：

$$W_{Cu} - W_{Cu}^0 \approx -40\frac{d_{pad}^2}{d_{joint}^3}T_{IMC} \tag{11.1}$$

式中，W_{Cu}^0 和 W_{Cu} 分别为回流前 Sn-Ag-Cu 焊料中的 Cu 含量（%，质量分数）和回流后剩余的 Cu 含量；d_{joint} 和 d_{pad} 分别为焊球和基板焊盘开口直径，μm；T_{IMC} 为界面处金属间化合物（IMC）的厚度，μm。

$(Cu_{1-x}Ni_x)_6Sn_5$ 和 $(Ni_{1-y}Cu_y)_3Sn_4$ 是界面处仅有的两种含 Cu 的金属间化合物，对于含 Cu 量为 0.4%～0.6%（质量分数）的焊料，利用 EPMA 测定其金属间化合物组分大约为 $(Cu_{0.60}Ni_{0.40})_6Sn_5$ 和 $(Ni_{0.80}Cu_{0.20})_3Sn_4$[47,67]。其中，$(Ni_{1-y}Cu_y)_3Sn_4$ 含有的 Cu 可以忽略不计，因为这种化合物的厚度很薄，并且 Cu 含量很低［约 6%（质量分数）］。针对几种不同的焊球/焊盘组合，从 BGA 到倒装芯片焊点，根据式（11.1）将焊点中 Cu 含量的变化情况绘制在图 11.17（a）中，图中 d_{joint}/d_{pad} 为定值 0.75。从图中可以看出，当 $d_{joint}=100\mu m$，$(Cu_{1-x}Ni_x)_6Sn_5$ 厚度为 $2\mu m$ 时，Cu 含量降幅高达 0.45%（质量分数）。此时，对于表 11.1 中列出的大多数 Sn-Ag-Cu 焊料，焊点中剩余的 Cu 含量都将小于 0.3%（质量分数）。如果 Cu 含量小于 0.3%（质量分数），则 Cu_6Sn_5/熔融焊料界面将不再是热力学稳定的，会趋向于形成 Ni_3Sn_4［或$(Ni_{1-y}Cu_y)_3Sn_4$］。对于 BGA 或倒装芯片焊点，设计准则通常要求 $d_{pad} \approx 0.75 d_{joint}$，因此 Cu 含量的降幅正比于 d_{joint} 的倒数。

焊料体积效应的实验验证见图 11.17（b）、 （c）[72]。其中，$d_{pad} = 100\mu m$，$d_{joint} = 300\mu m$，所用焊料为 Sn-3%Ag-0.6%Cu 焊料，采用常用的回流曲线（峰值温度为 235℃，焊料熔融时间为 90s）进行回流。根据式（11.1）以及由图 11.17 （c）测得的 $(Cu_{1-x}Ni_x)_6Sn_5$ 厚度（2.8μm），算得回流后 Cu 含量下降了 0.58%（质量分数），焊料中剩余的 Cu 含量几乎为零，从而使得 $(Ni_{1-y}Cu_y)_3Sn_4$ 层在 $(Cu_{1-x}Ni_x)_6Sn_5$ 层下方成核，后者是在反应早期阶段 Cu 含量仍然较高时形成的。在图 11.17（b）、（c）中，上方的 $(Cu_{1-x}Ni_x)_6Sn_5$ 层在界面处完全分离（块状剥落），即平衡相转变的结果导致 $(Cu_{1-x}Ni_x)_6Sn_5$ 发生块状剥落。更小的焊点中更容易发生块状剥落，因为这些焊点中的 Cu 含量降幅更大。

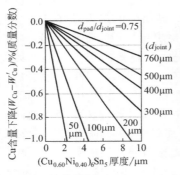
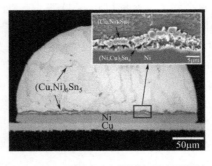

(a) 对于不同焊球/焊盘组合(d_{joint}/d_{pad})，Cu 含量随$(Cu_{0.60}Ni_{0.40})_6Sn_5$厚度的降低情况

(b) Sn-3%Ag-0.6%Cu与Ni互连在235℃下经过20min后，$(Cu,Ni)_6Sn_5$发生块状剥落

(c) 图 (b) 放大之后，焊球直径 (d_{joint}) 和焊盘开口直径 (d_{pad}) 分别为 300μm 和 375μm[72]

图 11.17　焊料体积效应

据文献报道，不仅 Sn-Ag-Cu 焊料/Ni 基板系统发生金属间化合物块状剥落[72]，其他一些焊料/基板系统也会如此，包括 Cu 基板上的 Sn-Zn 焊料[29]，Cu 基板上的 Sn-Pb 焊料[132,133]，以及 Ni 基板上的 Sn-Pb 焊料[134]。已经提出了统一的热力学论点以解释这种不寻常的现象[135]，按照该论点，必须满足两个必要条件。第一个条件是焊料中必须至少有一种反应组分的含量是有限的，第二个条件是焊接反应必须对该组分的含量非常敏感。随着金属间化合物的生长，该组分中越来越多的原子转移到了金属间化合物中。当该组分的含量降低时，界面处初始的金属间化合物转变为非平衡相，并导致初始的金属间化合物发生剥落。应当强调的是，这里提出的论点本质上是纯粹的热力学观点，并没有任何关于块状剥落如何发生的动力学说明。换句话说，我们只找出了块状剥落的驱动力，而循序渐进机制是值得进一步研究的重要领域，并且十分有趣。毫无疑问，界面能必定对金属间化合物从界面上"剥落"起到重要作用。

焊料体积效应对固态时效过程也有重要影响。图 11.18 所示为相同回流条件下（峰值温度为 235℃，焊料熔融时间为 90s），相同时效条件下（160℃，1000h），以

及具有相同 d_{pad} 值（375μm），但具有不同 d_{joint} 值和不同组分的焊点。当焊点较大（760μm）时，对于所有组分的焊料，界面处唯一的金属间化合物为 $(Cu_{1-x}Ni_x)_6Sn_5$，如图 11.18（a）～（c）所示，这是因为大体积焊点中 Cu 原子供给相对充足。

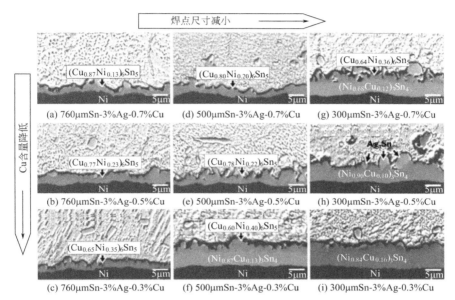

图 11.18　相同回流条件下（峰值温度为 235℃，焊料熔融时间为 90s），相同时效条件下（160℃，1000h），以及具有相同 d_{pad} 值（375μm），但具有不同 d_{joint} 值和不同组分的焊点电子显微图像[22]

对于中等直径（500μm）的焊点，Cu 原子供给比较有限。但如果焊点中的 Cu 含量足够高[0.5%～0.7%（质量分数）]，则界面处仍只有 $(Cu_{1-x}Ni_x)_6Sn_5$ 层，如图 11.18（d）、（e）所示。而当 Cu 含量变得非常低[0.3%（质量分数）]时，如图 11.18（f）所示，在 $(Cu_{1-x}Ni_x)_6Sn_5$ 下方形成了一层 $(Ni_{1-y}Cu_y)_3Sn_4$。随着时间的延长，剩下的 $(Cu_{1-x}Ni_x)_6Sn_5$ 也将消失，仅留下一层 $(Ni_{1-y}Cu_y)_3Sn_4$，这是因为 $(Cu_{1-x}Ni_x)_6Sn_5$ 中的 Cu 原子逐渐转移出来以形成更多的 $(Ni_{1-y}Cu_y)_3Sn_4$。

当焊点变得更小（300μm）时，Cu 原子供给变得非常有限。对于 Cu 含量最高[0.7%（质量分数）]的焊点，如图 11.18（g）所示，Cu 含量仍足以维持 $(Cu_{1-x}Ni_x)_6Sn_5$ 层而不全部转变为 $(Ni_{1-y}Cu_y)_3Sn_4$ 层。而当 Cu 含量变得更低[0.3%（质量分数）和 0.5%（质量分数）]时，如图 11.18（h）、（i）所示，Cu 含量不足以维持 $(Cu_{1-x}Ni_x)_6Sn_5$ 层，只有 $(Ni_{1-y}Cu_y)_3Sn_4$ 层存在。应当注意的是，这两种情况下，$(Cu_{1-x}Ni_x)_6Sn_5$ 在一定时间内会出现在 $(Ni_{1-y}Cu_y)_3Sn_4$ 层上，但是会逐渐转变为 $(Ni_{1-y}Cu_y)_3Sn_4$ 并最终消失。如果样品经历更长时间的时效，可以预见，图 11.18（g）中的 $(Cu_{1-x}Ni_x)_6Sn_5$ 层最终也将消失。

根据我们最近的研究结果,时效后界面处同时形成 $(Ni_{1-y}Cu_y)_3Sn_4$ 和 $(Cu_{1-x}Ni_x)_6Sn_5$ 层对焊点强度有负面作用,焊点倾向于沿着这两种化合物的界面发生失效。这是因为这两种化合物都很脆,并且这两种脆性金属间化合物之间的界面较弱,特别是对于来自不同二元系统的两种化合物。

有两种方法可以避免回流过程中金属间化合物发生块状剥落。一种方法是采用 Cu 含量更高的焊料,另一种方法是提供无限的 Cu 原子来源,例如焊点任意一侧的厚 Cu 层[72]。

11.2.6.2　小焊料体积导致的金属间化合物过度生长

当焊点尺寸缩小到一定水平以下时,比如 $50\mu m$,焊料体积较为有限。对这样的小尺寸焊点,很可能在高温储存实验过程中,有较大一部分 Sn 转变成金属间化合物,此时焊点主要由脆性金属间化合物而非更软的焊料构成,结果导致焊点力学性能退化。图 11.19 给出了一个由于焊料过量消耗而引起焊点失效的一个例子[8]。如图 11.19(b)所示,裂纹沿着焊点扩展,其中大部分焊料在 150℃ 下时效仅200h 后便转化为金属间化合物,而高温储存实验通常要求 150℃ 下时效至少1000h。显然,对于更小尺寸的焊点,Cu 层不能与 Sn 基焊料直接接触,必须采用扩散阻挡层,例如 Ni 层。

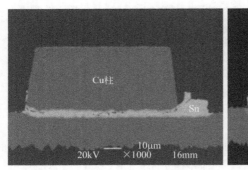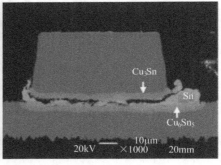

(a) 回流后　　　　　　　　　　　　　　　(b) 150℃,200h

图 11.19　含有高比例 Cu-Sn 金属间化合物的 Cu 柱焊点发生冲击失效,
Sn 初始厚度约 $2\mu m$[8]

11.3　倒装芯片焊锡接点的电迁移

目前常用的倒装芯片焊点直径为 $100\mu m$,其中通过的电流约为 0.2A(负责供电而非传递信号),换算成电流密度约为 $2\times10^3 A/cm^2$。虽然比 Al 或 Cu 互连线中的电流密度小近两个数量级,但焊点中的电迁移问题不容忽视[7,9,10,136~139]。其中,第一个原因是焊料合金的低熔点和高原子扩散速率。对于熔点为 183℃ 的共晶Sn-Pb 焊料,以绝对温标计算,室温约为其熔点的三分之二,对无铅焊料也是如此。第二个原因是焊料合金较低的"临界积"[7],导致焊料合金可以在较低的电流密度下发生电迁移。第三个原因是互连线到焊锡凸点的几何形状,互连线和凸点之间存在较大的电流密度变化，如图 11.1（a）所示，导致互连线与凸点接触界面发生电流集聚，其电流密度比凸点中的平均电流密度高出 $10 \sim 20$ 倍。从电迁移失效观点来看，电流集聚效应是倒装芯片焊点中最为严重的可靠性问题之一[140]。第四个原因是源于 Al 或 Cu 互连线与凸点接触的焦耳热，不仅会使凸点温度升高，反过来又会增加电迁移速率，而且还会在凸点中产生较小的温差引起热迁移。在直径 $100 \mu m$ 的焊锡凸点中，10℃ 的温度差会造成 1000℃/cm 的温度梯度，这是不可忽略的[141]。焊点电迁移另一个非常独特和重要的方面是其具有两个反应界面，阴极和阳极上存在金属间化合物生长的极化效应，电迁移驱动原子由阴极向阳极移动，因此金属间化合物的生长在阴极受到抑制，在阳极受到促进[94,137,142,143]。

11.3.1　电迁移基础

电迁移是热和电对质量输运综合作用的结果。如果导电通路处于低温条件下，即使有电流作用引起的驱动力，也不存在原子扩散流动性。换句话说，电迁移本质上仍然是扩散过程，外加电流只促进沿电子流动方向的原子扩散。金属中原子扩散主要有两种机制：空位机制和填隙机制，外加电流对两种机制均具有促进作用。图 11.20（a_1）所示为晶格中交换位置之前的灰色金属原子和相邻的空位，图 11.20（a_2）所示为灰色原子正向空位扩散，此时原子处于激活态，位于鞍点并使近邻的 4 个原子发生偏移。由于鞍点并非晶格周期的一部分，位于鞍点的原子偏离了平衡位置，所以对电流的阻碍作用比正常的晶格原子大得多。换句话说，位于鞍点的原子会经受更大的电子散射，进而受到更大的电子风力将其推回平衡位置，即空位位

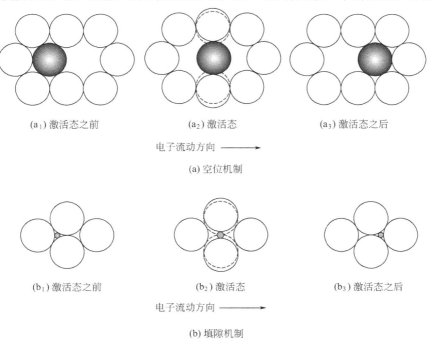

(a₁) 激活态之前　　　　(a₂) 激活态　　　　(a₃) 激活态之后

电子流动方向 ⟶

(a) 空位机制

(b₁) 激活态之前　　　　(b₂) 激活态　　　　(b₃) 激活态之后

电子流动方向 ⟶

(b) 填隙机制

图 11.20　原子电迁移扩散示意图

置，如图 11.20（a₃）所示。原子扩散沿电子流动方向得到增强，同样地，填隙原子扩散也会受到外加电流的促进作用，如图 11.20(b₁)～(b₃)所示。

在典型的倒装芯片焊点中，金属原子迁移所通过的介质包括焊料，互连焊盘（芯片一侧的 UBM 和基板一侧的镀层），以及焊料和焊盘之间形成的金属间化合物。焊料的主要成分是 Sn（也许还有 Pb），另外还包含微量合金元素，例如 Cu、Ag 和 Ni。常见的焊盘材料包括 Cu、Ni、Au 和 Pd。在界面处形成的金属间化合物通常包括 Cu_6Sn_5 和 Ni_3Sn_4。所有这些相关原子（Sn、Pb、Cu、Ag、Ni、Au、Pd）通过空位机制扩散穿过焊盘和金属间化合物，焊料中 Sn 或 Pb 的扩散也通过空位机制。而其他所有相关原子（Cu、Ag、Ni、Au、Pd）则通过填隙机制扩散穿过焊料[144]，实际上这些原子（Cu、Ag、Ni、Au、Pd）正是 Sn 和 Pb 中那些所谓的"快速扩散原子"[144]。如图 11.21 所示，这些快速扩散原子在 Sn 或 Pb 中的扩散系数比那些通过空位机制扩散的元素高出两到三个数量级。总之，用作焊盘材料的许多元素都可以迅速地扩散穿过焊料，这种快速扩散带来的影响将在下面的章节中进行讨论。

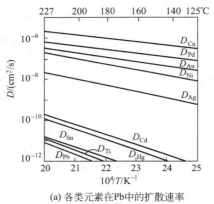
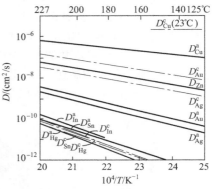

(a) 各类元素在Pb中的扩散速率
　　与温度倒数之间的关系

(b) 各类元素沿Sn a轴和c轴的扩散速率与温度倒数之
　　间的关系，根据文献[144]的数据重新绘制

图 11.21　各类元素在 Pb 和 Sn 中的扩散情况

根据 Huntington 和 Grone 的研究[145]，由电迁移所引起的原子 A 的原子通量 J_{EM} 可以写为

$$J_{EM} = \frac{cDZ^*}{kTn\mu_e} J_e \tag{11.2}$$

式中，c 为单位体积 A 的浓度；D 为 A 的原子扩散系数；Z^* 为 A 的有效电荷数；k 为玻尔兹曼常数；T 为绝对温度；n 为基板的电子密度；μ_e 为基板中的电子迁移率；J_e 为电子通量。

考虑 Sn 基焊点中有少量快速扩散元素 A（例如 Cu 或 Ni）在电流作用下溶解到 Sn 相中的情况。正如前面所提到的，Sn 在焊料中通过空位机制扩散，而 A 在焊料中则通过填隙机制扩散。Sn 和 A 都在外加电流作用下向阳极一侧扩散，但两者的扩散过程并未耦合，因为两种元素的扩散机制不同。Sn 的电迁移通量与 A 的

电迁移通量可以写为

$$J_{\mathrm{EM}}^{\mathrm{Sn}} = \frac{c^{\mathrm{Sn}} D^{\mathrm{Sn}} Z^{*\mathrm{Sn}}}{kTn\mu_e} J_e \tag{11.3}$$

$$J_{\mathrm{EM}}^{\mathrm{A}} = \frac{c^{\mathrm{A}} D^{\mathrm{A}} Z^{*\mathrm{A}}}{kTn\mu_e} J_e \tag{11.4}$$

式中，上标 Sn 和 A 表示元素种类。焊点内任意位置的 Sn 原子通量与 A 原子通量之比都可以通过式（11.4）比式（11.3）得到，即

$$J_{\mathrm{EM}}^{\mathrm{Sn}}/J_{\mathrm{EM}}^{\mathrm{A}} = \frac{c^{\mathrm{Sn}} D^{\mathrm{Sn}} Z^{*\mathrm{Sn}}}{c^{\mathrm{A}} D^{\mathrm{A}} Z^{*\mathrm{A}}} \tag{11.5}$$

在固态 Sn 中，扩散速率最快的原子其溶解度十分有限，通常远小于 1‰（原子分数），其遵循

$$\frac{c^{\mathrm{Sn}}}{c^{\mathrm{A}}} = (x_{\mathrm{A}})^{-1} \tag{11.6}$$

式中，x_{A} 为焊料中 A 的摩尔分数。结合式（11.5）和式（11.6）可得

$$J_{\mathrm{EM}}^{\mathrm{Sn}}/J_{\mathrm{EM}}^{\mathrm{A}} = \frac{1}{x_{\mathrm{A}}} \times \frac{D^{\mathrm{Sn}} Z^{*\mathrm{Sn}}}{D^{\mathrm{A}} Z^{*\mathrm{A}}} \tag{11.7}$$

式（11.7）中的比值 $D^{\mathrm{Sn}}/D^{\mathrm{A}}$ 很小，因为 A 是快速扩散原子。例如，如果 A 为 Cu 原子，由图 11.21 可得，125℃下该比值为 $10^{-6} \sim 10^{-7}$，并且温度越低比值越小。

如果 Sn 和 A 具有相同的化合价，则比值 $Z^{*\mathrm{Sn}}/Z^{*\mathrm{A}}$ 等于 1[10]。此外，比值 $Z^{*\mathrm{Sn}}/Z^{*\mathrm{A}}$ 随温度的变化不显著，因为 Z^* 本身是温度的弱函数[10]。

式（11.7）中的比值对决定倒装芯片焊点的关键失效机制具有重要作用。对于倒装芯片焊点，文献中报道了两种主要的电迁移失效机制：①在焊点阴极一侧形成薄饼状空洞[146]；②UBM 金属溶解[142]。第一种机制要求有足够多的 Sn 原子转移至阳极一侧，使得空位在阴极不断累积，从而形成薄饼状空洞。第二种机制要求 UBM 金属快速溶解，为了保证快速和持续溶解，溶解的 A 原子必须从阴极一侧清除，否则靠近阴极一侧的焊料将逐渐饱和，从而使得 A 原子停止溶解。这两种机制同时进行并相互竞争，最先引起失效的机制为主要失效机制。下面将对这两种机制进行更为详细的阐述。

11.3.2　电流对焊料的作用及其引发的失效机理

目前常见的焊点直径大约为 100μm，并逐渐减至 50μm 甚至 25μm。如果焊点直径和间距为 50μm，则 $1 \times 1\mathrm{cm}^2$ 的芯片表面上可以放置 $100 \times 100 = 10000$ 个焊点。现在最先进的器件中，单个芯片上的焊点数量已经超过 7000 个。当通过 0.2A 的电流时，直径 50μm 的焊点中平均电流密度约为 $10^4\mathrm{A/cm}^2$，大约比 Al 和 Cu 互连线中的电流密度小两个数量级。尽管电流密度较低，但在倒装芯片焊点中仍会通

过晶格扩散发生电迁移。焊点发生电迁移一般可以通过焊料的低熔点或焊料中的快速原子扩散加以说明。然而，如表 11.3 所示，器件工作温度为 100℃ 时，焊料中的晶格扩散并不比 Al 中的晶界扩散慢，也不比 Cu 中的表面扩散慢，并且晶格扩散中总的原子通量比晶界扩散或表面扩散大得多，引起焊点失效的空洞体积也更大。因此，低熔点或快速原子扩散并不是关键因素。倒装芯片焊点之所以会在低电流密度下发生电迁移，是由于焊料合金电迁移的低"临界积"[7]。此外，倒装芯片焊点中互连线到凸点的几何形状导致阴极接触位置存在较强的电流集聚效应，加快了电迁移的发生。

表 11.3　Al、Cu 和 Sn-Ag-Cu 合金的自扩散速率[7]

项目	熔点/K	$373K/T_m$	扩散速率/(cm^2/s)，在 100℃ 下	扩散速率/(cm^2/s)，在 350℃ 下
Cu	1356	0.275	晶格:$D_1=7\times10^{-28}$ 晶界:$D_{gb}=3\times10^{-15}$ 表面:$D_s=10^{-12}$	$D_1=5\times10^{-17}$ $D_{gb}=1.2\times10^{-9}$ $D_s=10^{-8}$
Al	933	0.4	晶格:$D_1=1.5\times10^{-19}$ 晶界:$D_{gb}=6\times10^{-11}$	$D_1=10^{-11}$ $D_{gb}=5\times10^{-7}$
Sn-Ag-Cu	约 490	0.76	晶格:$D_1=2\times10^{-9}\sim2\times10^{-10}$	熔融状态 $D_1>10^{-5}$

11.3.2.1　焊料合金的低临界积

"临界积"定义如下[10]

$$J_e\Delta x=\frac{Y\Delta\varepsilon\Omega}{Z^*e\rho} \tag{11.8}$$

式中，Δx 为临界长度；Y 为弹性模量；$\Delta\varepsilon=0.2\%$ 为弹性极限；Ω 为原子体积；e 为电子电荷；ρ 为电阻率。

为了比较 Cu、Al 以及共晶 Sn-Pb 焊料的"临界积"，我们考虑到共晶 Sn-Pb 的电阻率比 Al 和 Cu 大一个数量级，共晶 Sn-Pb 焊料的弹性模量（30GPa）比 Al（69GPA）和 Cu（110GPa）小 2～4 倍，共晶 Sn-Pb 焊料的有效电荷数（晶格扩散 Z^*）比 Al（晶界扩散 Z^*）和 Cu（表面扩散 Z^*）大近一个数量级。因此在式（11.8）中，如果以恒定的 Δx 进行比较，则共晶 Sn-Pb 焊料中引起电迁移损伤所需的电流密度比 Al 和 Cu 互连线小两个数量级。如果 Al 或 Cu 互连线在 $10^5\sim10^6 A/cm^2$ 的电流密度下发生电迁移失效，则倒装芯片焊点发生电迁移失效所需的电流密度为 $10^3\sim10^4 A/cm^2$，这就是倒装芯片焊点的电迁移问题会比较严重的主要原因。

11.3.2.2　倒装芯片焊锡接点中的电流集聚

图 11.22 所示为连接芯片一侧互连线（顶部）和电路板或模组一侧导线（底部）的倒装芯片焊点形状示意图，电流集聚发生在焊点和互连线接触界面处，由电流集聚引起的高电流密度比焊点主体中的平均电流密度高出近一个数量级。焊料中引起电迁移所需的低电流密度阈值和电流集聚引起的高电流密度，正是倒装芯片焊点的电迁移问题与 Al 和 Cu 互连线的电迁移问题相当的原因，这是微电子器件主

要的可靠性问题。

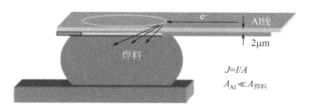

图 11.22　连接芯片一侧互连线（顶部）和电路板或模组一侧导线（底部）
的倒装芯片焊点形状示意图[10]

11.3.2.3　阴极附近焊料中的薄饼状空洞

由于芯片一侧的导线横截面积比焊点小至少两个数量级，如图 11.22 所示，所以当两者之间通过相同的电流时，焊点与导线接触位置处的电流密度变化很大。由于电流会沿电阻最小的路径流过，所以电子会堵塞在进入焊点的入口处，引起电流集聚，靠近入口处的电流密度会比焊点中间的平均电流密度高出近一个数量级。当焊点中间的平均电流密度为 10^4A/cm^2 时，入口附近的电流密度为 10^5A/cm^2。图 11.23（a）所示为焊点中电流分布的二维仿真结果[140]，图 11.23（b）所示为焊点中的电流密度分布，其中焊点横截面位于 x-y 平面内，z 轴表示电流密度[140]。正是如图 11.23（a）、（b）右上角所示的电流集聚或高电流密度导致焊点中发生电迁移损伤的，而非焊点中间的平均电流密度。因此，倒装芯片焊点中电迁移损伤发生在芯片一侧的阴极接触区域附近，即互连线与焊点的接触面附近。电迁移损伤由电流入口附近开始，并扩展贯穿整个接触区域，如图 11.24 所示。失效模式如图 11.25 所示[140]，电迁移驱动 Sn 原子向外扩散，从而形成向内的空位通量，并在电流集聚区域附近扩散积累。随着饱和空位凝结使得空洞成核，迫使电流转移至周围区域，并

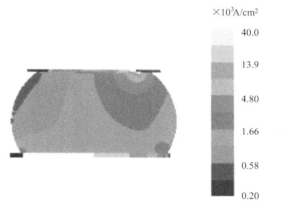

(a) 导线-凸点结构中电流分布的二维仿真结果

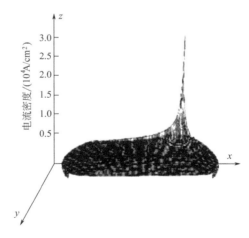

(b) 焊点中的电流密度分布，其中焊点横
截面在 x-y 平面内，电流密度则沿 z 轴[140]

图 11.23　焊点中的电流分布与电流密度分布

导致空洞沿着接触区域扩展。

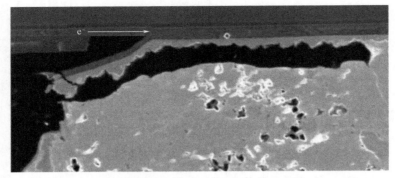

图 11.24　146℃下通电 6h 后，Sn-4%Ag-0.5%Cu 焊锡凸点中形成的薄饼状空洞，
所施加的电流密度为 $3.67 \times 10^3 \, \text{A/cm}^2$[146]

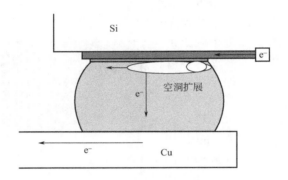

图 11.25　薄饼状空洞在焊点顶部界面上形成和扩展示意图[10]

　　薄饼状空洞成核往往需要一段孕育时间。图 11.26 给出了电子流向上和向下时焊点微观结构的演变。在这些显微图像中，当电子流向上时，电子从焊点右下角流入，从左上角流出并通过芯片上的 Cu 线；当电子流向下时，电子从焊点右上角流入，从左下角流出。通电 87min 后，样品中电子流向下的焊点发生失效。在这 87min 当中，电流加载中断了 4 次，分别在 30min、50min、65min 和 75min，以便对样品进行 SEM 检测。图 11.26（a）、（b）分别给出了通电之前电子流向下和电子流向上的焊点剖面图，焊点中亮区为富 Pb 区，暗区为富 Sn 区，碟状 Cu UBM 上形成了扇贝状 Cu_6Sn_5 化合物。通电 30min 后，并没有观察到电迁移引起的焊点微观结构变化，如图 11.26（c）、（d）所示。然而，通电 50min 后，在电子流向下的焊点电子流入口附近观察到了空洞，如图 11.26（e）所示，空洞位置位于电流集聚区域附近，但是在电子流向上的焊点中仍然没有出现任何由电迁移引起的变化，如图 11.26（f）所示。图 11.26 给出的焊点微观结构变化情况如下，空洞首先出现在电子流向下的焊点右上角，即高电流集聚区。一旦形成空洞，电子便转移至空洞左侧，导致空洞向左生长，并沿着 UBM/焊料界面扩展。空洞成核前的孕育时间极其重要，一旦空洞成核，焊点便会很快失效。因此，建议以孕育时间作

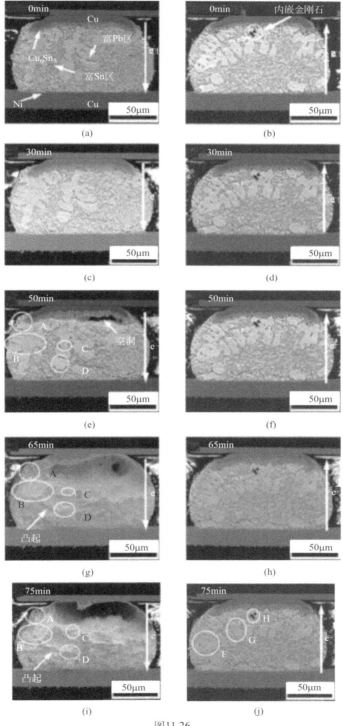

图11.26

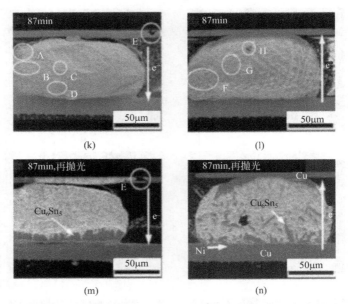

图 11.26　电流作用下微结构演变的 SEM 图像，右侧为电子流向下的焊点，
左列为电子流向上的焊点，图中左上角为电流累积作用时间[12]

为衡量电流作用下焊点整体寿命的一个指标，能够预测孕育时间的理论与能够预测实际产品中焊点寿命的理论同样具有重要意义。在空洞成核之前，焊点微观结构变化很小，而在失效之前，焊点微观结构变化巨大。因此，相比于整个失效过程，推导空洞成核理论应更为容易。

11.3.2.4　电流作用下共晶 Sn-Pb 焊料和 Sn-Ag-Cu 焊料对比

Sn-Ag-Cu 焊料中的电迁移速率比共晶 Sn-Pb 焊料慢得多，后者的平均无故障时间（MTTF）也比前者更短[10]。这可以通过下面的公式同时考虑电子风力和机械力来理解。

$$J_{EM} = -\frac{cD}{kT} \times \frac{d\sigma\Omega}{dx} + \frac{cD}{kT} Z^* eE \tag{11.9}$$

式中，σ 为金属中的静水应力；E 为电场强度。

由电迁移驱动的 Sn 原子通量或 Pb 原子通量包含驱动力项 $Z^* eE$ 和迁移率项 D/kT。在驱动力项中，两种焊料的有效电荷数 Z^* 和电阻率 ρ 均不同，尽管差别较小。在迁移率项中，两种焊料的扩散速率差异较大，共晶 Sn-Pb 焊料的扩散速率可能比 Sn-Ag-Cu 焊料高出一个数量级。这是因为 Sn-Ag-Cu 焊料的熔点（约217℃）比共晶 Sn-Pb 焊料（183℃）更高，所以在相同温度载荷下，Sn-Ag-Cu 焊料的同系温度比共晶 Sn-Pb 焊料更低。此外，共晶 Sn-Pb 焊料中较小的晶粒尺寸和共晶层状界面有助于提高扩散速率。因此，共晶 Sn-Pb 焊料中的电迁移速率更快。进一步地，我们注意到式（11.9）中的背应力项，背应力在 Sn-Ag-Cu 焊料中抵抗电迁移的作用比在 Sn-Pb 焊料更强。共晶 Sn-Pb 焊料与 Sn-Ag-Cu 焊料电迁移行为的一个显著区别是，后者会在阳极一侧挤压金属间化合物[10]。似乎在共晶

Sn-Pb 焊料中可以通过焊料膨胀释放掉阳极位置的压应力，表明由于有更多的晶粒和晶界，所以可以比较容易地建立晶格结点。但是在 Sn-Ag-Cu 焊料中，Sn 基体质地较硬，并且表面有氧化层保护，需要通过挤压金属间化合物丘凸释放掉较高的压应力或背应力。如果无铅焊锡凸点受到下填料的约束，表面难以发生起伏，则阳极累积的压应力可能会更高。

11.3.3　电流对凸点下金属化层（UBM）的作用及其引发的失效机理

式（11.7）中，如果 J_{EM}^A 与 J_{EM}^{Sn} 相当，那么在焊料空洞成核之前，倒装芯片焊点可能会因 UBM 过度溶解而失效。

11.3.3.1　Cu UBM 的溶解

图 11.27 所示为 Cu UBM 过度溶解引起失效的例子[142]。该研究采用的是共晶 Sn-Pb 焊料，焊锡凸点标称直径为 $125\mu m$。在电迁移测试中，只对 1 号和 2 号凸点通以电流，1 号凸点中电子由基板一侧流向芯片一侧，2 号凸点则相反。作为参考，3 号凸点无电流通过，但与相邻的 1 号和 2 号凸点有相似的热历史。芯片上的 UBM 是一层 $14\mu m$ 厚且具有碟状边缘的 Cu 层，基板上的金属层由 Cu 导线以及 $0.25\mu m$ 厚的 Au 层和 $3\mu m$ 厚的 Ni 层构成。电迁移测试在温度设定为 100℃ 的烘箱中进行，对 1 号和 2 号凸点通以 1.27A 的恒定电流，产生的标称电流密度为 $2.5 \times 10^4 A/cm^2$（基于 UBM 的开口面积）。芯片温度通过贴装在芯片背面的热点偶进行监测，由于焦耳热的作用，通电 10min 后芯片背面达到了 157℃ 的稳态温度。

图 11.28（a）所示为 2 号凸点失效后的 SEM 剖面图。通电 95min 后，凸点左上角的 Cu 过度溶解导致阻值突然增大，说明凸点发生失效。不仅是碟状 Cu UBM，Cu 导线也有一部分被消耗。溶解的 Cu 原子由电迁移驱动至阳极（基板）一侧，并在凸点中生成大量的 Cu_6Sn_5。为了进行对比，图 11.28（b）给出了测试后相邻 3 号凸点的 SEM 剖面图。由于未加载电流，测试前后 3 号凸点的微观结构并没有明显差异，凸点中未发生明显的 Cu 溶解并生成 Cu_6Sn_5。图 11.27 给出了 1 号和 2 号凸点的微观结构演变情况，2 号凸点中的 Cu 溶解过程与时间有关。由于不对称溶解，在 2 号凸点中可以清楚地看到电流集聚效应，电迁移由凸点左上角靠近电子流入口区域开始，通电 15min 后可以观察到，这表明 Cu UBM 溶解失效机制不需要孕育时间。随着电流作用时间的延长，更多的 Cu 溶解到了焊料中，这些溶解的 Cu 原子被外加电流转移至阳极一侧，并在阳极附近形成 Cu_6Sn_5。相反地，1 号凸点中的电迁移作用并没有引起类似的金属溶解和失效。有三个可能的原因会导致这种差异，第一个原因是基板上的 Ni 比 Cu 更能抵抗电迁移驱动的溶解过程，因为 Ni 在熔融共晶 Sn-Pb 焊料中的溶解速率比 Cu 慢得多（见图 11.3）。第二个原因是基板上的导线比芯片上的导线厚得多，较厚的导线可以通过分散电流分布缓解电流集聚效应。第三个原因是芯片温度比基板更高。

11.3.3.2　Ni UBM 的溶解

溶解也会引起 Ni UBM 倒装芯片焊点失效。图 11.29(a)～(c) 所示为焊点的微观结构，分别在 150℃ 下通电 150h、300h、400h[147]。电子从焊点右上角流入，焊点结构如图 11.30 所示。芯片上 Al 互连线宽度为 $60\mu m$，厚度为 $1\mu m$，芯片上的

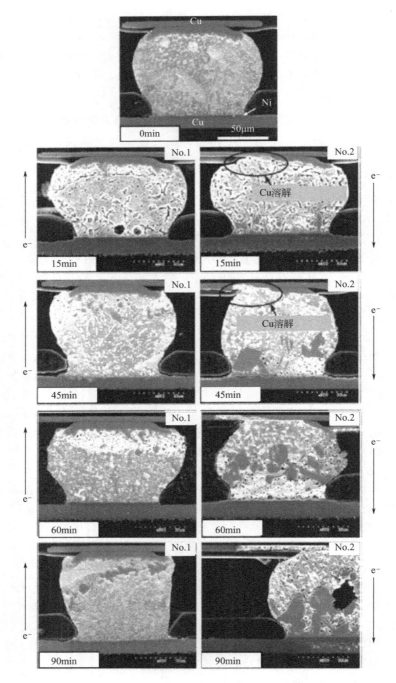

图 11.27　1 号凸点（左侧）和 2 号凸点（右侧）的微观结构演变情况[142]

UBM 为 Cu/Ni/Al 结构，Cu（0.8μm）和 Ni（0.3μm）层采用溅镀法沉积，基板上的镀层为 Au/Ni，焊料为共晶 63％Sn-37％Pb 焊料，焊点标称直径为 125μm。

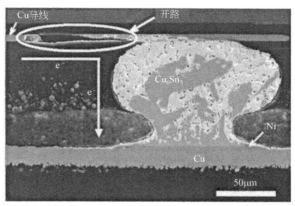

(a) 通以2.5×10⁴A/cm²的电流95min后，2号凸点的二次电子显微图像，
Cu导线开路导致倒装芯片失效，可以看到大量的Cu溶解

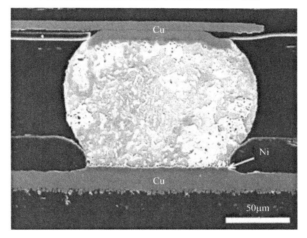

(b) 3号凸点的二次电子显微照片，Cu层上有少量Cu₆Sn₅生成[142]

图 11.28　电迁移引起的 Cu 导线溶解

由图 11.29 可以看出，在焊点组装过程中，Cu/Ni/Al UBM 中 $0.8\mu m$ 厚的 Cu 层已经被完全消耗，并生成 Cu_6Sn_5。在电迁移测试中，将组装后的芯片和基板放置在设定为 150℃ 的烘箱中，对焊点通以 0.32A 的恒定电流，产生的标称电流密度为 $5 \times 10^3 A/cm^2$（基于接触窗口的开口面积）。通电 150h 后，如图 11.29（a）所示，焊点右上角附近的 Cu_6Sn_5 转变成了 $(Cu_{1-x}Ni_x)_6Sn_5$，但其他位置的 Cu_6Sn_5 中未检测到 Ni。通电 300h 后，如图 11.29（b）所示，所有 Cu_6Sn_5 都转变为了 $(Cu_{1-x}Ni_x)_6Sn_5$。通电 400h 后，如图 11.29（c）所示，焊点中未产生空洞，焊点 MTTF 为 384h，表明焊点即将失效。通电 420h 后，焊点发生失效。图 11.29（a）表明，只有靠近电子流入口的部分 Ni UBM 被消耗，其他位置的 Ni UBM 仍完好无损，其下方的 Cu_6Sn_5 中未检测到 Ni。当通电时间达到 300h 后，Ni UBM 被完全消耗，所有 $(Cu_{1-x}Ni_x)_6Sn_5$ 中都检测到了 Ni，如图 11.29（b）所示。Ni 层同时消失以及 Ni 在 $(Cu_{1-x}Ni_x)_6Sn_5$ 中出现表明，Ni 溶于 Cu_6Sn_5 是 Ni 层消耗的

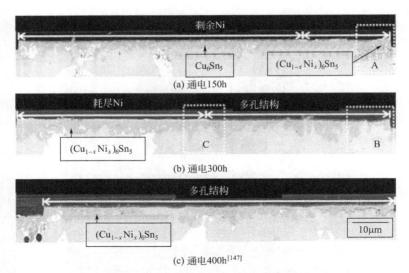

(a) 通电150h

(b) 通电300h

(c) 通电400h[147]

图 11.29 Ni（V）UBM 电子显微图像

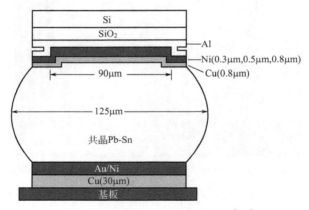

图 11.30 图 11.29 中的焊点结构[147]

主要机制。在此阶段，所谓的多孔结构局限在 UBM 右侧[148]，但通电 400h 后，如图 11.29（c）所示，多孔结构已经扩展至 UBM 左侧。图 11.31(a)～(c)所示分别为图 11.29 中 A、B、C 区的放大显微图像。可以清楚地看到，Ni UBM 于焊点右上角开始被消耗，如图 11.31（a）所示，界面处未形成空洞。图 11.31（b）表明 Ni UBM 已经完全转变为多孔结构，多孔结构的前端如图 11.31（c）所示。总结图 11.31(a)～(c)中的特征，注意到 Ni 的消耗和多孔结构的形成是按先后顺序发生的，在电流作用下从 UBM 右侧开始向左侧扩展。

对于薄饼状空洞机制，空洞在焊料中局域电流密度最高的位置形成，并且电子在空洞周围转移，使得空洞边缘附近的焊料成为电流密度最高的区域，这导致空洞向着电流密度最高的区域生长。该过程不断重复，使得空洞逐渐扩展直至焊点开路。然而，在 Ni UBM 消耗机制中，空洞的作用被多孔结构取代，后者可能是非导电的。一旦形成多孔结构，电子就会转移到附近区域，并造成多孔结构向该区域延伸。当多孔结构贯穿整个焊点时，焊点发生失效。在薄饼状空洞机制中，决定 MTTF 的关键因素是空洞成核的孕育时间。一旦空洞成核，空洞扩展会导致焊点迅速失效。在 Ni UBM 消耗机制中，决定 MTTF 的关键因素是消耗一定厚度 Ni UBM 所需的时间。不同 Ni UBM 厚度的样品，其焊点寿命的 Weibull 分布曲线如图 11.32 所示，每种样品的数量均为 22 个。Ni 厚度为 $0.3\mu m$、$0.5\mu m$、$0.8\mu m$ 的焊点，其 MTTF 分别为 384h、736h、1269h。可以看出，Ni UBM 越厚，MTTF 越长，即较厚的 Ni UBM 具有较长的使用寿命。

　　薄饼状空洞和 Ni UBM 消耗机制是竞争机制。如果空洞成核先于 Ni UBM 消耗，则空洞形成和扩展将是主导机制。反之，如果 Ni UBM 消耗先于空洞成核，则 Ni UBM 消耗将是主导机制。如果 UBM 设计和所使用的材料均保持相同，则加载条件将决定主要的失效机制，包括所施加的电流密度、环境温度、封装的散热能力以及芯片/封装电路的设计。

11.3.3.3　温度对 UBM 溶解的影响

　　式（11.7）表明，随着 x_A 的增加，J_{EM}^A 相对更加重要，x_A 的值取决于 UBM 金属溶于焊料的速率。金属溶解是一个热激活过程，温度越高溶解速率越快。因此，有必要了解倒装芯片焊点的温度分布。

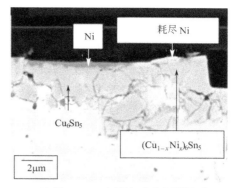

(a) 图11.29 (a) 中区域A的放大显微图像

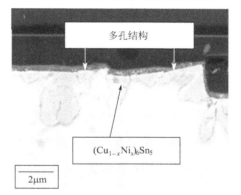

(b) 图11.29 (b) 中区域B的放大显微图像

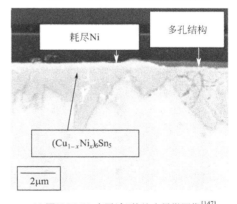

(c) 图11.29 (b) 中区域C的放大显微图像[147]

图 11.31　电迁移引起的 Ni UBM 溶解

　　$100\times100\times100\mu m^3$ 焊料块（焊点尺寸）的电阻约为 $1m\Omega$，Sn 和 Pb 的电阻率分别为 $11\Omega \cdot cm$ 和 $22\Omega \cdot cm$。长度为 $100\mu m$、横截面积为 $1\times0.2\mu m^2$ 的 Al 或 Cu 线，其电阻大约为 10Ω。焊点是一种低电阻导体，但互连点是一种高电阻导体，并且会产生焦耳热。上述的简单计算表明，互连点的电阻对其尺寸设计以及微观结构

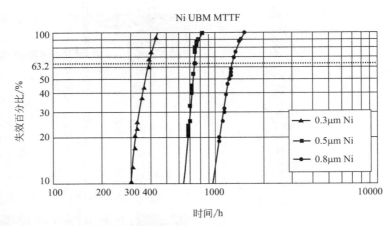

图 11.32　不同 Ni 厚度样品的累积失效 Weibull 分布图[147]

变化和损伤十分敏感，而焊锡凸点的电阻并非如此，通常凸点中可能含有一些由焊膏助焊剂，特别是无铅焊膏残留助焊剂造成的大尺寸球状空洞，但对凸点阻值影响不大。图 11.33 所示为通电之前和通电期间封装体的红外显微图像[149]。通电之前封装体的温度分布情况如图 11.33（a）所示，可以看出，温度分布均匀。通电期间封装体的温度分布情况如图 11.33（b）所示，可以看出，Al 互连线的温度最高。如图中标记所示，两个焊锡凸点分别位于两个圆形 Al 焊盘/UBM 的正下方。Al 线温度比圆形 Al 焊盘高得多，最高温度高达 134℃，大致位于 Al 线的中间位置，而焊锡凸点上方的 Al 焊盘温度仅为 105℃。图 11.34（a）给出了模拟 Al 互连线和焊点中通以 0.59A 电流时的温度分布情况[149]。靠近 Al 线入口位置的焊料剖面温度分布如图 11.34（b）所示，焊料内部的最高温度为 95.6℃。总之，Al 互连线中靠近倒装芯片焊点电子流入口处的温度最高。对于焊点本身，电流集聚区域的温度最高。

11.3.4　倒装芯片焊锡接点的平均无故障时间

电子行业采用平均无故障时间（MTTF）分析对器件寿命进行预测。1969 年，Black 提出了下面的公式分析 Al 互连线中由电迁移引起的失效[150]：

$$\text{MTTF} = A\,\frac{1}{J_e^n}\exp\frac{Q}{kT} \tag{11.10}$$

质量输运引起贯穿 Al 互连线的空洞，上式便是根据质量输运速率的估算结果推导而来的，该式最有趣的特点是 MTTF 依赖于电流密度的平方，即 $n=2$。

在后续的 MTTF 公式研究中，指数 n 是否为 1、2 或更大的数值一直存在争议，尤其是考虑焦耳热效应时。然而，假设焊点失效要求质量通量散度，空洞成核和生长要求空位饱和，Shatzkes 和 Lloyd 通过求解时间相关扩散公式得到了一个模型，并得到 MTTF 解，其中也得出 MTTF 与电流密度的平方有关[151]。尽管如此，Black 的公式是否可以用于求解倒装芯片焊点的 MTTF 仍有待验证。

通过高温加速实验确定激活能，需要注意晶格扩散可能与晶界扩散重叠，以及晶界扩散可能与表面扩散重叠的温度范围。对于共晶 Sn-Pb 焊料，当温度约为 100℃ 时，由于 Pb 和 Sn 之间主要扩散物的变化，导致扩散过程更加复杂。

空洞的形成需要成核和生长。对于倒装芯片焊点，大部分失效时间并非由空洞生长贯穿接触界面的时间控制，而是由空洞成核的孕育时间控制，后者约占失效时间的 90%，空洞生长贯穿整个接触界面大约只占 10% 的时间。此外，正如本章前面所提到的，电流集聚对焊点失效的影响至关重要，并且在分析 MTTF 时不可忽略。Black 确实指出电流梯度或温度梯度对焊点失效的重要性，虽然他没有在公式中明确地考虑这些[150]。在由薄饼状空洞机制引起的倒装芯片焊点失效模式基础上，电流集聚的主要影响是大大增加了焊点入口处的电流密度，产生的焦耳热使得局部温度更高。此外，电迁移会影响焊点阴极和阳极界面处金属间化合物的形成，反过来金属间化合物的形成又会影响失效时间和模式，这在 Black 的初始 MTTF 模型中并没有考虑。因此，我们不能将未经修正的 Black 公式用于预测倒装芯片焊点的寿命。

Brandenburg 和 Yeh 利用 Black 公式，并取 $n=1.8$ 和 $Q=0.8\mathrm{eV/}$原子，不考虑电流集聚效应，结果发现会极

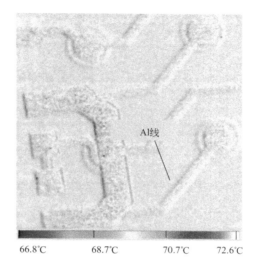

(a) 通电之前封装中的温度分布情况, 温度分布均匀

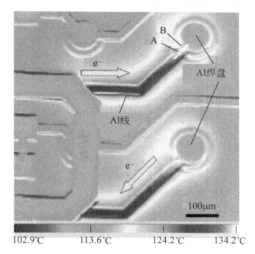

(b) 当通以0.59A的电流时, 采用IR显微镜测得的 Al线温度分布情况[149]

图 11.33   通电之前和通电期间
封装体的红外显微图像
（扫描封底二维码下载彩图）

大地高估倒装芯片焊点在高电流密度下的 MTTF。表 11.4 比较了 3 种电流密度和 3 种温度下算得和测得的共晶 Sn-Pb 倒装芯片焊点 MTTF。在 $1.9\times10^4 \mathrm{A/cm^2}$ 的低电流密度下，测得的 MTTF 略高于计算值，而当电流密度为 $2.25\times10^4 \mathrm{A/cm^2}$ 和 $2.75\times10^4 \mathrm{A/cm^2}$ 时，测得的 MTTF 比计算值小得多，这对共晶 Sn-Ag-Cu 倒装芯片焊点也是如此。这些结果表明，倒装芯片焊点的 MTTF 对电流密度的微小增量十分敏感，当电流密度约为 $3\times10^4 \mathrm{A/cm^2}$ 时，MTTF 迅速下降。此外，无铅焊料的 MTTF 比 Sn-Pb 焊料更高，例如，125℃下电流密度为 $2.25\times10^4 \mathrm{A/cm^2}$ 时，无铅焊料的 MTTF 为 580h，而

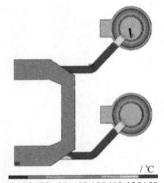

(a) 模拟电路中通以0.59A的温度分布情况

/℃
80　85　90　95　100　105　110　125　150

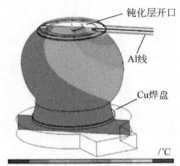

(b) Al线附近的焊料剖面温度分布情况,
热点位于Al线入口位置[149]

/℃
70　80　90.8　91.6　92.4　93.2　94.0　94.8　150

图 11.34　温度云图（扫描封底二维码下载彩图）

Sn-Pb 焊料的 MTTF 为 43h。

可以对 Black 公式进行修正以考虑电流聚集和焦耳热效应[152]：

$$\text{MTTF} = A \frac{1}{(cJ_e)^n} \exp \frac{Q}{k(T + \Delta T)} \qquad (11.11)$$

式中，$c=10$ 为考虑电流集聚效应引入的系数；ΔT 为考虑焦耳热引入的参数，并且可能高于 100℃。

由上式可知，参数 c 和 ΔT 都会降低 MTTF，即加快焊点失效。因为 ΔT 依赖于 J_e，所以相比于未经修正的 Black 公式，修正后的公式对电流密度的变化更加敏感。此外，由于发热和散热的缘故，所以 ΔT 值还与倒装芯片焊点和互连点的设计有关。

表 11.4　共晶 Sn-Pb 倒装芯片焊点的平均无故障时间[10]

项目	1.5A(1.9×10^4A/cm²)		1.8A(2.25×10^4A/cm²)		2.2A(2.75×10^4A/cm²)	
	计算值/h	测量值/h	计算值/h	测量值/h	计算值/h	测量值/h
100℃	—	—	380	97	265	63
125℃	108	573①	79.6	46	55.5	3
140℃	46	121	34	32	24	1

① 未失效。

11.3.5　减缓电迁移的策略

电流分布的基本原理是电流会选择电阻最小的路径，因此可以通过改进倒装芯片结构设计和材料缓解电流集聚效应，从而提高电迁移可靠性。借助于有限元分析方法，倒装芯片焊点中的电流分布可以作为焊点几何形状以及所有导电元件，包括 Al 或 Cu 互连线、UBM 和焊点自身电阻的函数进行研究。结果发现，影响电流分布最大的因素是 UBM 的厚度和电阻，由此引入了 Cu 柱凸点设计。图 11.35 给出了采用共晶 Sn-Pb 焊料的 Cu 柱凸点倒装芯片焊点在 100℃ 下通电 1 个月后的剖面图，其中电流密度为：图 11.35 (a) 为 10^4 A/cm^2，图 11.35 (b) 为 0（作为参考）[4]。结果表明，由于焊料中的电流分布均匀，所以 Cu 柱凸点对电迁移失效具有很强的抵抗作用。通过引入较厚的 Cu 柱凸点缓解焊料中的电流集聚效应，从而提高了抵抗电迁移失效的可靠性。但是却发现，微空洞的形成更加严重，并且由于 Cu/Cu$_3$Sn 界面处较大的 Cu/Sn 比例，使得电迁移促进了微空洞的形成。由于这是一个 Sn 含量有限而 Cu 含量无限的系统，当凸点中的 Sn 全部被消耗完后，Cu$_6$Sn$_5$ 转变为 Cu$_3$Sn，并且 Cu$_3$Sn 可以生长得很厚，而对应于 Cu 原子通量的空位通量会凝结从而形成微空洞。

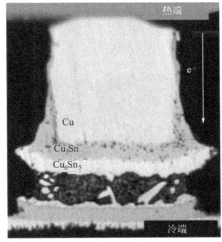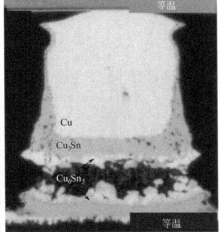

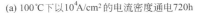

(a) 100℃ 下以 10^4A/cm^2 的电流密度通电720h　　　　　(b) 150℃ 下不通电时效720h [4]

图 11.35　倒装芯片焊点剖面的光学显微图像

除了形成微空洞之外，还发现 Cu 柱中的电迁移加快了 Cu 柱的消耗速率，并且几乎将整个焊点全部转变为了金属间化合物，如图 11.36 所示[153]。通过跌落冲击实验揭示了金属间化合物的脆性断裂失效。

为了克服这两个与 Cu 柱凸点相关的问题，可以在 Cu 柱上涂覆 Ni 层，如图

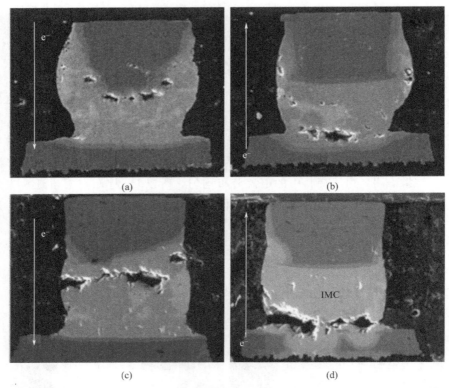

图 11.36 $2×10^4$ A/cm^2 的电流密度作用下发生电迁移之后，Cu 柱焊点中有空洞形成[153]

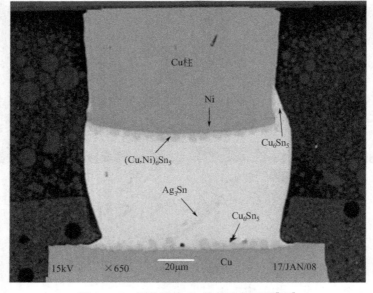

图 11.37 组装后的 Cu 柱焊点剖面图[154]

11.37 所示[154]，Ni 层更耐溶解，并且可以保护焊点以免形成微空洞和过量金属间化合物。相比于裸 Cu 柱焊点，这种焊点的电迁移可靠性更高[154]。

11.4 新问题

消费类电子产品的小型化、轻薄化要求倒装芯片焊点尺寸不断减小。目前，直径 $50\mu m$ 的倒装芯片焊点正在研发中，甚至出现尺寸更小的微凸点也为期不远。因此，在未来的倒装芯片焊点中，每个焊点的焊料用量会越来越少。然而，随着焊点尺寸的减小，一些化学和物理过程对倒装芯片焊点的可靠性越来越有威胁，其中包括化学反应、金属溶解、化学势梯度驱动的扩散、电迁移、焦耳热、热迁移和应力迁移。有两个关键问题都是源于这些过程的综合效应：①过量金属间化合物的形成；②过量 UBM 的消耗。大部分焊料可能被消耗并转化为脆性金属间化合物，并占据较高的焊点体积百分比。目前，对这种焊点的力学性能及其对焊点长期可靠性的影响知之甚少，亟待开展这样的研究。

参 考 文 献

[1] Hashino E，Shimokawa K，Yamamoto Y，Tatsumi K (2001) Micro-Ball wafer bumping for flip chip interconnection. In：Proceeding of the IEEE of Electronic Components and Technology Conference，May 2001，pp 957-964.

[2] Ruhmer K，Laine E，Gruber P (2006) C4NP—IBM manufacturing & reliability data for lead free flip chip solder bumping. International Microsystems，Packaging，Assembly Conference Taiwan (IMPACT)，Taipei，19 Oct 2006.

[3] Feger C，LaBianca N，Gaynes M，Steen S，Liu Z，Peddi R，Francis M (2009) The over-bump applied resin wafer-level underfill process：process，material and reliability. IBM research report，31 Aug 2009.

[4] Nah JW，Suh JO，Tu KN，Yoon SW，Rao VS，Kripesh V，Hua F (2006) Electromigration in flip chip solder joints having a thick Cu column bump and a shallow solder interconnect. J Appl Phys 100：123513.

[5] Nah JW，Suh JO，Tu KN，Rao VS，Yoon SW，Kripesh V (2006) Electromigration in Cu column flip chip joints. TMS Annual Meeting Report，2006.

[6] Kloeser J，WeiBbach EA (2006) High-performance flip chip packages with copper pillar bumping. Global SMT & Packaging，May 2006，p 28.

[7] Tu KN (2003) Recent advances on electromigration in very-large-scale integration of interconnects. J Appl Phys 94：5451.

[8] Kim BJ，Lim GT，Kim J，Lee K，Park YB，Joo YC (2008) Intermetallic compound and Kirkendall void growth in Cu pillar bump during annealing and current stressing. In：Proceeding of the 58th Electronic Components and Technology Conference (ECTC)，2008，pp 336-340.

[9] Tu KN，Zeng K (2001) Tin-lead (Sn-Pb) solder reaction in flip chip technology. Mater Sci Eng R 34：1.

[10] Tu KN (2007) Solder joint technology：materials properties，and reliability. Springer，New York.

[11] Chan YC，Yang D (2010) Failure mechanisms of solder interconnects under current stressing in advanced electronic packages. Prog Mater Sci 55：428.

[12] Lin YH，Hu YC，Tsai CM，Kao CR，Tu KN (2005) In-situ observation of the void formation-and-propagation mechanism in solder joints under current-stressing. Acta Mater 53：2029.

[13] Rahn A (ed) (1993) The basics of soldering. Wiely，New York.

[14] Glazer J (1995) Metallurgy of low temperature Pb-free solders for electronic assembly. Int Mater Rev 40：65.

[15] Abtew M, Selvaduray G (2000) Leadfree solders in microelectronics. Mater Sci Eng R27: 95.

[16] Suganuma K (2001) Advances in lead-free electronics soldering. Curr Opin Solid State Mater Sci 5: 55.

[17] Zeng K, Tu KN (2002) Six cases of reliability study of Pb-free solder joints in electronic packaging technology. Mater Sci Eng R38: 55.

[18] Tu KN, Gusak AM, Li M (2003) Physics and materials challenges for lead-free solders. J Appl Phys 93: 1335.

[19] Wu CML, Yu DQ, Law CMT, Wang L (2004) Properties of lead-free solder alloys with rare earth element additions. Mater Sci Eng R 44: 1.

[20] Kang SK, Lauro PA, Shin DY, Henderson DW, Puttlitz KJ (2005) Microstructure and mechanical properties of lead-free solders and solder joints used in microelectronic applications. IBM J Res Dev 49: 607.

[21] Laurila T, Vuorinen V, Kivilahti JK (2005) Interfacial reactions between lead-free solders and common base materials. Mater Sci Eng R 49: 1.

[22] Ho CE, Yang SC, Kao CR (2007) Interfacial reaction issues for leadfree electronic solders. J Mater Sci Mater Electron 18: 155.

[23] Laurila T, Vuorinen V, Paulasto-Kröckel M (2010) Impurity and alloying effects on interfacial reaction layers in Pb-free soldering. Mater Sci Eng R 68: 1.

[24] Huanga ML, Loeher T, Ostmann A, Reichl H (2005) Role of Cu in dissolution kinetics of Cu metallization in molten Sn-based solders. Appl Phys Lett 86: 181908.

[25] Dybkov VI (2009) The growth kinetics of intermetallic layers at the interface of a solid metal and a liquid solder. JOM 61: 76.

[26] Bader WG (1969) Dissolution of Au, Ag, Pd, Pt, Cu and Ni in a molten tin-lead solder. Weld J 48: 551.

[27] Chang CC, Lin YW, Wang YW, Kao CR (2010) The effects of solder volume and Cu concentration on the consumption rate of Cu pad during reflow soldering. J Alloys Compd 492: 99.

[28] Lau JH (ed) (1996) Flip chip technology. McGraw Hill, New York.

[29] Yang SC, Ho CE, Chang CW, Kao CR (2006) Strong Zn concentration effect on the soldering reactions between Sn-based solders and Cu. J Mater Res 21: 2436.

[30] Baker H (ed) (1992) ASM handbook: volume 3 alloy phase diagram. ASM International, Materials Park, OH.

[31] Ahat S, Sheng M, Luo L (2001) Microstructure and shear strength evolution of Sn Ag/Cu surface mount solder joint during aging. J Electron Mater 30: 1317.

[32] Chiu TC, Zeng K, Stierman R, Edwards D, Ano K (2004) Effect of thermal aging on board level drop reliability for Pb-free BGA packages. In: Proceedings of 2004 I. E. Electronic Components and Technology Conference (ECTC), p 1256.

[33] Vianco PT, Rejent JA, Hlava PF (2004) Solid-state intermetallic compound layer growth between copper and 95. 5Sn-3. 9Ag-0. 6Cu solder. J Electron Mater 33: 991.

[34] Mei Z, Ahmad M, Hu M, Ramakrishna G (2005) Kirkendall voids at Cu/solder interface and their effects on solder joint reliability. In: Proceedings of 2005 I. E. Electronic Components and Technology Conference (ECTC), p 415.

[35] Zeng K, Stierman R, Chiu TC, Edwards D, Ano K, Tu KN (2005) Kirkendall void formation in eutectic Sn Pb solder joints on bare Cu and its effect on joint reliability. J Appl Phys 97: 024508.

[36] Oh M (1994) Doctoral Dissertation, Lehigh University.

[37] Li M, Lee KY, Olsen DR, Chen WT, Tan BTC, Mhaisalkar S (2002) Microstructure, joint strength and failure mechanisms of Sn Pb and Pb-free solders in BGA packages. IEEE Trans Electron Packag Manuf 25: 185.

[38] Bader S, Gust W, Hieber H (1995) Rapid formation of intermetallic compounds by inter diffusion in the

Cu-Sn and Ni-Sn systems. Acta Metallurgica Mater 43: 329.

[39] Gur D, Bamberger M (1998) Reactive isothermal solidification in the Ni-Sn system. Acta Mater 46: 4917.

[40] Moon KW, Boettinger WJ, Kattner UR, Biancaniello FS, Handwerker CA (2000) Experimental and thermodynamic assessment of Sn-Ag-Cu solder alloys. J Electron Mater 29: 1122.

[41] NEMI (National Electronics Manufacturing Initiative) (2001) Workshop on Modeling and Data Needs for Lead-Free solders, New Orleans, LA, 15 Feb 2001.

[42] Soldertec-ITRI (1999) Lead-free alloys-the way forward. (http://www.lead-free.org). Oct 1999.

[43] IDEALS (International Dental Ethics and Law Society) (1994) Improved design life and environmentally aware manufacturing of electronics assemblies by lead-free soldering. Brite-Euram contract BRPR-CT96-0140, project number BE95, 1994.

[44] JEITA (Japan Electronics and Information Technology Industries Association) (2002) Lead- Free Road-map 2002, vol 2.1.

[45] Seeling KF, Lockard DG (1994) Lead-free bismuth free tin alloy solder composition. US Patent 5352407, 4 Oct 1994.

[46] IPC Roadmap (2000) Assembly of lead-free electronics, 4th draft. IPC, Northbrook, IL.

[47] Ho CE, Lin YL, Kao CR (2002) Strong effect of Cu concentration on the reaction between lead-free microelectronic solders and Ni. Chem Mater 14: 949.

[48] Jang JW, Frear DR, Lee TY, Tu KN (2000) Morphology of interfacial reaction between leadfree solders and electroless Ni-P under bump metallization. J Appl Phys 88: 6359.

[49] Ho CE, Tsai RY, Lin YL, Kao CR (2002) Effect of Cu concentration on the reactions between Sn-Ag-Cu solders and Ni. J Electron Mater 31: 584.

[50] He M, Chen Z, Qi G (2004) Solid state interfacial reaction of Sn-37Pb and Sn-3.5Ag solders with Ni-P under bump metallization. Acta Mater 52: 2047.

[51] Hong SM, Kang CS, Jung JP (2004) Plasma reflow bumping of Sn-3.5 Ag solder for flux-free flip chip package application. IEEE Trans Adv Packag 27: 90.

[52] Jang GY, Duh JG (2005) The effect of intermetallic compound morphology on Cu diffusion in Sn-Ag and Sn-Pb solder bump on the Ni/Cu under-bump metallization. J Electron Mater 34: 68.

[53] Liu CM, Ho CE, Chen WT, Kao CR (2001) Reflow soldering and isothermal solid-state aging of Sn-Ag eutectic solder on Au/Ni surface finish. J Electron Mater 30: 1152.

[54] Shiau LC, Ho CE, Kao CR (2002) Reaction between Sn-Ag-Cu lead-free solders and the Au/Ni surface finish in advanced electronic packages. Soldering Surf Mount Technol 14: 25.

[55] Kang SK, Choi WK, Yim MJ, Shih DY (2002) Studies of the mechanical and electrical properties of lead-free solder joints. J Electron Mater 31: 1292.

[56] Kang SK, Shih DY, Fogel K, Lauro P, Yim MJ, Advocate GG Jr, Griffin M, Goldsmith C, Henderson DW, Gosselin TA, King DE, Konrad JJ, Sarkhel A, Puttlitz KJ (2002) Interfacial reaction studies on lead (Pb) -free solder alloys. IEEE Trans Electron Packag Manuf 25: 155.

[57] Alam MO, Chan YC, Tu KN (2003) Effect of 0.5 wt % Cu in Sn-3.5%Ag solder on the interfacial reaction with Au/Ni metallization. Chem Mater 15: 4340.

[58] Hiramori T, Ito M, Yoshikawa M, Hirose A, Kobayashi KF (2003) Sn-Ag based solders bonded to Ni-P/Au plating: effects of interfacial structure on joint strength. Mater Trans 44: 2375.

[59] Lee CB, Yoon JW, Suh SJ, Jung SB, Yang CW, Shur CC, Shin YE (2003) Intermetallic compound layer formation between Sn-3.5 mass% Ag BGA solder ball and (Cu, immersion Au/electroless Ni-P/Cu) substrate. J Mater Sci Mater Electron 14: 487.

[60] Lee KY, Li M (2003) Interfacial microstructure evolution in Pb-free solder systems. J Electron Mater 32: 906.

[61] Torazawa N, Arai S, Takase Y, Sasaki K, Saka H (2003) Tranmission electron microscopy of inter-

faces in joints between Pb-free solders and electroless Ni-P. Mater Trans 44：1438.

[62] Hwang CW，Suganuma K，Kiso M，Hashimoto S（2004）Influence of Cu addition to interface micro-structure between Sn-Ag solder and Au/Ni-6P plating. J Electron Mater 33：1200.

[63] Sharif A，Islam MN，Chan YC（2004）Interfacial reactions of BGA Sn-3.5%Ag-0.5%Cu and Sn-3.5% Ag solders during high-temperature aging with Ni/Au metallization. Mater Sci Eng B113：184.

[64] Jeon YD，Paik KW，Ostmann A，Reichl H（2005）Effects of Cu contents in Pb-Free solder alloys on interfacial reactions and bump reliability of Pb-free solder bumps on electroless Ni-P under-bump metallurgy. J Electron Mater 34：80.

[65] Kumar A，He M，Chen Z（2005）Barrier properties of thin Au/Ni-P under bump metallization for Sn-3.5Ag solder. Surf Coating Technol 198：283.

[66] Yu DQ，Wu CML，He DP，Zhao N，Wang L，Lai JKL（2005）Effect of Cu contents in Sn-Cu solder on the composition and morphology of intermetallic compounds at a solder/Ni interface. J Mater Res 20：2205.

[67] Chen WT，Ho CE，Kao CR（2002）Effect of Cu concentration on the interfacial reactions between Ni and Sn-Cu solders. J Mater Res 17：263.

[68] Kao ST，Duh JG（2005）Interfacial reactions and compound formation of Sn-Ag-Cu solders by mechanical alloying on electroless Ni-P/Cu under bump metallization. J Electron Mater 34：1129.

[69] Luo WC，Ho CE，Tsai JY，Lin YL，Kao CR（2005）Solid-state reactions between Ni and Sn-Ag-Cu solders with different Cu concentrations. Mater Sci Eng A396：385.

[70] Ho CE，Luo WC，Yang SC，Kao CR（2005）Copper concentration effect and solder volume effect on the soldering reactions between Sn-Ag-Cu lead-free solders and Ni. In：Proceedings of IMAPS Taiwan 2005 International Technical Symposium，Taipei，Jun 2005，p 98.

[71] Ho CE，Lin YW，Yang SC，Kao CR（2005）Volume effect in the soldering reaction between Sn-Ag-Cu solders and Ni. In：Proceedings of the 10th International Symposium on Advanced Packaging Materials：Processes，Properties and Interface，IEEE/CPMT，Irvine，Mar 2005，p 39.

[72] Ho CE，Lin YW，Yang SC，Kao CR，Jiang DS（2006）Effects of limited Cu supply on soldering reactions between Sn-Ag-Cu and Ni. J Electron Mater 35：1017.

[73] Yoon JW，Jung SB（2005）Interfacial reactions between Sn-0.4Cu solder and Cu substrate with or without ENIG plating layer during reflow reaction. J Alloys Compd 396：122.

[74] Jeon YD，Nieland S，Ostmann A，Reichl H，Paik KW（2003）A study on interfacial reactions between electroless Ni-P under bump metallization and 95.5Sn-4.0Ag-0.5Cu alloy. J Electron Mater 32：548.

[75] Alam MO，Chan YC，Tu KN，Kivilahti JK（2005）Effect of 0.5 wt % Cu in Sn-3.5%Ag solder balls on the solid state interfacial reaction with Au/Ni/Cu bond pads for ball grid array（BGA）applications. Chem Mater 17：2223.

[76] Kim DG，Kim JW，Jung SB（2005）Effect of aging conditions on interfacial reaction and mechanical joint strength between Sn-3.0Ag-0.5Cu solder and Ni-P UBM. Mater Sci Eng B121：204.

[77] Kim KS，Huh SH，Suganuma K（2003）Effects of intermetallic compounds on properties of Sn-Ag-Cu lead-free soldered joints. J Alloys Compd 352：226.

[78] Ha JS，Oh TS，Tu KN（2003）Effect of super-saturation of Cu on reaction and intermetallic compound formation between Sn-Cu solder and thin film metallization. J Mater Res 18：2109.

[79] Yoon JW，Kim SW，Jung SB（2004）Effect of reflow time on interfacial reaction and shear strength of Sn-0.7Cu solder/Cu and electroless Ni-P BGA joints. J Alloys Compd 385：192.

[80] Wang CH，Chen SW（2006）Sn-0.7 wt.%Cu/Ni interfacial reactions at 250 ℃. Acta Mater 54：247.

[81] Kang SK，Choi WK，Shih DY，Lauro P，Henderson DW，Gosselin T，Leonard DN（2002）Interfacial reactions，microstructure and mechanical properties of Pb-free solder joints in PBGA laminates. In：Proceedings of 2002 I. E. Electronic Components and Technology Conference（ECTC），p 146.

[82] Zeng K，Vuorinen V，Kivilahti JK（2002）Interfacial reactions between lead-free Sn Ag Cu solder and Ni

(P) surface finish on printed circuit boards. IEEE Trans Electron Packag Manuf 25：162.

[83] Zheng Y，Hillman C，McCluskey P (2002) Intermetallic growth on PWBs soldered with Sn3.8Ag0.7Cu. In：Proceedings of 2002 I.E.Electronic Compounds and Technology Conference (ECTC)，p 1226.

[84] Cheng MD，Chang SY，Yen SF，Chuang TH (2004) Intermetallic compounds formed during the reflow and aging of Sn-3.8Ag-0.7Cu and Sn-20In-2Ag-0.5Cu solder ball grid array packages. J Electron Mater 33：171.

[85] Pang JHL，Low TH，Xiong BS，Luhua X，Neo CC (2004) Thermal cycling aging effects on Sn-Ag-Cu solder joint microstructure，IMC and strength. Thin Solid Films 462：370.

[86] Yoon JW，Kim SW，Koo JM，Kim DG，Jung SB (2004) Reliability investigation and interfacial reaction of ball-grid-array packages using the lead-free Sn-Cu solder. J Electron Mater 33：1190.

[87] Mattila TT，Kivilahti JK (2005) Failure mechanisms of lead-free chip scale package interconnections under fast mechanical loading. J Electron Mater 34：969.

[88] Yoon JW，Kim SW，Jung SB (2005) Interfacial reaction and mechanical properties of eutectic Sn-0.7Cu/Ni BGA solder joints during isothermal long-term aging. J Alloys Compd 391：82.

[89] Lee CB，Jung SB，Shin YE，Shur CC (2002) Effect of isothermal aging on ball shear strength in BGA joints with Sn-3.5Ag-0.75Cu solder. Mater Trans 43：1858.

[90] Zribi A，Clark A，Zavalij L，Borgesen P，Cotts EJ (2001) The growth of intermetallic compounds at Sn-Ag-Cu solder/Cu and Sn-Ag-Cu solder/Ni interfaces and the associated evolution of the solder microstructure. J Electron Mater 30：1157.

[91] Ho CE (2002) Doctor Dissertation，National Central University，Taiwan.

[92] Ho CE，Shiau LC，Kao CR (2002) Inhibiting the formation of $(Au_{1-x}Ni_x)Sn_4$ and reducing the consumption of Ni metallization in solder joints. J Electron Mater 31：1264.

[93] Lehman LP，Athavale SN，Fullem TZ，Giamis AC，Kinyanjui RK，Lowenstein M，Mather K，Patel R，Rae D，Wang J，Xing Y，Zavalij L，Borgesen P，Cotts EJ (2004) Growth of Sn and intermetallic compounds in Sn-Ag-Cu solder. J Electron Mater 33：1429.

[94] Lin CH，Chen SW，Wang CH (2002) Phase equilibria and solidification properties of Sn-Cu-Ni alloys. J Electron Mater 31：907.

[95] Li CY，Duh JG (2005) Phase equilibria in the Sn-rich corner of the Sn-Cu-Ni ternary alloy system at 240℃. J Mater Res 20：3118.

[96] Oberndorff P (2001) Doctoral Dissertation，Technical University of Eindhoven.

[97] Chen SW，Wu SH，Lee SW (2003) Interfacial reactions in the Sn- (Cu) /Ni，Sn- (Ni) /Cu，and Sn/ (Cu，Ni) systems. J Electron Mater 32：1188.

[98] Wang SJ，Liu CY (2003) Study of interaction between Cu-Sn and Ni-Sn interfacial reactions by Ni-Sn3.5Ag-Cu sandwich structure. J Electron Mater 32：1303.

[99] Shao TL，Chen TS，Huang YM，Chen C (2004) Cross interactions on interfacial compound formation of solder bumps and metallization layers during reflow. J Mater Res 19：3654.

[100] Wang SJ，Liu CY (2006) Kinetic analysis of the interfacial reactions in Ni/Sn/Cu sandwich structures. J Electron Mater 35：1955.

[101] Xia Y，Lu C，Chang J，Xie X (2006) Interaction of intermetallic compound formation in Cu/Sn-Ag-Cu/NiAu sandwich solder joints. J Electron Mater 35：897.

[102] Chang CW，Yang SC，Tu CT，Kao CR (2007) Cross-interaction between Ni and Cu across Sn layers with different thickness. J Electron Mater 36：1455.

[103] Chen HT，Wang CQ，Yan C，Li MY，Huang Y (2007) Cross-interaction of interfacial reactions in Ni (Au/Ni/Cu) -Sn-Ag-Cu solder joints during reflow soldering and thermal aging. J Electron Mater 36：26.

[104] Kim JY，Sohn YC，Yu J (2007) Effect of Cu content on the mechanical reliability of Ni/Sn-3.5Ag sys-

tem. J Mater Res 22: 770.

[105] Hong KK, Ryu JB, Park CY, Huh JY (2008) Effect of cross-interaction between Ni and Cu on growth Kinetics of intermetallic compounds in Ni/Sn/Cu diffusion couples during aging. J Electron Mater 37: 61.

[106] Wu WH, Chung HL, Chen CN, Ho CE (2009) The influence of current direction on the Cu-Ni cross-interaction in Cu/Sn/Ni diffusion couple. J Electron Mater 38: 2563.

[107] Tsai CM, Luo WC, Chang CW, Shieh YC, Kao CR (2004) Cross-interaction of under-bump metallurgy and surface finish in flip-chip solder joints. J Electron Mater 33: 1424.

[108] Kao CR, Ho CE, Shiau LC (2003) Solder point with low speed of consuming nickel. R. O. C. patent 181410, 2003.

[109] Chung CM, Lin KL (2003) Effect of microelements addition on the interfacial reaction between Sn-Ag-Cu solders and the Cu substrate. J Electron Mater 32: 1426.

[110] Tsai JY, Hu YC, Tsai CM, Kao CR (2003) A study on the reaction between Cu and Sn3. 5Ag solder doped with small amounts of Ni. J Electron Mater 32: 1203.

[111] Anderson IE, Harringa JL (2006) Suppression of void coalescence in thermal aging of Tin-Copper-X solder joints. J Electron Mater 35: 94.

[112] Gao F, Takemoto T, Nishikawa H, Komatsu A (2006) Microstructure and mechanical properties evolution of intermetallics between Cu and Sn-3. 5Ag solder doped by Ni-Co additives. J Electron Mater 35: 905.

[113] Nishikawa H, piao JY, Takemoto T (2006) Interfacial reaction between Sn-0. 7Cu (-Ni) solder and Cu substrate. J Electron Mater 35: 1127.

[114] Yu H, Vuorinen V, Kivilahti J (2006) Effect of Ni on the formation of Cu_6Sn_5 and Cu_3Sn intermetallics. In: Proceeding of the 2006 Electronic Component and Technology Conference (ECTC), p 1204.

[115] Gao F, Nishikawa H, Takemoto T (2008) Additive effect of Kirkendall void formation in Sn-3. 5Ag solder joints on common substrates. J Electron Mater 37: 45.

[116] Wang YW, Chang CC, Kao CR (2009) Minimum effective Ni addition to Sn Ag Cu solders for retarding Cu_3Sn growth. J Alloys Compd 478: L1.

[117] Wang YW, Lin YW, Kao CR (2009) Kirkendall voids formation in the reaction between Ni-droped Sn-Ag lead-free solders and different Cu substrates. Microelectron Reliab 49: 248.

[118] Wang YW, Lin YW, Tu CT, Kao CR (2009) Effect of minor Fe, Co, and Ni additions on the reaction between Sn Ag Cu solder and Cu. J Alloys Compd 478: 121.

[119] Anderson IE, Harringa JL (2004) Elevated temperature aging of solder joints based on Sn-Ag-Cu: effects on joint microstructure and shear strength. J Electron Mater 33: 1485.

[120] Kang SK, Leonard D, Shih DY, Gignac L (2005) Interfacial reactions of Sn-Ag-Cu solders modified by minor Zn alloying addition. IBM Research Report, 9 Mar 2005.

[121] Kang SK, Leonard D, Shih DY, Gignac L, Henderson DW, Cho S, Yu J (2006) Interfacial reactions of Sn-Ag-Cu solders modified by minor Zn alloying addition. J Electron Mater 35: 479.

[122] He M, Acoff VL (2008) Effect of Bi on the interfacial reaction between Sn-3. 7Ag-xBi solders and Cu. J Electron Mater 37: 288.

[123] Chung CM, Shih PC, Lin KL (2004) Mechanical strength of Sn-3. 5Ag-based solders and related bondings. J Electron Mater 33: 1.

[124] Garner L, Sane S, Suh D, Byrne T, Dani A, Martin T, Mello M, Patel M, Williams R (2005) Finding solutions to the challenges in package interconnect reliability. Intel Technol J 9: 297.

[125] Ohriner EK (1987) Intermetallic formation in soldered copper-based alloys at 150 degrees to 250 degrees celcius. Weld J Res Suppl 7: 191.

[126] Wang YW, Lin YW, Kao CR (2010) Inhibiting the formation of microvoids in Cu_3Sn by additions of Cu to solders. J Alloys Compd 493: 233.

[127] McCormack M, Jin S, Kammlott GW, Chen HS (1993) New Pb-free solder alloy with superior mechanical properties. Appl Phys Lett 63: 15.

[128] Kang SK, Shih DY, Leonard D, Henderson DW, Gosselin T, Cho S, Yu J, Choi WK (2004) Controlling Ag_3Sn plate formation in near-ternary-eutectic Sn-Ag-Cu solder by minor Zn alloying. JOM 56: 34.

[129] Kivilahti JK (1995) Modeling joining materials for microelectronics packaging. IEEE Trans Compon Packag Manuf Technol B18: 326.

[130] Huang CW, Lin KL (2004) Interfacial reactions of lead-free Sn-Zn based solders on Cu and Cu plated electroless Ni-P/Au layer under aging at 150 ℃. J Mater Res 19: 3560.

[131] Chou CY, Chen SW (2006) Phase equilibria of the Sn-Zn-Cu ternary system. Acta Mater 54: 2393.

[132] Jang JW, Ramanathan LN, Lin JK, Frear DR (2004) Spalling of Cu_3Sn intermetallics in high-lead 95Pb5Sn solder bumps on Cu under bump metallization during solid-state annealing. J Appl Phys 95: 8286.

[133] Ramanathan LN, Jang JW, Lin JK, Frear DR (2005) Solid-state annealing behavior of two high-Pb solders, 95Pb5Sn and 90Pb10Sn, on Cu under bump metallurgy. J Electron Mater 34: L43.

[134] Wang KZ, Chen CM (2005) Intermetallic compound formation and morphology evolution in the 95Pb5Sn flip-chip solder joint with Ti/Cu/Ni under bump metallization during reflow soldering. J Electron Mater 34: 1543.

[135] Yang SC, Ho CE, Chang CW, Kao CR (2007) Massive spalling of intermetallic in solder-substrate reactions due to limited supply of the active element. J Appl Phys 101: 084911.

[136] Brandenburg S, Yeh S (1998) Electromigration studies of flip chip bump solder joints. In: Proceeding of Surface Mount International Conference and Exposition, SMTA, Edina, MN, pp 337-344.

[137] Chen SW, Chen CM, Liu WC (1998) Electric current effects upon the Sn/Cu and Sn/Ni interfacial reactions. J Electron Mater 27: 1193.

[138] Liu CY, Chih C, Liao CN, Tu KN (1999) Microstructure–electromigration correlation in a thin stripe of eutectic Sn-Pb solder stressed between Cu electrodes. Appl Phys Lett 75: 58.

[139] Lee TY, Tu KN, Kuo SM, Frear DR (2001) Electromigration of eutectic Sn Pb solder interconnects for flip chip technology. J Appl Phys 89: 3189.

[140] Yeh ECC, Choi WJ, Tu KN, Elenius P, Balkan H (2002) Current crowding induced electromigration failure in flip chip technology. Appl Phys Lett 80: 580.

[141] Huang AT, Gusak AM, Tu KN, Lai YS (2006) Thermomigration in Sn-Pb composite flip chip solder joints. Appl Phys Lett 88: 141911.

[142] Hu YC, Lin YL, Kao CR, Tu KN (2003) Electromigration failure in flip chip solder joints due to rapid dissolution of Cu. J Mater Res 18: 2544.

[143] Gan H, Tu KN (2005) Polarity effect of electromigration on kinetics of intermetallic compound formation in Pb-free solder V-groove samples. J Appl Phys 97: 063514.

[144] Warburton WK, Turnbull D (1975) Fast diffusion in metals, Chapter 4. In: Nowick AS, Burton JJ (eds) Diffusion in solids: recent developments. Academic, New York, pp 171-229.

[145] Huntington HB, Grone AR (1961) Current-induced marker motion in gold wires. J Phys Chem Solids 20: 76.

[146] Zhang L, Ou S, Huang J, Tu KN, Gee S, Nguyen L (2006) Effect of current crowding on void propagation at the interface between intermetallic compound and solder in flip chip solder joints. Appl Phys Lett 88: 012106.

[147] Lin YL, Lai YS, Lin YW, Kao CR (2008) Effect of UBM thickness on the mean-time-to-failure of flip chip solder joints under electromigration. J Electron Mater 37: 96.

[148] Lin YL, Lai YS, Tsai CM, Kao CR (2006) Effect of surface finish on the failure mechanisms of flip-chip solder joints under electromigration. J Electron Mater 35: 2147.

[149] Chiu SH, Shao TL, Chen C, Yao DJ, Hsu CY (2006) Infrared microscopy of hot spots induced by joule heating in flip-chip Sn Ag solder joints under accelerated electromigration. Appl Phys Lett 88: 022110.

[150] Black JR (1969) Electromigration failure model in aluminum metallization for semiconductor devices. In: Proceeding of the IEEE Electronic Components Conference, Washington DC, 30 April-2 May, vol 57, p 1587.

[151] Shatzkes M, Lloyd JR (1986) A model for conductor failure considering diffusion concurrently with electromigration resulting in a current exponent of 2. J Appl Phys 59: 3890.

[152] Choi WJ, Yeh ECC, Tu KN (2003) Mean-time-to-failure study of flip chip solder joints on Cu/Ni (V) /Al thin film under-bump metallization. J Appl Phys 94: 5665.

[153] Xu L, Han JK, Liang JJ, Tu KN, Lai YS (2008) Electromigration induced high fraction of compound formation in Sn Ag Cu flip chip solder joints with copper column. Appl Phys Lett 92: 262104.

[154] Lai YS, Chiu YT, Lee CW, Shao YH, Chen J (2008) Electromigration reliability and morphologies of Cu pillar flip-chip solder joints. In: Proceeding of the 58th Electronic Components and Technology Conference (ECTC), 2008, pp 330-335.

[155] RönkäKJ, van Loo FJJ, Kivilahti JK (1997) The local nominal composition-useful concept for micro-joining and interconnection applications. Scr Mater 37: 1575.

[156] Rönkä KJ, van Loo FJJ, Kivilahti JK (1998) A diffusion-kinetic model for predicting solder/conductor interactions in high density interconnections. Metallurgical Mater Trans A 29: 2951.

附　　录

附录 A 量度单位换算表

科学计算和工程设计中经常遇到不同量度单位制之间的转换问题。本附录列出了目前使用的不同量度单位制的转换系数，并以列表形式给出了工程中常用单位的简写、简称，以方便读者查找。

表 A-1 量度单位换算表

长度	
$1m=10^{10}$ Å（埃）	1Å$=10^{-10}$ m（米）
$1m=10^9$ nm（纳米）	$1nm=10^{-9}$ m（米）
$1m=10^6\,\mu m$（微米）	$1\mu m=10^{-6}$ m（米）
$1m=10^3$ mm（毫米）	$1mm=10^{-3}$ m（米）
$1m=10^2$ cm（厘米）	$1cm=10^{-2}$ m（米）
$1mm=0.0394in$（英寸）	$1in=25.4mm$（毫米）
$1cm=0.394in$（英寸）	$1in=2.54cm$（厘米）
$1m=39.4in=3.28ft$（英尺）	$1ft=12in=0.3048m$（米）
$1mm=39.37mil$（密尔）	$1mil=10^{-3}$ in$=0.0254mm=25.4\mu m$
$1\mu m=39.37\mu in$（微英寸）	$1\mu in=0.0254\mu m$（微米）
面积	
$1m^2=10^4 cm^2$（平方厘米）	$1cm^2=10^{-4}\,m^2$（平方米）
$1cm^2=10^2 mm^2$（平方毫米）	$1mm^2=10^{-2}\,cm^2$（平方厘米）
$1m^2=10.76ft^2$（平方英尺）	$1ft^2=0.093m^2$
$1cm^2=0.1550in^2$（平方英寸）	$1in^2=6.452cm^2$
体积	
$1m^3=10^6 cm^3$（立方厘米）	$1cm^3=10^{-6}\,m^3$（立方米）
$1cm^3=10^3 mm^3$（立方毫米）	$1mm^3=10^{-3}\,cm^3$（立方厘米）
$1m^3=35.32ft^3$（立方英尺）	$1ft^3=0.0283m^3$（立方米）
$1cm^3=0.0610in^3$（立方英寸）	$1in^3=16.39cm^3$（立方厘米）
质量	
$1Mg=1t=10^3 kg$（千克）	$1kg=10^{-3}t$（吨）$=10^{-3}Mg$（兆克）
$1kg=10^3 g$（克）	$1g=10^{-3}kg$（千克）
$1kg=2.205lbm$（磅质量）	$1lbm=0.4536kg$（千克）
$1g=2.205\times10^{-3}lbm$（磅质量）	$1lbm=453.6g$（克）
$1g=0.035oz$（盎司）	$1oz=28.35g$（克）
密度	
$1kg/m^3=10^{-3}g/cm^3$	$1g/cm^3=10^3 kg/m^3$
$1Mg/m^3=1t/m^3=1g/cm^3$	$1g/cm^3=1t/m^3=1Mg/m^3$
$1kg/m^3=0.0624lbm/ft^3$	$1lbm/ft^3=16.02kg/m^3$
$1g/cm^3=62.4lbm/ft^3$	$1lbm/ft^3=1.602\times10^{-2}g/cm^3$
$1g/cm^3=0.0361lbm/in^3$	$1lbm/in^3=27.7g/cm^3$

续表

力	
1N＝0.102kgf(公斤力)	1kgf＝9.801N(牛顿,牛)
1N＝10^5dyn(达因)	1dyn＝10^{-5}N＝10μN(微牛)
1N＝0.2248lbf(磅力)	1lbf＝4.448N(牛)
1N＝0.0002248k(kip)(千磅力)	1k＝1000lbf＝4.448kN(千牛)

压力、应力、压强	
1Pa＝1N/m^2＝10dyn/cm^2	1dyn/cm^2＝0.10Pa(帕斯卡,帕)
1MPa＝145psi(磅力每平方英寸)	1psi＝1lbf/in^2＝6.90×10^{-3}MPa(兆帕)
1MPa＝0.102kgf/mm^2(公斤力每平方毫米)	1kgf/mm^2＝9.807MPa(兆帕)
1kgf/mm^2＝1422psi(磅力每平方英寸)	1psi＝7.03×10^{-4}kgf/mm^2(公斤力每平方毫米)
1kPa＝0.00987atm(大气压)	1atm＝101.325kPa(千帕)
1kPa＝0.01bar(巴)	1bar＝100kPa＝0.1MPa(兆帕)
1Pa＝0.0075torr(托)＝0.0075mmHg(毫米汞柱)	1torr＝1mmHg＝133.322Pa(帕)
1Pa＝145ksi(千磅力每平方英寸)	1ksi＝6.90MPa(兆帕)

断裂韧性	
1MPa·$(m)^{1/2}$＝910psi·$(in)^{1/2}$	1psi·$(in)^{1/2}$＝1.099×10^{-3}MPa·$(m)^{1/2}$

能量、功、热	
1J＝10^7erg(尔格)	1erg＝10^{-7}J(焦耳,焦)
1J＝6.24×10^{18}eV(电子伏)	1eV＝1.602×10^{-19}J(焦)
1J＝0.239cal(卡路里,卡)	1cal＝4.187J(焦)
1J＝9.48×10^{-4}Btu(英热量单位)	1Btu＝1054J(焦)
1J＝0.738ft·lbf(英尺·磅力)	1ft·lbf＝1.356J(焦)
1eV＝3.82×10^{-20}cal(卡)	1cal＝2.61×10^{19}eV(电子伏)
1cal＝3.97×10^{-3}Btu(英热量单位)	1Btu＝252.0cal(卡)

功率	
1W＝1.01kgf·m/s	1kgf·m/s＝9.807W(瓦特,瓦)
1W＝1.36×10^{-3}马力	1 马力＝735.5W(瓦)
1W＝0.239cal/s(卡每秒)	1cal/s＝4.187W(瓦)
1W＝3.414Btu/h(英热量单位每小时)	1Btu/h＝0.293W(瓦)
1cal/s＝14.29Btu/h(英热量单位每小时)	1Btu/h＝0.070cal/s(卡每秒)
1W＝10^7erg/s(尔格每秒)＝1J/s(焦每秒)	1erg/s＝10^{-7}W(瓦)

黏度	
1Pa·s＝10P(泊)	1P＝0.1Pa·s(帕·秒)
1mPa·s＝1cP(厘泊)	1cP＝10^{-3}Pa·s(帕·秒)

温度 T	
$T(K)＝273.15＋T(℃)$	$T(℃)＝T(K)－273.15$
$T(K)＝\dfrac{5}{9}[T(℉)－32]＋273.15$	$T(℉)＝\dfrac{9}{5}[T(K)－273.15]＋32$
$T(℃)＝\dfrac{5}{9}[T(℉)－32]$	$T(℉)＝\dfrac{9}{5}[T(℃)＋32]$

比热容	
1J/(kg·K)＝2.29×10^{-4}cal/(g·K)	1cal/(g·K)＝4184J/(kg·K)
1J/(kg·K)＝2.29×10^{-4}Btu/(lbm·℉)	1Btu/(lbm·℉)＝4184J/(kg·K)
1cal/(g·℃)＝1.0Btu(lbm·℉)	1Btu/(lbm·℉)＝1.0cal/(g·℃)

热导率	
1W/(m·K)＝2.39×10^{-3}cal/(cm·s·K)	1cal/(cm·s·K)＝418.4W/(m·K)
1W/(m·K)＝0.578Btu/(ft·h·℉)	1Btu/(ft·h·℉)＝1.730W/(m·K)
1cal/(cm·s·K)＝241.8Btu/(ft·h·℉)	1Btu/(ft·h·℉)＝4.136×10^{-3}cal/(cm·s·K)

表 A-2　单位符号及其中文名称

A,安(培)	Gb,吉(伯)	mm,毫米
Å,埃	Gy,戈(瑞)	nm,纳米
bar,巴	h,(小)时	N,牛(顿)
Btu,英热量单位	H,亨(利)	Oe,奥(斯特)
C,库(仑)	Hz,赫(兹)	psi,磅力每平方英寸
℃,摄氏度	in,英寸	P,泊
cal,卡(路里)	J,焦(耳)	Pa,帕(斯卡)
cm 厘米	K,开(尔文)	rad,拉德
cP,厘泊	kgf,千克力	s,秒
dB,分贝	kpsi,千磅每平方英寸	S,西(门子)
dyn,达因	L,升	T,特(斯拉)
erg,尔格	lbf,磅力	torr,托
eV,电子伏	lbm,磅(质量)	min,分(钟)
F,法(拉)	m,米	V,伏(特)
℉,华氏度	Mg,兆克	W,瓦(特)
ft,英尺	MPa,兆帕	Wb,韦(伯)
g,克	mil,密耳	Ω,欧(姆)

表 A-3　国际单位制中常用的词头的符号

因数	词头		
	英文名称	中文名称	符号
10^9	giga	吉	G
10^6	mega	兆	M
10^3	kilo	千	k
10^{-2}	centi	厘	c
10^{-3}	milli	毫	m
10^{-6}	micro	微	μ
10^{-9}	nano	纳	n
10^{-12}	pico	皮	p

表 A-4　常用其他符号

ppm	1×10^{-6}
ppb	1×10^{-9}

附 录 B 缩 略 语 表

缩写	英文	中文
3D	Three Dimensional	三维
AATC	Air-to-air Thermal Cycling	空气-空气热循环
ACA	Anisotropic Conductive Adhesive	各向异性导电胶
ACF	Anisotropic Conductive Film	各向异性导电膜
AF	Acceleration Factor	加速因子
ALIVH	Any Layer Interstitial Via Hole	任意层间通孔
ASA	Apparent Strength of Adhesion	表观粘接强度
ASAT	Japanese Association of Advanced Electronic Technologies	日本先进电子技术协会
ASIC	Application Specific Integrated Circuit	专用集成电路
ATC	Accelerated Thermal Cycling	加速热循环
ATE	Automatic Test Equipment	自动测试设备
B2it	Buried Bump Interconnection Technology	埋入凸点互连技术
BCB	Benzocyclobutene	苯并环丁烯
BCI	Boundary Condition Independent	边界条件无关
BCT	Body-centered Tetragonal	体心四方
BEOL	Back End of Line	后段制程
BER	Bit Error Rate	误码率
BGA	Ball Grid Array	球栅阵列
BLM	Ball Limiting Metallurgy	焊球受限金属层
BOM	Bill of Material	材料清单
C4	Controlled Collapse Chip Connection	可控塌陷芯片连接
C4NP	Controlled Collapse Chip Connection New Process	可控塌陷芯片连接新工艺
CABGA	Chip Array Ball Grid Package	芯片阵列 BGA
CFD	Computational Fluid Dynamics	计算流体动力学
CMOS	Complementary Metal Oxide Semiconductor	互补金属氧化物半导体
CNT	Carbon Nano Tube	碳纳米管
COG	Chip on Glass	玻晶接装
CPI	Chip to Packaging Interaction	芯片封装相互作用
CSAM	Computerized Scanning Acoustic Microscopy	电脑扫描声学显微镜
CSAM	Confocal Scanning Acoustic Microscope	共焦扫描声学显微镜
CSP	Chip Scale Packaging	芯片尺寸封装
CTE	Coefficient of Thermal Expansion	热膨胀系数
CTM	Compact Thermal Model	简化热模型
CVS	Cyclic Voltametric Stripping	循环电压剥镀分析法
DCA	Direct Chip Attachment	芯片直接贴装
DCB	Double Cantilever Beam	双悬臂梁
DCWM	Dynamic Chip Warpage Measurement	动态芯片翘曲测量
Decap	Decoupling Capacitor	去耦电容
DIMM	Dual Inline Memory Module	双列直插式存储模块

缩写	英文	中文
DIP	Dual Inline Package	双列直插式封装
DMA	Dynamic Mechanical Analyzer	动态热机械分析仪
DNP	Distance From The Neutral Point	距中性点距离
DOC	Degree of Cure	固化度
DOE	Design of Experiment	实验设计
DRAM	Dynamic Random Access Memory	动态随机存储器
DRIE	Deep Reactive Ion Etching	深反应离子蚀刻
DSC	Differential Scanning Calorimetry	差示扫描量热法
DTM	Detailed Thermal Model	精细热模型
EBSD	Electron Back Scatter Diffraction	电子背散射衍射
EBSP	Electron Back Scatter Diffraction Pattern	电子背散射衍射图样
ECA	Electrically Conductive Adhesive	导电胶
ECD	Electro-chemical Deposition	电化学沉积
ED	Eigendecomposition	特征值分解
EDA	Electronic Design Automation	电子设计自动化
EDX	Energy Dispersive X-Ray Analysis	能量色散 X 射线分析
EM	Electromigration	电迁移
EMAP	Embedded Actives and Passives	嵌入式有源和无源器件
EMC	Epoxy Molding Compound	环氧模塑化合物
EMF	Electromotive Force	电动势
EMS	Electronics Manufacturing Service	电子制造服务
ENIG	Electroless Nickel Immersion Gold	化镍浸金
ESC	Equivalent Serial Capacitance	等效串联电容
ESD	Electrostatic Discharge	静电放电
ESL	Equivalent Serial Inductance	等效电感
ESR	Equivalent Serial Resistance	等效电阻
EU	European Union	欧盟
FA	Failure Analysis	失效分析
FCBGA	Fip Chip Ball Grid Array	倒装芯片球栅阵列
FCCSP	Flip Chip Chip Scale Package	倒装芯片芯片尺寸封装
FCIP	Flip Chip in Package	倒装芯片封装
FCOB	Flip Chip on Board	板上倒装芯片
FCOF	Flip Chip on Flex	柔性基板上倒装芯片
FCPBGA	Flip Chip Plastic Ball Grid Array	倒装芯片塑料球栅阵列
FDM	Finite Difference Method	有限差分法
FDTD	Finite Difference Time Domain	时域有限差分方法
FEM	Finite Element Method	有限单元法
FEOL	Front End of Line	前段制程
FFT	Fast Fourier Transform	快速傅里叶变换
FIB	Focused Ion Beam	聚焦离子束
FIT	Failure in Time	故障率
FPFC	Fine pitch Flip Chip	细节距倒装芯片封装
FPGA	Field Programmable Gate Array	现场可编程门阵列
FVM	Finite Volume Method	有限体积法

续表

缩写	英文	中文
GWP	Global Warming Potential	全球变暖潜能值
HAST	High Acceleration Stress Test	高加速应力测试
HDI	High Density Interconnect	高密度互连
HI	Heterogeneous Integration	异构集成
HSTL	High Speed Transfer Logic	高速收发器逻辑
HTCC	High Temperature Cofired Ceramic	高温共烧陶瓷
HTS	High Temperature Storage Test	高温储存测试
I/O	Input/Output	输入/输出
IC	Integrated Circuit	集成电路
ICA	Isotropic Conductive Adhesive	各向同性导电胶
ICB	Inclined Conductive Bump	倾斜导电凸点
ICPS	Integrated Chip-Package-System	芯片-封装-系统集成
IDM	Integrated Device Manufacturer	整合元件制造商
IGC	Inert Gas Condensation	惰性气体凝结
ILD	Interlayer Dielectric	层间电介质
IMC	Intermetallics Compound	金属间化合物
IMS	Injection Molten Solder	注入熔融焊料
IP	Intellectual Property	知识产权
ITRS	International Technology Roadmap for Semiconductors	国际半导体技术蓝图
JEDEC	Joint Electron Device Council	国际电子器件工程联合会
JEITA	Japan Electronics and Information Technology Industries Association	日本电子和信息产业协会
KGD	Known Good Die	已知合格芯片
LCD	Liquid Crystal Display	液晶显示器
LCP	Liquid Crystal Polymer	液晶聚合物
LEM	Liquid Encapsulated Module	液体包封模块
LLTS	Liquid-to-liquid Thermal Shock	液体-液体热冲击
LTCC	Low Temperature Cofired Ceramic	低温共烧陶瓷
MAPLE	Metal-insulator-metal Active Panel LSI Mount Engineering	金属-绝缘体-金属有源面板LSI组装工程
MCF	Microcapsule Filler	微胶囊填料
MCM	Multichip Module	多芯片模块
MEMS	Micro Electro-mechanical System	微机电系统
MIM	Metal-insulator-metal	金属-绝缘体-金属
MIMO	Multiple Input Multiple Output	多输入多输出
MIT	Mold Inspection Tool	模具检测工具
MLC	Multilayer Ceramic	多层陶瓷
MPC-C2	Metal Post Colder-chip Connection	金属柱散热器-芯片连接
MPU	Microprocessor Unit	微处理器
MRA	Multi-ring-based Allocation	多环分配
MRU	Modular Refrigeration Unit	组合式制冷单元
MSL	Moisture Sensitive Level	湿气敏感等级
MST	Monolithic System Technology	单片系统技术
MTBF	Mean Time Between Failures	平均无故障时间

缩写	英文	中文
MTTF	Mean Time to Failure	平均失效前时间
MWNT	Multiple Wall Nanotube	多壁纳米管
NA	Noise Amplitude	噪声幅值
NCA	Nonconductive Adhesive	非导电胶
NCP	Nonconductive Paste	非导电膏
NFC	Near Field Communication	近场通信
NI	Noise Integral	噪声积分
OA-ATE	Open-Architecture Automated Test Equipment	开放式架构自动化测试设备
OE-MCM	Optoelectronic Multichip Module	光电多芯片模块
OSAT	Offshore Assembly and Test	外包半导体封装测试
OSP	Organic Solderability Preservative	有机保焊膜
PBB		多溴联苯
PBDE		多溴联苯醚
PBO		聚对苯并二噁唑
PCA	Principal Component Analysis	主成分分析
PCT	Pressure Cooker Test	高压蒸煮测试
PDA	Personal Digital Assistant	个人数字助理设备
PDF	Probability Density Function	概率密度函数
PDS	Power Delivery System	电力输送系统
PEEC	Partial Element Equivalent Circuit	部分元等效电路
PGA	pin Grid Array	针栅阵列
PI	Polyimide	聚酰亚胺
PIP	Package in Package	封装内嵌
PoP	Package on Package	封装堆叠
PQFP	Plastic Quad Flat Package	塑料四边扁平封装
PTH	Plated Through Hole	电镀通孔
PWB	Printed Wiring Board	印制线路板
RCS	Resistance-capacitance-susceptance	电阻-电容-电纳
RDL	Redistribution Layer	重分布层
RF	Radio Frequency	射频
RFIC	Radio Frequency Integrated Circuit	射频集成电路
SA	Simulated Annealing	模拟退火
SAC	Sn-Ag-Cu	SAC 焊料
SAM	Self Assembled Monolayer	自组装单分子层
SAM	Scanning Acoustic Microscope	扫描声学显微镜
SAT	Semiconductor Assembly & Test	半导体组装与测试
SATS	Semiconductor Assembly & Test Service	半导体组装与测试服务
SCCNT	Silver Coated Carbon Nanotube	银包覆碳纳米管
SCP	Single Chip Package	单芯片封装
SEM	Scanning Electron Microscopy	扫描电子显微镜
SER	Soft Error Rate	软错误率

缩写	英文	中文
SiP	System in Package	系统级封装
SLC	Surface Laminar Circuit	表面层压电路板
SLT	Solid Logic Technology	固态逻辑技术
SMD	Solder Mask Defined	阻焊层限定
SMO	Solder Mask Opening	阻焊层开口
SMT	Surface Mount Technology	表面贴装技术
SoC	System on Chip	片上系统
SOI	Silicon on Insulator	绝缘体上硅
SPL	Single Piece Lid	单片盖
SRAM	Static Random Access Memory	静态随机存储器
SRO	Solder Resist Opening	焊料光刻胶开口
SSN	Simultaneous Switching Noise	同步开关噪声
SSTL	Stub Series Terminated Logic	短截线串联端接逻辑
SVD	Singular Terminal Reduction	奇异值分解
SWNT	Single Wall Nanotube	单壁纳米管
TAB	Tape Automatic Bonding	载带自动焊
TBBA		四溴双酚
TCM	Thermal Conduction Module	热传导模块
TCP	Tape Carrier Packaging	带载封装
TCR	Thermocompression Reflow	热压回流
TCT	Thermal Cycling Test	热循环测试
TEM	Transmission Electron Microscopy	透射电子显微镜
TFU	TSV Fault Tolerant Unit	TSV 容错单元
TG	Transmission Gate	传输门
TGA	Thermal Gravimetric Analyzer	热重分析仪
THB	Thermal Humidity and Bias	温湿度及偏压测试
TJ	Transfer Joining	转移连接
TLP	Transient Liquid Phase	瞬态液相
TMA	Thermal Mechanical Analyzer	热机械分析仪
TSV	Thru-Silicon-Via	硅通孔
UBM	Under Bump Metalization	凸点下金属化层
ULK	Ultra Low Dielectric	超低介电常数
UTM	Universal Test Machine	万能试验机
VNA	Vector Potential Nodal Analysis	矢量势能节点分析
VRM	Voltage Regulator Module	电压调节模块
WB	Wire Bonding	引线键合
WB	White Bump	白色凸点
WLCSP	Wafer Level Chip Scale Package	晶圆级芯片尺寸封装
XRD	X-Ray Diffraction	X 射线衍射